Simulation
of Hydraulic Turbine Regulating System

水轮机调节系统
仿真

魏守平 著

华中科技大学出版社
http://www.hustp.com
中国·武汉

内容提要

本书对水轮机调节系统的基本理论、工作原理和动态仿真进行了系统、深入、全面的分析和研究；详细地分析、推导和论证了水轮机调节系统、水轮机控制系统和被控制系统的静态及动态特性；建立了基于MATLAB的水轮机调节系统的仿真模型；提出并成功实现了"1仿真目标-3数值仿真"的仿真策略，运用水轮机调节仿真决策支持系统对水轮机调节系统的机组开机、机组空载频率波动、机组空载频率扰动、接力器不动时间、机组甩负荷、电网一次调频和孤立电网等运行状态及动态过程进行了详细的仿真和深入的分析，取得到了一些新的成果。

本书可作为水利水电工程类专业的本科生及研究生的参考教材，可供从事水轮机调节理论研究、技术开发和设计、电站设计、设备制造、电站运行和维护检修、高等院校教师等专业人员阅读和参考。

图书在版编目(CIP)数据

水轮机调节系统仿真/魏守平　著.—武汉：华中科技大学出版社,2011.9
ISBN 978-7-5609-7148-3

Ⅰ.水…　Ⅱ.魏…　Ⅲ.水轮机-调节系统-系统仿真　Ⅳ.TK730.7

中国版本图书馆CIP数据核字(2011)第102586号

水轮机调节系统仿真　　　　　　　　　　　　　　　　魏守平　著

责任编辑：谢燕群　叶见欣
封面设计：潘　群
责任校对：朱　霞
责任监印：张正林
出版发行：华中科技大学出版社（中国・武汉）
　　　　　武昌喻家山　邮编：430074　电话：(027)87557437
印　　刷：湖北新华印务有限公司
开　　本：710mm×1000mm　1/16
印　　张：29.25
字　　数：670千字
版　　次：2011年9月第1版第1次印刷
定　　价：80.00元

本书若有印装质量问题，请向出版社营销中心调换
全国免费服务热线：400-6679-118　竭诚为您服务
版权所有　侵权必究

前　言

《水轮机调节系统仿真》是作者继《现代水轮机调节技术》、《水轮机控制工程》和《水轮机调节》等 3 本著作以后的又一专著。本书是作者从事水轮机调节系统理论研究和工程应用工作的一个回顾与总结,主要包括了作者近 30 年来在水轮机调节领域的研究成果。本书力求遵循并贯彻 GB/T9652.1—2007《水轮机控制系统技术条件》、GB/T9652.2—2007《水轮机控制系统试验规程》等国家标准。本书可作为水利水电工程等专业的本科生及研究生的参考教材,可供从事水轮机调节系统的理论研究、技术开发和设计、电站设计、设备制造、电站运行和维护检修的技术人员、高等院校教师等专业人员阅读和参考。

基于作者在水轮机调节系统的研究、开发、设计、生产、仿真、教学和标准化工作中的成果和经验,本书以水轮机调节系统基本理论、工作原理和动态仿真为中心,介绍了下列重点与难点问题,以期对读者能有实质性的、形象化的帮助。

1. 深入浅出地说明了水轮机调节系统的基本原理和工作特点

本书以水轮机调节系统仿真及分析为中心,对水轮机调节系统的基本理论、工作原理和动态仿真进行了系统、深入、全面的分析和研究,详细地分析、推导和论证了水轮机调节系统、水轮机控制系统和被控制系统的静态及动态特性,建立了较为系统和全面的水轮机调节系统理论体系;本书基于水力发电生产过程理论和技术、自动控制系统理论和技术、微型计算机控制理论和技术、机械液压控制系统理论和技术,建立了水轮机调节系统的仿真模型,成功开发了水轮机调节仿真决策支持系统,把典型的水轮机调节系统动态过程直观而形象地展示给读者。本书有助于深入掌握水轮机调节系统的基本理论和工作原理。

2. 深入浅出地分析了被控制系统参数和调速器参数对水轮机调节系统动态特性的影响

基于对众多水轮机调节系统的现场试验资料和仿真结果的整理和分析,本书将水轮机调节系统的空载频率扰动、机组甩 100% 额定负荷和孤立电网运行的动态过程特性,划分为迟缓型(S 型)、优良型(B 型)和振荡型(O 型)等 3 个有代表性的典型动态过程,分析了典型动态特性与水轮机调节系统参数之间的关系,以便于进一步研究水轮机调节系统扰动型动态过程的机理和寻求改善其动态过程性能的方法。鉴于机组水流时间常数 T_w 和机组惯性时间常数 T_a 的数值及其比值对水轮机调节系统动态特性的重要影响,作者引入了"机组惯性比率 $R_1 = T_w/T_a$"的概念,重点研究了机组惯性比率 R_1 对于水轮机调节系统动态特性的影响。

在对水轮机调节系统进行仿真时，本书提出并成功实现了"1仿真目标-3数值仿真"的仿真策略。众所周知，在系统其他参数相同的条件下，针对1个（组）仿真目标参数数值的仿真，只能得到一个孤立的仿真动态过程；针对2个（组）仿真目标参数数值的仿真，可以得到对应的互为比较的2个仿真动态过程；而针对3个（组）仿真目标参数数值的仿真，则可以得到对应的互为比较的3个仿真动态过程。"1仿真目标-3数值仿真"的仿真策略，为进行参数变化对动态过程影响分析提供了更为形象直观的结果。通过该策略，除了能清晰地观察和分析单个动态过程的动态品质之外，还能对3组仿真目标参数对应的仿真波形进行比较和分析，得出这个（组）仿真目标参数数值增大或减小时，被仿真系统动态特性品质的变化趋势，从而做出较为全面的判断和结论，加深对仿真目标参数的作用机理及其与其他参数关系的认识和理解，为我们解决工程实际问题提供直观、清晰和快速的决策支持。

本书运用水轮机调节仿真决策支持系统，对水轮机调节系统的机组开机、机组空载频率波动、机组空载频率扰动、接力器不动时间、机组甩负荷、电网一次调频和孤立电网等运行状态及动态过程，进行了详细的仿真和深入的分析，得到了一些新的成果。

3. 根据水电站现场试验得到的存在问题的水轮机调节系统动态特性，在水轮机调节仿真决策支持系统中，恰当地整定调速器的PID参数，从而得到相应的优化后的水轮机调节系统动态特性

利用水轮机调节仿真决策支持系统，可以对水轮机调节系统建立包括非线性环节在内的数学模型并进行仿真，可以对它的动态特性进行经济、方便、直观、迅速的研究。如机组甩100%额定负荷和接力器不动时间等许多在现场无法进行或不宜多次重复进行的试验，都可以利用水轮机调节仿真决策支持系统对特定的动态过程进行仿真和分析。

以机组甩负荷动态过程为例，其参数调整过程如下：特性分析，根据电站试验得到存在问题的机组甩负荷特性来判断其动态过程类型；特性拟合，按照电站及机组的实际参数（T_a，T_w）和水轮机微机调速器的实际参数设定仿真基本参数值，调整水流修正系数K_Y、机组自调节系数e_n和机组甩负荷数值，拟合实测的机组甩负荷特性和仿真的机组甩负荷特性，使二者具有尽量相近的甩负荷动态波形；参数优化，在水轮机调节仿真决策支持系统中改变PID参数进行仿真，消除和改善原甩负荷动态波形过程存在的问题，求得与改善后甩负荷动态波形对应的PID参数；试验验证，按照仿真得到的PID参数整定微机调速器参数，在电站进行甩负荷试验以验证修改PID参数后的实际机组甩负荷动态性能。

本书主要反映了作者的一些科学研究、仿真分析、技术开发、产品设计、生产实践、教学活动和标准化工作的成果和观点，难免会有片面甚至错漏之处，欢迎批评指正。

魏守平

于 武汉 华中科技大学水电与数字化工程学院

2011年7月5日

目 录

第1章 水轮机调节系统概述 ……………………………………………… (1)
1.1 水轮机调节系统的组成 …………………………………………… (1)
1.2 水轮机调节系统的任务和特点 …………………………………… (7)
1.3 水轮机控制系统的发展历程 ……………………………………… (12)
1.4 水轮机调节技术的现状及发展趋势 ……………………………… (31)

第2章 水轮机调节系统的静态特性和控制功能 ……………………… (34)
2.1 水轮机微机调速器的静态特性 …………………………………… (36)
2.2 被控制系统静态特性 ……………………………………………… (55)
2.3 水轮机调节系统静态特性 ………………………………………… (58)
2.4 电网负荷频率控制与水轮机调速器 ……………………………… (65)
2.5 水轮机调节系统控制功能 ………………………………………… (70)
2.6 水轮机调节系统试验数据的回归分析 …………………………… (78)

第3章 水轮机调节系统的动态特性 …………………………………… (82)
3.1 被控制系统的动态特性 …………………………………………… (84)
3.2 水轮机微机调速器的动态特性 …………………………………… (93)
3.3 水轮机调节系统的动态特性 ……………………………………… (114)
3.4 水轮机调速器与电网一次调频 …………………………………… (117)
3.5 水轮机调节系统状态空间方程和稳定性分析 …………………… (121)
3.6 水轮机调节系统 PID 参数的整定和适应式变参数调节 ………… (134)

第4章 水轮机调节动态特性仿真与决策支持 ………………………… (143)
4.1 水轮机调节系统仿真与决策支持概述 …………………………… (143)
4.2 水轮机调节系统的 MATLAB 基本仿真模块 …………………… (147)
4.3 M 文件程序实例 …………………………………………………… (156)
4.4 水流修正系数 K_Y、机组自调节系数 e_n 和机组惯性比率 R_I … (157)
4.5 水轮机调节系统受到扰动后的典型动态过程 …………………… (163)
4.6 水轮机控制系统的静态及动态特性指标适用工作条件 ………… (170)

第 5 章 水轮机调节系统机组开机特性仿真及分析 ……………… (172)
5.1 水轮发电机组开机特性 ……………………………………… (172)
5.2 水轮发电机组 2 段接力器开度开机特性仿真 ………………… (174)
5.3 水轮发电机组闭环开机特性仿真 …………………………… (189)
5.4 水轮发电机组 3 段等加速度闭环开机特性仿真 ……………… (195)

第 6 章 水轮机调节系统空载频率波动特性仿真及分析 …………… (205)
6.1 水轮发电机组空载频率波动特性 …………………………… (205)
6.2 水轮机导水机构滞环对水轮发电机组空载频率波动特性影响仿真 …… (207)
6.3 调速器电液随动系统死区对水轮发电机组空载频率波动特性影响仿真
    ……………………………………………………………… (209)
6.4 调速器比例增益对水轮发电机组空载频率波动特性影响仿真 ……… (211)
6.5 调速器积分增益对水轮发电机组空载频率波动特性影响仿真 ……… (214)
6.6 调速器微分增益对水轮发电机组空载频率波动特性影响仿真 ……… (218)
6.7 调速器 PID 参数对水轮发电机组空载频率波动特性影响仿真 ……… (220)
6.8 接力器响应数间常数对水轮发电机组空载频率波动特性影响仿真 …… (222)
6.9 水轮发电机组参数对水轮发电机组空载频率波动特性影响仿真 …… (224)
6.10 水轮发电机组空载频率波动特性综合分析 …………………… (228)

第 7 章 水轮机调节系统空载频率扰动特性仿真及分析 …………… (230)
7.1 水轮机调节系统空载频率扰动特性 ………………………… (230)
7.2 调速器比例增益对机组空载频率扰动特性影响仿真 ……………… (233)
7.3 积分增益对机组空载频率扰动特性影响仿真 …………………… (242)
7.4 微分增益对机组空载频率扰动特性影响仿真 …………………… (250)
7.5 PID 参数对机组空载频率扰动特性影响仿真 …………………… (256)
7.6 水流修正系数对机组空载频率扰动特性影响仿真 ……………… (258)
7.7 接力器响应时间常数对机组空载频率扰动特性影响仿真 ………… (262)
7.8 PID 参数对机组空载频率向上/向下扰动特性影响仿真 ………… (264)
7.9 接力器关闭时间、开启时间对机组空载频率向上/向下扰动特性影响仿真
    ……………………………………………………………… (268)
7.10 机组自调节系数对机组空载频率扰动特性影响仿真 …………… (272)
7.11 机组惯性时间常数对机组空载频率扰动特性影响仿真 ………… (275)
7.12 水轮发电机组空载频率扰动特性综合分析 …………………… (279)

第 8 章 水轮机调节系统接力器不动时间特性仿真及分析 (283)

- 8.1 水轮机调节系统接力器不动时间 (283)
- 8.2 频率测量周期对接力器不动时间影响的仿真 (286)
- 8.3 微机控制器计算周期对接力器不动时间影响的仿真 (295)
- 8.4 调速器电液随动系统死区对接力器不动时间影响的仿真 (299)
- 8.5 调速器 PID 参数对接力器不动时间影响的仿真 (305)
- 8.6 接力器响应时间常数对接力器不动时间影响的仿真 (310)
- 8.7 机组惯性时间常数对接力器不动时间影响的仿真 (313)
- 8.8 机组甩不同负荷值对接力器不动时间影响的仿真 (315)
- 8.9 接力器不动时间仿真综合分析 (319)

第 9 章 水轮机调节系统机组甩负荷特性仿真与分析 (326)

- 9.1 水轮机调节系统机组甩负荷特性 (326)
- 9.2 比例增益对机组接力器 1 段关闭甩负荷特性影响仿真 (329)
- 9.3 调速器积分增益对机组接力器 1 段关闭甩负荷特性影响仿真 (336)
- 9.4 调速器微分增益对机组接力器 1 段关闭甩负荷特性影响仿真 (342)
- 9.5 PID 参数对机组接力器 1 段关闭甩负荷特性影响仿真 (345)
- 9.6 水流修正系数对机组接力器 1 段关闭甩负荷特性影响仿真 (350)
- 9.7 接力器关闭时间对接力器 1 段关闭机组甩负荷特性影响仿真 (354)
- 9.8 机组自调节系数对机组接力器 1 段关闭甩负荷特性影响仿真 (357)
- 9.9 机组惯性时间常数对机组接力器 1 段关闭甩负荷特性影响仿真 (360)
- 9.10 第 1 段关闭时间对机组接力器 2 段关闭甩负荷特性影响仿真 (363)
- 9.11 第 2 段关闭时间对机组接力器 2 段关闭甩负荷特性影响仿真 (366)
- 9.12 2 段关闭拐点对机组接力器 2 段关闭甩负荷特性影响仿真 (369)
- 9.13 接力器关闭特性对机组接力器 2 段关闭甩负荷特性影响仿真 (373)
- 9.14 水轮发电机组甩负荷特性综合分析 (378)

第 10 章 水轮机调节系统一次调频特性仿真及分析 (382)

- 10.1 水轮机调节系统机组一次调频特性 (382)
- 10.2 调速器比例增益对电网一次调频特性影响仿真 (387)
- 10.3 调速器积分增益对电网一次调频特性影响仿真 (393)
- 10.4 调速器微分增益对电网一次调频特性影响仿真 (399)
- 10.5 调节对象参数对电网一次调频特性影响仿真 (402)
- 10.6 电网频率偏差上扰和下扰 PID 参数对电网一次调频特性影响仿真 (406)
- 10.7 电网一次调频特性综合分析 (408)

第 11 章 水轮机调节系统机组孤立电网运行特性仿真及分析 （411）

- 11.1 水轮机调节系统机组孤立电网运行特性 （411）
- 11.2 调速器比例增益对孤立电网运行特性影响仿真 （415）
- 11.3 调速器积分增益对孤立电网运行特性影响仿真 （426）
- 11.4 调速器微分增益对孤立电网运行特性影响仿真 （433）
- 11.5 PID 参数对孤立电网运行特性影响仿真 （435）
- 11.6 被控制系统参数对孤立电网运行特性影响仿真 （441）
- 11.7 机组突加不同负荷对孤立电网运行特性影响仿真 （448）
- 11.8 孤立电网运行特性仿真结果综合分析 （453）

参考文献 （456）

第 1 章 水轮机调节系统概述

水轮机是靠自然水能进行工作的动力机械,与其他动力机械相比,它具有效率高、成本低、能源可再生、不污染环境和便于综合利用等优点。绝大多数水轮机都用来带动交流发电机,构成水轮发电机组。这里所讨论的"水轮机调节"是指对构成水轮发电机组的水轮机的调节。

1.1 水轮机调节系统的组成

1.1.1 水轮机调节系统的结构

水轮机调节系统(Hydraulic turbine regulating system)的结构如图 1-1 所示。

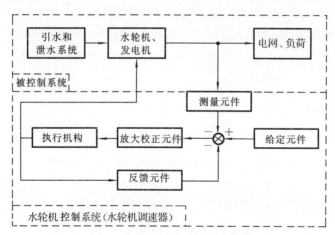

图 1-1 水轮机调节系统的结构框图

水轮机调节系统是由水轮机控制系统(Hydraulic turbine control system)和被控制系统(Controlled system)组成的闭环系统(Closed loop system)。水轮机控制系统是由用于检测被控参量(转速、功率、水位、流量等)与给定参量的偏差,并将它们按一定特性转换成主接力器(Main servomotor)行程偏差的一些设备所组成的系统,也可以称为调节器。水轮机调速器(Hydraulic turbines governor)则是由实现水轮机调节及相应控制的机构和指示仪表等组成的一个或几个装置的总称。从一般意义上讲,水轮机控制系统就是包含油压装置在内的水轮机调速器。被控制系统是由水轮机控制系统控制的系统,它包括水轮机、引水和泄水系统、装有电压调节器的发电机及其所并入的电网及负荷,也可以称为调节对象。

水轮机调节系统的工作过程:水轮机控制系统的测量元件把被控制系统的发电机组的频率 f(与其成比例的被控制机组的转速 n)、机组功率 P_g、机组运行水头 H、水轮机流量 Q 等参量测量出来,将水轮机控制系统的频率给定、功率给定、接力器开度给定等给定信号和接力器实际开度等反馈信号进行综合,由放大校正元件处理后经接力器驱动水轮机导叶机构及轮叶机构,改变被控制的水轮发电机组的功率及频率。

众所周知,如果系统的输出量对系统的输入控制作用没有影响,则这个系统是开环系统(Open loop system)。因此,有一个输入控制量,便有一个相应固定的输出量与之对应,系统的控制精度取决于系统参数的校准。当系统出现扰动或参数变化时,原来相应固定的输出量就会变化,所以,采用开环控制系统是不可能构成精确控制系统的。

从图 1-1 可以看出,水轮机调节系统的输出参数(包括机组(电网)频率、机组功率等)对系统的控制作用有着直接的影响,一般称为反馈作用(Feedback effect)。水轮机调节系统是一个闭环系统,水轮机控制系统(调速器)自身也是一个闭环系统。输入信号与反馈信号之差称为误差。误差信号施加在控制器的输入端可以减少系统的误差,并使系统的输出量趋于给定值。闭环系统就是利用反馈来减小系统的误差的。当然,对于一个闭环调节系统来说,系统的稳定性(Stability)始终是一个重要问题。闭环控制(调节)系统的动态过程及动态品质(性能)比开环系统的复杂得多,因为,即使闭环调节系统达到动态稳定状态,也还有可能会出现动态过程中超调(Overcontrol)或衰减振荡(Damply oscillation)的现象。

1.1.2 被控制系统

水轮机调节系统的被控制系统是由水轮机调速器调节的系统,包括引水和泄水系统、水轮机、装有电压调节器的发电机及其所并入的电网和负荷。从调节的意义出发,也可以称为调节对象或被调节对象。

被控制系统的主要状态参数如下。

1. 水轮机

1) 水轮机流量 Q (Hydraulic turbine discharge)

(1) 流量偏差 (Discharge deviation):水轮机流量 Q 与某一基准流量 Q_0 之差,$\Delta Q = Q - Q_0$,单位 m³/s。

(2) 流量相对偏差 (Relative deviation of discharge):水轮机流量偏差 ΔQ 与额定流量 Q_r 之比,$q = \Delta Q / Q_r$。

2) 水头 H(Head)

(1) 水头偏差(Head deviation):水头 H 与某一基准水头 H_0 之差,$\Delta H = H - H_0$,单位 m。

(2) 水头相对偏差 (Relative deviation of head):水头偏差 ΔH 与水轮机额定水头 H_r 之比,$h = \Delta H/H_r$。

2. 发电机

1) 输出功率

(1) 发电机输出功率 (Power output of the generator):发电机输出的瞬时电功率 P_G,单位 kW。

(2) 相对(输出)功率(Relative output power):输出功率 P_G 与额定功率 P_{Gr} 之比,$p_G = P_G/P_{Gr}$。

(3) 输出功率偏差 (Power output deviation):输出功率 P_G 相对于某一基准(给定)输出功率 P_{G0} 之差,$\Delta P_G = P_G - P_{G0}$,单位 MW。

(4) 输出功率相对偏差 (Relative deviation of power output):输出功率偏差 ΔP_G 与额定功率 P_{Gr} 之比,$x_P = \Delta P_G/P_{Gr}$。

2) 转矩

(1) 转矩偏差 (Torque deviation):输出功率偏差除以瞬时角速度,用 ΔM 表示,单位 kW/rad·s^{-1}。

(2) 转矩相对偏差(Relative deviation of torque):转矩偏差 ΔM 与额定转矩 M_r 之比,$m = \Delta M/M_r$。

3) 水轮发电机组转速和发电机及电网频率

(1) 水轮发电机组转速(Speed):水轮机的旋转速度 n,单位 r/min。

(2) 水轮发电机组额定转速(Rated speed):设计时选定的水轮机稳态转速 n_r,单位 r/min。

(3) 水轮发电机组相对转速 (Relative speed):水轮机转速 n 与额定转速 n_r 之比 n_r。

(4) 水轮发电机组转速偏差 (Speed deviation):取瞬间实际转速 n 与基准转速 n_0 之差,$\Delta n = n - n_0$,单位 r/min。

(5) 水轮发电机组转速相对偏差 (Relative deviation of speed):转速偏差 Δn 与额定转速 n_r 的比值,$x_n = \Delta n/n_r$。

(6) 频率(Frequency):发电机或电网电压的每秒钟周期数,用符号 f 表示,单位 Hz。在水轮发电机组采用同步发电机时,$f = pn/60$,p 为发电机极对数,水轮发电机组的频率 f 与转速 n 正比于发电机的极对数 p;当被控制的水轮发电机组并入电网时,水轮发电机组的转速 n 正比于电网频率 f_n;水轮发电机组的额定转速 n_r 随发电机极对数不同而不同。在我国,水轮发电机组和电网的电压额定频率为 50 Hz,即 $f_r = 50$ Hz;而美国和加拿大等国,水轮发电机组和电网的电压额定频率则为 60 Hz。以相对值表示,水轮发电机组相对转速和水轮发电机组转速的相对偏差,就等于水轮发电机组相对频率和水轮发电机组频率的相对偏差。所以,本书在叙述和分析中,将以水轮发电机组的频率作为主要变量,有时为了习惯用法或便于叙述,也采用水轮发电机组转速的概念。

1.1.3 水轮机控制系统调速器的类型

水轮机调速器可以按照调速器的结构特点、调速器的被控制系统、调速器使用的油源、调速器的容量等分类。

1. 按照调速器的结构特点分类

1) 机械液压调速器

测速、稳定及反馈信号用机械方法产生，经机械综合后通过液压放大部分实现驱动水轮机接力器的调速器称为机械液压调速器(Mechanical hydraulic governor)。

2) 电液调速器

电液调速器(Electric-hydraulic governor)又称为电气液压调速器。电液调速器是指用电气原理实现检测被控参量、稳定环节及反馈信号，通过电液转换和液压放大系统实现驱动水轮机接力器的调速器。

3) 微机调速器

微机调速器(Micro-computer based governor)是以微机为核心进行信号测量、变换与处理的电液调速器。

(1) 电磁换向阀式调速器(Governor with solenoid direction valve)：在微机调速器中，用脉冲宽度调制方法将PID调节器的输出信号通过电磁换向阀来控制油进出接力器开启、关闭腔的流量和方向的调速器称为电磁换向阀式调速器。

(2) 电动机式调速器(Governor with motor driven gate operator)：用电动机经减速装置来控制水轮机导水机构的调速器。

(3) 电子负荷调节器(Electronic load controller)：利用电子电路组成的能耗式调速器。

(4) 操作器(Position operator 或 Gate operator)：不对机组施加自动调节作用，仅能实现机组启动、停机，并网后能使机组带上预定负荷，以及接受事故信号后能使机组自动停机的装置。

2. 按照调速器的被控制系统分类

1) 单调整调速器

单调整调速器(Single regulating governor)是能实现混流式、轴流定桨式等水轮机导叶调整的调速器。

2) 双调整调速器

能实现转桨式和冲击式水轮机导叶或喷针和转轮叶片或折向器/偏流器双重调整的调速器称为双调整调速器(Double regulating governor)。

3) 水泵水轮机调速器

用于水泵水轮机控制和调节的调速器称为水泵水轮机调速器(Governor for pump-turbine)。

3. 按照调速器使用的油源分类

1) 通流式调速器

由油泵直接向水轮机控制系统供油、没有压力罐的调速器称为通流式调速器(Governor without pressure tank 或 Through flow type governor)。

2) 蓄能器式调速器

蓄能器式调速器(Governor with accumulator)是由蓄能器向水轮机控制系统供油的调速器。其中,压力罐式调速器(Governor with pressure tank)则是由压力罐(非隔离式蓄能器)向水轮机控制系统供油的调速器。

4. 按照调速器的容量分类

调速器按照容量系列可以分为大型、中型、小型和特小型调速器等四类。其中,大型调速器自身不包括接力器,可以按照调速器主配压阀的直径分类;中型、小型和特小型调速器则按照其控制的接力器容量分类;水轮机调速器的油压装置按压力罐容积和额定油压分类。按照调速器容量系列分类的情况如表 1-1 所示,额定油压等级可分为 2.5 MPa、40 MPa 和 6.3 MPa。

表 1-1 调速器总体系列分类

类别	不带压力罐及接力器的调速器(a)	带压力罐及接力器的调速器	通流式调速器	液压操作器	电动操作器	电子负荷调节器
系列	接力器容量/N·m					配套机组功率/kW
大型	>50 000					
中型	>10 000~50 000(b)	>10 000~50 000		>10 000~50 000	>10 000~50 000	
小型	>3 000~10 000(b)	>1 500~10 000		>3 000~10 000	>3 000~10 000	40,75,100
特小型	170~3 000(b)	170~1 500	170~3 000	170~3 000	350~3 000	3,8,18

(a) 系指调速器能配置的接力器容量;
(b) 系指单喷嘴冲击式水轮机调速器。

对于中型、小型和特小型调速器,按照接力器容量分类的情况如表 1-2 所示。接力器容量系指在所需的最低操作油压下的容量。

对于大型调速器,按照主配压阀直径分类的情况如表 1-3 所示。

容量选择时应遵循下列原则:与调速器相配的外部管道,设计流速一般不超过 5 m/s;计算调速器容量的油压时,应按正常工作油压的下限考虑;主配压阀及连接管道的最大压力降应不超过额定油压的 20%~30%；接力器最短关闭时间应满足机组提出的要求。

表 1-2 带压力罐及接力器的调速器及通流式调速器接力器容量及最短关闭时间

类　　型		接力器容量/N·m	接力器最短关闭时间/s
带压力罐及接力器的调速器	等压接力器	50 000	3
		30 000	
		18 000	
		10 000	
		6 000	
		3 000	
	差压接力器	3 000	2.5
		1 500	
		750	
		350	
通流式调速器		3 000	
		1 500	
		750	
		350	

表 1-3 主配压阀的压力降等于 1.0 MPa 时主配压阀输油流量

主配压阀直径 d/mm	输油流量 Q/(L/s)
10 (a)	0.2~0.5
16 (a)	0.5~1.25
25	1.25~2.5
35	2.5~5
50	5~12
80	12~25
100	25~50
150	50~100
200	100~150

注：(a) 一级放大系统用引导阀直径表示。

5．油压装置的容量系列

水轮机调速器的油压装置容量系列如表 1-4 所示。

表 1-4 油压装置容量系列

类　　型	分　离　式	组　合　式
容量系列/m³	1	0.3
	1.6	0.6
	2.5	1
	4	1.6
	6	2.5
	8	4
	10	6
	12.5	
	16(或 16/2)	
	20(或 20/2)	
	25(或 25/2)	
	32/2	
	40/2	

1.2　水轮机调节系统的任务和特点

1.2.1　水轮机调节系统的任务

水轮发电机组把水能转变为电能供工业、农业、商业及人民生活等用户使用。用户在用电过程中除要求供电安全、可靠外，对电网电能质量也有十分严格的要求。按我国电力部门规定，电网的额定频率为 50 Hz，大电网允许的频率偏差为±0.2 Hz。对我国的中小电网来说，系统负荷波动有时会达到其总容量的 5%～10%，即使是大的电力系统，其负荷波动也往往会达到其总容量的 2%～3%。电力系统负荷的不断变化，导致了系统频率的波动。因此，不断地调节水轮发电机组的输出功率，维持机组的频率(转速)在额定频率(转速)的规定范围内，是水轮机调节的基本任务。

早期的机械液压调速器和电液调速器的主要作用是根据偏离额定值的机组频率偏差，调节水轮机导叶和轮叶机构，维持机组水力功率与电力功率平衡，从而使机组频率保持在额定频率的允许范围之内，这时的水轮机调速器主要是一个机组频率调节器(Frequency regulator)。

现代水电厂和电力系统的发展，对水轮机调速器的性能及功能提出了新的和更严格的要求。在微机调速器发展、完善和广泛应用的同时，水电厂自动发电控制(AGC)系统、电网能量管理系统(EMS)也已日趋成熟并进入了实用化的阶段；现代电力系统中，区域电网容量迅速加大，区域电网间联网并要求进行交换功率控制；大、中型和多数小型水轮发电机组的主要运行方式是并入大的区域电网运行，在这种运行方式下，电网的负荷频率控制(LFC)是通过电网 AGC 系统和电厂 AGC 系统控制水电机组的水轮机调速器及火电机组的调速系统来实现的。

当机组并入大电网运行时,水轮机调速器主要起到电网一次调频的频率调节器和电网二次调频及电网负荷频率控制的功率控制器的作用。所以,原来所说的水轮机调节系统的功能有了增加和扩展,即在完成水轮机频率调节任务的同时,还与电网 AGC 系统和电厂 AGC 系统相接口,具有一些与电网控制有关的附加功能。因此,水轮机调节系统的任务除原来的机组频率调节之外,还要完成电网 AGC 系统和电厂 AGC 系统下达的一次调频、二次调频和区域电网间交换功率控制等任务。

水轮机调速器是水电站水轮发电机组的重要辅助设备,它还与电站二次回路或计算机监控系统相配合,完成水轮发电机组的开机、停机、增减负荷、紧急停机等任务。

综上所述,水轮机调速器的主要任务如下。

1. 作为水轮发电机组或其并入电网运行的频率调节器

(1) 在被控制的水轮发电机组处于空载工作状态时,水轮机调速器作为机组的频率调节器,调节并维持机组频率在额定频率附近,跟踪电网频率,使被控机组能尽快同期、并入电网运行。

(2) 在被控制的水轮发电机组并入电网运行时,水轮机调速器作为电网的频率调节器:①被控制的水轮发电机组并入大电网运行时,水轮机调速器根据电网规定完成电网一次调频的任务;②被控制的水轮发电机组单机带负荷或在小电网中运行时,水轮机调速器的任务是调节被控机组或小电网的频率在额定频率附近,尽量减小负荷突变时的动态频率升高或降低,并加快不正常频率向额定频率恢复的速度;③被控制的水轮发电机组甩负荷时,水轮机调速器调节被控制机组到空载状态运行。

2. 作为被控机组的功率调节器

在被控制的水轮发电机组并入电网运行时,水轮机调速器接收并执行电网调度通过电网 AGC 系统和电厂 AGC 系统下达的机组给定功率的指令,调节水轮机有功功率,满足电网二次调频的要求。

3. 作为被控制机组的工况控制器

在水电站微机监控系统等的统一控制下,协调完成被控制机组的开机、停机、增加或减小负荷、甩负荷、调相和紧急停机等工作状态及过程,包括抽水蓄能机组的抽水工况和发电工况之间的转换的控制任务。

1.2.2 水轮机调节的实质

水轮发电机组转动部分的运动方程为

$$J \frac{d\omega}{dt} = M_t - M_g \quad (1-1)$$

式中:J——机组转动部分的惯性矩(kg·m^2);

$\omega = \frac{\pi n}{30}$——机组转动角速度(rad/s);

n——机组转动速度(r/min);
M_t——水轮机转矩(N·m);
M_g——发电机负荷阻力矩(负载转矩)(N·m)。

式(1-1)清楚地表明,水轮发电机组是转速对力矩偏差的积分环节,机组转速保持恒值的条件是 $\frac{d\omega}{dt}=0$,即要求 $M_t=M_g$,否则就会导致机组转速相对于额定值持续升高或降低的情况发生,从而出现转速偏差的状态。在以后的分析中可以看到,由于水轮发电机组具有水轮机转矩对转速的传递系数 $e_t(e_x)$ 和发电机负载转矩对转速的传递系数 e_g 的特性,因此,水轮发电机组转速对于力矩是一个一阶惯性环节。

水轮机转矩为

$$M_t = \frac{\rho Q H \eta_t}{\omega} \tag{1-2}$$

式中:Q——通过水轮机的流量(m^3/s);
H——水轮机净水头(m);
η_t——水轮机效率;
ρ——水的密度(kg/m^3)。

由式(1-2)可知,在一定的机组工况下,只有调节流量 Q 和效率 η_t,才能调节水轮机转矩 M_t,达到 $M_t=M_g$ 的目的。从最终效果来看,水轮机调节的任务是维持水轮发电机组转速在额定值附近的允许范围内。然而,从实质上讲,只有水轮机调速器能相应地调节水轮机导水机构开度(从而调节水轮机流量 Q)和水轮机轮叶的角度(从而调节水轮机效率 η_t),使 $M_t=M_g$,才能使机组在一个允许的稳定转速下运行。从这个意义上讲,水轮机调节的实质是:根据偏离额定值的转速偏差信号,调节水轮机的导水机构和轮叶机构,维持水轮发电机组功率与负荷功率的平衡。

1.2.3 水轮机调节系统的特点

水轮机调节系统是一个闭环自动调节系统,由水轮机控制系统和被控制系统组成,它除了具有一般闭环调节系统的共性外,还有以下一些值得注意的特点。

1. 水轮机过水管道存在着水流惯性

水轮机过水管道的水流惯性特性通常用水流惯性时间常数(Water inertia time constant)T_w 来表述,是在额定工况下表征过水管道中水流惯性的特征时间。水流惯性时间常数为

$$T_w = \frac{Q_r}{gH_r}\sum\frac{L}{S} = \sum\frac{Lv}{gH_r} \tag{1-3}$$

式中:S——每段过水管道的截面积(m^2);
L——相应每段过水管道的长度(m);
v——相应每段过水管道内的流速(m/s);
g——重力加速度(m/s^2);

T_w——水流惯性时间常数(s)。

水流惯性时间常数 T_w 的物理概念是：在额定水头 H_r 作用下，过水管道内的流量 Q 由 0 加大至额定流量 Q_r 所需要的时间。从自动控制理论的观点来看，过水管道水流惯性特性使得水轮机调节系统成为一个非最小相位系统。在动态过程中，当水轮机导叶关闭时，调节目标是减小水轮机力矩，但是引水系统水流减速、水流动能转变为势能、水轮机工作压力短时上升，会导致水轮机力矩有短时段的增大；反之，当水轮机导叶开启时，调节目标是增大水轮机力矩，但是引水系统水流加速会导致水轮机力矩有短时段的降低。所以，水轮机导叶开启或关闭，都会产生与控制目标相反的逆向调节。随着水轮机导叶开启或关闭速度的增大，动态过程中的逆向调节效应增强，对系统的动态稳定和响应特性会带来十分不利的影响。通常所说的水锤效应（或水击效应）就是对这种水流惯性的一种形象表述。

2. 水轮发电机组存在着机械惯性

水轮发电机组的机械惯性，可用机组惯性时间常数（Unit inertia time constant, unit acceleration constant）T_a 来表述，是机组在额定转速时的惯性矩与额定转矩之比，即

$$T_a = \frac{J_{\omega_r}}{M_r} = \frac{GD^2 n_r^2}{3\,580 P_r} \tag{1-4}$$

式中：J_{ω_r}——额定转速时机组的惯性矩(kg·m²)；

M_r——机组额定转矩(N·m)；

GD^2——机组飞轮力矩(kN·m²)；

n_r——机组额定转速(r/min)；

P_r——机组额定功率(kW)；

T_a——机组惯性时间常数(s)。

机组惯性时间常数 T_a 的物理概念是：在额定转矩 M_r 作用下，机组转速 n 由 0 上升至额定转速 n_r 所需要的时间。这使得对于一个阶跃输入信号，机组转速的动态过程具有明显的惯性特性，其转速呈指数曲线规律变化。从手动快速开启或关闭水轮机导水机构一个开度开始，至机组转速到达变化差值95%的时间为 $3T_a$，至机组转速到达变化差值98%的时间为 $4T_a$。例如，$T_a=10\text{ s}$，则转速到达变化差值95%的时间 $t_{0.95} \approx 30\text{ s}$，到达变化差值98%的时间 $t_{0.98} \approx 40\text{ s}$。

水轮发电机组的这种惯性特性，一方面使得动态过程缓慢，另一方面又使得水轮机调节系统容易产生振荡和超调。机组惯性时间常数 T_a 也可以表示为

$$T_a = \frac{J_{\omega_r}}{M_r} = \frac{GD^2 n_r^2}{365 P_r} \tag{1-5}$$

式中：GD^2——机组飞轮力矩(kN·m²)；

其余参数单位同上。

机组并入电网运行，发电机负荷也有惯性特性，负荷惯性时间常数(Load inertia

time constant)是电网引起的惯性矩与额定转矩之比,记做 T_b,单位为 s。

3. 水轮机调节系统是一个复杂的、非线性控制系统

水轮机形式多种多样,有混流式、轴流定桨式、轴流转桨式、贯流式、冲击式、水泵/水轮机式等,因而不同被控制系统之间的特性和控制功能要求有很大差异。对于同一个水轮发电机组来说,在不同运行水头和不同的水轮机导叶开度时的静态及动态特性是不同的,体现出水轮机特性具有非线性的特征。

水轮发电机组有多种工作状态:机组开机、机组停机、同期并网前和从电网解列后的空载、孤立电网运行、以转速控制和功率控制并列于大电网运行、水位和(或)流量控制等,在不同的工况下,对水轮机调速器的要求相差很大。

为了水轮发电机组和电网的安全运行,要求水轮机调速器具有高可靠性,因此水轮机调速器必须具有在其工作电源消失后仍然能依靠储存的能源可靠地关闭水轮机导水机构,以保证机组安全。此外,水轮机控制设备是通过接力器来操作水轮机导水机构和轮叶机构的,这种调节需要很大的动力,因此,绝大多数水轮机调速器必须采用机械液压执行机构,并且采用能储存能源的压力罐提供工作油源。

1.2.4 手动水轮机调节

在水轮机调节的初期,水轮发电机组的转速控制是由操作人员手动控制完成的。经过长期对被控制系统特性的认识和手动控制经验的总结,随着机械技术、液压技术、电气技术、计算机技术、自动控制技术等的发展及应用,水轮机调节系统逐步成为当今的水轮机闭环自动调节系统;即使在现在,手动控制仍然是水轮机调节系统的一种必备的操作方式。所以,了解水电站值班人员手动控制水轮机组转速的基本方法,有利于形象地了解水轮机调节系统的基本工作原理,也有利于形象地了解比例-积分-微分(PID)调节规律对于水轮机调节系统动态特性的作用。

手动水轮机调节时的最基本的参数是水轮发电机组的转速,运行人员必须监视被控制的水轮发电机组的转速或电网的频率。当机组或电网频率大于或小于 50 Hz 时,都需相应地关闭或开启水轮机导水机构,使频率回复到 50 Hz 左右。

由于被控机组具有水轮机过水管道的水流惯性和水轮发电机组的机械惯性,因此在手动调节时运行人员必须掌握下列操作原则。

1. 比例操作原则

操作导水机构的幅度和速度应该近似比例于机组频率对额定频率(50 Hz)的偏差。例如:机组频率若为 51 Hz 和 54 Hz,虽然二者均大于 50 Hz,但针对前者,关闭导水机构的幅度可小一点、速度可慢一点;而对于后者,则幅度要大一点、速度要快一点。这实际上就是现在自动调节规律中的比例(Proportional)调节。

2. 微分(超前)操作原则

在手动操作中,不仅要密切观察机组频率偏离额定值的大小,而且要注意机组频率向额定值回复的速度。例如:当机组频率由 54 Hz 以较快的速度下降到 51 Hz 时,虽然它仍然大于 50 Hz,但此时不应继续关闭导水机构,而是可能还需要使导水机构稍开启一点。只有这样才有可能使机组频率较快地回复到额定值附近。这种针对水流惯性和机组惯性而采取的超前操作原则被形象地称为"提前刹车",也就是自动调节规律中的微分(Derivative)调节。

3. 积分(微量、精确)操作原则

在手动操作中,当机组频率已接近额定值时,操作者就应该密切观察机组频率与额定频率的偏差,缓慢地、微量地开启或关闭导水机构,直到机组频率到达额定频率附近的一个允许差值带内时为止,这就是微量、精确调节,这相当于自动调节规律中的积分(Integral)调节。

综上所述,手动水轮机调节的思想实际上也就是自动调节中的比例、积分和微分调节规律的基本思想。

1.3 水轮机控制系统的发展历程

最早的水轮机调速器都是机械液压调速器,它是随着水电建设发展而在20世纪初发展起来的。它能满足带独立负荷和中小型电网中运行的水轮发电机组调节的需要,有较好的静态特性和动态品质,可靠性较高。但是,面临大机组、大电网提出的高灵敏度、高性能和便于实现水电站自动化等要求,机械液压调速器固有的采用机械液压方法进行测量、信号综合和稳定调节的功能就显露出明显的缺陷。随着机械、液压、电子、计算机、自动控制和水轮机调节系统等技术的发展,水轮机调速器经过了机械液压调速器、电液调速器、微机调速器的发展历程。现在,新建的大型和中型水轮发电机组均已不采用机械液压调速器了,小型机组也只有一小部分采用机械液压调速器。

1.3.1 水轮机机械液压调速器

测速、稳定及反馈信号用机械方法产生,经机械综合后通过液压放大部分实现驱动水轮机接力器的调速器称为机械液压调速器(Mechanical hydraulic governor)。

1. 机械液压调速器的结构

大型单调整机械液压调速器的结构如图 1-2 所示。

从图 1-2 可以看出,机械液压调速器起自动调节作用的主要部件如下。

(1) 测速(频)装置(Speed(Frequency) sensing device):检测机组转速(或转速偏差)并转变成相应输出量的装置。飞摆(离心飞摆)(Pendulum(Centrifugal))则是利用机械部件转动的方式检测转速偏差,并将其转变成相应机件位移输出的部件。

(2) 配压阀(Distributing valve):输出油流方向和流量随活塞移动的方向和位移大小而改变的阀;引导阀(Pilot distributing valve)是控制辅助接力器或中间接力器动作的配压阀。

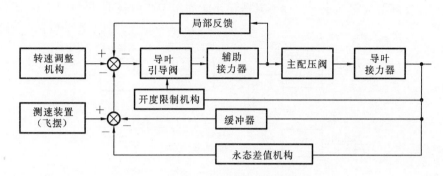

图 1-2　大型单调整机械液压调速器结构

（3）主配压阀（Main distributing valve, control valve）：控制导叶（喷针）或轮叶（折向器/偏流器）接力器动作的配压阀；辅助接力器（Auxiliary servomotor）是主配压阀的一个组成部分，是操作主配压阀活塞的控制接力器。在水轮机控制系统处于稳定状态下，辅助接力器活塞位置始终使主配压阀活塞位于中间位置。

（4）缓冲器（Dashpot）：在机械液压调速器中，实现缓冲装置功能的机械部件。在电液调速器中，则有实现同样功能的缓冲单元。

（5）转速调整机构（Speed adjusting mechanism 或 Speed changer）：在机械液压调速器中，用来改变机组转速，而在并联运行时用来改变机组输出功率的机构。在电液调速器和微机调速器中，机组孤立运行时起同样作用的环节称为频率给定；当机组并入大电网运行时，不用频率给定改变机组输出功率，而是用开度给定或功率给定来实现被控机组输出功率的控制。

（6）导叶接力器（Guide vane servomotor）：响应主配压阀的动作，供给导叶操作力的接力器。转轮叶片接力器（Blade servomotor）则是响应主配压阀的动作，供给转轮叶片操作力的接力器。导叶接力器和转轮叶片接力器都称为主接力器（Main servomotor）。中间接力器（Pilot servomotor）是操纵引导阀或主配压阀的接力器，在水轮机控制系统处于稳定状态时，其活塞可停留在符合规定的任意位置，它一般用于从中间接力器取反馈、主配压阀和接力器构成机械液压随动系统的系统结构中。

在冲击式水轮机中，与导叶接力器和转轮叶片接力器对应的分别是喷针接力器（Needle servomotor）和折向器接力器（Deflector/cut in deflector servomotor）或偏流器接力器（Cut in deflector servomotor）。

（7）机械开度限制机构（Mechanical opening limiter）：用机械方法（通过引导阀）来实现限制导叶或喷针开度的机构，它还具有机械液压手动操作的功能。在电液调速器和微机调速器中，分别有起同样作用的电气开度限制单元或软件开度限制单元。

2. 机械液压调速器典型传递函数

机械液压调速器的结构种类甚多，下面给出两种典型的机械液压调速器传递函数。

（1）加速度-缓冲型调速器（Acceleration-damping type governor）：测速装置中包

含有加速度环节的缓冲型调速器。其传递函数如图 1-3 所示。

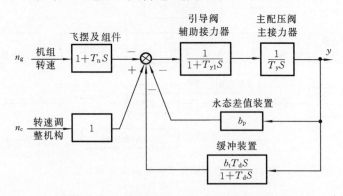

图 1-3　缓冲型机械液压 PID 调速器传递函数

这是一种有主接力器反馈、取机组速度和加速度信号、有暂态反馈的 PID（比例-积分-微分）调速器，常称为有加速度环节的缓冲型调速器。没有加速度测量功能的机械液压调速器（图中 $T_n=0$）称为缓冲型调速器（Damping type governor）。

（2）机械液压 PI 调速器：中间接力器反馈、取速度信号、有暂态反馈的 PI（比例-积分）调速器。这也是一种缓冲型调速器，它从中间接力器取调节反馈。其传递函数如图 1-4 所示。

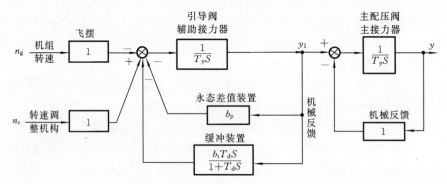

图 1-4　缓冲型机械液压 PI 调速器传递函数

图 1-3 和图 1-4 中参数的含义如下。

n_g——水轮发电机组转速；

n_c——转速给定；

y_1——辅助接力器位移；

y——主接力器位移；

T_{y1}——辅助接力器或中间接力器响应时间常数(s)；

T_y——主接力器接力器响应时间常数(s)；

b_p——永态差值系数；

b_t——暂态差值系数；
T_d——缓冲装置时间常数(s)；
T_n——加速度时间常数(s)；
S——拉普拉斯算子。

其定义及概念将在有关章节叙述。

1.3.2 水轮机电气液压调速器

机械液压调速器采用机械液压的方法对机组参数和反馈信号进行测量、综合，并用机械液压原理构成调节规律，不能适应水电站和电力系统进一步自动化的要求。因此，在电子、自动控制和水轮机调节系统等技术的推动下，电气液压调速器于20世纪60年代应运而生。电气液压调速器的系统框图、工作原理几乎与机械液压调速器的完全一样，仅仅是用若干电气环节取代了机械液压调速器的测量、反馈和调节部件。电气液压调速器的结构如图1-5所示。

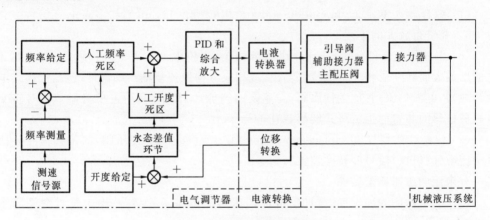

图1-5 电气液压调速器的结构

1. 电气液压调速器

对比图1-2和图1-5可以清楚地看出，电气液压调速器的总体结构基本上与机械液压调速器的相同，其主要区别是电气液压调速器用若干电气环节代替了机械液压调速器的部件。

20世纪60年代以后，电气液压调速器获得了较广泛的应用。从采用的元件来看，它又经历了电子管、磁放大器、晶体管、集成电路等几个发展阶段。20世纪80年代末期，出现了水轮机微机调速器并被广泛采用，现在已经没有生产电气液压调速器的厂家了。

2. 主要单元/环节

图1-5所示的引导阀、辅助接力器、主配压阀和接力器与图1-2所示的含义相同，其他主要单元/环节如下。

(1) 频率给定单元(Frequency setting module)：规定和改变机组频率的电气单元，它相当于机械液压调速器的转速调整机构。

(2) 测频单元(Frequency detector)：利用模拟方式或数字方式检测转速，并将其转变成相应输出量的单元，它相当于机械液压调速器的离心飞摆测速装置。

(3) 测速信号源(Speed signal source)：产生并提供转速信号的装置，如永磁发电机、发电机组的电压互感器、齿盘测速装置和超低频信号发生器等。

(4) 人工死区单元(Artificial dead band module)：在自动运行状态下，可人为地在规定的被控参量范围内控制系统不起调节作用的单元。一般有人工频率死区单元和人工开度死区单元。

(5) 电气缓冲单元(Electrical damper module)：实现缓冲装置功能的电气单元或程序模块，其作用与机械液压调速器的缓冲器相同。

(6) 功率给定单元(Power setting module)：规定和改变机组输出功率的电气单元。

(7) 综合放大单元(Summation and amplification module)：将多个电气信号综合在一起，并进行放大的单元。

(8) 电液转换器(Electro-hydraulic converter)：将电气输入信号连续地、线性地通过液压放大而转变成相应机械位移输出，或相应方向及流量输出的部件(包括位移式电液转换器，电液伺服阀，比例伺服阀，高速换向阀等)。其中，利用电机将调节信号转变成机械位移的装置称为电机式转换装置(Converter with electric motor)。

(9) 位移转换装置(Displacement converter)：将接力器(配压阀)的位移信号转换成相应电气(机械)信号的转换装置。

3. 电液调速器典型结构

图 1-6 所示的为加速度-缓冲型电液调速器的传递函数结构，图中符号含义与图 1-3 和图 1-4 的相同。

比较图 1-3 和图 1-6 不难看出，它们具有相同的系统结构，在图 1-6 所示的系统中仅仅用了下列电气环节取代图 1-3 所示的相应机械液压环节。

(1) 电气频率测量环节取代飞摆测速装置；
(2) 电气频率给定环节取代转速调整机构；
(3) 放大环节和电液转换器取代引导阀并完成电气信号至机械液压信号的转换；
(4) 电气永态差值环节取代机械永态差值装置；
(5) 电气缓冲环节取代机械液压缓冲装置；
(6) 由中间接力器引出的电气反馈取代由中间接力器引出的机械反馈。

4. 油压装置

水轮机调速器油压装置(Oil pressure supply unit)是能向水轮机调速器提供液压能的装置。

油压装置是向水轮机控制系统提供安全、可靠和稳定的工作油压的液压能源装置，

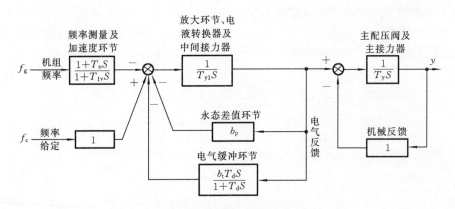

图 1-6　加速度-缓冲型电液调速器结构

是整个水轮机控制系统的有机组成部分,其安全性、可靠性与调速器同等重要。压力油罐在水轮机控制系统中的作用相当于储能器,将系统的工作压力稳定在一定的范围,在系统出现故障、油泵不能启动的情况下保证系统具有足够的工作容量(压力和油量)关闭导叶和轮叶,实现停机,保证机组安全。

油压装置由油泵、组合阀、滤油器、压力罐(压力油罐和压力空气罐)、回油箱和油压装置控制装置组成。

1.3.3　水轮机微机调速器

水轮机微机调速器(Micro-computer based governor)又称为水轮机数字式电液调速器(Hydraulic turbine digiter electric-hydraulic governor),在以下的叙述中简称为"微机调速器"。微机调速器是以微机为核心进行测量、变换与处理信号的电液调速器。

随着1971年微处理机的问世,世界各国在20世纪80年代初都开始研制微机调速器。我国研制成功了适应式变参数微机调速器,于1984年11月在湖南欧阳海水电站进行了试验并投入运行。其后又开发生产了双微机单调节微机调速器和双微机双调节微机调速器。

针对自行研制、开发的微机系统存在着由非计算机专业人员设计和生产、批量过少而导致可靠性不高的问题,我国的科研人员率先提出并完成了可编程控制器(PLC)调速器的开发和生产,至2007年底,据不完全统计已有约3 000台可编程控制器调速器在国内外水电站运行,成为我国当前水轮机微机调速器的微机调节器主导产品。

现在,我国已开始研制新一代的水轮机微机调速器的微机调节器——基于现场总线的全数字微机调节器。显然,随着微机技术、网络技术、总线技术的发展,水轮机微机调速器的微机调节器将会得到不断的完善和发展。

与微机调节器的迅速发展和应用同步,水轮机微机调速器的电液转换器也由原来单一的电液转换器和电液伺服阀,发展成为由步进电动机/伺服电动机构成的电机转换装置。同时,还研制成功了三态/多态阀式的机械液压系统。

1. 水轮机微机调速器总体结构

水轮机微机调速器的结构大致如图 1-6 所示，只需要将图中的"电气调节器"改为"微机调节器"即可。水轮机微机调速器内部的信号传递关系如图 1-7 所示。

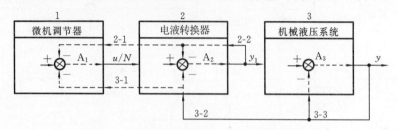

图 1-7 水轮机微机调速器的内部信号传递关系

按照一般的划分，水轮机微机调速器可看成由微机调节器和机械（电气）液压系统组成。将电气或数字信号转换成机械液压信号和将机械液压信号转换成电气或数字信号的装置，称为电液转换器。它在很大程度上影响到调速器的性能和可靠性，近 10 年来得到了迅速的发展。在图 1-7 所示中，将"电液转换器"单独表示出来，与"微机调节器"和"机械液压系统"一起作为总体结构的三个组成部分之一。电液转换器（Electro-hydraulic converter）是将电气输入信号连续地、线性地通过液压放大而转变成相应方向及流量输出，或相应机械位移输出的部件，它包括位移式电液转换器、电液伺服阀、比例伺服阀、电磁换向阀等。

(1) 前向通道（Forward channels）：图 1-7 所示中由左至右的控制信息的传递通道，是任何一种结构的调速器必须具备的主通道，它包括：通道 u/N、通道 y_1、通道 y。通道 u/N 是微机调节器的输出通道，它的输出可以是电气量 u，也可以是数字量 N。u/N 信号送到电液转换器作为其输入信号。通道 y_1 是电液转换器的前向输出通道，它输出的主要是机械位移，也可以是液压信号，是机械液压系统的输入控制信号。通道 y 是机械液压系统的输出通道，它输出的是接力器的位移。

(2) 反馈通道（Feedback channels）：与前向通道信息传递方向相反的通道。由图 1-7 可以清楚地看出：可能的反馈通道有 2-1、3-1、2-2、3-2、3-3 等 5 条。其概念已十分清楚，例如，反馈通道 3-1 是接力器位移 y 经过电液转换器转换为电气量或数字量，再送给微机调节器作为反馈信号的通道。

(3) 综合点（Confluent point）：系统中前向通道和反馈通道信息的汇合点。图 1-7 所示的是分别位于微机调节器、电液转换器和机械液压系统中的 3 个比较点：A_1、A_2 和 A_3。在一般情况下，A_1 是数字量综合点，A_2 是电气量综合点，A_3 是机械量综合点。

对前向通道（u/N、y_1、y）、反馈通道（2-1、3-1、2-2、3-2、3-3）和综合点（A_1、A_2、A_3）进行不同组合，可以得到各种总体结构不同的调速器。可按图 1-7 所示的综合点及反馈通道的组成结构对系统进行分类。表 1-5 给出了常用典型系统情况，把表 1-1 所示的系统按序号简称为系统Ⅰ、Ⅱ……

表 1-5 微机调速器典型结构

序号	综合点			反馈通道					系统特征	
	A_1	A_2	A_3	2-1	3-1	2-2	3-2	3-3	综合比较点	电液系统
Ⅰ	?	○	L	×	?	×	○	L	电液转换器	电液随动系统
Ⅱ	○	×	L	×	○	×	×	L	微机调节器内	电液执行机构
Ⅲ	?	○	○	?	?	○	×	○	电液转换器 机械液压系统	电液随动系统 (中间接力器)+ 机械液压随动
Ⅳ	○	○	○	○	○	×	×	?	微机调节器 机械液压系统	电液执行机构 (中间接力器)+ 机械液压随动
Ⅴ	○	×	○	×	○	×	○	○	微机调节器 机械液压系统	电液执行机构

表 1-1 中符号的含义如下。

○——闭环调节用；

?——校验检错用；

L——机械开度限制/机械手动用；

×——不用。

2. 微机调速器典型结构

1) 电液转换器(比例伺服阀)/电液随动系统型(系统Ⅰ型)

由图 1-8 所示的系统结构和图 1-9 所示的系统传递函数所构成的调速器属于系统Ⅰ型调速器。

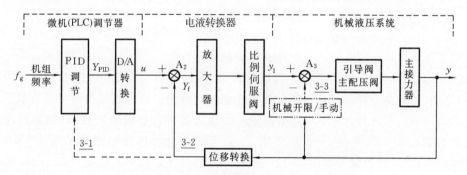

图 1-8 电液转换器/电液随动系统型调速器

这种调速器系统结构有如下特点。

① 微机调节器输出模拟电压 0～+10 V(或其他的设计形式)。在图 1-8 中，u 是微机调节器的电气接力器信号。转换驱动环节是 D/A(数/模)转换。

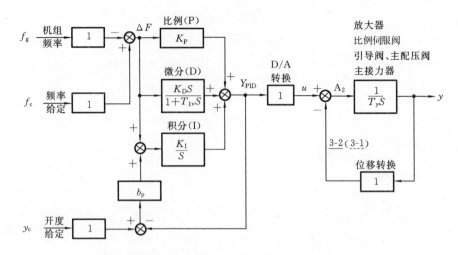

图 1-9 电液转换器/电液随动系统型调速器传递函数

② 电液转换器可以完成电气信号至机械液压信号的转换。常用的有比例伺服阀、环喷式电液转换器和双锥式电液转换器等。其控制参数为±10 V,200 mA;有专用的交流振荡线圈,接入交流信号后,可使死区减小;输出机械位移一般为±6 mm;输出负载能力为 500～1 500 kN。

另外,这种装置还可完成机械液压信号至电气信号的转换,例如,常采用的有电位器式或感应式接力器位移转换器,与微机调节器输出相匹配,对应于接力器全行程的反馈电压值为 0～+10 V 或 4～20 mA。

③ 系统 I 型微机调节器。这种调节器中起闭环调节作用的电气综合比较点为图 1-7 所示的点 A_2,因此电液随动系统由电液转换器和机械液压系统一起构成。

④ 图 1-8 所示的机械综合比较点 A_3 和反馈通道 3-3 用于机械开度限制和机械液压手动工况,图中用虚线表示。在调速器自动运行工况,且不受机械开度限制机构限制时,综合比较点 A_3 和反馈通道 3-3 不起作用。

对系统 I 型调速器有以下几个值得注意的问题。

① 图 1-9 所示的 T_y 是主接力器反应时间常数,在这个环节中,忽略了电液转换器、引导阀、辅助接力器和主配压阀数值很小的时间常数。前面已经指出,T_y 是本系统中电液随动系统开环放大系数 K_{op} 的倒数。当接力器结构参数确定后,只能通过改变图中放大器的放大系数(从而改变了 K_{op})来调整 T_y 值,从而电液随动系统(Servo-system)能自动跟踪控制装置输出,使电液随动系统有满意的动态性能。

② 从图 1-9 所示可以看出,反馈通道 3-1(图中用虚线表示)也反馈给微机调节器,它在其中与 PID 调节输出进行比较,完成对电液随动系统的故障诊断。这个功能从微机调速器被研制出来就具备了,它能检测出电液转换器卡阻、接力器电气反馈断线等故障。

系统 I 型从 20 世纪 90 年代以来得到了极广泛的应用。系统 I 型是由微机调节器和电液随动系统两部分组成的,因而构成系统的两个组成部分可以方便地进行单独试验。但是,有自行设计、生产的外部电路,在一定程度上影响了整体的可靠性,且调整放大器放大系数不如下面讨论的系统Ⅱ型(可用程序改变相应放大系数)方便。

2) 电液转换器(比例伺服阀)/电液执行机构型(系统Ⅱ型)

由图 1-10 所示的系统结构和图 1-11 所示传递函数构成的调速器属于系统Ⅱ型调速器。从传递函数的观点来看,图 1-8 所示和图 1-10 所示的有相同的结构。

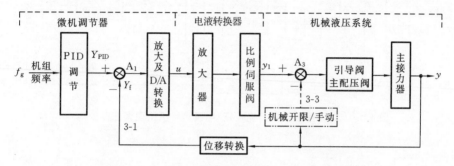

图 1-10 电液转换器/电液执行机构型调速器结构图

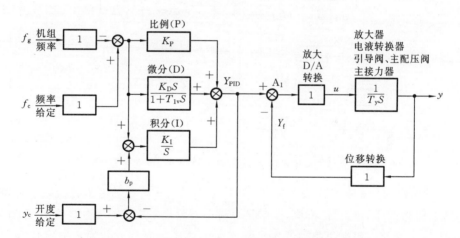

图 1-11 电液转换器/电液执行机构型调速器传递函数

图 1-10 所示系统和图 1-8 所示系统的最大区别是:图 1-10 所示系统采用数字综合点 A_1 作为系统的主要综合点。因此,系统的电液转换器与机械液压系统一起,是电液执行机构,而不是电液随动系统。

微机调节器的"放大及 D/A 转换"环节起着调整放大系数(从而调整了接力器响应时间常数 T_y)和 D/A 转换的作用。微机输出信号 u 为 ±10 V 或 4~20 mA,当调速器处于稳定状态(静态)时,其数值应为零。电液转换器的放大器仅对 u 信号起功率放大作用,并以 ±10 V、4~20 mA 的信号控制电液转换器的工作线圈。

3) 交流伺服电机转换装置/电液执行机构型（系统Ⅱ型）

这是我国 2000 年研制成功的新型系统，其系统结构和传递函数分别如图 1-12 和图 1-13 所示。此系统属于系统Ⅱ型。

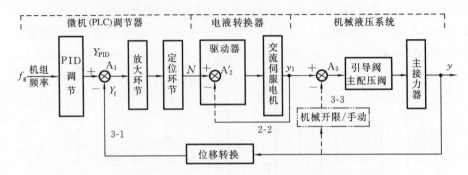

图 1-12　交流伺服电机转换装置/电液执行机构型调速器结构

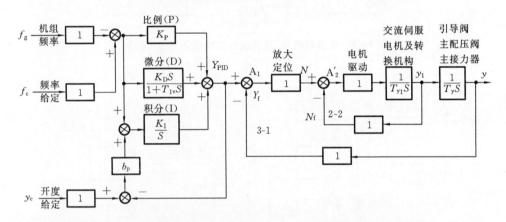

图 1-13　交流伺服电机转换装置/电液执行机构型调速器传递函数

这种调速器具有交流伺服电机（位置环）及转换机构构成的电机转换装置，由定位环节控制微机调节器的定位模块，根据 PID 调节器输出 Y_{PID} 与主接力器反馈（通道 3-1）y_f 的差值，向交流伺服电机驱动器送出与此差值成比例的有方向的定位信号 N，交流伺服电机同轴的旋转编码器将实际转角（位移）y_1 以脉冲数的形式 N_f 送回驱动器，从而形成了以 T_{y1}（交流伺服机构反应时间常数）为特征参数的小闭环。在调速器稳定状态（静态），y_1 使主配压阀处于中间平衡位置。

交流伺服机构在系统电源消失时，y_1 不能回复至平衡位置（中间位置），因此，近年来国内大多都采用自复中电液转换器结构。

调节微机调节器中放大环节的放大系数，可以整定合适的接力器响应时间常数 T_y 值。

在位置环方式下工作的交流伺服电机，其静态性能优良；动态品质则较速度环方式有明显提高。

4) 交流伺服电机转换装置(中间接力器)/机械液压随动系统型(系统Ⅲ型)

本系统结构和传递函数如图 1-14 和图 1-15 所示,本系统属于系统Ⅲ型。

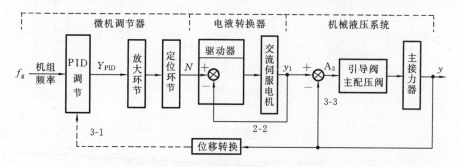

图 1-14 交流伺服电机转换装置(中间接力器)/机械液压随动系统型调速器

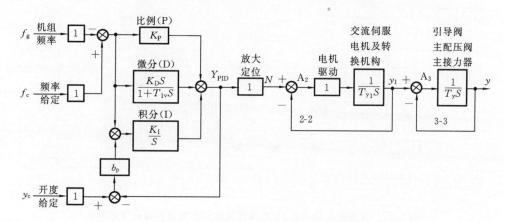

图 1-15 交流伺服电机中间接力器/机械液压随动系统型调速器

系统Ⅲ型调速器的交流伺服电机(位置环)及转换机构组成相当于中间接力器的结构。其输出位移相对值 y_1 从 0 变化到 1.0,等效于中间接力器的全关至全开全行程。

此类型调速器的机械反馈通道 3-3 在机械综合点 A_3 与 y_1 进行综合比较,构成包围主接力器的机械液压随动系统。其反馈通道 3-1 将反馈信号送入微机调节器,只用做检错,不参加闭环调节。

本类型调速器用于中小型系统时有优良的静态和动态性能。这是因为,此时的主接力器机械反馈很容易实现,且不需要经过复杂、大量的杠杆和钢丝绳传递。

5) 步进电机转换装置/机械液压随动系统型

本系统结构和传递函数如图 1-16 和图 1-17 所示。

步进电机速度环的构成如图 1-16 所示。微机调节器通过 D/A 转换向步进电机驱动器送出模拟电压 u 和旋转方向接点信号,步进电机的速度在线性范围内与电压 u 成正比;由综合比较点 A_3 之后引出的主配压阀位移信号被送到微机调节器中的综合比较点 A'_1,形成对 y 的位置控制。

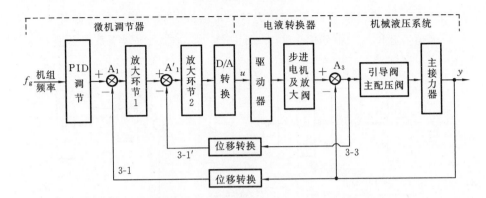

图 1-16 步进电机转换装置/机械液压随动系统型调速器

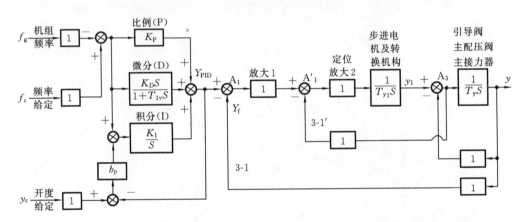

图 1-17 步进电机转换装置/机械液压随动系统型调速器传递函数

从控制理论的观点来看,图 1-15 所示的调速器系统与图 1-17 所示的调速器有相同性质的动态特性。值得指出的是,由于图 1-17 所示系统将接力器位移 y 的反馈信号 Y_f(反馈通道 3-1)直接引至综合点 A_1,参加闭环调节,因而,它的静态特性死区应小于相同条件下图 1-15 所示系统的死区。

6) 三态/多态数字阀系统型

与前面分析介绍的 5 种系统有本质区别的本系统是一种基于断续开关量控制的系统。其系统结构和传递函数分别如图 1-18 和图 1-19 所示。

三态/多态数字阀系统型微机调节器的主体仍是 PID 调节器,其接力器开度不灵敏区环节如图 1-19 所示。记

$$\Delta Y = Y_{PID} - Y_f \tag{1-6}$$

式中:Y_{PID}——PID 调节器的输出;

Y_f——主接力器位移的反馈值。

由此可得到不灵敏区环节特性如图 1-20 所示。其关系式为

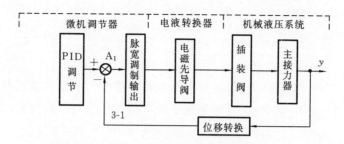

图 1-18 三态/多态阀型调速器结构

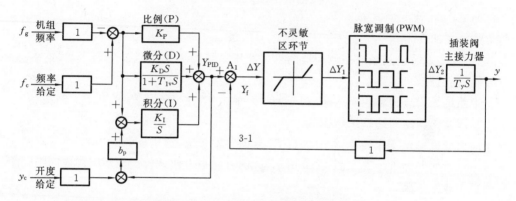

图 1-19 三态/多态阀型调速器传递函数

$$\left.\begin{array}{ll} -E_0 < \Delta Y < E_0, & \Delta Y_1 = 0 \\ \Delta Y \geqslant E_0, & \Delta Y_1 = \Delta Y - E_0 \\ \Delta Y \leqslant -E_0, & \Delta Y_1 = \Delta Y + E_0 \end{array}\right\} \quad (1-7)$$

对于本类型调速器的脉宽调制(PWM)环节,若取 T 为 PWM 环节的周期,则环节输出为高的持续时间为 t_1,如图 1-21 所示,其特性可表述为

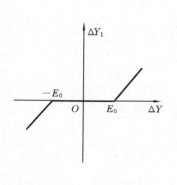

图 1-20 不灵敏区特性

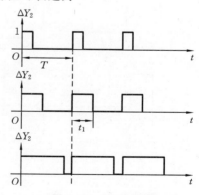

图 1-21 PWM 特性

当 $0 \leqslant \Delta Y_1 \leqslant \Delta Y_{1M}$ 时，$t_1 = \dfrac{1}{T}\dfrac{\Delta Y_1}{\Delta Y_{1M}}$

当 $\Delta Y_1 > \Delta Y_{1M}$ 时，$\qquad t_1 = T$
$\qquad\qquad\qquad\qquad\qquad\qquad\qquad\qquad\qquad$ (1-8)

式中：ΔY_{1M} ——ΔY_1 的最大值。

选择合适的 PWM 周期 T 值，会使水轮机调节系统的动态品质有明显的提高，一般取值范围为 $T=0.2\sim 0.3\,\mathrm{s}$。考虑到电磁先导阀和插装阀的响应时间，应取一个最小的导通时间 t_{10}，故式(1-12)可改为

当 $0 \leqslant \Delta Y_1 \leqslant \Delta Y_{1M}$ 时，$\quad t_1 = \dfrac{1}{T}\dfrac{\Delta Y_1}{\Delta Y_{1M}}$（若 $t_1<t_{10}$，则取 $t_1=t_{10}$）

当 $\Delta Y_1 > \Delta Y_{1M}$ 时，$\qquad t_1 = T$
$\qquad\qquad\qquad\qquad\qquad\qquad\qquad\qquad\qquad$ (1-9)

与 PWM 周期 T 相配合，一般取 $t_{10}=0.02\sim 0.08\,\mathrm{s}$。

三态/多态数字阀系统型调速器的机械液压系统的主要组成部分为三态（或多态）先导阀、插装阀、主接力器。

本系统无引导阀和主配压阀，在开关状态下工作，在平衡位置时，基本无油耗。

3. 双调整调速器的系统结构

前面分析讨论了几种单调整微机调速器的典型系统，这里仅就图 1-22 所示双调整调速器进行简要分析。参照图 1-22 所示系统，可以很方便地由其他系统构成同型式的双调整调速器系统。

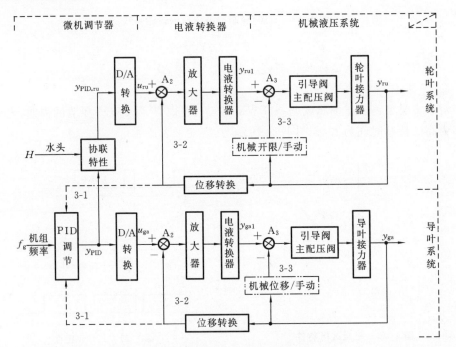

图 1-22 双调整水轮机微机调速器系统结构

图 1-22 所示为电液转换器/电液随动系统型双调整水轮机微机调速器的系统结构。

图 1-22 中：

y_{ga}——导叶接力器行程相对值。对于单调整调速器，简记为 y。

u_{ga}——微机调节器输出的"电气导叶接力器"模拟电压。对于单调整调速器，简记为 u。

y_{ru}——轮叶接力器行程相对值。

u_{ru}——微机调节器输出的"电气轮叶接力器"模拟电压。

对于双调整调速器的轮叶系统来说，其液机转换器和机械液压系统与导叶系统具有相同的系统结构。

双调整微机调节器的 PID 调节器输出 Y_{PID} 与机组水头信号 H 一起，通过协联环节可求得在该水头和 Y_{PID} 值下的轮叶接力器的行程(转角)$Y_{PID,ru}$。

图 1-23 所示为一种微机调速器的微机调节结构。

4. 微机调速器典型总体结构

下面介绍具有典型意义的并已经在大型水电站得到成功应用的微机调速器总体结构，在以后的章节中将有详细的分析和讨论。

1) 双微机和交流伺服电机自复中系统(带机械液压手动)原理

双微机和交流伺服电机自复中系统(带机械液压手动)原理框图如图 1-23 所示。

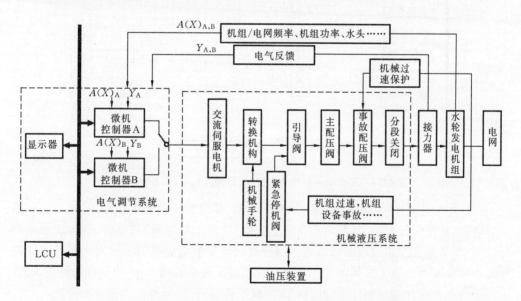

图 1-23 双微机和交流伺服电机自复中(带机械液压手动)系统结构

(1) 微机调节器：由微机控制器 A 和 B 构成。安装在调速器电气柜中，每个微机调节器硬件、软件配置完全相同，均有完全独立的 CPU、I/O 通道、传感器、测频和电源,并以交叉冗余方式构成容错系统。每套微机调节器均能单独全面完成对调速器的性能和功能要求。

(2) 机械液压系统:根据系统总体结构,机械液压系统交流伺服电机驱动的引导阀作为电液转换器;交流伺服电机驱动的引导阀通道除用于自动调节外,还具有纯机械液压手动功能;它的自复中特性能在发生电源消失或其他电气故障时,使主配压阀恢复到中间平衡位置,从而接力器能保持在原来的位置。

此外,机械液压系统还配置有紧急停机电磁阀、手动紧急停机阀、主配压阀、事故配压阀和分段关闭阀等。

2) 双微机和双比例伺服阀(带独立电手动)系统原理

双微机和双比例伺服阀(带独立电手动)系统结构如图 1-24 所示。

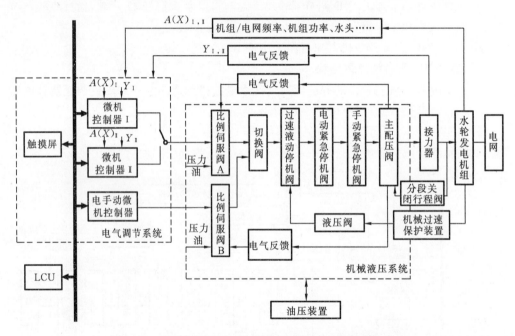

图 1-24 双微机和双比例伺服阀(带独立电手动)系统结构

(1) 微机调节器:由微机控制器 Ⅰ 和 Ⅱ 构成。安装在调速器电气柜中,每个微机调节器硬件、软件配置完全相同,均有完全独立的 CPU、I/O 通道、传感器、测频装置和电源,并以交叉冗余方式构成容错系统。每套微机调节器均能单独全面完成对调速器的性能和功能要求。微机控制器 Ⅰ 和 Ⅱ 都可以控制比例伺服阀 A,并构成自动调节通道;电气手动微机控制器控制比例伺服阀 B,构成手动通道,也具有自动调节的功能。

(2) 机械液压系统:采用两个比例伺服阀作为电液转换器,比例伺服阀 A 用于自动通道,比例伺服阀 B 用于手动通道。此外,机械液压系统还配置有紧急停机电磁阀、手动紧急停机阀、主配压阀、事故配压阀和分段关闭阀等。

3) 微机调节器和比例伺服阀+交流伺服电机自复中(带机械液压手动)系统原理

微机调节器和比例伺服阀+交流伺服电机自复中(带机械液压手动)系统原理框图如图 1-25 所示。

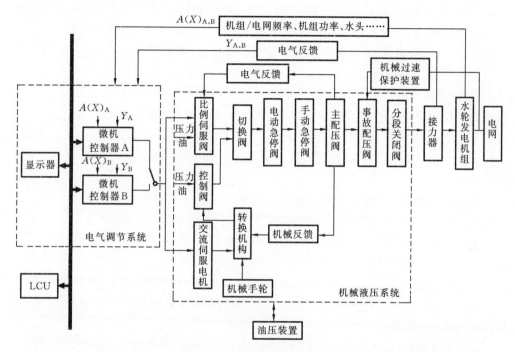

图 1-25 微机调节器和比例伺服阀+交流伺服电机自复中(带机械液压手动)系统原理框图

(1) 微机调节器：由微机控制器 A 和 B 构成，安装在调速器电气柜中，每个微机调节器硬件、软件配置完全相同，均有完全独立的 CPU、I/O 通道、传感器、测频装置和电源，并以交叉冗余方式构成容错系统。每套微机调节器均能单独全面完成对调速器的性能和功能要求。

(2) 机械液压系统：由比例伺服阀通道和交流伺服电机驱动的控制阀通道组成，构成冗余的电液转换双通道，切换阀选择比例伺服阀和交流伺服电机驱动的控制阀之一的电液转换通道工作；交流伺服电机驱动的控制阀通道除用于自动调节外，还具有纯机械液压手动功能；它的自复中特性能在电源消失或其他电气故障时，使主配压阀恢复到中间平衡位置，从而使接力器保持在原来的位置。此外，机械液压系统还配置有电动急停阀、手动急停阀、主配压阀、事故配压阀和分段关闭阀等。

1.3.4 基于现场总线的全数字式微机调速器

1. 现场总线

与水轮机电液调速器的技术状况相似，20 世纪 80 年代以前的设备和过程控制领域一直使用 4~20 mA、-10~+10 V 等标准模拟信号，以实现控制器与变送器、指示仪表与执行器之间的接口。随着微机和网络通信技术的发展，数字信号代替模拟信号进行数据传输和接口成为一个必然的发展趋势。简言之，利用现场网络把基于微机技术的各种智能设备集成在一起，就是现场总线的基本含义。也可以说，现场总线是控制系统中控制器、变送器、执行器等数字式（微机）设备和装置之间的通信网络。现场总线是一种全分散、全数字化、智能、双向、多变量、多站点的通信系统，具有可靠性高、抗干扰能力强、通信速率快、系统安全和可扩展性好等优点，可以说工业自动控制已进入了现场总线的新时代。

当前，国际上有代表性的现场总线有德国的 PROFIBUS 现场总线、美国的 CAN 现场总线和法国的 FIP 现场总线，它们之间既有基本的共同点，又有一些甚至是本质的差别。但是，它们都用一级现场总线代替原来需要两级子网完成的功能，不仅负责一个控制系统之间的信息传送，而且还可以完成控制器与控制器、控制器与工作站之间的信息交换。

2. 基于现场总线的全数字化水轮机调速器

1）新一代全数字化水轮机微机调速器的原理

新一代全数字化水轮机微机调速器结构如图 1-26 所示，系统具有以下特点。

(1) 调速器为全数字型，无模拟量。

(2) 控制器(C)采用可编程控制器(PLC)等工业控制计算机组成。

(3) 开关量 I/O(DI/O)和频率测量(FM)是挂在现场总线上的由 DI、DO 和高速计数模块构成的分站来实现。

(4) 水头测量(HM)、功率测量(PM)采用带有现场总线接口的水头变送器和功率变送器。

(5) 导叶开度测量(OM)采用带现场总线接口的多圈绝对型旋转编码器或其他位移传感器来实现。

(6) 电液转换器(EHT)由定位模块（高速脉冲输出模块）控制相应的驱动器或选用具有现场总线接口的比例伺服阀构成。

(7) 与机组 LCU 的接口，可以采用现场总线的方式，也可以由控制器与其相连。

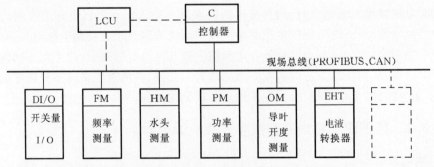

图 1-26　基于现场总线的全数字化水轮机微机调速器结构

2) 水电站的调速器现场总线结构

5 台机组调速器现场总线结构如图 1-27 所示。系统的特点如下。

(1) 5 台机组调速器在统一的现场总线上工作;

(2) 每一台控制器($C_1 \sim C_5$)都可以与总线上的 DI/O、FM、…交换信息,每一台控制器($C_1 \sim C_5$)都能控制其他机组的执行器;

(3) 当故障或其他原因使 $C_1 \sim C_5$ 中的控制器 C_n 退出工作时,该控制器所在的数字式调速器可由其他的控制器(非 C_n)继续控制工作,从某种意义上讲,系统是一个不付出硬件资源的冗余系统;

(4) 5 台机可以装设 3~4 台控制器。

图 1-27 水电站(5 台机组)调速器现场总线结构图

1.4 水轮机调节技术的现状及发展趋势

1.4.1 我国水轮机调节技术现状

1. 水轮机调速器的生产和应用

现在,世界上的调速器生产厂家已经不再生产电液调速器,原有的电液调速器也基本上被改造为微机调速器,调速器生产厂家也不再生产大型和中型机械液压调速器。不仅大型和中型水轮发电机组的调速器均采用微机调速器,就连大多数小型水轮发电机组也都选用微机调速器,目前只有少数原有的机械液压调速器在水电站运行。

2. 我国水轮机微机调速器的技术水平

我国自行开发研制的第一台微机调速器 1984 年 11 月在湖南欧阳海水电站试验成功并投入运行,开创了我国水轮机调节领域的新的篇章;以可编程控制器为主体的微机调节器研制成功极大地促进了我国微机调速器的广泛应用和迅速发展。

(1) 20 世纪 80 年代以来,我国的微机调速器的技术性能和功能都与水轮机调节技术的国际先进水平基本上保持同步状态。水轮机调节系统的国家标准(GB/T9652.1—2007《水轮机控制系统技术条件》和 GB/T9652.2—2007《水轮机控制系统试验》)也与相关国际标准(IEC61362《水轮机控制系统规范导则》和 IEC60308《水轮机调速系统试验规范》)水平相当。

（2）我国的微机调速器在下列方面具有特色或处于世界领先水平。
① 水轮机调节系统的适应式变参数 PID 调节规律；
② 带功率开环增量环节的功率调节模式；
③ 微机调节器的模块级双微机交叉冗余技术；
④ 交流伺服电机或步进电机驱动的电液转换器；
⑤ 具有故障状态下自复中的主配压阀和机械液压手动装置；
⑥ 中小型调速器采用的数字阀电液转换装置；
⑦ 频率测量、导叶接力器位移测量等的检错、容错技术。
（3）我国的微机调速器尚待改进、完善、提高的问题。
① 微机调节器的生产工艺、抗干扰特性和可靠性；
② 机械液压主要部件的自主设计、选用材料、生产工艺和可靠性。

3. 现代电力系统对水轮机调节系统的主要要求

在微机调速器出现、发展、完善和广泛应用的同时，水电站自动发电控制系统、电网发电调度自动化系统已日趋成熟并进入了实用化的推广阶段，区域电网形成且容量迅速加大。大、中型和多数小型水轮发电机组的主要运行方式是并入大的区域电网运行。控制这些机组的水轮机微机调速器则是通过水电站 AGC 系统受控于电网发电调度系统，是一个机组功率控制器。电网的发电负荷调整及分配、电网调频任务主要由电网发电调度系统完成，微机调速器仅仅是它的末端控制器。因而，现代电力系统对水轮机微机调速器运行的主要要求可概括如下。

1）被控机组空载工况

微机调速器应在可能的运行水头范围内控制机组频率，使其跟踪于电网频率，便于机组尽快地平稳地并入电网。微机调速器此时主要工作于频率调节模式。

2）被控机组并入大电网工况

对于被控机组承担指定负荷的微机调速器，应该完成电网的一次调频任务；接收水电站 AGC（或调度指令）系统的功率给定 P_c 值，在机组可能的运行水头范围内，快速且近似单调地控制机组实发功率 P_g，到达功率给定 P_c，完成电网二次调频的机组功率控制器任务。微机调速器应工作于功率调节模式，主要起机组功率控制器的作用。当电网的频率偏差过大时，微机调速器即自动转为频率调节模式工作。

当电网调度指定机组起调频作用时，调速器工作于频率调节模式，但仍接收 AGC 系统的功率给定 P_c 值。小频差时，微机调速器按静特性起调频作用；电网的大频差则仍由电网 AGC 系统的调频功能通过下达给机组的 P_c 值完成电网调频任务。

当机组断路器分闸时，调速器即进入甩负荷过程，它应可靠和快速地控制机组至空载状态。

3）被控机组在小（孤立）电网工作

对于绝大多数大、中型机组，这是一种事故性的和暂时的工况，当被控机组与大电网事故解裂时，微机调速器会根据电网频差超差自动转为频率调节模式，即工作于频率调节器方式。被控机组容量占小电网总容量的比例、小电网突变负荷大小和小电网负荷特性等因素,使得这种情况下的调速器的工作条件十分复杂,只能尽量维持电网频率在一定范围内。在系统稳定的前提下,尽量减小负荷变化时的电网频率最大上升值或下降值,尽量加快系统频率向 50 Hz 恢复的速度。如果突变负荷超过小电网总容量的 10%,由于接力器的最短开启和关闭时间限制了被控机组功率的增加和减少的速率,故动态过程中大的电网频率上升和下降是不可避免的。

因此,现代微机调速器的发展,必须适应现代电力系统运行对调速器的主要运行特性的要求。从一定意义上来看,水轮机调速器只是现代电力系统自动化大系统中机组有功功率的控制器。它不可能承担抑制电力系统振荡、维持系统稳定、电力系统调频等应由电网自动化系统完成的任务。

1.4.2 我国水轮机调节技术发展趋势

基于现场总线的全数字式微机调速器是今后的发展方向。选用技术先进、可靠性高、标准化工业产品、选择余地大的工业控制机(PLC、IPC 等)和系统集成技术构成微机调速器的微机调节器是发展的必然趋势。选择微机调节器的计算机控制器时主要要考虑的因素包括:CPU 运算速度、I/O 和存储容量、编程语言、可靠性、选择空间等。同时,比例伺服阀和电机式电液转换器是微机调速器的主要推广和发展方向。研究、设计、制造具有我国独立知识产权的高性能和高可靠性的主配压阀和机械液压系统,提高国产微机调速器的可靠性和工艺水平,是国内调速器生产厂家的重要任务。微机调速器的科技创新与开发工作,应针对电力系统对水轮机调速器运行的要求和迫切需要解决的问题进行,在调速器的科研与开发工作中,应把理论密切联系实践作为创新、发展的重要思想,企业应该是科技创新的主体。

第 2 章 水轮机调节系统的静态特性和控制功能

水轮机调节系统、水轮机控制系统和被控制系统在工作过程中有两种工作状态：静态（稳定状态）和动态（瞬变状态、过渡状态）。稳定状态（Steady state）是指机组在恒定的负荷、给定信号和水头下运行，水轮机控制系统和水轮机调节系统的所有变量都处于恒定数值的运行状态。

当系统受到负荷、水头等扰动或给定信号变化时，水轮机调节系统将出现相应的运动；当系统动态稳定时，经过一段时间后，在新的条件下进入了新的稳定状态；系统动态不稳定时，则会出现等幅振荡或发散振荡，系统不能正常工作，没有稳定状态。从原稳定状态到新稳定状态的运动过程，称为水轮机控制系统和水轮机调节系统的动态或瞬变状态（Oscillation condition or transient condition）。

在实际运行中，水轮机调节系统和水轮机控制系统的稳定状态是相对的、暂时的，其动态则是绝对的、长期的。

前已指出，水轮机调节系统是由被控制系统和水轮机控制系统构成的。这一章将讨论被控制系统的静态特性、水轮机控制系统的静态特性和水轮机调节系统的静态特性。其中，微机调速器的静态特性，特别是微机调节器的静态特性是分析和研究的重点。

图 2-1 所示为一种微机调速器的微机调节器结构。图中：f_g 为机组频率（Hz）；f_c 为频率给定（Hz）；y_c 为开度给定相对值；K_P 为比例增益；K_I 为积分增益（s^{-1}）；K_D 为微分增益（s）；T_{1v} 为微分环节时间常数（s）。

被控参量（Controlled variable）是由水轮机控制系统控制的参量。在水轮机调节系统中，主要的被控制参量有：机组（电网）频率、机组转速、被控机组有功功率等；主要的给定信号有：频率给定、接力器开度给定、被控机组功率给定等。水轮机控制系统（调速器）的主要输出量有：导叶接力器行程、轮叶接力器行程等；与水轮机调节系统静态特性有关的参数有：永态差值系数（b_p）、转速死区（i_x）、速度变动率（功率永态差值系数）（e_p）等。有关变量、参数的定义和单位将在相关章节详细介绍。

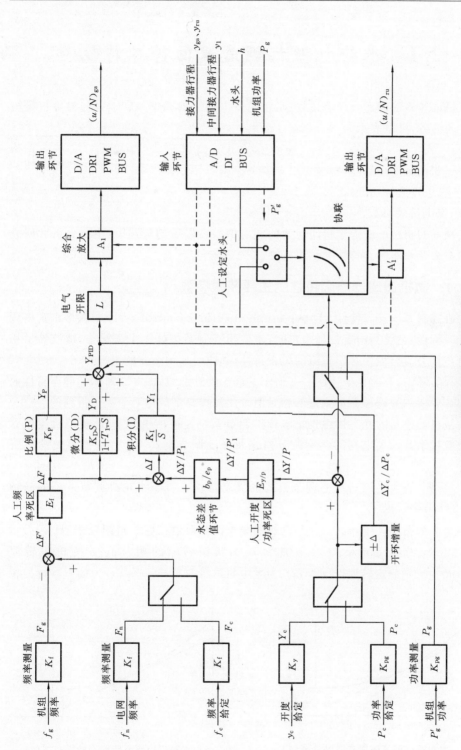

图 2-1 微机调速器微机调节器结构图

2.1 水轮机微机调速器的静态特性

在微机调速器的静态及动态过程中,水轮发电机组的频率与转速是与发电机磁极对数有关的参数,可以表示为

$$n = 60f/p \tag{2-1}$$

式中:f——机组频率(Hz);

n——机组转速(r/min);

p——发电机极对数。

机组频率的相对值就等于机组转速的相对值。在以后的叙述中,主要分析和研究以机组频率为变量的静态特性和动态特性。

2.1.1 微机调速器静态特性的主要技术参数

水轮机控制系统静态特性(Droop graph of turbine control system)就是水轮机调速器的静态特性,它是当给定信号恒定时,水轮机控制系统处于平衡状态,被控参量相对偏差值与接力器行程相对偏差值的关系特性,其曲线如图 2-2 所示。

在工程实际中,有时也采用图 2-3 所示的静态特性曲线;图 2-3 所示的静态特性曲线是将图 2-2 所示的被控参量偏差的相对值改用被控参量的绝对值表示得到的。这一节讨论的微机调速器的静态特性也是水轮机调节系统在被控机组空载、被控机组孤立电网和被控机组并入大电网的频率调节模式及开度调节模式等工作状态下的静态特性。

被控机组并入大电网的功率调节模式的静态特性是属于水轮机调节系统的静特性,将在 2.4 节中讨论。

在图 2-2 和图 2-3 中,$x_f = f_g/f_r$ 为机组频率的相对值;f_g 为机组频率(Hz);$f_r = pn_r/60 = 50\text{Hz}$ 为额定频率;$x_n = n/n_r = x_f$ 为机组转速的相对值;n 为机组转速(r/min);n_r 为机组额定转速(r/min);p 为发电机磁极对数;$y = Y/Y_M$ 为接力器行程相

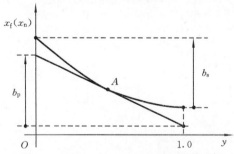

图 2-2 水轮机控制系统静态特性曲线(1)

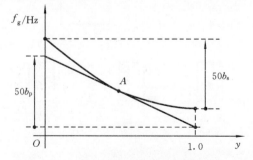

图 2-3 水轮机控制系统静态特性曲线(2)

对值;Y为接力器行程(m);Y_M为接力器最大行程(m)。

1. 永态差值系数 b_p

永态差值系数(Permanent droop)b_p是指在水轮机控制系统静态特性曲线上,某一规定运行点处斜率的负数。

在图 2-2 所示水轮机调节系统静态特性曲线上,取某一规定点(例如,图中的A点),过该点作一切线,其切线斜率的负数就是该点的永态差值系数,即

$$b_p = -\frac{\mathrm{d}x_f}{\mathrm{d}y} \tag{2-2}$$

对于图 2-3 所示的静态特性曲线,当额定频率为 $f_r=50$ Hz 时,其对应的上述切线斜率的负数值为 $50b_p$(Hz)。

2. 最大行程的永态差值系数 b_s

最大行程的永态差值系数(Maximum stroke permanent droop)b_s是在规定的给定信号下,从水轮机控制系统静态特性曲线上得出的接力器在全关($y=0$)和全开($y=1.0$)位置的被控参量(机组频率(转速))相对偏差值之差。

在图 2-3 所示中,最大行程的永态差值系数 b_s 是在规定的给定信号下,从水轮机控制系统静态特性曲线上得出的接力器在全关($y=0$)和全开($y=1.0$)位置的被控参量(机组频率(转速))绝对偏差值之差。

显然,对于一条曲线形的静态特性线,选取不同的A点,会得到不同的b_p值。但是,实践表明,对于选择了合适接力器位移变送器的水轮机微机调速器来说,其静态特性曲线十分接近于一条直线。因此,在这种情况下,如果取 b_s 作为 b_p,也不会有过大的误差,在一般的工程应用中常取 $b_p = b_s$。

在水轮机调节系统静态特性一节中,还要讨论应用于电网一次调频的水轮机调节系统的速度变动率 e_p,仿照永态差值系数 b_p 的定义,可以称为(功率)永态差值系数 e_p。

3. 转速死区 i_x

死区(Dead band)i_x是指给定信号恒定时,不起调节作用的两个被控参量偏差相对值间的最大区间。当被控参量为转速时,该区间即为转速死区 i_x。其在静态特性曲线上的表述如图 2-4 所示。

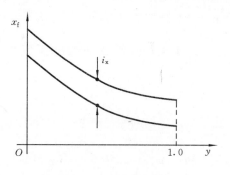

图 2-4 转速死区 i_x

4. 随动系统不准确度 i_a

随动系统不准确度(Servo-system inaccuracy)i_a是指在微机调速器的电液随动系统中,对于所有不变的输入信号,相应输出信号的最大变化区间的相对值,如图 2-5 所示。

国家标准《水轮机控制系统技术条件》对水轮机控制系统的静态特性有下列规定:

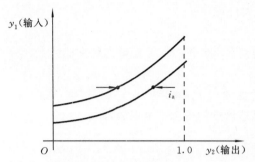

图 2-5 随动系统不准确度 i_a

① 静态特性曲线应近似为直线；

② 测至主接力器的转速死区和在水轮机静止及输入转速信号恒定的条件下接力器摆动值不超过表 2-1 所示规定值；

③ 转桨式水轮机控制系统中，轮叶随动系统的不准确度 i_a 不大于 0.8%，实测协联关系曲线与理论协联关系曲线的偏差不大于轮叶接力器全行程的 1%。

对于冲击式水轮机控制系统，静态品质应达到以下要求：

① 测至喷针接力器的转速死区应符合表 2-1 所示规定值；

表 2-1 转速死区和接力器摆动值的规定值

项 目	调速器类型				
	大型	中型	小 型		特小型
	电调	电调	电调	机调	
转速死区 i_x/%	0.02	0.06	0.10	0.18	0.20
接力器摆动值/%	0.1	0.25	0.4	0.75	0.8

② 在稳定状态工况下，多喷嘴冲击式水轮机的任何两喷针之间的位置偏差在整个范围内均不大于 1%；每个喷针位置对所有喷针位置平均值的偏差不大于 0.5%。

对于每个导叶单独控制的水轮机，任何两个导叶接力器的位置偏差不大于 1%；每个导叶接力器位置对所有导叶接力器位置平均值的偏差不大于 0.5%。

2.1.2 微机调节器的主要输入、输出参量

1. 频率、频率给定和人工频率死区单元

符号 x_{f_c}、x_{f_g} 和 x_{f_n} 分别表示频率给定相对值、机组频率相对值和电网频率相对值。由于我国电网的额定频率为 50 Hz，故当频率给定、机组频率和电网频率为 50 Hz 时，$x_{f_c}=1.0$、$x_{f_g}=1.0$、$x_{f_n}=1.0$。

符号 F_g、F_n 分别是经过频率测量环节后测得的用于闭环调节运算的微机调节器内部的机组频率、电网频率值；F_c 是微机控制器内部的频率给定、用于闭环调节运算的数值。符号 K_f 则是 f_g、f_n、f_c 与 F_g、F_n、F_c 之间的转换系数，其取值范围如下：

$$\left. \begin{array}{l} K_f = 25\,000 \sim 50\,000 \quad (\text{整数运算}) \\ K_f = 1.0 \quad\quad\quad\quad\quad\quad (\text{浮点运算}) \end{array} \right\} \quad (2-3)$$

例如，当采用整数运算，且取 $K_f=25\,000$ 时，机组频率为 50 Hz，则 $F_g=25000$，$x_{f_g}=1.0$；机组频率为 51 Hz，则 $F_g=25\,500$，$x_{f_g}=1.02$。若取 $K_f=1.0$，即微机控制器内采用浮点运算，则 $F_g=1.0$，$x_{f_g}=1.0$；机组频率为 51 Hz，则 $F_g=1.02$，$x_{f_g}=1.02$。

机组频率相对值 f_g 和电网频率相对值 f_n 的测量环节的原理,将在以后的有关部分介绍。

根据水轮机机组和微机调速器的运行工况和电网频率的状况,用于闭环调节运算的频率偏差 Δf 或 ΔF 的计算公式如下。

① 机组在空载工况下运行、电网频率正常(一般取其正常范围为 $0.96 \leqslant x_{f_n} \leqslant 1.04$,即 $48 \text{ Hz} \leqslant F_n \leqslant 52 \text{ Hz}$)时,频率偏差是电网频率与机组频率之差,即

$$\left. \begin{aligned} \Delta f &= f_n - f_g \\ \Delta F &= F_n - F_g \end{aligned} \right\} \tag{2-4}$$

若电网频率不正常,则频率偏差是频率给定与机组频率之差,即

$$\left. \begin{aligned} \Delta f &= f_c - f_g \\ \Delta F &= F_c - F_g \end{aligned} \right\} \tag{2-5}$$

② 机组在并入电网方式下运行时,机组频率与电网频率相同,因此,频率偏差是频率给定与电网频率给定之差,即

$$\left. \begin{aligned} \Delta f &= f_c - f_n \\ \Delta F &= F_c - F_n \end{aligned} \right\} \tag{2-6}$$

人工死区单元(Artificial dead band module)是在自动运行状态下,能人为地在规定的被控参量范围内使调速器不起调节作用的单元。其中,人工频率死区单元(Artificial frequency dead band module)的特性曲线如图 2-6 所示,其数学表达式为

$$\left. \begin{aligned} \Delta F &= 0, & (-E_f \leqslant \Delta F' \leqslant E_f) \\ \Delta F &= \Delta F' - E_f, & (E_f < \Delta F') \\ \Delta F &= \Delta F' + E_f, & (\Delta F' < -E_f) \end{aligned} \right\} \tag{2-7}$$

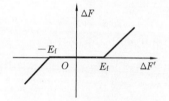

图 2-6 人工频率死区单元特性曲线

E_f 的一般取值范围相当于频率值为 $0 \sim 0.5$ Hz,在频率转换系数 $K_f = 25\,000$ ($K_f = 1.0$)时所对应的范围,即 $E_f = 0 \sim 250$ ($E_f = 0 \sim 0.01$)。

E_f 可由程序按调速器的运行工况和调节模式自动地设定:机组在空载工况运行时,设定 $E_f = 0$;机组在并入电网方式下运行,且调速器在频率调节模式下运行时,设定 $E_f = 0$;调速器在开度调节和功率调节模式下时,设定 $E_f =$ 设定值。

2. 其他的输入参量

其他输入参量如表 2-2 所示。

表 2-2 表明,式(2-3)的频率测量系数 K_f 对微机内的闭环调节运算起着基准值的作用。以导叶接力器行程 y_{ga} 为例,若取 $K_f = 25\,000$,则对应于其全关至全开($y_{ga} = 0 \sim 1.0$)的微机调节器的读入值为 $Y_{ga} = 0 \sim 25\,000$。

3. 调节器的主要输出参量

① 导叶接力器控制信号 $(u/N)_{ga}$;

② 轮叶接力器控制信号 $(u/N)_{ru}$。

表 2-2 输入参量表

名称	输入参量		微机调节器内	
	符号	取值范围	符号	取值范围
导叶接力器行程	y_{ga}	0～1.0	Y_{ga}	0～K_f
中间接力器行程	y_1	0～1.0	Y_1	0～K_f
轮叶接力器行程	y_{ru}	0～1.0	Y_{ru}	0～K_f
水头	h	0～1.0	H	0～K_f
机组功率	P_{gx}	0～1.1	P_g	0～1.1K_f

2.1.3 微机调速器的永态差值环节及人工开度和功率死区环节

1. 永态差值系数 b_p

前已指出，永态差值系数 b_p 是指机组频率对于导叶接力器行程的永态差值系数，是在水轮发电机组并入电网且在频率调节模式和开度调节模式下工作或水轮发电机组在空载工况运行的导叶开度永态差值系数，是水轮机控制系统和水轮机调节系统静态特性的重要参数。

与永态差值系数 b_p 类似的参数是速度变动率 e_p（功率永态差值系数），它是在水轮发电机组并入电网且在功率调节模式下工作的功率永态差值系数，是水轮机调节系统在功率调节模式下的静态特性的重要参数；部分调速器往往只引入 b_p 的概念，即使在功率调节模式下也采用永态差值系数 b_p 代替速度变动率 e_p。值得着重指出的是，这种取代做法与采用 e_p 是有本质区别的，在以后的章节中将有详细的叙述和分析。

2. 人工开度/功率死区 $E_{y/p}$

人工开度和功率死区环节（Artificial servomotor stroke/power dead band module）的特性曲线如图 2-7 所示。由图 2-1 可以看出，人工开度/功率死区环节的输入量 $\Delta Y/P_1$ 表达式为

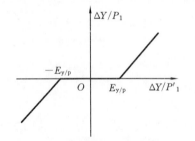

图 2-7 人工开度/功率死区环节特性曲线

$$\left.\begin{array}{l}\Delta Y_1 = b_p \Delta Y'_1 \\ \Delta P_1 = e_p \Delta P'_1\end{array}\right\} \quad (2\text{-}8)$$

或人工开度/功率死区环节的关系式为

$$\left.\begin{array}{ll}\text{当} -E_y \leqslant \Delta Y \leqslant E_y \text{ 时,} & \Delta Y'_1 = 0 \\ \text{当} \Delta Y \geqslant E_y \text{ 时,} & \Delta Y'_1 = \Delta Y - E_y \\ \text{当} \Delta Y \leqslant -E_y \text{ 时,} & \Delta Y'_1 = \Delta Y + E_y \\ \text{当} -E_p \leqslant \Delta P \leqslant E_p \text{ 时,} & \Delta P'_1 = 0 \\ \text{当} \Delta P_1 \geqslant E_p \text{ 时,} & \Delta P'_1 = \Delta P - E_p \\ \text{当} \Delta P' \leqslant -E_p \text{ 时,} & \Delta P'_1 = \Delta P + E_p\end{array}\right\} \quad (2\text{-}9)$$

E_y 或 E_p 的一般取值范围相当于接力器行程或机组功率相对值的 $0\sim0.05$，当频率转换系数 $K_f=25\,000$ 时，$E_y=E_p=0\sim1\,250$。

E_y 或 E_p 的取值可由程序按调速器的运行工况和调节模式自动设定：机组在空载工况运行时 $E_y=E_p=0$；机组在并入电网方式下运行时，若调速器在频率调节模式下，则 $E_y=E_p=0$；若调速器在开度调节和功率调节模式下，则 $E_y=E_p=$ 设定值。

2.1.4 微机调速器的积分环节输入量

1. 微机调速器 PID 调节器的输出表达式

图 2-1 所示微机调速器 PID 调节器的输出为

$$Y_{PID} = Y_P + Y_I + Y_D \tag{2-10}$$

式中：

$$Y_P = K_P \Delta F \tag{2-11}$$

$$Y_I = \frac{K_I}{S}\Delta I = \frac{K_I}{S}[\Delta F + b_p(Y_c - Y_{PID})] \tag{2-12}$$

$$Y_D = \frac{K_D S}{1 + T_{1v} S}\Delta F \tag{2-13}$$

Y_P、Y_I 和 Y_D 分别为 PID 调节输出的比例分量、积分分量和微分分量。

2. 微机调速器稳定状态的必要充分条件

前已指出，所谓微机调速器的稳定状态是指机组在恒定的负荷、给定信号和水头下运行时，水轮机调节系统的所有变量都处于平衡状态时的运行状态，即机组频率和微机调节器输出维持恒定时的状态，这时有

$$\left.\begin{array}{l}\Delta F = C_1 \quad (\text{常数})\\ Y_{PID} = C_2 \quad (\text{常数})\end{array}\right\} \tag{2-14}$$

由式（2-14）易得微机调速器的稳定状态条件为

$$\left.\begin{array}{l}Y_P = C_3 \quad (\text{常数})\\ Y_I = C_4 \quad (\text{常数})\\ Y_D = 0\end{array}\right\} \tag{2-15}$$

积分环节的输出 Y_I 保持为常数 C_4 的充分必要条件是积分环节的输入项 ΔI 为零。

对于频率调节模式和开度调节模式，微机调速器静特性积分输入量的三种形式的表达式为

$$\left.\begin{array}{l}\Delta I_1 = \Delta f_1 + 50 b_p(y_c - y_{PID}), \Delta f_1 = f_c - f_g\\ \Delta I_2 = \Delta f_2 + b_p(y_c - y_{PID}), \Delta f_2 = x_{f_c} - x_f\\ \Delta I_3 = \Delta F + b_p(Y_c - Y_{PID}), \Delta F = F_c - F_g\end{array}\right\} \tag{2-16-1}$$

值得着重指出的是，在以上的讨论中，虽然都是以微机调节器的输出 Y_{PID} 作为静态

特性的输入量,但是由于微机调速器的电液随动系统总是使导叶接力器的行程 Y 跟随于微机调节器的输出 Y_{PID},所以,在以上的公式中将微机调节器的输出 Y_{PID} 改为导叶接力器的行程 Y 也是正确的。因而,式(2-16-1)也可以表示为

$$\left.\begin{aligned}\Delta I_1 &= \Delta f_1 + 50b_p(y_c - y), \Delta f_1 = f_c - f_g \\ \Delta I_2 &= \Delta f_2 + b_p(y_c - y), \Delta f_2 = x_{f_c} - x_f \\ \Delta I_3 &= \Delta F + b_p(Y_c - Y), \Delta F = F_c - F_g\end{aligned}\right\} \quad (2\text{-}16\text{-}2)$$

对于功率调节模式,微机调节器静特性积分输入量的三种形式的表达式为

$$\left.\begin{aligned}\Delta I_1 &= \Delta f_1 + 50e_p(p_c - p_g), \Delta f_1 = f_c - f_g \\ \Delta I_2 &= \Delta f_2 + e_p(p_c - p_g), \Delta f_2 = x_{f_c} - x_f \\ \Delta I_3 &= \Delta F + e_p(P_c - P_g), \Delta F = F_c - F_g\end{aligned}\right\} \quad (2\text{-}17)$$

式(2-10)~式(2-17)中:

Y_c——导叶接力器开度给定,用于微机内运算的数值;

Y_{PID}——PID 调节输出的导叶接力器开度,用于微机内运算的数值;

Y——导叶接力器开度;

y_c——导叶接力器开度给定相对值,取值范围为 0~1.0;

y_{PID}——PID 调节输出的导叶接力器开度相对值,取值范围为 0~1.0;

y——导叶接力器开度相对值,取值范围为 0~1.0;

P_c——机组功率给定,用于微机内运算的数值;

P_g——机组实际有功功率,用于微机内运算的数值;

p_c——机组功率给定相对值,取值范围为 0~1.0;

p_g——机组实际有功功率相对值,取值范围为 0~1.0;

F_c——频率给定,用于微机内运算的数值;

F_g——机组频率,用于微机内运算的数值;

f_g——机组频率,单位为 Hz,其额定值 50 Hz;

f_c——频率给定,单位为 Hz,其额定频率为 50 Hz;

$x_f = f_g/50$——以相对值表示的机组频率,其额定值为 1.0;

$x_{f_c} = f_c/50$——以相对值表示的机组频率给定,其额定值为 1.0;

b_p——永态差值系数;

e_p——速度变动率(功率永态差值系数)。

综上所述,微机调速器进入稳定状态的充分必要条件,就是微机调节器静特性积分输入量等于零。在以下要叙述的频率调节模式和开度调节模式下,积分输入量与频率偏差和开度给定与接力器开度之差有关;在功率调节模式下,积分输入量与频率偏差和功率给定与机组功率之差有关。微机调速器稳定状态的必要与充分条件可以汇总为(2类调节模式下的三种形式的表达式)

$$\left.\begin{aligned}\Delta I_1 &= \Delta f_1 + 50 b_p(y_c - y), \Delta f_1 = f_c - f_g = 0 \\ \Delta I_2 &= \Delta f_2 + b_p(y_c - y), \Delta f_2 = x_{f_c} - x_f = 0 \\ \Delta I_3 &= \Delta F + b_p(Y_c - Y), \Delta F = F_c - F_g = 0 \\ \Delta I_1 &= \Delta f_1 + 50 e_p(p_c - p_g), \Delta f_1 = f_c - f_g = 0 \\ \Delta I_2 &= \Delta f_2 + e_p(p_c - p_g), \Delta f_2 = x_{f_c} - x_f = 0 \\ \Delta I_3 &= \Delta F + e_p(P_c - P_g), \Delta F = F_c - F_g = 0\end{aligned}\right\} \quad (2\text{-}18)$$

2.1.5 微机调速器的主要调节模式

水轮机控制系统有三种主要的调节模式——频率调节模式、开度调节模式和功率调节模式,其功能及其相互间的转换都是由微机调节器完成的。此外,微机调速器还有水位调节模式和流量调节模式等。

1. 频率调节模式

机械液压调速器和原来的电液调速器都采用频率调节模式(FM),又称为转速调节模式。其特点如下:

(1) 人工频率死区环节切除时,$E_f = 0$;人工开度/功率死区环节切除时,$E_{y/p} = 0$。

(2) 采用 PID 调节规律,即 $T_n \neq 0$ 或 $K_D \neq 0$。

(3) 在闭环调节中,将微机调节器内的导叶接力器开度值 Y_{PID}(或接力器开度值 Y)作为反馈值,并构成调速器的静态特性。

(4) 积分项输入 ΔI 的表达式为式(2-16-1)和式(2-16-2)。

(5) 频率调节模式适用于机组空载运行、机组并入小电网或孤立电网运行、机组在并入大电网以调频方式运行等工况。

(6) 在频率调节模式下,微机调节器的功率给定 P_c 不参加自动闭环调节,它实时跟踪机组实际有功功率 P_g 值,使得当由频率调节模式切换至功率调节模式时能实现无扰动转换。

2. 开度调节模式

开度调节模式(YM)是一种在被控水轮发电机组并入电网后采用的调节模式,其特点如下:

(1) 人工频率死区环节和人工开度/功率死区环节均投入工作,即 $E_f \neq 0$ 和 $E_{y/p} \neq 0$。

(2) 采用 PI 调节规律,即令微分环节参数 $T_n = 0$ 或 $K_D = 0$。

(3) 在闭环调节中将微机调节器内的导叶接力器开度值 Y_{PID}(或接力器开度值 Y)作为反馈值,并构成调速器的静态特性。

(4) 积分项输入 ΔI 的表达式为式(2-16-1)和式(2-16-2)。

(5) 开度调节模式适用于机组并网运行、带基本负荷的工况。

(6) 在开度调节模式下,微机调节器的功率给定 P_c 不参加自动闭环调节,它实时

跟踪机组实际功率 P_g 值,使得当由频率调节模式切换至功率调节模式时能实现无扰动转换。

3. 功率调节模式

功率调节模式(PM)也是一种在被控水轮发电机组并入电网后采用的调节模式,为了阅读方便也在这里一并叙述,其特点如下。

(1) 人工频率死区环节和人工开度/功率死区环节均投入工作,即 $E_f \neq 0$ 和 $E_{y/p} \neq 0$。

(2) 采用 PI 调节规律,即令微分环节参数 $T_n=0$ 或 $K_D=0$。

(3) 在闭环调节中将被控水轮发电机组的有功功率 P_g 作为反馈值,并构成调速器的静态特性。

(4) 积分项输入 ΔI 的表达式为式(2-17)。

(5) 功率调节模式适用于机组并网运行、受水电站 AGC 系统控制的工况。

(6) 在功率调节模式下,微机调节器的开度给定 Y_c 不参加自动闭环调节,它实时跟踪实际的导叶接力器开度值 Y_{ga},使得当由功率调节模式切换至频率调节或开度调节模式时,能实现无扰动转换。

4. 三种主要调节模式间的转换关系

图 2-8 所示的是三种调节模式之间的转换关系,根据需求还可以增加一些其他转换条件。

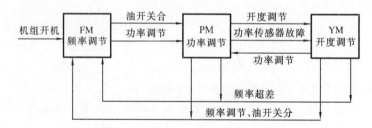

图 2-8 调节模式间的转换关系

(1) 机组开机进入空载工况运行时,调速器在频率调节模式下工作。

(2) 机组油开关投入,并入电网工作时,调速器自动进入功率调节(或开度调节)模式工作。

(3) 机组在并入电网工作的工况下,可以人为地使调速器工作于三种调节模式中的任一种模式。

(4) 调速器工作于功率调节模式时,若检测出机组功率传感器有故障,则自动切换至开度调节模式下工作。

(5) 调速器工作于功率调节或开度调节模式时,若电网频差偏离额定值过大,且持续一段时间,则调速器判断被控机组为在小电网工况,自动切换至频率调节模式工作。

表 2-3 所示的为三种调节模式的特点,可用于分析比较。

第 2 章 水轮机调节系统的静态特性和控制功能

表 2-3 水轮机微机调速器的基本调节模式

模 式	调节规律	参数跟踪	积分表达式	E_f	$E_{y/p}$	自动进入条件	故障退出条件	调节模式符号
频率调节	PID	$P_c \leftarrow P_g$	式(2-16-2)	0	0	机组空载	—	FM
功率调节	PI	$Y_c \leftarrow Y$	式(2-17)	≠0	≠0	并入电网	功率传感器故障→YM 电网频差超差→FM	PM
开度调节	PI	$P_c \leftarrow P_g$	式(2-16-2)	≠0	≠0	—	电网频率超差→FM	YM

2.1.6 单调整水轮机微机调速器的静态特性分析

式(2-16-1)和式(2-16-2)中,若取频率转换系数 $K_f = 25\,000$,即机组频率为 50 Hz,微机内测量值为 25 000,则频率偏差值为

$$\left.\begin{aligned}\Delta f &= f_c - f_g \\ \Delta F &= F_c - F_g\end{aligned}\right\} \quad (2\text{-}19)$$

表 2-4 列出了在稳定状态,满足式(2-18)即满足微机调速器进入稳定状态的充分必要条件,也是微机调速器的静态特性的计算公式。在工程实际中,一般由机组频率来求调速器接力器行程。现将微机调速器稳定状态时调速器接力器行程三种表达形式汇总为

$$\left.\begin{aligned}y_{\text{PID}} &= y_c + \frac{f_c - f_g}{50 b_p} \\ y &= y_c + \frac{f_c - f_g}{50 b_p}\end{aligned}\right\} \quad (2\text{-}20)$$

$$\left.\begin{aligned}y_{\text{PID}} &= y_c + \frac{x_{f_c} - x_f}{b_p} \\ y &= y_c + \frac{x_{f_c} - x_f}{b_p}\end{aligned}\right\} \quad (2\text{-}21)$$

$$\left.\begin{aligned}Y_{\text{PID}} &= Y_c + \frac{F_c - F_g}{b_p} \\ Y &= Y_c + \frac{F_c - F_g}{b_p}\end{aligned}\right\} \quad (2\text{-}22)$$

表 2-4 微机调节器的静态特性数据表

f_g、f_c/Hz	49.0	49.5	50.0	50.5	51.0
x_f、x_{f_c}	0.98	0.99	1.00	1.01	1.02
F_g、F_c	24 500	24 750	25 000	25 250	25 500
$y_{\text{PID}}(y)$	1.0	0.75	0.5	0.25	0.00
$Y_{\text{PID}}(Y)$	25 000	18 750	12 500	6 250	0

在式(2-20)、式(2-21)和式(2-22)中,若取永态差值系数 $b_p=0.04$,频率给定值取为 $f_c=50$ Hz、开度给定取为 $y_c=0.5$,则可以得到表 2-4 所示的典型数据对应关系。

图 2-9(a)、图 2-9(b)和图 2-9(c)所示的分别为与表 2-4 中三种形式相对应的微机调速器静态特性曲线,它们用不同的形式表述了同一组参数的微机调节器的静态特性。其中,图 2-9(b)所示是标准的表示形式;图 2-21(a)所示是直接以赫兹表示机组频率,比较直观;图 2-9(c)所示对分析微机调节器的程序有利。

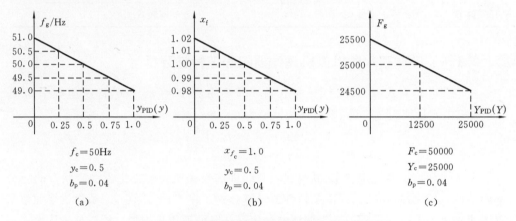

图 2-9 微机调节器(微机调速器)的静态特性曲线

尽管在以上的分析中,都是讨论微机调节器 PID 的输出,但是,在微机调速器电液随动系统的作用下,稳定状态时的微机调速器的接力器的位移(相对量)等于微机调节器 PID 的输出(微机内计算接力器位移的相对量)。换言之,图 2-9 所示的静态特性曲线也适用于机组频率对接力器位移的静态特性。所以,在图 2-9 中的横坐标变量的括号内也给出了调速器接力器行程 Y 或 y。

1. 频率给定 f_c、开度给定 y_c、功率给定 p_c 对微机调节器静态特性的影响

将式(2-19)代入微机调速器进入稳定状态的必要条件式(2-18),得到与式(2-18)等效的表达式为

$$\left.\begin{array}{l} f_c - f_g = -50b_p(y_c - y_{PID}) \\ f_c - f_g = -50b_p(y_c - y) \\ f_c - f_n = -50e_p(p_c - p) \\ f_c - f_n = -50e_p(p_c - p) \end{array}\right\} \quad (2\text{-}23)$$

1) 频率给定 f_c、开度给定 y_c 和功率给定 p_c 的物理概念

式(2-23)清楚地表明微机调节器的静态特性如下。

① 机组频率 f_g 等于频率给定 f_c 的点所对应的 $y_{PID}(y)$ 值就是开度给定值 y_c。

② 微机接力器行程 $y_{PID}(y)$ 等于开度给定 y_c 的点所对应的机组频率值 f_g 就是频率给定值 f_c。

③ 电网频率 f_n 等于频率给定 f_c 的点所对应的机组功率值 p 就是功率给定值 p_c。

2) 频率给定 f_c 和开度给定 y_c 对微机调节器的静态特性的影响

图 2-10(a)和图 2-10(b)所示分别为 f_c 和 y_c 对微机调节器静态特性曲线的影响。

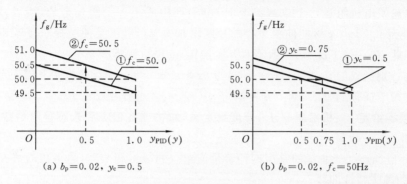

(a) $b_p = 0.02$, $y_c = 0.5$ (b) $b_p = 0.02$, $f_c = 50\text{Hz}$

图 2-10 调整频率给定和开度给定后的微机调节器(微机调速器)静态特性曲线

图 2-10(a)绘出了频率给定 f_c 分别等于 50.0 Hz 和 50.5 Hz 时的两条微机调节器静态特性曲线——特性曲线①和特性曲线②。从图中可以清楚地看出:曲线②与曲线①是平行的两条直线,其间的纵坐标距离为 $\Delta f_c = 50.5 - 50.0 = 0.5$ Hz,故调整频率给定,相当于纵向平移静态特性;曲线①对应于 $y_\text{PID} = y = y_c = 0.5$ 的机组频率为 $f_g = 50.0$ Hz;曲线②对应于 $y_\text{PID} = y = y_c = 0.5$ 的机组频率为 $f_g = 50.5$ Hz。

当水轮机微机调速器控制水轮发电机组,并入大电网工作时,可认为电网频率保持为 50 Hz。当频率给定 f_c 由 50.0 Hz 调整到 50.5 Hz 时,$y_\text{PID}(y)$ 则由原来的 0.5 开启到 1.0。所以,此时调整频率给定 f_c,可以增/减机组所带的负荷。但是,由于水轮机微机调速器都设有开度给定环节,因此,一般不采用调整频率给定的方法来增/减负荷,而采用调整开度给定(或功率给定)的方法增/减负荷。

当水轮发电机组在空载自动运行工况,频差信号 Δf_1 用式(2-17)计算时,可以用调整频率给定的方法改变被控机组的频率,这有利于同期并网。但是,由于水轮机微机调速器均具有在空载工况下使被控机组频率跟踪电网频率的功能(取电网频率 f_n 与机组频率 f_g 之差,见式(2-4)),故当电网频率 f_n 正常时,频率给定也不参加闭环调节。

值得着重指出的是,即使采用式(2-5)和式(2-6)的频差(取频率给定 f_c 与机组频率 f_g 之差),在机组空载工况下,由于已经构成了闭环的水轮机调节系统,故当 f_c 由 50.0 Hz 变化到 50.5 Hz 时,$y_\text{PID}(y)$ 也不会按图 2-10(a)所示曲线开启到 $y_\text{PID} = y = 1.0$,而只是使被控机组频率比原来上升约 0.5 Hz。

图 2-10(b)所示为开度给定 y_c 分别等于 0.5 和 0.75 时的两条微机调节器的静态特性曲线——特性曲线①和特性曲线②。从图中可以清楚地看出:曲线①和曲线②是平行的两条直线,故调整开度给定,相当于横向平移静态特性;其间的横坐标距离为 $\Delta y_c = 0.75 - 0.50 = 0.25$;曲线②对应于机组频率 $f_g = 50$ Hz 的微机调节器接力器行程 $y_\text{PID}(y) = 0.75$。

当水轮机微机调速器控制水轮发电机组,并入大电网工作时,可认为电网频率保持为 50 Hz，当 y_c 由 0.50 调整到 0.75 时，$y_{PID}(y)$ 则由原来的 0.50 开启到 0.75。显然，调整开度给定 y_c 来改变微机调速器接力器的开度是正确的方法。

当水轮发电机组运行于空载工况时，由于已构成了一个闭环系统，所以，将 y_c 由 0.50 调整至 0.75 也不可能使接力器的开度增加 0.25，也不会使被控机组频率有明显上升。因此，在空载工况下，一般不对开度给定 y_c 进行调整。

值得特别指出的是，式(2-18)表明，当 $b_p=0$（或 $e_p=0$）时，微机调节器静态特性曲线为一平行于横轴的直线，调节开度给定 y_c（或 p_c）不起作用。

2. 频率给定 f_c、机组频率 f_g、开度给定 y_c、接力器行程 y 和永态差值系数 b_p 之间的关系

图 2-11(a)～(d)所示的是由四种参量值组合的微机调节器（也可以看成是水轮机调速器）的静态特性曲线。

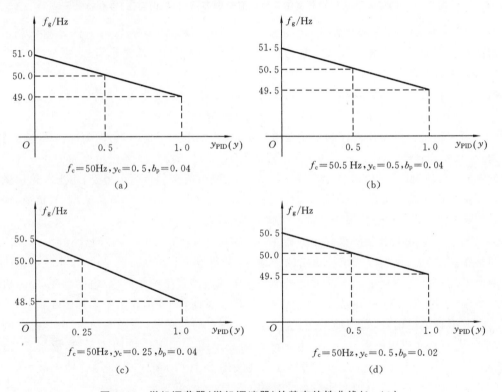

图 2-11 微机调节器（微机调速器）的静态特性曲线（$b_p \neq 0$）

图 2-12(a)、(b)所示的为两种 $b_p=0$ 的微机调节器静态特性曲线。当 $b_p=0$ 时，积分输入量的表达式(2-18)成为

$$\Delta I = \Delta f_1 = f_c - f_g = 0 \tag{2-24}$$

$$\Delta I = \Delta f_2 = x_{f_c} - x_f = 0 \tag{2-25}$$

$$\Delta I = \Delta F = F_c - F_g = 0 \tag{2-26}$$

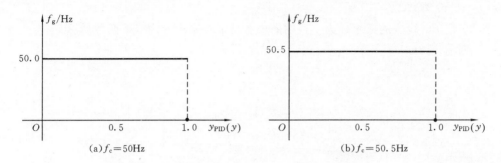

图 2-12 微机调节器(微机调速器)的静态特性曲线($b_p=0$)

由图 2-12 可以看出,$b_p=0$ 对应的微机调节器的静态特性曲线是一条在数值上等于频率给定值 f_c 的、平行于横轴的直线。其物理概念为

$$\left.\begin{array}{l} 当 f_g > f_c、b_p=0 时,y=0 \\ 当 f_g < f_c、b_p=0 时,y=1.0 \\ 当 f_g = f_c、b_p=0 时,y 不定 \end{array}\right\} \tag{2-27}$$

3. 人工频率死区 $E_f(e_f)$ 和人工开度/功率死区 E_y 或 E_p

前面的分析、讨论都是在人工频率死区 E_f 和人工开度/功率死区 $E_{y/p}$ 均为零的条件下进行的。这里将分析 E_f 不等于零时和 E_y 或 E_p 不等于零时微机调节器的静态特性,以下只针对 E_y 进行分析。

1) $E_f \neq 0$、$E_y=0$ 时的微机调节器的静态特性

图 2-13 表示了这种情况下微机调节器的静态特性,图中用双点画线表示出了 $E_f=0(e_f=0)$ 的对照曲线②。图 2-13(a)所示的曲线中,f_c、f_g 和 E_f 均以 Hz 为单位;图 2-13(b)所示的曲线中,x_{f_c}、x_f 和 e_f 均用相对值表示。

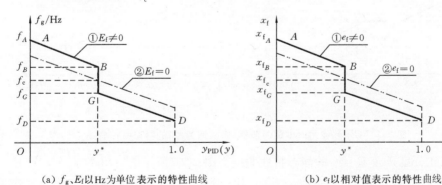

(a) f_g、E_f 以 Hz 为单位表示的特性曲线　　　(b) e_f 以相对值表示的特性曲线

图 2-13　E_f 起作用时微机调节器(微机调速器)的静态特性曲线

① 人工频率死区的 $E_f \neq 0(e_f \neq 0)$ 的静态特性曲线为图中的 $ABGD$ 折线,AB 和 GD 段直线的斜率由永态系数 b_p 确定,BG 段是垂直横轴的线段,其中点对应于频率给

定 f_c(或 x_{f_c})。

② 记 BG 线段的横坐标为 y^*,则图中各特征频率值分为以下两种情况。

在图 2-13(a)中,

$$\left.\begin{aligned} f_B &= f_c + E_f \\ f_G &= f_c - E_f \\ f_A &= f_c + E_f + 50b_p y^* \\ f_D &= f_c - E_f - 50b_p(1-y^*) \end{aligned}\right\} \quad (2\text{-}28)$$

在图 2-13(b)中,

$$\left.\begin{aligned} x_{f_B} &= x_{f_c} + e_f \\ x_{f_G} &= x_{f_c} - e_f \\ x_{f_A} &= x_{f_c} + e_f + b_p y^* \\ x_{f_D} &= x_{f_c} - e_f - b_p(1-y^*) \end{aligned}\right\} \quad (2\text{-}29)$$

设频率给定 $f_c=50$ Hz($x_{f_c}=1.0$)、$E_f=0.5$ Hz($e_f=0.01$)、$b_p=0.02$、$y^*=0.5$,则 $f_B=50.5$ Hz、$f_G=49.5$ Hz、$f_A=51.0$ Hz、$f_D=49.0$ Hz,如图 2-13(a)所示;在如图 2-13(b)所示曲线中,$x_{f_B}=1.01$、$x_{f_G}=0.99$、$x_{f_A}=1.02$、$x_{f_D}=0.98$。

2) $E_f=0$、E_y 或 E_p 不等于零时微机调节器的静态特性

只针对 E_y 进行分析。图 2-14 所示为 $E_f=0$、$E_y \neq 0$ 时微机调节器的静态特性曲线,图中用双点画线表示出 $E_y=0$($e_y=0$)的参照曲线②。图 2-14(a)所示的曲线中,f_c、f_g 均以 Hz 为单位;图 2-14(b)所示的曲线中,f_c、f_g 均用相对值表示。

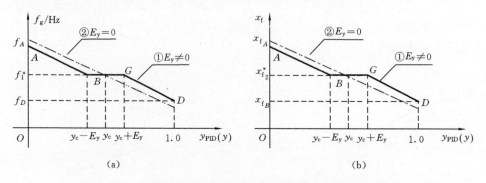

图 2-14 E_y 起作用时微机调节器(微机调速器)的静态特性曲线

① 人工开度死区 $E_y \neq 0$ 的静态特性曲线为图 2-14 所示的 $ABGD$ 折线,AB 段和 GD 段直线的斜率由永态转差系数 b_p 确定,BG 段是平行于横轴的线段,其中点对应于开度给定 y_c。

② 记 BG 线段的纵坐标为 f_1^*(或 f_2^*),则有下列关系式。

在图 2-14(a)中,

$$f_A = f_1^* + 50b_p(y_c - E_y) \\ f_D = f_1^* - 50b_p[1-(y_c + E_y)]\} \quad (2-30)$$

在图 2-14(b)中,

$$f_A = f_2^* + b_p(y_c - E_y) \\ f_D = f_2^* - b_p[1-(y_c + E_y)]\} \quad (2-31)$$

设 $f_2^* = 50$ Hz($x_{f_2}^* = 1.0$)、$E_y = 0.05$、$b_p = 0.02$、$y_c = 0.5$,则 $f_A = 50.45$ Hz、$f_D = 49.55$ Hz,如图 2-14(a)所示;在图 2-14(b)所示中,$x_{f_A} = 1.009$、$x_{f_D} = 0.991$。

3) $E_f \neq 0$、$E_y \neq 0$ 时的微机调节器的静态特性

这种情况下的微机调节器的静态特性是上述两种情况下特性的叠加,但是,其静态特性是十分复杂的。图 2-15 所示的是两个人工死区范围重叠、$E_f \neq 0$、$E_y \neq 0$ 的微机调节器静态特性曲线。

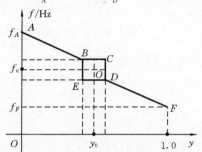

图 2-15 $E_f \neq 0$、$E_y \neq 0$ 时的微机调节器（微机调速器）静态特性曲线

① 静态特性曲线由 3 个部分组成:直线 AB、直线 DF 和长方形区域 $BCDE$。

② 长方形区域 $BCDE$(其中心点为 O)顶点坐标如表 2-5 所示。表中还列入了 A 点和 F 点的坐标。在表 2-5 中,有

$$f_A = f_c + E_f + 50b_p(y_c - E_y) \\ f_F = f_c - E_f - 50b_p[1-(y_c + E_y)]\} \quad (2-32)$$

表 2-5 图 2-15 中特征点坐标值

坐标	特 征 点						
	O	B	C	D	E	A	F
f(纵)	f_c	$f_c + E_f$	$f_c + E_f$	$f_c - E_f$	$f_c - E_f$	f_A	f_F
y(横)	y_c	$y_c - E_y$	$y_c + E_y$	$y_c + E_y$	$y_c - E_y$	0	1.0

③ 这种情况下的微机调节器静态特性曲线具有非单一性——区域 $BCDE$ 中的点都有可能是调节系统的稳定工作点。

④ 图 2-16 所示的是纵坐标为 x_f 的微机调节器静态特性曲线。表 2-6 所示的是图 2-16 中各点坐标。

表 2-6 图 2-16 中特征点坐标值

坐标	特 征 点						
	O	B	C	D	E	A	F
x_f(纵)	x_{f_c}	$x_{f_c} + E_f$	$x_{f_c} + E_f$	$x_{f_c} - E_f$	$x_{f_c} - E_f$	x_{f_A}	x_{f_F}
y(横)	y_c	$y_c - E_y$	$y_c + E_y$	$y_c + E_y$	$y_c - E_y$	0	1.0

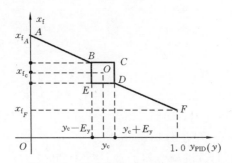

图 2-16　$E_f \neq 0$、$E_y \neq 0$ 微机调节器(微机调速器)静态特性曲线

在表 2-6 中,有

$$\left.\begin{array}{l} x_{f_A} = x_{f_c} + E_f + b_p(y_c - E_y) \\ x_{f_F} = x_{f_c} - E_f - b_p[1 - (y_c + E_y)] \end{array}\right\} \quad (2\text{-}33)$$

2.1.7　双调整水轮机微机调速器的协联特性分析

水轮机控制系统协联装置(Combination device)是水轮机控制系统中用来保证转轮叶片与导叶或折向器与喷针之间协联关系的机构、电气单元或程序模块。

1. 双调整水轮机的协联关系

双调整水轮机包括轴流转桨式水轮机、贯流式水轮机和冲击式水轮机等。它们在调节其水力矩 M_t 时,有两个相互有协联关系的机构受到水轮机调速器的控制。

轴流转桨式水轮机和贯流式水轮机具有导叶机构和轮叶机构。

冲击式水轮机具有喷针机构和折向器机构。

下面仅分析、讨论轴流转桨式水轮机和贯流式水轮机双调整的协联特性。对于设有轮叶调整机构的转桨式水轮机,当轮叶角度一定时,水轮机效率曲线的高效率区较窄,转桨式水轮机的轮叶角度可调。每种轮叶角度都有与之相配合的、较窄的效率曲线高效率区;每种轮叶角度的高效率区都有对应的导叶开度,即导叶开度与轮叶角度之间有一个协调关系;在不同水头下,导叶开度与轮叶角度之间存在着不同的协调关系。反映不同水头下导叶开度与轮叶角度之间协调关系的组合称为导叶与轮叶的协联关系。

对双调整调速器来说,在导叶开度调节的基础上,还必须考虑导叶开度、轮叶角度和水头之间的协联关系,对轮叶角度进行协联调节,以便水轮机工作于效率较高的区域。

2. 转桨式水轮机的协联关系曲线

图 2-17 所示为广西大化电厂机组水轮机协联曲线。横坐标为导叶接力器行程(或开度)Y_{ga}:0~1.0(也可以采用整数型,例如 0~25 000);纵坐标为轮叶接力器行程(或开度)Y_{ru}:0~1.0(也可以采用整数型,例如 0~25 000)。图中的参变量为水头(图中的 $H = 13.2 \sim 35.4$ m)。

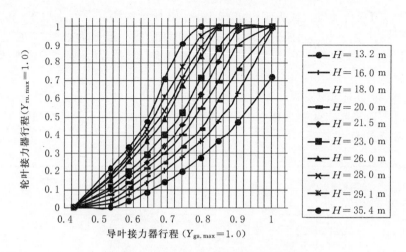

图 2-17 转桨式水轮机协联关系曲线

3. 水轮机微机调速器的协联关系分析

1) 微机调速器采用的水轮机协联特性

在水轮机微机调速器中,导叶与轮叶的协联关系在微机调速器中是由程序来实现的。为了便于分析,可以把图 2-17 所示的协联曲线局部放大绘制为图 2-18 所示曲线。

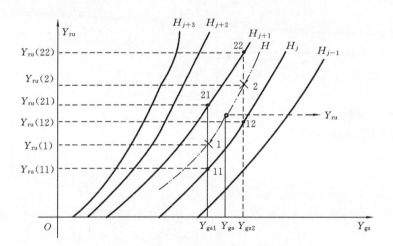

图 2-18 微机调节器采用的水轮机协联曲线

在图 2-18 中,H 为水头,图中给出了 $H_{j-1} \sim H_{j+3}$($H_{j+3} > H_{j+2} > H_{j+1} > H_j > H_{j-1}$)等五个水头值下的协联曲线;$Y_{ga}$ 为微机调节器内的导叶接力器行程;Y_{ru} 为微机调节器内的轮叶接力器行程。

2) 求取微机调节器内轮叶接力器行程的插值公式

由于导叶接力器处于主动地位,故可先由 PID 调节求出微机调速器内的 Y_{ga},再按

运行时的水头 H（自动投入或人工设定）由图 2-18 所示的协联曲线求取 Y_{ga} 和 H 对应的 Y_{ru}。显然，这是一个二元插值问题。考虑到协联曲线一般较为平坦，且在选取插值节点时，对于变化急剧的区段，应缩短节点之间的节距，所以，可采用二元线性插值的方法求取节点值。

在由 Y_{ga} 和 H 求取 Y_{ru} 的计算中，需要将导叶 Y_{ga} 和轮叶 Y_{ru} 分成若干个节点，并根据图 2-18 所示的协联曲线求得相应于 Y_{ru} 的节点值。表 2-7 所示的是根据图 2-17 求得的协联插值节点表。

表 2-7 插值节点表

H/m	y_{ga}									
	0.43	0.533	0.59	0.64	0.69	0.74	0.80	0.85	0.90	1.00
13.2	0.00	0.00	0.04	0.08	0.14	0.20	0.27	0.36	0.47	0.72
16.0	0.00	0.02	0.08	0.14	0.20	0.28	0.37	0.48	0.63	1.00
18.0	0.00	0.05	0.11	0.18	0.25	0.33	0.44	0.59	0.77	1.00
20.0	0.00	0.07	0.14	0.22	0.30	0.40	0.55	0.70	0.90	1.00
21.5	0.00	0.10	0.17	0.25	0.34	0.46	0.63	0.80	0.97	1.00
23.0	0.00	0.11	0.20	0.28	0.40	0.52	0.72	0.88	1.00	1.00
26.0	0.00	0.16	0.25	0.36	0.49	0.67	0.84	0.99	1.00	1.00
28.0	0.00	0.17	0.28	0.40	0.53	0.72	0.89	1.00	1.00	1.00
29.1	0.00	0.18	0.30	0.44	0.61	0.76	0.95	1.00	1.00	1.00
35.4	0.00	0.22	0.34	0.48	0.71	0.91	1.00	1.00	1.00	1.00

表 2-7 中，横排为导叶接力器行程 Y_{ga} 节点，其用于微机内运算的最大值 $Y_{gaM}=1.0$（相对值）；纵排为水头 H 节点值；表中的值为 Y_{ga}-H 的节点值——轮叶接力器行程 Y_{ru}，其微机内运算的最大值 $y_{ruM}=1.0$（相对值）。

协联插值算法和公式如下。

（1）根据 PID 调节计算所得的导叶接力器行程 Y_{ga}，在表 2-7 中找出它所属的区域，使

$$Y_{ga1} \leqslant Y_{ga} \leqslant Y_{ga2}$$

（2）根据运行水头值，在表 2-7 中找出它所属的区域，使

$$H_j \leqslant H \leqslant H_{j+1} \tag{2-34}$$

（3）据 Y_{ga1}、Y_{ga2}、H_j 和 H_{j+1} 等 4 个节点找出对应的 4 个轮叶接力器行程值：$Y_{ru(11)}$、$Y_{ru(12)}$（水头 H_j 下，Y_{ga1} 和 Y_{ga2} 对应的 Y_{ru} 节点值）和 $Y_{ru(21)}$、$Y_{ru(22)}$（水头 H_{j+1} 下，Y_{ga1} 和 Y_{ga2} 对应的 Y_{ru} 节点值）。

（4）对水头插值，求出

$$\left. \begin{aligned} Y_{ru(1)} &= Y_{ru(11)} + \frac{Y_{ru(21)} - Y_{ru(11)}}{H_{j+1} - H_j}(H - H_j) \\ Y_{ru(2)} &= Y_{ru(12)} + \frac{Y_{ru(22)} - Y_{ru(12)}}{H_{j+1} - H_j}(H - H_j) \end{aligned} \right\} \tag{2-35}$$

(5) 对微机调节器导叶接力器行程插值,求出

$$Y_{ru} = Y_{ru(1)} + \frac{Y_{ru(2)} - Y_{ru(1)}}{Y_{ga2} - Y_{ga1}}(Y_{ga} - Y_{ga1}) \tag{2-36}$$

2.2 被控制系统静态特性

前已指出,水轮机调节系统的被控制系统是由水轮机控制系统控制的系统,它由水轮机、引水和泄水系统、装有电压调节器的发电机及其所并入的电网组成,也可以称为水轮机调节系统的调节对象。

水轮机调节系统由水轮机控制系统(调速器)和被控制系统(引水及泄水系统、水轮机、发电机)组成,被控制系统的静态特性就是水轮发电机组的有功功率与调速器的导叶接力器行程(开度)(对于双调整系统还有轮叶接力器行程(开度))和电站运行水头之间的静态特性,为

$$p = f(y, H) \tag{2-37}$$

式中:p——水轮发电机组的有功功率;

y——调速器的导叶接力器行程;

H——电站运行水头。

1. 被控制系统的静态特性

目前,水轮发电机组生产厂家几乎都不提供水轮发电机组的静态特性或相关数据。作为一个例子,表 2-8 列出了二滩电站机组生产厂家给出的二滩电站水轮发电机组在额定水头(163 m)时发电机功率(p_Y,%)与导叶接力器折算行程(y_P,%)之间的对应关系。

表 2-8 二滩电站发电机功率与导叶接力器折算行程之间的对应关系

y_P/%	0	5.9	11.6	16.9	21.6	26.1	30.6	35.2	40.2
p/%	0	6.3	12.5	18.8	25.0	31.3	37.5	43.8	50.0
y_P/%	—	45.2	50.4	55.6	60.6	66.2	73.1	83.4	100.0
p/%	—	56.3	63.0	68.8	75.0	81.0	88.0	93.8	100.0

表 2-8 中,y_P 为二滩电站机组额定水头工况接力器折算行程,p 为二滩电站机组额定水头工况机组功率(%)。

2. 导叶(接力器开度)与功率的换算

根据表 2-8 和表 2-9 可以由机组功率 p 和水头 H 求出接力器开度 Y。

1) 用表 2-8 求导叶接力器折算行程 y_P

(1) 求机组有功功率 p 所在区间 $(i, i+1)$。

(2) 求 y_P,公式为

表 2-9 二滩电站机组不同水头下接力器空载开度和接力器最大开度

H/m	135	138	141	144	148	151	154	157	160
$y_0/\%$	13.3	13.0	12.8	12.6	12.3	12.1	11.9	11.6	11.4
$y_{1.0}/\%$	140.0	136.0	132.0	128.0	124.0	120.0	116.0	112.0	108.4
H/m	0.0	163.0	166.0	169.0	173.0	176.0	179.0	182.0	185.0
$y_0/\%$	0.0	11.2	10.9	10.7	10.5	10.3	10.0	9.8	9.6
$y_{1.0}/\%$	0.0	104.4	100.0	96.4	92.5	88.6	84.7	80.7	76.7

$$y_P = y_P(i) + \frac{y_P(i+1) - y_P(i)}{p(i+1) - p(i)}(p - p(i)) \tag{2-38}$$

2) 用表 2-9 求空载开度 y_0 和额定负荷开度 $y_{1.0}$。

(1) 求水头 H 所在区间 $(j, j+1)$。

(2) 求 y_0,公式为

$$y_0 = y_0(j) - \frac{y_0(j) - y_0(j+1)}{H(j+1) - H(j)}(H - H(j)) \tag{2-39}$$

(3) 求 $y_{1.0}$,公式为

$$y_{1.0} = y_{1.0}(j) - \frac{y_{1.0}(j) - y_{1.0}(j+1)}{H(j+1) - H(j)}(H - H(j)) \tag{2-40}$$

3) 求水头 H 和机组有功功率 p 时对应的接力器开度 y

公式为

$$y = y_0 + y_P(y_{1.0} - y_0) \tag{2-41}$$

4) 举例

若 $p=0.538, H=162 \text{ m}$,则有

$$y_P = y_P(i) + \frac{y_P(i+1) - y_P(i)}{p(i+1) - p(i)}(p - p(i)) = 0.402 + \frac{0.052}{0.063} \times 0.038\,46 = 0.432\,8$$

$$y_0 = y_0(j) - \frac{y_0(j) - y_0(j+1)}{H(j+1) - H(j)}(H - H(j)) = 0.114 - \frac{0.002\,1}{3} \times (162 - 160)$$

$$= 0.112\,6$$

$$y_{1.0} = y_{1.0}(j) - \frac{y_{1.0}(j) - y_{1.0}(j+1)}{H(j+1) - H(j)}(H - H(j)) = 1.08 - \frac{0.039\,2}{3} \times (162 - 160)$$

$$= 1.053\,9$$

$$y = y_0 + y_P(y_{1.0} - y_0) = 0.112\,6 + 0.432\,8 \times (1.053\,9 - 0.112\,6) = 0.52$$

3. 被控制系统额定水头工况的静态特性 $p = f(y)$

根据表 2-8 和表 2-9 计算出额定水头(163m)下发电机功率与导叶接力器行程之间的关系,如表 2-10 所示。按照表 2-10 绘制的额定水头(163m)下二滩电站机组的静态特性曲线如图 2-19 所示。图中直线(虚线)是根据空载开度(11.2%)和额定功率对应的开度(104.4%)按机组有功功率与之线性关系绘制的特性曲线。

表 2-10　额定水头时二滩电站发电机功率与导叶接力器行程之间的关系

$y/\%$	11.2	16.4	21.5	26.2	30.4	34.4	38.4	42.5	46.9
$p/\%$	0	6.3	12.5	18.8	25.0	31.3	37.5	43.8	50.0
$y/\%$	—	51.2	56.0	60.6	65.0	70.0	76.1	85.3	104.4
$p/\%$	—	56.3	63.0	68.8	75.0	81.0	88.0	93.8	100.0

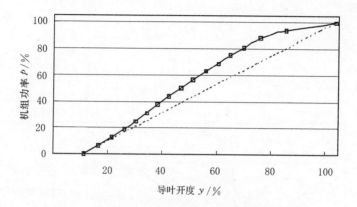

图 2-19　二滩电站机组额定水头下的 $p=f(y)$ 曲线

从表 2-10 和图 2-19 可以看出，$p=f(y)$ 曲线呈明显的非线性规律：在导叶接力器空载开度至约 60% 开度区间，静态特性曲线呈下凹形态；60% 开度至 100% 开度区间，静态特性曲线呈上凸形态。

表 2-9 给出了二滩电站机组不同水头下接力器空载开度和接力器最大开度的关系。

综合表 2-8、表 2-9、表 2-10 和图 2-19 可以得出如下结论。

(1) 水轮机调节系统的被控制系统(引水及泄水系统、水轮机、发电机)的静态特性是水轮发电机组的有功功率 p 与调速器导叶接力器行程 y(对于双调整系统还有轮叶接力器行程 y_{ru})和电站运行水头 H 之间的静态特性——$p=f(y,H)$。

(2) 在一定水头下的 $p=f(y)$ 特性具有明显的非线性性，当然，在不同的水头下的 $p=f(y)$ 特性也是不同的。

(3) $p=f(y,H)$ 特性的特点及非线性性使得永态差值系数 b_p 和速度变动率(功率永态差值系数)e_p 之间既有一定的关系，又是不同概念的两个参数。

4. 被控制系统不同水头工况的静态特性 $p=f(y,H)$

取表 2-8 和表 2-9 中的部分机组功率节点值和接力器开度节点值，按以上方法计算，其结果如表 2-11 所示。

根据表 2-11 绘制的二滩电站机组的 $p=f(y_0,y_m,H)$ 曲线如图 2-20 所示，图中粗实线为额定水头工况的特性曲线。

表 2-11　二滩电站机组发电机功率与导叶接力器折算行程之间的关系 $p=f(y,H)$

H/m	$p/\%$									
	0.0	6.3	12.5	25.0	37.5	50.0	62.5	75.0	87.5	100.0
	$y/\%$									
138	13.3	20.2	27.3	39.6	50.0	62.4	75.0	87.6	103.0	136.0
144	12.6	19.4	26.0	37.5	47.9	58.9	70.8	82.6	97.0	128.0
151	12.1	18.5	24.6	35.4	45.1	55.4	66.5	77.5	91.0	120.0
157	11.6	17.5	23.3	33.3	42.3	51.9	62.2	72.5	85.0	112.0
163	11.2	16.7	22.0	31.3	39.7	48.6	58.2	67.7	79.4	104.4
176	10.3	14.9	19.4	27.2	34.2	41.7	49.8	57.8	67.6	88.6
182	9.8	14.2	18.0	25.1	31.5	38.2	45.6	52.8	61.7	80.8
185	9.6	13.6	17.4	24.1	30.2	36.6	43.5	50.4	58.8	76.8

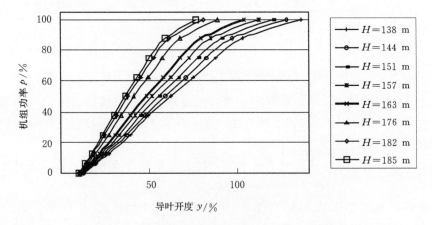

图 2-20　二滩电站机组的 $p=f(y_0,y_m,H)$ 曲线

综上所述，如果水轮发电机组生产厂家对于其生产的机组能够提供类似表 2-8 和表 2-9 所示的数据，这将对于研究水轮机调节系统的被控制系统特性和水电站运行起着重要的作用。

2.3　水轮机调节系统静态特性

水轮机调节系统是由水轮机控制系统和被控制系统组成的闭环系统。水轮机调节系统静态特性是指包括水轮机控制系统（调速器）和被控制系统在内的系统的静态特性，不仅与调速器的特性有关，而且也与被控制系统的特性有关。

2.3.1 水轮机调节系统的静态特性

水轮机调节系统的静态特性是指被控水轮发电机组在空载运行、带孤立负荷运行和并入大电网运行等工况下的系统静态特性。其中,被控水轮发电机组空载运行、孤立电网运行和并入大电网运行的频率调节及开度调节等工作状态的静态特性是以永态差值系数 b_p 为特征的静态特性,在 2.2 节中已经进行了详细的分析和讨论。在此,仅分析和讨论被控水轮发电机组并入大电网的功率调节模式的静态特性,它是以速度变动率 e_p 为特征的电网频率和有功功率静态特性。

1. 速度变动率 e_p

速度变动率 e_p 可以效仿水轮机调节系统中的永态差值系数的概念来定义:在水轮机调节系统电网频率-机组有功功率静态特性曲线上,某一规定运行点处斜率的负数就是速度变动率 e_p (见图 2-21、图 2-22),也可以称为功率永态差值系数。

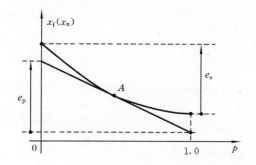

图 2-21 水轮机调节系统静态特性曲线

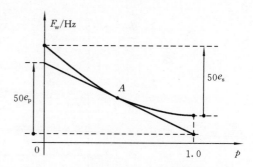

图 2-22 水轮机调节系统静态特性曲线

图 2-21 和图 2-22 中,e_p——速度变动率(功率永态差值系数);$x_f = f_w/f_r$——电网频率的相对值;f_w——电网频率(Hz);f_r——电网额定频率(50 Hz);$x_n = n/n_r = x_f$——机组转速的相对值;n——机组转速(r/min);n_r——机组额定转速(r/min);$p = P/P_r$——机组有功功率相对值;P——机组有功功率;P_r——机组有功功率额定值

在图 2-21 所示水轮机调节系统的电网频率/机组功率的静态特性曲线上,取某一规定点(例如,图示中的 A 点),过该点作一切线,切线斜率的负数就是该点的速度变动率,即

$$e_p = -\frac{\mathrm{d}x_f}{\mathrm{d}p} \tag{2-42}$$

对于图 2-22 所示的静态特性曲线,速度变动率的值为 $50e_p$(Hz)(当额定频率为 50 Hz 时)。

2. 最大速度变动率 e_s

最大速度变动率(功率永态差值系数)(Maximum power permanent droop)是指在规定的给定信号下,从水轮机调节系统电网频率/机组有功功率的静态特性曲线上得出的机组功率为零($p=0$)和带额定负荷($p=p_r$)的被控参量相对偏差值之差(见图 2-2、图 2-3)。

在图 2-21、图 2-22 所示水轮机控制系统电网频率/机组有功功率的静态特性曲线上,在规定的给定信号下,得出机组功率 $p=0$ 和 $p=1.0$ 位置的被控参量(频率、转速)的相对量之差,这个差值即为 e_s。

显然,对于水轮机调节系统电网频率/机组有功功率的静态特性来说,其非线性性远比水轮机控制系统机组(电网)频率/接力器行程的静态特性要大得多,选取不同的 A 点,会得到不同的 e_p 值。但是,在工程实际中,一般就采用 $e_p = e_s$。

3. 水轮机微机调速器永态差值系数 b_p 和水轮机调节系统速度变动率 e_p

为了进一步了解永态差值系数 b_p 和速度变动率 e_p 之间的关系及区别,图 2-3 给出了包含永态差值系数 b_p 和速度变动率 e_p 的水轮机调节系统静态特性线性化示意图。图 2-23 所示曲线既表示了电网频率/接力器行程的静态特性,又表示了电网频率/机组有功功率的静态特性。

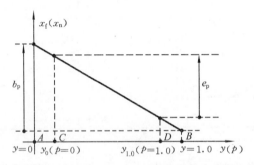

图 2-23 永态差值系数 b_p 和速度变动率(功率永态差值系数)e_p

b_p——永态差值系数;e_p——速度变动率;$x_f = f_w/f_r$——电网频率的相对值;f_w——电网频率(Hz);f_r = 50 Hz——额定频率;$x_n = n/n_r = x_f$——机组转速的相对值;n——机组转速(r/min);n_r——机组额定转速(r/min);$p = P/P_r$——机组有功功率相对值;P——机组有功功率;P_r——机组有功功率额定值;y——接力器行程(相对量 0~1.0);y_0——机组空载状态接力器行程(相对量 0~1.0);$y_{1.0}$——机组有功功率 $p=1.0$ 对应的接力器行程

图 2-23 中,A 点为接力器全关闭位置($y=0$),B 点为接力器全开启位置($Y=1.0$),C 点为对应机组空载(机组有功功率 $p=0$)的接力器行程(y_0),D 点为对应机组带额定负荷(机组有功功率 $p=1.0$)的接力器行程($y_{1.0}$)。

(1) 对于水轮机微机调速器的频率调节模式和开度调节模式,其静态特性是机组频率与接力行程之间的特性,应该采用(行程)永态差值系数 b_p;而在功率调节下,其静态特性是机组(电网)频率(转速)与被控机组有功功率之间的特性,则采用速度变动率 e_p。

(2) 电网(机组)频率/接力器行程的静态特性十分接近于一条直线。因此,在这种情况下,如果取 b_s 作为 b_p,也不会有过大的误差;电网频率/机组有功功率的静态特性则有明显的非线性性,在工程实际中,一般就采用 $e_p = e_s$。

(3) 电网(机组)频率/接力器行程的静态特性不随水头改变而变化,但是,在不同水头下的 C 点$(y_0(p=0))$ 和 D 点$(y_{1.0}(p=1.0))$ 是随之而改变的,实际起作用的永态差值系数 b_p 是变化的。由于在不同水头下的 C 点和 D 点是随之而改变的,电网(机组)频率/机组有功功率的静态特性随水头改变而变化,但是,只要能使机组有功功率达到额定功率$(p=1.0)$,则在不同水头下速度变动率 e_p 就不变。

(4) 如果有的微机调速器不能在功率调节模式下工作,而在开度调节模式下工作,采用永态差值系数 b_p 取代速度变动率 e_p,则其电网(机组)频率/机组有功功率的静态特性随水头改变而变化,既使实际起作用的速度变动率 e_p 明显小于设定的(行程)永态差值系数 b_p,而且在不同的运行水头下机组有功功率调节作用也是不同的。

例如,机组在水头 H_1 下运行,微机调速器在开度调节模式下工作时,$b_p = 0.05$,$y_0 = 0.2$(空载开度),$y_{1.0} = 1.0(p=1.0)$,则 $e_p = (y_{1.0} - y_0)b_p = 0.8 \times 0.05 = 0.04$;微机调速器在功率调节模式下工作时,$e_p = 0.04$,$y_0 = 0.2$(空载开度),$y_{1.0} = 1.0(p=1.0)$,则 $e_p = 0.04$。

机组在水头 $H_2(H_2 > H_1)$ 下运行,微机调速器在开度调节模式下工作时,$b_p = 0.05$,$y_0 = 0.15$(空载开度),$y_{1.0} = 0.9(p=1.0)$,则 $e_p = (y_{1.0} - y_0)b_p = 0.75 \times 0.05 = 0.0375$;微机调速器在功率调节模式下工作时,$e_p = 0.04$,$y_0 = 0.15$(空载开度),$y_{1.0} = 0.9(p=1.0)$,则 $e_p = 0.04$。

综上所述,为了满足电网一次调频的要求,微机调速器应该在功率调节模式下工作。

2.3.2 空载工况下调整频率给定和开度给定的定性分析

1. 水轮机调节系统静态特性计算公式

由前面叙述的内容易得水轮机调节系统稳定的充分必要条件的增量表达式为

$$\Delta f_c - \Delta f_g = -50 b_p (\Delta y_c - \Delta y) \tag{2-43}$$

式中:Δy——调速器接力器行程增量的相对值;

Δf_c——频率给定增量(Hz);

Δf_g——机组频率增量(Hz)。

导叶接力器行程变化所引起的机组频率变化为

$$\Delta f_g = K_{yf} \Delta y \tag{2-44}$$

式中:K_{yf}——导叶接力器行程相对量 y 对机组频率 f_g(Hz)的传递系数。

$K_{yf} = 100$ 的物理概念:导叶接力器行程变化 0.01,机组频率变化 1 Hz。不同型号和水头的水轮机就有不同的 K_{yf} 值。

由式(2-37)和式(2-38)易得图 2-24 所示的闭环系统静态关系方块图。

当 $\Delta f_c = 0$ 时,由图 2-24 易得

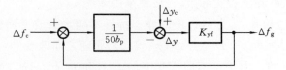

图 2-24　静态特性方块图

$$\left.\begin{aligned}\Delta f_g &= \frac{50b_p K_{yf}}{K_{yf}+50b_p}\Delta y_c \\ \Delta y &= \frac{50b_p}{K_{yf}+50b_p}\Delta y_c\end{aligned}\right\} \quad (2\text{-}45)$$

当 $\Delta y_c = 0$ 时,由图 2-24 易得

$$\left.\begin{aligned}\Delta f_g &= \frac{K_{yf}}{50b_p + K_{yf}}\Delta f_c \\ \Delta y &= \frac{1}{50b_p + K_{yf}}\Delta f_c\end{aligned}\right\} \quad (2\text{-}46)$$

2. 机组自动空载工况下,调整频率给定的作用

取一组具体参量值,用式(2-45)和式(2-46)进行计算。若 $b_p=0.02, K_{yf}=100$, $\Delta f_c=0.5\ \text{Hz}, \Delta y_c=0.5$(即开度给定变化 50%),则将上列数值代入式(2-46)得

$$\left.\begin{aligned}\Delta f_g &= \frac{100\times 0.5}{50\times 0.02+100}\ \text{Hz}=0.495\ \text{Hz} \\ \Delta y &= \frac{0.5}{50\times 0.02+100}\times 100\%=0.495\%\end{aligned}\right\} \quad (2\text{-}47)$$

计算结果表明,当频率给定变化 0.5 Hz 时,被控机组的频率相应变化 0.495 Hz,接力器行程变化 0.495%。

3. 机组自动空载工况下,调整开度给定的作用

将上列数值代入式(2-45)得

$$\left.\begin{aligned}\Delta f_g &= \frac{50\times 0.02\times 100}{50\times 0.02+100}\times 0.5\ \text{Hz}=0.495\ \text{Hz} \\ \Delta y &= \frac{50\times 0.02}{50\times 0.02+100}\times 0.5\times 100\%=0.495\%\end{aligned}\right\} \quad (2\text{-}48)$$

计算结果表明:只有开度给定 y_c 变化达 0.5(即 50%),才能达到与变化频率给定 0.5 Hz 的同样效果。实际上,由于 $b_p=0.02$ 对应于接力器全行程的永态频率差值为 1.0 Hz,因此,只有开度给定 y_c 变化半全行程才能使被控机组频率变化 0.5 Hz。由于机组在空载工况下其空载开度一般很小(15%～30%),y_c 向下的调整空间太小,故不能满足用调整 y_c 的方法改变被控机组频率 f_g 的要求。

综上所述,水轮机调节系统的静态特性具有以下特点:

① 机组在自动空载工况下,当机组频差采用频率给定 f_c 与机组频率 f_g 之差,即机组频率 f_g 跟踪于频率给定 f_c 的设定值时,调整频率给定 f_c 来改变机组频率 f_g 是

合理的。

② 机组在自动空载工况下,一般不采用调整开度给定 y_c 的方法来改变机组频率 f_g。

③ 当 $b_p=0$ 时,开度给定 y_c 不参与构成水轮机调节系统的静态特性。

2.3.3 水轮机调节系统的功率调节

前已指出,水轮机微机调速器有 3 种主要调节模式——频率调节模式、开度调节模式、功率调节模式。功率调节模式是在被控水轮发电机组并入电网后采用的一种调节模式,除用做运行人员手动调节机组有功功率以外,更适合于与水电站 AGC 系统接口并实现机组有功功率的全数字控制。

功率调节模式在工程实现中应保证被控机组在上位系统数字功率给定的指令下,机组有功功率能单调、快速地跟踪指令值。为了满足这个动态调节过程的要求,必须考虑以下 3 个因素。

(1) 被控机组有功功率 p_g 与水轮机导叶开度 y 之间的时间滞后,这主要是由水轮机调节系统的水流惯性时间常数 T_w、机组惯性时间常数 T_a 和机组功率变送器滤波时间常数等引起的。

(2) 被控机组有功功率 p_g 是机组水头 H 和水轮机导叶开度 y 的函数,即在不同的机组水头下,同一导叶开度对应于机组的不同有功功率(见图 2-25(a))。

(3) 在恒定水头下,机组有功功率 p_g 与水轮机导叶开度 y 之间呈非线性特性(见图 2-25(b)),即在空载开度 y_0 至某一开度 y_s 之间,机组功率 p_g 随着导叶开度 y 的变化而有较大的变化率;而在 y_s 至最大导叶开度 y_{max} 之间,除了上述变化率明显减小外,有的机组的 $p_g=f(y)$ 曲线还呈现上凸的关系。

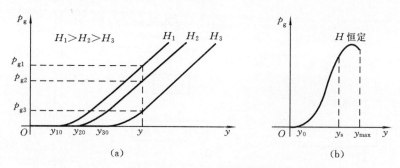

图 2-25　p_g, H, y 的关系曲线

1. 直接式功率调节模式

直接式和间接式功率调节结构分别如图 2-26 和图 2-27 所示,图中:K_P,K_I,K_D 分别为调速器的比例、积分和微分系数,E_f,E_p 和 E_y 分别是人工频率、功率和开度死区,f_c,p_c 和 Y_c 分别是频率给定、功率给定和开度给定,Y_{PID} 是调速器导叶开度计算值,b_p 和 e_p 分别是开度和功率永态差值系数。

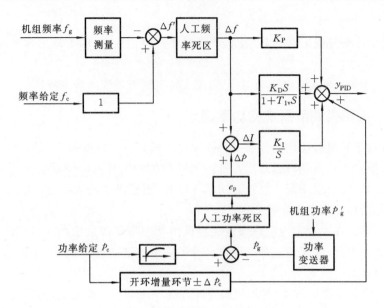

图 2-26 直接式功率调节结构

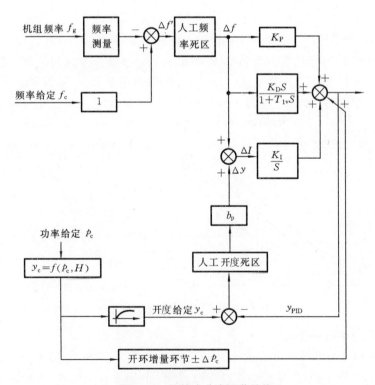

图 2-27 间接式功率调节结构

直接式调节结构如图 2-26 所示。

功率给定 p_c 与机组实际功率测量值 p_g 进行比较,由人工功率死区 E_p 和功率永态差值系数 e_p 得功率调节差值 Δp,将人工频率死区 E_f 的频差 Δf 与 Δp 相加得到了积分输入项,调速器进入稳定状态的条件为

$$\Delta I = \Delta f + e_p \Delta p = 0 \tag{2-49}$$

综上所述,直接式功率调节结构是将机组有功功率测量值 p_g 送入调速器,与有功功率给定值进行比较,使调速器完成有功功率的闭环调节。

2. 间接式功率调节模式

调节结构如图 2-27 所示。当水电站 AGC 系统以数字形式下达机组有功功率给定值 p_c 后,调速器根据反映水头 H、导叶开度 y 和功率给定 p_c 关系的 $y_c = f(H, p_c)$ 表格,对 H 和 p_c 进行二元线性插值,求出与 p_c 对应的开度给定 y_c。

调速器按功率给定 p_c 计算出来的开度给定 y_c,在开度调节模式下完成 y_{PID} 的运算。调速器进入稳定状态的条件是

$$\Delta I = \Delta f + b_p(y_c - y_{PID}) = 0 \tag{2-50}$$

在间接调节结构中,机组有功功率的调节是由 AGC 系统通过开度给定实现闭环回路调节的。

3. 直接式和间接式功率调节的比较

直接式和间接式功率调节的功能比较如表 2-12 所示。

表 2-12 直接式和间接式功率调节方式的功能比较

功率调节方式	系统闭环	$y_c = f(H, p_c)$	两段折线调节	调速器调节模式	开环增量调节	功率增量调节规律	已应用水电站
直接调节	调速器	不需要	需要	功率调节	需要	比例、积分	广西大化(1995 年)
间接调节	AGC	需要	需要	开度调节	需要	比例、积分	四川二滩(1998 年)

2.4 电网负荷频率控制与水轮机调速器

在水轮机微机调速器出现以前,水轮机调速器的主要作用是根据偏离机组频率额定值的偏差,调节水轮机导叶和轮叶机构,维持机组水力功率与电力功率平衡,从而使机组频率保持在额定频率附近的允许范围之内,这时的水轮机调速器主要是一个机组频率调节器。

1. 机组负荷频率控制

机组负荷频率控制(LFC)框图如图 2-28 所示。图中,TBC 是区域电网联络线交换功率控制。机组的水轮机调节系统有两个信号输入端:频率输入端(频率给定 f_c 和机组频率或电网频率 f_n)和机组目标功率输入端(功率给定 p_c 和机组功率 p_g)。

图 2-28　机组负荷频率控制框图

2. 电网一次调频和二次调频作用

通过水轮机调节系统和火力发电机组调速系统的负荷/频率特性对电网的功率和频率进行的控制,通常称为电网一次调频。它主要是由水电和火电发电机组调速系统的静态特性 $f(p)$ 及其 PID 动态调节特性来实现的。区域电网联络线交换功率控制和电网自动发电控制从电网的宏观控制、经济运行及电网交换功率控制等因素上,向有关机组调速系统下达相应的机组目标(计划)功率值 p_c,从而产生电网范围内的功率/频率控制,称为二次调频。水轮机调节系统的一次/二次调频功能框图如图 2-29 所示。

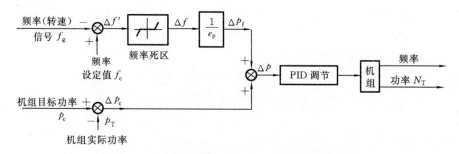

图 2-29　水轮机调节系统一次/二次调频功能框图

电网的一次调频是针对偏离了系统额定频率(50 Hz)的频率偏差,按永态转差系数 e_p(调差系数)对机组进行功率控制的。它是将电网(机组)频率信号送入调速器的"频率输入"端口,由频率给定值与其比较形成频率偏差,水轮机调速器根据这个偏差信号进行调节而实现的,它将频差 Δf 变换为与 e_p 成反比的机组频差调节功率 Δp_f。由于水轮机调节系统都有设定的速度变动率(功率永态差值系数)e_p,它决定了这是一个有差调节,因而由各机组调节系统共同完成的一次调频不可能完全弥补电网的功率差值,从而也不可能使电网频率恢复到额定频率(50 Hz)附近的一个允许范围内。为了进行电网负荷频率控制,使电网的功率差值得以弥补,从而使电网频率得以恢复,就必须采用电网的二次调频。其主要作用是控制参加电网负荷频率控制的机组的目标功率给定 p_c;根据电网功率差值和频率偏差,计算出机组的新目标功率值,送至水轮机调节系统的"目标功率输入"端口,使水轮机调节系统实现对新目标功率值的调节。当二次调频作用使电网实现了新的功率平衡、电网频率恢复到正常值时,水轮发电机组实际上是在新的目标功率给定 p_c 确定的静态工作点下运行的。

3. 水轮机调节系统的一次调频静态关系式

图 2-30 所示是以静态特性的形式表示的水轮机调节系统的一次/二次调频特性（图中未考虑电网负荷频率特性（负荷频率自调节系数））。

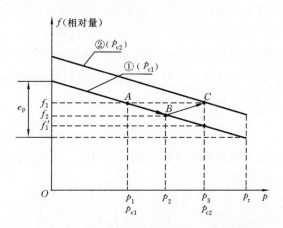

图 2-30　水轮机调节系统的一次/二次调频特性

1）机组原始工况

静态特性曲线① p_{c1} 上 A 点的机组目标功率给定为 p_{c1}，机组实际功率为 p_1，机组频率为 f_1，速度变动率（功率永态差值系数）为 e_p，电网发生功率缺额时折算到讨论的机组，功率缺额为 p_3-p_1。

2）一次调频作用

电网功率缺额引起电网频率降低，如果不进行调节，则按静态特性曲线① p_{c1}，频率应降至 f_1'，各机组根据频率偏差进行一次调频，机组增发功率 $\Delta p_f = p_2 - p_1$，电网频率为 f_2（静态特性曲线① p_{c1} 上 B 点）。即机组与电网其他机组一起进行了一次调频，但电网频率为 f_2，不可能恢复到扰动前的 f_1。

3）二次调频作用

若电网二次调频将讨论的机组的目标功率给定由 p_{c1} 修正为 p_{c2}，则水轮机调节系统静态特性由特性曲线① p_{c1} 变为特性曲线② p_{c2}。最后的调节结果为特性曲线② p_{c2} 上 C 点：机组目标功率给定为 p_{c2}、机组实际功率为 p_3、机组频率为 f_1、速度变动率（功率永态差值系数）为 e_p、电网的功率缺额得以补偿，系统频率也恢复到扰动前的数值 f_1。

综上所述，电网在负荷扰动后，电网频率产生相对于频率给定的偏差，各机组的水轮机调节系统根据频率偏差 Δf 和功率永态差值系数 e_p 进行一次调频，在较快的时间（8″～15″）内弥补了系统部分功率差值；在一次调频的基础上，电网自动发电控制（二次调频），修正相关机组的目标功率给定 p_c，通过水轮机调节系统的 PID 调节（静态主要依靠积分调节），最终可实现电网功率平衡和频率的恢复。

4. 电网负荷频率特性

当频率发生变化时，同一负荷在额定频率下的值也会因之而发生变化，且其变化的方向是抑制频率的变化。例如,频率增大时,原来在额定频率下的负荷值会增加,从而阻止频率的进一步增大;频率减小时,原来在额定频率下的负荷值会减小,从而阻止频率的进一步减小。负荷的这种随频率变化而变化的特性,通常称为电网负荷静态频率特性,因其对频率变化具有抑制作用,也可称为电网负荷静态自调节特性。

负荷的不同性质(电动机负荷、照明负荷、……)及其不同的组合,将使负荷静态频率特性(静态自调节特性)有与之对应的特性。因此,负荷静态频率特性(静态自调节特性)也是随时变化的。为了描述这种特性,常用电网负荷静态频率特性系数 k_p 或电网负荷静态频率自调节系数 e_n 来表示。

$$k_p = e_n = \frac{\Delta p}{\Delta f} \tag{2-51}$$

式中:$k_p = e_n$ ——电网负荷静态频率自调节系数,一般 $e_n = 0.5 \sim 2.0$;

Δf——频率偏差相对量;

Δp——频率偏差 Δf 下的负荷变化量。

例如,$k_p = e_n = 1.0$ 的物理意义是:当频率变化 $+0.01(+0.5\ \text{Hz})$ 时,负荷值随之而增加 $+0.01$(额定负荷的 1%)。

在电网功率与电网频率变化的过程中,还存在着负荷与频率之间的动态关系,即电网发电/用电功率出现差值 Δp 时,电网频率的偏差 Δf 与之呈一阶惯性环节的变化特性,即

$$\frac{\Delta F(S)}{\Delta P(S)} = \frac{1}{T_a S + e_n} = \frac{1/e_n}{\frac{T_a}{e_n}S + 1} \tag{2-52}$$

式中:T_a——电网负荷动态频率时间常数,一般 $T_a = 5 \sim 10\ \text{s}$;

$\Delta F(S)$——频率偏差的拉普拉斯变换;

$\Delta P(S)$——功率偏差的拉普拉斯变换;

ΔF——在负荷扰动 ΔP_L 下的机组频率变化值(Hz)。

值得指出的是,电网负荷频率特性是电网负荷的自身特性,是随着电网结构、负荷性质及组合的不同而经常变化的,在实际运行条件下是很难在线测量的;在一次和二次调频的频率变化过程中,它起着有利于电网频率的稳定和补偿作用,但当频率接近或恢复到额定值时,这种动态稳定作用也就会减小或消失。

5. 水轮机调节系统一次调频的静态特性

1) 水轮机调节系统一次调频开环静态特性

机组并入电网运行又称并联运行(Parallel operation),这是许多机组同时向电网供电的运行方式。分析一次调频特性时,认为二次调频不起作用,即图 2-29 所示的 P_c 恒定。

水轮机调节系统一次调频开环静态特性(机组功率对机组频率偏差的特性)用相对值表示为

$$\Delta p = -[(50-F_n)-E_f]/(e_p \times 50) = -[(1-x_{f_n})-e_f]/e_p = -[(\Delta f - e_f)/e_p] \tag{2-53}$$

用绝对值表示,则有

$$\Delta P = -P_r \times [(50-F_n)-E_f]/(e_p \times 50) \tag{2-54}$$

上两式中,ΔP——对应于频率偏差 Δf 的机组功率增量;

F_n——电网频率;

x_{f_n}——电网频率相对值,$x_{f_n} = \dfrac{F_n}{50}$;

E_f——水轮机控制系统频率(转速)死区(绝对量,Hz),$(50-f_n)$ 为正,E_f 为正;$(50-f_n)$ 为负,E_f 为负;

e_f——水轮机控制系统频率(转速)死区(相对量),$e_f = \dfrac{E_f}{50}$;

e_p——水轮机调节系统(功率)调差系数(速度变动率);

P_r——机组额定功率(MW)。

式(2-53)和式(2-54)对于水轮机调节系统一次调频和火电机组调速系统都是正确的,式中的负号表示频率偏差与功率偏差方向相反。

2) 水轮机调节系统一次调频闭环静态特性

所谓水轮机调节系统一次调频的闭环静态特性,是指机组带孤立负荷(孤立运行,即电网中只有一台或相当于一台机组供电的运行方式)、水轮机调节系统闭环时,机组频率对负荷扰动的静态特性。

机组在稳定工况(静态)工作时,水轮机调节系统 PID 控制器的积分调节输入端,必须为零,即必需满足条件

$$\frac{\Delta f - e_f}{e_p} = \Delta p \tag{2-55}$$

机组输入功率($\Delta p - \Delta p_L$)与机组频率偏差(Δf)的静态关系为

$$\frac{\Delta p_L - \Delta p}{e_n} = \Delta f \tag{2-56}$$

式中:Δp_L——负荷扰动相对值;

Δp——在负荷扰动 Δp_L 下的机组功率变化值;

Δf——在负荷扰动 Δp_L 下的机组频率变化值;

e_f——频率死区相对值;

e_p——功率永态差值系数(速度变动率);

e_n——机组、负荷频率特性系数(自调节系数)。

式(2-55)和式(2-56)为水轮机调节系统一次调频闭环静态特性基本方程。

联立解式(2-53)、式(2-55)得

$$\Delta p = \frac{\Delta p_L - e_n \times e_f}{1 + e_n \times e_p} \tag{2-57}$$

$$\Delta f = \frac{\Delta p_L \times e_p + e_f}{1 + e_n \times e_p} \tag{2-58}$$

以绝对值表示,则为

$$\Delta P = P_r \times \Delta p \tag{2-59}$$

$$\Delta F = 50 \times \Delta f \tag{2-60}$$

式中:P_r——机组额定功率(MW);

ΔP——在负荷扰动 Δp_L 下的机组功率变化值(MW);

ΔF——在负荷扰动 Δp_L 下的机组频率变化值(Hz)。

式(2-57)和式(2-58)为水轮机调节系统一次调频闭环静态特性参数方程。

2.5 水轮机调节系统控制功能

2.5.1 水轮机调节系统的工作状态及其转换过程

根据水轮机微机调速器对水轮发电机组的调节与控制情况,可将水轮机微机调速器的工作分成几个工作状态——停机等待(TJDD)、空载(KZ)、负载(FZ)和调相(TX)等工作状态和在上述工作状态之间的转换过程:开机(KJ)、停机(TJ)、甩负荷(SFH)。工作状态是水轮发电机组可以稳定运行的工况,转换过程实质上是属于水轮机调节系统的动态过程。为了了解水轮发电机组的整个工况和叙述方便,在此一并分析。

1. 停机等待状态

在这种状态下,水轮机微机调速器控制水轮发电机组在停机状态,当接收到电站二次回路或机组 LCU 的开机指令后,即转至开机过程。这时水轮机微机调速器的内部状态为电气开度限制(L)为零值(全关),导叶接力器 $y_{ga}=0$(全关);对于双调整(转桨式或贯流式机组)调速器,轮叶接力器开至启动开度值,$y_{ru}=y_{ru0}$;水轮机微机调速器不调用 PID 调节子程序;实时读入水头 H、机组有功功率 P_g、接力器行程等信息;人机交互界面(数字显示、发光二极管显示、模拟指示仪表、触摸屏、按钮、开关等)均在正常工作状态;机械开度限制机构一般处于全开的位置。

2. 开机过程

调速器在停机等待状态,在无停机指令的情况下,一接收到开机指令,即进入开机过程。

1) 两段开机规律特性

图 2-31 所示的为现在广泛采用的两段开机规律特性。

(1) 设在 $t=0$ 时接收到开机指令,则轮叶接力器(对于双调整调速器)由启动开度 y_{ru0} 按设定速度关闭到全关位置($y_{ru}=0$)。

(2) 导叶接力器开度 y_{ga} 和电气开度限制 L 均同步开启至第一开机开度 y_{KJ1}(图中

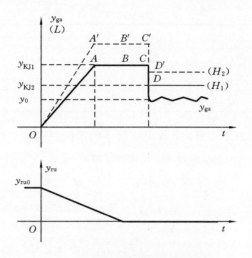

图 2-31 微机调速器的开机特性

A 点);导叶接力器开度 $y_{ga} = y_{KJ1}$,并维持不动,经过一段延时 t_{A-B},至 B 点(这时被控水轮发电机组的频率可以被可靠地测量),开始测量机组频率。一般取延时区段 $t_{A-B} = 5 \sim 15$ s。

设机组频率在图中 C 点已连续 $1 \sim 2$ s 大于 45 Hz,则将电气开度限制 L 由 y_{KJ1} 关至 y_{KJ2},调速器投入 PID 调节,接力器在其控制下稳定于空载开度 y_0,开机过程结束,并转入空载状态。

(3) 在开机过程中,如果出现下列情况,则调速器将转入停机过程,最后进入停机等待状态:

① 开机过程中接收到停机指令。

② 开机过程中,机组频率 f_g 长时间(例如,图中时间区间 $t_{B-C} \geqslant 30 \sim 50$ s)小于 45 Hz。

当机组运行水头 H 发生变化时,其空载开度 y_0 也会有变化:高的水头对应于小的 y_0,低的水头对应于大的 y_0。为了在水头变化时机组有基本一致的开机特性,应使 y_{KJ1}、y_{KJ2} 的取值与水头 H 有关。如图 2-31 所示,虚线 $OA'B'C'D'$ 是水头 H_2 下的开机过程,图中 $H_2 < H_1$。

y_{KJ1}、y_{KJ2} 和 y_0 一般应满足条件

$$\left. \begin{array}{l} y_{KJ2} = y_0 + (0.05 \sim 0.10) \\ y_{KJ1} = (1.5 \sim 1.8) y_{KJ2} \end{array} \right\} \tag{2-61}$$

(4) 为了使 y_{KJ1}、y_{KJ2} 随运行水头 H 的改变而自动变化,也可以采用前述协联特性插值的方法来实现。即可利用表 2-13 给出的水头 H、第一开机开度 y_{KJ1} 和第二开机开度 y_{KJ2} 的节点值来进行插值计算。表中的水头 H 是按递增设定的,即 $H_i < H_{i+1}$,相应的有 $y_{1i} > y_{1\,i+1}$ 和 $y_{2i} > y_{2\,i+1}$。

表 2-13　H、y_{KJ1}、y_{KJ2} 节点数值表

i	0	1	2	3	4	5	6	7	8	9
H_i	H_0	H_1	H_2	H_3	H_4	H_5	H_6	H_7	H_8	H_9
$y_{KJ1}(y_{1i})$	y_{10}	y_{11}	y_{12}	y_{13}	y_{14}	y_{15}	y_{16}	y_{17}	y_{18}	y_{19}
$y_{KJ2}(y_{2i})$	y_{20}	y_{21}	y_{22}	y_{23}	y_{24}	y_{25}	y_{26}	y_{27}	y_{28}	y_{29}

设运行水头为 H，在表 2-11 中找出它属于的区间，使

$$H_i \leqslant H \leqslant H_{i+1} \tag{2-62}$$

再计算

$$\left. \begin{aligned} y_{KJ1} &= y_{1i+1} + \frac{y_{1i} - y_{1i+1}}{H_{i+1} - H_i}(H_{i+1} - H) \\ y_{KJ2} &= y_{2i+1} + \frac{y_{2i} - y_{2i+1}}{H_{i+1} - H_i}(H_{i+1} - H) \end{aligned} \right\} \tag{2-63}$$

2) 加速度闭环开机规律

加速度闭环开机规律如图 2-32 所示。

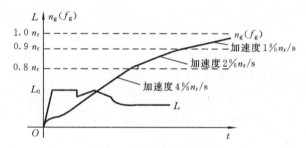

图 2-32　加速度闭环开机

调速器接到开机指令后，即将导叶开启至电气开限预开度 L_0，此后即按照机组转速 $0 \sim 0.8n_r$，$0.8n_r \sim 0.9n_r$ 和 $0.9n_r \sim 1.0n_r$ 的三个区间，通过电气开度限制 L 控制导叶开度，使机组加速度相应为 $(4\% n_r)/s$、$(2\% n_r)/s$、$(1\% n_r)/s$ 实现机组快速、近似单调的开启过程，当机组转速达到 $0.98n_r$ 时，调速器转入空载运行工况。

3. 空载状态

空载运行（No-load operation 或 idling operation）即机组不并网，以规定转速运行的状态。空载状态可由下列状态或过程转换而来。

① 开机过程，机组频率大于 45 Hz；

② 甩负荷过程，电气开度限制 L 减少至 y_{KJ2}；

③ 调相状态，发电机出口油开关（以下简称为油开关）断开。

空载状态可转换成下列状态或过程：

① 油开关合，转入负载状态；

② 接收到停机指令，转入停机过程。

空载状态下,微机调速器的工作情况如下:
① PID 投入工作,在频率调节模式下运行;
② 电气开度限制 $L=y_{KJ2}$,可手动增加或减少。

4. 负载状态

带负荷运行(Load operation)即机组并网并带负荷,以规定转速运行的状态。负载状态可由下列状态转换而来:
① 空载状态,油开关合上;
② 调相状态,调相指令解除。

负载状态可转换成下列状态或过程:
① 油开关断开,转至甩负荷过程;
② 接收到调相指令,转至调相状态;
③ 接收到停机指令,转至停机过程。

负载状态下,微机调速器的工作情况如下:
① PID 投入工作,可以在频率调节、开度调节或功率调节模式下运行;
② 由空载转来时,电气开度限制 L 立即增大至全开或运行水头下的最大值 L_M,可手动增加或减少。

5. 甩负荷过程

甩负荷(Load rejection)是指机组突然甩去所带负荷的过渡过程。

甩负荷状态是在负载状态下,油开关断开时转换来的。进入本状态后,首先使电气开度限制 L 等于导叶接力器开度 y_{ga} 值,再以一定速度使 L 减小,当 $L=y_{KJ2}$ 时,转至空载状态。甩负荷过程中,若接收到停机指令,则转至停机过程。甩负荷过程中,PID 投入工作,在频率调节模式下运行。

6. 调相状态

机组在负载状态下工作,接收到调相指令后,转至调相状态工作。调相指令解除时,导叶接力器将开启至空载开度 y_0,转至负载状态;接收到停机指令后,先转入负载状态,再进入停机过程。

机组在调相状态下,电气开度限制 $L=0$、开度给定 $y_c=0$,且不能进行人工调整;PID 投入工作,机组在频率调节模式下运行。

7. 停机过程

机组在各有关状态或过程接收到停机指令,均会转至停机过程。当电气开度限制 L 和导叶接力器开度 y_{ga} 均关闭至零值(全关)时,转至停机等待状态。在停机过程中,PID 投入工作,机组在频率调节模式下运行。

一般的停机特性曲线如图 2-33 所示。

① 导叶接力器开度 y_{ga} 由两段关闭折线关闭至零值(全关),其拐点 B 可由程序设定,程序也可以方便地整定 AB 段和 BC 段的关闭速度。

② 在导叶接力器按 ABC 折线运动时,轮叶接力器开度 y_{ru} 按协联曲线规律朝关闭

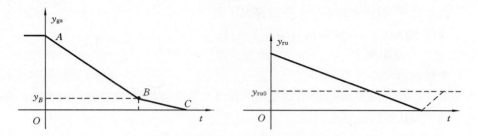

图 2-33　微机调节器的停机特性曲线

方向运动；当导叶接力器关闭至全关位置时，调速器进入停机等待状态，轮叶接力器开启至启动开度 y_{ru0}。

微机调速器各状态或过程的转换关系如图 2-34 所示。

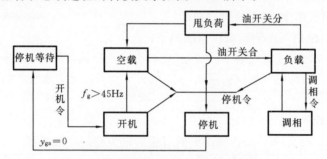

图 2-34　微机调速器工作状态转换关系

2.5.2　水轮机调节系统的运行方式

水轮机微机调速器的运行方式有自动方式和手动方式等两种。在手动运行方式中，有的产品又设有电气手动和机械手动两种方式。近年来，许多产品只有电气手动运行方式。

1. 自动运行方式

自动运行（Automatic operation）方式是由被控参量和（或）给定信号通过水轮机控制系统对水轮机进行自动控制的运行方式。

在自动运行方式下，水轮机微机调速器的闭环自动调节、被控机组负荷的增加/减少、调节模式的选择及切换、运行人员对调速器的监视和操作等，都是由微机调节器自动实现或完成的。

图 2-1 所示的微机调速器总体结构中，其机械液压系统，不论是前面介绍的电液随动系统，还是电液执行机构，都是根据微机调节器程序运算结果通过电液转换器实现主接力器行程 Y_{ga} 对微机调节器中 Y_{PID} 成比例跟随的。在一般情况下，如果有机械液压开度限制机构，则应置它于全开或允许的最大开度位置。由机械液压开度限制机构所构成的机械液压手动运行机构此时应处于"浮空"和不起作用的状态。

2. 手动运行方式

手动运行（Manual operation）方式是指以电气或机械液压手动方式通过有关部件来控制水轮机的运行方式。

在手动运行方式下，微机调节器已不再对机械液压系统起闭环调节和控制作用了。调速器完全依靠电气或机械液压手动机构来实现对机组的控制。

现在生产的水轮机微机调速器大多具备微机调节器对调速器的手动状态进行跟踪的能力。这个跟踪功能的特点如下。

① 实时读入导叶接力器实际行程所对应的 Y_f 值，并使 PID 运算中的开度给定 $Y_c = Y_f$，从而使式(2-26)的积分输入项为零值。

② 根据 $Y_c = Y_f$ 对 PID 调节程序中的有关量赋以合适的值，此时 Y_{PID} 值与实际的 Y_f 值相当。

根据这个特点，当微机调速器由手动运行方式切换至自动运行方式时，微机调速器就可以可靠地实现无扰动、平滑切换过程。当然，在切至自动运行方式后，应将机械液压开度限制机构开启至最大开度。

有的微机调节器具备的上电跟踪功能，也是基于上述原理设计的：当重新接通微机调节器电源时，微机调节器在一段时间内（例如，1s）不对电液随动系统进行控制；在这段时间内，它读入接力器实际行程值，并做上述手动跟踪时类似的处理；到达所设置的时间后，微机调节器投入工作。

2.5.3　水轮机调节系统的故障诊断

从 20 世纪 90 年代初开始，水轮机微机调速器就具备下列故障诊断功能（这将在以后的章节分析讨论）：

① 机组频率、电网频率的故障诊断和抗干扰措施；

② 导叶和轮叶主接力器反馈装置出现故障（例如，反馈电位器断线等）时的检测与处理；

③ 机组功率变送器、电站水头变送器的故障诊断及处理。

2.5.4　冲击式水轮机喷针的控制

1. 喷针成组控制的优点

一般的冲击式水轮机控制系统是把所有的喷针按固定顺序排列的，按照机组所需要发出的功率控制喷针的开启及关闭，不允许对喷针进行单独的控制。微机调速器则可以用程序实现多喷针的成组控制，允许喷针被单独调节而使机组在近似于最优效率区域运行，并能够根据各喷针的工作状态自动改变各喷针的排序。该方式极大地优化了调节性能，简化了机械控制系统。

2. 没有喷针组合（排序）控制的情况

在图 2-35 所示曲线中，虚线所示曲线分别表示 1~6 只喷针工作时的机组效率曲线。但是,没有喷针组合控制时,所有喷针在任何时候都同时开启和关闭,图 2-35 的实线所示的就是 6 只喷针同时开启和关闭时的机组运行效率曲线。它仅在机组额定功率附近实现高效率运行。显然,当发电功率低于水轮机额定负荷时,机组运行效率低,机组只适合于在额定负荷工况附近运行,不适宜作为调峰调频机组。

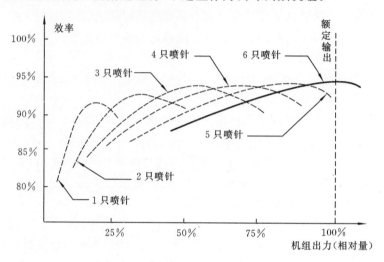

图 2-35 没有喷针成组控制的效率曲线

3. 喷针组合控制

图 2-36 所示曲线中,虚线分别表示 1～6 只喷针各自工作时的机组效率曲线。根据机组所带负荷安排喷针的工作状态,6 只喷针均可独立控制,机组可以在 1 只、2 只、3 只、4 只、5 只或 6 只喷针控制下运行,最大限度地优化了机组效率。喷针组合控制时的机组运行效率如图 2-36 的实线所示。

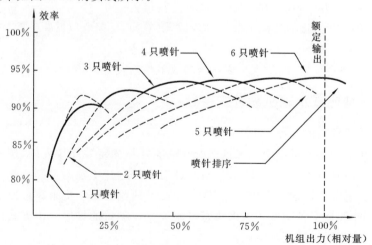

图 2-36 有喷针协联控制的效率曲线

控制系统配置可以实现 6 只独立的喷针组合控制。这些喷针组合控制是可编程的,可以手动选择或在机组开机顺序中自动前进到下一个可用的顺序。自动喷针组合控制具有如下方式。

1) 自动

每次启动开机顺序时自动启动喷针组合控制,某个喷针运行与否取决于机组运行的功率大小。

2) 半自动

每次启动开机顺序时自动启动喷针组合控制,可以人工设定某个喷针运行的方式。

3) 手动

由操作者选择喷针运行顺序,除非操作者选择另一个不同的顺序,否则该顺序将保持不变。

所有喷针在一个可编程的顺序中独立运行,在整个功率输出范围内机组效率始终处于或接近最优效率状态,机组不仅适合在基荷下运行,还可作为调峰调频机组。

2.5.5 抽水蓄能水轮机的控制

1. 运行工况及转换

(1) 稳定运行工况:"静止"、"发电"、"调相"、"抽水"。

(2) 可能的 10 种工况转换:

"静止"→"发电","发电"→"静止","发电"→"调相","调相"→"发电",

"静止"→"抽水","抽水"→"静止","发电"→"抽水","抽水"→"发电",

"抽水"→"调相","调相"→"抽水"。

(3) 工况转换。

"静止"→"发电":在"静止"工况下,接收到机组"发电"命令,调速器按适应运行水头的开机规律将导叶开启,调节机组转速到达额定转速,在二次回路控制下机组断路器接通,机组并入电网,机组进入"发电"工况,根据调度命令调整机组所带负荷。

"发电"→"静止":在"发电"工况下,接收到机组"停机"命令,将导叶按规定速率关闭至空载位置,卸去机组所带负荷;机组断路器断开,再按规定速率将导叶关闭到全关位置,机组转速下降,直至到达机组"静止"工况。

"发电"→"调相":在"发电"工况下,接收到机组"调相"命令,将导叶按规定速率关闭至空载位置,卸去机组所带负荷;调速器再按规定速率将导叶关闭至全关位置,机组在二次回路和压气装置的作用下,将涡壳中的水压出,机组进入"调相"工况运行。

"调相"→"发电":在"调相"工况下,接收到机组"发电"命令,将导叶按规定速率开启至空载位置,再根据调度命令调整机组所带负荷。

"静止"→"抽水":接收到机组"泵启动"命令,调速器使导叶接力器保持全关闭位置,机组在二次回路控制下,按背靠背方式(压水或不压水)或变频方式(压水)使机组启动;机组转速稍大于额定转速时,断开背靠背方式发电机或变频方式变频器与水泵机组的主回路,采用自同期方式并入电网;机组压气装置退出,蜗壳充水;调速器接受"泵运行"命令,按机组特性规定的速率使导叶开启到水泵扬程确定的最优开度,调速器即完成机组"静止"→"抽水"的工况转换。在"抽水"运行工况中,根据水泵扬程调节导叶至与水泵扬程相适应的开度,使机组工作在效率最佳的状态。

"抽水"→"静止":在"抽水"工况下,接收到机组"停机"命令,将导叶按规定速率关闭至发电工况的空载位置,断开机组断路器,导叶继续关闭至全关位置。

"发电"→"抽水":在"发电"工况下,接收到机组"泵启动"命令,调速器按规定速率将导叶关闭至空载开度,卸去机组所带负荷;机组断路器断开,再按规定速率将导叶关闭到全关位置,机组转速下降;当机组转速(正转)低于 n_{+5}(5%额定转速)时,向二次回路发出" n_{+5} 到达"命令;调速器使导叶接力器保持全关闭位置,机组在二次回路控制下,按背靠背方式(压水或不压水)或变频方式(压水)使机组启动,按"静止"→"抽水"工况转换流程运行。

"抽水"→"发电":在"抽水"工况下,接收到机组"发电"命令,调速器按规定速率将导叶关闭至"抽水"→"发电"转换开度 Y_{pg},向二次回路发出" Y_{pg} 到达"接点信号;机组断路器断开后,机组转速下降;当机组转速(反转)低于5%额定转速 n_{-5} 时,调速器再按"静止"→"发电"转换工况流程工作。

"抽水"→"调相":在"抽水"工况下,接收到机组"调相"命令,调速器按规定速率将导叶关闭至全关,机组压气装置压气,进入(水泵)"调相"工况。

"调相"→"抽水":在(水泵)"调相"工况下,接收到机组"抽水"命令,机组压气装置退出,蜗壳充水;调速器接受"泵运行"命令,按机组特性规定的速率使导叶开启到水泵扬程确定的最优开度,调速器即完成机组"(水泵)调相"→"抽水"的工况转换。

2. 抽水工况高效率运行

接力器开度应满足与水头的协联关系,协联关系曲线由电厂提供。调速器开机时,应将导叶按规律开启到水泵的最高效率点,并根据对水泵高转速这一开关量的判断,选择不同的水头开度曲线。调速器应能根据实际水头,按给定的水头开度曲线调节导叶使机组始终运行在高效率点。

2.6 水轮机调节系统试验数据的回归分析

水轮机调速器出厂时必须根据《水轮机控制系统技术条件》(GB/T9652.1—2007)和《水轮机控制系统试验》(GB/T 9652.2—2007)的规定,视情况分别进行产品检查试验或型式试验,以检查其有关性能是否符合上述技术条件的规定,从而确定该产品合格与否。显然,合适的试验方法及符合要求的测试仪表是取得正确试验结果的关键。此外,对试验结果的归纳、整理、分析也是整个试验工作的一个重要环节。从调速器动态试验的示波图以及根据试验绘制出的有关静态特性图用来判断调速器动态及静态性能的主要依据。通过试验曲线来判断某项性能指标的优劣,具有直观、明显的优点,但是,绘制曲线比较烦琐,通过曲线或作辅助曲线来衡量某项指标,又往往受到主观因素的影响,甚至对同一组试验数据,不同的人员绘制的曲线并得出有关指标,也往往不同。

随着数字计算机及计算方法的迅速发展,用数字计算分析法取代图解分析法来处理试验数据的趋势愈来愈明显。这里,仅就水轮机控制系统静态特性的试验数据,用一元线性回归分析的方法进行分析。

2.6.1 一元线性回归分析方法

众所周知,水轮机控制系统的静态特性曲线大致为一条直线。受非线性等因素的影响,它又不是一条严格的直线,但是,可以用一条直线近似。然而,用来近似这条曲线的直线可以作出许多条,能否根据一定的准则找出一条最能表达这条曲线的唯一一条近似直线呢? 换言之,能否依据试验数据找出变量 x 与 y 之间最能反映试验结果的线性定量关系呢?

回归分析法就是一种处理变量和变量之间关系的数学方法。处理两个变量关系称为一元线性回归分析。显然,水轮机控制系统静态特性可以用一元线性回归分析方法来获得。

一般来说,一元线性回归分析方法主要解决两个问题:求两个变量之间的回归直线方程和判断两个变量之间是否为线性相关关系。这里对一元线性回归分析方法的理论依据不加引述,仅从应用的角度介绍一下这种方法。

设在某一试验中得到了 n 组试验数据 $(x_i, y_i)(i=1,2,\cdots,n)$。根据理论分析或在坐标图上大致描点,知其近似为一直线。那么,究竟哪一条直线才能最准确地代表 n 组试验数据呢? 一元线性回归分析方法说明,如果某直线与全部观测数据 $y_i(i=1,2,\cdots,n)$ 的离差平方和

$$Q = \sum_{i=1}^{n}(y_i - \hat{y}_i)^2 \tag{2-64}$$

比其他任何直线与全部观测数据的离差平方和都小,则该直线就是代表 x 与 y 之间关系的合理的一条直线,称为 x 和 y 之间的回归直线,记作

$$\hat{y} = a + bx \tag{2-65}$$

显然,离差平方和值 Q 愈小的直线就越能表示 x 与 y 之间的关系;若 $Q=0$,试验数据就完全落在式(2-65)代表的直线上。

可以证明,式(2-65)中 a、b 满足下列关系时,回归直线式(2-65)与全部观测值 y_i $(i=1,2,\cdots,n)$ 之间的离差平方和 Q 有最小值:

$$\left. \begin{array}{l} a = \bar{y} - b\bar{x} \\ b = \dfrac{\sum\limits_{i=1}^{n}(x_i - \bar{x})(y_i - \bar{y})}{\sum\limits_{i=1}^{n}(x_i - \bar{x})^2} \end{array} \right\} \tag{2-66}$$

式中：
$$\left.\begin{array}{l}\bar{x}=\dfrac{1}{n}\sum_{i=1}^{n}x_i(x_i \text{ 的算术平均值})\\ \bar{y}=\dfrac{1}{n}\sum_{i=1}^{n}y_i(y_i \text{ 的算术平均值})\end{array}\right\} \quad (2\text{-}67)$$

按上述方法求得的回归直线式(2-65)究竟能否代表试验数据呢？或者说，试验数据以怎样的近似程度接近于回归直线呢？这可以通过计算相关系数

$$r=\frac{\sum_{i=1}^{n}(x_i-\bar{x})(y_i-\bar{y})}{\sqrt{\sum_{i=1}^{n}(x_i-\bar{x})^2 \cdot \sum_{i=1}^{n}(y_i-\bar{y})^2}} \quad (2\text{-}68)$$

来检查。可以证明

$$0\leqslant |r| \leqslant 1 \quad (2\text{-}69)$$

$|r|$ 值愈大，试验点就愈靠近回归直线；$r=1$ 时，试验点全部落在回归直线上。

若记

$$\left.\begin{array}{l}L_{XX}=\sum_{i=1}^{n}(x_i-\bar{x})^2=\sum_{i=1}^{n}x_i^2-\dfrac{1}{n}\left(\sum_{i=1}^{n}x_i\right)^2\\ L_{YY}=\sum_{i=1}^{n}(y_i-\bar{y})^2=\sum_{i=1}^{n}y_i^2-\dfrac{1}{n}\left(\sum_{i=1}^{n}y_i\right)^2\\ L_{XY}=\sum_{i=1}^{n}(x_i-\bar{x})(y_i-\bar{y})=\sum_{i=1}^{n}x_iy_i-\dfrac{1}{n}\left(\sum_{i=1}^{n}x_i\right)\left(\sum_{i=1}^{n}y_i\right)\end{array}\right\} \quad (2\text{-}70)$$

则式(2-66)、式(2-68)可表示为

$$\left.\begin{array}{l}a=\bar{y}-b\bar{x}\\ b=L_{XY}/L_{XX}\\ r=\dfrac{L_{XY}}{\sqrt{L_{XX}L_{YY}}}\end{array}\right\} \quad (2\text{-}71)$$

在具体计算时，只需计算 x_i^2、y_i^2、$\sum_{i=1}^{n}x_i$、$\bar{x}$、$\sum_{i=1}^{n}y_i$、$\bar{y}$、$\sum_{i=1}^{n}x_i^2$、$\sum_{i=1}^{n}y_i^2$、$\sum_{i=1}^{n}x_iy_i$，再按式(2-70)和式(2-78)计算，即可完成全部计算过程。

2.6.2 水轮机调节系统静态特性试验的一元线性回归分析

《水轮机控制系统技术条件》的表2列出了测至主接力器的转速死区的规定值，关于静态特性曲线，则只定性地规定"应近似为直线"。《水轮机控制系统试验》规定："用稳定的频率信号源输入额定频率信号，以开度给定将导叶接力器调整到50%行程附近，然后升高或降低频率使接力器全关或全开，调整频率信号值，使之按一个方向逐次升高和降低，在导叶接力器每次变化稳定后，记录该次信号频率值、相应的接力器行程，并用千分表记录接力器的摆动值（仅记录频率升高或降低时接力器相对行程约为

20%、50%和80%在3 min内的摆动值)。分别绘制频率升高和降低的调速器静态特性曲线。每条曲线在接力器行程5%～95%的范围内,测点不少于12点,如测点有1/4不在曲线上,或1/4测点反向,则此试验无效。两条曲线间的最大区间即转速死区 i_x。"

由于调速器(特别是微机调速器)的转速死区甚小,故按试验数据在坐标纸上描点、连线也十分复杂,即使用很大的比例尺,作图误差也较大。如果多次在产品出厂或电站现场做过调速器的静态特性试验,甚至对于同一组试验数据、同一个人作两次静态特性曲线图,都可能会得到数值有差别的转速死区。

作者在1986年就提出:在进行水轮机调节系统的静态特性试验时,可以对试验数据按一元线性回归分析方法进行处理和分析。

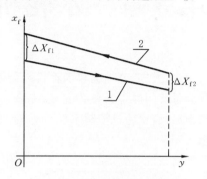

图 2-37 静态特性回归直线

(1) 根据静态特性试验数据,分别按前述公式计算出频率升高和降低的两条回归直线,如图 2-37 所示。

频率减小方向回归直线方程(直线1)为

$$\hat{y}_1 = a_1 + b_1 x \tag{2-72}$$

频率增大方向回归直线方程(直线2)为

$$\hat{y}_2 = a_2 + b_2 x \tag{2-73}$$

式(2-72)和式(2-73)中:$\hat{y}_1$、$\hat{y}_2$——导叶接力器行程相对值,变化范围为 0～1.0;

x_f——频率信号相对值。

(2) 求永态差值系数 b_p。显然,式(2-72)和式(2-73)中的 b_1 和 b_2 应分别为它们的最大行程永态差值系数 b_{s1} 和 b_{s2} 的负倒数。因而,式(2-72)和式(2-73)可以分别写成

$$\left. \begin{array}{l} x_f = \dfrac{1}{b_1}\hat{y}_1 - \dfrac{a_1}{b_1} = -b_{s1}\hat{y}_1 + b_{s1}a_1 \\ x_f = \dfrac{1}{b_2}\hat{y}_2 - \dfrac{a_2}{b_2} = -b_{s2}\hat{y}_2 + b_{s2}a_2 \end{array} \right\} \tag{2-74}$$

可用下式求得静态特性的永态差值系数

$$b_s = \frac{1}{2}(b_{s1} + b_{s2}) = -\frac{1}{2}\left(\frac{1}{b_1} + \frac{1}{b_2}\right) \approx b_p \tag{2-75}$$

(3) 求转速死区 i_x。若 $b_{s2} > b_{s1}$,则

$$i_x = \Delta x_{f_2} = b_{s1}a_1 - b_{s2}a_2 + b_{s2} - b_{s1} \tag{2-76}$$

若 $b_{s2} < b_{s1}$,则

$$i_x = \Delta x_{f_1} = b_{s1}a_1 - b_{s2}a_2 \tag{2-77}$$

第 3 章　水轮机调节系统的动态特性

水轮机调节系统和水轮机控制系统在工作过程中有两种工作状态:静态和动态。调节系统的静态又称为稳定状态。稳定状态是指机组在恒定的负荷、给定信号和水头下运行,水轮机控制系统和水轮机调节系统的所有变量都处于平衡状态的运行状态。

当系统受到负荷、水头等扰动作用,或给定信号变化时,系统将出现相应的运动,经过一段时间后,在新的条件下进入了新的稳定状态。从原稳定状态到新稳定状态的运动过程称为水轮机调节系统和水轮机控制系统的动态。系统状态不稳定时,则出现等幅振荡或发散振荡,不能正常工作,没有稳定状态。

动态又分为小波动状态或小瞬变状态(Small oscillation condition or Small transient condition,即水轮机调节系统经受很小的给定信号变化或发电机负荷变化等,水轮机控制系统各元件的输出量均未达到极限,且有关参量基本按线性变化的动态过程)和大波动状态或大瞬变状态(Large oscillation condition or Large transient condition,即水轮机调节系统经受较大的给定信号变化或发电机负荷变化等,水轮机控制系统内任一元件的输出量达到饱和状态,且有关参量基本按非线性(例如,斜率限制等)变化的动态过程)。

要研究、分析水轮机调节系统的动态特性,首先必须建立水轮机调节系统的被控制系统的数学模型、水轮机控制系统的数学模型和水轮机调节系统的数学模型;其次,要充分认识到水轮机调节系统是一个复杂的、非线性的闭环调节系统;最后,要全面了解水轮机调节系统在工程实际中迫切需要解决的问题。只有这样,才能有目的地对水轮机调节系统的动态特性进行理论密切联系实际的、较全面的、定性的研究和分析工作。

水轮机调节系统的被控制系统是一个将水流过程、机械过程和电气过程综合于一体、彼此密切相关的调节对象,是一个结构复杂、非线性和参数时变的系统。因此,为了研究、分析这种系统的动态性能而建立的数学模型,只能在所关心的重点性能方面,在一定的工况下近似地描述调节对象的线性化动态特性。而对其动态分析的主要目的,更多的是期望得到定性的和有比较意义的参考结论,为动态调节参数的优化选择提供决策支持。

在水轮机调节系统的动态过程中,由于导叶开度的变化会引起水轮机的流量和力矩变化,且流量变化会在引水和泄水系统中产生水击(水锤)效应,因此,引水和泄水系统是一个在控制理论中被称为具有"非最小相位"特性的调节对象。特别是,引水和泄水系统中的长引水和泄水管道、双机或多机共用引水管道、引水系统设置调压井或调压阀等的状态都会对其动态特性的描述和分析带来很大的困难。

水轮机的特性具有明显的差异性和非线性特性。在常用的混流式水轮机、轴流(定桨和转桨)式水轮机、贯流式水轮机和冲击式水轮机中,反映其力矩 M_t、流量 Q、开度 y、水头 H 和转速 n 之间关系的传递系数有很大的差异。同一台机组的水轮机在不同的水头 H 和转速 n 的条件下,上述传递系数也有很大的差异,具有严重的非线性特性。当水头 H 恒定、导叶开度 y 保持不变时,不同形式的水轮发电机组的空载转速摆动值有很大的差别。迄今为止,在水轮机的数学模型中尚未见对这一特性进行描述的模型。下面列出一些不同的水轮机形式一般的手动机组空载频率摆动值:

混流式水轮发电机组　　　　　　　0.08~0.30 Hz;
轴流转桨式水轮发电机组　　　　　0.15~0.40 Hz;
轴流定桨式水轮发电机组　　　　　0.40~0.90 Hz;
贯流式水轮发电机组　　　　　　　0.40~1.00 Hz。
冲击式水轮发电机组　　　　　　　0.08~0.30 Hz;

电网(负荷)的特性受下列因素的影响:
- 水轮机特性系数(传递系数);
- 发电机采用的励磁调节器的特性;
- 机组惯性时间常数 T_a;
- 电网负荷的惯性时间常数 T_b;
- 频率变化和电压变化引起电网负荷变化的特性系数——自调节系数。

水轮机调速器也包含有以下非线性特性:
- 水轮机调节系统的转速死区和导水机构的滞环特性;
- 微机调速器或电气液压调速器中综合放大器和接力器的饱和非线性特性;
- 微机调速器采样周期 τ、A/D 转换和 D/A 转换时间引起的时滞特性;
- 由中间接力器、主接力器整定的全行程开启时间和关闭时间引入的速度限制(斜率限制)特性。

水轮机调节系统应具有快速、无过大超调的机组开机特性。从调速器接收到开机指令开始,至水轮发电机组进入空载工况为止的时间称为开机过程时间。开机过程时间视水轮发电机组型式不同而不同,大致在 40~60 s 的范围内;机组在开机过程中,频率上升的最大值应为 51~52 Hz。

水轮机调节系统应具有优良的空载频率稳定特性,能尽快地完成同期过程,并入所在电网运行。

当前,大多数大型、中型和一部分小型水轮发电机组均并入大电网或较大电网运行,因而其调节系统在负载工况下的动态性能应满足下列要求:
- 能按控制指令要求,单调、快速增加/减少所控制机组所带的负荷;
- 在给定功率或开度值不变时,应尽量使机组实际功率或开度保持在给定值附近;
- 调速器应有完善的与 AGC 的接口,能快速、单调地按 AGC 的指令增加/减少所带负荷。

在被控水轮发电机组处于小电网或孤立负荷运行工况下,水轮机调节系统应具有尽可能好的动态性能:负荷扰动时最大频率波动值小,向 50 Hz 恢复的时间短。负荷性质及负荷变化值占额定功率的比重在很大程度上影响到这种工况下水轮机调节系统的动态性能。特别值得指出的是:一般的冲击式水轮发电机组调速器的喷针接力器开启、关闭时间特性和折向器特性决定了它不适宜在这种工况下工作。

被控机组甩负荷后,调速器应能按设计的关闭规律控制导水叶(简称导叶)机构和桨叶机构,使被控机组快速进入空载工况。

水轮机微机调速器的主导调节规律仍然是 PID 调节规律,或者是以 PID 调节为基础的适应式变参数调节规律。实践证明,对于绝大多数水轮发电机组而言,只要调速器的 PID 调节规律正确,并恰当地选择其参数,采用适应式变参数策略,就能够得到优良的系统动态性能,其试验、整定也十分方便。

近 10 多年来,对自适应控制、模糊控制、神经元网络控制等新型控制规律进行过一些研究性探讨,但一般尚处于简单仿真的阶段,未见在现场试验中取得满意结果的报道,更没有看到采用这些控制规律的工业产品投入运行。

3.1 被控制系统的动态特性

水轮机被控制系统是由水轮机控制系统(水轮机调速器)控制的系统,它包括水轮机、引水和泄水系统、装有电压调节器的发电机及其所并入的电网,也可以称为水轮机调节系统的调节对象。

3.1.1 被控制系统的参数

1. 水流惯性时间常数

水流惯性时间常数 T_w 是在额定工况下,表征过水管道中水流惯性的特征时间。水流惯性时间常数 T_w 的表达式为

$$T_w = \frac{Q_r}{gH} \sum \frac{L}{S} = \sum \frac{LV}{gH} \tag{3-1}$$

式中:S——每段过水管道的截面积(m^2);

L——相应每段过水管道的长度(m);

V——相应每段过水管道内的流速(m/s);

g——重力加速度(m/s^2);

T_w——水流惯性时间常数(s)。

水流惯性时间常数 T_w 的物理概念是:在额定水头 H_r 作用下,过水管道内的流量 Q 由 0 加大至额定流量 Q_r 所需要的时间。

2. 机组惯性时间常数

机组惯性时间常数 T_a 是机组在额定转速时的动量矩与额定转矩之比。机组惯性时间常数 T_a 的表达式为

$$T_a = \frac{J_{\omega_r}}{M_r} = \frac{GD^2 n_r^2}{3\,580 P_r} \tag{3-2}$$

式中：J_{ω_r}——额定转速时机组的惯性矩($kg \cdot m^2$)；

M_r——机组额定转矩($N \cdot m$)；

GD^2——机组飞轮力矩($kN \cdot m^2$)；

n_r——机组额定转速(r/min)；

P_r——机组额定功率(kW)；

T_a——机组惯性时间常数(s)。

当 GD^2、P_r 和 n_r 分别采用单位 $kN \cdot m^2$、kW 和 r/min 时，其表达式为

$$T_a = \frac{J_{\omega_r}}{M_r} = \frac{GD^2 n_r^2}{365 P_r} \tag{3-3}$$

机组惯性时间常数 T_a 的物理概念是：在额定力矩 M_r 作用下，机组转速 n 由 0 上升至额定转速 n_r 所需要的时间。

3. 负载惯性时间常数

负载惯性时间常数(Load inertia time constant) T_b 是由电网引起的动量矩与额定转矩之比，是一个电网负荷具有的类似于机组惯性时间常数 T_a 的参数。

4. 管道反射时间

管道反射时间(Penstock reflection time) T_r 是压力波在引水管内往返一次所经历的时间，其表达式为

$$T_r = \frac{2 \sum L}{a} \tag{3-4}$$

式中：a——压力波在每段引水管中的传播速度(m/s)；

L——相应每段引水管的长度(m)。

5. 管道特性常数

管道特性常数(Penstock characteristic constant) h_w 是水流惯性时间常数 T_w 与管道反射时间 T_r 之比，即

$$h_w = \frac{T_w}{T_r} \tag{3-5}$$

6. 水轮机转矩对转速的传递系数

水轮机转矩对转速的传递系数(Transmission coefficient of turbine torque to speed) $e_t(e_x)$ 是水头和主接力器行程恒定时，水轮机转矩相对偏差值与转速相对偏差值的关系曲线在所取转速点的斜率，又称水轮机自调节系数(Turbine self-regulation coefficient)，有

$$e_x = e_t = \frac{\partial m}{\partial x} \qquad (3\text{-}6)$$

7. 发电机负载转矩对转速的传递系数

发电机负载转矩对转速的传递系数（Transmission coefficient of generator load torque to speed）e_g（又称发电机负载自调节系数（Generator load self-regulation coefficient））是在规定的电网负荷情况下，发电机负荷转矩相对偏差值与转速相对偏差值的关系曲线在所取转速点的斜率，即

$$e_g = \frac{\partial m_g}{\partial x_{nx}} \qquad (3\text{-}7)$$

8. 被控制系统自调节系数

被控制系统自调节系数（Controlled system self-regulation coefficient）e_n 是在所取转速点的发电机转矩对转速的传递系数 e_g 与水轮机转矩对转速的传递系数 e_t 之差，即

$$e_n = e_g - e_t \qquad (3\text{-}8)$$

9. 电网负载特性系数

电网负载特性系数（Network load characteristic coefficient）e_b 是电网负载的相对转矩变化 dm 与相对转速变化 dx_n 之比，即

$$e_b = \frac{dm}{dx_n} \qquad (3\text{-}9)$$

在实践中，系数 e_b 为

$$e_b = \frac{\Delta P_G / P_{G1}}{x_n} - 1 \qquad (3\text{-}10)$$

式中：ΔP_G——功率变化值；

P_{G1}——电网所吸收的实际功率；

x_n——相对转速变化。

10. 水轮机转矩对水头的传递系数

水轮机转矩对水头的传递系数（Transmission coefficient of turbine torque to head）e_h 是转速和接力器行程恒定时，水轮机转矩相对偏差值 m_t 与水头相对偏差值 h 的关系曲线在所取水头点的斜率，即

$$e_h = \frac{\partial m_t}{\partial h} \qquad (3\text{-}11)$$

11. 水轮机转矩对导叶接力器行程的传递系数

水轮机转矩对导叶接力器行程的传递系数（Transmission coefficient of turbine torque to gate servomotor stroke, turbine control transmission radio）$e_{gy}(e_y)$ 是水头、转速和转轮接力器行程恒定时，水轮机转矩相对偏差值 m_t 与导叶接力器行程相对偏差值 y_g 的关系曲线在所取导叶（对于冲击式水轮机则是喷针）接力器行程点的斜率。对于冲击式水轮机则是喷针（Needle）接力器行程的传递系数，即

$$e_{gy} = e_y = \frac{\partial m_t}{\partial y_g} \tag{3-12}$$

12. 水轮机转矩对转桨叶片接力器行程的传递系数

水轮机转矩对转桨叶片接力器行程的传递系数(Transmission coefficient of turbine torque to blade servomotor stroke) e_{yr} 是水头、转速和导叶(对于冲击式水轮机则是喷针)接力器行程恒定时,水轮机转矩相对偏差值 m_t 与转轮接力器行程相对偏差值 y_r 的关系曲线在所取转轮接力器行程点的斜率,即

$$e_{yr} = \frac{\partial m_t}{\partial y_r} \tag{3-13}$$

13. 流量对转速的传递系数

流量对转速的传递系数(Transmission coefficient of discharge to speed) e_{qx} 是水头和主接力器行程恒定时,水轮机流量相对偏差值 q 和转速相对偏差值 x_n 的关系曲线在所取转速点的斜率,即

$$e_{qx} = \frac{\partial q}{\partial x_n} \tag{3-14}$$

14. 流量对水头的传递系数

流量对水头的传递系数(Transmission coefficient of discharge to head) e_{qh} 是转速和主接力器行程恒定时,水轮机流量相对偏差值 q 和水头相对偏差值 h 的关系曲线在所取水头点的斜率,即

$$e_{qh} = \frac{\partial q}{\partial h} \tag{3-15}$$

15. 流量对导叶接力器行程的传递系数

流量对导叶(对于冲击式水轮机则是喷针)接力器行程的传递系数(Transmission coefficient of discharge to gate servomotor stroke) e_{qy} 是水头、转速和转轮接力器行程恒定时,水轮机流量相对偏差值 q 与接力器行程相对偏差值 y_g 的关系曲线在所取导叶(喷针)接力器行程点的斜率,即

$$e_{qy} = \frac{\partial q}{\partial y_g} \tag{3-16}$$

16. 流量对转叶接力器行程的传递系数

流量对转叶接力器行程的传递系数(Transmission coefficient of discharge to blade servomotor stroke) e_{qr} 是水头、转速和导叶接力器行程恒定时,水轮机流量相对偏差值 q 与转轮接力器行程相对偏差值 y_r 的关系曲线在所取转轮接力器行程点的斜率,即

$$e_{qr} = \frac{\partial q}{\partial y_r} \tag{3-17}$$

3.1.2 水轮机的传递系数结构图

对于单调整水轮机来说,水轮机转矩 M_t 和流量 Q_t 是导叶开度 y(近似用接力器位

移来表示)、水头 H 和机组转速 n 的函数。如果用相对值表示,则有

$$m_t = m_t(y, x, h) \tag{3-18}$$

$$q_t = q_t(y, x, h) \tag{3-19}$$

在研究小波动的情况下,可分别将式(3-18)和式(3-19)用泰勒级数展开,略去二阶以上高次项,可得

$$\Delta m_t = \frac{\partial m_t}{\partial y}\Delta y + \frac{\partial m_t}{\partial x}\Delta x + \frac{\partial m_t}{\partial h}\Delta h \tag{3-20}$$

$$\Delta q_t = \frac{\partial q_t}{\partial y}\Delta y + \frac{\partial q_t}{\partial x}\Delta x + \frac{\partial q_t}{\partial h}\Delta h \tag{3-21}$$

参照式(3-6)、式(3-11)、式(3-12)、式(3-14)、式(3-15)、式(3-16),则得

$$\left.\begin{array}{l}\Delta m_t = e_y\Delta y + e_x\Delta x + e_h\Delta h \\ \Delta q_t = e_{qy}\Delta y + e_{qx}\Delta x + e_{qh}\Delta h\end{array}\right\} \tag{3-22}$$

式(3-22)的关系如图 3-1 所示。

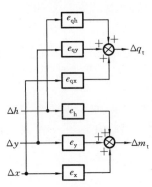

图 3-1 水轮机的传递系数结构图

对于双调整水轮机而言,它增加了轮叶的调整对水轮机转矩和流量的作用。若记 z 是轮叶接力器的相对行程,则仿上式得

$$\left.\begin{array}{l}\Delta m_t = e_y\Delta y + e_z\Delta z + e_x\Delta x + e_h\Delta h \\ \Delta q_t = e_{qy}\Delta y + e_{qz}\Delta z + e_{qx}\Delta x + e_{qh}\Delta h\end{array}\right\} \tag{3-23}$$

① 水轮机传递系数 e_y、e_x、e_h、e_{qy}、e_{qx}、e_{qh}(e_z、e_{qz})可以从水轮机综合特性曲线上求取。

② 水轮机的上述几个传递系数都是水轮机的静态特性系数,若将其用于动态分析计算,则肯定会有误差。因而,它只适用于水轮机调节系统低频段的分析。

③ 水轮机的上述几个传递系数是在小波动的假定条件下求得的,而且,在不同的稳定工作点,这些系数有不同的数值。因此,使用这些系数时一定要注意它们的稳定工作点,不能用来研究大波动的动态过程。

④ 人们对水轮机转矩对转速的传递系数 e_x 的作用比较了解,其值为负,即转速 n 上升将导致水轮机转矩 M_t 下降,起到自调节作用,因而有利于转速的稳定。

⑤ 水轮机流量对转速的传递系数 e_{qx} 的作用是,当导叶开度迅速改变(例如,向减小方向变化)时,由于水流惯性的作用,流入转轮的水流速度随开度的减小而增大,这使得水轮机转矩增大。$e_{qx}>0$ 的物理意义是,水轮机的过流能力随着转速上升而加大,与开度减小导致水轮机过流能力减小的作用相反。因此,它减小了调节过程中水流速度的变化幅值,有利于调节的稳定性;轴流式水轮机就具有 $e_{qx}>0$ 的特性。混流式水轮机中,水流的离心作用,使其 $e_{qx}<0$。冲击式水轮机和斜击式水轮机中流量对转速的传递系数 $e_{qx}=0$。

⑥ 水轮机的比转速愈大,空载流量就愈大,而且愈偏离最优效率区,其效率下降也

愈快。所以,水轮机转矩对导叶开度的传递系数 e_y 在低负荷区比在高负荷区大。轴流定桨式水轮机的 e_y 尤其具有这个特点。

⑦ 水轮机流量对导叶开度的传递系数 e_{qy} 也有随机组所带负荷增大而减小的特性。

⑧ 水轮机转矩对水头的传递系数 e_h 的大小和水轮机流量对水头的传递系数 e_{qh} 的大小都反映了水头变化的影响。它们的数值愈大(即对水头变化愈敏感),就愈不利于调节的稳定性。

三种典型水轮机的传递系数如表 3-1 所示。

表 3-1　3 种水轮机的传递系数

水轮机	导叶开度 y	e_x	e_y	e_h	e_{qx}	e_{qy}	e_{qh}
混流式 HL240	0.8	−0.96	0.50	1.45	0	0.66	0.47
	0.6	−0.85	1.40	1.10	0.10	0.94	0.40
轴流定桨式 ZD661	0.9	−0.51	0.57	1.22	0.34	0.55	0.31
	0.6	−0.91	1.50	1.12	0.27	0.55	0.21
斜击式 XJ02	0.9	−0.60	0.96	1.30	0	1.01	0.50

理想水轮机的传递系数为 $e_y=1, e_h=1.5q, e_{qy}=1, e_{qh}=0.5q, e_{qx}=0$。$e_x$ 与发电机及负荷的 e_g 归于发电机的数学模型中。

在研究相对流量 $q=1.0$ 的情况下,可取 $e_h=1.5, e_{qh}=0.5$。

3.1.3　引水系统的动态特性

当导叶行程变化而引起流量变化时,流量的变化会在引水系统中引起水击(水锤)效应,即流量的变化会在引水系统中产生水头的变化。

在小波动的情况下,可以认为水和引水系统管壁均为刚性的,此时的引水系统特性可表示为

$$h = -T_w \frac{dq}{dt} \tag{3-24}$$

式中:T_w——引水系统水流惯性时间常数。

式(3-24)中等号右边的负号表示流量的增加将使水头减小。正是这种作用,引水系统与水轮机一起构成了一个具有正零点的非最小相位系统的反向调节。

3.1.4　发电机及负荷动态特性

若记 M_g 为发电机的阻力矩,则相对转速 x、水轮机转矩 M_t、机组惯性时间常数 T_a 之间关系用增量相对值表示为

$$\Delta m_t - \Delta m_g = T_a \frac{d\Delta x}{dt} \tag{3-25}$$

发电机的阻力矩包含了负荷变化所引起的阻力矩变化 Δm_L 和机组转速变化引起的等效负荷变化，导致阻力矩变化 $\dfrac{\mathrm{d}\Delta m_g}{\mathrm{d}\Delta x}\Delta x$，即

$$\Delta m_g = \Delta m_L + \dfrac{\mathrm{d}\Delta m_g}{\mathrm{d}\Delta x}\Delta x$$

将 Δm_g 代入式(3-25)，得

$$\Delta m_t - \Delta m_L - e_g \Delta x = T_a \dfrac{\mathrm{d}\Delta x}{\mathrm{d}t} \tag{3-26}$$

式中：

$$e_g = \dfrac{\mathrm{d}\Delta m_g}{\mathrm{d}\Delta x} \tag{3-27}$$

即发电机负荷力矩对转速的传递系数，又称为发电机负载的自调节系数。e_g 与负载性质和励磁调节器的性能有关。

发电机带的负荷，包含有一部分存在转动惯量的、电动机驱动的机械装置负荷，它们在机组转速变化过程中起着与机组惯性时间常数 T_a 一样的作用。若记 T_b 为负荷折算到机组的惯性时间常数，并记

$$T'_a = T_a + T_b \tag{3-28}$$

则式(3-26)成为

$$\Delta m_t - \Delta m_L - e_g \Delta x = T'_a \dfrac{\mathrm{d}\Delta x}{\mathrm{d}t} \tag{3-29}$$

3.1.5 刚性水锤下被控制系统的动态结构

根据式(3-23)、式(3-25)和式(3-29)，取 $e_{qx} \approx 0$，并进行拉普拉斯变换，即可绘出图 3-2 所示的调节对象的动态结构框图。

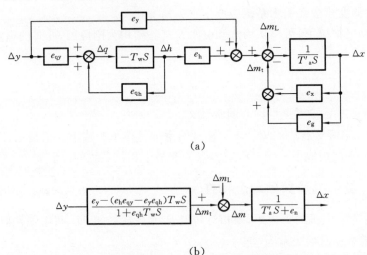

图 3-2　刚性水锤条件下调节对象的动态结构框图

若记
$$e_n = e_g - e_x \tag{3-30}$$

则经过简单变换和计算后,可得刚性水锤调节对象的动态结构图,如图 3-2(a)和图 3-2(b)所示。

图 3-2(a)中,Δy 为水轮机调速器导叶接力器行程的相对量增量,Δm_t 为与 Δy 对应的水轮机转矩相对量增量,Δm_L 为负荷变化相对量增量,Δx 为机组频率(转速)相对量增量。

若稳定工况点的 y_0、m_{t0}、m_{L0} 和 x_0 值均为零,则可得传递函数表达式为

$$\frac{M_t(S)}{Y(S)} = \frac{e_y + (e_y e_{qh} - e_h e_{qy})T_w S}{1 + e_{qh} T_w S} \tag{3-31}$$

$$\frac{X(S)}{M(S)} = \frac{1}{T'_a S + e_n} \tag{3-32}$$

当取 $\Delta m_L = 0$ 时,得到

$$\frac{X(S)}{Y(S)} = \frac{e_y + (e_y e_{qh} - e_h e_{qy})T_w S}{e_{qh} T'_a T_w S^2 + (e_{qh} T_w e_n + T'_a)S + e_n} \tag{3-33}$$

若认为 $e_{qx} \neq 0$,则式(3-33)成为

$$\frac{X(S)}{Y(S)} = \frac{e_y + (e_y e_{qh} - e_h e_{qy})T_w S}{e_{qh} T'_a T_w S^2 + [(e_{qh} e_n + e_n e_{qx})T_w + T'_a]S + e_n} \tag{3-34}$$

为了以后推导简捷,将式(3-33)和式(3-34)(近似)统一记为

$$\frac{X(S)}{Y(S)} = \frac{h_2 + h_3 T_w S}{h_1 + T_w S} \cdot \frac{1}{T'_a S + e_n} = \frac{h_3 S + h_2/T_w}{S + h_1/T_w} \cdot \frac{1}{T'_a S + e_n} \tag{3-35}$$

式中:$h_1 = 1/e_{qh}$;$h_2 = e_y/e_{qh}$;$h_3 = (e_y e_{qh} - e_h e_{qy})/e_{qh}$。

对于理想水轮机:$e_{qx} = 0$、$e_{qh} = 0.5$、$e_{qy} = 1$、$e_h = 1.5$ 和取 $e_y = 1$,则式(3-31)和式(3-34)分别成为

$$\frac{M_t(S)}{Y(S)} = \frac{1 - T_w S}{1 + 0.5 T_w S} \tag{3-36}$$

$$\frac{X(S)}{Y(S)} = \frac{1 - T_w S}{1 + 0.5 T_w S} \cdot \frac{1}{T'_a S + e_n} \tag{3-37}$$

3.1.6 刚性水锤下调节对象的动态特性仿真曲线

(1) 基本参数:$T_w = 1.2$ s,$T_a = 8.0$ s,$e_n = 1.3$。

(2) 仿真工况:输入量为水轮机导叶接力器行程,输出量为水轮机力矩或水轮发电机组转速,仿真工况与水轮机调速器无关。

(3) 导叶接力器呈斜坡规律关闭 10%,斜率为 -10%,即接力器关闭时间 $T_f = 10$ s,水轮机力矩响应曲线如图 3-3(a)所示。

① 曲线 0 是 $T_w = 0$,水轮机力矩响应波形为给定的斜坡曲线(接力器关闭时间 $T_f = 10$ s),没有反向调节,水力矩由 0.5 变化到 0.4。

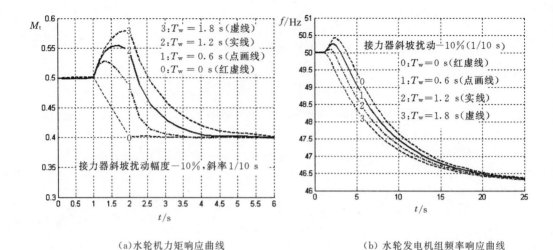

(a) 水轮机力矩响应曲线　　　　　　(b) 水轮发电机组频率响应曲线

图 3-3　刚性水锤条件下水轮发电机组动态特性仿真曲线

② 曲线1、曲线2和曲线3分别是$T_w=0.6$ s、$T_w=1.2$ s和$T_w=1.8$ s的水轮机力矩响应曲线。

③ 图3-3(a)所示的仿真波形表明,在刚性水锤条件下,水流惯性时间常数T_w的存在使得水轮机力矩有一个反向调节,随着水流惯性时间常数T_w数值的增大,反向调节的峰值加大;随着水流惯性时间常数T_w数值的增大,水轮机力矩向正常值($M_t=0.4$)恢复的时间加长;$T_w=0.6$ s、$T_w=1.2$ s和$T_w=1.8$ s的恢复时间分别约为2.5 s、3.5 s和5.0 s。

(4) 导叶接力器呈斜坡规律关闭10%,斜率为-10%,即接力器关闭时间$T_f=10$ s,水轮发电机组频率响应曲线如图3-3(b)所示。

① 曲线0是$T_w=0$,水轮发电机组频率响应波形为理想的一阶惯性环节曲线,没有反向调节。

② 曲线1、曲线2和曲线3分别是$T_w=0.6$ s、$T_w=1.2$ s和$T_w=1.8$ s的水轮发电机组转速响应曲线。

③ 图3-3(b)所示的仿真波形表明,在刚性水锤条件下,水流惯性时间常数T_w的存在使得水轮发电机组频率有一个反向调节,随着水流惯性时间常数T_w数值的增大,反向调节的峰值加大,水轮发电机频率向正常值恢复的时间加长,动态过程后期的频率响应波形仍然近似于一阶惯性环节曲线,只是4条曲线之间类似于有一个0.8 s的延迟。

所以,水流时间常数T_w的存在,使水轮机调节系统的被控制系统具有一个正的零点,水轮机调节系统则是一个非最小相位系统;在水轮机调节系统的动态过程中会出现水轮机力矩的反向调节,从而对系统的动态稳定和动态品质产生不利影响。

3.2 水轮机微机调速器的动态特性

水轮机控制系统用来检测被控参量(转速、功率、水位、流量等)与给定参量的偏差，并将它们按一定特性转换成主接力器行程偏差的一些设备所组成的系统。它的主要组成部分是水轮机调速器。调速器是由实现水轮机调节及相应控制的机构和指示仪表等组成的一个或几个装置的总称。所以，讨论水轮机控制系统的动态特性，就是研究水轮机调速器的动态特性。对于一个已经投入运行的水轮发电机组来说，被控制系统的动态参数及特性是客观存在的，只与运行工况和条件(水头、接力器开度等)有关，是不能人为改变的。因而，水轮机调节系统的动态特性优劣主要取决于水轮机控制系统的调节控制规律和调节参数的选择与配合。

3.2.1 水轮机微机调速器的调节规律

从机械液压调速器—电气液压调速器—微机调速器的发展历程来看，早期的水轮机控制系统(水轮机调速器)的调节规律都是比例-积分-微分(Proportional-Integral-Derivative)调节规律，即 PID 调节规律。能够实现比例-积分-微分调节规律的调速器称为比例-积分-微分调速器(Proportional-Integral-Derivative governor)，或简称 PID 调速器。在 PID 实现方式上，有早期的串联 PID 调速器(Series PID governor)和现在使用的并联 PID 调速器(Parallel PID governor)。机械液压调速器一般属于缓冲型调速器(Damping type governor)，其系统反馈环节中含有缓冲装置(缓冲器)；在电气液压调速器中还存在过测频单元中有加速度环节和系统反馈环节中含有缓冲装置的加速度-缓冲型调速器(Acceleration-damping type governor)。

GB/T 9652.1—2007《水轮机控制系统技术条件》关于水轮机调速器动态特性的主要规定如下。

(1) 对于机械液压调速器，暂态转差系数 b_t 应能在设计范围内整定，其最大值不小于 80%，最小值不大于 5%；缓冲时间常数 T_d 可在设计范围内整定，小型及以上的调速器最大值不小于 20 s，特小型调速器最大值不小于 12 s；最小值不大于 2 s。

(2) PID 型调节器的调节参数应能在设计范围内整定：比例增益 K_P 最小值不大于 0.5，最大值不小于 20。积分增益 K_I 最小值不大于 0.05 s^{-1}，最大值不小于 10 s^{-1}；微分增益 K_D 最小值为零，最大值不小于 5 s。

3.2.2 加速度-缓冲型微机调速器的动态特性

加速度-缓冲型微机调速器的结构如图 3-4 所示。加速度-缓冲型微机调速器是测频单元中包含有加速度环节和接力器反馈回路中包含缓冲器的微机调速器，图 3-4 所示的是加速度-缓冲型电液调速器的结构。测频单元中的加速度环节构成了对频率偏差信号的微分(D)作用,它与缓冲型调速器的比例积分作用(PI)一起组成了比例-积分-微分(PID)调节规律。

加速度-缓冲型微机调速器简化传递函数框图如图 3-5 所示。

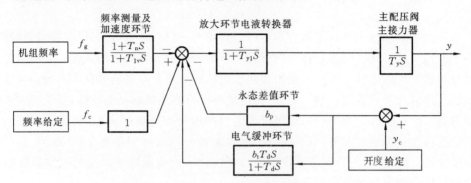

图 3-4　加速度-缓冲型微机调速器结构

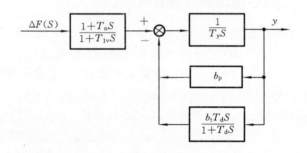

图 3-5　加速度-缓冲型微机调速器简化传递函数框图

图 3-5 中,$\Delta F(S)$ 为频差 Δf 的拉普拉斯变换。由图 3-5 所示易得由输入 $\Delta F(S)$ 至输出 $Y(S)$ 的传递函数为

$$\frac{Y(S)}{\Delta F(S)} = \frac{1+T_n S}{1+T_{1v} S} \cdot \frac{\dfrac{1}{T_y S}}{1 + \dfrac{(b_t + b_p) T_d S + b_p}{1 + T_d S} \cdot \dfrac{1}{T_y S}}$$

$$= \frac{1+T_n S}{1+T_{1v} S} \cdot \frac{1+T_d S}{T_y T_d S^2 + [(b_p + b_t) T_d + T_y] S + b_p} \quad (3-38)$$

在式(3-38)中,若忽略数值上很小的 T_y 和 T_{1v},且取永态差值系数 $b_p = 0$,则它就成为

$$\frac{Y(S)}{\Delta F(S)} = \left(\frac{T_d + T_n}{b_t T_d} + \frac{1}{b_t T_d S} + \frac{T_n}{b_t} S \right) \quad (3-39)$$

式(3-39)表明,加速度-缓冲型调速器的调节规律是比例-积分-微分(PID)调节规律。

1. 缓冲装置特性

机械液压调速器、电液调速器和早期的微机调速器的缓冲装置或缓冲环节,可将来自主接力器(或中间接力器)的位移信号转换成一个随时间衰减的信号;当接力器停止运动时,缓冲装置或缓冲环节的输出最终会恢复到零的中间位置。它可以是机械液压式的缓冲器(参见附录),也可以是由电子器件或软件构成的电气缓冲环节。

1) 暂态差值系数

暂态差值系数(Temporary droop)是永态差值系数为零,缓冲装置不起衰减作用时,在稳定状态下的差值系数(见图3-6(a))。暂态差值系数 b_t 的定义与永态差值系数 b_p 的定义相似。但是,一般来说,它的数值要比永态差值系数 b_p 的数值大得多,而且它是衰减的,仅仅在动态过程中起作用。

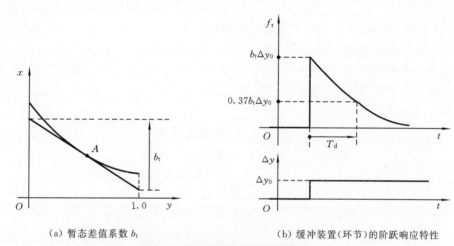

(a) 暂态差值系数 b_t　　　　　(b) 缓冲装置(环节)的阶跃响应特性

图 3-6　缓冲装置(环节)的特性

图 3-6(a)所示的暂态差值系数 b_t,其表述为

$$b_t = -\frac{dx}{dy} \tag{3-40}$$

缓冲装置不起衰减作用时,暂态差值系数 b_t 和永态差值系数 b_p 有相同的含义:调速器静态特性图上某点切线斜率的负数。在工程应用上可取为接力器全关($y=0$)和全开($y=1.0$)时对应的频率相对值之差。当然,实际的缓冲装置特性是衰减的,因而可以认为 b_t 是缓冲装置在动态过程中"暂时"起作用的强度。

2) 缓冲装置时间常数

输入信号停止变化后,将来自接力器位移的反馈信号衰减的时间常数称为缓冲装置的时间常数(Time constant of damping device) T_d,如图3-6(b)所示。如果把某一开始衰减的缓冲装置输出信号强度设为1.0,那么至它衰减了0.63为止的时间就是 T_d。图中缓冲装置的最大输出 $b_t \Delta y_0$ 就是暂态差值系数 b_t 的作用。所以,暂态差值系数 b_t 的作用是增大反馈强度,缓冲装置时间常数 T_d 的作用是增大反馈作用的衰减速度。

3) 缓冲装置在阶跃输入信号下的动态特性

缓冲装置的动态特性可用传递函数式来加以描述,即

$$\frac{F_t(S)}{Y(S)} = \frac{b_t T_d S}{1 + T_d S} \tag{3-41}$$

式中：$F_t(S)$——缓冲装置输出的拉普拉斯变换；

$Y(S)$——接力器位移的拉普拉斯变换。

在缓冲装置输入端加一个 Δy_0 的阶跃信号后，其响应特性曲线如图 3-6(b)所示。图中，f_t 为缓冲装置的输出。从图中可以清楚地看出：

(1) 缓冲装置仅在调节系统的动态过程中起作用，在稳定状态，其输出总是会衰减到零。

(2) 暂态差值系数 b_t 反映了缓冲装置的作用强度。

(3) 缓冲装置时间常数 T_d 则表征其动态衰减的特性。

值得着重指出的是，式(3-41) 表明，缓冲装置是一个实际微分环节，若它在反馈回路中包围一个积分环节，则构成了比例-积分(PI)调节规律；若它在前向通道中，则构成了实际微分(D)调节规律。

2. 加速度环节

1) 加速时间常数

加速时间常数（Derivative time constant Accelerating time constant）T_n 是指在串联 PID 调速器中，转速微分装置输出量相对偏差 $\Delta V/V_{max}$ 与转速相对偏差变化率 dx_n/dt 之比的负数。图 3-7 绘出了输入阶跃转速相对偏差 x 后，缓冲装置不起衰减作用时测速装置和转速微分装置输出量相对偏差的变化过程的动态响应曲线。图 3-7 所示的特性曲线与图 3-6(b)所示的特性曲线相似，有

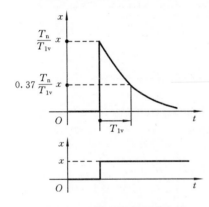

图 3-7 加速度环节衰减特性

$$T_n = -\frac{\Delta V/V_{max}}{dx_n/dt} \tag{3-42}$$

加速度-缓冲型调速器包含频率测量及加速度环节，起加速度(指被测频率信号的微分)作用的加速度环节的传递函数为

$$\frac{F_D(S)}{F_g(S)} = \frac{T_n S}{1 + T_{1v} S} \tag{3-43}$$

式中：$F_g(S)$——被测机组频率信号的拉普拉斯变换；

$F_D(S)$——加速度环节输出的拉普拉斯变换；

T_n——加速度时间常数(s)；

T_{1v}——微分环节时间常数(s)。

2) 试验方法求取加速度时间常数 T_n

当取永态差值系数 b_p 和暂态差值系数 b_t 为零，频率信号 x 按如图 3-8 所示形状变化，接力器刚刚反向运动时，被控参量(频率)相对偏差 x_1 与加速度$(dx/dt)_1$之比的负

数称为加速度时间常数,即

$$T_n = -\frac{x_1}{(dx/dt)_1} \quad (3\text{-}44)$$

3) 微分环节时间常数

微分环节时间常数(Time constant of derivative module) T_{1v} 是在 PID 调速器中表征输入量变化率的微分环节的时间常数。

对于式(3-43),如果给加速度环节施加一个 Δf_0 的阶跃信号,则其响应特性曲线如图 3-7 所示。这样微分环节时间常数 T_{1v} 的概念和求取方法就很清楚了。显然,若 $T_{1v} \to 0$,则式(3-43)就成为

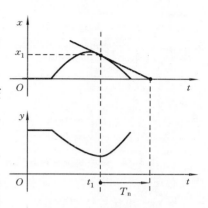

图 3-8 加速度时间常数

$$\frac{F_D(S)}{F_g(S)} = T_n(S) \quad (3\text{-}45)$$

这是一个理想微分环节的传递函数,而式(3-43)则是一个实际微分环节的传递函数。在工程实际中采用实际微分环节的传递函数,而不采用理想微分环节的传递函数。因为后者对系统有较大的噪声,抗干扰的性能也很差。

此外,对于式(3-43)的实际微分环节的传递函数,T_n/T_{1v} 反映了加速度作用的强度,T_{1v} 则表征了其动态衰减特性。在水轮机调速器中,一般选择

$$T_n/T_{1v} = 3 \sim 10 \quad (3\text{-}46)$$

3. 接力器响应时间常数

1) 接力器响应时间常数 T_y

接力器响应时间常数(Servomotor response time constant) T_y 是主接力器带规定负荷时,其速度 dy/dt 与主配压阀相对行程 s 关系曲线(见图3-9)斜率的倒数,即

$$T_y = \frac{ds}{d(dy/dt)} \quad (3\text{-}47)$$

图 3-9 表明,靠近主配压阀中间位置处,曲线出现明显的非线性性,这是由主配压阀搭接量引起的,这使得这个区间的 T_y 有较大的数值。图中接近于线性的区段,则有较小的 T_y 值。

对机械液压或电气液压随动系统(见图3-9)来说,接力器响应时间常数 T_y 在数值上等于其开环放大系数 K_{op} 的倒数。

对辅助接力器或中间接力器而言,同样有辅助接力器或中间接力器响应时间常数 T_{y1},其定义及表达式与 T_y 的类似。

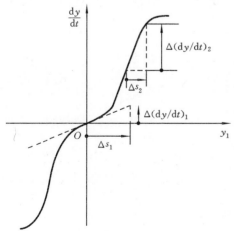

图 3-9 接力器响应时间常数

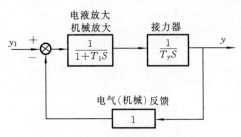

图 3-10　随动系统结构方框图

2) 接力器响应时间常数 T_y 的整定

在调速器结构方框图（见图 3-10）中，均含有由 T_y 或 T_{y1} 构成的机械液压或电液压随动系统，其静态和动态性能直接影响到水轮机调节系统的静态和动态特性。

(1) 接力器响应时间常数 $T_y(T_{y1})$ 的整定方法。因为 T_y 在数值上等于其开环放大系数 K_{op} 的倒数，所以，改变随动系统开环放大系数 K_{op} 就可以选择 T_y 的整定值。

● 对于机械液压随动系统，改变机械液压随动系统中的局部反馈杠杆比就可整定 T_y，有的调速器设有 3～4 组局部反馈杠杆比。

● 对于电气液压随动系统，改变微机内比较点后的放大系数或电气综合放大器放大环节的放大系数可整定 T_y。

(2) 机械液压或电气液压随动系统的 T_y 的整定原则。随动系统一般由一阶环节表示，这是忽略辅助接力器响应时间常数 T_{y1} 等小时间常数而得到的结果。在研究随动系统本身的动态性能时，一般采用图 3-10 所示的结构方框图。其闭环传递函数为

$$\frac{Y(S)}{Y_1(S)} = \frac{1}{T_1 T_y S^2 + T_y S + 1} \tag{3-48}$$

这是一个标准的二阶系统，改写成标准形式为

$$\frac{Y(S)}{Y_1(S)} = \frac{\dfrac{1}{T_1 T_y}}{S^2 + \dfrac{1}{T_1}S + \dfrac{1}{T_1 T_y}} = \frac{\omega_n^2}{S^2 + 2\xi \omega_n S + \omega_n^2} \tag{3-49}$$

式中：ω_n——无阻尼自振频率；

ξ——相对阻尼系数。

$$\left. \begin{array}{l} \omega_n = \sqrt{\dfrac{1}{T_1 T_y}} \\ \xi = \dfrac{1}{2}\sqrt{\dfrac{T_y}{T_1}} \end{array} \right\} \tag{3-50}$$

式 (3-50) 表明：当 T_1 为某一恒值时，相对阻尼系数 ξ 与 $\sqrt{T_y}$ 成正比，即随着 T_y 的增大，有较大的相对阻尼系数 ξ。

当 $\xi \geqslant 1$ 时，图 3-10 所示系统对阶跃输入的响应特性具有单调、无超调的形式；当 $0 < \xi < 1$ 时，系统为欠阻尼状态，对阶跃输入的响应具有带超调的、衰减的振荡特性，其超调量 σ_p 和调节时间 t_s 的表达式为

$$\left. \begin{array}{l} \sigma_p = e^{-(\xi/\sqrt{1-\xi^2})\pi} \\ t_s \approx \dfrac{4}{\xi \omega_n} \end{array} \right\} \tag{3-51}$$

图 3-11 所示的为图 3-10 所示系统对单位阶跃输入的响应特性曲线。

图 3-11 所示曲线 1 的相对阻尼系数 $\xi=1$，无超调，但过程缓慢；曲线 3 的相对阻尼系数 $\xi=0.6$，初始段反应快，但有过大的超调；曲线 2 的相对阻尼系数 $\xi=0.8$，有较理想的响应特性，其超调量约为 3%。所以，应选择、调整开环放大系数 K_{op}（也就调整了 T_y），使随动系统对阶跃输入的响应特性具有 3%~5% 的超调量。

IEC 61362 标准推荐导叶接力器 $T_y=0.1\sim0.25$ s；桨叶接力器 $T_y=0.2\sim0.8$ s；冲击式折向器 $T_y=0.1\sim0.15$ s。在我国一般推荐导叶接力器 $T_y=0.1\sim0.2$ s；桨叶接力器的 T_y 取为导叶接力器 T_y 的 2~3 倍。

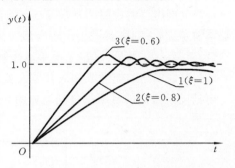

图 3-11 随动系统对单位阶跃输入的响应特性曲线

4. 调速器的自激振荡

调速器正常运行的基本条件是调速器在自身可整定的参数范围内不产生自激振荡。在研究水轮机调节系统的稳定和动态性能时，电液转换器的时间常数 T_1、中间（辅助）接力器的响应时间常数 T_{y1}，都是可忽略不计的。实践证明，忽略上述时间常数，在调速器本身不发生自激振荡且有较好动态特性的前提下，能得到与试验结果相近的结论。但在分析讨论调速器的自激振荡问题时，就不能忽略这些小时间常数了。

由永态差值装置（b_p）和缓冲装置反馈构成的小闭环回路的自激振荡问题，如图 3-12 所示。图中，T_1 和 T_{y1} 分别是电液转换器和中间接力器的时间常数。

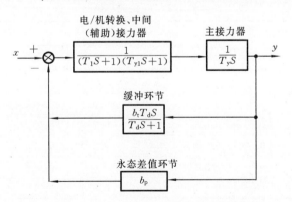

图 3-12 加速度-缓冲型微机调速器传递函数

由图 3-12 可得其闭环传递函数为

$$W(S) = \frac{T_dS+1}{(T_1S+1)(T_{y1}S+1)(T_dS+1)\,T_yS+(b_p+b_t)T_dS+b_p} \tag{3-52}$$

由于近 10 多年以来，图 3-11 所示系统已不再在新设计的水轮机调速器中应用，下面仅列出几点定性的分析结论。

(1) 主接力器响应时间常数 T_y(在数值上等于开环放大系数的倒数)减小,会使调速器本身稳定性恶化,甚至会出现自激振荡。

(2) b_p、b_t、T_d 取最大值,是检验调速器自身稳定性的最恶劣条件。

(3) 反馈回路的惯性或加入开度人工死区环节,均会恶化调速器的自身稳定性。

电液随动系统的自激振荡问题如图 3-13 所示。图中 T_1、T_{y1}、T_y 的含义同图 3-12 所示各项。

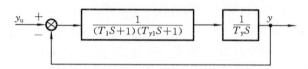

图 3-13 水轮机调速器电液随动系统

由图 3-13 所示可以得到其闭环传递函数为

$$W(S) = \frac{Y(S)}{Y_u(S)} = \frac{1}{T_1 T_{y1} T_y S^3 + (T_1 + T_{y1}) T_y S^2 + T_y S + 1} \quad (3\text{-}53)$$

图 3-13 所示系统稳定(不产生自激振荡)的条件是

$$(T_1 + T_{y1})T_y T_y - T_1 T_{y1} T_y > 0 \quad (3\text{-}54)$$

由式(3-54)可求得保持图 3-13 所示系统稳定的 T_y 表达式为

$$T_y > \frac{T_1 T_{y1}}{T_1 + T_{y1}} \quad (3\text{-}55)$$

表 3-2 列出了对应于 T_1 和 T_{y1} 的主接力器响应时间常数 T_y 的最小值。

表 3-2 T_y 的最小值

T_{y1}/s	T_1/s							
	0.025	0.050	0.075	0.100	0.150	0.200	0.250	0.300
	T_y							
0.025	0.013	0.017	0.019	0.020	0.021	0.022	0.023	0.023
0.050	0.017	0.025	0.030	0.033	0.038	0.040	0.042	0.043
0.075	0.019	0.030	0.038	0.042	0.050	0.055	0.058	0.060
0.100	0.020	0.033	0.042	0.050	0.060	0.067	0.071	0.075
0.150	0.021	0.038	0.050	0.060	0.075	0.086	0.094	0.100
0.200	0.022	0.040	0.055	0.067	0.086	0.100	0.111	0.120
0.250	0.023	0.042	0.058	0.071	0.094	0.111	0.125	0.136
0.300	0.023	0.043	0.060	0.075	0.100	0.120	0.136	0.150

从表 3-2 可以得出如下结论。

① 从定性趋势来看,大的 T_1 和 T_{y1} 值对应的允许 T_y 值也大;反之,小的 T_1 和 T_{y1}

值可以取小的 T_y 值,即有大的前向通道放大倍数。因此,在可能的情况下,应尽可能地减小 T_1 和/(或) T_{y1} 的数值。

② 式(3-55)仅为 T_y 取最小值的极限条件,还应按前面讨论过的关于恰当选择 T_y 的方法,使电液随动系统具有所希望的、对阶跃输入的动态特性(见图 3-11 曲线 2)。显然,依此所选择的 T_y 值比用式(3-55)得出的 T_y 极限值要大。

3.2.3 PID 型微机调速器的动态特性

微机调速器简化结构如图 3-14 和图 3-15 所示。图 3-14 所示系统是将频率偏差与反馈信号累加后送到 PID(比例-积分-微分)的输入端的;图 3-15 所示系统是将频率偏差信号直接送到 PD(比例-微分)的输入端的,频率偏差与反馈信号累加后只送到 I

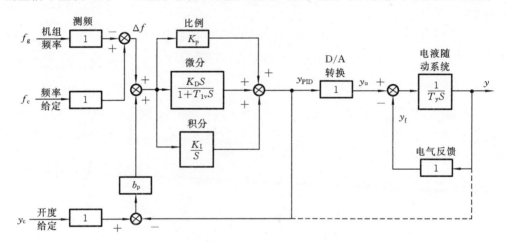

图 3-14　PID 型微机调速器结构图(1)

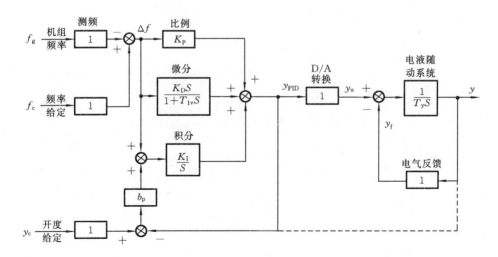

图 3-15　PID 型微机调速器结构图(2)

（积分）的输入端。反馈信号可以取自 PID 调节环节的输出 Y_{PID}，也可以取自调速器接力器的位移反馈信号 y（见图 3-14 和图 3-15 虚线）。仿真结果及现场试验结果表明，两种反馈信号取法的动态性能（空载扰动、甩负荷等）都是基本相同的；当然，二者的静态特性的转速死区是有区别的：从 PID 调节环节的输出 Y_{PID} 取反馈信号的系统（图 3-14 和图 3-15 的反馈实线），电液随动系统的死区没有被包含在 PID 环节之内，因而 PID 的积分作用对电液随动系统的死区不能起减少的作用；而对于从调速器接力器的位移反馈信号 Y 取反馈信号的系统（图 3-14 和图 3-15 所示的反馈虚线），电液随动系统被包含在 PID 环节之内，PID 环节的积分可以起到减少电液随动系统的死区对微机调速器死区的影响。

1. PID 型调速器的动态相应特性

1） 比例增益

比例增益（Proportional gain）K_P 是指在永态差值系数和微分增益为零的水轮机控制系统中，接力器行程相对偏差 y 与阶跃被控参量相对偏差 x 之比的负数，即

$$K_P = -\frac{y}{x} \tag{3-56}$$

在数值上，对于 PID 调速器，$K_P \approx (T_n + T_d)/(b_t T_d)$，对于 PI 调速器，$K_P \approx 1/b_t$。

PID 调节器的阶跃输入响应特性曲线如图 3-16 所示。

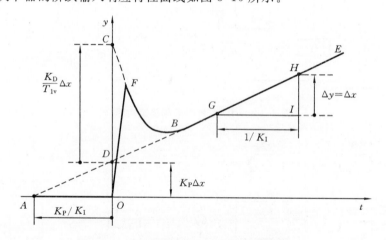

图 3-16 PID 调节器的阶跃输入响应特性曲线

2） 积分增益

积分增益（Integral gain）K_I 是指在永态差值系数为零的水轮机控制系统中，接力器速度 dy/dt 与给定的被控参量相对偏差 x 之比的负数，即

$$K_I = -\frac{dy/dt}{x} \tag{3-57}$$

3） 微分增益

微分增益（Derivative gain）K_D 是指在永态差值系数和比例增益为零的 PID 水轮

机控制系统中,接力器行程相对偏差 y 与给定的被控参量相对偏差变化率 $\mathrm{d}x/\mathrm{d}t$ 之比的负数,即

$$K_\mathrm{D} = -\frac{y}{\mathrm{d}y/\mathrm{d}t} \tag{3-58}$$

4) PID 调节器对频率阶跃变化输入的响应特性曲线

如图 3-16 所示,直线段 EB 是积分的作用,延长 EB 与纵轴 y 交于 D 点,与横轴交于 A 点,微分衰减段 BF 延长交于 C 点。

(1) 比例作用体现在图 3-16 所示的 OD 段所代表的值,有

$$\overline{OD} = K_\mathrm{P}\Delta x = Y_\mathrm{P} \tag{3-59}$$

OD 在数值上等于比例系数 K_P 与频率阶跃变化值 x 的乘积,记为比例分量 Y_P。

(2) 微分作用。图 3-16 所示曲线 OFB 是由于微分作用引起的分量,其最大值为 CD 线段的长度,它代表了微分作用的峰值,即

$$\overline{CD} = \frac{K_\mathrm{D}}{T_{1v}}\Delta x = Y_\mathrm{DM} \tag{3-60}$$

式中:Y_DM——微分作用的最大输出值。

(3) 积分作用。在图 3-16 所示积分作用直线段 EB 上截取线段 HG,使其纵坐标差值 HI 在数值上等于频率阶跃变化值,即 $\Delta y = \Delta x$,则横坐标差值为

$$\overline{GI} = \frac{1}{K_\mathrm{I}} \tag{3-61}$$

(4) 线段 OA 显然有

$$\frac{\overline{OA}}{\overline{OD}} = \frac{\overline{GI}}{\overline{HI}}$$

故有

$$\overline{OA} = \frac{\overline{GI}}{\overline{HI}}\overline{OD} = \frac{1/K_\mathrm{I}}{\Delta x}K_\mathrm{P}\Delta x \tag{3-62}$$

最后得

$$\overline{OA} = \frac{K_\mathrm{P}}{K_\mathrm{I}} \tag{3-63}$$

值得指出的是,对微机调节器来说,由于不存在接力器最短开启/关闭时间的限制,因此图 3-16 所示的起始响应可用线段 OCB 取代线段 OFB。

2. PID 型调速器的传递函数

如图 3-14 和图 3-15 所示,若永态差值系数 b_p 为零,则得到 PID 调节器输出 y_PID 对其输入频差 Δf 的传递函数为

$$\frac{Y_\mathrm{PID}(S)}{\Delta F(S)} = \left(K_\mathrm{P} + K_\mathrm{I}\frac{1}{S} + \frac{K_\mathrm{D}S}{1+T_{1v}S}\right) \tag{3-64}$$

$$\frac{Y_\mathrm{PID}(S)}{\Delta F(S)} = \left(K_\mathrm{P} + K_\mathrm{I}\frac{1}{S} + K_\mathrm{D}S\right) \quad (\text{取 } T_{1v} = 0) \tag{3-65}$$

式中：$Y_{PID}(S)$——y_{PID} 的拉普拉斯变换；

$\Delta F(S)$——Δf 的拉普拉斯变换。

比较式(3-39)和式(3-64)可以得到 PID 型调速器的比例增益 K_P、积分增益 K_I、微分增益 K_D 和加速度-缓冲型微机调速器的暂态差值系数 b_t、缓冲时间常数 T_d、加速度时间常数 T_n 这两套调节参数之间的对应关系分别为

$$\left.\begin{array}{l} K_P = \dfrac{T_d + T_n}{b_t T_d} \approx \dfrac{1}{b_t} \\[2mm] K_I = \dfrac{1}{b_t T_d} \\[2mm] K_D = \dfrac{T_n}{b_t} \end{array}\right\} \qquad (3\text{-}66)$$

$$\left.\begin{array}{l} b_t \approx \dfrac{1}{K_P} \\[2mm] T_d \approx \dfrac{K_P}{K_I} = \dfrac{1}{K_I b_t} \\[2mm] T_n \approx \dfrac{K_D}{K_P} = K_D b_t \end{array}\right\} \qquad (3\text{-}67)$$

PID 型调速器和加速度-缓冲型调速器都具有比例-积分-微分(PID)调节规律，前者可以称为并联型 PID 结构，后者则为串联型 PID 结构。由于 PID 型调速器和加速度-缓冲型调速器的传递函数一样，它们的调节规律和效果是一样的。现在的微机调速器均采用并联型的 PID 结构。

根据式(3-66)和式(3-67)，可以方便地在两种参数间换算。例如，已知 $K_P = 2.5$、$K_I = 0.25 \text{ s}^{-1}$ 和 $K_D = 1.25 \text{ s}$，则易得 $b_t \approx 0.4$、$T_d = 10 \text{ s}$ 和 $T_n = 0.5 \text{ s}$。

根据式(3-66)和式(3-67)，图 3-17、图 3-18 和图 3-19 所示的分别是比例增益 K_P、积分增益 K_I、微分增益 K_D 和暂态差值系数 b_t、缓冲时间常数 T_d、加速度时间常数

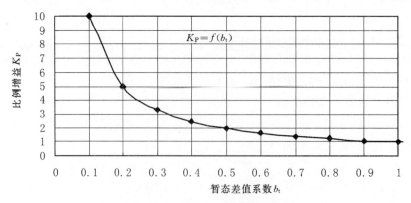

图 3-17 $K_P = f(b_t)$ 换算关系曲线

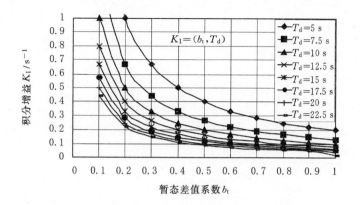

图 3-18　$K_I = f(b_t, T_d)$ 换算关系曲线

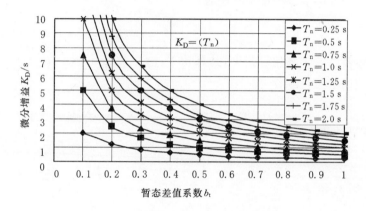

图 3-19　$K_D = f(b_t, T_n)$ 换算关系曲线

T_n 这两套调节参数之间的转换关系曲线,可以根据已知的比例增益 K_P、积分增益 K_I 和微分增益 K_D,快速查出暂态差值系数 b_t、缓冲时间常数 T_d 和加速度时间常数 T_n 的对应值;也可以根据已知的暂态差值系数 b_t、缓冲时间常数 T_d 和加速度时间常数 T_n,快速查出比例增益 K_P、积分增益 K_I 和微分增益 K_D 的对应值。

微机调速器的微机调节器已经不再包括接力器,故其传递函数为

$$\frac{Y(S)}{\Delta F(S)} = -\left(\frac{T_d + T_n}{b_t T_d} + \frac{1}{b_t T_d} \cdot \frac{1}{S} + \frac{(T_n/b_t)S}{1 + T_{1v}S}\right) = -\left(K_P + K_I \frac{1}{S} + \frac{K_D S}{1 + T_{1v} S}\right) \tag{3-68}$$

根据以上的分析,参照式(3-66)和式(3-67)的换算关系,图 3-16 所示的各线段值的关系为

$$\left.\begin{array}{l}\overline{OD} = K_P \Delta x = (1/b_t T_d)\Delta x \\ \overline{CD} = (K_D/T_{1v})\Delta x = (T_n/b_t T_{1v})\Delta x \\ \overline{GI} = (1/K_I) = b_t T_d \\ \overline{OA} = (K_P/K_I) = T_d + T_n\end{array}\right\} \tag{3-69}$$

3.2.4 速动时间常数

1. 速动时间常数 T_x

速动时间常数(Promptitude time constant) T_x 是指一个永态差值系数为零的水轮机控制系统($b_p=0$),主接力器速度 dy/dt 与给定的被控参量相对偏差 x 的关系曲线斜率的负倒数(对于缓冲型水轮机控制系统,速动时间常数 T_x 在数值上近似于暂态差值系数 b_t 与缓冲时间常数 T_d 的乘积),即

$$T_x = -\frac{dx}{d(dy/dt)} \tag{3-70}$$

实际上,T_x 用于调速器积分特性的描述。如图 3-17 所示,图中 BE 段直线是积分作用的结果。记积分分量为 $Y_I(t)$,则有

$$Y_I(t) = \int_0^t K_I \Delta x dt \tag{3-71}$$

当接力器在阶跃频率相对变化 Δx 作用下,由 $Y_I(0)=0$ 到 $Y(t_{1.0})=1.0$,即由全关至全开的时间为 $t_{1.0}$ 时,则有

$$Y(t_{1.0}) - Y_I(0) = \int_0^{t_{1.0}} K_I \Delta x dt = K_I \Delta x t_{1.0} \tag{3-72}$$

由上式得

$$t_{1.0} = 1/(K_I \Delta x) \tag{3-73}$$

考虑到式(3-67),有

$$t_{1.0} = (b_t T_d)/\Delta x \tag{3-74}$$

若取 $\Delta x=1.0$(即相当于阶跃频率变化值为 50 Hz),则由式(3-72)和式(3-73)得

$$t_{1.0}|_{\Delta x=1.0} = 1/K_I = b_t T_d = T_x \tag{3-75}$$

式(3-75)表明,速动时间常数 T_x 的物理意义:在 $b_p=0$ 的条件下,若取频率变化相对值 $\Delta x=1.0$(即 50 Hz),则接力器在积分作用下走全行程的时间就是速动时间常数 T_x,它在数值上等于积分增益 K_I 的倒数,也等于暂态差值系数 b_t 与缓冲装置时间常数 T_d 的乘积。当然,在实际运行中是不可能有 $\Delta x=1.0$(即 50 Hz 的频差)的运行条件的。

在以下的叙述中,时间的下标表示接力器行程的相对值,例如 $t_{0.5}$ 表示接力器行程变化0.5的时间,$t_{1.0}|_{\Delta x=0.1}$ 和 $t_{1.0}|_{\Delta x=0.01}$ 分别是频率变化相对值为 $\Delta x=0.1$(5 Hz)和 $\Delta x=0.01$(0.05 Hz)时的接力器走全行程(100%)的时间。式(3-76)给出了不同 Δx 取值下的接力器走全行程的时间

$$\left. \begin{array}{l} t_{1.0}|_{\Delta x=0.1} = 10/K_I = 10 b_t T_d = 10 T_x \\ t_{1.0}|_{\Delta x=0.01} = 100/K_I = 100 b_t T_d = 100 T_x \end{array} \right\} \tag{3-76}$$

接力器走完 50%(即 0.5)和 10%(即 0.1)行程的时间分别为

$$\left.\begin{array}{l} t_{0.5} \mid_{\Delta x=0.1} = 5b_t T_d = 5T_x = 5/K_I \\ t_{0.1} \mid_{\Delta x=0.1} = b_t T_d = T_x = 1/K_I \\ t_{0.5} \mid_{\Delta x=0.02} = 25b_t T_d = 25T_x = 25/K_I \\ t_{0.5} \mid_{\Delta x=0.01} = 50b_t T_d = 50T_x = 50/K_I \end{array}\right\} \quad (3-77)$$

2. $T_x(b_t、T_d、K_P、K_I)$ 的试验校核

式(3-77)中,对应于相对频差 $\Delta x=0.01$ 和 $\Delta x=0.02$ 的以 Hz 表示的频差分别为 0.5 Hz 和 1.0 Hz,其表达式常用来通过试验并计算 $b_t、T_d(K_P、K_I)$ 的实测值,检验设定值的正确与否,从而保证 PID 特性的准确性。

例 3-1 试验校核 T_x 和 $b_t、T_d$。待试验校核的微机调速器 PID 参数为:$b_t=0.4$, $T_d=10$ s,$T_n=0$ s,即 $K_P=2.5$,$K_I=0.25$;调速器初始状态:$f_c=50$ Hz(频率给定), $f_g=50$ Hz(频率),$b_p=0.04$(永态转差系数)。

解 (1) 调整 y_c(开度给定)至 $y_c=0.05$,则微机调节器计算接力器行程会缓慢稳定到 $y_{PID}=0.05$。

(2) 取 $b_p=0$,使 f_c(频率给定)阶跃变化至 $f_c=50.5$ Hz(即频差相对值变化 $\Delta x=0.01$),记录 y_{PID} 瞬间跳变值,其理论变化值为 $\Delta y_{PID}=(1/b_t)\Delta x=(K_P)\Delta x=(1/0.4)0.01=0.025$,即 y_{PID} 瞬间值为 $0.05+0.025=0.075$。如果实测 y_{PID}(瞬间值)$=0.075$,则验证了 b_t(或 K_P)设定值的正确性。

(3) 记录 y_{PID} 从 0.2 到 0.7 的时间,其理论值为 $t_{0.5}$(理论值)$=50b_t T_d=50/K_I=200$ s。如果实测 $t_{0.5}=200$ s,则验证了 $b_t、T_d$(或 $K_P、K_I$)的正确性,如图 3-20 所示。也可以记录 y_{PID} 从 0.2 到 0.45 的时间,其理论值为 $t_{0.25}$(理论值)$=25b_t T_d=25/K_I=100$ s。如果实测 $t_{0.25}=100$ s,则验证了 $b_t、T_d$(或 $K_P、K_I$)的正确性。

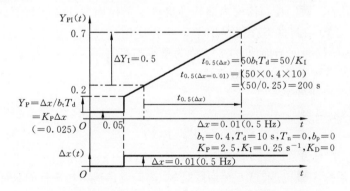

图 3-20 $T_x(b_t、T_d、K_P、K_I)$ 的试验校核

3.2.5 PID 调节的离散算法

若用 $Y_P(S)、Y_I(S)$ 和 $Y_D(S)$ 分别表示其比例作用、积分作用和微分作用分量,则有

$$\frac{Y_P(S)}{\Delta F(S)} = K_P = \frac{T_d + T_n}{b_t T_d} \qquad (3\text{-}78)$$

$$\frac{Y_I(S)}{\Delta F(S)} = \frac{K_I}{S} = \frac{1}{b_t T_d} \cdot \frac{1}{S} \qquad (3\text{-}79)$$

$$\frac{Y_D(S)}{\Delta F(S)} = \frac{K_D S}{1 + T_{1v} S} = \frac{(T_n/b_t) S}{1 + T_{1v} S} \qquad (3\text{-}80)$$

$$Y_{PID}(S) = Y_P(S) + Y_I(S) + Y_D(S) \qquad (3\text{-}81)$$

1. 采样周期 τ

若要将传递函数式(3-78)～式(3-81)用软件实现,则必须进行离散计算。采样周期 τ 是离散计算过程中极为重要的一个量。由 PLC(可编程控制器)或其他工业控制计算机作为硬、软件主体构成的水轮机微机调速器,都是一种借助程序实现调节和控制功能的数字电子装置。可编程控制器是以巡回扫描的原理或定时处理的原理工作的。可编程控制器完整地执行一次可编程控制器系统,用户程序所占用的时间,称为采样周期 τ。

从一般采样控制系统的原理来说,采样周期 τ 愈小,实现的连续系统控制规律的性能愈好。由于水轮机微机调速器的频率测量一般是由周期采样实现的,因而,一般只要能保证微机控制器的采样周期 τ 在小于或等于测频环节采样周期的范围内,就可以得到优良的性能。

单调整调速器或双调整调速器采用微机控制器的运算速度与是否与其他装置进行通信有关,因此,微机控制器的采样周期 τ 会有不同的数值。以目前生产量较大的六种微机控制器微机调节器为例,其采样周期一般为 $\tau = 3 \sim 10$ ms。

准确地知道采样周期 τ 的数值,对于准确地应用离散 PID 算法来实现 PID 调节规律是十分重要的。微机控制器的内部软件提供了采样周期的实际数值。例如,日本三菱公司 FX_{3U} 的 PLC 数据寄存器提供了运行程序的采样(扫描)时间(以 0.1 ms 为单位):D8010 为扫描时间当前值、D8011 内为最小扫描时间、D8012 内为最大扫描时间。

2. PID 调节传递函数的离散表达式

1) 比例作用分量 Y_P

由式(3-78)易得

$$\left. \begin{array}{l} Y_P(k) = K_P \Delta F(k) \\ Y_P(k-1) = K_P \Delta F(k-1) \end{array} \right\} \qquad (3\text{-}82)$$

式中:k——采样序号,表示第 k 次采样时刻,这里就是指正在进行的采样时刻;

$k-1$——采样序号,表示第 k 次采样的上一次采样时刻。

记

$$\Delta Y_P(k) = Y_P(k) - Y_P(k-1) \qquad (3\text{-}83)$$

得

$$\left. \begin{array}{l} Y_P(k) = \Delta Y_P(k) + Y_P(k-1) \\ \Delta Y_P(k) = K_P [\Delta F(k) - \Delta F(k-1)] \end{array} \right\} \qquad (3\text{-}84)$$

式(3-84)就是比例作用分量的迭代计算公式。

式(3-84)表明,比例作用分量 $Y_P(k)$ 是与采样周期 τ 无关的。

2) 积分作用分量 Y_I

由式(3-79)易得

$$\left.\begin{aligned} Y_I(k) &= \sum_{i=0}^{k} K_I \Delta F(i)\tau \\ Y_I(k-1) &= \sum_{i=0}^{k-1} K_I \Delta F(i)\tau \end{aligned}\right\} \quad (3\text{-}85)$$

从几何意义上讲,式(3-85)就是用采样周期为 τ、高度为 $\Delta F(i)K_I$ 的 k 个和 $k-1$ 个长方形面积之和的计算公式,它们逼近相应时刻的 $\Delta F(t)$ 与横轴包围的面积。

记 $\Delta Y_I(k) = Y_I(k) - Y_I(k-1)$,得

$$\left.\begin{aligned} Y_I(k) &= Y_I(k-1) + \Delta Y_I(k) \\ \Delta Y_I(k) &= K_I \Delta F(k)\tau \end{aligned}\right\} \quad (3\text{-}86)$$

式(3-86)就是积分作用分量的迭代计算公式。显然,其中包含了采样周期 τ 的因子。

3) 微分作用分量 Y_D

用增量来表述式(3-80),得

$$Y_D(k) + T_{1v}\frac{Y_D(k) - Y_D(k-1)}{\tau} = K_D \frac{\Delta F(k) - \Delta F(k-1)}{\tau}$$

整理上式得微分作用分量的表达式为

$$Y_D(k) = \frac{T_{1v}}{T_{1v}+\tau}Y_D(k-1) + \frac{K_D}{T_{1v}+\tau}[\Delta F(k) - \Delta F(k-1)] \quad (3\text{-}87)$$

值得指出的是,式(3-87)是全量表达式,而式(3-84)和式(3-85)是增量表达式。也就是说,比例和积分作用分量,只是每个采样周期仅计算其增量,再与相应的上一采样周期的值相加而得。

按照实践经验,微分环节时间常数 T_{1v} 为

$$T_{1v} = (6 \sim 10)\tau \quad (3\text{-}88)$$

3. 微机控制器的频率转换系数 K_f

在微机调速器中,确定机组频率转换系数 K_f 是在编制程序前必须进行的工作。以微机控制器程序采用整数形式为例,K_f 的物理概念是:机组频率 $f_g(f_n)$ 变化 50 Hz (按相对量即变化 1.0),微机控制器与其对应的数值。K_f 值的确定既要考虑频率测量环节的实际分辨率和精度,又要考虑有关标准对水轮机调速器和水轮机调节系统的静态转速死区的要求。

GB/T9652.1—2007《水轮机控制系统技术条件》规定:对于大型电气液压型调速器,其转速死区 $i_x \leqslant 0.02\%$。水轮机调速器的转速死区 i_x 主要受下列几个因素的影响:

① 频率测量环节的分辨率和精度;

② 电液转换器的死区；

③ 机械液压装置（系统）的死区。

因此，对于微机调速器来说，应该在技术能实现的条件下尽量提高其测频环节对频率（转速）的分辨率和精度。例如，当 50 Hz 的周期测量分辨率为 60 000±1，即 1/30 000≈0.003 3% 时，分辨率为转速死区 0.02% 的 1/6。众所周知，频率是其周期的倒数，可近似认为，它对 50 Hz 频率的测量分辨率也为 0.003 3%。在这个例子里，若取 K_f=50 000/50，则测频模块的分辨率明显大于 $1/K_f$，即并没有因为取了大的 K_f 值，而减小了对频率的分辨率；反之，若取 K_f=10 000/50，则没有充分利用和发挥测频模块的分辨率，且使微机控制器内的频率计算分辨率成为 0.01%，即为 0.04% 的 1/4。通常取频率转换系数 K_f=25 000/50，此时微机控制器中计算的分辨率为 0.004%，以 Hz 计，则为 0.002 Hz。

表 3-3 所示的为机组频率转换系数 K_f=25 000 时的机组频率 f_g（电网频率 f_n）、导叶开度 y_{ga}、桨叶开度 y_{ru} 和机组功率的取值。开度给定 y_c 和电气开度限制 L 的取值范围与导叶开度 y_{ga} 相同；功率给定 P_c 的取值范围与机组功率的相同，且在工程应用中常取机组功率相对值范围为 0~1.10。

表 3-3 K_f=25 000 时，导叶开度、桨叶开度和机组功率的取值范围

机组（电网）频率			导叶开度		桨叶开度		机组功率	
$f_g(f_n)$/Hz	$x_f(x_{f_n})$（相对值）	$F_g(F_n)$	y_{ga}（相对值）	Y_{ga}	y_{ru}（相对值）	Y_{ru}	p_g（相对值）	P_g
50	1.0	25 000	0~1.00	0~25 000	0~1.00	0~25 000	0~1.10	0~27 500

在微机控制器的程序编制中，PID 计算的积分输入项为

$$\left.\begin{aligned}\Delta I &= \Delta F + b_p[Y_c - Y_{PID}] \\ \Delta I &= \Delta F + e_p[P_c - P_g]\end{aligned}\right\} \tag{3-89}$$

4. PID 调节参数的整数化

$b_p、b_t、T_d、T_n、K_P、K_I$ 和 K_D 等 PID 调节参数均可能取小于整数 1 的小数。如果在微机控制器编程中采用整数计算，则必须对它们进行整数化处理。以 $b_p、b_t、T_d、T_n$ 为例，根据它们各自的取值情况，可以引入 $b'_p、b'_t、T'_d、T'_n$ 等整数化的调节参数进行计算。

b_p 与 b'_p 等两种调节参数的对应关系为

$$\left.\begin{aligned}b_p &= b'_p/100 \\ b_t &= b'_t/100 \\ T_d &= T'_d \\ T_n &= T'_n/10\end{aligned}\right\} \tag{3-90}$$

将式(3-90)代入式(3-66)，就得到了用整数化后的 $b'_t、T'_d$ 和 T'_n 表示的 $K_P、K_I$ 和 K_D 的表达式，即

第 3 章　水轮机调节系统的动态特性

$$\left.\begin{aligned} K_{\mathrm{P}} &= \frac{T_{\mathrm{d}}+T_{\mathrm{n}}}{b_{\mathrm{t}}T_{\mathrm{d}}} = \frac{100\,T'_{\mathrm{d}}+10T'_{\mathrm{n}}}{b'_{\mathrm{t}}T'_{\mathrm{d}}} \\ K_{\mathrm{I}} &= \frac{1}{b_{\mathrm{t}}T_{\mathrm{d}}} = \frac{100}{b'_{\mathrm{t}}T'_{\mathrm{d}}} \\ K_{\mathrm{D}} &= \frac{T_{\mathrm{n}}}{b_{\mathrm{t}}} = \frac{10T'_{\mathrm{n}}}{b'_{\mathrm{t}}} \end{aligned}\right\} \tag{3-91}$$

式(3-86)和式(3-87)表明,PID 调节离散的积分分量 $\Delta Y_{\mathrm{I}}(k)$ 和微分分量 $Y_{\mathrm{D}}(k)$ 均与微机控制器程序的扫描周期 τ 有关。仿上述方法对 τ 和 T_{1v} 整数化后得到整数表达式为

$$\left.\begin{aligned} \tau &= \tau'/100 \\ T_{\mathrm{1v}} &= T'_{\mathrm{1v}}/100 \end{aligned}\right\} \tag{3-92}$$

参考式(3-84)、式(3-86)、式(3-87)和式(3-92),可得以 K_{P}、K_{I} 和 K_{D} 为 PID 参数编程时的表达式为

$$\left.\begin{aligned} Y_{\mathrm{P}}(k) &= Y_{\mathrm{P}}(k-1) + \Delta Y_{\mathrm{P}}(k) \\ \Delta Y_{\mathrm{P}}(k) &= K_{\mathrm{P}}[\Delta F(k)-\Delta F(k-1)] \end{aligned}\right\} \tag{3-93}$$

$$\left.\begin{aligned} Y_{\mathrm{I}}(k) &= Y_{\mathrm{I}}(k-1) + \Delta Y_{\mathrm{I}}(k) \\ \Delta Y_{\mathrm{I}}(k) &= \frac{\tau' K_{\mathrm{I}}}{100}\Delta I \end{aligned}\right\} \tag{3-94}$$

$$Y_{\mathrm{D}}(k) = \frac{T'_{\mathrm{1v}}}{T'_{\mathrm{1v}}+\tau'}Y_{\mathrm{D}}(k-1) + \frac{100K_{\mathrm{D}}}{T'_{\mathrm{1v}}+\tau'}[\Delta F(k)-\Delta F(k-1)] \tag{3-95}$$

以 b_{t}、T_{d} 和 T_{n} 为 PID 参数编程时的表达式为

$$\left.\begin{aligned} Y_{\mathrm{P}}(k) &= Y_{\mathrm{P}}(k-1) + \Delta Y_{\mathrm{P}}(k) \\ \Delta Y_{\mathrm{P}}(k) &= \frac{100T'_{\mathrm{d}}+10T'_{\mathrm{n}}}{b'_{\mathrm{t}}T'_{\mathrm{d}}}[\Delta F(k)-\Delta F(k-1)] \end{aligned}\right\} \tag{3-96}$$

$$\left.\begin{aligned} Y_{\mathrm{I}}(k) &= Y_{\mathrm{I}}(k-1) + \Delta Y_{\mathrm{I}}(k) \\ \Delta Y_{\mathrm{I}}(k) &= \frac{\tau'}{b'_{\mathrm{t}}T'_{\mathrm{d}}}\Delta I \end{aligned}\right\} \tag{3-97}$$

$$Y_{\mathrm{D}}(k) = \frac{T'_{\mathrm{1v}}}{T'_{\mathrm{1v}}+\tau'}Y_{\mathrm{D}}(k-1) + \frac{1\,000\,T'_{\mathrm{n}}}{b'_{\mathrm{t}}}\frac{1}{T'_{\mathrm{1v}}+\tau'}[\Delta F(k)-\Delta F(k-1)] \tag{3-98}$$

上述公式的积分输入项 ΔI 为

$$\Delta I = \Delta F(k) + \frac{b'_{\mathrm{p}}}{100}[Y_{\mathrm{c}}(k)-Y_{\mathrm{PID}}(k-1)] \tag{3-99}$$

在实际编程中若采用

$$\Delta I' = 100\Delta I = 100\Delta F(k) + b'_{\mathrm{p}}[Y_{\mathrm{c}}(k)-Y_{\mathrm{PID}}(k-1)] \tag{3-100}$$

则式(3-97)的积分增量就成为

$$\Delta Y_{\mathrm{I}}(k) = \frac{\tau'}{100b'_{\mathrm{t}}T'_{\mathrm{d}}}\Delta I' \tag{3-101}$$

值得强调指出的有两点。

① 为了在整数运算中得到较高精度的运算结果，各分量应先进行加法、减法和乘法运算，最后进行除法运算。

② 在进行积分增量 $\Delta Y_I(k)$ 的运算时，应对最后除法运算的余数保留，与上一次余数求代数和后，再与除数比较以决定所得的商是否加 1 或减 1，并得到本次运算的最后余数。这样处理才能保证微机调速器的静态运算精度。

例 3-2 设采样周期 $\tau=0.02\ \text{s}(\tau'=2\ \text{s})$，取 $T_{1v}=0.14\ \text{s}(T'_{1v}=14\ \text{s})$，求微机控制器 PID 运算表达式。

解 将上述参数代入式(3-101)和式(3-98)得

$$\Delta Y_I(k) = \frac{1}{50b'_t T'_d}[100\Delta F(k) + b'_p(Y_c(k) - Y_{PID}(k-1))]$$

$$Y_D(k) = \frac{7}{8}Y_D(k-1) + \frac{62T'_n}{b'_t}[\Delta F(k) - \Delta F(k-1)]$$

在功率调节模式下，也可写成

$$\Delta Y_I(k) = \frac{1}{50b'_t T'_d}[100\Delta F(k) + b'_p \Delta Y/P]$$

式中：

$$\Delta Y/P = Y_c(k) - Y_{PID}(k-1) \quad （频率和开度调节模式下）$$
$$\Delta Y/P = P_c(k) - P_g(k) \quad （频率调节模式下）$$

3.2.6 功率(开度)前向通道开环增量环节的作用

图 3-14 和图 3-15 中，若微机调节器处于频率调节或开度调节模式，则可选用开度给定 y_c 作为运行人员或上位计算机增/减机组负荷。若微机调节器处于功率调节模式，则运行人员或上位计算机可通过功率给定 P_c 来增/减机组所带的负荷。二者之一被选定后，除了与 Y_{PID} 或实测机组功率 P_g 进行比较，然后作用到积分环节外，还通过一个称为"开环增量"环节的单元，将运行人员或上位计算机的增/减命令，绕过 PID 调节，直接送到 PID 调节输出点累加，从而运行人员或上位计算机的增/减操作能迅速地通过此开环的前向通道，作用于 Y_{PID}（或功率计算值 p），使其能几乎无延时地跟随增/减命令变化。

一般，设运行人员或上位计算机进行增/减操作时，被控机组的频率不变，即 $\Delta(\Delta F)=0$，因此可认为 $Y_P=$ 常数、$Y_D=0$。下面以开度给定 y_c 为例加以分析，括号内是功率调节模式的情况。

1. 无开环增量环节

图 3-21(a)所示是这种情况下的增量环节方块图。

由图 3-21(a)所示易得 Δy_c 至 Δy_{PID} 的增量传递函数为

$$\frac{\Delta Y_{PID}(S)}{\Delta Y_c(S)} = \frac{1}{\frac{1}{K_I b_p}S+1} = \frac{1}{\frac{b_t T_d}{b_p}S+1} = \frac{1}{\frac{T_x}{b_p}S+1} \tag{3-102}$$

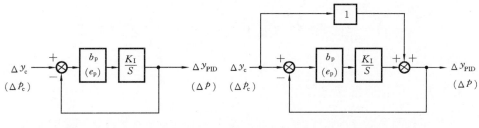

(a) 无开环增量环节的方块图　　　(b) 有开环增量环节的方块图

图 3-21　开环增量环节对增/减开度(功率)操作的作用

这是一个一阶惯性环节的传递函数,其时间常数是速动时间常数 T_x/b_p。当输入 $\Delta Y_c(S)$ 为阶跃输入(ΔY_{c0})时,其响应为

$$\left.\begin{aligned}\Delta y_{PID}(t) &= \Delta y_{c0}(1-e^{-\frac{b_p}{T_x}t})\\ \Delta p(t) &= \Delta p_{c0}(1-e^{-\frac{e_p}{T_x}t})\end{aligned}\right\} \quad (3\text{-}103)$$

式(3-103)表明,$\Delta y_{PID}(t)$(或 $\Delta p(t)$)反映一个指数上升规律,$\Delta y_{PID}(t)$(或 $\Delta p(t)$)达到 $0.98\Delta y_{c0}$(或 $0.98\Delta p_{c0}$)的时间为 $4(T_x/b_p)$。若取 $T_x=4\,s$,$b_p=0.04$($e_p=0.04$),则这个时间为 400 s。显然,$y_{PID}(t)$(或 $p(t)$)对 y_c(或 Δp_{c0})的增/减操作的响应是十分缓慢的。

2. 开环增量的作用

开环增量环节如图 3-21(b)所示。显然,由 Δy_c(或 Δp_c)至 Δy_{PID}(或 Δp)的增量传递函数为

$$\left.\begin{aligned}\frac{\Delta y_{PID}(S)}{\Delta y_c(S)} &= 1\\ \frac{\Delta P(S)}{\Delta P_c(S)} &= 1\end{aligned}\right\} \quad (3\text{-}104)$$

由上式可以看出:运行人员或上位计算机做增/减操作后立即使 y_{PID}(或 p)得到跟随和响应。我国 1983 年研究开发的第一台水轮机微机调速器就采用了这个环节。实践证明,如果通过按钮操作"增加",则 y_{PID} 立即随之增加;若停止操作"增加",则 y_{PID}(或 p)立即停止在 y_c(或 p_c)数值附近。当然,操作"减少"也有同样的效果。

① 因为采用的是开环增量环节,所以当不操作增/减 y_c(或 p_c)时,y_c(或 p_c)等于常数,$\Delta y_c=0$(或 $\Delta p_c=0$),本环节不起作用。y_c(或 p_c)至 y_{PID}(或 p)的传递函数与图 3-21(a)所示的一样。

② 因为是开环增量环节,所以式(3-104)的传递函数为 1,它既是开环加闭环的结果,也是开环的结果。当开环前向通道产生误差时,闭环回路还可以准确地使式(3-104)的关系得到满足。

3.3 水轮机调节系统的动态特性

3.3.1 机组空载转速摆动特性

《水轮机控制系统技术条件》规定：调速器应保证机组在各种工况和运行方式下的稳定性。在空载工况自动运行时，施加一阶跃型转速指令信号，观察过渡过程，以便选择调速器的运行参数。待稳定后记录转速摆动相对值，对于大型调速器，电调不超过±0.15%；对于中、小型调速器，不超过±0.25%；对于特小型调速器，不超过±0.3%。如果机组手动空载转速摆动相对值大于规定值，则其自动空载转速摆动相对值不得大于相应手动空载转速摆动相对值。

机组空载转速摆动特性是水轮机调节系统在机组空载工况下的机组转速稳定性特性，是水轮机调节系统经受较小的被控参量变化，水轮机控制系统各元件的输出量均未达到极限，且有关参量基本按线性变化的动态过程。

(1) 手动方式空载工况下，用自动记录仪记录机组 3 min(为观察到大致固定周期的摆动，可延长至 5 min)的转速摆动情况，量取有大致固定周期的转速摆动幅值；重复 3 次，取其平均值。

(2) 自动方式空载工况下，对水轮机调节系统施加频率阶跃扰动，记录机组转速、接力器行程等的过渡过程，选取转速摆动值和超调量较小、波动次数少、稳定快的一组调节参数，供空载运行使用。在该组调节参数下，用自动记录仪记录机组 3 min(为观察到大致固定周期的摆动，可延长至 5 min)的转速摆动情况，量取有大致固定周期的转速摆动幅值；重复 3 次，取其平均值。

3.3.2 甩 100% 额定负荷特性

《水轮机控制系统技术条件》规定：机组甩负荷后动态品质应达到以下要求。

(1) 甩 100%额定负荷后，在转速变化过程中，超过稳定状态额定转速 3%以上的波峰不超过两次。

(2) 从机组甩负荷时起，到机组转速相对偏差小于±1%为止的调节时间 t_E 与从甩负荷开始至转速升至最高转速所经历的时间 t_M 的比值，对于中、低水头反击式水轮机，应不大于 8，对于桨叶关闭时间较长的轴流转桨式水轮机，应不大于 12；对于高水头反击式水轮机和冲击式水轮机，应不大于 15；对于从电网解列后给电厂供电的机组，甩负荷后机组的最低相对转速不低于 0.9(投入浪涌控制及桨叶关闭时间较长的贯流式机组除外)。

甩负荷试验是水轮机调节系统的大波动状态(大瞬变状态)，即水轮机调节系统经受较大的被控参量变化后，水轮机控制系统内任一元件的输出量达到饱和状态，且有关参量基本按非线性变化的动态过程的试验。

试验时,置空载和负荷调节参数于选定值,调速器处于自动方式平衡状态,依次分别甩掉25%、50%、75%和100%的机组额定负荷,自动记录机组转速、导叶、桨叶(或喷针、折向器)的接力器行程、蜗壳水压及发电机定子电流等参数的过渡过程。

例 3-3 某水电站机组甩100%负荷的记录曲线分析计算(见图3-22)。

解 (1) 按 GB/T 9652.1—2007 规定:$t_E=42.7$ s,$t_M=8.0$ s,$t_E/t_M=5.33$。

图3-22所示的O_1点为甩负荷起始点,A点为机组转速相对偏差小于$\pm1.0\%$的点。

(2) 按 GB/T 9652.1—1997 规定:甩100%额定负荷后,在转速变化过程中,超过3%额定转速以上的波峰不超过两个;从接力器第一次向开启方向移动到机组转速摆动值不超过0.5%为止所经历的时间应不大于40 s。实测为9.8 s。

O_2点为接力器第一次向开启方向移动的点,B点为机组转速相对偏差小于$\pm0.5\%$的点。

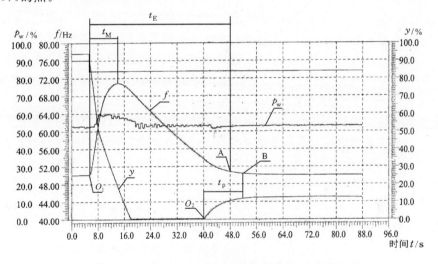

图 3-22 电站甩100%机组额定负荷的记录曲线

3.3.3 接力器不动时间

接力器不动时间(Servomotor dead time)T_q是指给定信号按规定形式变化起至由此引起主接力器开始移动的时间。接力器不动时间是水轮机调节系统的一个重要动态性能指标,主要用来检验在规定的试验方法下,微机调速器依据机组频率偏差和PID调节规律下的动态快速动作性能。影响接力器不动时间的主要因素有:测频采样周期、微机控制器计算周期、机械液压系统死区、微机调节器PID参数和电液随动系统放大倍数等。

《水轮机控制系统技术条件》规定:转速或指令信号按规定形式变化时,接力器不动时间:对于电调,不大于 0.2 s,对于机调,不大于 0.3 s。

1. 在制造厂内接力器不动时间测定试验

(1) 大型调速器试验用接力器直径应不小于 ϕ350 mm,调速器处于频率控制模式自动方式平衡状态时,调节参数位于中间值,开环增益为整定值。打开开度限制机构到全开位置。输入额定频率信号,用开度给定将接力器开到约 50% 的位置。在额定频率的基础上,施加 4 倍于转速死区规定值的阶跃频率信号,用自动记录仪记录输入频率信号和接力器位移,确定以频率信号增减瞬间为起点的接力器不动时间 T_q。试验 3 次,取其平均值。

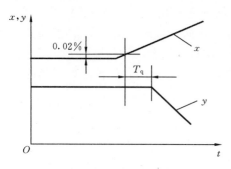

图 3-23 用匀速变化频率信号测定接力器不动时间

(2) 用匀速变化频率信号测定接力器不动时间 T_q 时,试验条件同上。输入额定频率信号,用开度给定将接力器开到约 50% 的位置。在额定频率的基础上,施加规定的匀速变化的频率信号(对于大型调速器,为 1 Hz/s;对于中、小型调速器,为 1.5 Hz/s),用自动记录仪记录输入频率信号和接力器位移,确定以频率信号增或减(上升或下降 0.02%)为起点的接力器不动时间,如图 3-23 所示。试验 3 次,取其平均值。

值得着重指出的是:一般来说,在制造厂内使用的试验接力器直径和容积都小于该调速器产品用于真机的接力器的直径和容积;因此,在制造厂内测定的接力器不动时间是偏小的,不能作为检验接力器不动时间是否合格的依据,在电站还应校核接力器的性能指标。作为有安全裕量的粗略估算,设制造厂内使用的试验接力器容积为 V_t,测得的接力器不动时间为 T_{qt},真机的接力器的容积为 V_r,在调速器同一开环增益条件下,则在电站实际测试的接力器不动时间可能为 $T_{qr}=(0.6\sim0.9)(V_r/V_t)T_{qr}$。当然,针对电站机组的接力器容积,应该调整开环增益整定值,以保证水轮机调节系统的接力器不动时间等动态品质。

2. 在水电站现场接力器不动时间测定试验

在水电站通过机组甩负荷试验,获得机组甩 25% 负荷示波图,从图上直接求出自发电机定子电流消失为起始点,或甩 10%~15% 负荷,机组转速上升到 0.02% 为起始点,到接力器开始运动为止的接力器不动时间 T_q。测试时应断开调速器用发电机出口开关辅助接点信号、电流和功率信号。用自动记录仪记录机组转速、接力器行程。发电机定子电流时间分辨率不大于 0.02 s/mm,接力器行程分辨率不大于 0.2 %/mm。在机组断路器断开前启动记录仪,以证实稳定状态存在,再进入不动时间的测定。

在水电站现场进行接力器不动时间 T_q 测定试验时,值得着重指出以下几点。

(1) 水轮机微机调速器应该工作在"频率调节"模式,频率人工死区为零($E_f=0$)。如果工作于开度调节或功率调节模式,频率人工死区一般不为零($E_f\neq0$),在进行

接力器不动时间 T_q 测定试验的动态过程中,只有机组频率偏差超过频率人工死区时调速器才能起作用,因此不能真实反映水轮机微机调速器的频率调节性能决定的接力器不动时间 T_q。

(2) 判断接力器不动时间动态过程的时间起点,不能够采用引至调速器的机组出口断路器(油开关)开关量信号的变位时刻。因为送至微机调速器的上述开关量信号是机组出口断路器(油开关)辅助接点驱动的中间继电器的接点信号,它的动作时刻一般滞后于机组出口断路器(油开关)动作时刻 0.04~0.08 s。

(3) 在进行接力器不动时间 T_q 测定试验时,不允许微机调速器在根据机组频率偏差的 PID 调节规律之外,人为通过软件添加任何促使接力器快速关闭的程序。

在水电站现场对接力器不动时间 T_q 进行鉴定性试验测定时,最好临时撤除引至调速器的机组出口断路器(油开关)开关量接点信号,以保证所得到的接力器不动时间 T_q 的科学性和真实性。

(4) 鉴于接力器不动时间动态过程的复杂性,甩负荷前机组频率和接力器状态呈现出多样性:有时频率下降,而接力器正在开启状态,有时频率和接力器正好在平稳状态;有时频率上升,而接力器正好在关闭状态,在不同的状态下测试所得的接力器不动时间 T_q 也不同,为此,测试时,机组频率和接力器应尽可能处在平稳状态,只有这样测得的数据才是真实的。

(5) 目前生产水轮机调节系统仿真测试仪厂家甚多,而在进行接力器不动时间 T_q 测定试验时的判据各不相同,同时使用几个不同厂家生产的测试仪测试所得的接力器不动时间 T_q 有较大的出入,建议试验人员应利用示波曲线判断接力器不动时间 T_q 值。

为保证试验结果的科学性和真实性,最好能提供分辨率为 1‰(GB/T 9652.2—2007《水轮机控制系统试验规程》的附录 A(规范性附录)测试系统误差和分辨率中要求超低频信号发生器的分辨率小于 0.001 Hz)的机组频率信号波形和分辨率为 0.1‰(GB/T 9652.2—2007《水轮机控制系统试验规程》的附录 A(规范性附录)测试系统误差和分辨率中要求位移传感器精度:大型调速器小于 5×10^{-4})的接力器行程信号波形,以方便根据国家标准关于"机组转速上升到 0.02‰为起始点,到接力器开始运动为止的接力器不动时间 T_q"来确定接力器的不动时间 T_q。

3.4 水轮机调速器与电网一次调频

3.4.1 电网的调频

电力系统运行的主要任务之一是控制电网频率在 50 Hz 附近的一个允许范围内。电网频率偏离额定值 50 Hz 是由能源侧(水电、火电、核电等)的供电功率与负荷侧的用电功率之间的平衡被破坏而引起的。负荷的用电功率是经常在变化的,因此,电网的频率控制的实质是根据电网频率偏离 50 Hz 的方向和数值,实时、在线地通过水电和火电发电机组的调节系统和电网自动发电控制系统,调节能源侧的供电功率以适应负荷侧用电功率的变化,达到电网发/用电功率的平衡,从而使电网频率恢复到 50 Hz 附近的一个允许范围内。电网频率控制的手段有一次调频、二次调频、高频切机、自动低频减负载和机组低频自启动等,其中一次调频和二次调频与水轮机控制系统有着密切的关系。

通过水电和火电发电机组转速调节系统的自身负荷/频率静态和动态特性对电网频率进行的控制,通常称为一次调频。调速器的输入量是电网频率 f_n。一次调频是由水电和火电发电机组调速系统的电网频率 f 和机组功率 P 的静态特性 $f=f(P)$ 和 PID 调节特性来实现的。完成电网二次调频的电网 AGC 系统,则是从电网的宏观控制、经济运行及电网交换功率控制等方面向有关水电和火电机组调速系统下达相应机组的目标(计划)功率值 P_c,从而实现电网范围内的功率/频率控制(LFC)的。此时,调速器的输入量是被控机组功率设定值 P_c。

电网一次调频对水轮机调节系统的主要技术要求如下。

(1) 并网发电机组均应参与电网一次调频。

(2) (功率)永态转差系数(对于火电机组调速系统,称为速度变动率)$e_p = 4\% \sim 5\%$,$E_f = \pm 0.033$ Hz(DL/T 1040—2007 电网运行准则(The Grid Operation code)规定:$e_p = 3\%$)。

(3) 人工频率(转速)死区 $E_f = \pm 0.033$ Hz(DL/T 1040—2007 电网运行准则规定:E_f 在 0.05 Hz 以内)。

(4) 响应特性应满足电网频率变化超过一次调频频率死区时,机组应在 15 s 内响应机组目标功率,在 45 s 内机组实际功率与目标功率的功率偏差的平均值应在其额定功率的 ±3% 内;稳定时间应小于 1 min。

(5) 水电机组参与一次调频的负荷变化幅度应该不加限制。一次调频功能为必备功能,不得由运行人员切除;不得在开度限制工况下运行。

3.4.2 电网一次调频工况机组功率增量 Δp 与电网频率偏差 Δf 之间的特性

1. 微机调节器的比例积分环节的积分作用

在微机调节器的 PI 环节的积分作用下,电网一次调频工况机组功率增量 Δp 与电网频率偏差 Δf 之间的关系如图 3-24 所示。

1) 机组功率增量 Δp 与电网频率偏差 Δf 之间的动态特性

由图 3-24 所示易得 Δf 至 Δp 的增量传递函数为

$$\frac{\Delta P_{K_I}(S)}{\Delta F(S)} = -\frac{1/e_p}{(1/(K_I e_p))S+1} = -\frac{1/e_p}{(b_t T_d/e_p)S+1} = -\frac{1/e_p}{(T_x/e_p)S+1} \quad (3-105)$$

这是一个一阶惯性环节的传递函数,其时间常数是 $1/(K_I e_p) = b_t T_d / e_p = T_x / e_p$。当输入 Δf 为阶跃输入时,功率增量 Δp 的响应为

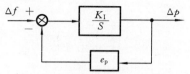

$$\Delta p_{K_I}(t) = -(1/e_p)\Delta f (1 - e^{-\frac{e_p}{T_x}t})$$

$$= -(1/e_p)\Delta f (1 - e^{-\frac{e_p}{b_t T_d}t})$$

$$= -(1/e_p)\Delta f (1 - e^{-K_I e_p t}) \qquad (3\text{-}106)$$

图 3-24 电网一次调频工况机组功率增量 Δp 与电网频率偏差 Δf 之间的关系

式(3-106)表明:$\Delta p_{K_I}(t)$ 曲线呈指数变化规律变化,$\Delta p(t)$ 达到 $0.97\Delta p_{K_I}$ 的时间约为 $3.505(1/(K_I e_p)) = 3.505(b_t T_d / e_p) = 3.505(T_x / e_p)$。

2) 机组功率增量 Δp 与电网频率偏差 Δf 之间的静态特性

积分调节(K_I)得到的功率增量 Δp_{K_I} 的稳定值(也是最后的稳定值 Δp)为

$$\Delta p = -[(\Delta f - e_f)/e_p] \qquad (3\text{-}107)$$

式中:e_f——水轮机控制系统人工频率(转速)死区(相对量),$e_f = (E_f / 50)$;

e_p——水轮机调节系统(功率)调差系数(速度变动率)(式中负号表示正的频率偏差对应于负的功率偏差)。

若要满足"在 45 s 内机组实际功率与目标功率的功率偏差的平均值应在其额定功率的 ±3% 内"的要求,仅仅依靠积分作用,则要求 3.505 倍的时间常数小于 45 s $((3.505/(K_I e_p)) \leqslant 45 \text{ s})$。

2. 微机调节器的比例调节作用

电网频率偏差 Δf,依靠比例增益 K_P 得到的机组功率增量 Δp_{KP} 为常数,即

$$\Delta p_{KP} = -K_P \Delta f \qquad (3\text{-}108)$$

3. 微机调节器的比例调节和积分调节的共同作用

$$\Delta p_{\Delta f}(t) = \Delta p_{K_I} + \Delta p_{K_P} = -[(1/e_p)(1 - e^{-K_I e_p t}) + K_P]\Delta f \qquad (3\text{-}109)$$

当频率输入 Δf 为阶跃输入时,功率增量 Δp 的响应特性 $\Delta p_{KI}(t)$ 如图 3-25 所示。

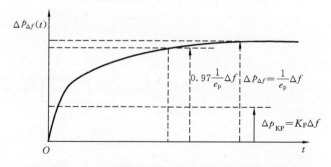

图 3-25 频率输入 Δf 为阶跃输入时的功率增量 Δp 的响应特性 $\Delta P_{K_I}(t)$

例 3-4 计算微机调速器积分增益 $K_I = 1.6 \text{ s}^{-1}$ 和比例增益 $K_P = 10$ 时的功率增量 Δp 的响应特性。

解 (1) $e_p=0.05, K_P=10, K_I=1.6 \text{ s}^{-1}$（对应的暂态转速差值系数 $b_t=0.1$，缓冲时间常数 $T_d=5.55 \text{ s}$）。

(2) 45 s 时，机组实际功率 $\Delta p_{K_I}(t)$ 与目标功率 $\Delta p_{\Delta f}=(1/e_p)\Delta f$ 的功率偏差为 2.73%，小于要求的 3%。

根据以上的分析可以得出下列结论。

(1) 电网一次调频工况下，影响机组实际功率响应特性 $\Delta p_{\Delta f}(t)$ 的参数是微机调速器的积分增益 K_I 和比例增益 K_P，其中，起主要作用的是积分增益 K_I。

(2) 根据以上理论分析和相应的仿真结果，考虑到水轮机调节系统水锤的反向调节效应，微机调速器比例积分(PI)调节的比例增益 K_P 和积分增益 K_I 推荐值分别为

$$\left. \begin{aligned} & K_P \approx 3.0 \\ & K_I \geqslant 3.505/(0.05 \times 45) \text{ s}^{-1} = 1.558 \text{ s}^{-1}, \text{取 } K_I = 1.8 \text{ s}^{-1} \\ & b_t T_d \leqslant 0.642 \text{ s}, \text{取 } b_t T_d = 0.555 \text{ s} \\ & b_t \approx 0.33 \\ & T_d \leqslant 1.685 \text{ s}, \text{取 } T_d = 1.7 \text{ s} \end{aligned} \right\} \quad (3-110)$$

(3) 由于电网一次调频的动态过程是一个较慢速的过程，机组惯性时间常数 T_a、水流时间常数 T_w、电网自调节系数 e_n、接力器最短开机和关机时间 T_f 等参数，对于电网一次调频的动态过程没有实质性的影响。

3.4.3 水轮机调节系统一次调频试验

水轮机控制系统控制的水轮发电机组并入电网运行的原理如图 3-26(a)、(b)所示。

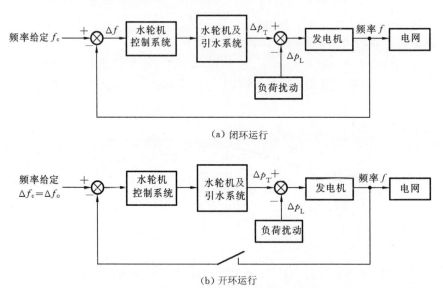

图 3-26 水轮发电机组并入电网运行的原理框图

电网负荷发生变化，电网频率就会变化。电网的一次调频是针对偏离电网额定频率(50 Hz)的频率偏差，按永态转差系数 e_p（调差系数）对机组进行功率控制的，它是将电网(机组)频率(转速)信号送入调速器的"频率(转速)输入"端口，频率(转速)给定值与其比较形成频率(转速)偏差，水轮机调速器根据这个偏差信号进行调节而实现的；水轮机调速器把频差 Δf 变换为与 e_p 成反比的机组频差调节功率 ΔP_f。由于水电和火电机组调速系统都有设定的速度变动率(功率永态差值系数) e_p 决定了它是一个有差调节，因而由各机组调速系统共同完成的一次调频不可能完全弥补电网的功率差值，也不可能使电网频率恢复到额定频率(50 Hz)附近的一个允许范围内。为了进行电网负荷频率控制，使电网的功率差值得以弥补，电网频率得以恢复，必须采用电网的二次调频。

在电站现场检验水轮机调节系统是否满足电网一次调频的技术要求，可以采用两种试验方法。

1) 闭环近似试验法

试验时，水轮机控制系统要正常运行(见图 3-26(a))，选择电网频率相对稳定的运行时段进行测试(例如，在半夜零时以后)，确认试验时电网频率基本稳定，不随试验机组的出力变化而变化；阶跃地变化微机调速器的频率给定 f_c，录制机组有功功率变化曲线(波形)，根据实测波形检验水轮机调节系统是否满足电网一次调频的技术要求。这种试验方法安全可靠，但是，试验中的电网频率变化将影响试验结果。

2) 开环试验法

试验时，在做好安全措施的前提下，切断微机调速器的频率测量信号，使水轮机调节系统在开环状态运行；阶跃变化微机调速器的频率给定 f_c，录制机组有功功率变化曲线(波形)，根据实测波形检验水轮机调节系统是否满足电网一次调频的技术要求。这种试验方法不受电网频率变化的影响，能得到准确的试验结果；但是，试验存在一定的事故隐患。

图 3-26(b) 所示的是水轮发电机组并入电网开环运行的原理，图中切断了电网频率的测量通道，使微机调速器不受电网频率影响；阶跃地变化微机调速器的频率给定 f_c，录制机组有功功率变化曲线(波形)，根据实测波形检验仿真系统是否满足电网一次调频的技术要求。

3.5 水轮机调节系统状态空间方程和稳定性分析

3.5.1 水轮机调节系统的状态空间方程

在古典控制理论中，调节系统的数学模型主要采用传递函数来表示，并在频域中对其进行分析与综合，一般仅适用于单输入/输出的闭环系统。现代控制理论中的状态空间分析法则是一种直接在时域中对多输入/输出系统进行分析和综合的方法。

对于一个线性时变系统,其状态方程可表示为

$$X = A(t)X + B(t)U \quad (X(t_0)给定) \tag{3-111}$$

若状态空间是 n 维的,则式(3-111)实际上是由 n 个一阶常微分方程组成的。对于一个动力学系统来说,其状态变量 X 的选择并不是唯一的。那么,是否可以随意选择状态变量 X 呢?选择状态变量 X 的基本原则是什么呢?

简单地说,状态变量 X 的选择,必须使式(3-111)的解存在且唯一。根据一阶微分方程组解的存在唯一性定理,式(3-111)的解存在且唯一的充要条件是 $A(t)$、$B(t)$、$U(t)$ 的各个元素是时间 t 的连续函数。对于感兴趣的线性时不变系统

$$X = AX + BU \quad (X(0)给定) \tag{3-112}$$

来说,由于 A、B 均为常数矩阵,所以上述条件就变成仅要求 $U(t)$ 的各个分量 $u_i(t)$ 是时间 t 的连续函数就可以了。

众所周知,在研究动力学系统时,常常把控制作用取为单位阶跃函数 $1(t)$、单位脉冲函数 $\delta(t)$、单位斜坡函数 t 等典型的形式。其中,单位脉冲函数 $\delta(t)$ 是一种奇异函数,其定义是

$$\left.\begin{array}{ll}\delta(t) = \infty & (t = 0) \\ \delta(t) = 0 & (t \neq 0) \\ \int_{-\infty}^{+\infty} \delta(t)dt = 1 & \end{array}\right\} \tag{3-113}$$

显然,如果在 $t=0$ 时刻加入 $\delta(t)$,它就会影响式(3-112)的初始条件 $X(0)$,而且 $\delta(t)|_{t=0} = \infty$,就使得 $\delta(t)$ 加入后,初始条件 $X(0)$ 成为不定的了,因而式(3-112)的解虽然存在,但因为 $X(0)$ 不定而变成不是唯一的。在工程上,对此又作如下处理:认为初始条件 $X(0)$ 是在 $t=0^-$,即在 0 时刻前一瞬间给出的,而 $\delta(t)$ 则是在 $t=0$ 时加入的,那么,初始条件 $X(0)$ 就不再受 $\delta(t)$ 的影响;同时认为 $\int_0^T B\delta(t)dt$ 是有意义的。那么,当 $u_i(t) = \delta(t)$ 时,式(3-112)的解就存在且唯一。当然,当 $u_i(t)$ 呈现为高阶脉冲函数 $\dot{\delta}(t)$、$\ddot{\delta}(t)$、$\cdots$ 时,式(3-112)解的唯一性就被破坏了。

上述条件表明:应该恰当地选择状态变量 X,使得在式(3-112)中 U 的分量中,只出现 $\delta(t)$ 函数,而不允许出现其高阶脉冲函数。换言之,选择状态变量的基本原则是在式(3-112)中不允许出现对系统输入量 U 的一阶及更高阶导数。

当然,在满足上述基本原则的前提下,总是希望选择动力学系统各环节的输出量来作为状态变量。这一方面使状态变量具有实际的物理含义,另一方面便于较简单地构成线性状态反馈,从而得到最佳控制系统。

一般来说,当描述系统行为的微分方程的非齐次部分有简单的控制项 $u(t)$ 时,状态变量 X 很容易满足上述基本原则;而当非齐次部分含有控制项 $u(t)$ 及其各阶导数时,就必须正确地选择状态变量,否则会出现不符合上述基本原则的情况。

对于用微分方程

第 3 章　水轮机调节系统的动态特性

$$\dddot{x} + a_1\ddot{x} + a_2\dot{x} + a_3 x = u \tag{3-114}$$

描述的系统,若选择状态变量

$$\left.\begin{aligned} x_1 &= x \\ \dot{x}_1 &= x_2 \\ \dot{x}_2 &= x_3 \end{aligned}\right\} \tag{3-115}$$

则得出对应于式(3-114)、式(3-115)的状态方程为

$$\begin{pmatrix} \dot{x}_1 \\ \dot{x}_2 \\ \dot{x}_3 \end{pmatrix} = \begin{pmatrix} 0 & 1 & 0 \\ 0 & 0 & 1 \\ -a_3 & -a_2 & -a_1 \end{pmatrix} \begin{pmatrix} x_1 \\ x_2 \\ x_3 \end{pmatrix} + \begin{pmatrix} 0 \\ 0 \\ 1 \end{pmatrix} [u] \tag{3-116}$$

而对于用微分方程

$$\dddot{x} + a_1\ddot{x} + a_2\dot{x} + a_3 x = b_0\dddot{u} + b_1\ddot{u} + b_2\dot{u} + b_3 u \tag{3-117}$$

描述的系统,若再用式(3-115)来定义状态变量,就会在状态方程中出现控制作用 u 的一阶、二阶和三阶导数。这时,若定义

$$\left.\begin{aligned} u &= \dddot{x}_1 + a_1\ddot{x}_1 + a_2\dot{x}_1 + a_3 x_1 \\ x &= b_0\dddot{x}_1 + b_1\ddot{x}_1 + b_2\dot{x}_1 + b_3 x_1 \\ \dot{x}_1 &= x_2 \\ \dot{x}_2 &= x_3 \\ \dot{x}_3 &= -a_3 x_1 - a_2 x_2 - a_1 x_3 + u \end{aligned}\right\} \tag{3-118}$$

则得式(3-117)、式(3-118)对应的状态方程为

$$\begin{pmatrix} \dot{x}_1 \\ \dot{x}_2 \\ \dot{x}_3 \end{pmatrix} = \begin{pmatrix} 0 & 1 & 0 \\ 0 & 0 & 1 \\ -a_3 & -a_2 & -a_1 \end{pmatrix} \begin{pmatrix} x_1 \\ x_2 \\ x_3 \end{pmatrix} + \begin{pmatrix} 0 \\ 0 \\ 1 \end{pmatrix} [u] \tag{3-119}$$

从形式上看,式(3-119)与式(3-116)有完全一样的表达形式,然而二者的状态变量却是完全不一样的。对于式(3-116),原始变量 $x = x_1$;对于式(3-119),原始变量为

$$x = (b_3 - a_3 b_0) x_1 + (b_2 - a_2 b_0) x_2 + (b_1 - a_1 b_0) x_3 + b_0 u \tag{3-120}$$

实际上,不难由式(3-118)、式(3-119)、式(3-120)导回式(3-117)。

在列写状态方程时,应该在满足上述基本原则的情况下尽量采用具有物理意义的状态变量,只是对部分状态变量用式(3-118)来加以定义,然后再取两部分的直和,就可得到完整的状态方程。

3.5.2 缓冲型(PI)调速器的水轮机调节系统的状态方程

图 3-27 所示的为采用 PI 型调速器的水轮机调节系统的传递函数,它可以看成是虚线框外的开环系统,若加上虚线框的线性反馈 $\boldsymbol{K}_u = [1, 0, b_p, 1]$ 便构成闭环系统,这

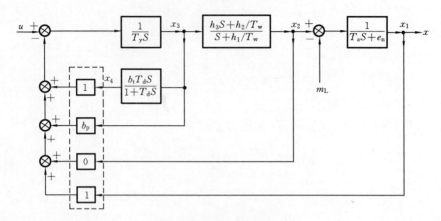

图 3-27 水轮机调节系统(1)

样处理便于用最佳控制原理对系统进行分析。图 3-27 所标明的状态变量是有关环节的实际输出量。对于开环系统，不难得出

$$\left.\begin{aligned}\dot{x}_3 &= \frac{1}{T_y}u \\ \dot{x}_4 &= \frac{-1}{T_d}x_4 + \frac{b_t}{T_y}u \\ \dot{x}_2 &= \frac{-h_1}{T_w}x_2 + \frac{h_2}{T_w}x_3 + \frac{h_3}{T_y}u \\ \dot{x}_1 &= \frac{-e_n}{T'_a}x_1 + \frac{1}{T'_a}x_2 - \frac{1}{T'_a}m_L\end{aligned}\right\} \quad (3-121)$$

由式(3-121)易得出开环系统状态方程为

$$\begin{pmatrix}\dot{x}_1 \\ \dot{x}_2 \\ \dot{x}_3 \\ \dot{x}_4\end{pmatrix} = \begin{pmatrix}\frac{-e_n}{T'_a} & \frac{1}{T'_a} & 0 & 0 \\ 0 & \frac{-h_1}{T_w} & \frac{h_2}{T_w} & 0 \\ 0 & 0 & 0 & 0 \\ 0 & 0 & 0 & \frac{-1}{T_d}\end{pmatrix}\begin{pmatrix}x_1 \\ x_2 \\ x_3 \\ x_4\end{pmatrix} + \begin{pmatrix}0 & \frac{-1}{T'_a} \\ \frac{h_3}{T_y} & 0 \\ \frac{1}{T_y} & 0 \\ \frac{b_t}{T_y} & 0\end{pmatrix}\begin{pmatrix}u \\ m_L\end{pmatrix} \quad (3-122)$$

或记为

$$\dot{X} = AX + BU = AX + [B_u \quad B_m]U \quad (3-123)$$

闭环系统状态方程为

$$\dot{X} = (A - B_u K'_u)X + BU = A_0 X + BU \quad (3-124)$$

即

$$\begin{pmatrix} \dot{x}_1 \\ \dot{x}_2 \\ \dot{x}_3 \\ \dot{x}_4 \end{pmatrix} = \begin{pmatrix} \dfrac{-e_n}{T'_a} & \dfrac{1}{T'_a} & 0 & 0 \\ \dfrac{-h_3}{T_y} & \dfrac{-h_1}{T_w} & \dfrac{h_2}{T_w} - \dfrac{h_3 b_p}{T_y} & \dfrac{-h_3}{T_y} \\ \dfrac{-1}{T_y} & 0 & \dfrac{-b_p}{T_y} & \dfrac{-1}{T_y} \\ \dfrac{-b_t}{T_y} & 0 & \dfrac{-b_t b_p}{T_y} & -\left(\dfrac{1}{T_d} + \dfrac{b_t}{T_y}\right) \end{pmatrix} \begin{pmatrix} x_1 \\ x_2 \\ x_3 \\ x_4 \end{pmatrix} + \begin{pmatrix} 0 & \dfrac{-1}{T'_a} \\ \dfrac{h_3}{T_y} & 0 \\ \dfrac{1}{T_y} & 0 \\ \dfrac{b_t}{T_y} & 0 \end{pmatrix} \begin{pmatrix} u \\ m_L \end{pmatrix}$$

(3-125)

开环系统特征矩阵为

$$[S\boldsymbol{I} - \boldsymbol{A}] = \begin{pmatrix} S + \dfrac{e_n}{T'_a} & \dfrac{-1}{T'_a} & 0 & 0 \\ 0 & S + \dfrac{h_1}{T_w} & \dfrac{-h_2}{T_w} & 0 \\ 0 & 0 & S & 0 \\ 0 & 0 & 0 & S + \dfrac{1}{T_d} \end{pmatrix} \quad (3\text{-}126)$$

开环系统特征方程为

$$\Psi(S) = \det[S\boldsymbol{I} - \boldsymbol{A}] = |S\boldsymbol{I} - \boldsymbol{A}| = S\left(S + \dfrac{e_n}{T'_a}\right)\left(S + \dfrac{h_1}{T_w}\right)\left(S + \dfrac{1}{T_d}\right) \quad (3\text{-}127)$$

开环系统特征矩阵的伴随矩阵为

$\mathrm{adj}[S\boldsymbol{I} - \boldsymbol{A}] =$

$$\begin{pmatrix} S\left(S + \dfrac{h_1}{T_w}\right)\left(S + \dfrac{1}{T_d}\right) & \dfrac{1}{T'_a} S\left(S + \dfrac{1}{T_d}\right) & \dfrac{h_2}{T'_a T_w}\left(S + \dfrac{1}{T_a}\right) & 0 \\ 0 & S\left(S + \dfrac{e_n}{T'_a}\right)\left(S + \dfrac{1}{T_d}\right) & \dfrac{h_2}{T_w}\left(S + \dfrac{e_n}{T'_a}\right)\left(S + \dfrac{1}{T_d}\right) & 0 \\ 0 & 0 & \left(S + \dfrac{e_n}{T'_a}\right)\left(S + \dfrac{h_1}{T_w}\right)\left(S + \dfrac{1}{T_d}\right) & 0 \\ 0 & 0 & 0 & \left(S + \dfrac{e_n}{T'_a}\right)\left(S + \dfrac{h_1}{T_w}\right) \end{pmatrix}$$

(3-128)

闭环系统首项系数为 1 的特征方程为

$P(S) = \Psi(S) + K'_u \mathrm{adj}[S\boldsymbol{I} - \boldsymbol{A}]\boldsymbol{B}_u = \det[S\boldsymbol{I} - \boldsymbol{A}_0]$

$$= S\left(S + \dfrac{e_n}{T'_a}\right)\left(S + \dfrac{h_1}{T_w}\right)\left(S + \dfrac{1}{T_d}\right) + [1, 0, b_p, 1][0] \begin{pmatrix} 0 \\ \dfrac{h_3}{T_y} \\ \dfrac{1}{T_y} \\ \dfrac{b_t}{T_y} \end{pmatrix}$$

$$\begin{aligned}
&= S^4 + \left(\frac{e_n}{T'_a} + \frac{h_1}{T_w} + \frac{1}{T_d} + \frac{b_p}{T_y} + \frac{b_t}{T_y}\right) S^3 \\
&\quad + \left(\frac{e_n h_1}{T'_a T_w} + \frac{e_n}{T'_a T_d} + \frac{h_1}{T_w T_d} + \frac{h_3}{T'_a T_y} + \frac{b_p e_n}{T_y T'_a} + \frac{b_p h_1}{T_y T_w} + \frac{b_p}{T_y T_d} + \frac{b_t e_n}{T_y T'_a} + \frac{b_t h_1}{T_y T_w}\right) S^2 \\
&\quad + \left(\frac{e_n h_1}{T'_a T_w T_d} + \frac{h_3}{T'_a T_y T_d} + \frac{h_2}{T'_a T_w T_y} + \frac{b_p e_n h_1}{T_y T'_a T_w} + \frac{b_p h_1}{T_y T_w T_d} + \frac{b_p e_n}{T_y T'_a T_d} + \frac{b_t e_n h_1}{T_y T'_a T_w}\right) S \\
&\quad + \frac{h_2}{T'_a T_w T_y T_d} + \frac{h_1 b_p e_n}{T_y T'_a T_w T_d}
\end{aligned} \quad (3\text{-}129)$$

式(3-129)与用传递函数推出的结果一致。

3.5.3 采用加速度-缓冲型微机调速器的水轮机调节系统的状态方程

图 3-28 所示的为 PI 型调速器加了频率微分环节以后的水轮机调节系统结构。该系统也可以看成是由图中虚线框外的开环系统加上虚线框内的线性反馈 $\boldsymbol{K}_u = [0, 0, b_p, 1, 1]^T$ 构成的闭环系统,状态变量为各环节的实际输出量。这里,直接推出闭环系统状态方程,反过来再求出其开环状态方程,而不再进行推导开环特征矩阵及其伴随矩阵、开环和闭环特征方程了。

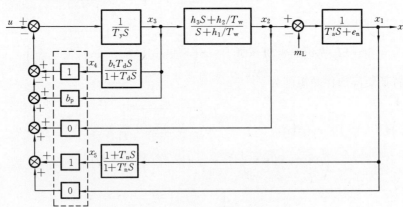

图 3-28 水轮机调节系统(2)

由图 3-28 所示各环节传递函数,易得

$$\left.\begin{aligned}
\dot{x}_3 &= \frac{-b_p}{T_y} x_3 - \frac{1}{T_y} x_4 - \frac{1}{T_y} x_5 + \frac{1}{T_y} u \\
\dot{x}_1 &= \frac{-e_n}{T'_a} x_1 + \frac{1}{T'_a} x_2 - \frac{1}{T'_a} u \\
\dot{x}_2 &= \frac{-h_1}{T_w} x_2 + \left(\frac{h_2}{T_w} - \frac{h_3 b_p}{T_y}\right) x_3 - \frac{h_3}{T_y} x_4 - \frac{h_3}{T_y} x_5 + \frac{1}{T_y} u \\
\dot{x}_4 &= \frac{-b_p b_t}{T_y} x_3 - \left(\frac{1}{T_d} + \frac{b_t}{T_y}\right) x_4 - \frac{b_t}{T_y} x_5 + \frac{b_t}{T_y} u \\
\dot{x}_5 &= \left(\frac{1}{T'_n} - \frac{e_n T_n}{T'_n T'_a}\right) x_1 + \frac{T_n}{T'_n T'_a} x_2 - \frac{1}{T'_n} x_5 - \frac{T_n}{T'_n T'_a} u
\end{aligned}\right\} \quad (3\text{-}130)$$

由式(3-130)即可得到闭环系统的状态方程为

$$\begin{bmatrix} \dot{x}_1 \\ \dot{x}_2 \\ \dot{x}_3 \\ \dot{x}_4 \\ \dot{x}_5 \end{bmatrix} = \begin{bmatrix} \dfrac{-e_n}{T'_a} & \dfrac{1}{T'_a} & 0 & 0 & 0 \\ 0 & \dfrac{-h_1}{T_w} & \dfrac{h_2}{T_w} - \dfrac{h_3 b_p}{T_y} & \dfrac{-h_3}{T_y} & \dfrac{-h_3}{T_y} \\ 0 & 0 & \dfrac{-b_p}{T_y} & \dfrac{-1}{T_y} & \dfrac{-1}{T_y} \\ 0 & 0 & \dfrac{-b_p b_t}{T_y} & -\left(\dfrac{1}{T_d} + \dfrac{b_t}{T_y}\right) & \dfrac{-b_t}{T_y} \\ \left(\dfrac{1}{T'_n} - \dfrac{T_n e_n}{T'_n T'_a}\right) & \dfrac{T_n}{T'_n T'_a} & 0 & 0 & \dfrac{-1}{T'_n} \end{bmatrix} \begin{bmatrix} x_1 \\ x_2 \\ x_3 \\ x_4 \\ x_5 \end{bmatrix} + \begin{bmatrix} 0 & \dfrac{-1}{T'_a} \\ \dfrac{h_3}{T_y} & 0 \\ \dfrac{1}{T_y} & 0 \\ \dfrac{b_t}{T_y} & 0 \\ 0 & \dfrac{-T_n}{T'_n T'_a} \end{bmatrix} \begin{pmatrix} u \\ m_L \end{pmatrix}$$

(3-131)

开环系统状态方程为

$$\begin{bmatrix} \dot{x}_1 \\ \dot{x}_2 \\ \dot{x}_3 \\ \dot{x}_4 \\ \dot{x}_5 \end{bmatrix} = \begin{bmatrix} \dfrac{-e_n}{T'_a} & \dfrac{1}{T'_a} & 0 & 0 & 0 \\ 0 & \dfrac{-h_1}{T_w} & \dfrac{h_2}{T_w} & 0 & 0 \\ 0 & 0 & 0 & 0 & 0 \\ 0 & 0 & 0 & -\dfrac{1}{T_d} & 0 \\ \left(\dfrac{1}{T'_n} - \dfrac{T_n e_n}{T'_n T'_a}\right) & \dfrac{T_n}{T'_n T'_a} & 0 & 0 & \dfrac{-1}{T'_n} \end{bmatrix} \begin{bmatrix} x_1 \\ x_2 \\ x_3 \\ x_4 \\ x_5 \end{bmatrix} + \begin{bmatrix} 0 & \dfrac{-1}{T'_a} \\ \dfrac{h_3}{T_y} & 0 \\ \dfrac{1}{T_y} & 0 \\ \dfrac{b_t}{T_y} & 0 \\ 0 & \dfrac{-T_n}{T'_n T'_a} \end{bmatrix} \begin{pmatrix} u \\ m_L \end{pmatrix}$$

(3-132)

3.5.4 采用 PID 型微机调速器的水轮机调节系统状态方程

图 3-29 所示的为采用独立的 PID 调节器的水轮机调节系统结构。因为系统在开环时输入 u 紧接着 PID 调节器,因而不能将各环节输出量作为状态变量。取图 3-29 所示的 x_1、x_2、x_3 作为状态变量,x_4、x_5 留给 PID 调节器,其间用中间转换量 u_1 来联系。在开环情况下,由 u 至 u_1 间的传递函数为

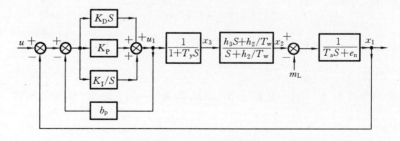

图 3-29 水轮机调节系统(3)

$$\frac{u_1(S)}{u(S)} = \frac{K_D S + K_P + K_I/S}{1 + (K_D S + K_P + K_I/S)b_p}$$

$$= \frac{(1/b_p)S^2 + (K_P/K_D b_p)S + K_I/K_D b_p}{S^2 + [(K_P b_p + 1)/K_D b_p]S + K_I/K_D}$$

$$= \frac{b_0 S^2 + b_1 S + b_2}{S^2 + a_1 S + a_2} \tag{3-133}$$

式中：b_0、b_1、b_2、a_1、a_2 由式(3-133)中对应项定义。

定义

$$\left.\begin{aligned} u &= \ddot{x}_4 + a_1 \dot{x}_4 + a_2 x_4 \\ u_1 &= b_0 \ddot{x}_4 + b_1 \dot{x}_4 + b_2 x_4 \\ \dot{x}_4 &= x_5 \\ \dot{x}_5 &= -a_2 x_4 - a_1 x_5 + u \end{aligned}\right\} \tag{3-134}$$

则得 u 至 u_1 之间开环状态方程为

$$\begin{bmatrix} \dot{x}_4 \\ \dot{x}_5 \end{bmatrix} = \begin{pmatrix} 0 & 1 \\ -a_2 & -a_1 \end{pmatrix} \begin{bmatrix} x_4 \\ x_5 \end{bmatrix} + \begin{pmatrix} 0 \\ 1 \end{pmatrix} [u] \tag{3-135}$$

$$u_1 = (b_2 - a_2 b_0) x_4 + (b_1 - a_1 b_0) x_5 + b_0 u \tag{3-136}$$

另一方面易得

$$\left.\begin{aligned} \dot{x}_1 &= \frac{-e_n}{T_a'} x_1 + \frac{1}{T_a'} x_2 - \frac{1}{T_a'} m_L \\ \dot{x}_2 &= -\frac{h_1}{T_w} x_2 + \frac{h_2}{T_w} x_3 + h_3 \dot{x}_3 = -\frac{h_1}{T_w} x_2 + \left(\frac{h_2}{T_w} - \frac{h_3}{T_y}\right) x_3 + \frac{h_3}{T_y} u_1 \\ \dot{x}_3 &= \frac{-1}{T_y} x_3 + \frac{1}{T_y} u_1 \end{aligned}\right\} \tag{3-137}$$

考虑式(3-134)，取式(3-137)、式(3-135)的直和，得系统开环状态方程为

$$\begin{bmatrix} \dot{x}_1 \\ \dot{x}_2 \\ \dot{x}_3 \\ \dot{x}_4 \\ \dot{x}_5 \end{bmatrix} = \begin{pmatrix} \frac{-e_n}{T_a'} & \frac{1}{T_a'} & 0 & 0 & 0 \\ 0 & \frac{-h_1}{T_w} & \frac{h_2}{T_w} - \frac{h_3}{T_y} & \frac{(b_2 - a_2 b_0)h_3}{T_y} & \frac{(b_1 - a_1 b_0)h_3}{T_y} \\ 0 & 0 & \frac{-1}{T_y} & \frac{b_2 - a_2 b_0}{T_y} & \frac{b_1 - a_1 b_0}{T_y} \\ 0 & 0 & 0 & 0 & 1 \\ 0 & 0 & 0 & -a_2 & -a_1 \end{pmatrix} \begin{bmatrix} x_1 \\ x_2 \\ x_3 \\ x_4 \\ x_5 \end{bmatrix} + \begin{pmatrix} 0 & \frac{-1}{T_a'} \\ \frac{h_3 b_0}{T_y} & 0 \\ \frac{b_0}{T_y} & 0 \\ 0 & 0 \\ 1 & 0 \end{pmatrix} \begin{pmatrix} u \\ m_L \end{pmatrix}$$

$$\tag{3-138}$$

闭环系统状态方程为 $\dot{X} = (A - B_u K_u') X + BU$，若 $K_u' = [1, 0, 0, 0, 0]$，则得

$$\begin{pmatrix} \dot{x}_1 \\ \dot{x}_2 \\ \dot{x}_3 \\ \dot{x}_4 \\ \dot{x}_5 \end{pmatrix} = \begin{pmatrix} \dfrac{-e_n}{T'_a} & \dfrac{1}{T'_a} & 0 & 0 & 0 \\ \dfrac{-h_3 b_0}{T_y} & \dfrac{-h_1}{T_w} & \dfrac{h_2}{T_w} - \dfrac{h_3}{T_y} & \dfrac{(b_2 - a_2 b_0) h_3}{T_y} & \dfrac{(b_1 - a_1 b_0) h_3}{T_y} \\ \dfrac{-b_0}{T_y} & 0 & \dfrac{-1}{T_y} & \dfrac{b_2 - a_2 b_0}{T_y} & \dfrac{b_1 - a_1 b_0}{T_y} \\ 0 & 0 & 0 & 0 & 1 \\ -1 & 0 & -1 & -a_2 & -a_1 \end{pmatrix} \begin{pmatrix} x_1 \\ x_2 \\ x_3 \\ x_4 \\ x_5 \end{pmatrix} + \begin{pmatrix} 0 & \dfrac{-1}{T'_a} \\ \dfrac{h_3 b_0}{T_y} & 0 \\ \dfrac{b_0}{T_y} & 0 \\ 0 & 0 \\ 1 & 0 \end{pmatrix} \begin{pmatrix} u \\ m_L \end{pmatrix}$$

(3-139)

3.5.5 调节系统的稳定性和相对稳定性

1. 调节系统的稳定性

闭环系统在扰动作用下会偏离原来的平衡状态(静态)而产生偏差,进入动态状态。所谓动态系统的稳定性,就是指当上述扰动消失后或者扰动保持为常量时,动态系统由动态恢复到新的平衡状态的性能。如果系统能够恢复到平衡状态,则称系统是稳定的;若系统偏差不能消除且越来越大,不能恢复到到平衡状态,则称系统是不稳定的。显然,稳定性是一个闭环动态系统能够正常工作的最基本要求。

水轮机调节系统是一个非线性严重的系统,但是在小瞬变状态,还是可以采用线性化的分析方法来解释的。对于线性系统来说,只有当系统闭环传递函数的特征方程的所有根(系统的闭环极点)都位于左半根平面(S 平面),系统才是稳定的,可以称为绝对稳定性。

当然,仅仅是所有闭环极点($\sigma+j\omega$)都位于左半 S 平面,并不能保证系统具备满意的动态性能:如果共轭复数极点的负实部(σ)靠近半根平面(S 平面)的原点,则动态过程趋近稳态的速度缓慢;若共轭复数极点的虚部(ω)偏大,则系统的动态过程具有强烈的振荡特性。

对于运行条件较为复杂而调节对象的非线性性较为严重的水轮机调节系统来说,仅仅回答调节系统的绝对稳定性问题还是十分不够的。

(1)如果在参数平面稳定边界附近的稳定域中选择调节参数的组合,则由于稳定边界是复平面虚轴在参数平面上的映射,所以闭环系统的极点(特征方程的根)均位于复平面的虚轴以左,且至少有一个极点(或一对共轭极点)很靠近虚轴。这时,运行工况点的移动、调速器参数的漂移等变化因素的影响,就有可能使上述极点移至虚轴以后,从而系统出现不稳定的情况。

(2)要一个动力学系统能动态稳定运行,就要求其瞬态响应特性能满足一定的性能指标(如调节时间、超调量、振荡次数等)。换言之,由于复平面虚轴以左均为稳定的区域,因而,与之对应的绝对稳定域无疑过于宽广,而实际上,只有在其中的一个局部区域中选择参数,才能使系统具有接近于所要求的瞬态响应特性。

所谓相对稳定性分析就是在复平面虚轴以左的半平面内,根据水轮机调节系统瞬态响应特性的要求,确定一个 S 平面的闭环极点应在的区域;然后,采用适当的方法把这个区域映射到调节参数 $b_t\theta_a$-θ_d 平面上,从而得到一个与 S 平面的区域对应的具有稳定裕量的调节参数 $b_t\theta_a$-θ_d 平面上的相对稳定区域的过程。

2. 综合主导极点在根平面上的区域划分

综合主导极点是考虑了系统零点与极点的作用,以及前述空载扰动试验的技术要求,用正交设计的方法所求出的水轮机调节系统的主导极点,即

$$\alpha = 0.3333$$
$$\xi = 0.8$$
$$\beta = 0.25$$

这时,系统的瞬态响应性能:调节时间为 $12T_w$、超调量为 0.2、振荡次数为 1。

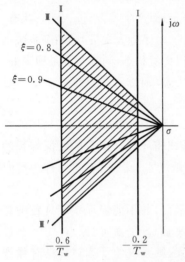

图 3-30 闭环系统根平面
(S 平面)

进一步的研究表明,随着 α 值的加大,超调量会增加。当 $\alpha=0.6$ 时,几乎很难保证超调量小于 0.3。这个结果充分体现了系统零点的作用。因为对于无零点的二阶系统来说,当 ξ 取一定值时,其瞬态响应的超调量就为常数,它不随 α 的增/减而变化。随着 α 减小,当 $\alpha=0.2$ 时,又很难使调节时间小于 $15T_w$。因此,可以绘出如图 3-30 所示的直线 I ($\alpha=0.2$) 和直线 II ($\alpha=0.6$) 之间所限定的矩形区域。它限制了水轮机调节系统综合主导极点负实部的取值范围。

另一方面,随着 ξ 的减小,当 $\xi<0.7$ 时,系统瞬态响应特性的超调量也很难维持在 0.3 以内;而 ξ 的进一步加大,又会稍微使调节时间增大。如果以 $\xi=0.7$ 作为下限,则可绘出如图 3-30 所示的 $\xi=0.7$ 的以实轴为对称轴的射线 III 和 III′。图中还绘出了 $\xi=0.8$、$\xi=0.9$ 的 4 根射线。

总起来看,如果能够选择调节参数,使闭环综合主导极点位于直线 I、II 和射线 III、III′所围成的梯形区域中,则系统的瞬态响应特性就会接近于技术要求。假设能将上述梯形区域映射为 $b_t\theta_a$、θ_d 平面上的某一个区域,则在该区域中选择 $b_t\theta_a$ 和 θ_d 的参数,就一定能使闭环系统极点落在图 3-30 所示的梯形区域中。

3. 水轮机调节系统的相对稳定性分析

下面研究图 3-31 所示的水轮机调节系统。当取 $T_n=0.5T_w$ 时,其传递函数为

$$\frac{X(S)}{V(S)} = \frac{(1+T_dS)(1-T_wS)}{[(b_tT_aT_d - T_dT_w)S^2 + (T_d - T_w)S + 1](1 + 0.5T_wS)} \tag{3-140}$$

式(3-140)表明了如下几点。

(1) 闭环系统是一个三阶系统,它具有一个与水流惯性时间常数 T_w 有关的闭环极点,其值为 $-\dfrac{2}{T_w}$。前面选择的区域 $\left(-\dfrac{0.6}{T_w}\sim-\dfrac{0.2}{T_w}\right)$ 均较它明显靠近原点。

(2) 闭环系统有两个零点: $-\dfrac{1}{T_d}$ 和 $+\dfrac{1}{T_w}$。位于右半根平面的零点 $\dfrac{1}{T_w}$ 使系统成为一个非最小相位系统。因此,系统对阶跃信号的响应变得缓慢,特别是它使过程起始的响应变坏。这种作用随着 $\dfrac{1}{T_w}$ 靠近原点(即水流惯性时间常数 T_w 增大)而加强。位于根平面的左半平面的零点 $-\dfrac{1}{T_d}$ 则使瞬态响应的超调量加大、调节时间减小,其作用也是随其趋于原点(缓冲时间常数 T_d 增大)而加强。

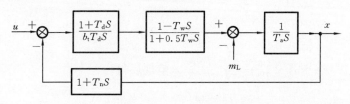

图 3-31 加速度型调速器的系统

1) 绝对稳定性分析

这里,不详细讨论基于闭环自动控制系统特征方程的劳斯稳定判据。对于三阶系统的闭环特征方程 $a_0 S^3 + a_1 S^2 + a_2 S + a_3 = 0$,按劳斯稳定判据,其稳定的充分必要条件是 $a_0 > 0$、$a_1 > 0$、$a_2 > 0$、$a_3 > 0$ 和 $a_1 a_2 > a_0 a_3$;而对于二阶系统的闭环特征方程 $a_0 S^2 + a_1 S + a_2 = 0$,按劳斯稳定判据,其稳定的充分必要条件是 $a_0 > 0$、$a_1 > 0$、$a_2 > 0$。

图 3-31 所示系统的闭环特征方程为

$$[(b_t T_a T_d - T_d T_w)S^2 + (T_d - T_w)S + 1](1 + 0.5 T_w S) = 0 \tag{3-141}$$

由式(3-141)根据劳斯稳定判据推出图 3-31 所示系统稳定的条件是

$$\left.\begin{array}{l} b_t > \dfrac{T_w}{T_a} \\ T_d > T_w \end{array}\right\} \tag{3-142}$$

2) 相对稳定性分析

在式(3-141)中受调节参数 b_t、T_d 影响的部分为

$$[b_t T_d T_a - T_d T_w]S^2 + (T_d - T_w)S + 1 = 0 \tag{3-143}$$

记

$$S = Z - \dfrac{\alpha}{T_w} \tag{3-144}$$

将式(3-144)代入式(3-143),得

$$(b_t T_a T_d - T_d T_w)Z^2 + (T_d - T_w - 2\alpha \dfrac{b_t T_a T_d}{T_w} + 2\alpha T_d)Z$$

$$+1-\alpha\frac{T_d}{T_w}+\alpha+\alpha^2\frac{b_t T_a T_d}{T_w^2}-\alpha^2\frac{T_d}{T_w}=0 \quad (3\text{-}145)$$

若设

$$\left.\begin{array}{l}\theta_a = T_a/T_w \\ \theta_d = T_d/T_w\end{array}\right\} \quad (3\text{-}146)$$

则由式(3-145)得到在 Z 平面上的绝对稳定条件(即复平面上有稳定裕量的相对稳定条件)为

① $b_t T_a T_d - T_d T_w > 0$, 即

$$b_t \theta_a > 1 \quad (3\text{-}147)$$

② $T_d - T_w - 2\alpha\dfrac{b_t T_a T_d}{T_w} + 2\alpha T_d > 0$, 整理后得

$$\theta_d\left(\frac{2\alpha+1}{2\alpha} - b_t\theta_a\right) > \frac{1}{2\alpha} \quad (3\text{-}148)$$

③ $1 - \alpha\dfrac{T_d}{T_w} + \alpha + \alpha^2\dfrac{b_t T_a T_d}{T_w^2} - \alpha^2\dfrac{T_d}{T_w} > 0$, 整理后得

$$\theta_d\left(\frac{1+\alpha}{\alpha} - b_t\theta_a\right) < \frac{1+\alpha}{\alpha^2} \quad (3\text{-}149)$$

图 3-32 所示的就是一个以 $b_t\theta_a$ 为纵坐标、θ_d 为横坐标的调节参数平面。$b_t\theta_a = 1$ (即 $b_t = T_w/T_a$) 和 $\theta_d = 1$ (即 $T_d = T_w$) 所形成的位于第一象限的直角区域,就是 $\alpha = 0$ 对应的系统绝对稳定域(满足式(3-142)的条件)。

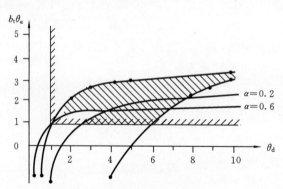

图 3-32 根平面至参数平面映射(1)

将 $\alpha = 0.2$ 和 $\alpha = 0.6$ 分别代入式(3-148)和式(3-149)得到图 3-32 所示的两条曲线;而 $\alpha = 0.2$ 和 $\alpha = 0.6$ (图 3-30 中的直线Ⅰ和Ⅱ)之间的区域可映射成图 3-32 所示画斜线的区域。显然,这个相对稳定性区域较 $b_t\theta_a = 1$ 和 $\theta_d = 1$ 所界定的绝对稳定性区域要小得多!

3) 图 3-30 所示射线Ⅲ与Ⅲ′的映射

将复平面虚轴逆时针旋转 $\dfrac{\pi}{2} - \varphi$, 其中 $\varphi = \arccos\xi$, 从而复平面 ξ 射线上的极点落

在旋转后的新平面的虚轴上。为此,进行变换
$$S = jZe^{-j\varphi} \tag{3-150}$$
将式(3-150)代入式(3-143),得
$$-(b_t T_a T_d - T_d T_w)Z^2 e^{-j2\varphi} + j(T_d - T_w)Ze^{-j\varphi} + 1 = 0 \tag{3-151}$$
经推导,复平面上 ξ 射线(Ⅲ)在 $b_t\theta_a$-θ_d 平面上映射的函数关系为
$$b_t\theta_a = \frac{(\theta_d - 1)^2}{\theta_d}\left(0.5 - \frac{\sin^2\varphi\cos2\varphi}{\sin^2 2\varphi}\right) + 1 \tag{3-152}$$

将 ξ=0.7、0.8、0.9 和 1.0 代入式(3-152)可得到 $b_t\theta_a$ 与 θ_d 之间的 4 根曲线,如图 3-33 所示。图 3-33 中保留了图 3-32 所示的斜线区域。ξ=0.7~1.0 之间区域与图 3-32 所示斜线区域重叠的部分,在图 3-33 中用交叉线标出,这就是图 3-30 所示 Ⅰ、Ⅱ、Ⅲ、Ⅲ′界定的梯形区域在 $b_t\theta_a$-θ_d 平面上的映射。

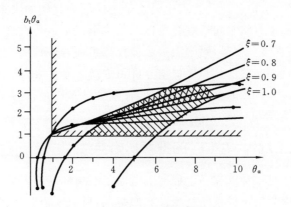

图 3-33 根平面至参数平面的映射(2)

4) 相对稳定性分析的结论

从以上分析及图 3-33 可以看出,在取 $T_n = 0.5 T_w$ 的前提下,$b_t\theta_a$ 和 θ_d 参数应落在图 3-33 所示的交叉线区域内,可用下式近似表达它们的关系。

$$\left.\begin{array}{l} T_n = (0.3 \sim 0.5) T_w \\ 1.5 \leqslant b_t\theta_a \leqslant 3 \\ 3.0 \leqslant \theta_d \leqslant 5 \end{array}\right\} \tag{3-153}$$

或者写成

$$\left.\begin{array}{l} T_n = (0.3 \sim 0.5) T_w \\ 1.5 \dfrac{T_w}{T_a} \leqslant b_t \leqslant 3 \dfrac{T_w}{T_a} \\ 3 T_w \leqslant T_d \leqslant 5 T_w \end{array}\right\} \tag{3-154}$$

3.6 水轮机调节系统 PID 参数的整定和适应式变参数调节

水轮机调节系统是一个机组类型多、水轮机具有严重非线性特性、存在着水锤效应的非最小相位闭环系统。特别是对于其动态稳定性要求高的机组空载运行工况,许多型号转轮综合特性曲线正好缺乏这一小开度的部分。水轮机调节系统的理论分析和仿真研究,大都采用刚性水锤、理想水轮机特性的对象模型,特别是采用同一个模型对不同型式机组(混流式、轴流定桨、轴流转桨、贯流式…)不同型号转轮、不同引水系统,进行理论分析和仿真研究,由此得出的结论只能是定性的和起辅助决策支持的作用。国外有的调速器供货商也有将水轮机综合特性以数表形式输入仿真模型,因而与简化模型相比,有了较大的进展。但是,对于大多数被控机组而言,对空载运行工况稳定性进行过于复杂的仿真是不必要的。只要根据分析和仿真的定性结论并结合水轮机调节系统的调试经验给出调节参数的推荐初始组合,在现场试验中是很容易通过数次调整得到较好的 PID 调节参数组合的。

3.6.1 空载工况 b_t、T_d、T_n 的推荐初始参数

下面给出的方法是一种既在一定程度上考虑了机组的特性,又不需要在现场进行复杂计算的方法。因为给出的仅是初始参数的范围,所以还需要在机组空载运行工况进行试验并修正上述参数。

用于确定推荐初始参数范围的主要依据是引水系统水流时间常数 T_w 和机组惯性时间常数 T_a。《水轮机控制系统技术条件》规定,对于 PID 调节规律的调速器,反击式机组 T_w 和 T_a 有以下限制:$T_w \leqslant 4\ s$,$T_a \geqslant 4\ s$,$(T_w/T_a) \leqslant 0.04$。

根据理论分析、仿真研究和工程实践,b_t、T_d、T_n 的推荐初始参数范围可以用式(3-154)求取。

采用式(3-154)时,若被控机组为混流式,则可取较小的 b_t、T_d、T_n 初始值;若为轴流式,则可取 b_t、T_d、T_n 范围内的中间值作为其初始值;若为贯流式,则要取较大的 b_t、T_d、T_n 初始值。对于同一机组,水头高时要取较大的 b_t、T_d、T_n 值。

在水电站采用正交法对水轮机调节系统进行 PID 参数选择的试验结果表明,对于机组空载工况下的频率给定阶跃扰动过程,T_d 和 T_n 对其超调量起着决定的作用,即当过程超调量大时,应选用较大的 T_d 和 T_n 值;对于过程的稳定时间而言,b_t 取值的增大有加长稳定时间的趋势,这时可选取较大的 T_d 和 T_n 值。过程超调量明显减少会使调节稳定时间有一定程度的缩短。当然,只有在了解 b_t、T_d、T_n 参数值对动态性能指标影响的基础上,重视它们的合理搭配,才能得到较好的快速而近似单调的动态特性。

图 3-34 所示的是以式(3-154)暂态差值系数 b_t 的中值($b_t=2.25(T_w/T_a)$)和 b_t 最大值为 1.5 所作的曲线族,图 3-35 所示的则是以式(3-154)暂态差值系数 b_t 的中值($b_t=2.25(T_w/T_a)$)和 b_t 最大值为 1.0 所作的曲线族,可以根据已知的机组惯性时间常数 T_a 和水流时间常数 T_w,快速地查出式(3-154)对应的推荐暂态差值系数 b_t 的中值。

由于缓冲时间常数 T_d 和加速度时间常数 T_n 的计算简单,即可以方便地求出推荐的缓冲时间常数 T_d 和加速度时间常数 T_n。

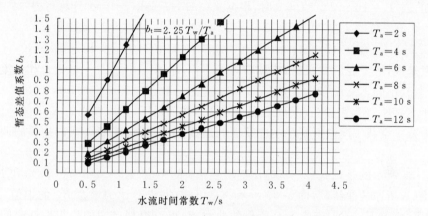

图 3-34 $b_t=2.25T_w/T_a$ 关系图($b_{t.max}=1.5$)

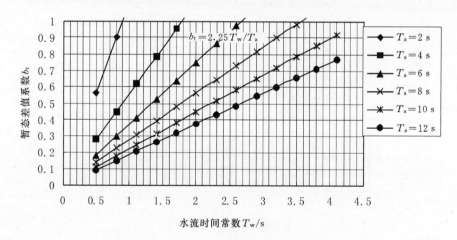

图 3-35 $b_t=2.25T_w/T_a$ 关系图($b_{t.max}=1.0$)

3.6.2 空载工况 K_P、K_I、K_D 的推荐初始参数

考虑到式(3-66)、式(3-67)和式(3-154),K_P、K_I、K_D 的推荐初始参数范围为

$$0.33\frac{T_a}{T_w} \leqslant K_P \leqslant 0.67\frac{T_a}{T_w}$$
$$0.08\frac{T_a}{T_w^2} \leqslant K_I \leqslant 0.22\frac{T_a}{T_w^2}$$
$$0.08T_a \leqslant K_D \leqslant 0.2T_a$$
(3-155)

式(3-155)中,应先确定比例系数 K_P,再确定积分系数 K_I 和微分系数 K_D。K_P、K_I 与 T_w 呈近似反比的关系。K_D 与 T_w 呈近似正比的关系。

例如,当 $T_a=10$ s,$T_w=1.5$ s 时,根据式(3-154)和式(3-155)计算可得

$$0.225 \leqslant b_t \leqslant 0.45, 4.5\text{ s} \leqslant T_d \leqslant 9.0\text{ s}, 0.6\text{ s} \leqslant T_n \leqslant 0.9\text{ s}$$
$$2.2 \leqslant K_P \leqslant 4.47, 0.11\,K_P \leqslant K_I \leqslant 0.22\,K_P, 0.6\,K_P \leqslant K_D \leqslant 0.9\,K_P$$

一般来说,对于混流式机组,应取较大的 K_P、K_I、K_D 初值,对于轴流式和贯流式机组,则应取较小的 K_P、K_I、K_D 初值。

对于 K_P、K_I、K_D 来说,在其间搭配总体合适的前提下,选取较小的 K_I 和 K_D 值,可以显著地减少空载工况阶跃扰动响应特性的超调量,从而可能缩短动态过程的调节稳定时间。

图 3-36 所示的是以式(3-155)比例增益 K_P 的中值($K_P=0.5(T_a/T_w)$)和 K_P 最大值为 10.0 所作的曲线族,图 3-37 所示的是以式(3-155)比例增益 K_P 的中值($K_P=0.5(T_a/T_w)$)和 K_P 最大值为 5.0 所作的曲线族,可以根据已知的机组惯性时间常数 T_a 和水流时间常数 T_w,快速地查出式(3-155)对应的推荐比例增益 K_P 的中值。

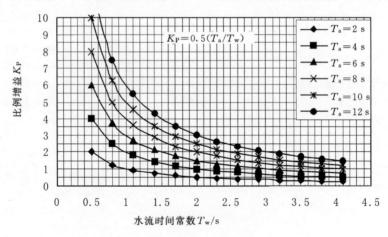

图 3-36　$K_P=2.5(T_a/T_w)$ 关系图($K_{P..max}=10$)

图 3-38 所示的是以式(3-155)积分增益 K_I 的中值($K_I=0.1(T_a/T_w^2)$)和 K_I 最大值为 2.0 所作的曲线族,图 3-39 所示的是以式(3-155)积分增益 K_I 的中值($K_I=0.1(T_a/T_w^2)$)和 K_I 最大值为 0.5 所作的曲线族,可以根据已知的机组惯性时间常数 T_a 和水流时间常数 T_w,快速地查出式(3-155)对应的推荐积分增益 K_I 的中值。

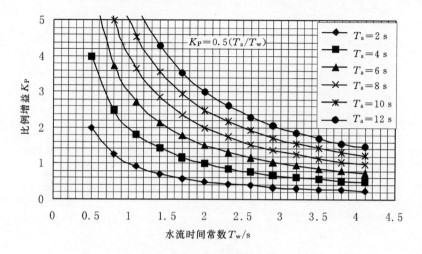

图 3-37　$K_P=2.5(T_a/T_w)$ 关系图 ($K_{P,\max}=5$)

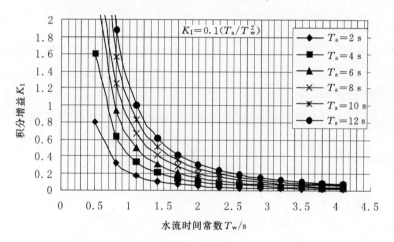

图 3-38　$K_I=2.5(T_a/T_w^2)$ 关系图 ($K_{I,\max}=2.0$)

3.6.3　其他工况下推荐的 PID 参数

1) 被控机组并入大电网的技术要求

满足电网一次调频技术要求的 PID 参数的推荐值详见 3.4 节的式 (3-110)。

对于电网二次调频的机组功率给定值的调节,主要由具有开环前向通道的增量环节实现快速而单调的调节,参见与图 3-21(开环增量环节对增/减功率(开度)操作的作用)所示相关的分析和 6.6 节的仿真研究结果。

2) 被控机组并入大电网起调频作用

微机调速器的人工频率死区等于零时,主要的调频任务,由电网 AGC 系统和水电站 AGC 系统完成。调速器按其下达的功率给定值来调节机组功率,完成一个功率控

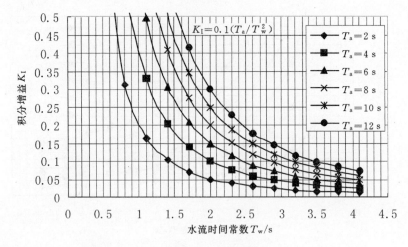

图 3-39 $K_I = 2.5(T_a/T_w^2)$ 关系图 $(K_{I,max} = 0.5)$

制器的作用。

3) 被控机组在小(孤立)电网运行

在此工况下,调速器工作于频率调节模式的 PID 调节。PID 参数的整定则更为复杂,必须在现场根据机组容量、突变负荷的容量、负荷性质等加以试验整定。PID 参数的选择原则:在保证小(孤立)电网动态稳定的前提下,尽量选取较大的比例增益 K_P(较小的暂态差值系数 b_t)和较大的积分增益 K_I(较小的暂态差值系数 b_t 和较小的缓冲时间常数 T_d)。

根据仿真结果推荐的 PID 参数值可以参照式(3-156)选择其初始值为

$$\left.\begin{aligned}
& 1.0\frac{T_w}{T_a} \leqslant b_t \leqslant 1.5\frac{T_w}{T_a} \\
& 3T_w \leqslant T_d \leqslant 5T_w \\
& T_n = 0.5T_w \\
& 0.67\frac{T_a}{T_w} \leqslant K_P \leqslant 1.0\frac{T_a}{T_w} \\
& 0.14\frac{T_a}{T_w^2} \leqslant K_I \leqslant 0.33\frac{T_a}{T_w^2} \\
& 0.33T_a \leqslant K_D \leqslant 0.5T_a
\end{aligned}\right\} \quad (3\text{-}156)$$

综上所述可得如下结论。

(1) 当前国内外水轮机调速器的主导调节规律是 PID 调节规律。对于大多数水电站的水轮发电机组而言,这种调节规律能够使水轮机调节系统具有良好的静态和动态品质。

(2) 新型调节规律应用于水轮机调节系统的研究与探索是有意义的,但应针对水轮发电机组运行中的技术要求和实际问题、采取理论与实践相结合的研究方法,才能在实际应用中得到检验和发展。

（3）水轮机调节系统的理论研究和仿真能对系统进行定性的分析，为改进系统提供辅助决策支持。PID调节参数的整定仍需要在具体电站、具体机组、具体条件下进行试验确定，一般而言，在现场试验确定其参数组合也是较为方便和有效的。

（4）在PID调节结构中，具有给定值增量环节的并联PID结构是今后的发展方向。在进口调速器产品时，应尽可能不选用那种没有给定值增量环节的调速器产品。

3.6.4 水轮机调节系统的适应式变参数调节

1. 适应式变参数调节

随着水轮机调节系统的被控制系统的非线性特性和工作状态及对象参数的变化，水轮机调节系统的动态过程及特性也会发生变化，这会导致有时系统可能不满足相关的技术要求。但是，又不可能人为地针对被控制系统的工作状态和技术参数的变化而随时改变水轮机控制系统的动态调节参数。为此，可以采用水轮机调节系统的适应式变参数调节的模式。所谓适应式变参数调节就是水轮机调节系统本身能够随着被控制系统的非线性特性和工作状态及对象参数的变化，自行更换事先拟定好的与之相适应的调节参数组合，使得水轮机调节系统的动态特性仍然满足相关的技术要求的一种调节模式。

值得着重指出的是，这里所说的适应式变参数调节，是按照被控制系统的非线性特性和工作状态及对象参数变化机理的分析与研究，事先经过试验或计算拟定相应的对策和调节参数组合，使调节系统具有一定的适应能力的调节模式。但是，适应式变参数调节不是自适应调节，这二者之间是有本质的差别的。

所谓自适应调节系统，它能连续自动测量被控制对象的动态特性（例如传递函数或动态性能），将其与期望的系统动态特性比较，利用其差值改变控制系统的结构、参数或产生一个新的控制信号，保证不论被控制系统工作状态或参数如何变化，自动调节系统的动态性能都总是最优的。这就要求控制器能够识别被调节对象的动态特性，据此采取决策并改变控制器的结构或调节参数。显然，这是一个很复杂的过程。对于包括水轮机调节系统在内的许多快速系统来说，采用这种系统存在着实时性的障碍。实际上，对于水轮机调节系统来说，自适应调节至今仍然处于理论探索和初步仿真阶段。

2. 被控机组并入大电网的主要要求

被控机组并入大电网时的工况属于通常工作状态；对于大、中型水轮发电机组来说，被控机组带孤立负荷或在小网运行只是个别事故或暂时的工作状态。这时，一方面被控制系统是整个大电网，对象特性十分复杂而且随机变化，要识别其动态特性不仅十分困难，而且几乎是不可能的；另一方面，对于被控机组并入大电网的工况，工程实际的主要要求是简单、明确。

（1）当调速器控制的机组并入大电网，且带指定负荷时，调速器应工作于人工频率死区 $E_f=(0.033\sim0.05)$ Hz、人工功率死区 $E_p=0$ 或人工开度死区 $E_y=0$ 的功率（开度)调节模式,并选择功率永态差值系数 $e_p=4\%\sim5\%$,对电网起着一次调频的作用;同时,在电网(水电站)AGC 系统的控制下,调速器根据其下达的功率给定 P_c(或开度给定 Y_c)值,使被控机组实发功率快速、单调地到达给定值 P_c 附近的一个允许范围内,调速器起着电网二次调频的作用。实际上,调速器只是电网(水电站)AGC 系统的一个机组功率控制器。

(2) 事故状态下,大电网频差超过人工频率死区 E_f 时,调速器会相适应地转为频率调节模式,支持电力系统恢复正常运行状态。

(3) 当调速器控制的机组并入大电网,且承担调频任务时,调速器应工作于 $E_f=0$, $E_p=0,E_y=0$ 的频率调节模式,并选择 $b_p=1\%\sim2\%$,采用 PID 调节规律,这只适合于少数机组容量较大且具备调频能力、由电网调度指定的水电站和机组。此时,对于电力系统小的频率偏差,调速器按频率偏差和 b_p 值调节被控机组的实发功率;对于系统大的功率过剩或缺口,则仍然由 AGC 系统下达新的机组功率给定 P_c 值,不承担调频任务的机组也将在其控制下参加功率调节,这时的电力系统调频任务由电网 AGC 系统的调频功能完成。

3. 水轮机调节系统的适应式变参数 PID 调节

(1) 机组空载运行工况对于运行水头变幅较大的水轮发电机组,可将水头分为 2~3 个彼此有一定搭接的水头区间,按照机组进入空载工况时的机组水头,选定水头区间,并取用与之相应的 PID 参数组来调节机组的转速。因此,调速器有 2~3 个不同的 PID 参数配合,以适应机组的不同水头区间。

(2) 机组并入大电网运行工况时应注意如下事项。

① 按照电网对于一次调频的技术要求,选择 PID 参数,使其满足规定的动态性能指标。

② 接受 AGC 系统的功率给定(或开度给定)指令,采用有开环增量 ΔP 的功率调节模式。在编程时一定要使 ΔP 为水头 H 和接力器行程 Y 的函数,即 ΔP 对 H 和 Y 适应式变参数,否则,在低水头工况整定的 ΔP 值将使在高水头下的功率调节出现大的超调和振荡,使得被控机组功率快速而单调地趋近功率给定(或开度给定)值。

4. 被控机组并入大电网时功率适应式变参数调节

如图 3-40 所示,设在稳态下,调速器功率给定为 P_{c1},当水电站计算机监控系统 AGC 系统以数字形式下达机组有功功率给定值 P_{c2} 后,调速器即按图 3-40 所示的方式将微机控制器内的 P_c 从 P_{c1} 按 3 段斜率(k_1、k_2 和 k_3)经过 ABCD 区间变化至 P_{c2}。在 AB 段,微机控制器内部的功率给定 P_c 按 k_1 斜率变化;微机控制器内部的功率给定 P_c 进入以"下达给定值" P_{c2} 为中心的 $\pm\Delta P_1$(ΔP_1 为 $1\%\sim2\%$ 的机组额定功率)区域时,微机控制器内部的功率给定 P_c 以较慢的变化率(斜率 k_2)变化;当微机控制器内部的功率给定 P_c 进入以"下达给定值" P_{c2} 为中心的 $\pm\Delta P_2$(ΔP_2 为 $0.2\%\sim0.4\%$ 的机组额定功率)区域时,微机控制器内部的功率给定 P_c 以更慢的变化率(斜率 k_3)变化,直至趋近于 P_{c2}。因此,在调节初期,大的斜率 k_1 使微机内实际功率给定值快速向 P_{c2} 趋近,

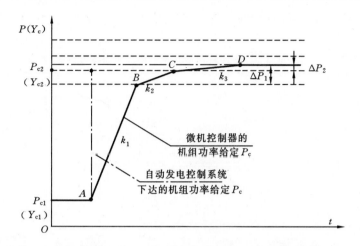

图 3-40 机组功率(导叶开度)适应式变参数机组功率调节规律

从而调节过程快速进行;在后期小的斜率 k_2 和 k_3 则使功率调节过程近似于单调的调节特性变化,不至于出现过大的超调。这种功率调节方式成功地应用于二滩电站机组,取得了快速而单调的机组功率调节效果。

此外,第一段斜率 k_1 还是水头的函数。由于机组功率 p 是机组水头 H 和导叶开度 Y 的函数,在编程时一定要使 k_1 为 H 的函数,即 k_1 为 H 的适应式变参数:低水头时斜率 k_1 大,高水头时斜率 k_1 小,否则,在低水头工况整定的 k_1 值,在高水头下将会使功率调节出现大的超调和振荡。

设 k_{1r} 为机组额定水头 H_r 时的第一段调节斜率,则在不同的水头下 k_1 的表达式为

$$k_1 = k_{1r} + \alpha_H (H_r - H)/(H_{max} - H_{min}) \tag{3-157}$$

式中:H_{max} 和 H_{min}——机组最高水头和最低水头;

α_H——水头适应系数。

其一般规律是,水头高时功率调节的第一段斜率 k_1 小,即变化同一功率(开度)给定增量的时间长;水头低时,上述时间短。它使得在不同水头下,机组的功率调节过程,不至于出现速度上的过大差别,也不易产生超调和多次反复调节。

式(3-157)中,k_1 值主要取决于电网对被控机组功率增/减的速率(有功功率增量/秒)。对于不同容量的机组,功率从 0 至额定功率 p_r (或相反)的调节时间 $t_{1.0} = 20 \sim 100\ s$。

α_H 则由水轮机通用特性确定,具体值应在现场通过一段时间在不同水头下的功率调节实践来确定。

当机组功率给定值 p_c 由 p_{c1} 向 p_{c2} 变化时,微机调节器的开环增量环节($\pm \Delta p_c$)输出一增量,直接送至 PID 调节的输出端,使得调节过程不致由于积分环节的调节而产生明显的滞后。换言之,对于功率给定 p_c 的增量而言,开环环节的引入使其调节规律具有比例加积分的调节特性。

表 3-4 所示的为已经在大型水电站水轮机调节系统中成功运用的适应式变参数调节情况。

表 3-4 水轮机调节系统的适应式变参数调节

对调速器主要要求	适应式项目							
	运行工况	调节规律	PID 参数	永态差值系数 /%	人工死区 E_f、E_p、E_y	调节模式	开环功率给定增量 $\Delta p(\Delta y)$	电气开度限制 L_{max}
转速(频率)调节器；频率摆动小，便于并网	空载	PID	式(3-154)和式(3-155)	2~6	$E_f=0$ $E_p=0$ $E_y=0$	频率调节		适应水头的空载开限 $L_0(H)$
机组功率控制器；以快速、单调受控于水电站 AGC	并入大电网(一次和二次)调频	带指定负荷	PI	式(3-110)	4~5	$E_f=0.033$Hz $E_p=0$ $E_y=0$	功率(开度)调节	适应水头的特性 $\Delta p(H)$ $\Delta y(H)$	适应水头的最大开限 $L_{max}(H)$
转速(频率)调节器；受控于水电站 AGC 的机组功率控制器		承担调频任务	PID	式(3-110)	1~2	$E_f=0.033$ Hz $E_p=0$ $E_y=0$	频率调节	适应水头的特性 $\Delta p(H)$ $\Delta y(H)$	适应水头的最大开限 $L_{max}(H)$
转速(频率)调节器	并入小电网或单机带负荷	PID	式(3-156)	0.5~1.0	$E_f=0$ $E_p=0$ $E_y=0$	频率调节		适应水头的最大开限 $L_{max}(H)$
在机组运行范围内，使机组在允许加速度范围内，机组转速快速单调到达额定值，转入空载	机组开机	两段开机	开环程序控制					适应水头的两段开机开度 $Y_{kj1}(H)$ 和 $Y_{kj2}(H)$
		加速度三段闭环开机	闭环机组加速度控制					

注：表中"并入大电网(一次和二次)调频"一栏跨两行。

第4章 水轮机调节动态特性仿真与决策支持

4.1 水轮机调节系统仿真与决策支持概述

对动态系统进行计算机仿真,是指在对被仿真的实际动态系统工作原理和动态过程深入分析的基础上,选择合适的仿真软件平台,建立相应的被仿真的动态系统动态过程的模块模型及系统仿真模型;根据实际系统特定工况和参数设定仿真系统的结构和参数,在计算机上重现相应的被仿真系统实际动态过程,输出目标参数的动态过程波形与主要仿真参数,供使用者对被仿真的实际动态系统动态性能进行综合分析与评价。动态系统计算机仿真可以快速、直观和经济地实现对被仿真系统动态行为的仿真,便于有针对性对系统的1个或1组参数的不同取值进行仿真,便于使用者探索被仿真系统存在的问题和优化被仿真系统的动态性能。

动态系统计算机仿真是以系统科学、自动控制理论、计算机科学等多个学科理论为基础的,其目的是通过对动态系统仿真结果的观察和分析,加深对被仿真系统的工作原理和系统参数取值对系统动态特性影响的理解,搜寻与被仿真系统动态过程特性对应的系统结构和调节参数,从而实现对被仿真系统动态性能的改善;也是探索新型调节和控制规律的有力工具。

对水轮机调节系统建立包括非线性环节在内的数学模型进行仿真,可以对它的静态和动态特性进行经济、方便、直观、迅速的研究。例如,机组甩100%额定负荷和接力器不动时间等许多在现场无法进行或不宜多次重复进行的试验,都可以利用动态系统计算机仿真系统对其进行快速、直观和大量的仿真。

在科学研究和工程应用的建模中,美国Math Works公司推出的MATLAB软件,其编程语言高效、直观,且又是以众多的数学和工程函数为基础的集数据分析、数据可视化、应用程序界面、图形处理等功能为一体的科学计算平台,因而成为科学和工程建模过程中的首选工具。MATLAB名字由MATrix(矩阵)和LABoratory(实验室)两个单词的前3个字母组合而成,它以现代计算机软/硬件技术为基础,建立了包括交互式图形用户界面的表述、分析和计算方法,是当代内容丰富、功能强大、使用方便、界面直观的国际公认的标准计算软件。

值得着重指出的是,水轮机调节系统是一个复杂的、非线性的、非最小相位系统,在建立数学模型的过程中,不可避免地要忽略一些次要因素和对模型进行简化。要想通过仿真来完全、准确地反映水轮机调节系统的实际过程并得到定量的结论是十分困难的,只能定性地、比较地对其进行仿真,为实际工作提供定性的分析及决策支持。对于一些新的控制规律,也可以开展仿真工作,但是应充分认识其局限性,不要根据其结果就轻易下结论,而要采取理论与实际相结合的科研方法进行分析、验证。

决策支持系统(Decision support system,简称 DSS)是协助使用者通过系统模型、仿真图形和原理知识,以人机交互方式进行的计算机应用系统。决策支持系统是使用者分析问题、使用模型、探索机理和检验结果的分析工具,可协助使用者得到解决问题、探索新的机理和选择正确决策的方法。

水轮机调节仿真与决策支持系统(Hydraulic turbine regulating simulation and decision support system)是水轮机调节理论与技术、数字仿真理论与技术和计算机软件技术有机结合的产物。水轮机调节仿真决策支持系统是深入学习水轮机调节理论与技术强有力的助手,是水电站从事水轮机调节的技术人员和水轮机调速器生产厂家的现场调试技术人员的分析决策支持手段,是高等院校与水轮机调节相关课程的理想辅助教学工具。

水轮机调节仿真决策支持系统的界面如图 4-1 所示。

 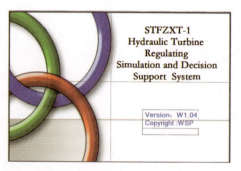

图 4-1　水轮机调节仿真与决策支持系统的界面

1. 水轮机调节仿真与决策支持系统的功能

水轮机调节仿真决策支持系统的主要功能如下。

(1) 水轮机调节仿真决策支持系统能对通常的水轮机调节系统的电站试验项目(机组开机特性、自动工况机组空载频率摆动特性、空载频率扰动特性、接力器不动时间特性、甩 100% 额定负荷特性、一次调频特性和孤立电网运行特性等)进行数字仿真。

(2) 水轮机调节仿真决策支持系统从工程实际出发,设计了简洁、友好的人机界面,系统运行后,每次仿真仅需 2~5 s。每次仿真都将 3 种不同参数组合的动态过程波形集中于一张示波图上,便于操作者比较分析;仿真结果的示波图中同时显示了机组频率和接力器开度,在机组甩负荷特性中还显示了引水系统水压(h),仿真结果的示波图中还列出了仿真参数,形成了一个简单的仿真报告;在线显示的同时,还将仿真报告存储在 c:\figure 中,其上标注有仿真进行的年、月、日、时、分。

(3) 水轮机调节仿真决策支持系统,可以帮助从事水轮机调节的工程技术人员、大专院校学生和研究生深入地理解水轮机调节系统的基本工作原理,分析水轮机控制系统(水轮机调速器)参数(K_P、K_I、K_D等)及被控制系统(水轮机、发电机、引水系统和电网)的参数(T_a、T_w、e_n等)对水轮机调节系统动态过程的影响。

(4) 水轮机调节仿真决策支持系统可以进行有针对性问题的水轮机调节系统仿真,为解决实际问题和改善其动态特性提供决策支持。特别是对于水电站从事水轮机调节的技术人员和水轮机调速器生产厂家的现场调试技术人员,提供了一种快速、简单、可靠的仿真分析手段,是调速器生产厂家的设计人员的实用工具。

(5) 水轮机调节仿真决策支持系统设置了 56 个基本仿真项目,基本仿真项目的可变参数为 14~20 个,在每一个基本仿真项目中,调节对象参数和调速器的每一个参数都是可以设定的。因此,可以按照需要扩展新的仿真项目。

(6) 在仿真过程中,PID 参数均以比例增益 K_P、积分增益 K_I(1/s)和微分增益 K_D(s)作为设定参数,为便于采用和熟悉暂态转差系数 b_t、缓冲时间常数 T_d(s)和微分时间常数 T_n(s)的用户使用,仿真报告给出了由 K_P、K_I 和 K_D 换算的 b_t、T_d 和 T_n 值。

2. 水轮机调节仿真决策支持系统的基本仿真项目

1) 机组开机(Unit startup)特性仿真
(1) 第 1 段开机开度(y_{kj1})对机组 2 段开环开机特性影响仿真;
(2) 第 2 段开机开度(y_{kj2})对机组 2 段开环开机特性影响仿真;
(3) 第 1 段和第 2 段开机开度切换开度(y_{12})对机组 2 段开环开机特性影响仿真;
(4) 机组闭环开机特性仿真;
(5) 3 段机组加速度开机特性仿真。

2) 水轮发电机组空载频率波动(Speed stability)特性仿真
(1) 水轮机导水机构滞环对水轮发电机组空载频率波动特性影响仿真;
(2) 调速器电液随动系统死区对水轮发电机组空载频率波动特性影响仿真;
(3) 调速器比例增益(K_P)对水轮发电机组空载频率波动特性影响仿真;
(4) 调速器积分增益(K_I)对水轮发电机组空载频率波动特性影响仿真;
(5) 调速器微分增益(K_D)对水轮发电机组空载频率波动特性影响仿真;
(6) 调速器 PID 参数对水轮发电机组空载频率波动特性影响仿真;
(7) 接力器响应数间常数(T_y)对水轮发电机组空载频率波动特性影响仿真;
(8) 水轮发电机参数(T_a、T_w)对水轮发电机组空载频率波动特性影响仿真。

3) 水轮发电机组空载频率扰动(No-load disturbing)特性仿真
(1) 调速器比例增益(K_P)对水轮发电机组空载频率扰动特性影响仿真;
(2) 调速器积分增益(K_I)对水轮发电机组空载频率扰动特性影响仿真;
(3) 调速器微分增益(K_D)对水轮发电机组空载频率扰动特性影响仿真;
(4) PID 参数对水轮发电机组空载频率扰动特性影响仿真;

(5) 水流修正系数(K_Y)对水轮发电机组空载频率扰动特性影响仿真；

(6) 接力器响应时间常数(T_y)对水轮发电机组空载频率扰动特性影响仿真；

(7) 频率向上扰动/向下扰动的空载频率扰动特性(PID参数)影响仿真；

(8) 频率向上扰动/向下扰动的空载频率扰动特性(接力器关闭时间 T_f、开启时间 T_g)影响仿真；

(9) 水轮机发电机组自调节系数(e_n)对水轮发电机组空载频率扰动特性影响仿真；

(10) 机组惯性时间常数(T_a)对水轮发电机组空载频率扰动特性影响仿真。

4) 水轮机调节系统接力器不动时间(Servomotor dead time)仿真

(1) 频率测量周期对接力器不动时间影响的仿真；

(2) 微机控制器计算周期对接力器不动时间影响的仿真；

(3) 调速器电液随动系统死区对接力器不动时间影响的仿真；

(4) 调速器PID参数对接力器不动时间影响的仿真；

(5) 机组惯性时间常数(T_a)对接力器不动时间影响的仿真；

(6) 接力器响应时间常数(T_y)对接力器不动时间影响的仿真。

5) 轮发电机组接力器1段关闭甩负荷(Load rejection)特性仿真

(1) 调速器比例增益(K_P)对接力器1段关闭甩负荷特性影响仿真；

(2) 调速器积分增益(K_I)对接力器1段关闭甩负荷特性影响仿真；

(3) 调速器微分增益(K_D)对接力器1段关闭甩负荷特性影响仿真；

(4) PID参数对接力器1段关闭甩负荷特性影响仿真；

(5) 水流修正系数(K_Y)对接力器1段关闭甩负荷特性影响仿真；

(6) 接力器关闭时间(T_f)对接力器1段关闭机组甩负荷特性影响仿真；

(7) 水轮机发电机组自调节系数(e_n)对接力器1段关闭甩负荷特性影响仿真；

(8) 机组惯性时间常数(T_a)对接力器1段关闭甩负荷特性影响仿真；

(9) 双调节机组协联特性(K_{12})对接力器1段关闭甩负荷特性影响仿真。

6) 水轮发电机组接力器2段关闭甩负荷特性(Load rejection)仿真

(1) 第1段关闭时间(T_{f1})对接力器2段关闭甩负荷特性影响仿真；

(2) 第2段关闭时间(T_{f2})对接力器2段关闭甩负荷特性影响仿真；

(3) 2段关闭拐点(y_{12})对接力器2段关闭甩负荷特性影响仿真；

(4) 接力器关闭特性(T_{f1}, T_{f2}, y_{12})对接力器2段关闭甩负荷特性影响仿真；

(5) 双调节机组协联特性(K_{12})对接力器2段关闭甩负荷特性影响仿真；

(6) 双调节机组桨叶延迟关闭时间(t_{jys})对接力器2段关闭甩负荷特性影响仿真。

7) 电网一次调频(Primary frequency regulation)特性仿真

(1) 调速器比例增益(K_P)对电网一次调频特性影响仿真；

(2) 调速器积分增益(K_I)对电网一次调频特性影响仿真；

(3) 调速器微分增益(K_D)对电网一次调频特性影响仿真；

(4) 调节对象参数(T_a, T_w, e_n)对电网一次调频特性影响仿真；

(5) 频率偏差上扰下扰 PID 参数对电网一次调频特性影响仿真。

8) 孤立电网（Isolated grid operation）特性仿真

(1) 调速器比例增益（K_P）对孤立电网特性影响仿真；

(2) 调速器积分增益（K_I）对孤立电网特性影响仿真；

(3) 调速器微分增益（K_D）对孤立电网特性影响仿真；

(4) PID 参数对孤立电网特性影响仿真；

(5) 调节对象参数（T_a，T_w）对孤立电网特性影响仿真；

(6) 突加不同负荷对孤立电网特性影响仿真。

在进行水轮机调节系统机组开机特性的每一次仿真中，作者提出并成功实现了"1 组仿真目标参数的 3 组数值仿真"的仿真策略，也就是说，在每次仿真中，采用 1 组仿真目标参数的 3 组数值进行，将这 3 个仿真的动态过程的仿真变量波形和全部仿真参数在 1 个仿真图形中表示出来。

众所周知，对应 1 组仿真目标参数的仿真，只能得到 1 个孤立的动态过程；对应 2 组仿真目标参数的仿真，可以得到对应的互为比较的 2 个动态过程；而对应 3 组仿真目标参数数值的 3 个动态过程，则为分析参数变化对动态过程的影响提供了更为形象、直观的结果。也就是说，采用这样的仿真策略，可以在其他参数相同的条件下，得到 3 个不同的仿真目标参数的仿真结果，除了能清晰地观察和分析单个动态过程的品质之外，更能从 3 组仿真目标参数对应的仿真波形中，进行比较和分析，得出这个仿真目标参数数值增大或减小时，被仿真系统动态特性性能的变化趋势，从而做出较为全面的判断和结论，加深对仿真目标参数的作用机理及其与其他参数关系的认识和理解，为解决工程实际问题提供直观、清晰和快速的决策支持。

在这一章中，对水轮机调节系统建立了仿真模型（Simulation model），构成了水轮机调节仿真决策支持系统。水轮机调节仿真决策支持系统可以对通常的水轮机调节系统的电站试验项目（机组开机、机组自动工况空载频率摆动、空载频率扰动、接力器不动时间、甩负荷、电网一次调频和机组甩负荷等）进行仿真。

4.2 水轮机调节系统的 MATLAB 基本仿真模块

4.2.1 水轮机调速器的 PID 调节模型

图 4-2 是以调速器比例增益 K_P、积分增益 K_I 和微分增益 K_D 为调节参数的 PID 型微机调速器的自动调节原理图。

图 4-3 所示是以调速器比例增益 K_P、积分增益 K_I 和微分增益 K_D 为调节参数的 PID 型微机调速器的 PID 调节模型。

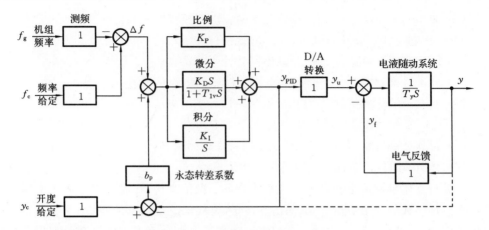

图 4-2 PID 型微机调速器原理图

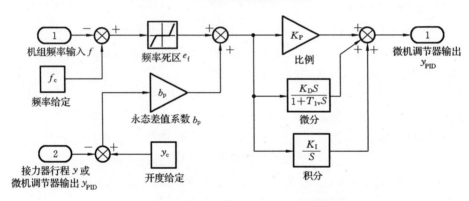

图 4-3 微机调速器 PID 调节的 MATLAB 模型

由暂态转差系数 b_t、缓冲时间常数 T_d 和加速度时间常数 T_n 换算成比例增益 K_P、积分增益 K_I 和微分增益 K_D 的公式如下：

$$\left.\begin{aligned} K_P &= (T_d + T_n)/(b_t T_d) \approx 1/b_t \\ K_I &= 1/(b_t T_d) \\ K_D &= T_n/b_t \end{aligned}\right\} \quad (4\text{-}1)$$

由比例增益 K_P、积分增益 K_I 和微分增益 K_D 换算成暂态转差系数 b_t、缓冲时间常数 T_d 和加速度时间常数 T_n 时，其间的关系式只是近似表达式，即

$$\left.\begin{aligned} b_t &\approx 1/K_P \\ T_d &\approx K_P/K_I = 1/K_I b_t \\ T_n &\approx K_D/K_P = K_D b_t \end{aligned}\right\} \quad (4\text{-}2)$$

4.2.2 微机调速器电液随动系统模型

微机调速器电液随动系统的主要被控部件是接力器，主配压阀对接力器的控制是一个积分环节。这里的积分作用物理过程是：主配压阀在其中间平衡位置时，接力器

开度保持不动的静止状态;当主配压阀活塞偏离中间位置向开启方向移动时,接力器即向开启方向运动,接力器的开启运动速度与主配压阀活塞偏离其中间位置的数值成正比;反之,当主配压阀活塞偏离中间位置向关闭方向移动时,接力器即向关闭方向运动,接力器的关闭运动速度与主配压阀活塞偏离其中间位置的数值成正比;当主配压阀活塞恢复到其中间平衡位置,接力器停止运动,接力器保持其开度不变。

在机械液压系统中还要考虑接力器全行程关闭时间(T_f)、全行程开启时间(T_g)和两段关闭特性,T_f是接力器从100%开度关闭至0%开度的最短时间,它限制接力器的最大关闭速度。根据调节保证计算,一般$T_f=3.0\sim15.0$ s。T_g是接力器从0%开度开启至100%开度的最短时间,它限制接力器的最大开启速度,一般$T_g=15.0\sim30.0$ s。

调速器电液随动系统模块的基本仿真模型如图4-4所示。图中调速器电液随动系统的死区环节,是电液随动系统中机械传动死区和主配压阀的搭接量等死区特性的模型。此外,接力器的工作行程为相对量0~1.0(即接力器全关至全开),这可以用图中的饱和环节模型来描述。

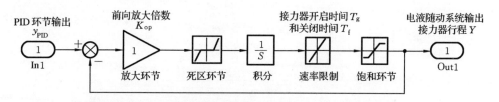

图4-4 微机调速器电液随动系统的MATLAB模型(1)

在大波动工况下,根据调节保证计算,有的机组还采用接力器2段关闭特性,这时的调速器机械液压系统的MATLAB模型如图4-5所示。

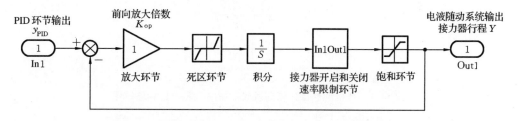

图4-5 微机调速器电液随动系统的MATLAB模型(2)

图4-5所示的接力器开启和关闭速率限制环节(接力器2段关闭)的一种可行的模型见图4-6。

近年来,用比例伺服阀作为大型微机调速器的电气液压转换部件,已经得到广泛的运用。图4-7所示为采用比例伺服阀的微机调速器的电液随动系统MATLAB模型。

比例伺服阀控制主配压阀的工作原理见图4-6。比例伺服阀有3个输入电气信号和1组液压(流量)输出信号。

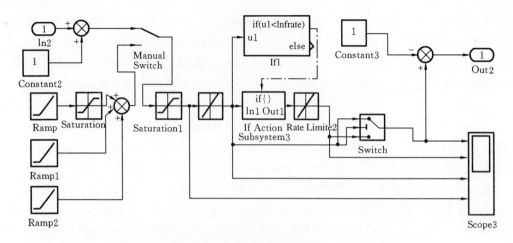

图 4-6　调速器接力器两段关闭规律的 MATLAB 模型

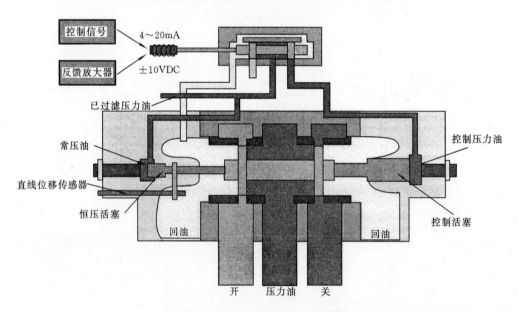

图 4-7　微机调速器比例伺服阀控制主配压阀结构原理图

1) 外部输入信号

微机调速器的微机控制器控制信号,一般为微机控制器计算的接力器位移 y_{PID} 与接力器实际位移 y 的偏差信号 $\Delta y = y_{PID} - y$。

2) 内部反馈信号

(1) 比例伺服阀的活塞位移反馈信号。

(2) 被比例伺服阀控制的主配压阀活塞位移反馈信号。

(3) 与微机调速器的微机控制器控制信号成比例的单腔或双腔液压(流量)输出信号。

比例伺服阀活塞的位置传感器位移信号送至比例伺服阀自带的综合放大板,与微机调节器的控制信号 $\Delta y = y_{PID} - y$ 相比较,实现微机调节器的外部控制信号对比例伺服阀活塞位移的闭环比例控制,实际上就实现了微机调节器的控制信号对比例伺服阀活塞位移的比例控制。比例伺服阀的液压(流量)输出信号控制主配压阀的辅助接力器活塞,是一个积分控制过程;主配压阀的辅助接力器活塞又控制主配压阀活塞一起运动,从而控制接力器开启或关闭。主配压阀活塞的位移反馈信号也送至比例伺服阀自带的综合放大板进行综合,从而实现了比例伺服阀外部输入信号对主配压阀活塞位移的比例控制。

图 4-8 所示为采用比例伺服阀的微机调速器的电液随动系统 MATLAB 模型。在图 4-8 中,微机调节器的接力器计算开度 y_{PID} 是电液随动系统的输入,电液随动系统的输出是接力器的行程 y。微机调节器的输出 y_{PID} 与接力器的行程 y 的差值经过放大后送到比例伺服阀。比例伺服阀本身是一个积分环节,其活塞位移反馈(k_{f1})闭环后使比例伺服阀成为一个惯性环节,这就是比例伺服阀的死区很小的原因。比例方向阀没有内部的活塞反馈,所以比例方向阀的死区明显大于比例伺服阀的死区。

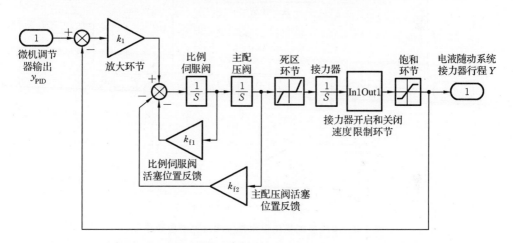

图 4-8　采用比例伺服阀的电液随动系统 MATLAB 模型

主配压阀活塞的位移反馈(k_{f2})也使得主配压阀活塞的位移正比于微机调节器的输出 y_{PID} 与接力器的行程 y 的差值。

在工程实际中的大波动动态过程,对电液随动系统的线性部分常常采用下列传递函数:

$$\frac{Y(S)}{Y_{PID}(S)} = \frac{1}{T_y S + 1} \tag{4-3}$$

式中:T_y——接力器响应时间常数,一般 $T_y = 0.05 \sim 0.25$ s。

如果要保证有恰当的接力器响应时间常数 T_y 数值,除了要选择合适的主配压阀直径之外,还要适当调节图 4-8 中主要的前向通道放大倍数 k_1。

为了使图 4-8 中比例伺服阀自身闭环系统有优良的动态特性,还要选择与主配压阀直径相宜的比例伺服阀规格。对于活塞直径≤150 mm 的主配压阀,一般选用额定输出通径为 6 mm、额定输出流量≥24 L/min 的比例伺服阀;对于活塞直径≥200 mm 的主配压阀,则以选用额定输出通径为 10 mm、额定输出流量≥24 L/min 的比例伺服阀为宜。此外,还要恰当地选择图 4-8 中比例伺服阀的反馈系数 k_{f1} 和 k_{f2},以保证主配压阀的辅助接力器响应时间常数 T_{y1} 有合适的数值。

4.2.3 引水系统和水轮机模型

引水系统和水轮机模块的 MATLAB 模型如图 4-9 所示。其中,既有通常采用的理想水轮机的刚性水锤模型,也有用水轮机特性系数构建的水轮机的刚性水锤模型。这里采用理想水轮机的刚性水锤模型,但是通过水流修正系数 K_y 来对于其动态特性进行修正,这样可得到与工程实际实测波形近似的仿真结果。

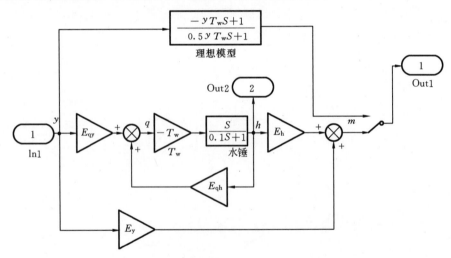

图 4-9 水轮发电机组引水系统和水轮机模块模型

对于引水系统不太复杂的情况,一般采用刚性水锤的表达式来描述其动态特性:

$$\frac{P_w(S)}{Y_{PID}(S)} = \frac{1-yT_wS}{1+0.5yT_wS} = \frac{1-K_yT_wS}{1+0.5K_yT_wS} \tag{4-4}$$

式中:T_w——水流惯性时间常数,其表达式见式(1-3),反映引水系统水锤效应的时间常数,一般 $T_w = 0.5 \sim 4.0$ s;

y——接力器导叶开度;

K_y——水流修正系数,用于在不同的机组运行水头 H 和接力器开度 y 工况下,修正名义水流时间常数 T_w 对水轮机调节系统动态过程的影响。

在引水系统和水轮机模块建模中,还应该引入水头因子和水流不稳定作用,如图 4-10 所示。

第 4 章　水轮机调节动态特性仿真与决策支持

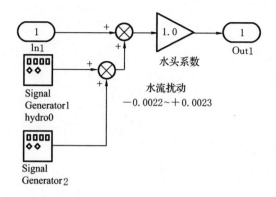

图 4-10　引水系统水头因子和水流不稳定模块模型

4.2.4　发电机及负荷模型

$$\frac{F(S)}{P(S)} = \frac{1}{T_a S + e_n} \quad (4\text{-}5)$$

式中：F——机组频率；

P——机组输入功率差值；

T_a——机组（负荷）惯性时间常数，其表达式见式(1-4)和式(1-5)，一般 $T_a = 3 \sim 12$ s；

e_n——机组（负荷）静态频率自调节（特性）系数，随负载性质不同而不同，一般取 $e_n = 0.5 \sim 1.5$。

4.2.5　水轮机调节系统的仿真模型

图 4-11 给出了用 MATLAB SIMULINK 建立的水轮机调节系统仿真模型（以 K_P、K_I、K_D 给参数），它可以仿真水轮机调节系统一次和二次调频的静态和动态特性。以 b_t、T_d、T_n 的形式给参数的水轮机调节系统仿真模型如图 4-12 所示。

图 4-12 中，S_1、S_2、S_3、S_4、S_5、S_6、S_7 都是仿真工况切换开关。S_1 是频率给定阶跃信号投入/切除开关；S_2 是机组（电网）频率信号投入/切除（闭环/开环）开关；S_3 是负荷扰动阶跃信号投入/切除开关；S_4 是功率给定信号投入/切除开关；S_5 是功率给定前向通道（前馈）信号投入/切除开关；S_6 是功率/导叶开度反馈信号选择开关；S_7 是调节器导叶开度/接力器实际开度反馈信号选择开关。这些开关的不同位置及其组合，可以构成水轮机调节系统的不同工况的仿真模型。当然，由于水轮机调节系统各种工况的差异性很大，最好是对于不同工况使用专用的模型，有时甚至对于一种工况采用几个不同的模型，以满足特殊工况和仿真目标参数的要求。

图 4-13 则给出了更为复杂的机械液压系统、协联环节、引水系统和水轮机模型的水轮机调节系统甩负荷仿真模型。

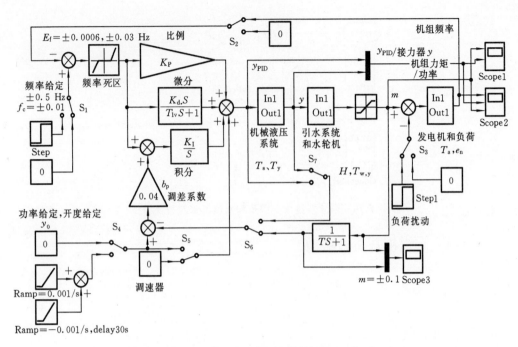

图 4-11 水轮发电机组仿真系统结构图(K_P、K_I、K_D)

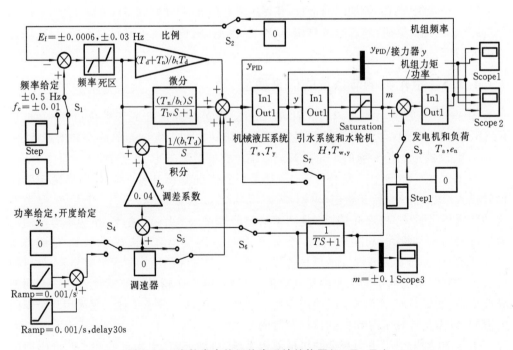

图 4-12 水轮发电机组仿真系统结构图(b_t、T_d、T_n)

第4章 水轮机调节动态特性仿真与决策支持

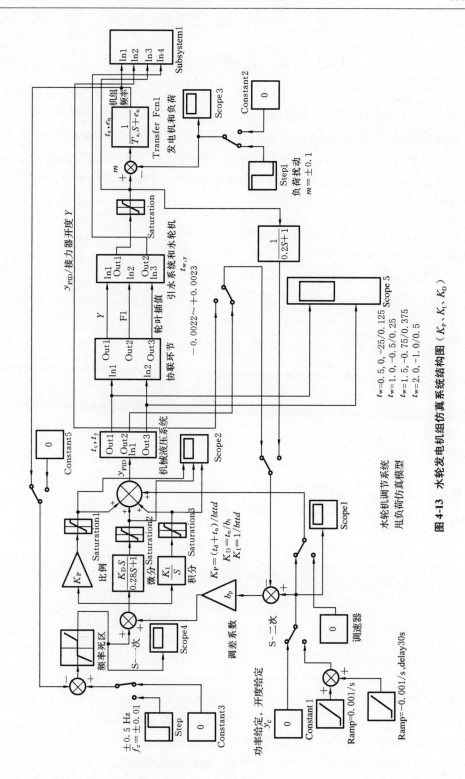

图 4-13 水轮发电机组仿真系统结构构图（K_P、K_I、K_D）

4.3 M 文件程序实例

建立了水轮机调节系统仿真模型后,为了基于 MATLAB 模型的仿真能够和某种高级语言接口,能够实现 MATLAB 模型中变量及参数的赋值和建立友好、方便、直观的人机交互界面,使用 MATLAB 的 M 文件是明智的选择。M 文件是 MATLAB 写程序的文件,是 MATLAB 的解释型语言。以下是应用于水轮机调节系统仿真的 M 文件程序实例。

```
lear;
load KR_YT4_Up.mat;
bp = 0.05, kp = 10, ki = 1.6, kd = 0;
Ty = 0.1, Tw = 2.1, Ta = 8.43, en = 1.0;
Frate1 = -1/10.5, Frate2 = -1/10.5, Infrate = 0.34;
Eqy = 1.0, Eqh = 0.5, Eh = 1.5, Hcoef = 1.0;
FSTime = 0, FSrec = 0.004;
LoseT = 11, LoseP = -0.90, BaseY = 0.9, BaseF = 48;
open('yctp.mdl');
sim('yctp');
SData2 = SData;

bp = 0.05, kp = 5, ki = 1.6, kd = 0;
sim('yctp');
SData1 = SData;

bp = 0.05, kp = 15, ki = 1.66, kd = 0;
sim('yctp');
SData3 = SData;

clf reset,
hSFrq = axes('Position', [0.15, 0.15, 0.7, 0.75]);
set(hSFrq, 'Xcolor', 'k', 'Ycolor', 'b', 'Xlim', [0, 200], 'Ylim', [-0.05, 0.1]);
pxtick = 0:20:200; pytick = -0.05:0.01:0.1;
set(hSFrq, 'Xtick', pxtick, 'Ytick', pytick, 'Xgrid', 'on', 'Ygrid', 'on');
```

```
line(SData1.time,SData1.signals(1,1).values,'Color','k');
text(20,0.02,'\fonTfize{14} 1.kp=5,ki=1.6(1/s)(bt=0.2,Td=3.126s)');
text(5,0.028,'\fonTfize{14} 1');

line(SData2.time,SData2.signals(1,1).values,'Color','b');
text(20,0.005,'\fonTfize{14} 2.kp=10,ki=1.6(1/s)(bt=0.1,Td=6.25s)');
text(5,0.035,'\fonTfize{14} 2');

line(SData3.time,SData3.signals(1,1).values,'Color','r');
text(20,-0.01,'\fonTfize{14} 3.kp=15,ki=1.6(1/s)(bt=0.066,Td=9.47s)');
text(5,0.04,'\fonTfize{14} 3');

CoodX = 0:0.5:200,CoodY = 0.0668;
line(CoodX,CoodY,'Color','r','linestyle','-.','linewidth',6);


text(40,-0.025,'\fonTfize{14}(频率给定阶跃 0.2 Hz)');
text(0,0.095,'\fonTfize{14} p');
text(0,0.071,'\fonTfize{14} 稳定值=0.0668');
text(186,-0.045,'\fonTfize{14} t(s)');
```

4.4 水流修正系数 K_Y、机组自调节系数 e_n 和机组惯性比率 R_I

GB/T 9652.1—2007《水轮机控制系统技术条件》规定的静态及动态特性指标适用工作条件中关于"水流惯性时间常数 T_w 与机组惯性时间常数 T_a"有下列条款:"3.3 对比例积分微分(PID)型调速器,水轮机引水系统的水流惯性时间常数 T_w 不大于 4 s;对比例积分(PI)型调速器,水流惯性时间常数 T_w 不大于 2.5 s。水流惯性时间常数 T_w 与机组惯性时间常数 T_a 的比值不大于 0.4。反击式机组的 T_a 不小于 4 s,冲击式机组的 T_a 不小于 2 s。"

《水轮机控制系统技术条件》规定的静态及动态特性指标是有限制条件的。上述关于水轮机引水系统的水流惯性时间常数 T_w 和水流惯性时间常数 T_w 与机组惯性时间常数 T_a 的比值的限制,主要是针对水轮机调节系统的动态特性做出的规定。

众所周知,机组惯性时间常数 T_a 和水流惯性时间常数 T_w 对于水轮机调节系统动态特性的品质起着重要的作用,但是,水流惯性时间常数 T_w 与机组惯性时间常数 T_a 的比值的作用尚未被人们理解和重视。大量电站试验运行经验和仿真结果表明,水流惯性时间常数 T_w 与机组惯性时间常数 T_a 比值的大小,对于水轮机调节系统动态特性品质的影响要远远大于机组惯性时间常数 T_a 和水流惯性时间常数 T_w 单独作用的影响。

在以下的水轮机调节系统仿真及分析中,将非常重视水流惯性时间常数 T_w 与机组惯性时间常数 T_a 比值对系统动态特性品质的影响。

4.4.1 机组惯性时间常数 T_a 和机组自调节系数 e_n

水轮发电机组惯性时间常数 T_a 的表达式为 $T_a = (GD^2 n_r^2 / 3580 P_r$,参见式(1-4) 和式(1-5))。由水轮发电机组设计和制造单位提供的水轮发电机组惯性时间常数 T_a 值,是指在机组额定转速和额定功率时的数值。严格来说,在不同的机组实际转速和实际功率工况下,其数值应该加以修正。但是,对于一个机组转速和功率变化范围较大的动态过程(例如机组甩负荷动态过程)来说,如果要对不同机组工况使用修正后的水轮发电机组惯性时间常数 T_a 是十分繁琐和困难的。

被控制系统自调节系数 e_n(Controlled system self-regulation coefficient)是在所取转速点的发电机转矩对转速的传递系数 e_g 与水轮机转矩对转速的传递系数 e_t 之差:$e_n = e_g - e_t$,这是一个静态参数。之所以称之为自调节系数,是因为当转速(频率)升高时,自调节系数的作用是抑制转速(频率)的升高;当转速(频率)降低时,自调节系数的作用是抑制转速(频率)的降低。

发电机转矩对转速的传递系数 e_g(Transmission coefficient of generator load torque to speed)又称为发电机负载自调节系数(Generator load self-regulation coefficient),是在规定的电网负载情况下,发电机负载转矩相对偏差值与转速相对偏差值的关系曲线在所取转速点的斜率。水轮机转矩对转速的传递系数 e_t(Transmission coefficient of turbine torque to speed)又称为水轮机自调节系数(Turbine self-regulation coefficient),是水头和主接力器行程恒定时,水轮机转矩相对偏差值与转速相对偏差值的关系曲线在所取转速点的斜率。

在微小机组转速偏差时,机组功率相对偏差值 Δp 与机组转速相对偏差值 Δn(等于机组频率相对偏差值 Δf)的关系为 $e_n = \Delta p / \Delta n = \Delta p / \Delta f$。$e_n$ 愈大,它在动态过程中对机组转速的抑制作用也就愈强。

到目前为止,很难知道在某种工况下 e_n 的数值。而且,在水轮发电机组的动态过程中,e_n 的数值是在变化的。

在水轮机调节系统的模型中采用了变量 e_n,可以用适当变化其数值来微量改变机组转速动态过程曲线的形态,在一定程度上修正或补偿机组转速变化对水轮发电机组惯性时间常数 T_a 的影响。

4.4.2 机组水流惯性时间常数 T_w 和水流修正系数 K_Y

由水电站设计单位提供的水轮发电机组水流惯性时间常数 T_w 值,是指在机组额定功率和额定水头时的数值。严格来说,在不同的机组运行水头和机组功率工况下,其数值应该加以修正。但是,对于一个机组运行水头和机组功率变化范围较大的机组来说,要对不同的机组运行工况,使用修正后的水轮发电机组水流惯性时间常数 T_w 是十分繁琐和困难的。所以,引入水流修正系数 K_Y,用于在不同的机组运行水头 H 和机组功率工况下,修正水流时间常数 T_w 对水轮机调节系统动态过程的影响。

T_w 的表达式为 $T_w = \Sigma LV / gH$。T_w 与引水系统各个分段的水流流速 V 成正比、与机组运行水头 H 成反比。值得着重指出的是,电站设计单位(水电勘测设计院)提供的机组水流惯性时间常数是在机组额定工况(机组额定运行水头 H_r 和机组额定功率 p_r)下的数值。不同的运行水头 H 和机组功率 p,实际起作用的水流惯性时间常数 T_w 数值也是不同的。水电站试验资料和仿真结果表明,水流惯性时间常数 T_w 对水轮机调节系统动态特性的影响程度很大。

对于机组运行水头 H 变化大的水轮发电机组,最小运行水头下较好的调速器比例增益 K_P 和积分增益 K_I 的数值,要分别明显小于最大运行水头下较好的调速器比例增益 K_P 和积分增益 K_I 的数值。其原因就是,机组运行水头不同,实际起作用的水流惯性时间常数 T_w 数值不同。

水流修正系数是一个在水轮机调节系统仿真中使用的系数,其作用为修正水流惯性特性仿真模型与实际水流惯性特性之间的误差,补偿机组实际运行水头和机组实际功率对应的水流惯性特性与机组额定运行水头和机组额定功率对应的水流惯性特性之间的差异,使得仿真采用的水流惯性特性仿真模型得到的水轮机调节系统动态特性,能够在一定程度上接近实际水轮机调节系统的动态特性。水流修正系数的用符号 K_Y 表示。

1. 水流修正系数 K_Y 与机组运行水头 H 的定性关系

(1) 机组运行水头 H 大于机组额定水头 H_r 时,机组流量 Q 小于机组额定水头下的流量 Q_r,因而引水系统各段水流的流速 V 都分别小于机组额定水头的流速 V_r,这也将使得此时的水流惯性时间常数 T_w 数值小于机组额定工况的数值。因此,机组运行水头 H 大于机组额定水头 H_r 时,对水轮机调节系统起实际作用的水流惯性时间常数数值比机组额定水头下的水流惯性时间常数数值要小。应该使用较小的水流修正系数 K_Y。

(2) 机组运行水头 H 小于机组额定水头 H_r,机组流量 Q 大机组额定水头下的流量 Q_r,因而引水系统各段水流的流速 V 都分别大于机组额定水头的流速 V_r,这也将使得此时的水流惯性时间常数 T_w 大于机组额定工况时的水流惯性时间常数。所以,机组运行水头 H 小于机组额定水头 H_r 时,对水轮机调节系统起实际作用的水流惯性时间

常数 T_w 数值比机组额定水头下的水流惯性时间常数 T_w 数值要大。应该使用较大的水流修正系数 K_Y。

2. 水流修正系数 K_Y 与机组负荷 p 的定性关系

（1）机组负荷 p 小（如机组空载）时，机组流量 Q 小、引水系统各段水流流速 V 小，因此应该使用较小的水流修正系数 K_Y。

（2）机组负荷 p 大（如机组甩 100% 额定负荷）时，机组流量 Q 大、引水系统各段水流流速 V 大，应该使用较大的水流修正系数。

所以，在其他条件相同时，机组甩 100% 额定负荷工况仿真的水流修正系数应该大于机组空载扰动工况仿真的水流修正系数。

水轮机调节系统的仿真模型中采用了水流修正系数，可以通过选择不同的水流修正系数来修正上述机组运行水头变化和机组负荷对机组动态特性的影响。

此外，还可以通过适当变化水流修正系数 K_Y 来微量改变机组转速（频率）和引水系统水压动态过程曲线的形态，在一定程度上修正或补偿机组运行水头变化对水轮发电机组水流惯性时间常数 T_w 的影响。

4.4.3 机组惯性比率

GB/T 9652.1—2007《水轮机控制系统技术条件》中规定了静态及动态特性指标适用工作条件中关于水流惯性时间常数 T_w 与机组惯性时间常数 T_a 的比值的限定条件。

鉴于水流惯性时间常数 T_w 与机组惯性时间常数 T_a 的比值对水轮机调节系统动态特性的重要作用，作者提出用机组惯性比率 R_I 来描述水流惯性时间常数 T_w 与机组惯性时间常数 T_a 的比值。

理论分析和仿真结果表明，水轮发电机组惯性时间常数 T_a 和水轮发电机组水流惯性时间常数 T_w 对于水轮机调节系统的动态品质起着十分重要的作用。机组惯性比率定义为水流惯性时间常数 T_w 与水轮发电机组惯性时间常数 T_a 的比值。它反映了机组水流惯性与机组机械惯性之间的关系。机组惯性比率用符号 R_I 表示。其表达式为

$$R_I = T_w/T_a \tag{4-6}$$

式中：R_I——水轮发电机组惯性比率，简称机组惯性比率（Unit inertia ratio）。

T_w——水流惯性时间常数（s）。

T_a——机组惯性时间常数（s）。

统计资料表明，与不同类型的水轮机构成的水轮发电机组对应的机组惯性比率 R_I 各有不同的特点。

在以后的每一次仿真中，根据仿真使用的机组水流惯性时间常数 T_w 和机组惯性时间常数 T_a 的数值，计算出对应的机组惯性比率 R_I 的数值，并显示在仿真结果中，以便读者加深对机组惯性比率 R_I 这个名词术语的认识，并逐渐形成对机组惯性比率 R_I 数量上的概念。

表 4-1 至表 4-4 汇总了若干混流式水轮发电机组、轴流转桨式水轮发电机组和灯泡贯流式水轮发电机组的水流惯性时间常数 T_w 和机组惯性时间常数 T_a,并据此计算了相应的水轮发电机组惯性比率 R_I。

表 4-1 混流式水轮发电机组惯性比率 R_I

序号	水电站名称	水头 H/m	额定转速 $n_r/(r/m)$	机组惯性时间常数 T_a/s	水流惯性时间常数 T_w/s	机组惯性比率 R_I
1	冷竹关	362	500	5.7	1.38	0.24
2	鲁布革	312	150	9.5	1.5	0.16
3	南告	265	500	5.95	1.67	0.28
4	二滩	165	142.86	9.485	1.6	0.17
5	李家峡	125	122	8.91	1.81	0.20
6	东风	117	187.5	10.4	1.25	0.12
7	白山	112	125	9.9	1.07	0.11
8	南水	107	375	7.2	0.98	0.14
9	漫湾	88	125	9.24	0.76	0.08
10	安康	73.7	214.3	6.96	2.48	0.36
11	凤滩	73	150	10.8	2.0	0.19
12	潘家口	63.5	100	9.5	1.85	0.19
13	两江	60.7	300	7.4	1.6	0.22
14	丰满	69	136.36	7.5	1.4	0.19
15	枫树坝	60	136.36	8.33	1.22	0.15
16	岩滩	75	59.4	8.0	2.0	0.25
17	龚嘴	48	88.2	9.05	2.43	0.27
18	镜泊湖	48.2	214.3	8.6	1.65	0.19
19	盐锅峡	38.5	187.5	8.03	0.8	0.1
平均值				8.45	1.55	0.183

从表 4-1 中的混流式水轮发电机组机组有关数据可以看出,混流式机组惯性时间常数 T_a 的数值范围为 5.7~10.8 s,其平均值为 8.45 s;混流式机组水流惯性时间常数 T_w 的数值范围为 0.76~2.48 s,其平均值为 1.55 s;混流式机组惯性比率 R_I 的数值范围为 0.08~0.36,根据惯性时间常数 T_a 和机组水流惯性时间常数 T_w 的平均值计算的机组惯性比率 R_I 平均值为 0.183。

表 4-2 轴流转桨式水轮发电机组惯性比率 R_I

序 号	水电站名称	水头 H/m	额定转速 $n_r/(r/m)$	机组惯性时间常数 T_a/s	水流惯性时间常数 T_w/s	机组惯性比率系数 R_I
1	水口	47	107.1	9.74	2.06	0.21
2	大峡	23	88.2	6.8	1.9	0.28
3	大化	22	76.9	7.86	2.5	0.32
4	乐滩	19.5	62.5	7.13	3.5	0.49
5	葛洲坝	18.6	62.5	7.7	3.14	0.41
6	青铜峡	18	107.1	9.4	1.2	0.13
7	洪雅城东	15.3	115.4	6.4	1.3	0.2
8	西津	14.3	62.5	8.9	3.2	0.37
9	明台	13.3	125	5.5	1.48	0.26
10	射洪	6.2	125	5.65	1.24	0.22
	平均值			7.5	2.15	0.286

由表 4-2 可知,轴流转桨式机组惯性时间常数 T_a 的数值范围为 5.5~9.74 s,其平均值为 7.5 s;水流惯性时间常数 T_w 的数值范围为 1.2~3.5 s,其平均值为 2.15 s;机组惯性比率 R_I 的数值范围为 0.13~0.49,根据惯性时间常数 T_a 和机组水流惯性时间常数 T_w 平均值计算的机组惯性比率 R_I 平均值为 0.286。

表 4-3 灯泡贯流式水轮发电机组惯性比率 R_I

序 号	水电站名称	水头 H/m	额定转速 $n_r/(r/m)$	机组惯性时间常数 T_a/s	水流惯性时间常数 T_w/s	机组惯性比率 R_I
1	洪江	20	136.4	2.7	0.9	0.33
2	尼娜	14	107.1	2.3	2.19	0.95
3	桥巩	13.8	83.3	2.92	2.23	0.76
4	百龙滩	9.7	93.8	3.4	1.1	0.32
5	长洲	9.5	75	2.87	3.3	0.76
6	马骝滩	7.5	90.9	3.2	3.9	1.22
7	永兴	6.7	88.24	2.5	3.37	1.35
	平均值			2.84	2.43	0.856

从表 4-3 中的水轮发电机组有关数据可以看出：灯泡贯流式机组惯性时间常数 T_a 的数值范围为 2.3～3.4 s，其平均值为 2.84 s；水流惯性时间常数 T_w 的数值范围为 0.9～3.9 s，其平均值为 2.43 s；机组惯性比率 R_I 的数值范围为 0.33～1.35；根据惯性时间常数 T_a 和机组水流惯性时间常数 T_w 平均值计算的机组惯性比率 R_I 平均值为 0.856。

表 4-1、表 4-2 和表 4-3 的数据表明，混流式机组的机组惯性比率 R_I 小（机组惯性时间常数 T_a 大，水流惯性时间常数 T_w 小）；轴流转桨式机组的机组惯性比率 R_I 较大（机组惯性时间常数 T_a 较大，水流惯性时间常数 T_w 较小）；灯泡贯流式机组的机组惯性比率 R_I 大（机组惯性时间常数 T_a 较小，水流惯性时间常数 T_w 大）。

根据表 4-1 计算的混流式机组的机组惯性比率 R_I 平均值为 0.183，水流惯性时间常数 T_w 平均值为 1.55 s，机组惯性时间常数 T_a 平均值为 8.45 s。混流式机组的机组惯性比率 R_I 一般较小。

根据表 4-2 计算的轴流转桨式机组的机组惯性比率 R_I 平均值为 0.286，水流惯性时间常数 T_w 平均值为 2.15 s，机组惯性时间常数 T_a 平均值为 7.5 s。轴流转桨式机组一般有较大机组惯性比率 R_I。

根据表 4-3 计算的灯泡贯流式机组的机组惯性比率 R_I 平均值为 0.856，水流惯性时间常数 T_w 平均值为 2.43 s，机组惯性时间常数 T_a 平均值为 2.84 s。灯泡贯流式机组一般是具有机组惯性比率 R_I 数值大的特点。

根据表 4-1、表 4-2 和表 4-3 数据计算的结果汇总于表 4-4。

表 4-4　水轮发电机组 R_I、T_w 和 T_a 统计参考数据

机组类型	机组惯性比率 R_I 范围/平均值	水流惯性时间常数 T_w 的范围/平均值/s	机组惯性时间常数 T_a 范围/平均值/s
混流式机组	(0.08～0.36)/0.183	(0.76～2.48)/1.55	(5.70～10.8)/8.45
轴流转桨式机组	(0.13～0.49)/0.286	(1.20～3.50)/2.15	(5.50～9.74)/7.5
灯泡贯流式机组	(0.33～1.35)/0.856	(0.90～3.90)/2.43	(2.30～3.40)/2.84

4.5　水轮机调节系统受到扰动后的典型动态过程

水轮机调节系统运行和试验中的动态过程包括：机组开机、机组空载频率波动、机组空载频率扰动、接力器不动时间、机组甩负荷、电网一次调频和机组孤立电网运行等主要动态过程。众所周知，接力器运动过程中起速率限制作用的接力器开启时间 T_g 和接力器关闭时间 T_f，对接力器运动过程中起极端位置限制作用的接力器完全开启位置（$y=1.0$）和接力器完全关闭位置（$y=0$）等，是接力器运动过程中的主要非线性因素。

如果按照水轮机调节系统运行和试验中的动态过程中接力器运动是否进入了上述接力器的非线性区域来划分水轮机调节系统动态过程特征,可以将水轮机调节系统运行和试验中的动态过程划分为大波动(大扰动)动态过程和小波动(小扰动)动态过程等两种。

显然,机组开机、机组空载频率扰动、机组甩负荷和机组孤立电网运行等动态过程具有大波动动态过程的特征;机组空载频率波动、接力器不动时间和电网一次调频等动态过程具有小波动动态过程的特征。之所以将接力器不动时间动态过程列入小波动特征范畴,是因为在接力器不动时间试验时,尽管机组甩负荷值为 10%～25% 额定负荷,接力器运动在动态过程中期和后期受接力器关闭时间特性的限制,但是电站试验和仿真结果表明,在判断接力器不动时间的过程初期(机组甩负荷后的 0.5 s 内),接力器的关闭运动不会受到接力器关闭时间特性的非线性限制。

基于对众多水轮机调节系统的现场试验资料和仿真结果的整理和分析,对于具有大波动(大扰动)特征的水轮机调节系统动态过程来说,我们将水轮机调节系统受到大扰动(水轮机调节系统空载频率扰动、机组甩 100% 额定负荷和孤立电网运行)后的典型动态过程的形态划分为迟缓型(Slow type,以下简称 S 型(迟缓型))、优良型(Better type,以下简称 B 型(优良型))和振荡型(Oscillatory type,以下简称 O 型)等 3 个有代表性的典型动态过程,以便于进一步研究水轮机调节系统扰动型动态过程的机理和寻求改善其动态过程性能的方法。当然,也可以参照上述分类进行机组开机过程的动态特性类型认定和分析。

同一个水轮机调节系统空载频率扰动动态过程特性和机组甩 100% 额定负荷动态过程特性是密切相关的,也就是说,具有 S 型(迟缓型)、B 型(优良型)或 O 型空载扰动特性的系统,一般也会具有与之对应的 S 型(迟缓型)、B 型(优良型)或 O 型的机组甩 100% 额定负荷的动态特性。例如,如果一个水轮机调节系统空载频率扰动特性的系统具有 S 型(迟缓型),那么机组甩 100% 额定负荷特性极有可能也是 S 型(迟缓型)动态特性。这种关联特性为电站选取调速器的 PID 参数提供了有效的途径。在空载频率扰动试验中,通过选择调速器的 PID 参数,使其具有 B 型(优良型)空载频率扰动特性,从而选择了机组甩 100% 额定负荷时使用的调速器 PID 参数。

为了对这种分类有一个形象、直观的印象和认识,我们在这里先给出水轮机调节系统扰动型动态过程的仿真实例,至于仿真结果的详细分析将在本书的以后的章节中描述。

图 4-14 所示是水轮机机组甩 100% 额定负荷动态过程的仿真实例。

图 4-15 所示是水轮机空载频率波动动态过程的仿真实例。图 4-15 所示中的被控制系统参数与机组甩负荷动态过程仿真的图 4-14 所示的被控制系统参数是相同的。

图 4-16 所示是水轮机调节系统孤立电网动态过程的仿真实例。图 4-16 所示中被控制系统参数与机组甩负荷动态过程仿真的图 4-14 所示的被控制系统参数和机组空载频率扰动动态过程仿真的图 4-15 所示的被控制系统参数都是相同的。

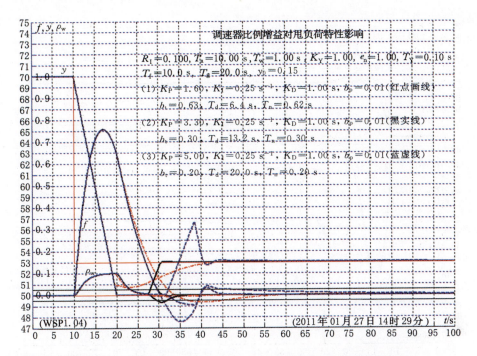

图 4-14 水轮机调节系统机组甩 100% 额定负荷动态过程仿真结果

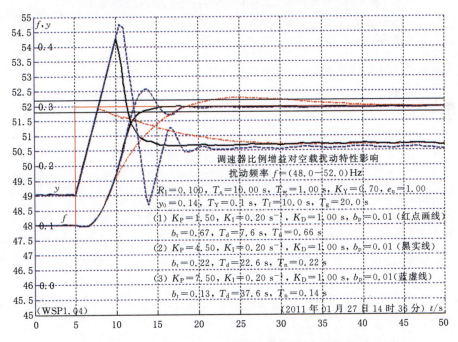

图 4-15 水轮机调节系统空载频率扰动动态过程仿真结果

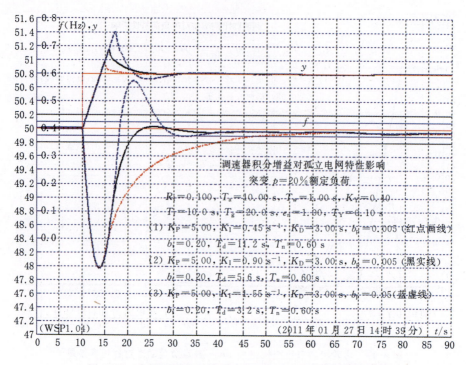

图 4-16 水轮机调节系统孤立电网运行动态过程仿真结果

4.5.1 水轮机调节系统 S 型动态过程

1. 机组甩 100% 额定负荷的 S 型(迟缓型)动态过程

仿真结果参见图 4-14(红色点画线波形)。

水轮机调节系统 S 型动态过程的要点汇总于表 4-5。

(1) 在机组甩 100% 额定负荷的动态过程中,接力器关闭到接力器空载开度附近,就转而开启;或者接力器能关闭到完全关闭的位置,但是接力器从关闭至全关位置开始,到再次开启为止的时间很短;接力器再次开启的规律是单调、缓慢地趋近于接力器的空载开度。

(2) 在机组甩 100% 额定负荷动态过程中,机组频率从机组甩负荷后的最大值,以单调下降的规律极为缓慢地趋近机组额定频率,或者在靠近机组额定频率时,机组频率下降速度放慢,出现了一个小的低于额定频率的低谷,再向机组额定频率缓慢趋近的过程;机组频率调节稳定时间长。

(3) 产生这种现象的主要原因是,调速器的 PID 参数选择不合理:比例增益 K_P 和/或积分增益 K_I 取值过小,或者二者搭配不当。

2. 机组空载频率扰动的 S 型动态过程

仿真结果参见图 4-15(红色点画线波形)。

表 4-5　水轮机调节系统 S 型动态过程

扰动方式	接力器行程 y 运动特点	机组频率 f 运动特点	参数选择特点
机组甩负荷动态特性	或者是接力器关闭到接力器空载开度附近就转而开启,或者是接力器关闭到完全关闭位置后,到再次开启为止的时间很短。接力器再次开启的规律是单调、缓慢地趋近于接力器空载开度	机组频率从机组甩负荷后的峰值以单调下降的规律趋近机组额定频率;或者在靠近机组额定频率时,机组频率下降时出现了一个小的低于额定频率的低谷,机组频率稳定时间长	比例增益 K_P 和/或积分增益 K_I 取值过小和搭配不当
机组空载扰动动态特性	接力器的运动幅度过小,行程到达运动极值后,即以单调而缓慢的形态趋近于接力器扰动后的稳定值,接力器行程调节稳定时间长	频率稳定的速度过慢,扰动后期可能出现较大的频率超调和震荡现象,机组频率调节稳定时间长	比例增益 K_P 和/或积分增益 K_I 取值过小和搭配不当
孤立电网运行动态特性	接力器运动幅度小,出现一个较小的超调量后,即单调而缓慢地趋近于稳定开度,接力器稳定时间长	电网频率从谷值(或峰值)向稳定值恢复的速度慢,电网频率以单调而缓慢的形态趋近稳定频率,电网频率调节稳定时间长	积分增益 K_I 取值过小和/或比例增益 K_P 过小和搭配不当,机组 R_I 较大

(1) 在机组空载频率扰动动态过程中,接力器运动幅度过小,接力器行程到达扰动后的稳定值缓慢,到达运动极值后,可能单调地趋近扰动后的稳定值。

(2) 在机组空载频率扰动动态过程中,机组频率趋近于扰动后频率稳定值的速度过慢,但是,在过程后期可能出现较大的频率超调现象,机组频率调节稳定时间长。

(3) 产生这种现象的主要原因是调速器的 PID 参数选择不合理:比例增益 K_P 和/或积分增益 K_I 取值过小,或者二者搭配不当。

3. 孤立电网运行的 S 型动态过程

仿真结果参见图 4-16(红色点画线波形)。

(1) 在孤立电网运行动态过程中,接力器运动幅度小,出现一个较小的超调量后,即单调而缓慢地趋近于稳定开度,接力器稳定时间长。

(2) 在孤立电网运行动态过程中,机组频率从机组突加(或突甩)甩负荷后的峰值,单调地、极为缓慢地趋近机组额定频率;或者在靠近机组额定频率时,运动速度放慢,出现了一个小的高于(或低于)额定频率的超调后,再向机组额定频率缓慢趋近,机组频率调节稳定时间长。

(3) 产生这种现象的主要原因是调速器的 PID 参数选择不合理:比例增益 K_P 取值过小和/或积分增益 K_I 取值过小,或者二者搭配不当。

过小的比例增益 K_P 和/或积分增益 K_I 取值,水轮机调节系统孤立电网运行特性的缓慢特征加重,系统稳定时间加长。

4.5.2 水轮机调节系统 B 型动态过程

1. 机组甩 100% 额定负荷的 B 型动态过程

仿真结果参见图 4-14(黑色实线波形)。

水轮机调节系统 B 型动态过程的要点汇总于表 4-6。

表 4-6 水轮机调节系统 B 型动态过程

扰动方式	接力器行程 y 运动特点	机组频率 f 运动特点	参数选择特点
机组甩负荷动态特性	接力器关闭到接近完全关闭位置,就转而开启到接力器空载开度;或者从接力器关闭到全关位置开始,到再次开启为止的时间适中;此后,迅速地稳定于接力器空载开度	机组频率下降速度较快,单调而快速地趋近于机组额定频率,或者出现了一个低于额定频率的很小的波谷后,机组频率调节稳定时间短	比例增益 K_P 和/或积分增益 K_I 取值合理和搭配恰当
机组空载扰动动态特性	接力器的运动幅度适中,行程到达扰动后稳定值的速度快;接力器行程快速、单调地到达扰动后接力器行程的稳定值,或者出现一个很小的超过接力器行程稳定值的过调值并迅速地到达接力器行程稳定值	机组频率趋近频率稳定值的速度快,机组频率快速地趋近扰动后的稳定值,或者出现一个很小的超过频率稳定值的过调值。机组频率调节稳定时间短	比例增益 K_P 和/或积分增益 K_I 取值合理和搭配恰当
孤立电网运行动态特性	接力器运动幅度适中,出现一个较大的超调量后,单调而快速地趋近于稳定开度。接力器调节稳定时间短	电网频率从谷值(或峰值)向稳定值恢复的速度适中,在出现一个很小的频率超调量后,即快速地趋近稳定频率。电网频率调节稳定时间短	比例增益 K_P 和/或积分增益 K_I 取值合理和搭配恰当

(1) 在机组甩 100% 额定负荷动态过程中,接力器关闭到很接近接力器完全关闭位置,但是未能完全关闭时,就转而开启并迅速地趋近接力器空载开度;或者接力器关闭到接力器完全关闭位置,从接力器在关闭至全关位置开始,到再次开启为止的时间适中,而且接力器再次开启的速度快;此后,接力器单调地开启,或者接力器开启中出现一个小的超过接力器空载开度的超调量,迅速地稳定于接力器空载开度。

(2) 在机组甩 100% 额定负荷动态过程中,机组频率在靠近机组额定频率时,下降速度较快,单调地趋近于机组额定频率,或者出现了一个低于额定频率的很小的频率波谷后,很快稳定于机组额定频率,机组频率调节稳定时间短。

(3) 能够具有这种优良动态特性的关键是调速器的 PID 参数选择合理:比例增益 K_P 和/或积分增益 K_I 取值合理,搭配恰当。

2. 机组空载频率扰动的 B 型动态过程

仿真结果参见图 4-15(黑色实线波形)。

(1) 在机组空载频率扰动动态过程中,接力器运动的幅度适中,行程到达扰动后的稳定值的速度快,接力器行程或者快速单调地到达扰动后接力器行程的稳定值,或者出现一个很小的超过接力器行程稳定值的过调值并迅速地到达接力器行程稳定值。

(2) 在机组空载频率扰动动态过程中，机组频率趋近于扰动后频率稳定值的速度快。机组频率或者是单调、快速地趋近扰动后的频率稳定值，或者出现一个很小的超过机组频率稳定值的过调值并迅速地到达机组频率稳定值。机组频率调节稳定时间短。

(3) 能够具有这种优良动态特性的关键是调速器的 PID 参数选择合理：比例增益 K_P 和/或积分增益 K_I 取值合理和搭配恰当。

3. 孤立电网运行的 B 型动态过程仿真

仿真结果参见图 4-16（黑色实线波形）。

(1) 在孤立电网运行动态过程中，接力器运动幅度适中，出现一个较大的超调量后，单调而快速地趋近于稳定开度，接力器调节稳定时间短。

(2) 在孤立电网运行动态过程中，电网频率从谷值（或峰值）向稳定值恢复的速度适中，在出现一个很小的频率超调量后，电网频率即单调而快速地趋近稳定频率，电网频率调节稳定时间短。

(3) 能够具有这种优良动态特性的关键是调速器的 PID 参数选择合理：比例增益 K_P 和/或积分增益 K_I 取值合理和搭配恰当。

4.5.3 水轮机调节系统 O 型动态过程

1. 机组甩 100% 额定负荷的 O 型动态过程

仿真结果参见图 4-14（蓝色虚线波形）。

水轮机调节系统 O 型（振荡型）动态过程的要点汇总于表 4-7。

表 4-7 水轮机调节系统 O 型动态过程

扰动方式	接力器行程 y 运动特点	机组频率 f 运动特点	参数选择特点
机组甩负荷动态特性	接力器从关闭至完全关闭位置开始，到再次开启为止的时间长，而且再次开启的速度快。接力器开启到超过接力器空载开度一个较大的开度后，在接力器空载开度上下振荡，较慢地稳定于接力器空载开度	在靠近机组额定频率时，机组频率下降速度很快，出现了一个很大的低于额定频率的波谷后，缓慢地趋近于机组额定频率。机组频率调节稳定时间长	比例增益 K_P 和/或积分增益 K_I 取值过大和搭配不当
机组空载扰动动态特性	接力器的运动幅度过大，接力器行程到达运动极值后，以较大的震荡形态趋近接力器扰动后的稳定值。接力器行程调节稳定时间长	机组频率趋近于扰动后频率稳定值的速度过快，扰动前期出现较大的频率超调和震荡现象，机组频率调节稳定时间长	比例增益 K_P 和/或积分增益 K_I 取值过大和搭配不当
孤立电网运行动态特性	接力器运动幅度过大，出现一个较大的超调量后，即以振荡而缓慢的形态趋近接力器稳定开度，接力器调节稳定时间长	电网频率从谷值（或峰值）向稳定值恢复的速度过快，在出现一个很大的频率超调量后，电网频率即以振荡而缓慢的形态趋近稳定频率。电网频率调节稳定时间长	积分增益 K_I 取值过大和/或比例增益 K_P 偏大和搭配不当

过大的比例增益 K_P 和/或积分增益 K_I,有可能使得系统出现不稳定状态。

2. 机组空载频率扰动的 O 型动态过程

仿真结果参见图 4-15(蓝色虚线波形)。

(1) 在机组空载频率扰动动态过程中,接力器运动的幅度过大,行程到达运动极值后,以较大的震荡形态趋近接力器扰动后的稳定值。接力器行程调节稳定时间长。

(2) 在机组空载频率扰动动态过程中,机组频率趋近扰动后频率稳定值的速度过快,以至于出现较大的频率超调和振荡现象,机组频率调节稳定时间长。

(3) 产生这种现象的主要原因是调速器的 PID 参数选择不合理:比例增益 K_P 和/或积分增益 K_I 取值过大,或者二者搭配不当。

3. 孤立电网运行的 O 型动态过程

仿真结果参见图 4-16(蓝色虚线波形)。

(1) 在孤立电网运行动态过程中,接力器的运动幅度过大,出现一个较大的超调量后以振荡而缓慢的形态趋近接力器稳定开度,接力器调节稳定时间长。

(2) 在孤立电网运行动态过程中,电网频率从谷值(或峰值)向稳定值恢复的速度过快,在出现一个很大的频率超调量后,以振荡而缓慢的形态趋近稳定频率。电网频率调节稳定时间长。

(3) 产生这种现象的主要原因是调速器的 PID 参数选择不合理:比例增益 K_P 取值过大和/或积分增益 K_I 取值偏大,或者二者搭配不当。

过大的比例增益 K_P 和/或积分增益 K_I,使水轮机调节系统孤立电网运行特性的振荡趋势加强,有可能使得系统出现不稳定状态。

4.6 水轮机控制系统的静态及动态特性指标适用工作条件

对水轮机调节系统进行各项试验或仿真,主要是为了选择合适参数,使得相应的动态特性具有优良的品质,满足国家技术标准的相关技术指标要求。所以,一定要知晓 GB/T 9652.1—2007《水轮机控制系统技术条件》的相关技术指标适用的工作条件。

本标准所规定的各项调节系统静态及动态指标均是在下列条件下制定的。

1) 水轮机所选定的调速器与油压装置合理

(1) 接力器最大行程与导叶全开度相适应。对中、小型和特小型调速器,导叶实际最大开度至少对应接力器最大行程的 80% 以上。

(2) 调速器与油压装置的工作容量选择是合适的。

2) 水轮发电机组运行正常

(1) 水轮机在制造厂规定的条件下运行。

(2) 测速信号源、水轮机导水机构、轮叶机构、喷针及折向器机构、调速轴及反馈传动机构应无制造和安装缺陷,并符合各部件的技术要求。

(3) 水轮发电机组应能在手动各种工况下稳定运行。在手动空载工况(发电机励磁在自动方式下工作)运行时,水轮发电机组转速摆动相对值对于大型调速器,不超过 $\pm 0.2\%$;对于中、小型和特小型调速器,均不超过 $\pm 0.3\%$。

(4) 对比例积分微分(PID)型调速器,水轮机引水系统的水流惯性时间常数 T_w 不大于 4 s;对比例积分(PI)型调速器,水流惯性时间常数 T_w 不大于 2.5 s。水流惯性时间常数 T_w 与机组惯性时间常数 T_a 的比值不大于 0.4。反击式机组的 T_a 不小于 4 s,冲击式机组的 T_a 不小于 2 s。

(5) 海拔高度不超过 2500 m。

(6) 调速器在不同海拔的最高空气温度如表 4-8 所示。最低空气温度为 5℃。

表 4-8 调速器在不同海拔的最高空气温度

海拔高度/m	≤1000	1000~1500	1500~2000	2000~2500
最高空气温度/(℃)	40	37.5	35	32.5

(7) 空气相对湿度:最湿月的月平均最大相对湿度为 90%,同时该月的月平均温度为 25℃。

(8) 调速系统所用油的质量必须符合 GB11120—1989 中 46 号汽轮机油或黏度相近的同类型油的规定,使用油温范围为 10~50℃。为获得液压控制系统工作的高可靠性,必须确保油的高清洁度,过滤精度应符合产品的要求。

(9) 调整试验前,应排除调速系统可能存在的缺陷,如机械传动系统的死区、卡阻及液压管道与元、部件中可能存在的空气等。

(10) 上述某些工作条件如不满足要求,有关指标可由供需双方协商。

本书以下各章的仿真、分析中均会采用"机组惯性比率"(R_1)这个名词术语和相应变量。

第5章 水轮机调节系统机组开机特性仿真及分析

5.1 水轮发电机组开机特性

GB/T 9652.1—2007《水轮机控制系统技术条件》有关机组启动（机组开机）性能的规定：机组启动开始至机组空载转速偏差小于同期带+1%~0.5%的时间 t_{SR} 不得大于从机组启动开始至机组转速达到 80% 额定转速的时间 $t_{0.8}$ 的5倍。

这项技术规定，在机组开机过程的后期，要求机组转速从0.8倍的额定转速上升到稳定于额定转速 n_r 的一个规定区域（0.95 n_r ~1.01 n_r）内的时间间隔不能过长，以有利于机组快速同期并网。当然，开机过程的后期性能与开机过程的前期和中期的动态过程形态有着密切的关系。

工程实际对水轮发电机组开机（Unit startup，机组启动）的主要要求可以归纳如下。

（1）缩短水轮发电机组转速从机组接收到开机指令开始至机组转速到达额定转速的时间，以利于机组快速进入空载运行状态和同期并入电网运行；

（2）机组开机过程中机组轴承受到的轴向水推力小；

（3）水轮机力矩和轴向水推力波动小；

（4）机组压力引水管道的压力变化小。

当然，如果选取较大的启动开度，则水轮发电机组转速上升快、达到额定转速的时间较短。但是，这时除了容易使机组转速产生超调之外，还有可能出现机组轴承受到的轴向水推力较大和机组压力引水管道的压力波动较大的情况。所以，近年来有的水轮发电机组（特别是大型或特大型水轮发电机组）对开机过程的机组加速度有要求，即要求设定有2~3段机组加速度，这在一定程度上有助于满足上述技术要求。

目前，我国水轮机调节系统采用的开机规律，主要有接力器2段开度开机规律、机组闭环开机规律和机组3段等加速度开机规律等3种。1984年11月，我国第一台微机调速器在湖南欧阳海水电站进行试验并投入运行时，就是采用接力器2段开度开机规律的。到现在为止，国内绝大多数微机调速器均仍然采用接力器2段开度开机规律。接力器2段开度开机规律应用的时间长，积累了丰富的运行经验，但是也暴露了一些缺陷。

对接力器运动过程起速率限制作用的接力器开启时间 T_g 和接力器关闭时间 T_f、

对接力器运动过程起极端位置限制作用的接力器完全开启位置($y=1.0$)和接力器完全关闭位置($y=0$)等,是接力器运动过程中的主要非线性因素。如果按照水轮机调节系统运行和试验的过程中接力器的运动是否进入了上述接力器非线性区域来划分水轮机调节系统动态过程特征,则可以将水轮机调节系统运行和试验的动态过程特征划分为大波动(大扰动)动态过程和小波动(小扰动)动态过程等两种。水轮机调节系统的机组开机特性具有大波动特征的动态过程。

5.1.1 水轮发电机组开机特性仿真项目

(1) 第1段开机开度(y_{kj1})对机组2段开环开机特性影响仿真;
(2) 第2段开机开度(y_{kj2})对机组2段开环开机特性影响仿真;
(3) 第1段和第2段开机开度切换开度(y_{12})对机组2段开环开机特性影响仿真;
(4) 机组闭环开机特性仿真;
(5) 3段机组加速度开机特性仿真。

5.1.2 水轮发电机组开机特性仿真的结果

在进行水轮机调节系统机组开机特性的每一次仿真中,所采用的仿真策略是"1个仿真目标参数、3个数值仿真"。也就是说,在每次仿真中,对1个仿真目标参数选择3个数值进行,将这3个动态过程的仿真变量波形和全部仿真参数放在1个仿真图形中表示。

水轮发电机组开机特性的仿真结果,包含机组频率 f 和接力器行程 y 的动态波形和进行仿真的全部参数。仿真动态波形的纵坐标为机组频率 f 和接力器行程 y 等2个变量。机组频率 f 以赫兹(Hz)为单位,接力器行程 y 以相对值显示;仿真动态波形的横坐标是时间坐标 t(s)。为了便于比较、分析和研究某1个(组)参数的取值对水轮机调节系统动态特性的作用,在其他的水轮机调节系统参数相同的条件下,选定1个或1组(数个)仿真目标参数,并选择各自3个不同的数值进行仿真,同时得到与之对应的3个仿真结果。第1个(组)变量对应的仿真曲线是红色点画线,第2个(组)变量对应的仿真曲线用黑色实线,第3个(组)变量对应的仿真曲线是蓝色虚线。

在仿真结果波形图中,标出了平行于坐标横轴的机组频率40.0 Hz(机组80%额定转速)红色实线,以便确定机组转速到达80%额定转速时刻 $t_{0.8}$;仿真结果中还标出了平行于坐标横轴的机组频率50.5 Hz(即1.01倍机组额定转速)的黑色实线和平行于坐标横轴的机组频率49.75 Hz(即0.995倍机组额定转速)的黑色实线,以便确定机组转速进入转速偏差小于同期带(+1%~-0.5%)的时间 t_{SR}。

在以后的每一次仿真中,根据仿真使用的机组水流惯性时间常数 T_w 和机组惯性时间常数 T_a 的数值,计算出对应的机组惯性比率 R_1 的数值,并显示在仿真结果中,以便读者加深机组惯性比率 R_1 这个名词术语的认识,并逐渐形成对机组惯性比率 R_1 数量上的概念。

5.2 水轮发电机组2段接力器开度开机特性仿真

5.2.1 水轮发电机组2段接力器开度开机规律

水轮发电机组2段接力器开度开机过程为：当机组接收到机组开机指令后，调速器控制接力器将开度 y 开启至第1段开机开度 y_{kj1}，机组频率 f 上升；当机组频率大于某一设定机组频率切换值 f_{12} 时，接力器则将水轮机导叶关闭至第2段开机开度 y_{kj2}，机组频率继续上升；在机组频率 f 小于微机调速器整定的 PID 调节投入频率 f_{PID} 时，机组开机过程都是一个开环开机过程。

当机组频率上升到调速器 PID 调节投入频率 f_{PID} 时，调速器投入 PID 调节，转入机组频率的闭环 PID 调节运行，使接力器在其控制下稳定于空载开度 y_0，机组频率稳定在额定频率 50 Hz 附近，开机过程结束，机组转入空载运行状态。

对于双调整调速器来说，在开机过程中，调速器将轮叶接力器由启动开度 y_{ru0} 按设定速度关闭到全关位置（$y_{ru}=0$）。

在水轮发电机组2段接力器开度开机过程中，机组频率 f 的动态过程大致分为3个阶段。

(1) 第1阶段。第1段开机开度 y_{kj1} 主要影响开机过程初期机组频率 f 上升的速率：第1段开机开度 y_{kj1} 大，对应第1阶段的机组频率 f 上升快；第1段开机开度 y_{kj1} 小，对应第1阶段的机组频率 f 上升慢。

(2) 第2阶段。第2段开机开度 y_{kj2} 主要影响开机过程中期机组频率 f 上升的速率，它使得第2阶段机组频率上升的速率小于第1阶段机组频率上升的速率，以便在第3阶段平滑地切换到调速器 PID 调节。第2段开机开度 y_{kj2} 大，对应第2阶段的机组频率 f 上升快；第2段开机开度 y_{kj2} 小，对应第2阶段的机组频率 f 上升慢。

(3) 第3阶段。第3阶段机组开机过程由开环控制转为闭环调节，机组依靠调速器的 PID 调节规律使频率迅速稳定在额定频率附近。第3阶段开机的动态性能主要取决于调速器的 PID 参数选择，必须选择与被控制系统参数（机组惯性比率 R_1、机组水流惯性时间常数 T_w 和机组惯性时间常数 T_a）相适应的调速器 PID 参数。

采用水轮发电机组接力器2段开度开机规律时，要十分重视机组运行水头 H 的影响。特别是对于运行水头 H 变化很大的机组，除了要根据实际运行水头 H 调整第1段开机开度 y_{kj1} 和第2段开机开度 y_{kj2} 之外，还应该使用与实际运行水头 H 相适应的调速器 PID 参数。这就是通常所说的适应式变参数开机控制。

5.2.2 接力器2段开机规律对机组开机特性影响仿真1

图 5-1 所示为接力器第1段开机开度对开机特性影响的仿真界面，界面上的变量

或参数的数值是可以设定、修改的，所有的变量或参数的数值将实时地反映在仿真结果（仿真曲线及参数）中。其中变量和参数的显示值都是仿真工况使用的实时数值。仿真的结果如图 5-2 所示。仿真的目标参数是接力器第 1 段开机开度 y_{kj1}，选取了 3 个不同的数值进行仿真。

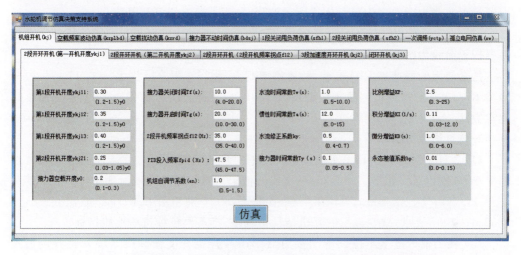

图 5-1　接力器第 1 段开机开度 y_{kj1} 对机组开机特性影响的仿真界面

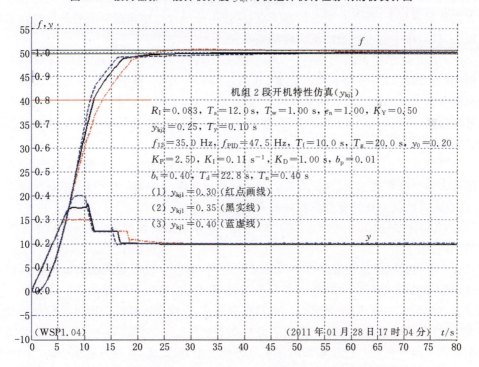

图 5-2　接力器第 1 段开机开度 y_{kj1} 对机组开机特性影响的仿真 1

1. 仿真目标参数

(1) 第 1 个接力器第 1 段开机开度 $y_{kj11}=0.30$ 所对应的开机过程的机组频率和接力器行程曲线为图 5-2 中红色点画线所示波形，接力器第 2 段开机开度 $y_{kj2}=0.25$。

(2) 第 2 个接力器第 1 段开机开度 $y_{kj12}=0.35$ 所对应的开机过程的机组频率和接力器行程曲线为图 5-2 中黑色实线所示波形，接力器第 2 段开机开度 $y_{kj2}=0.25$。

(3) 第 3 个接力器第 1 段开机开度 $y_{kj13}=0.40$ 所对应的开机过程的机组频率和接力器行程曲线为图 5-2 中蓝色虚线所示波形，接力器第 2 段开机开度 $y_{kj2}=0.25$。

仿真使用的调速器 PID 参数为：比例增益 $K_P=2.5$，积分增益 $K_I=0.11 \text{ s}^{-1}$，微分增益 $K_D=1.0 \text{ s}$；折算后的暂态转差系数 $b_t=0.4$，缓冲时间常数 $T_d=22.8 \text{ s}$，加速度时间常数 $T_n=0.4 \text{ s}$。

2. 仿真结果分析

(1) 3 种不同的接力器第 1 段开机开度值对应的机组开机过程均能满足开机特性的要求，其中以第 2 组 $y_{kj12}=0.35$（见黑实线波形）的开机特性较为理想，$t_{SR}=23.0 \text{ s}$，$t_{0.8}=11.5 \text{ s}$，$t_{SR}/t_{0.8}=2.0$。在一般情况下，由于机组开机特性都能满足 GB/T 9652.1—2007 要求，故在以下的开机特性仿真中，将不再校核这项性能指标。

(2) 接力器开度基本按设定的接力器第 1 段开机开度值和第 2 段开机开度值运行，在机组频率 $f_{PID}=47.5 \text{ Hz}$ 时，调速器 PID 调节投入并在闭环运行。开机过程中的接力器开度变化大，而且有明显的突变点，这使得开机过程中机组轴承受到的轴向水推力较大，机组压力引水管道的压力波动也较大。

(3) 在其他参数相同的条件下，较小的第 1 段开机开度值对应的机组频率上升较慢，但是，机组频率出现了超调现象，开机过程较为缓慢，整个开机动态过程的机组频率调节稳定时间长。较大的第 1 段开机开度值对应的机组频率上升较快，但是，在开机过程后期，机组频率上升反而缓慢，整个开机动态过程的机组频率调节稳定时间较长。

当机组运行水头变化时，接力器的空载开度 y_0 就会发生变化。所以，恰当地根据机组接力器空载开度 y_0 设置接力器的第 1 段开机开度 y_{kj1} 和其他开机参数是十分必要的，这也是 2 段接力器开度开机规律的不足之处。

(4) 仿真中的机组水流修正系数 $K_Y=0.50$，如果更改其数值，仿真的结果会有明显的不同。

(5) 电站实际试验和进一步仿真的结果表明，对应于机组最大水头的机组开机动态过程较好的调速器比例增益 K_P 和积分增益 K_I 较大，对应于机组最小水头的机组开机动态过程较好的调速器比例增益 K_P 和积分增益 K_I 较小。特别是机组运行水头变化很大情况下，对应于最大水头下的机组开机动态过程较好的调速器比例增益 K_P 和最小水头下的机组开机动态过程较好的调速器比例增益 K_P 之比，甚至可能在 2 以上。对应于最大水头下的机组开机动态过程较好的调速器积分增益 K_I 和最小水头的机组开机动态过程较好的调速器积分增益 K_I 之比，也可能在 2 以上。

5.2.3 接力器 2 段开机规律对机组开机特性影响仿真 2

仿真 1 的机组惯性比率 $R_l=0.083$、机组惯性时间常数 $T_a=12.0$ s、水流时间常数 $T_w=1.0$ s，是属于较大的 T_a 和较小的 T_w 的情况；仿真 2 的机组惯性比率 $R_l=0.400$、机组惯性时间常数 $T_a=7.5$ s、水流时间常数 $T_w=3.0$ s，则是属于较小的 T_a 和较大的 T_w 的情况。所以，仿真 2 的调速器 PID 参数与仿真 1 的调速器 PID 参数有很大的差别。

仿真的结果如图 5-3 所示。仿真的比较参数（目标参数）是接力器第 1 段开机开度 y_{kj1}。选取了 3 个数值进行仿真。

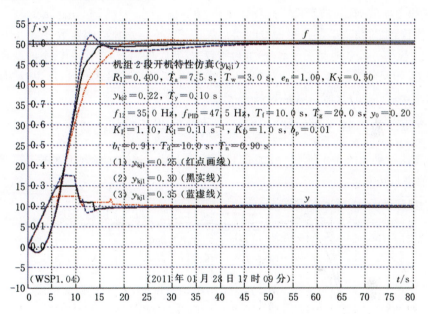

图 5-3 接力器第 1 段开机开度对机组开机特性影响的仿真 2（变化调节对象参数 T_a 和 T_w）

1. 仿真目标参数

（1）第 1 个接力器第 1 段开机开度 $y_{kj11}=0.25$ 对应的开机过程的机组频率和接力器行程曲线为图 5-3 中红色点画线所示波形，接力器第 2 段开机开度 $y_{kj2}=0.22$。

（2）第 2 个接力器第 1 段开机开度 $y_{kj12}=0.30$ 对应的开机过程的机组频率和接力器行程曲线为图 5-3 中黑色实线所示波形，接力器第 2 段开机开度 $y_{kj2}=0.22$。

（3）第 3 个接力器第 1 段开机开度 $y_{kj13}=0.35$ 对应的开机过程的机组频率和接力器行程曲线为图 5-3 中蓝色虚线所示波形，接力器第 2 段开机开度 $y_{kj2}=0.22$。

2. 仿真结果分析

（1）由于调节对象是属于较小的 T_a 和较大的 T_w 的情况，其机组开机过程的第 1 段开机开度 y_{kj1} 和第 2 段开机开度 y_{kj2} 都要重新设置，特别是调速器的 PID 参数更应该适应被控制系统的参数而重新设定。

仿真 1 使用的调速器 PID 参数为：比例增益 $K_P=2.5$，积分增益 $K_I=0.11\text{ s}^{-1}$，微分增益 $K_D=1.0\text{ s}$；折算后的暂态转差系数 $b_t=0.4$，缓冲时间常数 $T_d=22.8\text{ s}$，加速度时间常数 $T_n=0.4\text{ s}$。仿真 2（见图 5-3）使用的调速器 PID 参数为：比例增益 $K_P=1.1$，积分增益 $K_I=0.11\text{ s}^{-1}$，微分增益 $K_D=1.0\text{ s}$；折算后的暂态转差系数 $b_t=0.91$，缓冲时间常数 $T_d=10.0\text{ s}$，加速度时间常数 $T_n=0.9\text{ s}$。所以，对应于机组惯性比率 R_I 大的被控制系统，开机过程适用的较好的调速器比例增益 K_P 和积分增益数值 K_I 都比机组惯性比率 R_I 小的调速器比例增益 K_P 和积分增益数值 K_I 要小。

（2）在 3 种不同的接力器第 1 段开机开度值对应的机组开机过程中，第 2 组 $y_{kj12}=0.30$（见黑色实线波形）的开机特性较好，$t_{SR}=30.0\text{ s}$，$t_{0.8}=10.5\text{ s}$，$t_{SR}/t_{0.8}=2.8$。与仿真 1 比较，由于仿真 2 的机组惯性时间常数 $T_a=7.5\text{ s}$，水流时间常数 $T_w=3.0\text{ s}$，机组惯性比率 $R_I=0.400$，是属于较小的 T_a 和较大的 T_w 的情况，整定了较小的调速器比例增益 K_P 和积分增益 K_I（较大的暂态转差系数 b_t 和缓冲时间常数 T_d）。其动态过程明显变慢，$t_{SR}/t_{0.8}$ 的数值也明显增大。

5.2.4 接力器 2 段开机规律对机组开机特性影响仿真 3

仿真的结果如图 5-4 所示。仿真的目标参数是接力器第 1 段开机开度 y_{kj1}，选取了 3 个数值进行仿真。

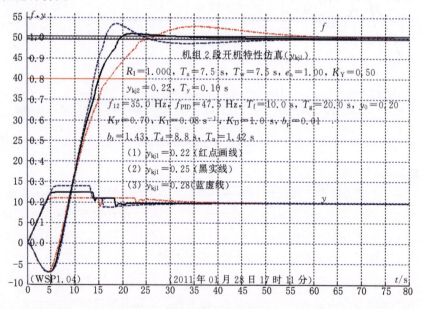

图 5-4 接力器第 1 段开机开度对机组开机特性影响的仿真 3（变化调节对象参数 T_a 和 T_w）

仿真 1 与仿真 3 的差别在于：仿真 1（见图 5-2）的机组惯性比率 $R_I=0.083$，机组惯性时间常数 $T_a=12.0\text{ s}$，水流时间常数 $T_w=1.0\text{ s}$，是属于较大的 T_a 和较小的 T_w 的情况;仿真 3 的机组惯性比率 $R_I=1.000$,机组惯性时间常数 $T_a=7.5$ s,水流时间常数 $T_w=7.5$ s,是属于较小的 T_a 和特别大 T_w 的情况。有的灯泡贯流式水轮发电机组具有这种特性。仿真 3、仿真 2 和仿真 1 的调速器 PID 参数有很大的差别。

1. 仿真目标参数

(1) 接力器第 1 段开机开度 $y_{kj11}=0.22$ 对应的开机过程的机组频率和接力器行程曲线为图 5-4 中红色点画线所示波形,接力器第 2 段开机开度 $y_{kj2}=0.22$。

(2) 接力器第 1 段开机开度 $y_{kj12}=0.25$ 对应的开机过程的机组频率和接力器行程曲线为图 5-4 中黑色实线所示波形,接力器第 2 段开机开度 $y_{kj2}=0.22$。

(3) 接力器第 1 段开机开度 $y_{kj13}=0.28$ 对应的开机过程的机组频率和接力器行程曲线为图 5-4 中蓝色虚线波形,接力器第 2 段开机开度 $y_{kj2}=0.22$。

2. 仿真结果分析

(1) 由于调节对象是属于较小的 T_a 和特别大的 T_w 的情况,其机组开机过程的第 1 开机开度 y_{kj1} 和第 2 开机开度 y_{kj2} 都要重新设置,特别是调速器的 PID 参数更应该适应被控制系统的参数而重新设定。

仿真 3 的机组惯性比率 $R_I=1.000$,机组惯性时间常数 $T_a=7.5$ s,水流时间常数 $T_w=7.5$ s;使用的调速器 PID 参数为:比例增益 $K_P=0.7$,积分增益 $K_I=0.08$ s^{-1},微分增益 $K_D=1.0$ s;折算后的暂态转差系数 $b_t=1.43$,缓冲时间常数 $T_d=8.8$ s,加速度时间常数 $T_n=1.42$ s。所以,对应于机组惯性比率 R_I 大的被控制系统,开机过程适用的较好的调速器比例增益 K_P 和积分增益数值 K_I 都比机组惯性比率 R_I 小的调速器比例增益 K_P 和积分增益 K_I 要小。

(2) 3 种不同的接力器第 1 段开机开度值对应的机组开机过程,以第 2 组 $y_{kj12}=0.30$(见黑色实线波形)的开机特性较好,$t_{SR}=35.0$ s,$t_{0.8}=15.0$ s,$t_{SR}/t_{0.8}=2.33$。与仿真 1 比较,仿真 3 的机组惯性时间常数 $T_a=7.5$ s,水流时间常数 $T_w=7.5$ s,机组惯性比率 $R_I=1.000$,是属于较小的 T_a 和特别大的 T_w 的情况,整定了较小的调速器比例增益 K_P 和积分增益 K_I(较大的暂态转差系数 b_t 和缓冲时间常数 T_d)。其动态过程明显变慢,$t_{SR}/t_{0.8}$ 的值也明显增大。

现将仿真 1、仿真 2 和仿真 3 的被控制系统参数和调速器 PID 参数整理为表 5-1。

表 5-1 接力器第 1 段开机开度对机组开机特性影响(不同被控制系统参数)

仿真序号	被控制系统参数			调速器 PID 参数			折算参数		
	T_w/s	T_a/s	R_I	K_P	K_I/s^{-1}	K_D/s	b_t	T_d/s	T_n/s
仿真 1	1.0	12.0	0.083	2.5	0.11	1.0	0.40	22.8	0.40
仿真 2	3.0	7.5	0.400	1.1	0.11	1.0	0.91	10.0	0.90
仿真 3	7.5	7.5	1.000	0.7	0.08	1.0	1.43	8.8	1.42
最大差值	6.5	4.5	0.917	1.8	0.03	0.0	1.03	14.0	1.02

从表 5-1 中的参数可以看出,不同的被控制系统参数对应的调速器 PID 参数是有很大的差别的,特别是调速器的比例增益 K_P 变化更大;折算的暂态转差系数 b_t 和缓冲时间常数 T_d 的差别也是很大的。

5.2.5 接力器 2 段开机规律对机组开机特性影响仿真 4

仿真 4 与仿真 1 的被控制系统参数是相同的,但是接力器空载开度 y_0 变化了:仿真 1 的接力器空载开度 $y_0 = 0.20$,仿真 4 的接力器空载开度 $y_0 = 0.15$。仿真的结果如图 5-5 所示。仿真的比较参数(目标参数)是接力器第 1 段开机开度 y_{kj1},选取了 3 个数值进行仿真。

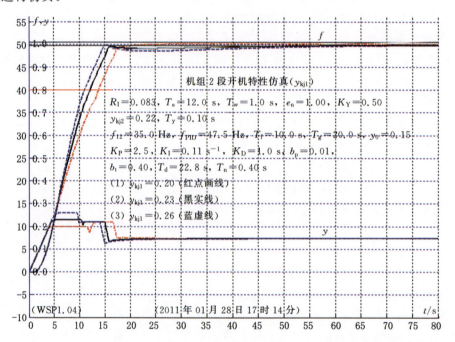

图 5-5 接力器第 1 段开机开度对机组开机特性影响的仿真 4(变化机组接力器空载开度 y_0)

1. 仿真目标参数

(1) 接力器第 1 段开机开度 $y_{kj11} = 0.20$ 对应的开机过程的机组频率和接力器行程曲线为图 5-5 中红色点画线所示波形,接力器第 2 段开机开度 $y_{kj2} = 0.22$。

(2) 接力器第 1 段开机开度 $y_{kj12} = 0.23$ 对应的开机过程的机组频率和接力器行程曲线为图 5-5 中黑色实线所示波形,接力器第 2 段开机开度 $y_{kj2} = 0.22$。

(3) 接力器第 1 段开机开度 $y_{kj13} = 0.26$ 对应的开机过程的机组频率和接力器行程曲线为图 5-5 中蓝色虚线所示波形,接力器第 2 段开机开度 $y_{kj2} = 0.22$。

仿真 4 和仿真 1 的被控制系统是一样的,所以使用的调速器 PID 参数是相同的,比例增益 $K_P = 2.5$,积分增益 $K_I = 0.11 \text{ s}^{-1}$,微分增益 $K_D = 1.0 \text{ s}$;折算后的暂态转差系

数 $b_t=0.4$,缓冲时间常数 $T_d=22.8$ s,加速度时间常数 $T_n=0.4$ s。

2. 仿真结果分析

(1) 由于水轮发电机组接力器空载开度 y_0 明显减小,必须相应改变接力器第 1 段开机开度 y_{kj1} 和接力器第 2 段开机开度 y_{kj2},否则开机过程就会出现幅度较大的超调现象。为了使运用 2 段开机规律的机组在不同水头下都有较好的机组开机特性,就必须采用适应式变参数的调节策略,即随机组运行水头的变化(接力器的空载开度 y_0 会随之变化)而相应修改接力器第 1 段开机开度 y_{kj1} 和接力器第 2 段开机开度 y_{kj2}。

当机组运行水头变化时,接力器的空载开度 y_0 会发生变化。所以,恰当地根据机组接力器空载开度 y_0 设置接力器的第 1 段开机开度 y_{kj1} 和其他开机参数是十分必要的,这也是 2 段接力器开度开机规律的不足之处。

(2) 3 种不同的接力器第 1 段开机开度值对应的机组开机过程均能满足开机特性的要求,其中以第 2 组 $y_{kj12}=0.23$ (见黑色实线所示的开机特性)较为理想。

(3) 在其他参数相同的条件下,较小的第 1 段开机开度值对应的机组频率上升较慢,但是出现了机组频率超调现象,整个动态过程较为缓慢;较大的第 1 段开机开度值对应的机组频率上升较快,也出现了机组频率超调现象,而且整个动态过程也较为缓慢。

5.2.6　接力器 2 段开机规律对机组开机特性影响仿真 5

图 5-6 所示为接力器第 2 段开机开度 y_{kj2} 对开机特性影响的仿真界面,界面上的变量或参数的数值可以设定修改,所有变量或参数的数值将实时地反映在仿真结果(仿真曲线及参数)中,仿真的结果如图 5-7 所示。仿真的比较参数(目标参数)是接力器第 2 段开机开度 y_{kj2},选取了 3 个数值进行仿真。

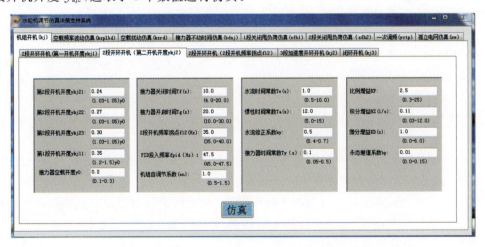

图 5-6　接力器第 2 段开机开度对机组开机特性影响的仿真界面

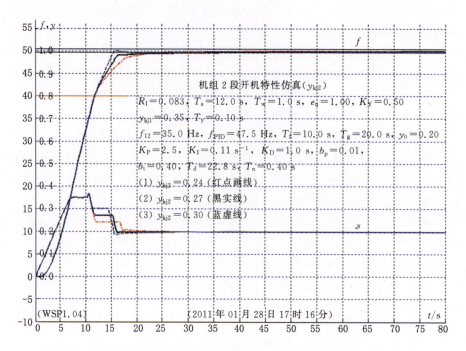

图 5-7 接力器第 2 段开机开度对机组开机特性影响的仿真 5

1. 仿真的目标参数

(1) 接力器第 2 段开机开度 $y_{kj21}=0.24$ 对应的开机过程的机组频率和接力器行程曲线为图 5-7 中红色点画线所示波形,接力器第 1 段开机开度 $y_{kj1}=0.35$。

(2) 接力器第 2 段开机开度 $y_{kj22}=0.27$ 对应的开机过程的机组频率和接力器行程曲线为图 5-7 中黑色实线所示波形,接力器第 1 段开机开度 $y_{kj1}=0.35$。

(3) 接力器第 2 段开机开度 $y_{kj23}=0.30$ 对应的开机过程的机组频率和接力器行程曲线为图 5-7 中蓝色虚线所示波形,接力器第 1 段开机开度 $y_{kj1}=0.35$。

2. 仿真结果分析

调速器 PID 参数为:比例增益 $K_P=2.5$,积分增益 $K_I=0.11\ \text{s}^{-1}$,微分增益 $K_D=1.0\ \text{s}$;折算后的暂态转差系数 $b_t=0.4$,缓冲时间常数 $T_d=22.8\ \text{s}$,加速度时间常数 $T_n=0.4\ \text{s}$。

(1) 在机组频率 f 小于第 1 段开机开度和第 2 段开机开度切换频率 f_{12} 的开机过程初期,接力器第 2 段开机开度对机组频率的上升过程没有影响,接力器第 2 段开机开度仅对机组开机后期的动态过程形态起作用。3 种不同的接力器第 2 段开机开度值对应的机组开机过程,均能满足开机特性的要求,其中以第 2 组($y_{kj22}=0.27$,黑色实线所示波形)的开机特性较为理想。

(2) 接力器开度基本按设定的接力器第 1 段开机开度和第 2 段开机开度运行,在机组频率为 $f_{PID}=47.5\ \text{Hz}$ 时,调速器 PID 调节投入并在闭环运行。开机过程中的接力器开度变化大,而且有明显的突变点,这使得开机过程中机组轴承受到的轴向水推力较大,机组压力引水管道的压力波动也较大。

(3) 在其他参数相同的条件下,较小的第 2 段开机开度 y_{kj2} 对应的机组频率趋近额定频率的过程较为平缓;较大的第 2 段开机开度 y_{kj2} 对应的机组频率趋近额定频率较快,容易产生超调现象。

5.2.7 接力器 2 段开机规律对机组开机特性影响仿真 6

该仿真的结果如图 5-8 所示。仿真的目标参数是接力器第 2 段开机开度 y_{kj2},选取了 3 个不同的数值进行仿真。接力器第 1 段开机开度 $y_{kj1}=0.30$。

仿真 6 的机组惯性比率 $R_I=0.400$、机组惯性时间常数 $T_a=7.5$ s、水流时间常数 $T_w=3.0$ s,属于较小的 T_a 和较大的 T_w 的情况。所以,仿真 6 的调速器 PID 参数与仿真 5 的调速器 PID 参数有很大的差别。

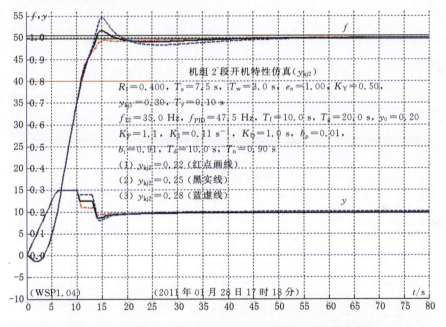

图 5-8 接力器第 2 段开机开度对机组开机特性影响的仿真 6

1. 仿真目标参数

(1) 接力器第 2 段开机开度 $y_{kj21}=0.22$ 对应的开机过程的机组频率和接力器行程曲线为图 5-8 中红色点画线所示波形。

(2) 接力器第 2 段开机开度 $y_{kj22}=0.25$ 对应的开机过程的机组频率和接力器行程曲线为图 5-8 中黑色实线所示波形。

(3) 接力器第 2 段开机开度 $y_{kj23}=0.28$ 对应的开机过程的机组频率和接力器行程曲线为图 5-8 中蓝色虚线所示波形。

2. 仿真结果分析

(1) 由于调节对象是属于较小的 T_a 和较大的 T_w 的情况,故机组开机过程的第 1 开机开度 y_{kj1} 和第 2 开机开度 y_{kj2} 都要重新设置,特别是调速器的 PID 参数更应该随被控制系统参数(T_a 和 T_w)的变化而重新设定。

仿真 6 的机组惯性比率 $R_1=0.400$,机组惯性时间常数 $T_a=7.5$ s,水流时间常数 $T_w=3.0$ s;使用的调速器 PID 参数为:比例增益 $K_P=1.1$,积分增益 $K_I=0.11$ s^{-1},微分增益 $K_D=1.0$ s;折算后的暂态转差系数 $b_t=0.91$,缓冲时间常数 $T_d=10.0$ s,加速度时间常数 $T_n=0.9$ s。

(2) 在机组频率 f 小于第 1 段开机开度和第 2 段开机开度切换频率 f_{12} 的开机过程初期,接力器第 2 段开机开度值对机组频率的上升过程没有影响,接力器第 2 段开机开度,仅对机组开机后期的动态过程形态起作用。3 种不同的接力器第 2 段开机开度均能满足开机特性的要求,其中以第 2 组 $y_{kj22}=0.25$(黑色实线所示波形)的开机特性较为理想。

5.2.8 接力器 2 段开机规律对机组开机特性影响仿真 7

该仿真的结果如图 5-9 所示。仿真的目标参数是接力器第 2 段开机开度 y_{kj2},选取了 3 个不同的数值进行仿真。

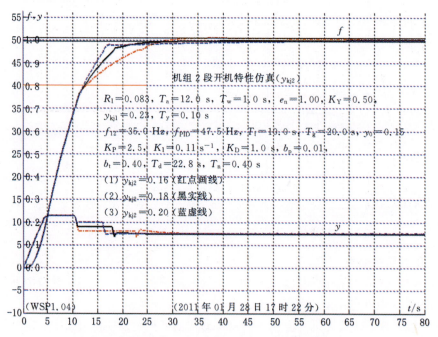

图 5-9 接力器第 2 段开机开度对机组开机特性影响的仿真 7

仿真 7 的机组空载开度 $y_0=0.15$。

1. 仿真目标参数

(1) 接力器第 2 段开机开度 $y_{kj21}=0.16$ 对应的开机过程的机组频率和接力器行程曲线为图 5-9 中红色点画线所示波形,接力器第 1 段开机开度 $y_{kj1}=0.23$。

(2) 接力器第 2 段开机开度 $y_{kj22}=0.18$ 对应的开机过程的机组频率和接力器行程曲线为图 5-9 中黑色实线所示波形,接力器第 1 段开机开度 $y_{kj1}=0.23$。

(3) 接力器第 2 段开机开度 $y_{kj23}=0.20$ 对应的开机过程的机组频率和接力器行程曲线为图 5-9 中蓝色虚线所示波形,接力器第 1 段开机开度 $y_{kj1}=0.23$。

2. 仿真结果分析

仿真 7 和仿真 5 的被控制系统是一样的,所以使用的调速器 PID 参数是相同的,即比例增益 $K_P=2.5$,积分增益 $K_I=0.11\ s^{-1}$,微分增益 $K_D=1.0\ s$;折算后的暂态转差系数 $b_t=0.4$,缓冲时间常数 $T_d=22.8\ s$,加速度时间常数 $T_n=0.4\ s$。

(1) 由于水轮发电机组接力器空载 y_0 开度明显减小,因此必须相应改变接力器第 1 段开机开度 y_{kj1} 和接力器第 2 段开机开度 y_{kj2} 的设定,否则开机过程就会出现较大幅度的超调。为了使运用 2 段开机规律的机组在不同水头下都有较好的机组开机特性,就必须采用适应式变参数的调节策略,即随机组运行水头的变化(机组接力器空载开度 y_0 会随之变化)而相应修改接力器第 1 段开机开度 y_{kj} 和接力器第 2 段开机开度 y_{kj2}。

(2) 3 种不同的接力器第 2 段开机开度对应的机组开机过程均能满足开机特性的要求,其中以第 2 组 $y_{kj22}=0.18$(黑色实线所示波形)的开机特性较为理想。开机过程中接力器的开度变化大,而且有明显的突变点,这使得开机过程中机组轴承受到的轴向水推力较大,机组压力引水管道的压力波动也较大。

5.2.9 接力器 2 段开机规律对机组开机特性影响仿真 8

图 5-10 所示为开机开度 1 段到 2 段切换时的机组频率 f_{12} 对开机特性影响的仿真

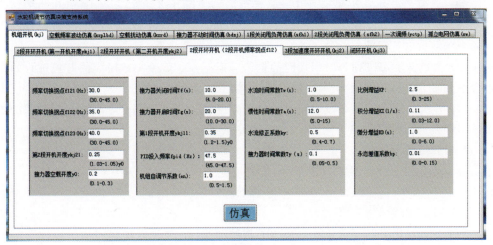

图 5-10 接力器开机开度 1 段到 2 段切换时的机组频率对机组开机特性影响的仿真

界面,界面上的变量或参数的数值可以设定、修改,所有变量或参数的数值将实时地反映在仿真结果(仿真曲线及参数)中,仿真的结果如图 5-11 所示。仿真的比较参数(目标参数)是开机开度 1 段到 2 段切换时的机组频率 f_{12},选取了 3 个不同的数值进行仿真。

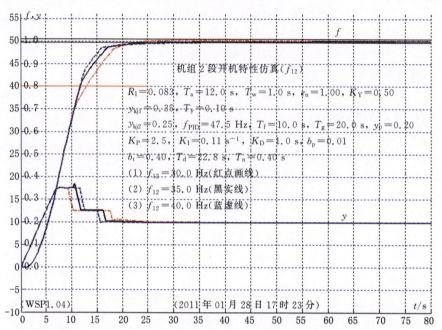

图 5-11 接力器开机开度 1 段到 2 段切换时的机组频率对机组开机特性影响的仿真 8

1. 仿真目标参数

接力器第 1 段开机开度 $y_{kj1}=0.35$,接力器第 2 段开机开度 $y_{kj2}=0.25$。

(1) 开机开度 1 段到 2 段切换时的机组频率 $f_{121}=30.0$ Hz,对应的开机过程的机组频率和接力器行程曲线为图 5-10 中红色点画线所示波形。

(2) 开机开度 1 段到 2 段切换时的机组频率 $f_{122}=35.0$ Hz,对应的开机过程的机组频率和接力器行程曲线为图 5-10 中黑色实线所示波形。

(3) 开机开度 1 段到 2 段切换时的机组频率 $f_{123}=40.0$ Hz,对应的开机过程的机组频率和接力器行程曲线为图 5-10 中蓝色虚线所示波形。

2. 仿真结果分析

仿真 8 使用的调速器 PID 参数为:比例增益 $K_P=2.5$,积分增益 $K_I=0.11$ s^{-1},微分增益 $K_D=1.0$ s;折算后的暂态转差系数 $b_t=0.4$,缓冲时间常数 $T_d=22.8$ s,加速度时间常数 $T_n=0.4$ s。

3 种不同的开度 1 段到 2 段切换时的机组频率 f_{12} 对开机过程初期机组频率的上升过程没有影响,均能满足开机特性的要求,其中以第 2 组($f_{122}=35$ Hz,黑色实线所示波形)的开机特性较为理想。

5.2.10 接力器 2 段开机规律对机组开机特性影响仿真 9

仿真 9 的结果如图 5-12 所示。仿真的目标参数是开机开度 1 段到 2 段切换时的机组频率 f_{12},选取了 3 个不同的数值进行仿真。

仿真 9 的机组惯性比率 $R_I=0.400$,机组惯性时间常数 $T_a=7.5\text{ s}$,水流时间常数 $T_w=3.0\text{ s}$,属于较小的 T_a 和较大的 T_w 的情况。所以,仿真 9 的调速器 PID 参数与仿真 8 的调速器 PID 参数有很大的差别。

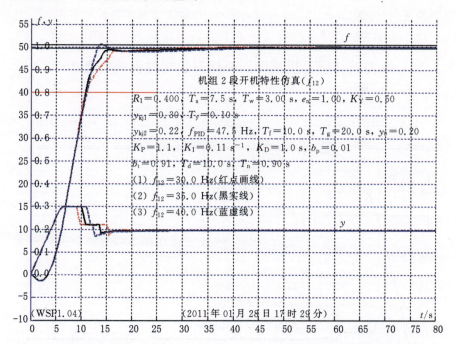

图 5-12 接力器开机开度 1 段到 2 段切换时的机组频率对机组开机特性影响的仿真 9

1. 仿真目标参数

接力器第 1 段开机开度 $y_{kj1}=0.30$,接力器第 2 段开机开度 $y_{kj2}=0.22$。

(1) 开机开度 1 段到 2 段切换时的机组频率 $f_{121}=30.0\text{ Hz}$,对应的开机过程的机组频率和接力器行程曲线为图 5-12 中红色点画线所示波形。

(2) 开机开度 1 段到 2 段切换时的机组频率 $f_{122}=35.0\text{ Hz}$,对应的开机过程的机组频率和接力器行程曲线为图 5-12 中黑色实线所示波形。

(3) 开机开度 1 段到 2 段切换时的机组频率 $f_{123}=40.0\text{ Hz}$,对应的开机过程的机组频率和接力器行程曲线为图 5-12 中蓝色虚线所示波形。

2. 仿真结果分析

(1) 由于调节对象是属于较小的 T_a 和较大的 T_w 的情况,故调速器的 PID 参数应该重新设定。

仿真 9 使用的调速器 PID 参数为,比例增益 $K_P=1.1$,积分增益 $K_I=0.11\ \text{s}^{-1}$,微分增益 $K_D=1.0\ \text{s}$;折算后的暂态转差系数 $b_t=0.91$,缓冲时间常数 $T_d=10.0\ \text{s}$,加速度时间常数 $T_n=0.90\ \text{s}$。所以,对应于机组惯性比率 R_I 大的被控制系统,开机过程适用的较好的调速器比例增益 K_P 和积分增益数值 K_I 都比机组惯性比率 R_I 小的调速器比例增益 K_P 和积分增益数值 K_I 要小。

(2) 3 种不同的开度 1 段到 2 段切换时的机组频率 f_{12} 对应的由接力器开机开度 1 段到 2 段切换的时间不同。3 种不同的开度 1 段到 2 段切换时的机组频率 f_{12} 对开机过程初期和中期的机组频率上升过程没有影响,均能满足开机特性的要求,其中以第 2 组($f_{122}=35\ \text{Hz}$,黑色实线所示波形)的开机特性较为理想。

5.2.11 接力器 2 段开机规律对机组开机特性影响仿真 10

仿真的结果如图 5-13 所示。

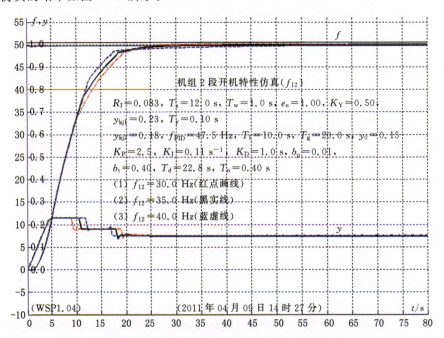

图 5-13 接力器开机开度 1 段到 2 段切换时的机组频率对机组开机特性影响的仿真 3(变化机组接力器空载开度 y_0)

仿真 10 的机组空载开度 $y_0=0.15$。对于一个水轮发电机组来说,机组的运行水头变化会导致机组接力器空载开度的改变。

仿真的目标参数是开机开度 1 段到 2 段切换时的机组频率 f_{12},选取了 3 个不同的数值进行仿真。

1. 仿真目标参数

接力器第 1 段开机开度 $y_{kj1}=0.23$,接力器第 2 段开机开度 $y_{kj2}=0.18$。

(1) 开机开度 1 段到 2 段切换时的机组频率 $f_{121}=30.0$ Hz,对应的开机过程的机组频率和接力器行程曲线为图 5-13 中红色点画线所示波形。

(2) 开机开度 1 段到 2 段切换时的机组频率 $f_{122}=35.0$ Hz 对应的开机过程的机组频率和接力器行程曲线为图 5-13 中黑色实线所示波形。

(3) 开机开度 1 段到 2 段切换时的机组频率 $f_{123}=40.0$ Hz 对应的开机过程的机组频率和接力器行程曲线为图 5-13 中蓝色虚线所示波形。

2. 仿真结果分析

仿真 10 和仿真 8 的被控制系统是一样的,所以使用的调速器 PID 参数是相同的,比例增益 $K_P=2.5$,积分增益 $K_I=0.11$ s^{-1},微分增益 $K_D=1.0$ s;折算后的暂态转差系数 $b_t=0.4$,缓冲时间常数 $T_d=22.8$ s,加速度时间常数 $T_n=0.4$ s。

(1) 由于机组接力器空载开度 y_0 明显减小时,必须相应改变接力器第 1 段开机开度 y_{kj1} 和接力器第 2 段开机开度 y_{kj2} 的设定,否则开机过程会出现幅度较大的超调,因此,为了使运用 2 段开机规律的机组在不同水头下都有较好的机组开机特性,必须采用适应式变参数的调节策略。也就是说,当机组运行水头变化时,接力器空载开度 y_0 会随之而变化,必须相应修改接力器第 1 段开机开度 y_{kj1} 和接力器第 2 段开机开度 y_{kj2}。

(2) 3 种不同的开度 1 段到 2 段切换时的机组频率 f_{12} 对开机过程初期和中期机组频率的上升过程没有影响,均能满足开机特性的要求,其中以第 2 组($f_{122}=35$ Hz,黑色实线所示波形)的开机特性较为理想。

5.3 水轮发电机组闭环开机特性仿真

所谓水轮发电机组的闭环开机,是指满足以下条件的开机。

(1) 一般选择闭环开机的最大接力器开机开度 $y_m=(1.5\sim 2.0)y_0$。y_0 是接力器空载开度。

(2) 开机时给出接力器开启的最大开机开度 y_m(开机过程中接力器不一定能够开启到最大开机开度 y_m)。

(3) 当机组频率进入到频率测量环节正常工作的范围时,就依靠机组频率测量环节和 PID 运算对机组开机过程进行闭环调节,直至机组到达空载运行工况。

在采用水轮发电机组闭环开机规律时,机组的开机过程分为 2 个阶段。第 1 阶段,微机调速器机组频率测量环节还不能正常工作,机组开机过程依靠最大接力器开机开度 y_m 的开环控制。电站运行经验和仿真结果表明,这时的接力器开度也有可能开启不到最大接力器开机开度 y_m。第 2 阶段,微机调速器机组频率测量环节工作正常,机组开机过程依靠调速器的 PID 闭环调节,其动态性能主要取决于调速器的 PID 参数选择。必须选择与被控制系统参数(机组惯性比率 R_I、机组水流惯性时间常数 T_w 和机组惯性时间常数 T_a)相适应的调速器 PID 参数。

采用水轮发电机组闭环开机规律时,要十分重视机组运行水头 H 的影响。特别是对于运行水头 H 变化很大的机组,除了要根据实际运行水头 H 调整第 1 段开机开度 y_{kj1} 和第 2 段开机开度 y_{kj2} 之外,还应该使用与实际运行水头 H 相适应的调速器 PID 参数,这就是通常所说的适应式变参数开机控制。

机组闭环开机可能会使机组频率上升速率(机组加速度)过大,此时要加入开机过程的加速度校正,以控制机组开机过程的机组频率上升速率,从而使开机过程趋于平缓。

5.3.1 闭环开机规律对机组开机特性影响仿真 1

图 5-14 所示为水轮发电机组闭环开机特性的仿真界面,界面上的变量或参数的数值可以设定、修改,所有变量或参数的数值将实时地反映在仿真结果(仿真曲线及参数)中,仿真结果如图 5-15 所示。仿真的目标参数是机组接力器最大开机开度 y_m,选取了 3 个不同的数值进行仿真。

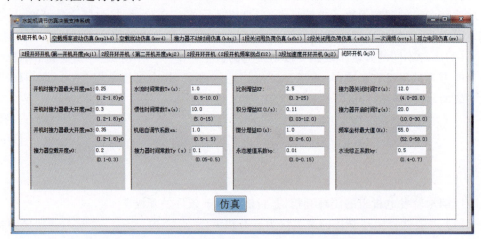

图 5-14 水轮发电机组闭环开机特性仿真界面

1. 仿真目标参数

(1) 机组接力器最大开机开度 $y_{m1}=0.25$,对应的开机过程的机组频率和接力器行程曲线为图 5-15 中红色点画线所示波形。

(2) 机组接力器最大开机开度 $y_{m2}=0.30$,对应的开机过程的机组频率和接力器行程曲线为图 5-15 中黑色实线所示波形。

(3) 机组接力器最大开机开度 $y_{m3}=0.35$,对应的开机过程的机组频率和接力器行程曲线为图 5-15 中蓝色虚线所示波形。

2. 仿真结果分析

(1) 仿真的被控系统参数为:机组惯性比率 $R_1=T_w/T_a=1/12=0.083$,机组惯性时间常数 $T_a=10.0$ s,水流惯性时间常数 $T_w=1.0$ s。采用的 PID 参数为:比例增益

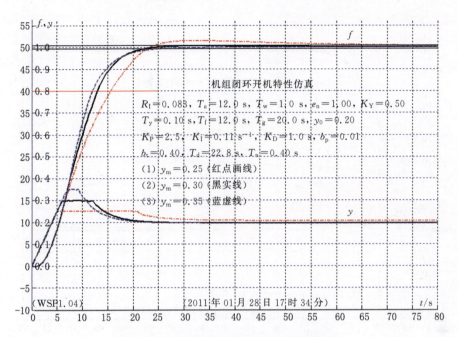

图 5-15 水轮发电机组闭环开机特性仿真 1

$K_P=2.5$,积分增益 $K_I=0.11\ \text{s}^{-1}$,微分增益 $K_D=1.0\ \text{s}$;折算后的暂态转差系数 $b_t=0.40$,缓冲时间常数 $T_d=22.8\ \text{s}$,加速度时间常数 $T_n=0.40\ \text{s}$。

(2) 3 种不同的机组接力器最大开机开度 y_m 对应的机组开机过程,从调速器频率测量正常后就在其 PID 调节下闭环运行,其开机特性均能满足要求,其中以第 2 组($y_m=0.30$,黑色实线所示波形)的开机特性较为理想。这充分说明,对于水轮发电机组闭环开机规律而言,机组接力器最大开机开度 y_m 对这种开机规律的性能影响不大。

(3) 开机过程中的接力器开度变化较小,而且接力器运动比较平稳。与机组 2 段接力器开机开度的开机规律相比,其开机过程中机组轴承受到的轴向水推力较小,机组压力引水管道的压力波动也较小。

(4) 机组接力器最大开机开度 y_m 较小,机组频率上升速度较慢,但是机组频率趋近额定频率的过程较快;机组接力器最大开机开度 y_m 较大,机组频率上升速度较快,机组频率趋于额定频率的过程较长。

5.3.2 闭环开机规律对机组开机特性影响仿真 2

仿真的结果如图 5-16 所示。仿真的目标参数是机组接力器最大开机开度 y_m,选取了 3 个不同的数值进行仿真。

仿真 2 的机组惯性比率 $R_I=0.400$,机组惯性时间常数 $T_a=7.5\ \text{s}$,水流时间常数 $T_w=3.0\ \text{s}$。仿真 2 的调速器 PID 参数与仿真 1 的调速器 PID 参数有很大的差别。

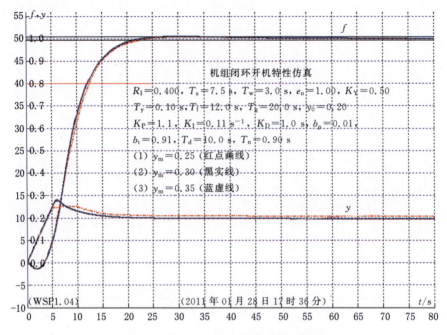

图 5-16 水轮发电机组闭环开机特性仿真 2

1. 仿真目标参数

(1) 机组接力器最大开机开度 $y_{m1}=0.25$,对应的开机过程的机组频率和接力器行程曲线为图 5-16 中红色点画线所示波形。

(2) 机组接力器最大开机开度 $y_{m2}=0.30$,对应的开机过程的机组频率和接力器行程曲线为图 5-16 中黑色实线所示波形。

(3) 机组接力器最大开机开度 $y_{m3}=0.35$,对应的开机过程的机组频率和接力器行程曲线为图 5-16 中蓝色虚线所示波形。

2. 仿真结果分析

仿真 2 的机组惯性比率 $R_1=0.400$,机组惯性时间常数 $T_a=7.5$ s,水流时间常数 $T_w=3.0$ s;使用的调速器 PID 参数为:比例增益 $K_P=1.1$,积分增益 $K_I=0.11$ s^{-1},微分增益 $K_D=1.0$;折算后的暂态转差系数 $b_t=0.91$,缓冲时间常数 $T_d=10.0$ s,加速度时间常数 $T_n=0.90$ s。所以,对应于机组惯性比率 R_1 大的被控制系统,开机过程较好的调速器比例增益 K_P 和积分增益 K_I 都比机组惯性比率 R_1 小的调速器的比例增益 K_P 和积分增益 K_I 要小。

(1) 3 种不同的机组接力器最大开机开度 y_m 对应的机组开机过程,从调速器频率测量正常后就在其 PID 调节下闭环运行,其开机特性均能满足要求,而且差别不大,这充分说明,对于水轮发电机组闭环开机规律而言,机组接力器最大开机开度 y_m 对这种开机规律的性能影响不大。

(2) 开机过程中的接力器开度变化较小,而且接力器运动比较平稳。与机组 2 段接力器开度的开机规律相比,其开机过程中机组轴承受到的轴向水推力较小,机组压力引水管道的压力波动也较小。

5.3.3 闭环开机规律对机组开机特性影响仿真3

仿真的结果如图 5-17 所示。仿真的目标参数是机组接力器最大开机开度 y_m,选取了 3 个不同的数值进行仿真。

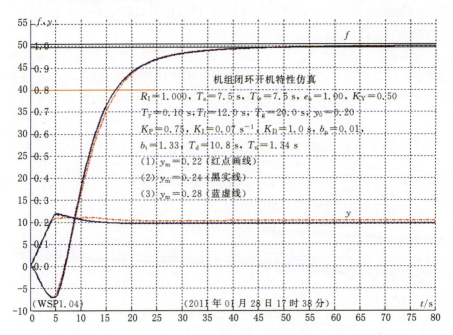

图 5-17 水轮发电机组闭环开机特性仿真3(变化机组参数 T_a 和 T_w)

仿真 3 的机组惯性比率 $R_I=1.000$,机组惯性时间常数 $T_a=7.5$ s,水流时间常数 $T_w=7.5$ s,属于较小的 T_a 和特别大的 T_w 的情况。仿真 3 的调速器 PID 参数与仿真 1 的调速器 PID 参数有很大差别。

1. 仿真目标参数

(1) 机组接力器最大开机开度 $y_{m1}=0.22$,对应的开机过程的机组频率和接力器行程曲线为图 5-17 中红色点画线所示波形。

(2) 机组接力器最大开机开度 $y_{m1}=0.24$,对应的开机过程的机组频率和接力器行程曲线为图 5-17 中黑色实线所示波形。

(3) 机组接力器最大开机开度 $y_{m1}=0.28$,对应的开机过程的机组频率和接力器行程曲线为图 5-17 中蓝色虚线所示波形。

2. 仿真结果分析

仿真 3(见图 5-17)的机组惯性比率 $R_I=1.000$,机组惯性时间常数 $T_a=7.5$ s,水流时间常数 $T_w=7.5$ s;使用的调速器 PID 参数为,比例增益 $K_P=0.75$,积分增益 K_I

$=0.07$ s^{-1},微分增益 $K_D=1.0$ s;折算后的暂态转差系数 $b_t=1.33$,缓冲时间常数 $T_d=10.8$ s,加速度时间常数 $T_n=1.34$ s。所以,对应于机组惯性比率 R_I 大的被控制系统,其开机过程适用较好的调速器比例增益 K_P 和积分增益 K_I 都比机组惯性比率 R_I 小的调速器比例增益 K_P 和积分增益 K_I 要小。

(1) 3 种不同的机组接力器最大开机开度 y_m 对应的机组开机过程从调速器频率测量正常后就在其 PID 调节下闭环运行,其开机特性均能满足要求,而且差别不大,这充分说明,对于水轮发电机组闭环开机规律而言,机组接力器最大开机开度 y_m 的数值对这种开机规律的性能影响不大。

(2) 开机过程中的接力器开度变化较小,而且接力器运动比较平稳。与机组 2 段接力器开开度的开机规律相比,采用机组闭环开机规律的开机过程,其开机过程中机组轴承受到的轴向水推力较小,轴承轴向水推力和机组压力引水管道的压力波动也较小。

5.3.4 闭环开机规律对机组开机特性影响仿真 4

仿真的结果如图 5-18 所示。仿真的比较参数(目标参数)是机组接力器最大开机开度 y_m,对此选取了 3 个数值进行仿真。

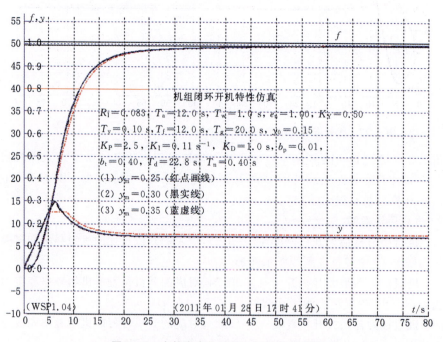

图 5-18 水轮发电机组闭环开机特性仿真 4

仿真 1 与仿真 4 的差别在于:仿真 1(见图 5-15)的机组空载开度 $y_0=0.20$,仿真 4(见图 5-18)的机组空载开度 $y_0=0.15$。

1. 仿真目标参数

（1）机组接力器最大开机开度 $y_{m1}=0.25$，对应的开机过程的机组频率和接力器行程曲线为图 5-18 中红色点画线所示波形。

（2）机组接力器最大开机开度 $y_{m1}=0.30$，对应的开机过程的机组频率和接力器行程曲线为图 5-18 中黑色实线所示波形。

（3）机组接力器最大开机开度 $y_{m1}=0.35$，对应的开机过程的机组频率和接力器行程曲线为图 5-18 中蓝色虚线所示波形。

2. 仿真结果分析

仿真 4 和仿真 1 的被控制系统是一样的，所以使用的调速器 PID 参数是相同的，比例增益 $K_P=2.5$，积分增益 $K_I=0.11\ s^{-1}$，微分增益 $K_D=1.0\ s$；折算后的暂态转差系数 $b_t=0.40$，缓冲时间常数 $T_d=22.8\ s$，加速度时间常数 $T_n=0.4\ s$。

3 种不同的机组接力器最大开机开度 y_m 对应的机组开机过程从调速器频率测量正常后就在其 PID 调节下闭环运行，其开机特性均能满足要求，而且差别不大。这充分说明，对于水轮发电机组闭环开机规律而言，机组接力器最大开机开度 y_m 的数值对这种开机规律的性能影响不大。

5.4 水轮发电机组 3 段等加速度闭环开机特性仿真

在水轮发电机组 3 段等加速度闭环开机规律中，调速器接到机组开机指令后，就将接力器开启至接力器的启动开度 y_{qd}，此后即按照机组频率 $0\sim f_1$、$f_1\sim f_2$ 和 $f_2\sim f_3$ 等 3 个区间通过微机控制器控制导叶开度，使机组加速度相应为 a_1、a_2、a_3，实现机组快速、近似单调的开启过程。当机组频率达到 f_{PID} 时，调速器转入空载运行工况。

这个仿真平台实际上可以实现水轮发电机组 3 段等加速度闭环开机规律、水轮发电机组 2 段等加速度闭环开机规律和水轮发电机组 1 段等加速度闭环开机规律等多种机组开机规律的仿真。水轮发电机组 3 段等加速度闭环开机规律是水轮机调节系统开机规律今后的主要发展方向。

实现开机过程中机组加速度控制的要点如下。

（1）选择 3 段等加速度闭环开机的接力器启动开度 y_{qd}。一般 $y_{qd}=(1.5\sim2.0)y_0$，y_0 是接力器空载开度。仿真结果表明，这时的接力器开度也有可能达不到最大接力器启动开度 y_{qd}。

（2）微机控制器机组频率测量环节工作正常后，根据机组频率测量结果计算出机组开机过程的实时加速度 $a(t)$。

（3）计算机组开机过程给定的加速度 $a_i(i=1,2,3)$ 与实测机组加速度的偏差 $\Delta a_i(t)=a_i(t)-a(t)$。

(4)选择合适的加速度控制的比例增益 K_{jsp} 和积分增益 K_{jsi},对机组开机过程中的加速度偏差进行比例和积分(PI)运算,得到根据加速度偏差计算得到的接力器开度的机组加速度修正增量 $\Delta y_{js}(t)$。

(5)用机组加速度修正增量 $\Delta y_{js}(t)$ 对接力器开度进行调节,从而实现开机过程中的机组加速度闭环控制。

(6)采用水轮发电机组 3 段等加速度闭环开机律时,要十分重视机组运行水头 H 的影响。特别是对于运行水头 H 变化很大的机组,应该使用与实际运行水头 H 相适应的调速器 PID 参数,即适应式变参数。

水轮发电机组 3 段等加速度开机规律是一种新型的开机规律,它的出现是有的水轮发电机组出于机械强度或其他因素的考虑,要求在开机过程中分段限制机组频率的上升速度(即加速度),从而使机组开机过程有明显的快、中、慢 3 个机组转速上升过程。水轮发电机组 3 段等加速度开机规律不需设置 2 个接力器开机开度,只需要设置接力器的启动开度 y_{qd} 即可。

水轮发电机组带有机组 3 段等加速度限制的开机规律,又可以称为带有开机过程机组 3 段等加速度校正的水轮发电机组闭环开机规律,可以实现水轮发电机组 3 段等加速度闭环开机规律、水轮发电机组 2 段等加速度闭环开机规律和水轮发电机组 1 段等加速度闭环开机规律等多种机组开机方式,这是今后水轮机调节系统开机规律的主要发展方向。

5.4.1　3 段等加速度开机规律对机组开机特性影响仿真 1

图 5-19 所示为水轮发电机组 3 段等加速度开机特性影响的仿真界面,界面上的变量或参数的数值可以设定、修改,所有变量或参数将实时地反映在仿真结果(仿真曲线

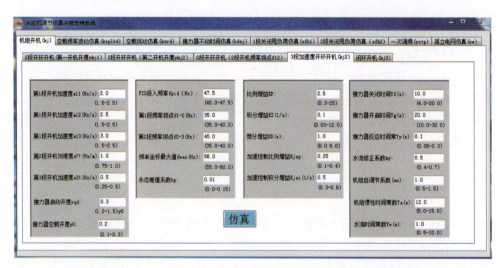

图 5-19　水轮发电机组 3 段等加速度闭环开机特性仿真界面

及参数)中。仿真1(见图5-20)的机组惯性比率 $R_1=0.083$,机组惯性时间常数 $T_a=12.0\text{ s}$,水流时间常数 $T_w=1.0\text{ s}$。仿真的结果如图5-20所示。仿真的比较参数(目标参数)是机组第1段机组加速度 a_1,选取了3个数值进行仿真。

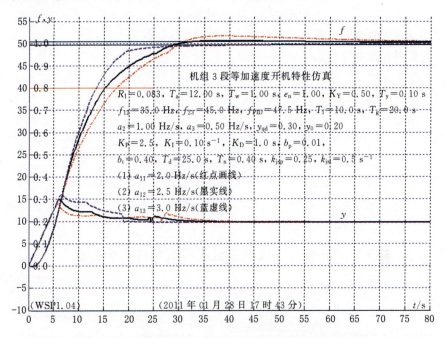

图5-20 水轮发电机组3段等加速度闭环开机特性仿真1

1. 仿真目标参数

(1) 机组第1段机组加速度 $a_{11}=2.0\text{ Hz}$,接力器启动开机开度 $y_{qd}=0.30$,对应的开机过程的机组频率和接力器行程曲线为图5-20中红色点画线所示波形。

(2) 机组第1段机组加速度 $a_{12}=2.5\text{ Hz}$,接力器第2段开机开度 $y_{qd}=0.30$,对应的开机过程的机组频率和接力器行程曲线为图5-20中黑色实线所示波形。

(3) 机组第1段机组加速度 $a_{13}=3.0\text{ Hz}$,接力器第2段开机开度 $y_{qd}=0.30$,对应的开机过程的机组频率和接力器行程曲线为图5-20中蓝色虚线所示波形。

2. 仿真结果分析

该仿真使用的调速器PID参数是,比例增益 $K_P=2.5$,积分增益 $K_I=0.10\text{ s}^{-1}$,微分增益 $K_D=1.0\text{ s}$;折算后的暂态转差系数 $b_t=0.40$,缓冲时间常数 $T_d=25.0\text{ s}$,加速度时间常数 $T_n=0.40\text{ s}$。

(1) 开机过程中的机组频率波形较明显地呈现3段不同的机组加速度动态过程。3种不同的机组第1段机组加速度 a_1 对应的机组开机过程均能满足开机特性的要求,其中以第2组($a_{12}=2.5\text{ Hz}$,黑色实线所示波形)的开机特性较为理想。

(2) 除了接力器开机参数和调速器PID参数有区别之外,2段接力器开度开机规律仿真1(见图5-2)和机组闭环开机仿真1(见图5-20)的仿真参数都是相同的。

比较图 5-2 和图 5-20 中接力器行程的波形可以看出,2 段接力器开度开机规律下的接力器行程曲线(见图 5-2)有较为明显的接力器行程的 3 个台阶数值(接力器第 1 开机开度 y_{kj1}、接力器第 2 段开机开度 y_{kj2} 和接力器空载开度 y_0),接力器行程动作幅度较大。3 段等加速度开机规律下的接力器行程曲线中接力器行程波形较连续,而且平滑地过渡至接力器空载开度 y_0,开机过程中的接力器行程最大值还有可能小于仿真给定的接力器启动开度 y_{qd}。

(3) 开机过程中的接力器开度变化小,而且接力器运动平稳。与机组 2 段接力器开度的开机规律相比,采用 3 段等加速度开机规律的开机过程时,开机过程中机组轴承受到的轴向水推力较小,轴承轴向水推力和机组压力引水管道的压力波动也较小。

(4) 机组第 1 段机组加速度 a_1 较小,接力器最大开启开度小,但是在开机过程后期,可能产生频率超调现象;机组第 1 段机组加速度 a_1 较大,接力器最大开启开度较大,但是在开机过程后期,机组频率趋近额定频率反而缓慢;在机组频率 $f_{PID}=47.5$ Hz (大于 f_{23})时,调速器 PID 调节投入,水轮机调节系统在闭环运行,水轮发电机组进入空载运行状态。

5.4.2 3 段等加速度开机规律对机组开机特性影响仿真 2

仿真 2 的结果如图 5-21 所示。

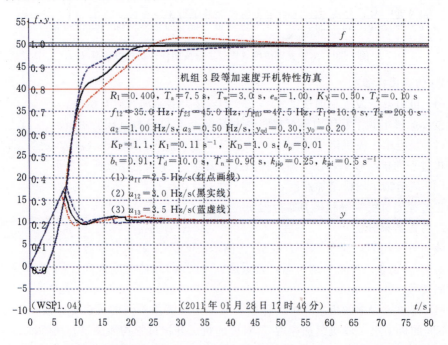

图 5-21 水轮发电机组 3 段等加速度闭环开机特性仿真 2(变化机组参数 T_a 和 T_w)

仿真 2 的机组惯性比率 $R_I=0.400$,机组惯性时间常数 $T_a=7.5$ s,水流时间常数

$T_w=3.0$ s,是属于较小的 T_a 和较大的 T_w 的情况。所以,仿真 2 的调速器 PID 参数与仿真 1 的调速器 PID 参数有很大的差别。

1. 仿真目标参数

(1) 机组第 1 段机组加速度 $a_{11}=2.5$ Hz,接力器启动开机开度 $y_{qd}=0.30$,对应的开机过程的机组频率和接力器行程曲线为图 5-21 中红色点画线所示波形。

(2) 机组第 1 段机组加速度 $a_{12}=3.0$ Hz,接力器启动开机开度 $y_{qd}=0.30$,对应的开机过程的机组频率和接力器行程曲线为图 5-21 中黑色实线所示波形。

(3) 机组第 1 段机组加速度 $a_{13}=3.5$ Hz,接力器启动开机开度 $y_{qd}=0.30$,对应的开机过程的机组频率和接力器行程曲线为图 5-21 中蓝色虚线所示波形。

2. 仿真结果分析

仿真 1 的机组惯性比率 $R_I=0.100$,机组惯性时间常数 $T_a=10.0$ s,水流时间常数 $T_w=1.0$ s;仿真 2 的机组惯性比率 $R_I=0.4$,机组惯性时间常数 $T_a=7.5$ s,水流时间常数 $T_w=3.0$ s;使用的调速器 PID 参数为,比例增益 $K_P=1.1$,积分增益 $K_I=0.11$ s^{-1},微分增益 $K_D=1.0$;折算后的暂态转差系数 $b_t=0.91$,缓冲时间常数 $T_d=10.0$ s,加速度时间常数 $T_n=0.90$ s。所以,对应于机组惯性比率 R_I 大的被控制系统,开机过程适用的较好的调速器比例增益 K_P 和积分增益数值 K_I 都比机组惯性比率 R_I 小的调速器比例增益 K_P 和积分增益 K_I 要小。

(1) 开机过程中的机组频率波形较明显地呈现与 3 段不同的机组加速度对应的开机动态过程,3 种不同的机组第 1 段机组加速度 a_1 对应的机组开机过程均能满足开机特性的要求,第 2 组($a_{12}=2.5$ Hz,黑色实线所示波形)开机特性较为理想。

(2) 机组第 1 段机组加速度 a_1 较小,则接力器最大开启开度小,机组频率第 1 段的上升速度较慢,接力器最大开启开度较小,但是在开机过程后期,可能产生频率超调现象;机组第 1 段机组加速度 a_1 大,机组频率第 1 段的上升速度较快,但是在开机过程后期趋近额定频率的速度反而缓慢;在机组频率 $f_{PID}=47.5$ Hz(大于 f_{23})时调速器 PID 调节投入,水轮机调节系统在闭环运行。

(3) 开机过程中接力器的开度变化小,而且运动平稳。与机组 2 段接力器开度的开机规律相比,在机组 3 段等加速度开机规律的开机过程中,机组轴承受到的轴向水推力较小,轴承机组压力引水管道的压力波动也较小。

5.4.3 3 段等加速度开机规律对机组开机特性影响仿真 3

该仿真的水轮发电机组接力器空载开度 $y_0=0.15$,机组惯性比率 $R_I=T_w/T_a=1.0/10.0=0.083$。

对于一个水轮发电机组来说,机组的运行水头变化会导致机组接力器空载开度的改变。

仿真的结果如图 5-22 所示。仿真 3 的机组空载开度 $y_0=0.15$。

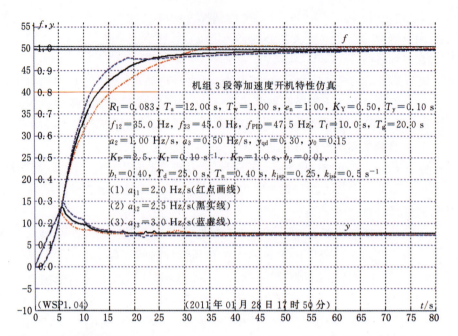

图 5-22　水轮发电机组 3 段等加速度闭环开机特性仿真 3（变化机组接力器空载开度 y_0）

1. 仿真目标参数

（1）机组第 1 段机组加速度 $a_{11}=2.0$ Hz，接力器启动开机开度 $y_{qd}=0.30$，对应的开机过程的机组频率和接力器行程曲线为图 5-22 中红色点画线所示波形。

（2）机组第 1 段机组加速度 $a_{12}=2.5$ Hz，接力器启动开机开度 $y_{qd}=0.30$，对应的开机过程的机组频率和接力器行程曲线为图 5-22 中黑色实线所示波形。

（3）机组第 1 段机组加速度 $a_{13}=3.0$ Hz，接力器启动开机开度 $y_{qd}=0.30$，对应的开机过程的机组频率和接力器行程曲线为图 5-22 中蓝色虚线所示波形。

仿真 3 和仿真 1 的被控制系统是相同的，所以使用的调速器 PID 参数是一样的，比例增益 $K_P=2.5$，积分增益 $K_I=0.10$ s^{-1}，微分增益 $K_D=1.0$ s；折算后的暂态转差系数 $b_t=0.40$，缓冲时间常数 $T_d=25.0$ s，加速度时间常数 $T_n=0.40$ s。

2. 仿真结果分析

（1）开机过程中的机组频率波形较明显地呈现 3 段不同的机组加速度动态过程。虽然机组运行水头的变化引起机组接力器空载开度变化，但 3 种不同的机组第 1 段机组加速度 a_1 对应的机组开机过程均能满足开机特性的要求，其中以第 1 组（$a_{11}=2.0$ Hz，红色点画线所示波形）的开机特性较为理想。

（2）机组第 1 段机组加速度 a_1 较小，接力器最大开启开度小，机组频率第 1 段的上升速度较慢，接力器最大开启开度小，但是在开机过程后期，可能产生频率超调现象；机组第 1 段机组加速度 a_1 较大，机组频率第 1 段的上升速度较快，但是在开机过程后期趋近额定频率的速度反而缓慢；在机组频率为 $f_{PID}=47.5$ Hz（大于 f_{23}）时，调速器

PID 调节投入并在闭环运行。

5.4.4 3 段等加速度开机规律对机组开机特性影响仿真 4

仿真结果如图 5-23 所示。仿真 4 的调速器 PID 调节投入频率 $f_{PID}=45.0$ Hz，等于机组第 2 段和第 3 段加速度切换频率 $f_{23}=45.0$ Hz，这样相当于开机过程实际上只控制了机组第 1 段加速度和机组第 2 段加速度，机组第 3 段加速度控制不起作用。

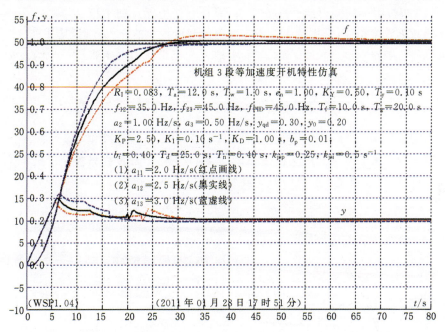

图 5-23　水轮发电机组 3 段等加速度闭环开机特性仿真 4
（2 段机组等加速度控制，$f_{PID}=f_{23}$）

1. 仿真目标参数

（1）机组第 1 段机组加速度 $a_{11}=2.0$ Hz，对应的开机过程的机组频率和接力器行程曲线为图 5-23 中红色点画线所示波形，接力器启动开度 $y_{qd}=0.30$。

（2）机组第 1 段机组加速度 $a_{12}=2.5$ Hz，对应的开机过程的机组频率和接力器行程曲线为图 5-23 中黑色实线所示波形，接力器启动开度 $y_{qd}=0.30$。

（3）机组第 1 段机组加速度 $a_{13}=3.0$ Hz，对应的开机过程的机组频率和接力器行程曲线为图 5-23 中蓝色虚线所示波形，接力器启动开度 $y_{qd}=0.30$。

2. 仿真结果分析

仿真 4 和仿真 1 的被控制系统是相同的，所以使用的调速器 PID 参数是一样的，比例增益 $K_P=2.5$，积分增益 $K_I=0.10$ s^{-1}，微分增益 $K_D=1.0$ s；折算后的暂态转差系数 $b_t=0.40$，缓冲时间常数 $T_d=25.0$ s，加速度时间常数 $T_n=0.40$ s。

（1）开机过程中的机组频率波形较明显地呈现 2 段不同的机组开环加速度动态过

程,其中以第 2 组($a_{12}=2.5$ Hz,黑色实线所示波形)的开机特性较为理想。

(2) 机组第 1 段机组加速度 a_1 较小,接力器最大开启开度小,机组频率第 1 段的上升速度较慢,接力器最大开启开度大,但是在开机过程后期,可能产生频率超调现象;机组第 1 段机组加速度 a_1 较大,机组频率第 1 段的上升速度较快,但是在开机过程后期趋近额定频率的速度反而缓慢;在机组频率 $f_{PID}=f_{23}=45.0$ Hz 时调速器 PID 调节投入并在闭环运行。

(3) 开机过程中的接力器开度变化小,而且有接力器运动平稳。与机组 2 段接力器开度的开机规律相比,采用机组 3 段等加速度开机规律的开机过程,其开机过程中机组轴承受到的轴向水推力较小,轴承轴向水推力和机组压力引水管道的压力波动也较小。

5.4.5 3 段等加速度开机规律对机组开机特性影响仿真 5

仿真结果如图 5-24 所示。仿真 5 的调速器 PID 调节投入频率 $f_{PID}=35.0$ Hz,等于机组第 1 段和第 2 段加速度切换频率 $f_{12}=35.0$ Hz,开机过程只控制了机组第 1 段加速度,机组第 2 段加速度和机组第 3 段加速度控制不起作用。

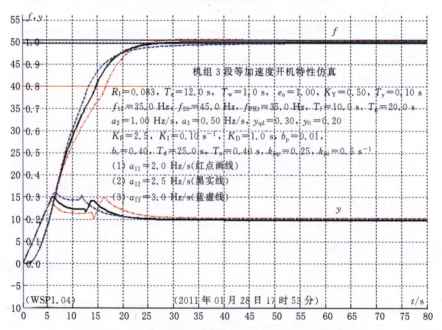

图 5-24 水轮发电机组 3 段等加速度开机闭环特性仿真 5
(1 段机组等加速度控制,$f_{PID}=F_{12}$)

1. 仿真目标参数

(1) 机组第 1 段机组加速度 $a_{11}=2.0$ Hz,对应的开机过程的机组频率和接力器行程曲线为图 5-24 中红色点画线所示波形,接力器启动开度 $y_{qd}=0.30$。

(2) 机组第 1 段机组加速度 $a_{12}=2.5$ Hz,对应的开机过程的机组频率和接力器行程曲线为图 5-24 中黑色实线所示波形,接力器启动开度 $y_{qd}=0.30$。

(3) 机组第 1 段机组加速度 $a_{13}=3.0$ Hz,对应的开机过程的机组频率和接力器行程曲线为图 5-24 中蓝色虚线所示波形,接力器启动开度 $y_{qd}=0.30$。

2. 仿真结果分析

仿真 4 和仿真 1 的被控制系统是相同的,所以使用的调速器 PID 参数是一样的。

这一组的机组开机仿真特性展示出了较为理想的机组开机特性,它既能限制机组开机初期的机组加速度,又较早地进入了 PID 闭环调节,是值得提倡的开机规律。

5.4.6 3 段等加速度开机规律对机组开机特性影响仿真 6

仿真 6 的水轮发电机组接力器空载开度=0.20,机组惯性比率 $R_I=T_w/T_a=1.0/10.0=0.083$(1 段机组等加速度控制,$f_{PID}<f_{12}$)。

仿真结果如图 5-25 所示。仿真 6 的调速器 PID 调节投入频率 $f_{PID}=20.0$ Hz,小于机组第 1 段和第 2 段加速度切换频率 $f_{12}=35.0$ Hz,开机过程只是部分地控制了机组第 1 段加速度,机组第 2 段加速度和机组第 3 段加速度控制不起作用。

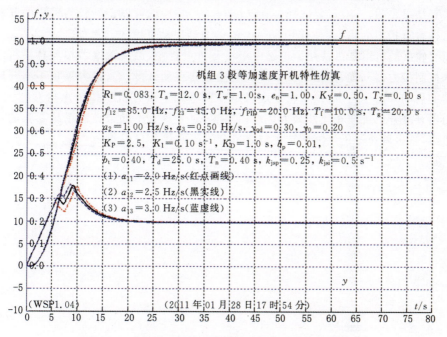

图 5-25 水轮发电机组 3 段等加速度开机闭环特性仿真 6
(1 段机组等加速度控制,$f_{PID}<f_{12}$)

1. 仿真目标参数

(1) 机组第 1 段机组加速度 $a_{11}=2.0$ Hz,对应的开机过程的机组频率和接力器行程曲线为图 5-25 中红色点画线所示波形,接力器启动开度 $y_{qd}=0.30$。

(2) 机组第 1 段机组加速度 $a_{12}=2.5$ Hz,对应的开机过程的机组频率和接力器行程曲线为图 5-25 中黑色实线所示波形,接力器启动开度 $y_{qd}=0.30$。

(3) 机组第 1 段机组加速度 $a_{13}=3.0$ Hz,对应的开机过程的机组频率和接力器行程曲线为图 5-25 中蓝色虚线所示波形,接力器启动开度 $y_{qd}=0.30$。

2. 仿真结果分析

仿真 6 和仿真 1 的被控制系统是相同的,所以使用的调速器 PID 参数是一样的,比例增益 $K_P=2.5$,积分增益 $K_I=0.10\ s^{-1}$,微分增益 $K_D=1.0\ s$;折算后的暂态转差系数 $b_t=0.40$,缓冲时间常数 $T_d=25.0\ s$,加速度时间常数 $T_n=0.40\ s$。

(1) 由于调速器 PID 调节投入频率 $f_{PID}=20.0$ Hz,小于机组第 1 段和第 2 段加速度切换频率 $f_{12}=35.0$ Hz,机组基本上就是在闭环开机规律下运行。开机过程特性优良,但是,开机过程中的 3 组不同加速度限制值(a_1)对机组开机初期的机组加速度影响不明显,这对于要求开机初期机组有加速度限制的情况不适用。

(2) 开机过程中接力器开度变化小,而且运动平稳。与机组 2 段接力器开度开机规律相比,采用机组 3 段等加速度开机规律的开机过程中机组轴承受到的轴向水推力较小,机组压力引水管道的压力波动也较小。

仿真结果表明,一般只要选择 $y_{qd}=(1.6\sim2.0)y_o$,就可以得到较为理想的开机过程。值得着重指出的是,即使选用了过大的接力器启动开度 y_{qd}(例如 $y_{qd}=2.5y_o$),仍然可以有较好的机组开机特性。这是由于在开机过程中,微机调速器按照各段机组加速度来控制接力器开度,即使设置了较大的接力器启动开度 y_{qd},接力器也不会开启到接力器的启动开度 y_{qd}。这是水轮发电机组 3 段等加速度开机规律与水轮发电机组 2 段接力器开度开机规律相比的最大优点。当然,对于具有不同被控制系统参数的水轮发电机组,微机调速器仍然需要选用与之适合的调速器 PID 参数。

第6章 水轮机调节系统空载频率波动特性仿真及分析

6.1 水轮发电机组空载频率波动特性

水轮发电机组空载频率波动试验用来检查水轮机发电机组在空载工况运行时，水轮机调节系统稳定性能和快速、单调趋近于稳定值的动态性能。一般在现场必须进行此项试验，以此用来确定调速器空载工况下较好的PID参数，以保证被控制的水轮发电机组快速地同期并网。

GB/T 9652.1—2007《水轮机控制系统技术条件》有关机组空载转速摆动（机组空载频率波动）性能的规定如下。

（1）水轮发电机组应能在手动各种工况下稳定运行。在手动空载工况（发电机励磁在自动方式下工作）运行时，水轮发电机组频率摆动相对值对于大型调速器，不超过±0.2%；对于中、小型和特小型调速器，均不超过±0.3%。

（2）调速器应保证机组在各种工况和运行方式下的稳定性。在空载工况自动运行时，施加一个阶跃转速指令信号，观察过渡过程，以便选择调速器的运行参数。待稳定后记录频率摆动相对值，这对于大型调速器，不超过±0.15%，对于中、小型调速器，不超过±0.25%，对于特小型调速器，不超过±0.3%。如果机组手动空载频率摆动相对值大于规定值，其自动空载频率摆动相对值不得大于相应手动空载频率摆动相对值。

在工程实际中，一般用水轮发电机组空载频率波动（绝对）值的峰-峰值来表示等效的水轮发电机组（空载）频率摆动相对值。水轮发电机组频率摆动相对值对于大型调速器，不超过±0.2%，对于额定频率为50 Hz的电网，频率摆动相对值±0.2%折算成机组频率摆动的峰-峰值为0.2 Hz；对于额定频率为60 Hz的电网，频率摆动相对值±0.2%折算成机组频率摆动的峰-峰值为0.24 Hz。"水轮发电机组频率摆动相对值，对于中、小型和特小型调速器，不超过±0.3%"，对于额定频率为50 Hz的电网，频率摆动相对值±0.3%折算成机组频率摆动的峰-峰值为0.3 Hz；对于额定频率为60 Hz的电网，频率摆动相对值±0.3%折算成机组频率摆动的峰-峰值为0.36 Hz。

GB/T 9652.2—2007《水轮机控制系统试验规程》有关机组空载频率摆动试验的规定如下。

（1）手动方式空载工况下，用自动记录仪记录机组3～5 min的转速摆动情况，量取有大致固定周期的频率摆动幅值;重复三次,取其平均值。

(2) 自动方式空载工况下,对调速系统施加阶跃频率扰动,记录机组频率、接力器行程等的过渡过程,选取频率摆动值和超调量较小、波动次数少、稳定快的一组调节参数,提供空载运行使用。在该组调节参数下,用自动记录仪记录机组 3~5 min 的频率摆动情况,量取有大致固定周期的频率摆动幅值;重复 3 次,取其平均值。

图 6-1 所示为某水电站水轮机调节系统空载频率波动实测特性,从图中波形可以看出,机组频率波动是无规律的。

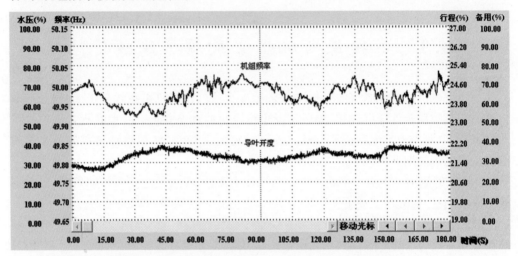

图 6-1　某水电站水轮机调节系统空载频率波动实测特性

采用水轮机调节系统仿真软件对水轮机调节系统的空载频率波动特性进行仿真时,先设定调速器机械手动工况下的机组频率波动数值及波形,然后再用自动工况下调速器参数和被控制系统参数对水轮机调节系统的空载频率波动特性进行仿真。

在本章的仿真结果中,品红色波形是调速器机械手动工况下的机组频率波动曲线。对接力器运动过程中起到速率限制的接力器开启时间 T_g 和接力器关闭时间 T_f,对接力器运动过程中起到极端位置限制的接力器完全开启位置($y=1.0$)和接力器完全关闭位置($y=0$)等,是接力器运动过程中的主要非线性因素。如果按照水轮机调节系统运行和试验中的动态过程中,接力器运动是否进入了上述接力器的非线性区域,来划分水轮机调节系统动态过程特征,可以将水轮机调节系统运行和试验中的动态过程划分为大波动(大扰动)动态过程和小波动(小扰动)动态过程等两种。水轮机调节系统空载频率波动特性具有小波动特征的动态过程。

(1) 水轮机导水机构滞环对水轮发电机组空载频率波动特性影响仿真;

(2) 调速器电液随动系统死区对水轮发电机组空载频率波动特性影响仿真;

(3) 调速器比例增益对水轮发电机组空载频率波动特性影响仿真;

(4) 调速器积分增益对水轮发电机组空载频率波动特性影响仿真;

(5) 调速器微分增益对水轮发电机组空载频率波动特性影响仿真；
(6) 调速器 PID 参数对水轮发电机组空载频率波动特性影响仿真；
(7) 接力器响应数间常数对水轮发电机组空载频率波动特性影响仿真；
(8) 水轮发电机参数对水轮发电机组空载频率波动特性影响仿真。

水轮机调节系统在手动工况下的机组频率波动特性，一般是非周期性、波动幅值较小和缓慢地波动。在以下的水轮发电机组空载频率波动特性的仿真中，可以给定一个水轮机调节系统在手动工况下机组频率波动峰-峰值（品红色曲线），再检查水轮机调节系统自动工况下机组空载频率波动的峰-峰值。

6.2 水轮机导水机构滞环对水轮发电机组空载频率波动特性影响仿真

水轮机导水机构滞环（Backlash），是指从接力器到水轮机导叶之间的传动间隙和弹性变形引起的滞环特性，其中之一是水轮机导水机构从开启方向转到关闭方向产生的传动机构间隙特性，或者是水轮机导水机构从关闭方向转到开启方向产生的传动机构间隙特性，包括采用刚度不够的钢管作为调速轴时，接力器从开启方向转到关闭方向或从关闭方向转到开启方向时，调速轴产生扭曲变形而产生的间隙特性。

图 6-2 所示为水轮机导水机构滞环对机组空载频率波动特性影响的仿真界面，界面上的变量或参数可以设定、修改，所有变量或参数的数值将一一对应反映在仿真结果（仿真曲线及参数）中，仿真的结果如图 6-3 所示。仿真的比较参数（目标参数）是水轮机导水机构滞环，选取了 3 个数值进行仿真。

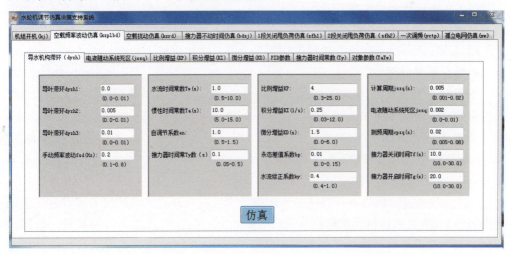

图 6-2 水轮机导水机构滞环对机组空载频率波动特性影响仿真界面

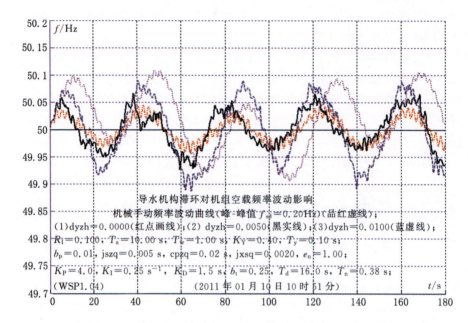

图 6-3　水轮机导水机构滞环对机组空载频率波动特性影响仿真 1

1. 仿真目标参数

（1）水轮机导水机构滞环 $dyzh_1=0.0000$，对应的开机过程的机组频率的图形为图中红色点画线所示波形，机组空载手动频率波动 $f_{sd}=0.2$ Hz。

（2）水轮机导水机构滞环 $dyzh_2=0.0050$，对应的开机过程的机组频率的图形为图中黑色实线所示波形，机组空载手动频率波动 $f_{sd}=0.2$ Hz。

（3）水轮机导水机构滞环 $dyzh_3=0.0100$，对应的开机过程的机组频率的图形为图中蓝色虚线所示波形，机组空载手动频率波动 $f_{sd}=0.2$ Hz。

（4）品红色曲线是调速器机械手动工况下的机组频率波动曲线。

2. 仿真结果分析

被控制系统参数为，机组惯性比率 $R_1=0.1$，机组惯性时间常数 $T_a=10.0$ s，水流时间常数 $T_w=1.0$ s，水流修正系数 $K_Y=0.4$，机组自调节系数 $e_n=1.0$。

调速器 PID 参数为：比例增益 $K_P=4.0$，积分增益 $K_I=0.25$ s^{-1}，微分增益 $K_D=1.5$ s；折算的暂态转差系数 $b_t\approx0.25$，缓冲时间常数 $T_d\approx16.0$ s，加速度时间常数 $T_n\approx0.38$ s。

（1）水轮机导水机构滞环特性是水轮机导水机构从开启方向转到关闭方向产生的间隙特性，或者是水轮机导水机构从关闭方向转到开启方向产生的间隙特性。在同一组调速器参数及被控制系统其他参数相同的情况下，不同的水轮机导水机构滞环所对应的自动工况机组空载频率波动值不同；总的趋势是，随着水轮机导水机构滞环的加大，自动工况机组空载频率波动值加大。所以，在水轮机安装时应该尽量减小传动机构之间的间隙，设计调速轴时也应该注意选用合适的材料和恰当的力学刚性，以尽量减小水轮机导水机构的滞环。

（2）第1个水轮机导水机构滞环 $dyzh_1 = 0.0000$，对应的机组空载自动工况的频率波动值为 0.085 Hz（机组转速摆动相对值为 ±0.085%，红色点画线所示波形），满足 GB/T 9652.1—2007《水轮机控制系统技术条件》对大型调速器的规定。

（3）第2个水轮机导水机构滞环 $dyzh_2 = 0.0050$，对应的机组空载自动工况的频率波动值为 0.145 Hz（机组转速摆动相对值为 ±0.145%，黑色实线所示波形），满足 GB/T 9652.1—2007《水轮机控制系统技术条件》对大型调速器的规定。

（4）第3个水轮机导水机构滞环 $dyzh_3 = 0.0100$，对应的机组空载自动工况的频率波动值为 0.21 Hz（机组转速摆动相对值为 ±0.21%，蓝色虚线所示波形），满足 GB/T 9652.1—2007《水轮机控制系统技术条件》对中、小型和特小型调速器的规定，但不满足对大型调速器的规定。

6.3 调速器电液随动系统死区对水轮发电机组空载频率波动特性影响仿真

调速器电液随动系统死区，是指在调速器电液随动系统中，由机械传动死区和主配压阀搭接量等产生的死区。从微机调速器整体上来说，还可以把微机控制器 D/A（数/模）转换模块的分辨率包括在内。

图 6-4 所示为调速器电液随动系统死区对机组空载频率波动特性影响的仿真界面，界面上的变量或参数的数值可以设定、修改，所有变量或参数的数值将一一对应地反映在仿真结果（仿真曲线及参数）中，仿真的结果如图 6-5 所示。仿真的比较参数（目

图 6-4 调速器电液随动系统死区对机组空载频率波动特性影响仿真界面

标参数)是调速器电液随动系统死区,并选取了3个不同的数值进行仿真。

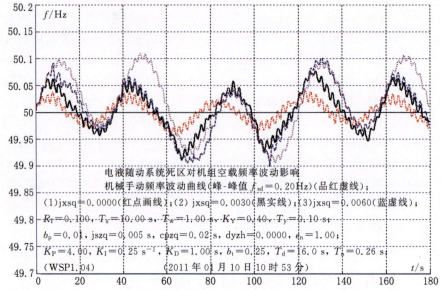

图 6-5 调速器电液随动系统死区对机组空载频率波动特性影响仿真

1. 仿真目标参数

(1) 调速器电液随动系统死区 $jxsq_1=0.0000$,对应的机组空载频率波动特性的机组频率的图形为图 6-5 中红色点画线所示波形,机组空载手动频率波动 $f_{sd}=0.2$ Hz。

(2) 调速器电液随动系统死区 $jxsq_2=0.0030$,对应的机组空载频率波动特性的机组频率的图形为图 6-5 中黑色实线所示波形,机组空载手动频率波动 $f_{sd}=0.2$ Hz。

(3) 调速器电液随动系统死区 $jxsq_3=0.0060$,对应的机组空载频率波动特性的机组频率的图形为图 6-5 中蓝色虚线所示波形,机组空载手动频率波动 $f_{sd}=0.2$ Hz。

(4) 品红色波形是调速器机械手动工况下的机组频率波动曲线。

2. 仿真结果分析

被控制系统参数为:机组惯性比率 $R_1=0.100$,机组惯性时间常数 $T_a=10.0$ s,水流时间常数 $T_w=1.0$ s,水流修正系数 $K_Y=0.40$,机组自调节系数 $e_n=1.0$。

调速器 PID 参数为:比例增益 $K_P=4.0$,积分增益 $K_I=0.25$ s^{-1},微分增益 $K_D=1.0$ s;折算的暂态转差系数 $b_t \approx 0.25$,缓冲时间常数 $T_d \approx 16.0$ s,加速度时间常数 $T_n \approx 0.26$ s。

(1) 在同一组调速器参数及被控制系统其他参数相同的情况下,不同的调速器电液随动系统死区对应的自动工况机组空载频率波动值不同。总的趋势是,随着调速器电液随动系统死区的加大,自动工况机组空载频率波动值加大。所以,在设计和制造微机调速器时,应该尽量减小调速器电液随动系统死区,以保证水轮机调速器有较好的机组空在频率波动性能。

(2) 第1个调速器电液随动系统死区 jxsq=0.0(红色点画线所示波形)，对应的机组空载自动工况频率波动值为 0.08 Hz(机组转速摆动相对值为±0.08%)，优于GB/T 9652.1—2007《水轮机控制系统技术条件》对大型调速器机组空载频率波动性能的规定。

(3) 第2个调速器电液随动系统死区 jxsq=0.003(黑色实线所示波形)，对应的机组空载自动工况的频率波动值为 0.155 Hz(机组转速摆动相对值为±0.155%)，接近满足 GB/T 9652.1—2007《水轮机控制系统技术条件》对大型调速器机组空载频率波动性能的规定。

(4) 第3个调速器电液随动系统死区 jxsq=0.006(蓝色虚线所示波形)，对应的机组空载自动工况的频率波动值为 0.2 Hz(机组转速摆动相对值为±0.2%)，满足 GB/T 9652.1—2007《水轮机控制系统技术条件》对中、小型和特小型调速器机组空载频率波动性能的规定，但不满足对大型调速器机组空载频率波动性能的规定。

6.4 调速器比例增益对水轮发电机组空载频率波动特性影响仿真

6.4.1 比例增益对水轮发电机组空载频率波动特性影响仿真1

图 6-6 所示为调速器比例增益 K_P 对机组空载频率波动特性影响的仿真界面，界面上的变量或参数的数值可以设定、修改，所有变量或参数的数值将一一对应地反映在仿真曲线及参数中，仿真的结果如图 6-7 所示。仿真的目标参数是调速器比例增益 K_P，并选取了3个不同的数值进行仿真。

1. 仿真目标参数

(1) 第1个调速器比例增益 $K_{P1}=2.0$，对应的机组空载频率的图形为图 6-6 中红色点画线所示波形，机组空载手动频率波动 $f_{sd}=0.2$ Hz。

(2) 第2个调速器比例增益 $K_{P2}=3.5$，对应的机组空载频率的图形为图 6-6 中黑色实线所示波形，机组空载手动频率波动 $f_{sd}=0.2$ Hz。

(3) 第3个调速器比例增益 $K_{P3}=5.0$，对应的机组空载频率的图形为图 6-6 中蓝色虚线所示波形，机组空载手动频率波动 $f_{sd}=0.2$ Hz。

(4) 品红色曲线是调速器机械手动工况下的机组频率波动曲线。

2. 仿真结果分析

被控制系统参数为：机组惯性比率 $R_1=0.100$，机组惯性时间常数 $T_a=10.0$ s，水流时间常数 $T_w=1.0$ s，水流修正系数 $K_Y=0.40$，机组自调节系数 $e_n=1.0$。

调速器的其他 PID 参数为：调速器积分增益 $K_I=0.25$ s^{-1}，微分增益 $K_D=1.0$ s。

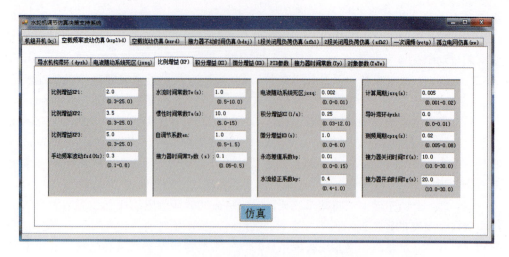

图 6-6 调速器比例增益对机组空载频率波动特性影响仿真界面

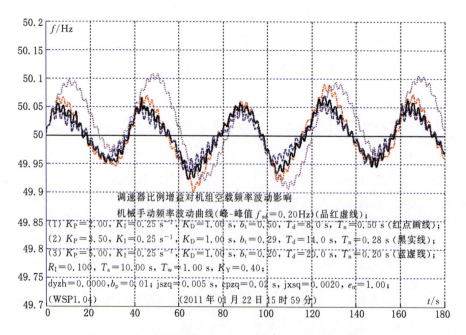

图 6-7 调速器比例增益对机组空载频率波动特性影响仿真 1

（1）在同一组调速器参数及被控制系统其他参数相同的情况下，不同的调速器比例增益 K_P 对应的自动工况机组空载频率波动值不同。总的趋势是，随着调速器比例增益 K_P 的加大，自动工况机组空载频率波动值减小。这是因为，调速器 PID 调节的比例调节是根据额定频率和机组频率的偏差进行与之成比例调节的。比例增益 K_P 大，减小上述频率偏差的调节作用强；比例增益 K_P 小，减小上述频率偏差的调节作用弱。所以，在水电站进行机组自动空载频率波动试验时，应该在与调速器积分增益 K_I 配合下选用较大的和合适的调速器比例增益 K_P。

(2) 第 1 个调速器比例增益 $K_{P1}=2.0$,所对应的机组空载自动工况的频率波动值为 0.19 Hz(机组转速摆动相对值为 ±0.19%,红色点画线波形),不满足 GB/T 9652.1—2007《水轮机控制系统技术条件》对大型调速器机组空载频率波动性能的规定。折算的暂态转差系数 $b_t \approx 0.5$,缓冲时间常数 $T_d \approx 8.0$ s,加速度时间常数 $T_n \approx 0.5$ s。

(3) 第 2 个调速器比例增益 $K_{P2}=3.5$,所对应的机组空载自动工况的频率波动值为 0.13 Hz(机组转速摆动相对值为 ±0.13%,黑色实线波形),优于 GB/T 9652.1—2007《水轮机控制系统技术条件》对大型调速器机组空载频率波动性能的规定。折算的暂态转差系数 $b_t \approx 0.29$,缓冲时间常数 $T_d \approx 14.0$ s,加速度时间常数 $T_n \approx 0.28$ s。

(4) 第 3 个调速器比例增益 $K_{P3}=5.0$ 所对应的机组空载自动工况的频率波动值为 0.12 Hz(机组转速摆动相对值为 ±0.12%,蓝色虚线波形),优于 GB/T 9652.1—2007《水轮机控制系统技术条件》对大型调速器机组空载频率波动性能的规定。折算的暂态转差系数 $b_t \approx 0.20$,缓冲时间常数 $T_d \approx 20.0$ s,加速度时间常数 $T_n \approx 0.20$ s。

6.4.2 比例增益对水轮发电机组空载频率波动特性影响仿真 2

仿真的结果如图 6-8 所示。仿真的比较参数(目标参数)是调速器比例增益 K_P,并选取了 3 个不同的数值进行仿真。仿真 1 与仿真 2 的区别是,仿真 1(见图 6-7)的机械手动频率峰-峰值为 $f_{sd}=0.2$ Hz,仿真 2(见图 6-8)的机械手动频率峰-峰值为 $f_{sd}=0.3$ Hz。

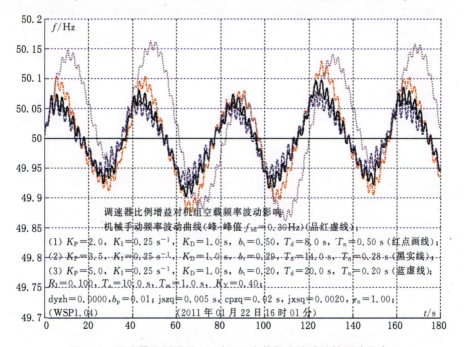

图 6-8 调速器比例增益 K_P 对机组空载频率波动特性影响仿真 2

1. 仿真目标参数

(1) 调速器比例增益 $K_{P1}=2.0$,对应的机组空载频率的图形为图 6-8 中红色点画线所示波形,机组空载手动频率波动 $f_{sd}=0.3$ Hz。

(2) 调速器比例增益 $K_{P2}=2.5$,对应的机组空载频率的图形为图 6-8 中黑色实画线所示波形,机组空载手动频率波动 $f_{sd}=0.3$ Hz。

(3) 调速器比例增益 $K_{P3}=5.0$,对应的机组空载频率的图形为图 6-8 中蓝色虚线所示波形,机组空载手动频率波动 $f_{sd}=0.3$ Hz。

(4) 品红色曲线是调速器机械手动工况下的机组频率波动曲线。

2. 仿真结果分析

被控系统参数为,机组惯性比率 $R_I=0.100$,机组惯性时间常数 $T_a=10.0$ s,水流时间常数 $T_w=1.0$ s,水流修正系数 $K_Y=0.40$,机组自调节系数 $e_n=1.0$。

(1) 第 1 个调速器比例增益 $K_{P1}=2.0$,积分增益 $K_I=0.25$ s^{-1},微分增益 $K_D=1.0$ s;折算的暂态转差系数 $b_t \approx 0.50$,缓冲时间常数 $T_d \approx 8.0$ s,加速度时间常数 $T_n \approx 0.50$ s。对应的机组空载自动工况的频率波动值为 0.26 Hz(机组转速摆动相对值为 $\pm 0.26\%$,红色点画线所示波形),满足 GB/T 9652.1—2007《水轮机控制系统技术条件》对大型调速器机组空载频率波动性能的规定(GB/T 9652.1—2007《水轮机控制系统技术条件》规定:"如果机组手动空载频率摆动相对值大于规定值,其自动空载频率摆动相对值不得大于相应手动空载频率摆动相对值。")。

(2) 第 2 个调速器比例增益 $K_{P2}=3.5$,积分增益 $K_I=0.25$ s^{-1},微分增益 $K_D=1.0$ s;折算的暂态转差系数 $b_t \approx 0.29$,缓冲时间常数 $T_d \approx 14.0$ s,加速度时间常数 $T_n \approx 0.28$ s。对应的机组空载自动工况的频率波动值为 0.18 Hz(机组转速摆动相对值为 $\pm 0.18\%$,黑色实线所示波形),满足 GB/T 9652.1—2007《水轮机控制系统技术条件》对大型调速器机组空载频率波动性能的规定。

(3) 第 3 个调速器比例增益 $K_{P3}=5.0$,积分增益 $K_I=0.25$ s^{-1},微分增益 $K_D=1.0$ s;折算的暂态转差系数 $b_t \approx 0.20$,缓冲时间常数 $T_d \approx 20.0$ s,加速度时间常数 $T_n \approx 0.2$ s。对应的机组空载自动工况的频率波动值为 0.15 Hz(机组转速摆动相对值为 $\pm 0.15\%$,蓝色虚线波形),满足 GB/T 9652.1—2007《水轮机控制系统技术条件》对大型调速器机组空载频率波动性能的规定。

6.5 调速器积分增益对水轮发电机组空载频率波动特性影响仿真

6.5.1 积分增益对水轮发电机组空载频率波动特性影响仿真 1

图 6-9 所示为调速器积分增益 K_I 对机组空载频率波动特性影响的仿真界面。界

面上的变量或参数的数值可以设定、修改,所有变量或参数的数值将一一对应地反映在仿真结果中,仿真的结果如图 6-10 所示。仿真的比较参数(目标参数)是调速器积分增益 K_I,并选取了 3 个不同的数值进行仿真。

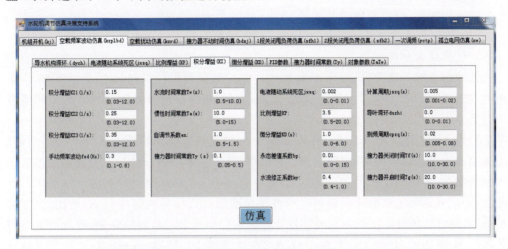

图 6-9　调速器积分增益对机组空载频率波动特性影响仿真界面

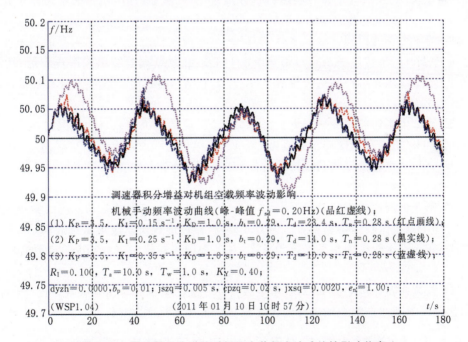

图 6-10　调速器积分增益对机组空载频率波动特性影响仿真 1

1. 仿真目标参数

(1) 调速器积分增益 $K_{I1}=0.15\ s^{-1}$,对应的机组空载频率的图形为图 6-10 中红色点画线所示波形,机组空载手动频率波动 $f_{sd}=0.2\ Hz$。

(2) 调速器积分增益 $K_{I1}=0.25\ \text{s}^{-1}$，对应的机组空载频率的图形为图 6-10 中黑色实线所示波形，机组空载手动频率波动 $f_{sd}=0.2\ \text{Hz}$。

(3) 调速器积分增益 $K_{I1}=0.35\ \text{s}^{-1}$，对应的机组空载频率的图形为图 6-10 中蓝色虚线所示波形，机组空载手动频率波动 $f_{sd}=0.2\ \text{Hz}$。

(4) 品红色曲线是调速器机械手动工况下的机组频率波动曲线。

2. 仿真结果分析

被控系统参数为：机组惯性比率 $R_I=0.100$，机组惯性时间常数 $T_a=10.0\ \text{s}$，水流时间常数 $T_w=1.0\ \text{s}$，水流修正系数 $K_Y=0.40$，机组自调节系数 $e_n=1.00$。调速器比例增益 $K_P=3.5$，微分增益 $K_D=1.0\ \text{s}$。

(1) 由于水轮机调节系统在手动工况下的机组频率波动特性一般是非周期性的、波动幅值较小和缓慢的波动特性，所以，在同一组调速器参数及被控系统其他参数相同的情况下，不同的调速器积分增益 K_I 对应的自动工况机组空载频率波动值不同。但是，由于积分调节主要对小偏差信号的校正与消除，所以，与比例增益 K_P 相比，积分增益 K_I 取值对机组自动空载频率波动性能的影响要小得多。总的趋势是，随着调速器积分增益 K_I 的加大，自动工况机组空载频率波动值减小。所以，在水电站进行机组自动空载频率波动试验时，应该在与调速器积分增益 K_I 配合下，选用较大的调速器积分增益 K_I。

(2) 第 1 个调速器积分增益 $K_{I1}=0.15\ \text{s}^{-1}$，对应的机组空载自动工况的频率波动值为 $0.15\ \text{Hz}$（机组转速摆动相对值为 $\pm 0.145\%$，红色点画线所示波形），满足 GB/T 9652.1—2007《水轮机控制系统技术条件》对大型调速器机组空载频率波动性能的规定。

(3) 第 2 个调速器积分增益 $K_{I2}=0.25\ \text{s}^{-1}$，对应的机组空载自动工况的频率波动值为 $0.15\ \text{Hz}$（机组转速摆动相对值为 $\pm 0.15\%$，黑色实线所示波形），接近满足 GB/T 9652.1—2007《水轮机控制系统技术条件》对大型调速器机组空载频率波动性能的规定。

(4) 第 3 个调速器积分增益 $K_{I3}=0.35\ \text{s}^{-1}$，对应的机组空载自动工况的频率波动值为 $0.16\ \text{Hz}$（机组转速摆动相对值为 $\pm 0.23\%$，蓝色虚线所示波形），接近满足 GB/T 9652.1—2007《水轮机控制系统技术条件》对大型调速器机组空载频率波动性能的规定。

(5) 与调速器比例增益 K_P 对机组空载自动工况的频率波动性能影响相比，调速器积分增益 K_I 对机组空载自动工况的频率波动性能的影响较为微弱。

6.5.2　积分增益对水轮发电机组空载频率波动特性影响仿真 2

仿真的结果如图 6-11 所示。仿真的目标参数是调速器积分增益 K_I，并选取了 3 个不同的数值进行仿真。

仿真 1 与仿真 2 的区别是，仿真 1 的机械手动频率峰-峰值为 $f_{sd}=0.2\ \text{Hz}$，仿真 2

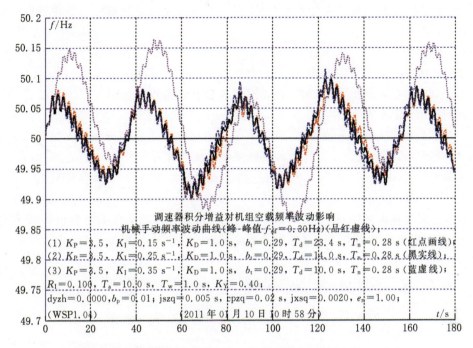

图 6-11 调速器积分增益对机组空载频率波动特性影响仿真 2

的机械手动频率峰-峰值为 $f_{sd}=0.3$ Hz。

1. 仿真目标参数

(1) 调速器积分增益 $K_I=0.15$ s^{-1}，对应的机组空载频率的图形为图中红色点画线所示波形，机组空载手动频率波动 $f_{sd}=0.3$ Hz。

(2) 调速器积分增益 $K_I=0.25$ s^{-1}，对应的机组空载频率的图形为图中黑色实线所示波形，机组空载手动频率波动 $f_{sd}=0.3$ Hz。

(3) 调速器积分增益 $K_I=0.35$ s^{-1}，对应的机组空载频率的图形为图中蓝色虚线所示波形，机组空载手动频率波动 $f_{sd}=0.3$ Hz。

(4) 品红色曲线是调速器机械手动工况下的机组频率波动曲线。

2. 仿真结果分析

(1) 在同一组调速器参数及被控制系统其他参数相同的情况下，不同的调速器积分增益 K_I 对应的自动工况机组空载频率波动值不同。但是，由于积分调节主要是用于对小偏差信号的校正与消除，所以，与比例增益 K_P 相比，积分增益 K_I 取值对机组自动空载频率波动性能的影响要小得多。总的趋势是，随着调速器积分增益 K_I 的加大，自动工况机组空载频率波动值减小。所以，在水电站进行机组自动空载频率波动试验时，应该在与调速器积分增益 K_I 配合下，选用较大的调速器积分增益 K_I。

(2) 第 1 个调速器积分增益 $K_{I1}=0.15$ s^{-1}，对应的机组空载自动工况的频率波动值为 0.18 Hz（机组转速摆动相对值为 ±0.18%，红色点画线所示波形），满足 GB/T

9652.1—2007《水轮机控制系统技术条件》对大型调速器机组空载频率波动性能的规定。

(3) 第2个调速器积分增益 $K_{I2}=0.25\ s^{-1}$,对应的机组空载自动工况的频率波动值为 0.21 Hz(机组转速摆动相对值为 ±0.21%,黑色实线所示波形),满足 GB/T 9652.1—2007《水轮机控制系统技术条件》对大型调速器机组空载频率波动性能的规定。其自动空载转速摆动相对值不得大于相应手动空载转速摆动相对值。

(4) 第3个调速器积分增益 $K_{I3}=0.35\ s^{-1}$,对应的机组空载自动工况的频率波动值为 0.22 Hz(蓝色虚线所示波形)(机组转速摆动相对值为 ±0.22%,黑色实线所示波形),满足 GB/T 9652.1—2007《水轮机控制系统技术条件》对大型调速器机组空载频率波动性能的规定)。

(5) 与调速器比例增益 K_P 对机组空载自动工况的频率波动性能影响相比,调速器积分增益 K_I 对机组空载自动工况的频率波动性能的影响较为微弱。

6.6 调速器微分增益对水轮发电机组空载频率波动特性影响仿真

图 6-12 所示为调速器微分增益对机组空载频率波动特性影响的仿真界面。仿真结果如图 6-13 所示。

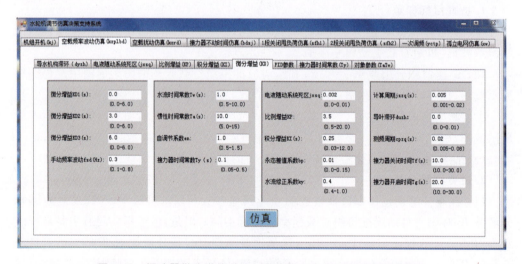

图 6-12 调速器微分增益对机组空载频率波动特性影响仿真界面

1. 仿真目标参数

(1) 调速器微分增益 $K_{D1}=0.0\ s$,对应的机组空载频率的图形为图 6-13 中红色点画线所示波形,机组空载手动频率波动 $f_{sd}=0.2$ Hz。

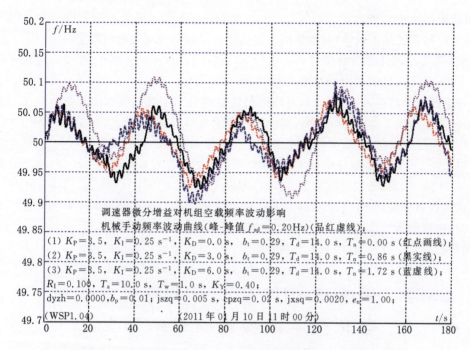

图 6-13　调速器微分增益 K_D 对机组空载频率波动特性影响仿真

(2) 调速器微分增益 $K_{D1}=3.0$ s,对应的机组空载频率的图形为图 6-13 中黑色实线所示波形,机组空载手动频率波动 $f_{sd}=0.2$ Hz。

(3) 调速器微分增益 $K_{D1}=6.0$ s,对应的机组空载频率的图形为图 6-13 中蓝色虚线所示波形,机组空载手动频率波动 $f_{sd}=0.2$ Hz。

(4) 品红色虚线是调速器机械手动工况下的机组频率波动曲线。

2. 仿真结果分析

被控制系统参数为:机组惯性比率 $R_I=0.100$,机组惯性时间常数 $T_a=10.0$ s,水流时间常数 $T_w=1.0$ s,水流修正系数 $K_Y=0.40$,机组自调节系数 $e_n=1.00$。调速器比例增益 $K_P=3.5$,积分增益 $K_I=0.25$ s^{-1}。

(1) 由于水轮机调节系统在手动工况下的机组频率波动特性,一般是非周期性的、波动幅值较小和缓慢的波动特性。所以,与比例增益 K_P 相比,微分增益 K_D 取值对机组自动空载频率波动性能的影响要小;与积分增益 K_I 相比,微分增益 K_D 对机组自动空载频率波动性能的影响稍大。

在同一组调速器参数及被控制系统其他参数相同的情况下,不同的调速器微分增益 K_D 对应的自动工况机组空载频率波动值不同。

(2) 第 1 个调速器微分增益 $K_{D1}=0.0$ s,折算的暂态转差系数 $b_t \approx 0.29$,缓冲时间常数 $T_d \approx 14.0$ s,加速度时间常数 $T_n \approx 0.0$ s。

调速器微分增益 $K_{D1}=0.0$ s,对应的机组空载自动工况的频率波动值为 0.14 Hz

(机组转速摆动相对值为±0.14%,红色点画线所示波形),满足 GB/T 9652.1—2007《水轮机控制系统技术条件》对大型调速器机组空载频率波动性能的规定。

(3) 第 2 个调速器微分增益 $K_{D2}=3.0$ s,折算的暂态转差系数 $b_t≈0.29$,缓冲时间常数 $T_d≈14.0$ s,加速度时间常数 $T_n≈0.86$ s。

调速器微分增益 $K_{D2}=3.0$ s,对应的机组空载自动工况的频率波动值为 0.15 Hz(机组转速摆动相对值为±0.15%,黑色实线所示波形),满足 GB/T 9652.1—2007《水轮机控制系统技术条件》对大型调速器机组空载频率波动性能的规定。

(4) 第 3 个调速器微分增益 $K_{D3}=6.0$ s,折算的暂态转差系数 $b_t≈0.29$,缓冲时间常数 $T_d≈14.0$ s,加速度时间常数 $T_n≈1.72$ s。

调速器微分增益 $K_{D3}=6.0$ s,对应的机组空载自动工况的频率波动值为 0.20 Hz(机组转速摆动相对值为±0.20%,蓝色虚线所示波形),不满足 GB/T 9652.1—2007《水轮机控制系统技术条件》对大型调速器机组空载频率波动性能的规定。

6.7 调速器 PID 参数对水轮发电机组空载频率波动特性影响仿真

图 6-14 所示为调速器 PID 参数对机组空载频率波动特性影响的仿真界面,界面上的变量或参数的数值可以设定、修改,所有变量或参数的数值将一一对应地反映在仿真结果(仿真曲线及参数)中,仿真的结果如图 6-15 所示。仿真的目标参数是调速器 PID 参数,并选取了 3 个不同的数值进行仿真。

图 6-14 调速器 PID 参数对机组空载频率波动特性影响仿真界面

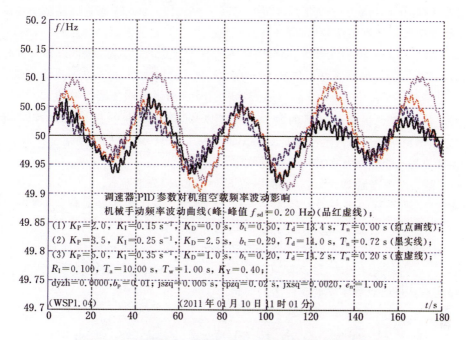

图 6-15 调速器 PID 参数对机组空载频率波动特性影响仿真

1. 仿真目标参数

(1) 第 1 组调速器 PID 参数对应的机组频率的图形为图中红色点画线所示波形，机组空载手动频率波动 $f_{sd}=0.2$ Hz。

(2) 第 2 组调速器 PID 参数对应的机组频率的图形为图中黑色实线所示波形，机组空载手动频率波动 $f_{sd}=0.2$ Hz。

(3) 第 3 组调速器 PID 参数对应的机组频率的图形为图中蓝色虚线所示波形，机组空载手动频率波动 $f_{sd}=0.2$ Hz。

(4) 品红色所示波形是调速器机械手动工况下的机组频率波动曲线。

2. 仿真结果分析

被控制系统参数为：机组惯性比率 $R_1=0.100$，机组惯性时间常数 $T_a=10.0$ s，水流时间常数 $T_w=1.0$ s，水流修正系数 $K_Y=0.40$，机组自调节系数 $e_n=1.00$。

(1) 在同一组调速器参数及被控制系统其他参数相同的情况下，不同的调速器 PID 参数（K_P、K_I、K_D）对应不同的自动工况机组空载频率波动值，只有恰当地选择合理的调速器 PID 参数（K_P、K_I、K_D）组合，才能得到较好的机组工况机组空载频率波动性能。

(2) 第 1 组调速器 PID 参数：比例增益 $K_{P1}=2.0$，积分增益 $K_{I1}=0.15$ s^{-1}，微分增益 $K_{D1}=0.0$ s；折算的暂态转差系数 $b_{t1}\approx 0.5$，缓冲时间常数 $T_{d1}\approx 13.4$ s，加速度时间常数 $T_{n1}\approx 0.0$ s。

对应的机组空载自动工况的频率波动值为 0.175 Hz（机组转速摆动相对值为

±0.175%,红色点画线所示波形),不满足 GB/T 9652.1—2007《水轮机控制系统技术条件》对大型调速器机组空载频率波动性能的规定。

(3) 第 2 组调速器 PID 参数:比例增益 $K_{P2}=3.5$,积分增益 $K_{I2}=0.25\ s^{-1}$,微分增益 $K_{D3}=2.5\ s$;折算的暂态转差系数 $b_{t2}\approx0.29$,缓冲时间常数 $T_{d2}\approx14.0\ s$,加速度时间常数 $T_{n2}\approx0.72\ s$。

对应的机组空载自动工况的频率波动值为 0.13 Hz(机组转速摆动相对值为 ±0.13%,黑色实线所示波形),满足 GB/T 9652.1—2007《水轮机控制系统技术条件》对大型调速器机组空载频率波动性能的规定。

(4) 第 3 组调速器 PID 参数:比例增益 $K_{P3}=5.0$,积分增益 $K_{I3}=0.35\ s^{-1}$,微分增益 $K_{D3}=1.0\ s$;折算的暂态转差系数 $b_{t3}\approx0.20$,缓冲时间常数 $T_{d3}\approx14.2\ s$,加速度时间常数 $T_{n3}\approx0.2\ s$。

对应的机组空载自动工况的频率波动值为 0.13 Hz(机组转速摆动相对值为 ±0.13%,蓝色虚线所示波形),满足 GB/T 9652.1—2007《水轮机控制系统技术条件》对大型调速器机组空载频率波动性能的规定。

6.8 接力器响应数间常数对水轮发电机组空载频率波动特性影响仿真

对微机调速器电气液压随动系统来说,接力器响应时间常数 T_y 等于其前向开环放大系数 K_{op} 的倒数。对辅助接力器或中间接力器而言,同样有辅助接力器或中间接力器响应时间常数 T_{y1},其定义及表达式与 T_y 的类似。

图 6-16 所示为接力器响应数间常数 T_y 对机组空载频率波动特性影响的仿真界

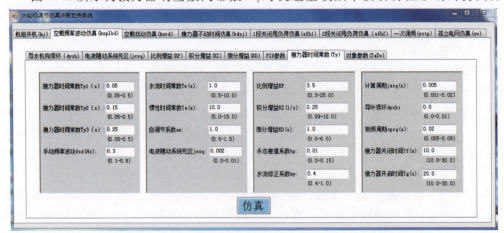

图 6-16 接力器响应数间常数对机组空载频率波动特性影响仿真界面

面。界面上的变量或参数的数值可以设定、修改,所有变量或参数的数值将一一对应地反映在仿真结果中,仿真的结果如图6-17所示。仿真的比较参数(目标参数)是接力器响应数间常数(T_y),选取了3个不同的数值进行仿真。

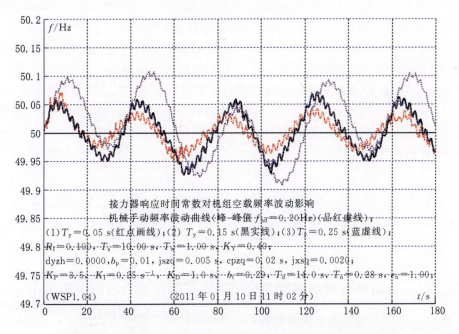

图 6-17 接力器响应数间常数对机组空载频率波动特性影响仿真

1. 仿真目标参数

(1) 接力器响应数间常数 $T_{y1}=0.05$ s,对应的机组空载频率的图形为图中红色点画线所示波形,机组空载手动频率波动 $f_{sd}=0.2$ Hz。

(2) 接力器响应数间常数 $T_{y2}=0.15$ s,对应的机组空载频率的图形为图中黑色实线所示波形,机组空载手动频率波动 $f_{sd}=0.2$ Hz。

(3) 接力器响应数间常数 $T_{y3}=0.25$ s,对应的机组空载频率的图形为图中蓝色虚线所示波形,机组空载手动频率波动 $f_{sd}=0.2$ Hz。

(4) 品红色曲线是调速器机械手动工况下的机组频率波动曲线。

2. 仿真结果分析

被控制系统参数为:机组惯性比率 $R_I=0.100$,机组惯性时间常数 $T_a=10.0$ s,水流时间常数 $T_w=1.0$ s,水流修正系数 $K_Y=0.40$,机组自调节系数 $e_n=1.0$。

调速器 PID 参数为:比例增益 $K_P=3.5$,积分增益 $K_I=0.25$ s^{-1},微分增益 $K_D=1.0$ s;折算的暂态转差系数 $b_t\approx0.29$,缓冲时间常数 $T_d\approx14.0$ s,加速度时间常数 $T_n\approx0.28$ s。

(1) 在同一组调速器参数及被控制系统其他参数相同的情况下,接力器响应数间常数 T_y 对应的自动工况机组空载频率波动值不同。总的趋势是,随着调速器接力器响

应数间常数 T_y 的加大,自动工况机组空载频率波动值增大。所以,应该恰当地整定接力器响应数间常数 T_y,以得到优良的机组空载频率波动特性和其他动态特性。

(2) 接力器响应数间常数 $T_{y1}=0.05$ s 对应的机组空载自动工况的频率波动值为 0.12 Hz(机组转速摆动相对值为±0.12%,红色点画线所示波形),满足 GB/T 9652.1—2007《水轮机控制系统技术条件》对大型调速器机组空载频率波动性能的规定。

(3) 接力器响应数间常数 $T_{y2}=0.15$ s 对应的机组空载自动工况的频率波动值为 0.14 Hz(机组转速摆动相对值为±0.14%,黑色实线所示波形),满足 GB/T 9652.1—2007《水轮机控制系统技术条件》对大型调速器机组空载频率波动性能的规定。

(4) 接力器响应数间常数 $T_{y3}=0.14$ s 对应的机组空载自动工况的频率波动值为 0.14 Hz(机组转速摆动相对值为±0.20%,蓝色虚线所示波形),满足 GB/T 9652.1—2007《水轮机控制系统技术条件》对大型调速器机组空载频率波动性能的规定。

6.9 水轮发电机组参数对水轮发电机组空载频率波动特性影响仿真

6.9.1 机组参数对水轮发电机组空载频率波动特性影响仿真 1

图 6-18 所示为水轮发电机组参数(T_a,T_w)对机组空载频率波动特性影响的仿真界面。界面上的变量或参数的数值可以设定、修改,所有变量或参数的数值将一一对应地反映在仿真结果中,仿真的结果如图 6-19 所示。仿真的目标参数是水轮发电机组参数(T_a,T_w),并选取了 3 组不同的数值进行仿真。

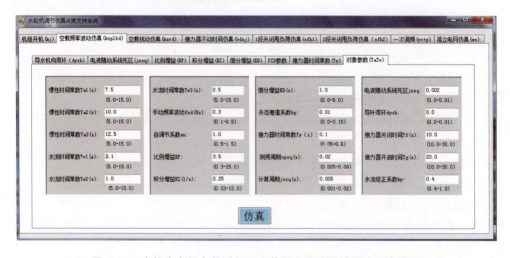

图 6-18 水轮发电机参数对机组空载频率波动特性影响仿真界面

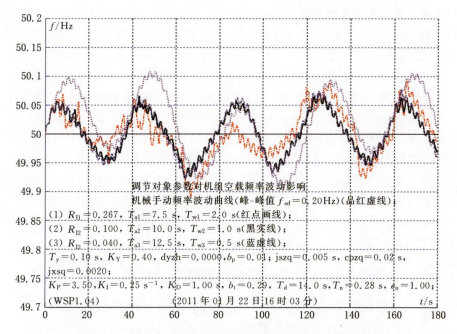

图 6-19　水轮发电机参数对机组空载频率波动特性影响仿真 1

1. 仿真目标参数

（1）第 1 组被控制系统参数：机组惯性比率 $R_I=0.267$，机组惯性时间常数 $T_a=7.5$ s，水流时间常数 $T_w=2.0$ s，对应的机组空载频率的图形为图中红色点画线所示波形，机组空载手动频率波动 $f_{sd}=0.2$ Hz。

（2）第 2 组被控制系统参数：机组惯性比率 $R_I=0.100$，机组惯性时间常数 $T_a=10.0$ s，水流时间常数 $T_w=1.0$ s，对应的机组空载频率的图形为图中黑色实线所示波形，机组空载手动频率波动 $f_{sd}=0.2$ Hz。

（3）第 3 组被控制系统参数：机组惯性比率 $R_I=0.040$，机组惯性时间常数 $T_a=12.5$ s，水流时间常数 $T_w=0.5$ s，对应的机组空载频率的图形为图中蓝色虚线所示波形，机组空载手动频率波动 $f_{sd}=0.2$ Hz。

（4）品红色曲线是调速器机械手动工况下的机组频率波动曲线。

2. 仿真结果分析

调速器 PID 参数为：比例增益 $K_P=3.5$，积分增益 $K_I=0.25$ s^{-1}，微分增益 $K_D=1.0$ s；折算的暂态转差系数 $b_t\approx 0.29$，缓冲时间常数 $T_d\approx 14.0$ s，加速度时间常数 $T_n\approx 0.28$ s。

（1）在同一组调速器参数及被控制系统其他参数相同的情况下，不同的水轮发电机组参数（T_a、T_w）对应的自动工况机组空载频率波动值不同，只有恰当地选择合理的调速器 PID 参数（K_P、K_I、K_D）组合，才能得到较好的机组工况机组空载频率波动性能。

(2) 第1组被控制系统参数：机组惯性比率 $R_I=0.267$，机组惯性时间常数 $T_{a1}=7.5\ s$ 和水流时间常数 $T_{w1}=2.0\ s$，对应的机组空载自动工况的频率波动值为 $0.17\ Hz$（机组转速摆动相对值为 $\pm 0.17\%$，红色点画线所示波形），不满足 GB/T 9652.1—2007《水轮机控制系统技术条件》对大型调速器机组空载频率波动性能的规定。

(3) 第2组被控制系统参数：机组惯性比率 $R_I=0.100$，机组惯性时间常数 $T_{a2}=10.0\ s$ 和水流时间常数 $T_{w2}=1.0\ s$，对应的机组空载自动工况的频率波动值为 $0.135\ Hz$（机组转速摆动相对值为 $\pm 0.135\%$，黑色实线所示波形），满足 GB/T 9652.1—2007《水轮机控制系统技术条件》对大型调速器机组空载频率波动性能的规定。

(4) 第3组被控制系统参数：机组惯性比率 $R_I=0.040$，机组惯性时间常数 $T_{a3}=12.5\ s$ 和水流时间常数 $T_{w3}=0.5\ s$，对应的机组空载自动工况的频率波动值为 $0.14\ Hz$（机组转速摆动相对值为 $\pm 0.14\%$，蓝色虚线所示波形），满足 GB/T 9652.1—2007《水轮机控制系统技术条件》对大型调速器机组空载频率波动性能的规定。

6.9.2 机组参数对水轮发电机组空载频率波动特性影响仿真2

鉴于当前有的机组存在着机组惯性时间常数 T_a 小和引水系统水流惯性时间常数 T_w 大的情况，专门针对这种机组特性进行了机组空载频率波动特性的仿真，仿真结果如图6-20所示。

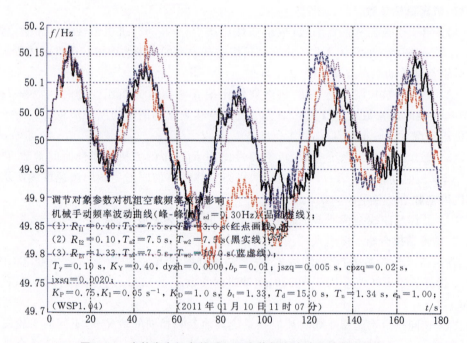

图6-20 水轮发电机参数对机组空载频率波动特性影响仿真2

仿真1与仿真2的区别是，仿真1的机械手动频率峰-峰值为 $f_{sd}=0.2\ Hz$，仿真2

的机械手动频率峰-峰值为 $f_{sd}=0.3$ Hz；仿真 2 的机组参数也与仿真 1 有很大的差别。

1. 仿真目标参数

(1) 机组惯性比率 $R_I=0.4$，机组惯性时间常数 $T_a=7.5$ s，水流时间常数 $T_w=3.0$ s，是属于机组惯性时间常数 T_a 小和水流时间常数 T_w 大的被控制系统。对应的机组空载频率的图形为图中红色点画线所示波形，机组空载手动频率波动 $f_{sd}=0.3$ Hz。

(2) 机组惯性比率 $R_I=1.0$，机组惯性时间常数 $T_a=7.5$ s，水流时间常数 $T_w=7.5$ s，是属于机组惯性时间常数 T_a 小和水流时间常数 T_w 大的被控制系统。对应的机组空载频率的图形为图中黑色实线所示波形，机组空载手动频率波动 $f_{sd}=0.3$ Hz。

(3) 机组惯性比率 $R_I=1.333$，机组惯性时间常数 $T_a=7.5$ s，水流时间常数 $T_w=10.0$ s，是属于机组惯性时间常数 T_a 小和水流时间常数 T_w 大的被控制系统。对应的机组空载频率的图形为图中蓝色虚线所示波形，机组空载手动频率波动 $f_{sd}=0.3$ Hz。

(4) 品红色波形是调速器机械手动工况下的机组频率波动曲线。

2. 仿真结果分析

调速器 PID 参数为：$K_P=0.75$, $K_I=0.05$ s^{-1}, $K_D=1.0$ s ($b_t\approx1.33$, $T_d\approx15.0$ s, $T_n\approx1.34$ s)。这是根据第 2 组被控制对象参数(机组惯性时间常数 $T_a=7.5$ s，水流时间常数 $T_w=7.5$ s 和机组惯性比率 $R_I=1.000$)选取的。

(1) 在同一组调速器参数及被控制系统其他参数相同的情况下，不同的水轮发电机组参数(T_a、T_w)对应的自动工况机组空载频率波动值不同，只有恰当地选择合理的调速器 PID 参数(K_P、K_I、K_D)组合，才能得到较好的机组空载频率波动性能。

(2) 第 1 组被控制系统参数：机组惯性比率 $R_I=0.400$，机组惯性时间常数 $T_{a1}=7.5$ s 和水流时间常数 $T_{w1}=3.0$ s，对应的机组空载自动工况的频率波动值为 0.39 Hz (机组转速摆动相对值为±0.39%，红色点画线所示波形)，没有满足 GB/T 9652.1—2007《水轮机控制系统技术条件》对大型调速器机组空载频率波动性能的规定。

(3) 第 2 组被控制系统参数：机组惯性比率 $R_I=1.000$，机组惯性时间常数 $T_{a2}=7.5$ s 和水流时间常数 $T_{w2}=7.5$ s，对应的机组空载自动工况的频率波动值为 0.29 Hz (机组转速摆动相对值为±0.29%，黑色实线所示波形)。因为机组惯性比率 $R_I=1.000$ 大于 0.4，所以满足 GB/T 9652.1—2007《水轮机控制系统技术条件》对大型调速器机组空载频率波动性能的规定。

(4) 第 3 组被控制系统参数：机组惯性比率 $R_I=1.333$，机组惯性时间常数 $T_{a3}=7.5$ s 和水流时间常数 $T_{w3}=10.0$ s，对应的机组空载自动工况的频率波动值为 0.31 Hz (机组转速摆动相对值为±0.31%，蓝色虚线所示波形)。因为机组惯性比率 $R_I=1.0$ 大于 0.4，所以接近满足 GB/T 9652.1—2007《水轮机控制系统技术条件》对大型调速器机组空载频率波动性能的规定。

综上所述，即使是机组惯性时间常数 T_a 小和水流时间常数 T_w 大的被控制系统，只要恰当地选择与之相匹配的 PID 参数，也可以使其机组空载频率波动性能满足 GB/T 9652.1—2007《水轮机控制系统技术条件》对大型调速器机组空载频率波动性能的规定。

现将在同一组调速器 PID 参数的条件下的不同被控制系统的机组空载频率波动性能汇总于表 6-1 中。

表 6-1 不同被控制系统的机组空载频率波动性能

仿真的被控制系统	R_1	T_a/s	T_w/s	机组空载自动工况频率波动值
第 1 个被控制系统(红色点画线)	0.400	7.5	3.0	0.39 Hz/±0.39%
第 2 个被控制系统(黑色实线)	1.000	7.5	7.5	0.29 Hz/±0.29%
第 3 个被控制系统(蓝色虚线)	1.330	7.5	10.0	0.31 Hz/±0.31%
机组空载手动频率波动 $f_{sd}=0.3$ Hz; $K_P=0.75, K_I=0.05\ s^{-1}, K_D=1.0\ s(b_t\approx1.33, T_d\approx15.0\ s, T_n\approx1.34\ s)$				

6.10 水轮发电机组空载频率波动特性综合分析

6.10.1 水轮发电机组空载扰动特性的主要技术要求

GB/T 9652.1—2007《水轮机控制系统技术条件》有关机组空载频率波动(机组空载频率波动)性能的主要规定如下。

1. 技术要求的适用条件

水轮发电机组应能在手动各种工况下稳定运行。在手动空载工况(发电机励磁在自动方式下工作)运行时,水轮发电机组频率波动相对值,对于大型调速器不超过±0.2%;对于中、小型和特小型调速器,均不超过±0.3%。

2. 技术要求

调速器应保证机组在各种工况和运行方式下的稳定性。在空载工况自动运行时,施加一个阶跃频率指令信号,观察过渡过程,以便选择调速器的运行参数。待稳定后记录频率波动相对值,对于大型调速器,不超过±0.15%;对于中、小型调速器,不超过±0.25%;对于特小型调速器,不超过±0.3%。如果机组手动空载频率波动相对值大于规定值,其自动空载频率摆动相对值不得大于相应手动空载频率摆动相对值。

在工程实际中,一般用"水轮发电机组空载频率波动绝对值(Hz)的峰-峰值"来表示等效的"水轮发电机组(空载)频率摆动相对值"。

"水轮发电机组频率摆动相对值对于大型调速器,不超过±0.2%",对于额定频率为 50 Hz 的电网,频率摆动相对值±0.2%折算成机组频率摆动的峰-峰值为 0.2 Hz;对于额定频率为 60 Hz 的电网,频率摆动相对值±0.2%折算成机组频率摆动的峰-峰值为 0.24 Hz。"水轮发电机组频率摆动相对值对于中、小型和特小型调速器,不超过±0.3%",对于额定频率为 50 Hz 的电网,频率摆动相对值±0.3%折算成机组频率摆动的峰-峰值为 0.3 Hz；对于额定频率为 60 Hz 的电网，频率摆动相对值±0.3%折算成机组频率摆动的峰-峰值为 0.36 Hz。

6.10.2 影响水轮发电机组空载频率波动特性的主要因素

空载频率波动动态试验及仿真用来检查水轮机调速器的空载工况时的水轮机调节系统稳定性能和快速、单调趋近于稳定值的动态性能，一般在现场必须进行此项试验，用来确定调速器空载工况较好的 PID 参数，以保证被控机组快速地同期并网。

1. 水轮机导水机构滞环特性

水轮机导水机构滞环是指从接力器到水轮机导叶之间由传动间隙和弹性变形引起的滞环特性，包括由水轮机导水机构从开启方向转到关闭方向产生的传动机构间隙特性，或水轮机导水机构从关闭方向转到开启方向产生的传动机构间隙特性。也包括采用力学刚度不够的钢管作为调速轴时，接力器从开启方向转到关闭方向或接力器从关闭方向转到开启方向情况下，调速轴产生扭曲变形而产生的间隙特性。

在其他条件相同时，水轮机导水机构滞环大，对应的水轮发电机组空载频率波动峰-峰值大；水轮机导水机构滞环小，对应的水轮发电机组空载频率波动峰-峰值小。所以，在水轮机导水机构的设计和安装中，应该尽量减小水轮机导水机构滞环。

2. 调速器电液随动系统死区

调速器电液随动系统的死区，是指在调速器电液随动系统中，由机械传动死区和主配压阀搭接量等产生的死区，从微机调速器的整体上来说，还可以把微机控制器 D/A（数/模）转换模块的分辨率包括在内。

在其他条件相同时，调速器电液随动系统死区大，对应的水轮发电机组空载频率波动峰-峰值大；调速器电液随动系统死区小，对应的水轮发电机组空载频率波动峰-峰值小。所以，在水轮机导水机构的设计和安装时，应该尽量减小水轮机导水机构滞环。

3. 水轮机调节系统的被控制系统参数和调速器的 PID 参数

水轮机调节系统的被控制系统参数主要包括：机组惯性比率 $R_1(=T_w/T_a)$、机组惯性时间常数 T_a、引水系统水流时间常数 T_w 和机组自调节系数 e_n 等。调速器的 PID 参数是指比例增益 K_P，积分增益 K_I 和微分增益 K_D，其折算的参数为：暂态转差系数 b_t、缓冲时间常数 T_d、加速度时间常数 T_n。

不同的水轮机调节系统的被控制系统，只有选择与之适应的调速器 PID 参数，才能得到较为理想的水轮发电机组空载频率波动特性。

值得着重指出的是，一般来说，水轮发电机组空载工况较好的调速器 PID 参数，也应该是适合机组甩 100%额定负荷的调速器 PID 参数。

第7章 水轮机调节系统空载频率扰动特性仿真及分析

7.1 水轮机调节系统空载频率扰动特性

GB/T 9651.1—2007《水轮机控制系统试验规程》规定：自动方式空载工况下，对调速系统施加频率阶跃扰动，记录机组频率、接力器行程等的过渡过程，选取转速摆动值和超调量较小、波动次数少、稳定快的一组调节参数，提供空载运行使用。在该组调节参数下，用自动记录仪记录机组 3 min（为观察到有大致固定周期的摆动，可延长至 5 min）的转速摆动情况，量取有大致固定周期的频率摆动幅值；重复三次，取其平均值。

7.1.1 机组空载频率扰动特性的 3 种典型动态过程

对接力器运动过程中起速率限制作用的接力器开启时间 T_g 和接力器关闭时间 T_f、对接力器运动过程中起极端位置限制作用的接力器完全开启位置（$y=1.0$，相对值）和接力器完全关闭位置（$y=0$）等，是接力器运动过程中的主要非线性因素。如果按照水轮机调节系统运行和试验中的动态过程中，接力器运动是否进入了上述接力器的非线性区域，来划分水轮机调节系统动态过程特征，则可以将水轮机调节系统运行和试验中的动态过程划分为大波动（大扰动）动态过程和小波动（小扰动）动态过程等两种。水轮机调节系统的机组甩负荷、空载频率扰动、机组开机和机组孤立电网运行特性是属于大波动特征的动态过程，机组空载频率波动、接力器不动时间和机组电网一次调频特性是属于小波动特征的动态过程。

基于对众多水轮机调节系统的现场试验资料和仿真结果的整理和分析，将水轮机调节系统机组空载频率扰动的典型动态过程的形态，划分为迟缓型（Slow Type，简称 S 型）、优良型（Better Type，简称 B 型）和振荡型（Oscillatory Type，简称 O 型）等 3 个典型形态动态过程，以便于进一步研究水轮机调节系统扰动型动态过程的机理和寻求改善其动态过程性能的方法。

1. S 型机组空载频率扰动动态特性

在机组空载频率扰动动态过程中，接力器的运动幅度过小，到达扰动后的稳定行程值缓慢；接力器到达运动极值后，可能单调地趋近于扰动后的接力器行程稳定值。

在机组空载频率扰动的动态过程中，机组频率趋近于扰动后频率稳定值的速度过慢,但是,扰动后期可能出现较大的频率超调现象,机组频率调节稳定时间长。

过小的比例增益 K_P 和(或)积分增益 K_I 取值,会使水轮机调节系统空载频率扰动特性的缓慢特征加重,系统稳定时间加长。

2. B 型机组空载频率扰动动态特性

在机组空载频率扰动动态过程中,接力器运动的幅度适中,接力器行程到达扰动后稳定值的速度快,接力器行程快速、单调地到达扰动后接力器行程的稳定值,或者出现一个很小的超过接力器行程稳定值的过调值,并迅速地到达接力器行程稳定值。

在机组空载频率扰动的动态过程中,机组频率趋近于扰动后频率稳定值的速度快,机组频率单调、快速地趋近于扰动后的频率稳定值,或者出现一个很小的超过机组频率稳定值的过调值并迅速地到达机组频率稳定值,机组频率调节稳定时间短。

3. O 型机组空载频率扰动动态特性

在机组空载频率扰动动态过程中,接力器运动的幅度过大,接力器行程到达运动极值后,以较大的振荡形态趋近于接力器扰动后的稳定值,接力器行程调节稳定时间长。

在机组空载频率扰动的动态过程中,机组频率趋近于扰动后频率稳定值的速度过快,以至于出现较大的频率超调现象,机组频率调节稳定时间长。

过大的比例增益 K_P 和(或)积分增益 K_I 取值,会使水轮机调节系统空载频率扰动特性的振荡趋势加强,系统有可能出现不稳定状态。

机组空载频率扰动动态特性的分类如表 7-1 所示。

表 7-1 水轮机调节系统空载频率扰动动态特性的类型

系统类型	接力器行程 y 运动特点	机组频率 f 运动特点	参数选择特点
S 型(迟缓型)机组空载频率扰动动态特性	接力器的运动幅度过小,接力器行程到达运动极值后,即以单调而缓慢的形态趋近于接力器扰动后的稳定值,接力器行程调节稳定时间长	机组频率趋近于扰动后频率稳定值的速度过慢,扰动后期可能出现较大的频率超调和振荡现象,机组频率调节稳定时间长	比例增益 K_P 和(或)积分增益 K_I 取值过小和搭配不当
B 型(优良型)机组空载频率扰动动态特性	接力器的运动幅度适中,接力器行程到达扰动后稳定值的速度快,接力器行程快速单调地到达扰动后接力器行程的稳定值,或者出现一个很小的超过接力器行程稳定值的过调值并迅速地到达接力器行程稳定值	机组频率趋近于扰动后频率稳定值的速度快,机组频率单调快速地趋近于扰动后的频率稳定值,或者出现一个很小的超过机组频率稳定值的过调值并迅速地到达机组频率稳定值,机组频率调节稳定时间短	比例增益 K_P 和(或)积分增益 K_I 取值合理和搭配恰当
O 型(振荡型)机组空载频率扰动动态特性	接力器的运动幅度过大,接力器行程到达运动极值后,呈现较大的振荡形态趋近于接力器扰动后的稳定值,接力器行程调节稳定时间长	机组频率趋近于扰动后频率稳定值的速度过快,扰动前期出现较大的频率超调和振荡现象,机组频率调节稳定时间长	比例增益 K_P 和(或)积分增益 K_I 取值过大和搭配不当

7.1.2 水轮机调节系统空载频率扰动特性仿真项目

(1) 调速器比例增益(K_P)对水轮发电机组空载频率扰动特性影响仿真。
(2) 调速器积分增益(K_I)对水轮发电机组空载频率扰动特性影响仿真。
(3) 调速器微分增益(K_D)对水轮发电机组空载频率扰动特性影响仿真。
(4) PID 参数对水轮发电机组空载频率扰动特性影响仿真。
(5) 水流修正系数(K_Y)对水轮发电机组空载频率扰动特性影响仿真。
(6) 接力器响应时间常数(T_y)对水轮发电机组空载频率扰动特性影响仿真。
(7) 频率向上扰动/向下扰动的空载频率扰动特性(PID 参数)影响仿真。
(8) 频率向上扰动/向下扰动的空载频率扰动特性(接力器关闭时间 T_f、开启时间 T_g)影响仿真。
(9) 水轮机发电机组自调节系数(e_n)对水轮发电机组空载频率扰动特性影响仿真。
(10) 机组惯性时间常数(T_a)对水轮发电机组空载频率扰动特性影响仿真。

7.1.3 水轮机调节系统空载频率扰动特性的仿真结果

在进行水轮机调节系统空载频率扰动特性的每一次仿真中,采用的仿真策略是"1 个(组)仿真目标参数的 3 个(组)数值仿真",也就是说,在每次仿真中,采用选择的 1 个(组)仿真目标参数的 3 个(组)数值进行仿真,将这 3 个仿真的动态过程的仿真变量波形和全部仿真参数在 1 个仿真图形中表示。

众所周知,对应 1 个(组)仿真目标参数的仿真,只能得到一个孤立的动态过程;对应 2 个(组)仿真目标参数的仿真,可以得到互为比较的 2 个动态过程;而对应 3 个(组)仿真目标参数的 3 个动态过程,则可为参数变化对动态过程影响进行分析提供更为形象直观的结果。

水轮机调节系统空载频率扰动特性的仿真结果可显示机组频率 f 和接力器行程 y 的动态波形和所有的仿真参数。动态波形的纵坐标显示机组频率 f 和接力器行程 y 等 2 个变量,机组频率 f 以赫兹(Hz)为单位,接力器行程 y 以相对值显示;动态波形的横坐标是时间坐标 t,单位是秒 s。为了便于比较、分析和研究某 1 个(组)参数的取值对水轮机调节系统动态特性的作用,在其他的水轮机调节系统参数相同的条件下,选定 1 个或 1 组(数个)仿真目标参数,并选择各自 3 个(组)不同的数值进行仿真,同时得到与之对应的 3 个仿真结果。第 1 个(组)变量对应的仿真曲线以红色点画线表示,第 2 个(组)变量对应的仿真曲线以黑色实线表示,第 3 个(组)变量对应的仿真曲线以蓝色虚线表示。

记空载频率扰动前的频率为 f_1、空载频率扰动后的频率为 f_2,则扰动频率偏差的绝对值为 $\Delta f=|f_2-f_1|$,定义空载扰动频率调节稳定时间为,从空载频率扰动时间时起,到机组空载频率进入以扰动后频率 f_2 中心的稳定区域($f_2\pm|f_2-f_1|\times 5\%$)

的时间 t_E。在仿真波形中以频率 f_2 为中心,标出了以 $(f_2 + |f_2 - f_1| \times 5\%)$ 和 $(f_2 - |f_2 - f_1| \times 5\%)$ 为纵坐标的、平行于坐标横轴的空载频率扰动后的稳定区域边界。

在以下的仿真中,仿真是对机组频率向上扰动工况进行的,并会自动绘出空载频率扰动后的稳定区域边界。例如,当空载扰动频率为 $\Delta f = = 4.0$ Hz 时,扰动前的机组稳定频率为 $f_1 = 48.0$ Hz,扰动后的机组稳定频率为 $f_2 = 52.0$ Hz,仿真结果的波形图中标出了平行于坐标横轴的机组频率 $f = 52.2$ Hz 的黑色实线和平行于坐标横轴的机组频率 $f = 51.8$ Hz 的黑色实线;当空载扰动频率为 $\Delta f = 2.0$ Hz 时,扰动前的机组稳定频率为 $f_1 = 49.0$ Hz,扰动后的机组稳定频率为 $f_2 = 51.0$ Hz,仿真结果的波形图中标出了平行于坐标横轴的机组频率 $f = 51.1$ Hz 的黑色实线和平行于坐标横轴的机组频率 $f = 50.9$ Hz 的黑色实线。

7.2 调速器比例增益对机组空载频率扰动特性影响仿真

7.2.1 比例增益对机组空载频率扰动特性影响仿真 1

图 7-1 所示为调速器比例增益(K_P)对机组空载频率扰动特性影响的仿真界面,界面上的变量或参数的数值可以设定修改,所有变量或参数的数值将实时地反映在仿真结果(仿真曲线及参数)中,仿真结果如图 7-2 所示。

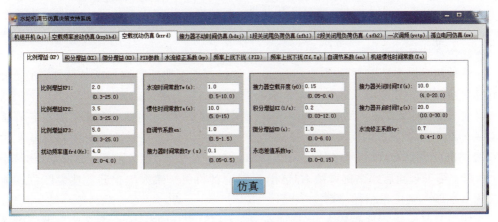

图 7-1 调速器比例增益 K_P 对机组空载频率扰动特性影响仿真界面

1. 仿真的目标参数

仿真的目标参数有 3 个不同的调速器比例增益数值(K_{P1}、K_{P2} 和 K_{P3})。

(1) 调速器比例增益 $K_{P1} = 1.8$,对应的机组频率 f 和接力器行程 y 的图形为图

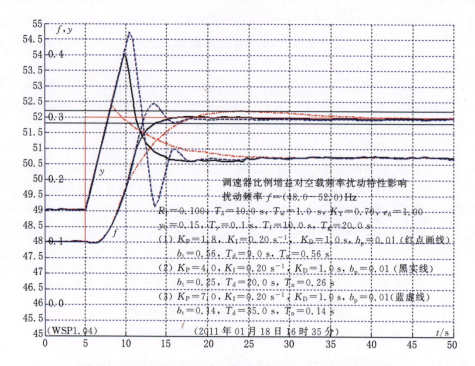

图 7-2　调速器比例增益对机组空载频率扰动特性影响的仿真 1

7-2 中红色点画线所示波形。

（2）调速器比例增益 $K_{P2}=4.0$，对应的机组频率 f 和接力器行程 y 的图形为图中黑色实线所示波形。

（3）调速器比例增益 $K_{P3}=7.0$，对应的机组频率 f 和接力器行程 y 的图形为图中蓝色虚线所示波形。

2. 仿真结果分析

被控系统参数为，机组惯性比率 $R_I=0.100$、机组惯性时间常数 $T_a=10.0$ s、水流时间常数 $T_w=1.0$ s、水流修正系数 $K_Y=0.70$、机组自调节系数 $e_n=1.0$。

（1）在进行 3 个不同数值比例增益 K_P 的空载频率扰动仿真时，调速器的积分增益 $K_I=0.20$ s^{-1}，调速器的微分增益 $K_D=1.0$ s。3 种仿真工况的折算的暂态转差系数 b_t、缓冲时间常数 T_d 和加速度时间常数 T_n 显示在仿真结果图中，如图 7-2 所示。

（2）第 1 个调速器比例增益 $K_{P1}=1.8$，对应的机组空载频率扰动特性为红色点画线所示波形。

使用的调速器 PID 参数为，比例增益 $K_{P1}=1.8$，积分增益 $K_{I1}=0.2$ s^{-1}，微分增益 $K_{D1}=1.0$ s；折算后的暂态转差系数 $b_{t1}=0.56$，缓冲时间常数 $T_{d1}=9.0$ s，加速度时间常数 $T_{n1}=0.56$ s。

调速器比例增益 K_{P1} 为 3 种调速器比例增益仿真参数中的最小数值，折算的暂态转差系数 b_t 为 3 种仿真参数中的最大数值，缓冲时间常数 T_d 为 3 种仿真参数中的最小数值,加速度时间常数 T_n 为 3 种仿真参数中的最大数值。

由于比例作用强度小,接力器开启动作幅度最小,接力器开启到峰值后,向扰动后的稳定值关闭过程缓慢;在动态过程的中期,机组频率上升缓慢,以至于在动态过程的后期,机组频率出现了超调现象,机组频率向扰动后的稳定值恢复得极为缓慢;呈现出以机组频率响应扰动缓慢、频率出现超调量和频率调节稳定时间长为特征的动态特性,空载扰动频率调节稳定时间为 $t_E = 11.5$ s。

本组特性属于 S 型动态特性。

(3) 第 2 个调速器比例增益 $K_{P2} = 4.0$,对应的机组空载扰动特性为以黑色实线所示波形。

使用的调速器 PID 参数为,比例增益 $K_{P2} = 4.0$,积分增益 $K_{I2} = 0.2$ s^{-1},微分增益 $K_{D2} = 1.0$ s;折算后的暂态转差系数 $b_{t2} = 0.25$,缓冲时间常数 $T_{d2} = 20.0$ s,加速度时间常数 $T_{n2} = 0.26$ s。

调速器比例增益 K_{P2} 为 3 种仿真参数中的中间数值,折算的暂态转差系数 b_t 为 3 种仿真参数中的中间数值,缓冲时间常数 T_d 为 3 种仿真参数中的中间数值,加速度时间常数 T_n 为 3 种仿真参数中的中间数值。

由于比例作用强度较为适中,接力器的开启动作幅度较大,接力器开度调节稳定时间短;在动态过程的中期,机组频率上升快,机组频率较快地到达扰动后的频率稳定值。调速器比例增益 $K_{P2} = 4.0$ 对应的空载频率扰动的动态性能,明显优于调速器比例增益 $K_{P3} = 1.8$ 对应的空载频率扰动的动态性能,也比调速器比例增益 $K_{P3} = 7.0$ 对应的空载频率扰动的动态性能要好,是 3 个不同数值的比例增益(K_{P1}、K_{P2} 和 K_{I3})的空载频率扰动仿真中,动态特性最好的一组,空载扰动频率调节稳定时间为 $t_E = 8.5$ s。

本组特性属于 B 型动态特性。

(4) 第 3 个调速器比例增益 $K_{P3} = 7.0$,对应的机组空载频率扰动特性为以蓝色虚线所示波形。

使用的调速器 PID 参数为,比例增益 $K_{P3} = 7.0$,积分增益 $K_{I3} = 0.2$ s^{-1},微分增益 $K_{D3} = 1.0$ s;折算后的暂态转差系数 $b_{t3} = 0.14$,缓冲时间常数 $T_{d3} = 35.0$ s,加速度时间常数 $T_{n3} = 0.14$ s。

调速器比例增益 K_{P3} 为 3 种仿真参数中的最大数值,折算的暂态转差系数 b_t 为 3 种仿真参数中的最小数值,缓冲时间常数 T_d 为 3 种仿真参数中的最大数值,加速度时间常数 T_n 为 3 种仿真参数中的最小数值。

由于比例作用强度大,接力器的开启动作幅度最大,接力器开启到峰值后,向扰动后的稳定值的关闭过程最为快速,但是出现了振荡;在动态过程的中期,机组频率上升迅速,出现了机组频率超调和衰减振荡特性,机组频律的调节稳定时间较长,空载扰动频率调节稳定时间为 $t_E = 9.5$ s。

本组特性属于 O 型动态特性。

(5) 仿真工况下的频率扰动值为 4 Hz,其相对值为 0.08。机组自调节系数 $e_n = $

1.000,所以,空载频率扰动前后的接力器行程的差值为 $\Delta y = \Delta f \cdot e_n = 0.08 \times 1.000 = 0.08$,扰动前接力器行程为 0.15,扰动后接力器行程为 $y=0.23$。顺便指出,在电站进行空载频率扰动试验时,可以根据扰动频率的相对值和实测的扰动前后接力器行程差值的相对值,求出机组在试验工况下的机组自调节系数 e_n。

(6) 综合以上的分析可知,图 7-2 所示的仿真结果表明:调速器比例增益 K_P 是调速器 PID 参数中最重要的参数。在水轮机调节系统的动态特性中,调速器比例增益 K_P 的取值对于机组空载频率扰动特性有极大的影响,主要是与调节偏差成比例地调节接力器的动作强度,从而起到使机组频率快速趋近于目标值的作用。所以,调速器比例增益 K_P 对调节偏差起到快速调节的作用,调速器比例增益 K_P 的取值对于调节系统大偏差的调节作用更为明显。当然,调速器比例增益 K_P 也会对扰动过程的调节稳定时间起作用。

调速器比例增益 K_P 的取值过小,在空载频率扰动过程中的接力器开度的动作幅值小、机组频率的响应速度慢,机组频率趋近于稳定值的时间长;调速器比例增益 K_P 的取值过大,在空载频率扰动过程中接力器动作的幅值大、机组频率的响应速度快,机组频率可能产生超调,机组频率趋近稳定值的时间长。

当然,调速器比例增益 K_P 也要与调速器的积分增益 K_I 和调速器的微分增益 K_D 有恰当的配合。

(7) 进一步的仿真结果表明,仿真中的水流修正系数是 $K_Y=0.70$,图 7-2 所示的调速器的第 2 组 PID 参数为:比例增益 $K_P=4.0$,积分增益 $K_I=0.20\ s^{-1}$,调速器微分增益 $K_D=1.0\ s$。如果将水流修正系数修改为 $K_Y=1.0$,则需将调速器的第 2 组 PID 参数修改为:比例增益 $K_P=4.3$,积分增益 $K_I=0.16\ s^{-1}$ 和调速器的微分增益 $K_D=1.0$ s,才能得到类似于图 7-2 所示的仿真结果。这说明了水流修正系数 K_Y 变化了,就必须重新调整调速器的 PID 参数才能得到较好的机组空载频率扰动特性。

微机调速器比例增益 K_P 的上述特性,会对水轮机调节系统其它的动态特性产生类似的作用,即这将会有如下现象(第 9 章水轮机调节系统机组甩负荷特性仿真将有介绍)。

调速器比例增益 K_P 的取值过大,在机组甩负荷的动态过程中,从接力器以最快速度关闭到接力器完全关闭($y=0$)开始,到接力器重新开启的时间间隔过长,而且此后的接力器重新开启后的超调量大,并以振荡的形态缓慢地趋近于甩负荷后接力器的稳定开度。在机组甩负荷的动态过程中,机组频率在以最快速度下降到额定频率之后,继续快速下降,可能出现机组频率小于 48 Hz 的最小值,甚至引起机组低频灭磁,机组频率向额定频率(50 Hz)恢复的过程缓慢,从而导致机组甩负荷中的机组频率调节稳定时间长。这种特性属于机组甩负荷动态过程的 O 型系统特性。

7.2.2 比例增益对水轮发电机组空载频率扰动特性影响仿真 2

仿真 2 的结果如图 7-3 所示。

仿真 1 与仿真 2 的差别在于:仿真 1(见图 7-2)的机组惯性比率 $R_I=0.100$、机组

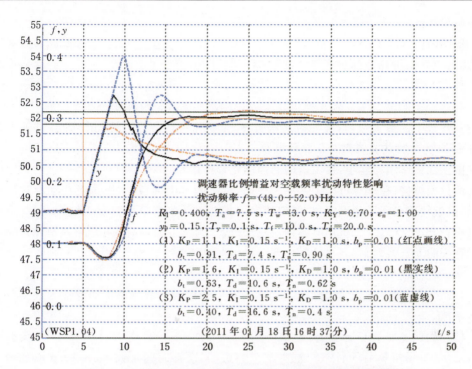

图 7-3　调速器比例增益对机组空载频率扰动特性影响的仿真 2

惯性时间常数 $T_a=10.0$ s、水流时间常数 $T_w=1.0$ s,是属于较大的 T_a 和较小的 T_w 的情况;仿真 2(见图 7-3)的机组惯性比率 $R_I=0.4$、机组惯性时间常数 $T_a=7.5$ s、水流时间常数 $T_w=3.0$ s,则是属于较小的 T_a 和较大的 T_w 的情况。

1. 仿真的目标参数

(1) 调速器比例增益 $K_{P1}=1.1$,对应的机组频率 f 和接力器行程 y 的图形为图 7-3 中红色点画线所示波形。

(2) 调速器比例增益 $K_{P2}=1.6$,对应的机组频率 f 和接力器行程 y 的图形为图 7-3 中黑色实线所示波形。

(3) 调速器比例增益 $K_{P3}=2.5$,对应的机组频率 f 和接力器行程 y 的图形为图 7-3 中蓝色虚线所示波形。

2. 仿真结果分析

被控制系统参数为,机组惯性比率 $R_I=0.400$,机组惯性时间常数 $T_a=7.5$ s,水流时间常数 $T_w=3.0$ s,水流修正系数 $K_Y=0.70$,机组自调节系数 $e_n=1.00$。

(1) 在进行 3 个不同数值的比例增益(K_{P1}、K_{P2} 和 K_{P3})的空载频率扰动仿真时,调速器的积分增益 $K_I=0.15$ s^{-1} 和调速器的微分增益 $K_D=1.0$ s。3 种仿真工况的折算的暂态转差系数 b_t、缓冲时间常数 T_d 和加速度时间常数 T_n 均显示在仿真结果图中,如图 7-3 所示。

(2) 第 1 个调速器比例增益 $K_{P1}=1.1$,对应的机组空载频率扰动特性为以红色点画线所示波形。

使用的调速器 PID 参数为,比例增益 $K_{P1}=1.1$,积分增益 $K_{I1}=0.15\ s^{-1}$,微分增益 $K_{D1}=1.0\ s$;折算后的暂态转差系数 $b_{t1}=0.91$,缓冲时间常数 $T_{d1}=7.4\ s$,加速度时间常数 $T_{n1}=0.9\ s$。

调速器比例增益 K_{P1} 为 3 种仿真参数中的最小数值,折算的暂态转差系数 b_t 为 3 种仿真参数中的最大数值,缓冲时间常数 T_d 为 3 种仿真参数中的最小数值,加速度时间常数 T_n 为 3 种仿真参数中的最大数值。

由于比例作用强度小,接力器的开启动作幅度最小,接力器开度向扰动后的稳定值关闭的过程缓慢;在动态过程的初期和中期,机组频率上升缓慢,以至于在动态过程的后期,机组频率出现了超调现象,机组频率向扰动后的稳定值恢复极为缓慢,因此呈现出以接力器动作幅度小、机组频率响应扰动缓慢、频率出现超调量和频率调节稳定时间长为特征的动态特性,空载扰动频率调节稳定的时间为 $t_E=21.0\ s$。

本组特性属于 S 型动态特性。

(3) 第 2 个调速器比例增益 $K_{P2}=1.6$,对应的机组空载频率扰动特性为以黑色实线所示波形。

使用的调速器 PID 参数为,比例增益 $K_{P2}=1.6$,积分增益 $K_{I2}=0.15\ s^{-1}$,微分增益 $K_{D2}=1.0\ s$;折算后的暂态转差系数 $b_{t2}=0.63$,缓冲时间常数 $T_{d2}=10.6\ s$,加速度时间常数 $T_{n2}=0.62\ s$。

调速器比例增益 K_{P3} 为 3 种仿真参数中的中间数值,折算的暂态转差系数 b_t 为 3 种仿真参数中的中间数值,缓冲时间常数 T_d 为 3 种仿真参数中的中间数值,加速度时间常数 T_n 为 3 种仿真参数中的中间数值。

由于比例作用强度较为适中,因此接力器的开启动作幅度较大,接力器开启到开度峰值后,向扰动后的稳定值的关闭过程较快;在动态过程的中期,机组频率上升迅速,机组频率迅速到达扰动后的频率稳定值。调速器比例增益 $K_{P2}=1.6$ 对应的空载频率扰动的动态性能,明显优于调速器比例增益 $K_{P1}=1.1$ 对应的空载频率扰动的动态性能,也比调速器比例增益 $K_{P3}=2.5$ 对应的空载频率扰动的动态性能要好,是 3 个不同数值的比例增益(K_{P1}、K_{P2} 和 K_{I3})的空载频率扰动仿真中,空载频率扰动动态特性最好的一组,空载扰动频率调节稳定时间为 $t_E=10.0\ s$。

本组特性属于 B 型动态特性。

(4) 第 3 个调速器比例增益 $K_{P3}=2.5$,对应的机组空载频率扰动特性为以蓝色虚线所示波形。

使用的调速器 PID 参数为,比例增益 $K_{P3}=2.5$,积分增益 $K_{I3}=0.15\ s^{-1}$,微分增益 $K_{D3}=1.0\ s$;折算后的暂态转差系数 $b_{t3}=0.40$,缓冲时间常数 $T_{d3}=16.6\ s$,加速度时间常数 $T_{n3}=0.4\ s$。

调速器比例增益 K_{P3} 为 3 种仿真参数中的最大数值,折算的暂态转差系数 b_t 为 3 种仿真参数中的最小数值,缓冲时间常数 T_d 为 3 种仿真参数中的最大数值,加速度时

间常数 T_n 为 3 种仿真参数中的最小数值。

由于比例作用强度大，因此接力器的开启动作幅度最大，接力器开启到开度峰值后，以较大振荡形态趋近于扰动后的接力器开度；在动态过程的中期，机组频率上升迅速，但是在动态过程的后期，又出现了机组频率以较大振荡形态趋近于稳定值恢复的动态过程，机组频率调节时间较长，空载扰动频率调节稳定时间为 $t_E=11.5$ s。

本组特性属于 O 型动态特性。

(5) 仿真工况下的频率扰动值为 4 Hz，其相对值为 0.08，机组自调节系数 $e_n=1.000$。所以，空载频率扰动前后的接力器行程的差值为 $\Delta y = \Delta f \cdot e_n = 0.08 \times 1.000 = 0.08$，扰动前接力器行程为 0.15，扰动后接力器行程为 $y=0.23$。顺便指出，在电站进行空载扰动试验时，就可以根据扰动频率的相对值和实测的扰动前后接力器行程差值的相对值，求出机组在试验工况下的机组自调节系数 e_n。

(6) 综合以上的分析可知，图 7-3 所示的仿真结果表明：由于被控制系统状态是属于较小的 T_a 和较大的 T_w 的情况（即机组惯性比率 R_I 较大），因而，仿真 2（见图 7-3）选用的调速器比例增益和积分增益要小于仿真 1（见图 7-2）相应的数值，仿真 2 机组频率的调节稳定时间要明显大于仿真 1 机组频率的调节稳定时间。

7.2.3　比例增益对水轮发电机组空载频率扰动特性影响仿真 3

仿真 3 的结果如图 7-4 所示。

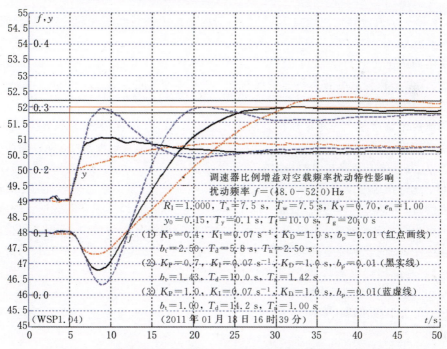

图 7-4　调速器比例增益对机组空载频率扰动特性影响的仿真 3

仿真 1 与仿真 3 的差别在于:仿真 1(见图 7-2)的机组惯性比率 $R_I=0.100$、机组惯性时间常数 $T_a=10.0$ s,水流时间常数 $T_w=1.0$ s,是属于较大的 T_a 和较小的 T_w 的情况;仿真 3(见图 7-4)的机组惯性比率 $R_I=1.000$,机组惯性时间常数 $T_a=7.5$ s,水流时间常数 $T_w=7.5$ s,则是属于较小的 T_a 和特别大的 T_w 的情况。所以,仿真 3 的调速器 PID 参数与仿真 1 的调速器 PID 参数有很大的差别。

1. 仿真目标参数

(1) 调速器比例增益 $K_{P1}=0.4$,对应的机组频率 f 和接力器行程 y 的图形为图 7-4 中红色点画线所示波形。

(2) 调速器比例增益 $K_{P2}=0.7$,对应的机组频率 f 和接力器行程 y 的图形为图 7-4 中黑色实线所示波形。

(3) 调速器比例增益 $K_{P3}=1.0$,对应的机组频率 f 和接力器行程 y 的图形为图 7-4 中蓝色虚线所示波形。

2. 仿真结果分析

被控制系统参数为,机组惯性比率 $R_I=1.000$,机组惯性时间常数 $T_a=7.5$ s,水流时间常数 $T_w=7.5$ s,水流修正系数 $K_Y=0.70$,机组自调节系数 $e_n=1.00$。

(1) 在进行 3 个不同数值比例增益(K_{P1}、K_{P2} 和 K_{P3})的空载频率扰动的仿真时,调速器的积分增益 $K_I=0.07$ s^{-1} 和调速器的微分增益 $K_D=1.0$ s。3 种仿真工况的折算的暂态转差系数 b_t,缓冲时间常数 T_d 和加速度时间常数 T_n 均显示在仿真结果图中,如图 7-4 所示。

(2) 第 1 个调速器比例增益 $K_{P1}=0.4$,对应的机组空载频率扰动特性为以红色点画线所示波形。

使用的调速器 PID 参数为,比例增益 $K_{P1}=0.4$,积分增益 $K_{I1}=0.07$ s^{-1},微分增益 $K_{D1}=1.0$ s;折算后的暂态转差系数 $b_{t1}=2.50$,缓冲时间常数 $T_{d1}=5.8$ s,加速度时间常数 $T_{n1}=2.50$ s。

调速器比例增益 K_{P1} 为 3 种仿真参数中的最小数值,折算的暂态转差系数 b_t 为 3 种仿真参数中的最大数值,缓冲时间常数 T_d 为 3 种仿真参数中的最小数值,加速度时间常数 T_n 为 3 种仿真参数中的最大数值。

由于比例作用强度小,故接力器的开启动作幅度最小,接力器向扰动后的稳定值关闭过程缓慢;在动态过程的初期和中期,机组频率上升缓慢,以至于在动态过程的后期,机组频率出现了超调现象,机组频率向扰动后的稳定值恢复极为缓慢;呈现出以接力器动作幅度小,机组频率响应扰动缓慢,频率出现超调量和频率调节稳定时间长为特征的动态特性,空载扰动频率调节稳定时间为 $t_E=40.0$ s。

本组特性属于 S 型动态特性。

(3) 第 2 个调速器比例增益 $K_{P2}=0.7$,对应的机组空载频率扰动特性为黑色实线所示波形。

使用的调速器 PID 参数为,比例增益 $K_{P2}=0.7$,积分增益 $K_{I2}=0.07$ s^{-1},微分增

益 $K_{D2}=1.0$ s；折算后的暂态转差系数 $b_{t2}=1.43$，缓冲时间常数 $T_{d2}=10.0$ s，加速度时间常数 $T_{n2}=1.42$ s。

调速器比例增益 K_{P3} 为 3 种仿真参数中的中间数值，折算的暂态转差系数 b_t 为 3 种仿真参数中的中间数值，缓冲时间常数 T_d 为 3 种仿真参数中的中间数值，加速度时间常数 T_n 为 3 种仿真参数中的中间数值。

比例作用强度较为适中时，接力器的开启动作幅度较大，接力器开启到开度峰值后，向扰动后的稳定值的关闭过程较快；在动态过程的中期，机组频率上升迅速，机组频率迅速到达扰动后的频率稳定值。调速器比例增益 $K_{P2}=1.1$ 对应的空载频率扰动的动态性能，明显优于调速器比例增益 $K_{P1}=0.8$ 对应的空载频率扰动的动态性能，也比调速器比例增益 $K_{P3}=1.4$ 对应的空载频率扰动动态性能要好，是 3 个不同数值的比例增益（K_{P1}、K_{P2} 和 K_{I3}）的空载频率扰动仿真中最好的一组，空载扰动频率调节稳定时间为 $t_E=20.5$ s。

本组特性属于 B 型动态特性。

(4) 第 3 个调速器比例增益 $K_{P3}=1.0$，对应的机组空载扰动特性为以蓝色虚线所示波形。

使用的调速器 PID 参数为，比例增益 $K_{P3}=1.0$，积分增益 $K_{I3}=0.07$ s^{-1}，微分增益 $K_{D3}=1.0$ s；折算后的暂态转差系数 $b_{t3}=1.00$，缓冲时间常数 $T_{d3}=14.2$ s，加速度时间常数 $T_{n3}=1.00$ s。

调速器比例增益 K_{P3} 为 3 种仿真参数中的最大数值，折算的暂态转差系数 b_t 为 3 种仿真参数中的最小数值，缓冲时间常数 T_d 为 3 种仿真参数中的最大数值，加速度时间常数 T_n 为 3 种仿真参数中的最小数值。

由于比例作用强度大、接力器的开启动作幅度最大，接力器开启到开度峰值后以较大震荡形态趋近于扰动后的接力器开度；在动态过程的中期，机组频率上升迅速，但是在动态过程的后期，又出现了机组频率呈较大振荡形态趋近于稳定值恢复的动态过程，机组频率调节时间长，空载扰动频率调节稳定时间为 $t_E>45.0$ s。

本组特性属于 O 型动态特性。

(5) 仿真工况下的频率扰动值为 4 Hz，其相对值为 0.08，机组自调节系数 $e_n=1.00$。所以，空载扰动前后的接力器行程的差值为 $\Delta y=\Delta f \cdot e_n=0.08\times1.000=0.08$，扰动前接力器行程为 0.15，扰动后的接力器行程为 $y=0.23$。顺便指出，在电站进行空载频率扰动试验时，可以根据扰动频率的相对值和实测的扰动前后接力器行程差值的相对值，求出机组在试验工况下的机组自调节系数 e_n。

综合以上的分析可知，图 7-4 所示的仿真结果表明：由于被控制系统是属于较小的 T_a 和特别大的 T_w 的情况（即机组惯性比率 R_i 较大），因而，仿真 3（见图 7-4）选用的调速器比例增益要小于仿真 1（见图 7-2）和仿真 2（见图 7-3）的数值，仿真 3 机组频率的调节稳定时间要明显大于仿真 1 和仿真 2 机组频率的调节稳定时间。

综上所述，仿真 1、仿真 2 和仿真 3 的被控制系统参数是不同的，因而，对于不同的机组空载频率扰动特性较好的调速器的 PID 参数也相差很大。对于仿真 3 的情况（被控制系统的参数为，机组惯性比率 $R_I=1.0$，水流惯性时间常数 $T_w=7.5$ s 和机组惯性时间常数 $T_a=7.5$ s），也能够选择出比较好的调速器 PID 参数。

把仿真 1、仿真 2 和仿真 3 的第 2 组（对应于图中的黑色实线所示波形）PID 参数汇总于表 7-2 中。从表 7-2 的比较数据可以清楚地看出，水轮机调节系统的不同被控制系统（不同的机组惯性比率 R_I）的较好的调速器 PID 参数有很大的差别。

表 7-2 水轮机调节系统 3 种被控制系统对应的空载扰动 PID 参数

仿真结果	R_I	T_w/s	T_a/s	K_P	K_I/s^{-1}	K_D/s	b_t	T_d/s	T_n/s
仿真 1（见图 7-2 的黑色实线）	0.100	1.0	10.0	4.0	0.20	1.0	0.25	20.0	0.26
仿真 2（见图 7-3 的黑色实线）	0.400	3.0	7.5	1.6	0.15	1.0	0.63	10.6	0.62
仿真 3（见图 7-4 的黑色实线）	1.000	7.5	7.5	0.7	0.07	1.0	1.43	10.0	1.42
最大差值	0.900	6.5	2.5	3.3	0.13	0.0	1.18	10.0	1.16

电站试验和仿真结果表明，与机组惯性比率 R_I 对应的较好的调速器 PID 参数的总体规律是：机组惯性比率 R_I 数值大，与较好的空载频率扰动动态过程特性对应的比例增益 K_P 和积分增益 K_I 数值较小；机组惯性比率 R_I 数值小，与较好的空载频率扰动动态过程特性对应的比例增益 K_P 和积分增益 K_I 数值较大。

对于机组惯性比率 R_I 大的系统，即使选择了合适的调速器 PID 参数，其空载频率扰动的稳定时间 t_E，也要明显大于机组比率 R_I 小的系统的空载频率扰动稳定时间 t_E。

7.3 积分增益对机组空载频率扰动特性影响仿真

7.3.1 积分增益对机组空载频率扰动特性影响仿真 1

图 7-5 所示的为调速器积分增益（K_I）对机组空载频率扰动特性影响的仿真界面，界面上的变量或参数的数值可以设定修改，所有变量或参数的数值将实时地反映在仿真结果（仿真曲线及参数）中，仿真的结果如图 7-6 所示。

1. 仿真目标参数

（1）调速器积分增益为 $K_{I1}=0.15$ s^{-1}，对应的机组频率 f 和接力器行程 y 的图形为图 7-6 中红色点画线所示波形。

（2）调速器积分增益为 $K_{I2}=0.20$ s^{-1}，对应的机组频率 f 和接力器行程 y 的图形为图 7-6 中黑色实线所示波形。

（3）调速器积分增益为 $K_{I3}=0.35$ s^{-1}，对应的机组频率 f 和接力器行程 y 的图形为图 7-6 中蓝色虚线所示波形。

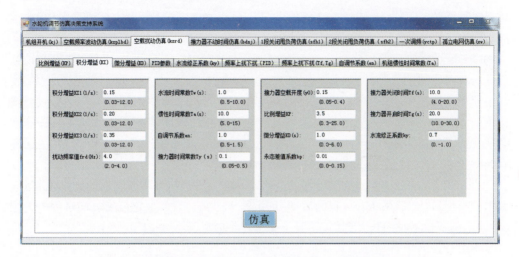

图 7-5　调速器积分增益对机组空载频率扰动特性影响仿真的界面

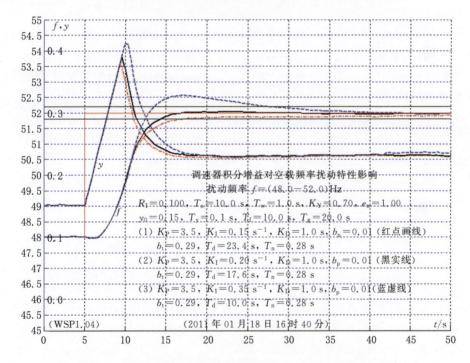

图 7-6　调速器积分增益对机组空载频率扰动特性影响的仿真 1

2. 仿真结果分析

被控制系统参数为,机组惯性比率 $R_I=0.100$,机组惯性时间常数 $T_a=10.0$ s,水流时间常数 $T_w=1.0$ s,水流修正系数 $K_Y=0.70$,机组自调节系数 $e_n=1.000$。

(1) 在进行 3 个不同数值的比例增益(K_{P1}、K_{P2} 和 K_{P3})的空载频率扰动仿真时,调速器的比例增益 $K_P=3.5$ 和调速器的微分增益 $K_D=1.0$ s。3 种仿真工况的折算的

暂态转差系数 b_t、缓冲时间常数 T_d 和加速度时间常数 T_n 均显示在仿真结果图中，如图 7-6 所示。

(2) 第 1 个调速器积分增益 $K_{I1}=0.15\ \text{s}^{-1}$，对应的机组空载频率扰动特性为以红色点画线所示波形。

使用的调速器 PID 参数为，比例增益 $K_{P1}=3.5$，积分增益 $K_{I1}=0.15\ \text{s}^{-1}$，微分增益 $K_{D1}=1.0\ \text{s}$；折算后的暂态转差系数 $b_{t1}=0.29$，缓冲时间常数 $T_{d1}=23.4\ \text{s}$，加速度时间常数 $T_{n1}=0.28\ \text{s}$。调速器积分增益 K_{I1} 为 3 种仿真参数中的最小值，折算的缓冲时间常数 T_d 为 3 种仿真参数中的最大值。

由于积分作用强度小，故接力器的开启动作幅度最小；在动态过程的中期，机组频率上升缓慢，以至于在动态过程的后期，机组频率向扰动后的稳定值恢复的过程极为缓慢，频率调节稳定时间长，空载扰动频率调节稳定时间为 $t_E=12.0\ \text{s}$。

本组特性属于 S 型动态特性。

(3) 第 2 个调速器积分增益 $K_{I2}=0.20\ \text{s}^{-1}$，对应的机组空载频率扰动特性为以黑色实线所示波形。

使用的调速器 PID 参数为，比例增益 $K_{P2}=3.5$，积分增益 $K_{I2}=0.20\ \text{s}^{-1}$，微分增益 $K_{D2}=1.0\ \text{s}$；折算后的暂态转差系数 $b_{t2}=0.29$，缓冲时间常数 $T_{d2}=17.6\ \text{s}$，加速度时间常数 $T_{n2}=0.28\ \text{s}$。调速器积分增益 K_{I2} 为 3 种仿真参数中的中间值，折算的缓冲时间常数 T_d 为 3 种仿真参数中的中间值。

由于积分作用强度较大，故接力器的开启动作幅度较大、接力器向扰动后的稳定值的关闭过程快；在动态过程的中期，机组频率上升较快，机组频率很快到达扰动后的频率稳定值，空载扰动频率调节稳定时间短。调速器积分增益 $K_{I2}=0.20\ \text{s}^{-1}$ 对应的空载频率扰动的动态性能，要优于调速器积分增益 $K_{I1}=0.15\ \text{s}^{-1}$ 对应的空载频率扰动的动态性能。空载扰动频率调节稳定时间为 $t_E=9.5\ \text{s}$。

本组特性属于 B 型动态特性。

(4) 第 3 个调速器积分增益 $K_{I3}=0.35\ \text{s}^{-1}$，对应的机组空载频率扰动特性为以蓝色虚线所示波形。

使用的调速器 PID 参数为，比例增益 $K_{P3}=3.5$，积分增益 $K_{I3}=0.35\ \text{s}^{-1}$，微分增益 $K_{D3}=1.0\ \text{s}$；折算后的暂态转差系数 $b_{t3}=0.29$，缓冲时间常数 $T_{d3}=10.0\ \text{s}$，加速度时间常数 $T_{n3}=0.28\ \text{s}$。调速器积分增益 K_{I3} 为 3 种仿真参数中的最大数值，折算的缓冲时间常数 T_d 为 3 种仿真参数中的最小数值。

由于积分作用强度最大，故接力器的开启动作幅度也最大；在动态过程的中期，机组频率上升最快，机组频率最先到达扰动后的频率稳定值，但是出现了较大的超调。机组频率向扰动后稳定值的调节时间很长。调速器积分增益 $K_{I3}=0.35\ \text{s}^{-1}$ 对应的空载频率扰动的动态性能是 3 个不同数值积分增益（K_{I1}、K_{I2} 和 K_{I3}）空载频率扰动仿真中动态特性最差的一组，空载扰动频率调节稳定时间为 $t_E=21.5\ \text{s}$。

本组特性属于 O 型动态特性。

(5) 综合以上分析可知,图 7-6 所示的仿真结果表明:调速器积分增益 K_I 是调速器 PID 参数中重要的参数。在水轮机调节系统的动态特性中,调速器积分增益 K_I 的取值对于机组空载频率扰动特性有一定的影响,主要是以积分规律与调节偏差成比例地调节接力器的动作速度,从而起到在小偏差区域影响机组频率趋近于稳定值的作用;调速器积分增益 K_I 的取值对于调节系统大偏差和小偏差均起调节作用;调速器积分增益 K_I 对调节偏差能起到精确调节和消除误差的作用。当然,调速器积分增益 K_I 也会对扰动过程的大波动区域起作用。

调速器积分增益 K_I 的取值过大,在空载频率扰动过程中的接力器开度动作的幅值较大,机组频率的响应速度也较快,机组频率可能产生超调,趋近于稳定值的时间长。调速器积分增益 K_I 的取值过小,在空载频率扰动过程中的接力器开度动作幅值较小,机组频率的响应速度也较慢,机组频率趋近于稳定值的时间长。

当然,调速器积分增益 K_I 也要与调速器的比例增益 K_P 和调速器的微分增益 K_D 有恰当的配合。

微机调速器积分增益 K_I 的上述特性,会对水轮机调节系统其他的动态特性产生类似的作用。这将会有如下现象(第 9 章 水轮机调节系统机组甩负荷特性仿真将有介绍)。

调速器积分增益 K_I 的取值过小,在机组甩负荷的动态过程中,接力器或者是不能以最快速度关闭到接力器完全关闭($y=0$),就缓慢关闭或者反而开启后再继续关闭;或者是从接力器以最快速度关闭到全关闭位置开始,到接力器重新开启的时间间隔过短,且接力器重新开启的速度缓慢,从而接力器趋近于甩负荷后稳定值的时间过长。在机组甩负荷的动态过程中,机组频率在以最快速度下降到额定频率之前,机组频率的下降速率就明显变小,使得机组频率或者是单调地下降到甩负荷后的稳定频率,导致机组甩负荷中的机组频率调节稳定时间长。这种特性属于机组甩负荷动态过程的 S 型系统特性。

调速器积分增益 K_I 的取值过大,在机组甩负荷的动态过程中,从接力器以最快速度关闭到接力器完全关闭($y=0$)开始,到接力器重新开启的时间间隔过长,而且此后的接力器重新开启后,以单调的形态缓慢地趋近于甩负荷后接力器的稳定开度。在机组甩负荷的动态过程中,机组频率在以最快速度下降到额定频率之后,继续快速下降,可能出现机组频率小于 48 Hz 的最小值,甚至引起机组低频灭磁,机组频率向额定频率(50 Hz)恢复的过程缓慢,导致机组甩负荷中的机组频率调节稳定时间长。这种特性属于机组甩负荷动态过程的 O 型系统特性。

7.3.2 积分增益对机组空载频率扰动特性影响仿真 2

仿真 2 的结果如图 7-7 所示。

仿真 1 与仿真 2 的差别在于:仿真 1 的机组惯性比率 $R_1=0.100$,机组惯性时间常数 $T_a=10.0$ s,水流时间常数 $T_w=1.0$ s,是属于较大的 T_a 和较小的 T_w 的情况;仿真 2

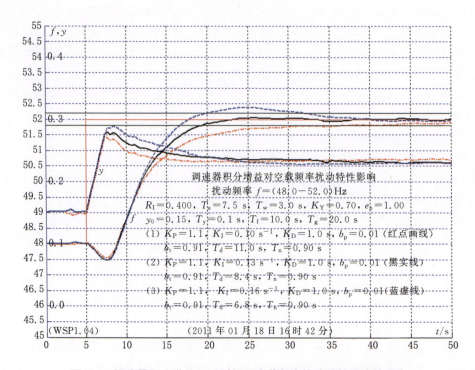

图 7-7 调速器积分增益(K_I)对机组空载频率扰动特性影响的仿真 2

的机组惯性比率 $R_I=0.400$,机组惯性时间常数 $T_a=7.5$ s,水流时间常数 $T_w=3.0$ s,则是属于较小的 T_a 和较大的 T_w 的情况。所以,仿真 2 的调速器 PID 参数与仿真 1 的调速器 PID 参数有很大的差别。

1. 仿真目标参数

(1) 调速器积分增益 $K_{I1}=0.10$ s^{-1},对应的机组频率 f 和接力器行程 y 的图形为图 7-7 中红色点画线所示波形。

(2) 调速器积分增益 $K_{I2}=0.13$ s^{-1},对应的机组频率 f 和接力器行程 y 的图形为图 7-7 中黑色实线所示波形。

(3) 调速器积分增益 $K_{I3}=0.16$ s^{-1},对应的机组频率 f 和接力器行程 y 的图形为图 7-7 中蓝色虚线所示波形。

2. 仿真结果分析

被控制系统参数为,机组惯性比率 $R_I=0.400$,机组惯性时间常数 $T_a=7.5$ s,水流时间常数 $T_w=3.0$ s,水流修正系数 $K_Y=0.70$,机组自调节系数 $e_n=1.00$。

(1) 在进行 3 个不同数值的积分增益(K_{I1}、K_{I2} 和 K_{I3})的空载频率扰动仿真时,调速器的比例增益 $K_P=1.1$,调速器的微分增益 $K_D=1.0$ s。3 种仿真工况的折算的暂态转差系数 b_p,缓冲时间常数 T_d 和加速度时间常数 T_n 均显示在仿真结果图中,如图7-7 所示。

(2) 第 1 个调速器积分增益 $K_{I1}=0.10\ s^{-1}$，对应的机组空载频率扰动特性为红色点画线所示波形。

使用的调速器 PID 参数为，比例增益 $K_{P1}=1.1$，积分增益 $K_{I1}=0.10\ s^{-1}$，微分增益 $K_{D1}=1.0\ s$；折算后的暂态转差系数 $b_{t1}=0.91$，缓冲时间常数 $T_{d1}=11.0\ s$，加速度时间常数 $T_{n1}=0.90\ s$。

调速器积分增益 K_{I1} 为 3 种仿真参数中的最小数值，折算的缓冲时间常数 T_d 为 3 种仿真参数中的最大数值，暂态转差系数 $b_t=0.91$，加速度时间常数 $T_n=0.90\ s$。

由于积分作用强度小，故接力器的开启动作幅度最小；在动态过程的中期，机组频率上升缓慢，以至于在动态过程的后期，机组频率向扰动后的稳定值恢复极为缓慢，频率调节稳定时间很长。

调速器积分增益为 $K_{I3}=0.10\ s^{-1}$ 对应的空载频率扰动的动态性能，是 3 个不同数值的积分增益（K_{I1}、K_{I2} 和 K_{I3}）的空载频率扰动仿真中，空载频率扰动动态特性最差的一组，空载扰动频率调节稳定时间为 $t_E=32.0\ s$。

本组特性属于 S 型动态特性。

(3) 第 2 个调速器积分增益 $K_{I2}=0.13\ s^{-1}$，对应的机组空载频率扰动特性为以黑色实线所示波形。

使用的调速器 PID 参数为，比例增益 $K_{P2}=1.1$，积分增益 $K_{I2}=0.13\ s^{-1}$，微分增益 $K_{D2}=1.0\ s$；折算后的暂态转差系数 $b_{t2}=0.91$，缓冲时间常数 $T_{d2}=8.4\ s$，加速度时间常数 $T_{n2}=0.90\ s$。

调速器积分增益 K_{I2} 为 3 种仿真参数中的中间数值，折算的缓冲时间常数 T_d 为 3 种仿真参数中的中间数值。

由于积分作用强度较大，故接力器的开启动作幅度较大，接力器向扰动后的稳定值的关闭过程快速；在动态过程的中期，机组频率上升较快，很快到达扰动后的频率稳定值；空载扰动频率调节稳定时间短。调速器积分增益 $K_{I2}=0.13\ s^{-1}$，对应的空载频率扰动的动态性能，要优于调速器积分增益 $K_{I1}=0.10\ s^{-1}$ 对应的空载频率扰动的动态性能，是 3 个不同数值的积分增益（K_{I1}、K_{I2} 和 K_{I3}）的空载频率扰动仿真中，动态特性最好的一组，空载扰动频率调节稳定时间 $t_E=14.5\ s$。

本组特性属于 B 型动态特性。

(4) 第 3 个调速器积分增益 $K_{I3}=0.16\ s^{-1}$，对应的机组空载频率扰动特性为蓝色虚线所示波形。

使用的调速器 PID 参数为，比例增益 $K_{P3}=1.1$，积分增益 $K_{I3}=0.16\ s^{-1}$，微分增益 $K_{D3}=1.0\ s$；折算后的暂态转差系数 $b_{t3}=0.91$，缓冲时间常数 $T_{d3}=6.8\ s$，加速度时间常数 $T_{n3}=0.90\ s$。

调速器积分增益 K_{I3} 为 3 种仿真参数中的最大值，折算的缓冲时间常数 T_d 为 3 种仿真参数中的最小值。

由于积分作用强度最大，因此接力器的开启动作幅度也最大；在动态过程的中期，机组频率上升最快,机组频率最先到达扰动后的频率稳定值,但是出现了较大的机组频率超调。机组频率向扰动后稳定值的调节时间长,空载扰动频率调节稳定时间 $t_E=27.0$ s。

本组特性属于 O 型动态特性。

(5) 仿真中的机组水流修正系数 $K_Y=0.70$,如果更改其数值,仿真的结果会有明显的不同,可以参见 7.6 节 水流修正系数对水轮发电机组空载频率扰动特性影响仿真的内容。

综合以上的分析可知,图 7-7 所示的仿真结果表明:由于被控制系统是属于较小的 T_a 和较大的 T_w 的情况(即机组惯性比率 R_1 较大),因而,仿真 2 选用的调速器比例增益和积分增益都要小于仿真 1 的数值,仿真 2 机组频率的调节稳定时间要明显大于仿真 1 机组频率的调节稳定时间。

7.3.3　积分增益对机组空载频率扰动特性影响仿真 3

仿真 3 的结果如图 7-8 所示。

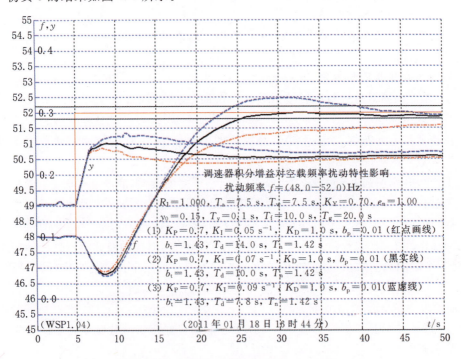

图 7-8　调速器积分增益对机组空载频率扰动特性影响的仿真 3

仿真 1 与仿真 3 的差别在于:仿真 1 的机组惯性比率 $R_1=0.100$,机组惯性时间常数 $T_a=10.0$ s、水流时间常数 $T_w=1.0$ s,是属于较大的 T_a 和较小的 T_w 的情况;仿真 3 的机组惯性比率 $R_1=1.0$,机组惯性时间常数 $T_a=7.5$ s,水流时间常数 $T_w=7.5$ s,则是属于较小的 T_a 和特别大的 T_w 的情况。所以,仿真 3 的调速器 PID 参数与仿真 1 的调速器 PID 参数有很大的差别。

1. 仿真目标参数

(1) 调速器积分增益 $K_{I1}=0.05\ \mathrm{s}^{-1}$,对应的机组频率 f 和接力器行程 y 的图形为图 7-8 中红色点画线所示波形。

(2) 调速器积分增益 $K_{I2}=0.07\ \mathrm{s}^{-1}$,对应的机组频率 f 和接力器行程 y 的图形为图 7-8 中黑色实线所示波形。

(3) 调速器积分增益 $K_{I3}=0.09\ \mathrm{s}^{-1}$,对应的机组频率 f 和接力器行程 y 的图形为图 7-8 中蓝色虚线所示波形。

2. 仿真结果分析

被控制系统参数为,机组惯性比率 $R_1=1.000$,机组惯性时间常数 $T_a=7.5\ \mathrm{s}$,水流时间常数 $T_w=7.5\ \mathrm{s}$,水流修正系数 $K_Y=0.70$,机组自调节系数 $e_n=1.000$。

(1) 在进行 3 个不同数值的积分增益(K_{I1}、K_{I2} 和 K_{I3})的空载频率扰动仿真时,调速器的比例增益 $K_P=0.7$ 和调速器的微分增益 $K_D=1.0\ \mathrm{s}$。3 种仿真工况的折算的暂态转差系数 b_t,缓冲时间常数 T_d 和加速度时间常数 T_n 均显示在仿真结果图中,如图 7-8 所示。

(2) 第 1 个调速器积分增益 $K_{I1}=0.05\ \mathrm{s}^{-1}$,对应的机组空载频率扰动特性为红色点画线所示波形。

使用的调速器 PID 参数为,比例增益 $K_{P1}=0.7$,积分增益 $K_{I1}=0.05\ \mathrm{s}^{-1}$,微分增益 $K_{D1}=1.0\ \mathrm{s}$;折算后的暂态转差系数 $b_{t1}=1.43$,缓冲时间常数 $T_{d1}=14.0\ \mathrm{s}$,加速度时间常数 $T_{n1}=1.42\ \mathrm{s}$。

调速器积分增益 K_{I1} 为 3 种仿真参数中的最小数值,折算的缓冲时间常数 T_d 为 3 种仿真参数中的最大数值。

由于积分作用强度小,因此接力器的开启动作幅度最小;在动态过程的中期,机组频率上升缓慢,以至于在动态过程的后期,机组频率向扰动后的稳定值恢复极为缓慢,频率调节稳定时间很长,空载扰动频率调节稳定时间 $t_E>45.0\ \mathrm{s}$。

调速器积分增益为 $K_{I3}=0.1\ \mathrm{s}^{-1}$ 对应的空载频率扰动的动态性能,是 3 个不同数值的积分增益(K_{I1}、K_{I2} 和 K_{I3})的空载频率扰动仿真中,空载频率扰动动态特性最差的一组。

本组特性属于 S 型动态特性。

(3) 第 2 个调速器积分增益 $K_{I2}=0.07\ \mathrm{s}^{-1}$,对应的机组空载频率扰动特性为黑色实线所示波形。

使用的调速器 PID 参数为,比例增益 $K_{P2}=0.7$,积分增益 $K_{I2}=0.07\ \mathrm{s}^{-1}$,微分增益 $K_{D2}=1.0\ \mathrm{s}$;折算后的暂态转差系数 $b_{t2}=1.43$,缓冲时间常数 $T_{d2}=10.0\ \mathrm{s}$,加速度时间常数 $T_{n2}=1.42\ \mathrm{s}$。

调速器积分增益 K_{I2} 为 3 种仿真参数中的中间数值,折算的缓冲时间常数 T_d 为 3 种仿真参数中的中间数值。

由于积分作用强度较大,接力器的开启动作幅度较大,接力器向扰动后的稳定值的关闭过程快速；在动态过程的中期，机组频率上升较快，机组频率很快到达扰动后的频率稳定值，空载扰动频率调节稳定时间短。调速器积分增益 $K_{12}=0.13\ \text{s}^{-1}$ 对应的空载频率扰动的动态性能要优于调速器积分增益 $K_{11}=0.1\ \text{s}^{-1}$ 对应的空载频率扰动的动态性能，是 3 个不同数值的积分增益（K_{11}、K_{12} 和 K_{13}）的空载频率扰动仿真中，动态特性最好的一组，空载扰动频率调节稳定时间为 $t_E=20.5\ \text{s}$。

本组特性属于 B 型动态特性。

（4）第 3 个调速器积分增益 $K_{13}=0.09\ \text{s}^{-1}$，对应的机组空载频率扰动特性为蓝色虚线所示波形。

使用的调速器 PID 参数为，比例增益 $K_{P3}=0.7$，积分增益 $K_{13}=0.09\ \text{s}^{-1}$，微分增益 $K_{D3}=1.0\ \text{s}$；折算后的暂态转差系数 $b_{t3}=1.43$，缓冲时间常数 $T_{d3}=7.8\ \text{s}$，加速度时间常数 $T_{n3}=1.42\ \text{s}$。

调速器积分增益 K_{13} 为 3 种仿真参数中的最大数值，折算的缓冲时间常数 T_d 为 3 种仿真参数中的最小数值。

由于积分作用强度最大，因此接力器的开启动作幅度也最大；在动态过程的中期，机组频率上升最快，机组频率最先到达扰动后的频率稳定值，但是出现了较大的机组频率超调。机组频率向扰动后稳定值的调节时间长。空载扰动频率调节稳定时间 $t_E=34.5\ \text{s}$。

本组特性属于 O 型动态特性。

综合以上的分析可知，图 7-8 所示的仿真结果表明：由于被控制系统是属于较小的 T_a 和较大的 T_w 的情况（即机组惯性比率 R_I 较大），因而，仿真 2 选用的调速器比例增益和积分增益都要小于仿真 1 的，仿真 2 机组频率的调节稳定时间要明显大于仿真 1 的。

对仿真 1（机组惯性比率 $R_I=0.1$）、仿真 2（机组惯性比率 $R_I=0.4$）和仿真 3（机组惯性比率 $R_I=1.0$）中的第 2 组（对应于图中的黑色实线所示波形）PID 参数进行比较后可以清楚地看出，不同被控制系统（不同的机组惯性比率 R_I）对应的较好的调速器 PID 参数是有很大的差别的。

电站试验和仿真结果表明，与机组惯性比率 R_I 对应的较好的调速器 PID 参数的总体规律是：机组惯性比率 R_I 数值大，与较好的空载频率扰动动态过程特性对应的积分增益 K_I 和比例增益 K_P 数值较小；机组惯性比率 R_I 数值小，与较好的空载频率扰动动态过程特性对应的比例增益 K_P 和积分增益 K_I 数值较大。随着机组惯性比率 R_I 数值的增大，对应的空载频率扰动动态过程将趋近于缓慢。

7.4 微分增益对机组空载频率扰动特性影响仿真

7.4.1 微分增益对机组空载频率扰动特性影响仿真 1

图 7-9 所示为调速器微分增益（K_D）对机组空载频率扰动特性影响的仿真界面，界

面上的变量或参数的数值可以设定修改,所有变量或参数的数值将实时地反映在仿真结果(仿真曲线及参数)中,仿真结果如图 7-10 所示。

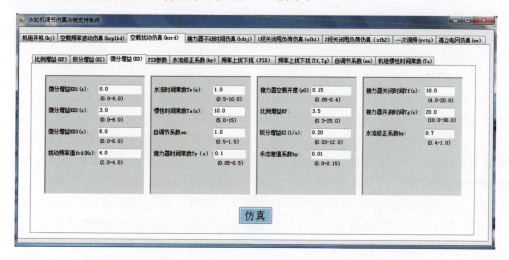

图 7-9　调速器微分增益对机组空载频率扰动特性影响仿真的界面

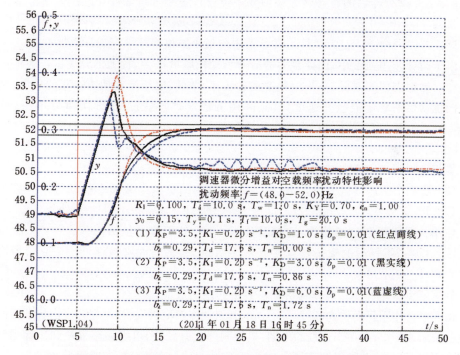

图 7-10　调速器微分增益对机组空载频率扰动特性影响仿真 1

1. 仿真目标参数

(1) 调速器微分增益 $K_{D1} = 1.0$ s,对应的机组频率 f 和接力器行程 y 的图形为

图 7-10 中红色点画线所示波形。

(2) 调速器微分增益 $K_{D2}=3.0$ s,对应的机组频率 f 和接力器行程 y 的图形为图 7-10 中黑色实线所示波形。

(3) 调速器微分增益 $K_{D3}=6.0$ s,对应的机组频率 f 和接力器行程 y 的图形为图 7-10 中蓝色虚线所示波形。

2. 仿真结果分析

被控制系统参数为,机组惯性比率 $R_I=0.100$,机组惯性时间常数 $T_a=10.0$ s,水流时间常数 $T_w=1.0$ s,水流修正系数 $K_Y=0.70$,机组自调节系数 $e_n=1.00$。

(1) 在进行 3 个不同数值的微分增益(K_{D1}、K_{D2} 和 K_{D3})的空载频率扰动仿真时,调速器的增益 $K_P=3.5$ 和调速器的积分增益 $K_I=0.20$ s^{-1}。3 种仿真工况的折算的暂态转差系数 b_t,缓冲时间常数 T_d 和加速度时间常数 T_n 均显示在仿真结果图中,如图 7-10 所示。

(2) 第 1 个调速器微分增益 $K_{D1}=1.0$ s,对应的机组空载频率扰动特性为红色点画线所示波形。

使用的调速器 PID 参数为,比例增益 $K_{P1}=3.5$,积分增益 $K_{I1}=0.20$ s^{-1},微分增益 $K_{D1}=1.0$ s;折算后的暂态转差系数 $b_{t1}=0.29$,缓冲时间常数 $T_{d1}=17.6$ s,加速度时间常数 $T_{n1}=0.00$ s。

调速器微分增益 K_{D1} 为 3 种仿真参数中的最小数值。

由于微分作用强度小,因此接力器的开启动作幅度最大,接力器开度由最大值回复至扰动后的稳态值的时间短;机组频率上升快速、单调,以至于在动态过程的后期,机组频率向扰动后的稳定值恢复速度快,频率调节稳定时间最短,是 3 个微分增益(K_{D1}、K_{D2} 和 K_{D3})空载频率扰动仿真中动态特性最好的一组,空载扰动频率调节稳定时间 $t_E=8.0$ s。

本组特性属于 B 型动态特性。

(3) 第 2 个调速器微分增益 $K_{D2}=3.0$ s,对应的机组空载频率扰动特性为黑色实线所示波形。

使用的调速器 PID 参数为,比例增益 $K_{P2}=3.5$,积分增益 $K_{I2}=0.20$ s^{-1},微分增益 $K_{D2}=3.0$ s;折算后的暂态转差系数 $b_{t2}=0.29$,缓冲时间常数 $T_{d2}=17.6$ s,加速度时间常数 $T_{n2}=0.86$ s。

调速器微分增益 K_{D2} 为 3 种仿真参数中的中间数值。

由于微分作用强度较大,因此接力器的开启动作幅度较大、接力器开度向扰动后的稳定值的关闭速度快;在动态过程的中期,机组频率上升较快,机组频率很快到达扰动后的频率稳定值,空载扰动频率调节稳定时间短,空载扰动频率调节稳定时间 $t_E=10.5$ s。

本组特性属于 B 型动态特性。

(4) 第 3 个调速器微分增益 $K_{D3}=6.0$ s,对应的机组空载频率扰动特性为蓝色虚线所示波形。

使用的调速器 PID 参数为,比例增益 $K_{P3}=3.5$,积分增益 $K_{I3}=0.20\ \text{s}^{-1}$,微分增益 $K_{D3}=6.0\ \text{s}$;折算后的暂态转差系数 $b_{t3}=0.29$,缓冲时间常数 $T_{d3}=17.6\ \text{s}$,加速度时间常数 $T_{n3}=1.72\ \text{s}$。

调速器积分增益 K_{D3} 为 3 种仿真参数中的最大值。

由于微分作用强度最大,因此接力器的开启动作幅度也最小;在动态过程的中期,机组频率上升较慢,机组频率向扰动后稳定值的调节时间长。接力器开度和机组频率的动态过程出现了微小的振荡。调速器微分增益 $K_{D3}=0.35\ \text{s}$ 对应的空载频率扰动的动态性能是 3 个不同积分增益(K_{D1}、K_{D2} 和 K_{D3})空载频率扰动仿真中,动态特性最差的一组,空载扰动频率调节稳定时间 $t_E=12.0\ \text{s}$。

本组特性属于 B 型动态特性。

综合以上的分析可知,图 7-10 所示的仿真结果表明:

调速器微分增益 K_D 的取值对机组频率空载频率扰动特性的影响,不如调速器比例增益 K_P 和积分增益 K_I 取值对机组频率空载频率扰动特性的影响大。

调速器微分增益 K_D 是调速器 PID 参数中重要的参数。在水轮机调节系统的动态特性中,调速器微分增益 K_D 的取值对于机组频率空载频率扰动特性有一定的影响。微分作用的强度与机组频率的变化速率(即机组加速度)成正比,从而在空载频率扰动的初期(机组频率偏差大)起到抑制调节强度和防止或减小机组频率超调的作用。调速器微分增益 K_D 的取值对于机组频率的微小偏差和机组频率的缓慢变化所起的调节作用小。当然,调速器微分增益 K_D 也会对水轮机调节系统的稳定性能起辅助作用。

调速器微分增益 K_D 的取值过大,在空载频率扰动过程中的接力器开度动作幅值较大,机组频率的响应速度也较快,机组频率可能产生超调,机组频率趋近稳定值的时间长。调速器微分增益 K_D 的取值过小,在空载频率扰动过程中的接力器开度动作幅值较小,机组频率的响应速度也较慢,机组频率趋近稳定值的时间长。

当然,调速器微分增益 K_D 的取值可以发挥与调速器比例增益 K_P 和积分增益 K_I 的配合作用。

微机调速器微分增益 K_D 的上述特性会对水轮机调节系统其他的动态特性产生类似的作用。

7.4.2 微分增益对机组空载频率扰动特性影响仿真 2

仿真 2 的结果如图 7-11 所示。

1. 仿真目标参数

被控制系统参数为,机组惯性比率 $R_I=0.400$,机组惯性时间常数 $T_a=7.5\ \text{s}$,水流时间常数 $T_w=3.0\ \text{s}$,机组自调节系数 $e_n=1.00$。

仿真 1 与仿真 2 的差别在于:仿真 1 的机组惯性比率 $R_I=0.100$,机组惯性时间常数 $T_a=10.0\ \text{s}$,水流时间常数 $T_w=1.0\ \text{s}$,是属于较大的 T_a 和较小的 T_w 的情况;仿真 2 的机组惯性比率 $R_I=0.4$,机组惯性时间常数 $T_a=7.5\ \text{s}$,水流时间常数 $T_w=3.0\ \text{s}$,属

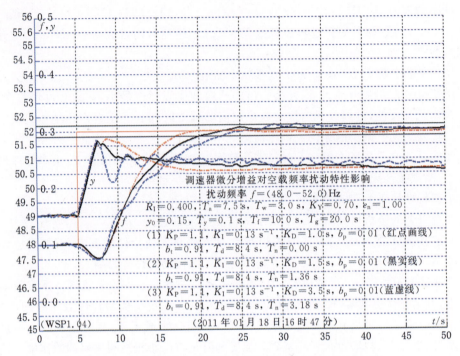

图 7-11 调速器微分增益对机组空载频率扰动特性影响仿真 2

于较小的 T_a 和较大的 T_w 的情况。

2. 仿真结果分析

被控制系统参数为,机组惯性比率 $R_I=0.400$,机组惯性时间常数 $T_a=7.5$ s,水流时间常数 $T_w=3.0$ s,水流修正系数 $K_Y=0.70$,机组自调节系数 $e_n=1.00$。

(1) 在进行 3 个微分增益(K_{D1}、K_{D2} 和 K_{D3})的空载频率扰动仿真时,调速器的增益 $K_P=1.1$ 和调速器的积分增益 $K_I=0.13$ s^{-1}。3 种仿真工况的折算的暂态转差系数 b_t,缓冲时间常数 T_d 和加速度时间常数 T_n 均显示在仿真结果图中,如图 7-11 所示。

(2) 第 1 个调速器微分增益 $K_{D1}=0.0$ s,对应的机组空载频率扰动特性为红色点画线所示波形。

使用的调速器 PID 参数为,比例增益 $K_{P1}=1.1$,积分增益 $K_{I1}=0.13$ s^{-1},微分增益 $K_{D1}=1.0$ s;折算后的暂态转差系数 $b_{t1}=0.91$,缓冲时间常数 $T_{d1}=8.4$ s,加速度时间常数 $T_{n1}=0.0$ s。

调速器积分增益 K_{D1} 为 3 种仿真参数中的最小值。

由于微分作用强度小,因此接力器的开启动作幅度较大,接力器开度由最大值以单调的规律回复至扰动后的稳态值,机组频率上升单调、快速,频率调节稳定时间短,空载扰动频率调节稳定时间为 $t_E=12.5$ s。

本组特性属于 B 型动态特性。

(3) 第 2 个调速器微分增益 $K_{D2}=1.5$ s,对应的机组空载频率扰动特性为黑色实线所示波形。

使用的调速器 PID 参数为,比例增益 $K_{P2}=1.1$,积分增益 $K_{I2}=0.13\ \text{s}^{-1}$,微分增益 $K_{D2}=1.5\ \text{s}$;折算后的暂态转差系数 $b_{t2}=0.91$,缓冲时间常数 $T_{d2}=8.4\ \text{s}$,加速度时间常数 $T_{n2}=1.36\ \text{s}$。

调速器积分增益 K_{D2} 为 3 种仿真参数中的中间数值。

由于微分作用强度较大,接力器开度向扰动后的稳定值的关闭过程快速;在动态过程的中期,机组频率较快到达扰动后的频率稳定值,空载扰动频率调节稳定时间短,空载扰动频率调节稳定时间 $t_E=15.0\ \text{s}$。

本组特性属于 B 型动态特性。

(4) 第 3 个调速器微分增益 $K_{D3}=3.5\ \text{s}$,对应的机组空载频率扰动特性为蓝色虚线所示波形。

使用的调速器 PID 参数为,比例增益 $K_{P3}=1.1$,积分增益 $K_{I3}=0.13\ \text{s}^{-1}$,微分增益 $K_{D3}=3.5\ \text{s}$;折算后的暂态转差系数 $b_{t3}=0.91$,缓冲时间常数 $T_{d3}=8.4\ \text{s}$,加速度时间常数 $T_{n3}=3.18\ \text{s}$。

调速器积分增益 K_{D3} 为 3 种仿真参数中最大的。

由于微分作用强度最大,因此接力器的动态过程呈现幅度较大的振荡形态,稳定时间长;机组频率的动态过程呈现幅度较大的振荡形态,机组频率向扰动后稳定值的调节时间长;接力器开度和机组频率的动态过程出现了微小的振荡;是 3 个积分增益(K_{D1}、K_{D2} 和 K_{D3})空载频率扰动仿真中动态特性最差的一组,空载扰动频率调节稳定时间 $t_E=17.5\ \text{s}$。

本组特性属于 B 型动态特性。

综合以上的分析可知,图 7-11 所示的仿真结果表明:调速器微分增益 K_D 对机组频率空载频率扰动特性的影响不如调速器比例增益 K_P 和积分增益 K_I 对机组频率空载频率扰动特性的影响大。

调速器微分增益 K_D 是调速器 PID 参数中重要的参数。在水轮机调节系统的动态特性中,调速器微分增益 K_D 对机组频率空载频率扰动特性有一定的影响。微分作用的强度与机组频率的变化速率(即机组加速度)成正比,从而起到在空载频率扰动的初期(机组频率偏差大)起到抑制调节强度和防止或减小机组频率超调的作用。调速器微分增益 K_D 对机组频率的微小偏差和机组频率的缓慢变化所起的调节作用小。当然,调速器微分增益 K_D 也会对水轮机调节系统的稳定性能起辅助作用。

调速器微分增益 K_D 的取值过大,则空载频率扰动过程中的接力器开度动作幅值较大、机组频率的响应速度也较快,机组频率可能产生超调或振荡,机组频率趋近稳定值的时间较长。当然,调速器微分增益 K_D 可以发挥与调速器比例增益 K_P 和积分增益 K_I 的辅助配合作用。

7.5 PID参数对机组空载频率扰动特性影响仿真

图 7-12 所示为调速器 PID 参数对机组空载频率扰动特性影响的仿真界面,界面上的变量或参数的数值可以设定修改,所有变量或参数的数值将实时地反映在仿真结果(仿真曲线及参数)中,仿真的结果如图 7-13 所示。

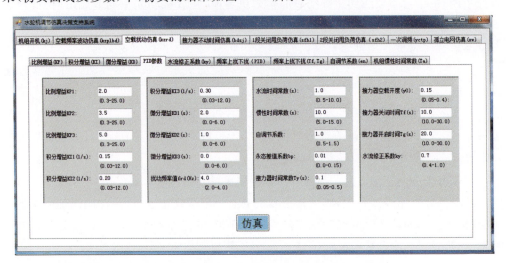

图 7-12 调速器 PID 参数对机组空载频率扰动特性影响仿真界面

1. 仿真目标参数

(1) 调速器比例增益 $K_{P1}=2.0$,积分增益 $K_{I1}=0.15\ \text{s}^{-1}$ 和微分增益 $K_{D1}=2.0\ \text{s}$,对应的机组频率 f 和接力器行程 y 的图形为图 7-13 中红色点画线所示波形。

(2) 调速器比例增益 $K_{P2}=3.5$,积分增益 $K_{I2}=0.2\ \text{s}^{-1}$ 和微分增益 $K_{D2}=1.0\ \text{s}$,对应的机组频率 f 和接力器行程 y 的图形为图 7-13 中黑色实线所示波形。

(3) 调速器比例增益 $K_{P3}=5.0$,积分增益 $K_{I3}=0.3\ \text{s}^{-1}$ 和微分增益 $K_{D3}=0.0\ \text{s}$,对应的机组频率 f 和接力器行程 y 的图形为图 7-13 中蓝色虚线所示波形。

2. 仿真结果分析

被控制系统参数为,机组惯性比率 $R_I=0.100$,机组惯性时间常数 $T_a=10.0\ \text{s}$,水流时间常数 $T_w=1.0\ \text{s}$,水流修正系数 $K_Y=0.70$,机组自调节系数 $e_n=1.00$。

(1) 在进行 3 个不同数值的调速器 PID 参数的空载频率扰动仿真时,调速器的 3 种仿真工况折算的暂态转差系数 b_t,缓冲时间常数 T_d 和加速度时间常数 T_n 均显示在仿真结果图中,如图 7-13 所示。

(2) 第 1 组 PID 参数,调速器比例增益 $K_{P1}=2.0$,积分增益 $K_{I1}=0.15\ \text{s}^{-1}$ 和微分增益 $K_{D1}=2.0\ \text{s}$,对应的机组空载扰动特性为红色点画线所示波形。

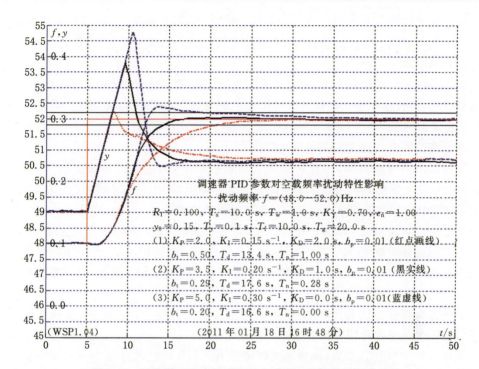

图 7-13　调速器 PID 参数对机组空载频率扰动特性影响仿真

调速器比例增益 K_P 和积分增益 K_I 为 3 种仿真参数中的最小值,微分增益 K_D 为 3 种仿真参数中的最大值。折算的暂态转差系数 $b_{t1}=0.50$,缓冲时间常数 $T_{d1}=13.4$ s,加速度时间常数 $T_{n1}=1.0$ s。

接力器的开启动作幅度小,向扰动后稳定值运动的过程长;机组频率平稳地到达扰动后的频率稳定值,但是,空载扰动频率调节稳定时间长,$t_E=16.0$ s。

本组特性属于 S 型动态特性。

(3) 第 2 组 PID 参数,调速器比例增益 $K_{P2}=3.5$,积分增益 $K_{I2}=0.2$ s^{-1} 和微分增益 $K_{D2}=1.0$ s,对应的机组空载扰动特性为黑色实线所示波形。

调速器比例增益 K_P 和积分增益 K_I 为 3 种仿真参数中的中间值,微分增益 K_D 为 3 种仿真参数中的中间值。折算的暂态转差系数 $b_{t2}=0.29$,缓冲时间常数 $T_{d2}=17.6$ s,加速度时间常数 $T_{n2}=0.28$ s。

接力器的开启动作幅度较大,从峰值向扰动后的稳定值的关闭过程快;在动态过程的中期,机组频率上升较快,只出现了少许超调,机组频率很快到达扰动后的频率稳定值,空载扰动频率调节稳定时间短,是 3 个不同数值 PID 参数的空载扰动仿真中动态特性最好的一组。空载扰动频率调节稳定时间 $t_E=9.5$ s。

本组特性属于 B 型动态特性。

(4) 第 3 组 PID 参数,调速器比例增益 $K_{P3}=5.0$,积分增益 $K_{I3}=0.3$ s^{-1} 和微分增益 $K_{D3}=0.0$ s,对应的机组空载扰动特性为蓝色虚线所示波形。

调速器比例增益 K_P 和积分增益 K_I 为 3 种仿真参数中的最大值,微分增益 K_D 为 3 种仿真参数中的最小值。折算的暂态转差系数 $b_{t3}=0.20$,缓冲时间常数 $T_{d3}=16.6$ s,加速度时间常数 $T_{n3}=0.00$ s。

接力器的开启动作幅度大,向扰动后的稳定值的关闭过程快;在动态过程的中期,机组频率上升快,很快到达扰动后的频率稳定值,但是出现了较大的超调,空载扰动频率调节稳定时间长,$t_E=14.0$ s。

本组特性属于 O 型动态特性。

综合以上的分析可知,可以得到下列定性的结论:调速器比例增益 K_P 是调速器 PID 参数中最重要的参数。在水轮机调节系统的动态特性中,调速器比例增益 K_P 对机组空载频率扰动特性有极大的影响,主要起到调节大偏差的作用。特别是决定了接力器开度的动作幅值和机组频率的响应速度,也会对扰动过程的调节稳定时间起作用。

调速器积分增益 K_I 对于机组空载频率扰动特性有较大的影响,在一定程度上影响接力器开度的动作幅值、机组频率的响应速度和扰动过程的调节时间,其主要作用是影响小偏差时的调节速度。

调速器为微分增益 K_D 的主要作用是抑制接力器开度的动作幅值,可以起到减小机组频率的变化速度和减少频率超调的作用。

调速器的 3 个 PID 参数(调速器比例增益 K_P、积分增益 K_I 和微分增益 K_D)是一个统一的整体,在确定它们的数值时,必须注意其合理的配合。对于一个被控制系统来说,要得到品质优良的机组空载频率扰动特性,其 PID 参数的组合不是唯一的。换言之,在工程实际中能够找到若干组 PID 参数组合,都能使机组空载频率扰动特性满足动态性能的要求。但是,对于机组惯性比率 R_I 差别很大的被控制系统,显然要选取与之适合的 PID 参数。

7.6 水流修正系数对机组空载频率扰动特性影响仿真

图 7-14 所示为水流修正系数(K_Y)对机组空载频率扰动特性影响的仿真界面,界面上的变量或参数的数值可以设定修改,所有的变量或参数的数值将实时地反映在仿真结果(仿真曲线及参数)中,仿真的结果如图 7-15 所示。

水轮发电机组水流惯性时间常数 T_w 的表达式为 $T_w=\Sigma LV/gH$,水流惯性时间常数 T_w 与引水系统各个分段的水流流速 v 成正比,与机组运行水头 H 成反比。值得着重指出的是,电站设计单位(水电勘测设计院)提供的机组水流惯性时间常数 T_w 是在机组额定水头 H_r 和额定功率 P_r 的工况下的数值。机组不同的运行水头 H 对水轮机调节系统起实际作用的水流惯性时间常数 T_w 数值是不同的。水电站试验资料和仿真结果表明,对于机组运行水头变化大的情况,水流惯性时间常数 T_w 对水轮机调节系统动

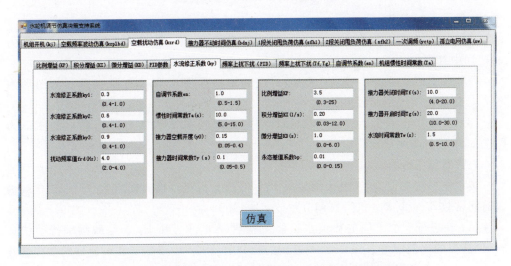

图 7-14　水流修正系数(K_Y)对空载频率扰动特性影响仿真界面

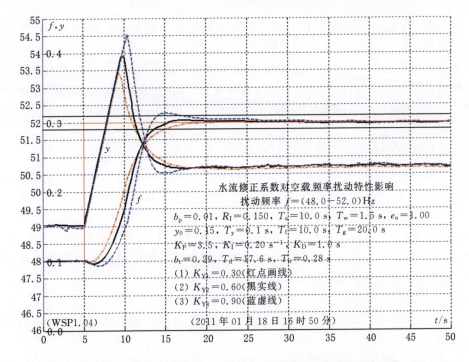

图 7-15　水流修正系数(K_Y)对机组空载频率扰动特性影响仿真

态特性的影响程度，更是差别很大。

可以通过适当变化水流修正系数 K_Y 的数值来微量改变机组转速（频率）和引水系统水压动态过程曲线的形态，在一定程度上修正或补偿机组运行水头变化对水轮发电机组水流惯性时间常数 T_w 的影响。

1. 仿真目标参数

（1）水流修正系数为 $K_{Y1}=0.3$，对应的机组频率 f 和接力器行程 y 的图形为图 7-15 中红色点画线所示波形。

（2）水流修正系数为 $K_{Y2}=0.6$，对应的机组频率 f 和接力器行程 y 的图形为图 7-15 中黑色实线所示波形。

（3）水流修正系数为 $K_{Y3}=0.9$，对应的机组频率 f 和接力器行程 y 的图形为图 7-15 中蓝色虚线所示波形。

2. 仿真结果分析

被控制系统参数为，机组惯性比率 $R_I=0.150$、机组惯性时间常数 $T_a=10.0$ s、水流时间常数 $T_w=1.5$ s、机组自调节系数 $e_n=1.00$。

（1）在进行 3 个不同的数值水流修正系数（K_{Y1}、K_{Y2} 和 K_{Y3}）空载频率扰动仿真时，调速器的比例增益 $K_P=3.5$，调速器的积分增益 $K_I=0.20\ \text{s}^{-1}$ 和调速器的微分增益 $K_D=1.0$ s。折算的暂态转差系数 $b_t=0.29$，缓冲时间常数 $T_d=17.6$ s 和加速度时间常数 $T_n=0.28$ s。

（2）第 1 个水流修正系数 $K_{Y1}=0.30$，对应的机组空载频率扰动特性为红色点画线所示波形。

水流修正系数 K_{Y1} 为 3 种调速器比例增益仿真参数中的最小数值，接力器的开启动作幅度最小，向扰动后的稳定值关闭过程缓慢；在动态过程的中后期，机组频率上升缓慢，呈单调的动态过程趋近于扰动后的机组稳定频率，空载扰动频率调节稳定时间 $t_E=10.0$ s。

本组特性属于 B 型动态特性。

（3）第 2 个水流修正系数 $K_{Y2}=0.60$，对应的机组空载频率扰动特性为黑色实线所示波形。

水流修正系数 K_{Y2} 为 3 种调速器比例增益仿真参数中的中间数值，接力器的开启动作幅度较大，接力器开度向扰动后的稳定值关闭过程较快；在动态过程的中后期，机组频率上升较快，在有微量频率超调之后，机组频率迅速地达到扰动后的机组稳定频率，空载扰动频率稳定调节时间短，$t_E=8.5$ s。

本组特性属于 B 型动态特性。

（4）第 3 个水流修正系数 $K_{Y3}=0.90$，对应的机组空载频率扰动特性为蓝色虚线所示波形。

水流修正系数 K_{Y3} 为 3 种调速器比例增益仿真参数中的最大值，接力器的开启动作幅度最大，接力器开度向扰动后的稳定值关闭过程最快；在动态过程的中后期，机组频率上升最快，以至于出现了较大的机组频率超调，机组频率缓慢地达到扰动后的机组稳定频率，空载扰动的频率稳定调节时间长，空载扰动频率调节稳定时间 $t_E=11.5$ s。

本组特性属于 B 型动态特性。

（5）仿真工况下的频率扰动值为 4 Hz，其相对值为 0.08。机组自调节系数 $e_n=$

1.00，所以，空载扰动前后的接力器行程的差值为 $\Delta y = \Delta f \cdot e_n = 0.08 \times 1.00 = 0.08$，扰动前接力器行程为 0.15，扰动后的接力器行程为 $y=0.23$。顺便指出，在电站进行空载频率扰动试验时，就可以根据扰动频率的相对值和实测的扰动前后接力器行程差值的相对值求出机组在试验工况下的机组自调节系数 e_n。

(6) 在水轮机调节系统的模型中采用水流修正系数 K_Y 作为变量，可以用适当变化其数值来微量改变机组转速（频率）和引水系统水压动态过程曲线的形态和反映机组运行水头的影响，在一定程度上修正或补偿机组运行水头变化对水轮发电机组水流惯性时间常数 T_w 的影响。

仿真结果表明，在其他仿真参数完全相同的条件下，3 个不同数值的水流修正系数 K_Y 所对应的 3 个机组空载频率扰动动态仿真结果有较为明显的差异：机组频率缓慢而单调地达到空载频率扰动后的频率稳定值、机组频率有微量超调而快速地达到空载频率扰动后的频率稳定值和机组频率有较大超调而缓慢地达到空载频率扰动后的频率稳定值。

从图 7-15 所示的仿真结果看出，在其他参数相同的条件下，改变水流修正系数 K_Y 可以使机组空载频率扰动动态特性，成为 S 型、B 型和 O 型等 3 种不同的形态。

水流修正系数 K_Y 是一个人为引入的参数，可以用适当变化其数值来改变机组转速（频率）和引水系统水压动态过程曲线的形态，在一定程度上修正或补偿机组运行水头等变化对水轮发电机组水流惯性时间常数 T_w 的影响。

仿真结果表明，在被控制系统（调节对象）和控制系统（调速器）的所有参数一样的条件下，设置不同的水流修正系数 K_Y 可以调整机组空载频率扰动动态过程中接力器动态过程形态和机组频率动态过程形态。在仿真中所有参数都使用电站试验的实际数值，如果改变水流修正系数 K_Y，并辅以机组自调节系数 e_n 的微量修正，就可能使仿真的动态过程十分接近电站试验的实际动态过程。在此基础上，就可以针对电站试验的实际动态过程存在的问题，在仿真中改变调速器的 PID 参数，得到解决问题的调速器 PID 参数组合后再在电站进行验证试验。用这种方法可以尽快的找到解决问题的途径，大大减少现场的试验次数和工作量。其具体做法如下。

① 特性分析——分析电站空载频率扰动试验得到的存在问题的机组空载频率扰动特性，判断其动态过程类型，初步明确选择较好的调速器 PID 参数的大体方向。

② 曲线拟合——根据电站及机组的实际参数（T_a，T_w）和水轮机控制系统（微机调速器）的实际参数（K_P、K_I、K_D、b_p、T_f、T_g、y_0……）设定仿真基本参数值；调整水流修正系数 k_Y 和机组自调节系数 e_n，拟合实测的空载频率扰动特性和仿真的空载频率扰动特性，使二者具有尽量相近的空载频率扰动动态波形。

③ 参数优化——在水轮机调节仿真决策支持系统中改变 PID 参数（K_P、K_I、K_D）进行仿真，消除和改善原空载频率扰动动态波形过程存在的问题，求得与改善后空载频率扰动动态波形对应的 PID 参数。

④ 试验验证——按照仿真得到的 PID 参数整定微机调速器参数，在电站进行空载

频率扰动试验以验证实际机组空载频率扰动动态性能。

7.7 接力器响应时间常数对机组空载频率扰动特性影响仿真

对微机调速器电气液压随动系统来说，接力器响应时间常数 T_y 在数值上等于其前向开环放大系数 K_{op} 的倒数。对辅助接力器或中间接力器而言，同样有辅助接力器或中间接力器响应时间常数 T_{y1}，其定义及表达式与 T_y 的类似。

图 7-16 所示的为接力器响应时间常数参数对机组空载频率扰动特性影响的仿真界面，界面上的变量或参数的数值可以设定、修改，所有变量或参数的数值将实时地反映在仿真结果（仿真曲线及参数）中，仿真的结果如图 7-17 所示。

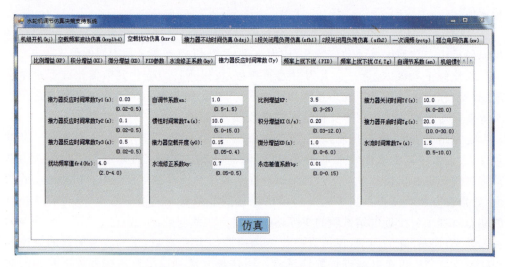

图 7-16 接力器响应时间常数 T_y 对空载频率扰动特性影响仿真界面

被控制系统参数为，机组惯性比率 $R_I=0.15$，机组惯性时间常数 $T_a=10.0$ s，水流时间常数 $T_w=1.5$ s，机组自调节系数 $e_n=1.0$。

调速器比例增益 $K_P=3.5$，积分增益 $K_I=0.2$ s^{-1} 和微分增益 $K_D=1.0$ s，折算的暂态转差系数 $b_{t1}=0.29$，缓冲时间常数 $T_{d1}=17.6$ s 和加速度时间常数 $T_{n1}=0.28$ s。

1. 仿真目标参数

仿真的目标参数有 3 个不同的接力器响应时间常数参数。

第 1 个接力器响应时间常数 $T_y=0.03$ s，对应的频率 f 和接力器行程 y 的图形为图中红色点画线所示波形。

第 2 个接力器响应时间常数 $T_y=0.10$ s，对应的机组频率 f 和接力器行程 y 的图形为图中黑色实线所示波形。

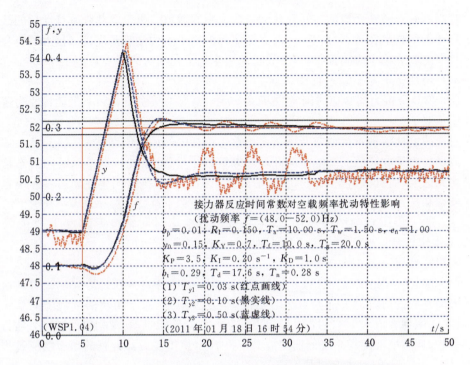

图 7-17　水流修正系数(K_Y)对机组空载频率扰动特性影响仿真

第 3 个接力器响应时间常数 $T_y=0.50$ s,对应的机组频率 f 和接力器行程 y 的图形为图 7-17 中蓝色虚线所示波形。

2. 仿真结果分析

被控制系统的机组惯性比率 $R_1=0.150$,机组惯性时间常数 $T_a=10.0$ s,水流时间常数 $T_w=1.5$ s,水流修正系数 $K_Y=0.7$,机组自调节系数 $e_n=1.00$。

图 7-17 所示的仿真结果表明如下点。

(1) 第 1 个接力器响应时间常数($T_y=0.03$ s),对应的机组空载频率扰动特性为红色点画线所示波形。

对应的电液随动系统前向开环放大倍数为仿真参数中的最大数值。由于电液随动系统前向开环放大倍数大,故水轮机调节系统的静态特性的转速死区小,但是机组空载频率扰动后的接力器行程和机组频率在动态过程中均出现了超调和振荡现象,接力器行程和机组频率的调节稳定时间很长,在这个接力器响应时间常数($T_y=0.03$ s)下,水轮机调节系统不能正常工作。进一步仿真的结果表明,如果将接力器响应时间常数更改为 $T_y=0.05$ s,水轮机调节系统的空载频率扰动特性的品质就十分理想了,空载扰动频率调节稳定时间 $t_E=11.0$ s。

本组特性属于 B 型动态特性。

(2) 第 2 个接力器响应时间常数 $T_y=0.10$ s,对应的机组空载频率扰动特性为黑色实线所示波形。

对应的电液随动系统前向开环放大倍数为中间数值。机组空载频率扰动后的接力器行程和机组频率在动态过程中的动态性能都较第 1 组的性能要优良。接力器行程和机组频率的调节稳定时间都很短,空载扰动频率调节稳定时间 $t_E=9.5\ s$。

本组特性属于 B 型动态特性。

(3) 第 3 个接力器响应时间常数 $T_y=0.5\ s$,对应的机组空载频率扰动特性为蓝色虚线所示波形。

对应的电液随动系统前向开环放大倍数为仿真中的最小值,如图 7-17 中蓝色虚线所示波形。由于电液随动系统前向开环放大倍数小,因此水轮机调节系统的静态特性的转速死区大,而且机组空载频率扰动后的接力器行程和机组频率在动态过程中也出现了超调和振荡现象,故接力器行程调节稳定时间长,空载扰动频率调节稳定时间 $t_E=11.0\ s$。进一步仿真的结果表明,如果将接力器响应时间常数更改为 $T_y=0.05\sim 0.15\ s$,水轮机调节系统的空载频率扰动特性的品质就十分理想了。

本组特性属于 B 型动态特性。

(4) 在电站开始调试一台微机调速器时,重要的任务之一就是恰当地整定调速器电液随动系统的前向放大倍数 K_{op}。具体的整定原则是,对于闭环的电液随动系统来说,其输入施加数值为 10%(即 0.1)接力器全行程的阶跃扰动,观察或录制接力器行程响应过程;调整电液随动系统的前向放大倍数 K_{op},使得接力器行程的动态响应过程为具有 3%~5%超调量(即超过稳定值的)的形态。

电液随动系统的前向放大倍数 K_{op} 过大,接力器响应时间常数 T_y 过小,电液随动系统动态响应速度快,但是响应过程可能产生大的超调和振荡,从而对水轮机调节系统动态特性产生不利影响;电液随动系统的前向放大倍数 K_{op} 过小,接力器响应时间常数 T_y 过大,电液随动系统动态响应速度慢,其响应过程呈现单调、缓慢的形态,对水轮机调节系统动态特性也会产生不利影响。

接力器响应时间常数 T_y 的上述特性,也会对水轮机调节系统其他的动态特性产生类似的作用。

根据水电站实际试验和仿真结果综合考虑,接力器响应时间常数的最优取值范围是 $T_y=0.05\sim 0.15\ s$。

仿真中的机组水流修正系数 $K_Y=0.70$,如果更改其数值,仿真的结果会有明显的不同。

7.8 PID 参数对机组空载频率向上/向下扰动特性影响仿真

7.8.1 PID 参数对机组空载频率向上/向下扰动特性仿真 1

图 7-18 所示为调速器 PID 参数对机组空载频率向上/向下扰动的仿真界面,界面

上的变量或参数的数值可以设定、修改,所有变量或参数的数值将实时地反映在仿真结果(仿真曲线及参数)中,仿真的结果如图 7-19 所示。

图 7-18 调速器 PID 参数对机组空载频率扰动特性影响仿真界面

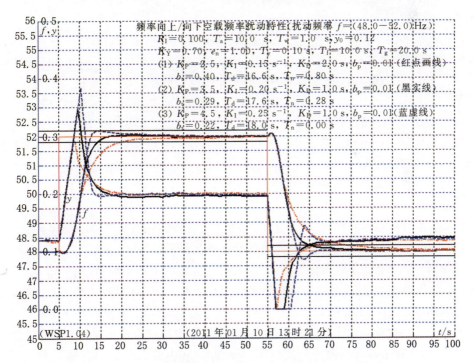

图 7-19 调速器 PID 参数对机组空载频率扰动特性影响仿真 1

(频率向上/向下扰动,$y_0 = 0.12$)

1. 仿真目标参数

(1) 调速器比例增益 $K_{P1} = 2.5$,积分增益 $K_{I1} = 0.15 \text{ s}^{-1}$ 和微分增益 $K_{D1} = 2.0 \text{ s}$,

对应的机组频率 f 和接力器行程 y 的图形为图 7-19 中红色点画线所示波形。

(2) 调速器比例增益 $K_{P2}=3.5$，积分增益 $K_{I2}=0.2\text{ s}^{-1}$ 和微分增益 $K_{D2}=1.0\text{ s}$，对应的机组频率 f 和接力器行程 y 的图形为图 7-19 中黑色实线所示波形。

(3) 调速器比例增益 $K_{P3}=5.0$，积分增益 $K_{I3}=0.25\text{ s}^{-1}$ 和微分增益 $K_{D3}=0.0\text{ s}$，对应的机组频率 f 和接力器行程 y 的图形为图 7-19 中蓝色虚线所示波形。

2. 仿真结果分析

被控制系统机组惯性比率 $R_l=0.100$，机组惯性时间常数 $T_a=10.0\text{ s}$，水流时间常数 $T_w=1.0\text{ s}$，水流修正系数 $K_Y=0.70$，机组自调节系数 $e_n=1.00$。

(1) 在进行 3 个不同数值的调速器 PID 参数的空载频率扰动仿真时，调速器的 3 种仿真工况折算的暂态转差系数 b_t，缓冲时间常数 T_d 和加速度时间常数 T_n 均显示在仿真结果图中，如图 7-19 所示。

(2) 第 1 组调速器参数，比例增益 $K_{P1}=2.5$，积分增益 $K_{I1}=0.15\text{ s}^{-1}$ 和微分增益 $K_{D1}=2.0\text{ s}$，对应的机组空载频率扰动特性为红色点画线所示波形。

调速器比例增益 K_{P1} 和积分增益 K_{I1} 为 3 种仿真参数中的最小值，微分增益 K_{D1} 为 3 种仿真参数中的最大值，对应的暂态转差系数 $b_{t1}=0.40$，缓冲时间常数 $T_{d1}=16.6\text{ s}$，加速度时间常数 $T_n=0.80\text{ s}$。

向上扰动和向下扰动时，接力器和机组频率的动态波形是不对称的。在频率向上扰动时，接力器开启波形的直线段斜率较小（接力器的开启动作幅度为 $0.29-0.12=0.17$）；在频率向下扰动时，接力器关闭波形的直线段斜率较大（接力器的关闭动作幅度为 $0.20-0.00=0.20$）；其差异是由于接力器的开启时间 $T_g=20.0\text{ s}$ 和接力器的关闭时间 $T_f=10.0\text{ s}$ 引起的。

接力器向扰动后的稳定值运动的过程长，机组频率平稳地到达扰动后的频率稳定值，但是，空载扰动频率调节稳定时间长，向上的空载扰动频率调节稳定时间 $t_E=10.0\text{ s}$，向下的空载扰动频率调节稳定时间 $t_E=15.0\text{ s}$。

本组特性属于 S 型动态特性。

(3) 第 2 组调速器参数，比例增益 $K_{P2}=3.5$、积分增益 $K_{I2}=0.20\text{ s}^{-1}$ 和微分增益 $K_{D2}=1.0\text{ s}$，对应的机组空载频率扰动特性为黑色实线所示波形。

调速器比例增益 K_{P2} 和积分增益 K_{I2} 为 3 种仿真参数中的中间值，微分增益 K_{D2} 为 3 种仿真参数中的中间值，对应的暂态转差系数 $b_{t2}=0.29$，缓冲时间常数 $T_{d2}=17.6\text{ s}$，加速度时间常数 $T_{n2}=0.28\text{ s}$。

在频率向上扰动和向下扰动时，接力器和机组频率的动态波形是不对称的。在频率向上扰动时，接力器开启波形的直线段斜率较小（接力器的开启动作幅度为 $0.35-0.12=0.23$）；在频率向下扰动时，接力器关闭波形的直线段斜率较大（接力器的关闭动作幅度为 $0.20-0.00=0.20$）；其原因是除了接力器的开启时间 $T_g=20.0\text{ s}$ 和接力器的关闭时间 $T_f=10.0\text{ s}$ 之外，在向下扰动时，接力器行程还被接力器全关位置（$y=0.0$）所限制。接力器向扰动后的稳定值运动的过程短，机组频率单调而平稳地到达扰动后的频率稳定值,空载扰动频率调节稳定时间短,向上的空载扰动频率调节稳定时间 $t_E=9.5$ s,向下的空载扰动频率调节稳定时间 $t_E=10.0$ s。

本组特性属于 B 型动态特性。

(4) 第 3 组调速器参数的比例增益 $K_{P3}=4.5$,积分增益 $K_{I3}=0.25\ s^{-1}$ 和微分增益 $K_{D3}=0.0$ s,对应的机组空载频率扰动特性为以蓝色虚线所示波形。

调速器比例增益 K_{P3} 和积分增益 K_{I3} 是 3 种仿真参数中的中间值,微分增益 K_D 为 3 种仿真参数中的中间值,对应的暂态转差系数 $b_{t3}=0.22$,缓冲时间常数 $T_{d3}=18.0$ s,加速度时间常数 $T_{n3}=0.00$ s。

在频率向上扰动和向下扰动时,接力器和机组频率的动态波形是不对称的。在频率向上扰动时,接力器开启波形的直线段斜率较小(接力器的开启动作幅度为 $0.38-0.12=0.26$);在频率向下扰动时,接力器关闭波形的直线段斜率较大(接力器的关闭动作幅度为 $0.20-0.00=0.20$);其原因是除了接力器的开启时间 $T_g=20.0$ s 和接力器的关闭时间 $T_f=10.0$ s 之外,在向下扰动时,接力器行程还被接力器全关位置($y=0.0$)所限制。接力器向扰动后的稳定值运动的过程较短,但是,机组频率的动态过程出现了超调,空载扰动频率调节稳定时间长,向上的空载扰动频率调节稳定时间 $t_E=7.0$ s,向下的空载扰动频率调节稳定时间为 $t_E=6.5$ s。

本组特性属于 O 型动态特性。

综合以上的分析,可以得到下列定性的结论。

在频率向上扰动和向下扰动时,接力器和机组频率的动态波形肯定是不对称的,其原因如下。

① 接力器的开启时间 T_g 和关闭时间 T_f 是不同的,一般接力器的关闭时间 T_f 要明显小于接力器的开启时间 T_g,特别是对于有接力器 2 段关闭规律要求的机组,其第 2 段关闭时间要大于接力器开启时间。

② 频率向上扰动时,接力器的开启运动没有限制;但是在频率向下扰动时,接力器的关闭运动却受到接力器全关位置的限制。

7.8.2　PID 参数对机组频率向上/向下空载频率扰动特性仿真 2

仿真的结果如图 7-20 所示。

被控制系统的机组惯性比率 $R_I=0.100$,机组惯性时间常数 $T_a=10.0$ s,水流时间常数 $T_w=1.0$ s,水流修正系数 $K_Y=0.70$,机组自调节系数 $e_n=1.00$。

频率扰动仿真 1 与频率扰动仿真 2 的差别是,频率扰动仿真 1 的接力器空载开度 $y_0=0.12$,频率扰动仿真 2 的接力器空载开度为 $y_0=0.20$。

第 1 组仿真参数,向上的空载扰动频率调节稳定时间 $t_E=15.0$ s,向下的空载扰动频率调节稳定时间 $t_E=18.0$ s。

第 2 组仿真参数,向上的空载扰动频率调节稳定时间 $t_E=10.0$ s,向下的空载扰动频率调节稳定时间 $t_E=10.0$ s。

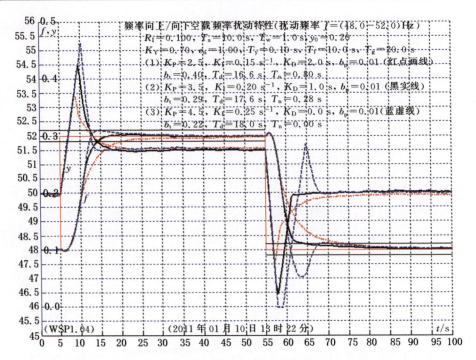

图 7-20　调速器 PID 参数对机组空载频率扰动特性影响仿真 2

（频率向上/向下扰动，$y_0=0.20$）

第 3 组仿真参数，向上的空载扰动频率调节稳定时间 $t_E=7.0\ \text{s}$，向下的空载扰动频率调节稳定时间 $t_E=13.0\ \text{s}$。

比较以上两种结果可以看出，在机组频率向上扰动时，除了接力器行程向上移动了 0.1 以外，接力器行程和机组频率的动态过程是一样的；当机组频率向下扰动时，接力器的空载开度增大了，特别是在机组频率向下扰动时，仿真 2 接力器的关闭特性与仿真 1 接力器的关闭特性有很大的差别。在机组频率向下扰动工况，只有数值较大的第 3 个比例增益 K_{P3} 对应的动态过程的接力器行程关闭到接力器全关闭位置，向下扰动的机组频率的形态与向上扰动的机组频率形态有较大差异；第 1 个比例增益 K_{P1} 和第 2 个比例增益 K_{P2} 对应的动态过程的接力器行程都没有关闭到接力器全关闭位置，向下扰动的机组频率的形态与向上扰动的机组频率形态基本类似。

7.9　接力器关闭时间、开启时间对机组空载频率向上/向下扰动特性影响仿真

频率向下扰动时，接力器可能关闭到全关位置，从而动态过程与向上扰动过程有较大差异（不对称）。

7.9.1 接力器开启和关闭时间对机组空载频率向上/向下扰动特性仿真 1

图 7-21 所示为调速器接力器关闭和开启时间对机组空载频率扰动(频率向上/向下扰动)特性影响的仿真界面,界面上的变量或参数的数值可以设定修改,所有变量或参数的数值将实时地反映在仿真结果(仿真曲线及参数)中,仿真的结果如图 7-22 所示。

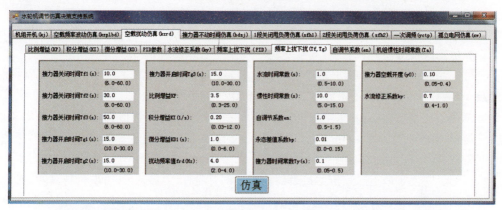

图 7-21 接力器关闭时间和开启时间对机组空载频率扰动特性影响仿真界面

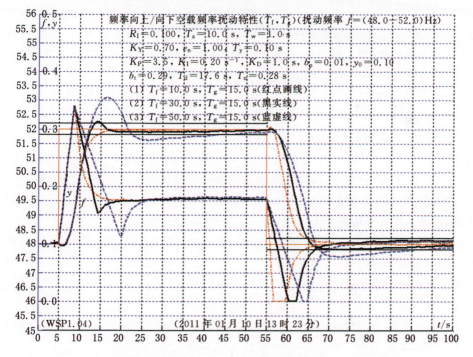

图 7-22 接力器关闭时间和开启时间对机组空载频率扰动特性影响仿真 1

(频率向上/向下扰动,$y_0=0.10$)

1. 仿真目标参数

仿真目标参数有 3 组不同的接力器半闭时间 T_f,开启时间 T_g。

(1) 接力器关闭时间 $T_{f1}=10.0$ s 和接力器开启时间 $T_{g1}=15.0$ s 对应的机组频率 f 和接力器行程 y 的图形为图 7-22 中红色点画线所示波形。

(2) 接力器关闭时间 $T_{f2}=30.0$ s 和接力器开启时间 $T_{g2}=15.0$ s 对应的机组频率 f 和接力器行程 y 的图形为图 7-22 中黑色实线所示波形。

(3) 接力器关闭时间 $T_{f3}=50.0$ s 和接力器开启时间 $T_{g3}=15.0$ s 对应的机组频率 f 和接力器行程 y 的图形为图 7-22 中蓝色虚线所示波形。

2. 仿真结果分析

被控制系统的机组惯性比率 $R_I=0.100$,机组惯性时间常数 $T_a=10.0$ s,水流时间常数 $T_w=1.0$ s,水流修正系数 $K_Y=0.70$,机组自调节系数 $e_n=1.00$。

调速器比例增益 $K_P=3.5$ 和积分增益 $K_I=0.20$ s^{-1} 为 3 种仿真参数中的最小值,微分增益 $K_D=1.0$ s 为 3 种仿真参数中的最大值,对应的暂态转差系数 $b_t=0.29$,缓冲时间常数 $T_d=17.6$ s,加速度时间常数 $T_n=0.28$ s。

(1) 在进行 3 个不同数值的接力器关闭时间 T_f 和接力器开启时间 T_g 仿真时,对应的所有仿真参数如图 7-22 所示。

(2) 第 1 个接力器关闭时间 $T_{f1}=10.0$ s 和接力器开启时间 $T_{g1}=15.0$ s 对应的机组频率 f 和接力器行程 y 的图形为图 7-22 中红色点画线所示波形。

(3) 在频率向上扰动和向下扰动时,接力器和机组频率的动态波形是不对称的,其原因除了是接力器的开启时间 $T_g=15.0$ s 和接力器的关闭时间 $T_f=10.0$ s 之外,在向下扰动时,接力器行程还被接力器全关位置($y=0.0$)所限制。

第 1 组仿真参数的向上空载扰动频率调节稳定时间 $t_E=10.0$ s,向下的空载扰动频率调节稳定时间 $t_E=10.0$ s。

(4) 第 2 个接力器关闭时间 $T_{f2}=30.0$ s 和接力器开启时间 $T_{g2}=15.0$ s,对应的机组频率 f 和接力器行程 y 的图形为图 7-22 中黑色实线所示波形。

在频率向上扰动和向下扰动时,接力器和机组频率的动态波形是不对称的。其原因除了是接力器的开启时间 $T_{g2}=15.0$ s 和接力器的关闭时间 $T_{f2}=30.0$ s 之外,在向下扰动时,接力器行程还被接力器全关位置($y=0.0$)所限制。

接力器向扰动后的稳定值运动的过程短,机组频率有小量超调,到达空载扰动稳定频率的调节稳定时间短。

第 2 组仿真参数的向上空载扰动频率调节稳定时间 $t_E=7.5$ s,向下空载扰动频率调节稳定时间 $t_E=10.0$ s。

(5) 第 3 个接力器关闭时间 $T_{f3}=50.0$ s 和接力器开启时间 $T_{g3}=15.0$ s,对应的机组频率 f 和接力器行程 y 的图形为图 7-22 中蓝色虚线所示波形。

在频率向上扰动和向下扰动时,接力器和机组频率的动态波形是不对称的,其原因除了是接力器的开启时间 $T_{g3}=15.0$ s 和接力器的关闭时间 $T_{f3}=50.0$ s 之外,在向下扰动时,接力器行程还被接力器全关位置($y=0.0$)所限制。

接力器向扰动后的稳定值运动的过程长,机组频率的动态过程出现大的超调,空载扰动频率调节稳定时间长。

第 3 组仿真参数的向上空载扰动频率调节稳定时间 $t_E=11.0$ s,向下的空载扰动频率调节稳定时间 $t_E=35.0$ s。

综合以上的分析,可以得到下列定性的结论:在频率向上扰动和向下扰动时,接力器和机组频率的动态波形肯定是不对称的,因为,接力器的开启时间 T_g 和关闭时间 T_f 是不同的,接力器的关闭时间 T_f 一般要明显小于接力器的开启时间 T_g,特别是对于有接力器 2 段关闭规律要求的机组,其第 2 段关闭时间要大于接力器开启时间。

频率向上扰动时,接力器的开启运动没有限制;但是在频率向下扰动时,接力器的关闭运动却受到接力器全关位置的限制。

7.9.2 接力器开启和关闭时间对机组空载频率向上/向下扰动特性仿真 2

仿真结果如图 7-23 所示。

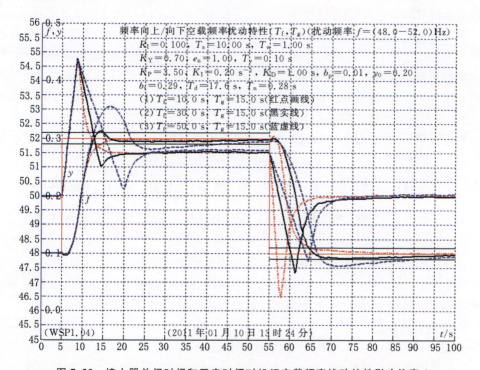

图 7-23 接力器关闭时间和开启时间对机组空载频率扰动特性影响仿真 2

仿真 1 与仿真 2 的差别是,仿真 1(见图 7-22)的接力器空载开度为 $y_0=0.10$,仿真 2(见图 7-23)的接力器空载开度为 $y_0=0.20$。

1. 仿真目标参数

（1）水轮机发电机组自调节系数 $e_{n1}=0.50$，对应的机组频率 f 和接力器行程 y 的图形为图 7-23 中红色点画线所示波形。

（2）水轮机发电机组自调节系数 $e_{n2}=1.00$ 对应的机组频率 f 和接力器行程 y 的图形为图 7-23 中黑色实线所示波形。

（3）水轮机发电机组自调节系数 $e_{n3}=1.50$ 对应的机组频率 f 和接力器行程 y 的图形为图 7-23 中蓝色虚线所示波形。

2. 仿真结果分析

被控制系统的机组惯性比率 $R_I=0.100$，机组惯性时间常数 $T_a=10.0$ s，水流时间常数 $T_w=1.0$ s，水流修正系数 $K_Y=0.70$，机组自调节系数 $e_n=1.00$。

仿真 1 与仿真 2 的差别是，仿真 1 的接力器空载开度为 $y_0=0.12$，仿真 2 的接力器空载开度为 $y_0=0.20$。

第 1 组仿真参数的向上空载扰动频率调节稳定时间 $t_E=10.0$ s，向下的空载扰动频率调节稳定时间 $t_E=10.0$ s。

第 2 组仿真参数的向上空载扰动频率调节稳定时间 $t_E=7.5$ s，向下的空载扰动频率调节稳定时间 $t_E=9.5$ s。

第 3 组仿真参数的向上空载扰动频率调节稳定时间 $t_E=11.0$ s，向下的空载扰动频率调节稳定时间 $t_E=35.0$ s。

比较仿真 1 和仿真 2 的结果可以看出，在机组频率向上扰动时，除了接力器行程向上移动了 0.1 以外，接力器行程和机组频率的动态过程是一样的；当机组频率向下扰动时，由于接力器的空载开度增大了，故接力器的关闭特性有很大的差别。所以，在机组频率向下扰动时，两次向下扰动的动态过程仿真有明显的区别。

7.10　机组自调节系数对机组空载频率扰动特性影响仿真

图 7-24 所示为机组自调节系数 e_n 对机组空载频率扰动特性影响（频率向上/向下扰动）的仿真界面，界面上的变量或参数的数值可以设定、修改，所有变量或参数的数值将实时地反映在仿真结果（仿真曲线及参数）中，仿真的结果如图 7-25 所示。

1. 仿真目标参数

仿真目标参数有 3 个不同的机组自调节系数 e_n。

（1）机组自调节系数 $e_{n1}=0.50$，对应的机组频率 f 和接力器行程 y 的图形为图 7-25 中红色点画线所示波形。

（2）机组自调节系数 $e_{n2}=1.00$，对应的机组频率 f 和接力器行程 y 的图形为图 7-25 中黑色实线所示波形。

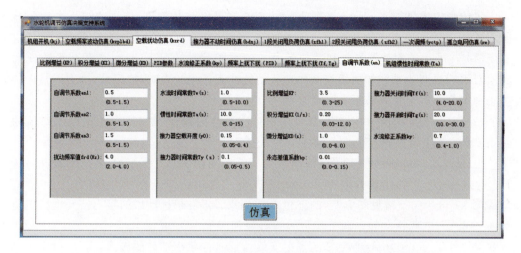

图 7-24　机组自调节系数对机组空载频率扰动特性影响仿真界面

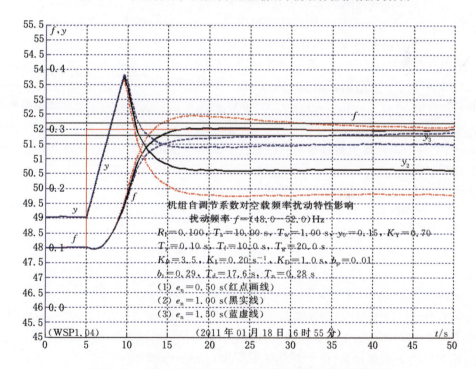

图 7-25　机组自调节系数对机组空载频率扰动特性影响仿真

（3）机组自调节系数 $e_{n3}=1.50$，对应的机组频率 f 和接力器行程 y 的图形为图 7-25 中蓝色虚线所示波形。

2. 仿真结果分析

被控制系统参数为：机组惯性比率 $R_I=0.1$，机组惯性时间常数 $T_a=10.0\,\text{s}$，水流时间常数 $T_w=1.0\,\text{s}$，水流修正系数 $K_Y=0.70$。

该仿真中的机组水流修正系数 $K_Y=0.70$,如果更改其数值,仿真的结果会有明显的不同。

(1) 在同一组调速器参数和其他的被控制系统参数情况下,机组自调节系数 e_n 的数值对水轮机调节系统的机组空载频率扰动特性有一定的影响,特别是,接力器行程的静态稳定值与机组自调节系数 e_n 密切相关。

(2) 记频率扰动量的相对值为 Δf,则对应的接力器行程的稳态增量的相对值为 Δy,二者的关系为 $\Delta y = \Delta f \cdot e_n$,或者 $e_n = \Delta y / \Delta f$。

由图 7-25,可以得到下列结果:频率扰动的相对值为 $\Delta f=0.08$,其绝对值为 4.0 Hz;空载扰动前的接力器开度为 $y_{01}=0.15$。

第 1 个 $e_n=0.50$(见图 7-23 的红色点画线波形),空载扰动后的接力器开度稳定值为 $y_1=0.19$;空载扰动频率调节稳定时间 $t_E=25.0$ s。

第 2 个 $e_n=1.00$(见图 7-23 的黑色实线波形),空载扰动后的接力器开度稳定值为 $y_2=0.23$;空载扰动频率调节稳定时间 $t_E=11.5$ s。

第 3 个 $e_n=1.50$(见图 7-23 的蓝色虚线波形),空载扰动后的接力器开度稳定值为 $y_3=0.27$;空载扰动频率调节稳定时间 $t_E=25.0$ s。

利用空载频率扰动过程中的接力器行程与机组自调节系数 e_n 的上述关系,可以在水电站根据空载频率扰动试验的结果、空载频率扰动前后的相对值 Δy 和接力器行程差值的相对值 $\Delta y = y_{02} - y_{01}$,方便地求出被试机组在该空载工况的机组自调节系数 e_n($e_n = \Delta y / \Delta f$)。

(1) 在同一组调速器参数和其他的被控制系统参数情况下,机组自调节系数 e_n 的数值,对于水轮机调节系统的机组空载频率扰动特性有一定的影响,特别是接力器行程的静态稳定值与机组自调节系数 e_n 密切相关。

(2) 记频率扰动量的相对值为 Δf,则对应的接力器行程的稳态增量的相对值为 Δy,二者的关系为 $\Delta y = \Delta f \cdot e_n$,或者 $e_n = \Delta y / \Delta f$。

由图 7-25,可以得到下列结果:频率扰动的相对值为 $\Delta f=0.08$,其绝对值为 4.0 Hz;

空载扰动前的接力器开度为 $y_{01}=0.15$。

对于 $e_n=0.50$(见图 7-23 的红色点画线波形),$\Delta y = 0.08 \times 0.5 = 0.04$,空载扰动后的接力器开度稳定值为 $y_{02}=0.15+0.04=0.19$;

对于 $e_n=1.00$(见图 7-23 的黑色实线波形),$\Delta y = 0.08 \times 1.0 = 0.08$,空载扰动后的接力器开度稳定值为 $y_{02}=0.15+0.08=0.23$;

对于 $e_n=1.50$(见图 7-23 的蓝色虚线波形),$\Delta y = 0.08 \times 1.5 = 0.12$,空载扰动后的接力器开度稳定值为 $y_{03}=0.15+0.12=0.27$;

利用空载扰动过程中的接力器行程与机组自调节系数 e_n 的上述关系,可以在水电站根据空载频率扰动试验的结果,按照空载频率扰动前后的相对值 Δy 和接力器行程差值的相对值 $\Delta y = y_{02} - y_{01}$,方便地求出被试机组在该空载工况的机组自调节系数 e_n

的数值($e_n = \Delta y / \Delta f$)。

在不知道机组自调节系数 e_n 时,可以调整机组自调节系数 e_n 的数值,使仿真的波形与研究的电站机组实际动态波形相近,便于进行进一步的仿真。机组并入电网运行时,仿真中 e_n 的参数是电网的自调节系数,还包含了负载的自调节因素。可惜的是,其数值会随负荷性质不同而变化,是无法准确知道的。

7.11 机组惯性时间常数对机组空载频率扰动特性影响仿真

7.11.1 机组惯性时间常数对机组空载频率扰动特性影响仿真 1

图 7-26 所示为水轮机发电机组惯性时间常数(T_a)对机组空载频率扰动特性影响的仿真界面,界面上的变量或参数的数值可以设定、修改,所有的变量或参数的数值将实时地反映在仿真结果(仿真曲线及参数)中,仿真结果如图 7-27 所示。

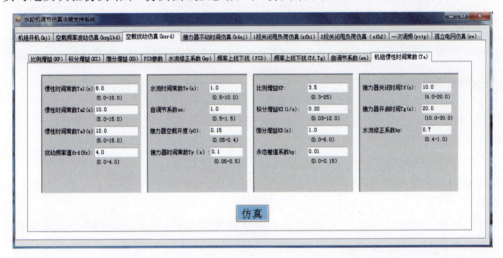

图 7-26 水轮机发电机组惯性时间常数对机组空载频率扰动特性影响仿真界面

1. 仿真目标参数

仿真的目标参数有 3 个不同的机组惯性比率(R_{I1}、R_{I2} 和 R_{I3})。

(1) 水轮机发电机组惯性时间常数 $T_{a1} = 8.0$ s,引水系统水流惯性时间常数 $T_w = 1.0$ s,机组惯性比率 $R_I = 0.125$,对应的机组频率 f 和接力器行程 y 的图形为图 7-27 中红色点画线所示波形。

(2) 水轮机发电机组惯性时间常数 $T_{a2} = 10.0$ s,引水系统水流惯性时间常数 $T_w = 1.0$ s,机组惯性比率 $R_I = 0.100$,对应的机组频率 f 和接力器行程 y 的图形为图中黑色

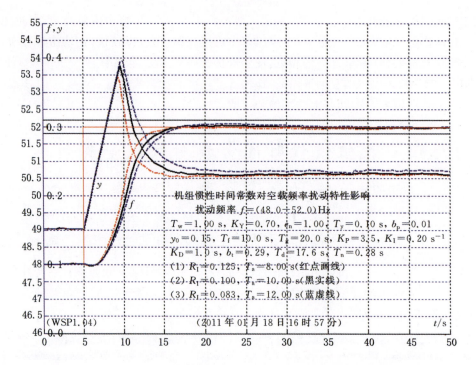

图 7-27 水轮机发电机组惯性时间常数对机组空载频率扰动特性影响仿真 1

实线所示波形。

(3) 水轮机发电机组惯性时间常数 $T_{a3}=12.0$ s,引水系统水流惯性时间常数 $T_w=1.0$ s,机组惯性比率 $R_I=0.083$,对应的机组频率 f 和接力器行程 y 的图形为图 7-27 中蓝色虚线所示波形。

2. 仿真结果分析

被控制系统参数为,水流时间常数 $T_w=1.0$ s,水流修正系数 $K_Y=0.70$,机组自调节系数 $e_n=1.0$。

(1) 机组惯性时间常数 T_a 不是一个可以调节的参数,对其进行仿真时,仅仅是了解它的数值对空载扰动动态特性的影响。

(2) 第 1 个机组惯性时间常数 $T_{a1}=8.0$,机组惯性比率 $R_I=0.125$,对应的机组频率 f 和接力器行程 y 的图形为图 7-27 中红色点画线所示波形。

机组惯性时间常数 T_{a1} 为 3 种机组惯性时间常数仿真参数中的最小数值,接力器的开启动作幅度最小、接力器开度向扰动后的稳定值关闭过程快;在动态过程中,机组频率上升快,呈单调的动态过程趋近于扰动后的机组稳定频率,频率调节稳定时间 $t_E=8.0$ s。

本组特性属于 B 型动态特性。

(3) 第 2 个机组惯性时间常数 $T_{a2}=10.0$,机组惯性比率 $R_I=0.100$,对应的机组频率 f 和接力器行程 y 的图形为图 7-27 中黑色实线所示波形。

机组惯性时间常数 T_{a2} 为 3 种机组惯性时间常数仿真参数中的中间数值,接力器的开启动作幅度较大、接力器开度向扰动后的稳定值关闭过程较快;在动态过程中,机组频率上升较快,呈单调的动态过程趋近于扰动后的机组稳定频率,频率调节稳定时间 $t_E=9.5$ s。

本组特性属于 B 型动态特性。

(4) 第 3 个机组惯性时间常数 $T_{a3}=12.0$,机组惯性比率 $R_I=0.083$,对应的机组频率 f 和接力器行程 y 的图形为图 7-27 中蓝色虚线所示波形。

机组惯性时间常数 T_{a3} 为 3 种机组惯性时间常数仿真参数中的最大值,接力器的开启动作幅度最大、接力器开度向扰动后的稳定值关闭过程最慢;在动态过程中,机组频率上升最慢,呈有小量超调的动态过程,频率调节稳定时间 $t_E=10.0$ s。

本组特性属于 B 型动态特性。

(5) 在同一组调速器参数和其他的被控制系统参数情况下,机组惯性时间常数 T_a,对水轮机调节系统的机组空载频率扰动特性有一定的影响。机组惯性时间常数 T_a 越大,机组频率动态过程越缓慢,可能产生超调;机组惯性时间常数 T_a 小,机组频率动态过程稍快。

仿真 1(见图 7-27)的水流时间常数 T_w 是属于数值较小的范畴,所以,3 组仿真的空载扰动特性都是属于性能优良的 B 型动态特性。这说明,与水流时间常数 T_w 比较,机组惯性时间常数 T_a 对于空载频率扰动特性的影响要小得多。

在工程实际中,应该根据不同的机组惯性时间常数 T_a 数值,选取不同的水轮机调速器 PID 参数值,就像图 7-27 所示的水轮机调速器 PID 参数值比较适合机组惯性时间常数 $T_a=10$ s 的情况。进一步仿真结果表明,较大的机组惯性时间常数 T_a 应选取较大的比例增益 K_P(较小的暂态转差系数 b_t)和较大的积分增益 K_I(较小的缓冲时间常数 T_d)。

7.11.2 机组惯性时间常数对机组空载频率扰动特性影响仿真 2

仿真 1 与仿真 2 的区别是,仿真 1(见图 7-27)的水流惯性时间常数 $T_w=1.0$ s,仿真 2(见图 7-28)的水流惯性时间常数 $T_w=7.5$ s。

1. 仿真目标参数

仿真的目标参数有 3 个不同的机组惯性比率(R_{I1}、R_{I2} 和 R_{I3})。

(1) 机组惯性比率 $R_{I1}=1.000$,水轮机发电机组惯性时间常数 $T_{a1}=7.5$ s,引水系统水流惯性时间常数 $T_{w1}=7.5$ s,是属于机组惯性时间常数 T_a 大和水流惯性时间常数 T_w 小的被控制系统,对应的机组频率 f 和接力器行程 y 的图形为图 7-28 中红色点画线所示波形。

(2) 组惯性比率 $R_{I2}=0.750$,水轮机发电机组惯性时间常数 $T_{a2}=10.0$ s,引水系统水流惯性时间常数 $T_{w2}=7.5$ s,是属于机组惯性时间常数 T_a 大和水流惯性时间常数 T_w 小的被控制系统,对应的机组频率 f 和接力器行程 y 的图形为图 7-28 中黑色实线所示波形。

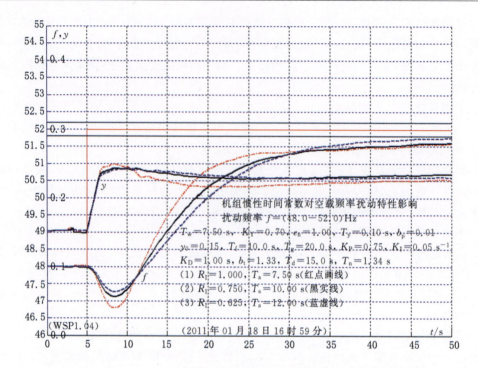

图 7-28　水轮机发电机组惯性时间常数对机组空载频率扰动特性影响仿真 2

(3) 机组惯性比率 $R_I=0.625$，水轮机发电机组惯性时间常数 $T_{a3}=12.0$ s，引水系统水流惯性时间常数 $T_{w3}=7.5$ s，是属于机组惯性时间常数 T_a 大和水流惯性时间常数 T_w 小的被控制系统，对应的机组频率 f 和接力器行程 y 的图形为图 7-28 中蓝色虚线所示波形。

2. 仿真结果分析

被控制系统参数为，水流时间常数 $T_w=7.5$ s，水流修正系数 $K_Y=0.70$，机组自调节系数 $e_n=1.000$。

调速器 PID 参数为：$K_P=0.75$，$K_I=0.05$ s^{-1}，$K_D=1.0$ s($b_t\approx1.33$，$T_d\approx15.0$ s，$T_n\approx1.34$ s)。

(1) 机组惯性时间常数 T_a 不是一个可以调节的参数，对其进行仿真时，仅仅是了解它的数值对空载扰动动态特性的影响。

(2) 第 1 个机组惯性时间常数 T_{a1}，机组惯性比率 $R_{I1}=1.000$，机组惯性时间常数 $T_{a1}=7.5$ s，引水系统水流惯性时间常数 $T_w=7.5$ s，对应的机组频率 f 和接力器行程 y 的图形为图 7-28 中红色点画线所示波形。

机组惯性时间常数 T_{a1} 为 3 种机组惯性时间常数仿真参数中的最小值，接力器的开启动作幅度较大，接力器开度向扰动后的稳定值关闭过程慢；在动态过程中，机组频率上升较快，呈单调的动态过程趋近于扰动后的机组稳定频率，机组频率调节稳定时间很长，空载扰动频率调节稳定时间 $t_E>45.0$ s。

本组特性属于 S 型动态特性,其原因是机组惯性比率 R_1 大。

(3) 第 2 个机组惯性时间常数 T_{a2},机组惯性比率 $R_{I2}=0.75$,机组惯性时间常数 $T_{a2}=10.0\,s$,引水系统水流惯性时间常数 $T_w=7.5\,s$,对应的机组频率 f 和接力器行程 y 的图形为图 7-28 中黑色实线所示波形。

机组惯性时间常数 T_{a2} 为 3 种机组惯性时间常数仿真参数中的中间数值,接力器开度向扰动后的稳定值关闭过程稍快;在动态过程中,机组频率上升稍快,呈单调的动态过程趋近于扰动后的机组稳定频率,机组频率调节稳定时间很长。空载扰动频率调节稳定时间为 $t_E>45.0\,s$。

本组特性属于 S 型动态特性,其原因是机组惯性比率 R_1 大。

(4) 第 3 个机组惯性时间常数 T_{a3},机组惯性比率 $R_{I3}=0.625$,机组惯性时间常数 $T_{a3}=12.0\,s$,引水系统水流惯性时间常数 $T_w=7.5\,s$,对应的机组频率 f 和接力器行程 y 的图形为图 7-28 中蓝色虚线所示波形。

选择的调速器 PID 参数:比例增益 $K_P=0.75$,积分增益 $K_I=0.05\,s^{-1}$,微分增益 $K_D=1.0\,s$;折算的暂态转差系数 $b_t=1.33$,缓冲时间常数 $T_d=15.0\,s$,加速度时间常数 $T_n=1.34\,s$。

机组惯性时间常数 T_{a3} 为 3 种机组惯性时间常数仿真参数中的最大值,接力器开度向扰动后的稳定值关闭过程最慢;在动态过程中,机组频率上升较快,机组频率调节稳定时间较很长,频率调节稳定时间 $t_E>45.0\,s$。

本组特性属于 S 型动态特性,其原因是机组惯性比率 R_1 大。

综上所述,本仿真 2 的被控制系统是属于机组惯性比率 R_1 大、机组惯性时间常数 T_a 较小和水流惯性时间常数 T_w 大的系统。所以,虽然经过调速器 PID 参数的选择,但是仿真 2 的空载频率扰动特性仍然都是属于 S 型动态特性。

在工程实际中,应该根据不同的机组惯性时间常数 T_a 数值选取不同的水轮机调速器 PID 参数值,就像图 7-28 所示的水轮机调速器 PID 参数值比较适合机组惯性时间常数 $T_a=10\,s$ 的情况。进一步仿真的结果表明,较大的机组惯性时间常数 T_a 应选取较大的比例增益 K_P(较小的暂态转差系数 b_t)和较大的积分增益 K_I(较小的缓冲时间常数 T_d)。

7.12 水轮发电机组空载频率扰动特性综合分析

7.12.1 对水轮发电机组空载频率扰动特性的主要要求

GB/T 9651.1—2007《水轮机控制系统试验规程》规定:"自动方式空载工况下,对调速系统施加频率阶跃扰动,记录机组转速、接力器行程等的过渡过程,选取转速摆动值和超调量较小、波动次数少、稳定快的一组调节参数,提供空载运行使用。"

在工程实际中,对水轮发电机组空载扰动特性的主要求是,通过试验和仿真确定一组较好的调速器 PID 参数,使得对于机组频率阶跃扰动的机组频率(转速)动态过程具有下列 B 型动态性能。

恰当地选择调速器的 PID 参数,使机组频率对于频率阶跃扰动的响应过程有一个 2‰~5‰频率扰动量的超调量、调节时间短的动态过程。例如,扰动前机组频率为 48.0 Hz,当频率扰动为+4 Hz 时,扰动后机组频率终值为 52.0 Hz,机组频率的动态过程应该是一个有微小频率超调量的动态过程,即从扰动开始,机组频率由 48 Hz 上升到数值为 52.08~52.20 Hz 的峰值后,以较快的速度单调地趋近并稳定于频率扰动后的终值 52.0 Hz。当然,由于机组空载频率扰动是一个数值较大的扰动,接力器已经进入其速率限制(接力器开启时间 T_g 和关闭时间 T_f)的非线性区域,所以,如果一个系统采用不同的频率扰动值(4 Hz,2 Hz,1 Hz,…),其对应的机组空载频率扰动的频率响应过程也会有微小差异。

当然,这一组调速器的 PID 参数必须使机组空载频率波动特性满足相应国家技术标准的要求。

7.12.2 空载频率扰动工况下的调速器 PID 参数选择

理论分析和水电站试验经验表明,机组空载频率扰动工况下调速器的 PID 参数的选择与被控制系统的特性有关,也就是与机组水流时间常数 T_w,机组惯性时间常数 T_a 和机组惯性比率 $R_1=(T_w/T_a)$ 有关。

根据理论分析和水电站试验经验有如下结论。

调速器比例增益 K_P 的数值,与机组水流时间常数 T_w 和机组惯性时间常数 T_a 的比值(即机组惯性比率 R_1)成反比。调速器比例增益 K_P 的数值过大,对应的空载频率扰动特性就可能呈现为 O 型空载频率扰动特性;调速器比例增益 K_P 的数值过小,对应的空载频率扰动特性就可能呈现 S 型空载频率扰动特性。

调速器积分增益 K_I 的数值与机组水流时间常数 T_w 的二次方成反比,与机组惯性时间常数 T_a 成正比;或者等效地说,调速器积分增益 K_I 的数值与水流时间常数 T_w 和机组惯性比率 R_1 的乘积成反比。调速器积分增益 K_I 的数值过大,对应的空载频率扰动特性就可能呈现为 O 型空载频率扰动特性;调速器积分增益 K_I 的数值过小,对应的空载频率扰动特性就可能呈现 S 型空载频率扰动特性。

调速器微分增益 K_D 的数值与机组惯性时间常数 T_a 成反比。

当然,如果考虑到机组运行水头等因素的作用,要采用机组水流修正系数 K_Y 对机组水流时间常数 T_w 修正进行,上述关系就更为复杂了。

7.12.3 不同被控制系统的机组空载频率扰动过程动态特性的 PID 参数特点

从工程实际应用来看,混流式水轮发电机组的一般特性是机组水流时间常数 T_w

小,机组惯性时间常数 T_a 大,因而机组惯性比率 R_I 小。适应混流式水轮发电机组特性的调速器 PID 参数的特点是,选用较大的调速器比例增益 K_P,大的调速器积分增益 K_I 和小的调速器微分增益 K_D。

灯泡贯流式水轮发电机组的一般特性是,机组水流时间常数 T_w 大,机组惯性时间常数 T_a 小,因而机组惯性比率 R_I 大。适应灯泡贯流式水轮发电机组特性的调速器 PID 参数的特点是,选用小的调速器比例增益 K_P,小的调速器积分增益 K_I 和大的调速器微分增益 K_D。

轴流转桨流式水轮发电机组的一般特性是机组惯性时间常数 T_a 较大,机组水流时间常数 T_w 较小,因而机组惯性比率 R_I 的数值较大。适应灯泡贯流式水轮发电机组特性的调速器 PID 参数的特点是,选用较大的调速器比例增益 K_P、较大的调速器积分增益 K_I 和较小的调速器微分增益 K_D。

可见,对应于水轮机调节系统的不同被控制系统(不同的机组惯性比率 R_I)的较好的调速器 PID 参数有很大的差别。

理论分析、电站试验和仿真结果表明,与机组惯性比率 R_I 相应的较好的调速器 PID 参数的总体规律是:机组惯性比率 R_I 数值大,与较好的空载扰动动态过程特性对应的比例增益 K_P 和积分增益 K_I 数值较小;机组惯性比率 R_I 数值小,与较好的空载扰动动态过程特性对应的比例增益 K_P 和积分增益 K_I 数值较大。

7.12.4 空载频率扰动动态特性的类型及其与 PID 参数的关系

机组惯性时间常数 T_a 和水流惯性时间常数 T_w,都会影响机组空载频率扰动特性的品质。但是,与机组惯性时间常数 T_a 比较,水流时间常数 T_w 对于空载频率扰动特性的影响要大得多。

1. 空载频率扰动动态特性的分类

(1) S 型(迟缓型)机组空载频率扰动动态特性。

在机组空载频率扰动动态过程中,接力器的运动幅度过小、接力器到达扰动后的稳定行程值缓慢,接力器到达运动极值后可能单调地趋近扰动后的行程稳定值。

在机组空载频率扰动的动态过程中,机组频率趋近于扰动后频率稳定值的速度过慢,但是,扰动后期可能出现较大的频率超调现象,机组频率调节稳定时间长。

(2) B 型(优良型)机组空载频率扰动动态特性。

在机组空载频率扰动动态过程中,接力器运动的幅度适中,接力器到达扰动后的行程稳定值的速度快,接力器行程快速、单调地到达扰动后接力器行程的稳定值,或者出现一个很小的超过接力器行程稳定值的过调值,并迅速地到达接力器行程稳定值。

在机组空载频率扰动的动态过程中,机组频率趋近于扰动后频率稳定值的速度快,机组频率单调快速地趋近扰动后的频率稳定值,或者出现一个很小的超过机组频率稳定值的过调值并迅速地到达机组频率稳定值,机组频率调节稳定时间短。

(3) O型(振荡型)机组空载频率扰动动态特性。

在机组空载频率扰动动态过程中,接力器运动的幅度过大,接力器行程到达运动极值后,以较大的振荡形态趋近于接力器扰动后的稳定值,接力器行程调节稳定时间长。

在机组空载频率扰动的动态过程中,机组频率趋近于扰动后频率稳定值的速度过快,以至于出现较大的频率超调现象,机组频率调节稳定时间长。

过大的比例增益 K_P 和/或积分增益 K_I 取值,有可能使得系统出现不稳定状态。

2. 水轮机调节系统空载频率扰动特性类型与调速器 PID 参数之间的关系

(1) 如果一个水轮机调节系统的空载频率扰动的动态特性,是属于 S 型(迟缓型)的,那么,适当增大调速器的比例增益 K_P 和积分增益 K_I 的数值,可以使其转化为具有 B 型(优良型)的空载频率扰动动态特性。

(2) 如果一个水轮机调节系统的空载频率扰动的动态特性是属于 O 型(振荡型),那么,适当地减小调速器的比例增益 K_P 和积分增益 K_I 的数值,可以使其转化为具有 B 型(优良型)的空载频率扰动动态特性。

(3) 如果一个水轮机调节系统的空载频率扰动的动态特性是属于 S 型(迟缓型)、B 型(优良型)或 O 型(振荡型),那么,该系统的机组甩 100% 额定负荷的动态特性就极大可能对应分别属于 S 型、B 型或 O 型的机组甩 100% 额定负荷的动态特性。

(4) 对于机组惯性比率 R_1 大的被控制系统,即机组惯性时间常数 T_a 较小或小和引水系统水流惯性时间常数 T_w 较大或大的被控制系统,即使经过仔细地选择调速器的 PID 参数,水轮机调节系统的空载频率扰动特性也大多属于 S 型空载频率扰动动态特性。

(5) 前已指出,可以用不同的机组水流修正系数 K_Y 数值来反映机组运行水头的变化。电站实际试验和进一步仿真结果表明,对应于机组最大水头的机组空载频率扰动动态过程较好的比例增益 K_P 和调速器积分增益 K_I 较大,对应于机组最小水头的机组空载频率扰动动态过程较好的比例增益 K_P 和调速器积分增益 K_I 较小。特别是机组运行水头变化很大的情况,最小水头下机组空载频率扰动动态过程较好的调速器比例增益 K_P 与最大水头下机组空载频率扰动动态过程较好的调速器比例增益 K_P 之比,甚至可能达到 2;最小水头下机组空载频率扰动动态过程较好的调速器积分增益 K_I 与最大水头下机组空载频率扰动动态过程较好的调速器积分增益 K_I 之比可能达到 2。

对于一个运行水头变化很大的机组,某一组 PID 参数在额定机组运行水头下的机组空载频率扰动特性是 B 型的,但如果把这组 PID 参数用于该机组最大水头工况,则其对应的机组空载频率扰动动态特性很有可能成为 S 型的;如果把这组 PID 参数用于该机组最小水头工况,则其对应的机组空载频率扰动动态特性很有可能成为 O 型的,甚至成为不稳定的动态系统。所以,对于运行水头变化很大的机组调速器最好能设置 3~5 组适应不同水头的调速器 PID 参数,以保证在整个机组运行水头范围内都具有较好的机组空载频率扰动动态特性。

第8章 水轮机调节系统接力器不动时间特性仿真及分析

8.1 水轮机调节系统接力器不动时间

水轮机调速器的接力器不动时间决定了机组收到频率扰动之后,在水轮机做出校正调节之前所需要的时间。增加水轮机调节系统的不动时间会减小水轮机调节系统对电网稳定性的贡献,同时也可能引起水轮机调节系统在正常控制范围内谐振,这会导致水轮机接力器在特定情况下发生激烈振荡。造成水轮机调节系统不动时间的主要因素包括调速器控制器的上升时间以及接力器控制阀的搭叠量等。一般来说,对于水轮发电机组而言,符合性能的调速系统不动时间值最大不超过 0.2 s。

8.1.1 接力器不动时间仿真的结果

对接力器运动过程中起到速率限制作用的接力器开启时间 T_g 和接力器关闭时间 T_f,对接力器运动过程中起到极端位置限制的接力器完全开启位置($y=1.0$)和接力器完全关闭位置($y=0$)等,是接力器运动过程中的主要非线性因素。如果按照水轮机调节系统运行和试验的动态过程中接力器运动是否进入了上述接力器的非线性区域来划分水轮机调节系统动态过程特征,那么,可以将水轮机调节系统运行和试验中的动态过程划分为大波动(大扰动)动态过程和小波动(小扰动)动态过程等两种。水轮机调节系统的接力器不动时间特性具有小波动特征的动态过程。

之所以将接力器不动时间动态过程列入小波动特征范畴,是因为在接力器不动时间试验时,尽管机组甩负荷值为(10%~25%)额定负荷,接力器运动在动态过程中期和后期是受到接力器关闭时间特性的限制,但是电站试验和仿真结果表明,在判断接力器不动时间的过程初期(机组甩负荷后的 0.5 s 内),接力器的关闭运动不会受到接力器关闭时间特性的非线性限制。

在进行水轮机调节系统接力器不动时间特性的每一次仿真中,仿真策略采用的是"1个(组)仿真目标参数的3个(组)数值仿真"策略,也就是说,每次仿真都采用选择的1个(组)仿真目标参数的3个(组)数值进行仿真,将这3个仿真的动态过程的仿真变量波形和全部仿真参数在1个仿真图形中表示。

在接力器不动时间特性的仿真结果中,显示了机组频率 f 和接力器行程 y 的动态波形和所有的仿真参数。动态波形的纵坐标显示了机组频率 f 和接力器行程 y 等2个变量,机组频率 f 以赫兹(Hz)为单位,接力器行程 y 以相对值表示;动态波形的横坐标是时间坐标 t,单位是 s。为了便于比较、分析和研究某个(组)参数的取值对水轮机调节系统动态特性的作用,在其他的水轮机调节系统参数相同的条件下,选定1个或1组(数个)仿真目标参数,并选择3个不同的数值进行仿真,同时得到与之对应的3个仿真结果。第1个(组)变量对应的仿真曲线用红色点画线表示,第2个(组)变量对应的仿真曲线用黑色实线表示,第3个(组)变量对应的仿真曲线用蓝色虚线表示。

在接力器不动时间特性的仿真中,接力器不动时间仿真的甩负荷时刻为横坐标起点,甩负荷前的接力器开度为0.2。在仿真图形中,绘出了下列数值纵坐标的平行标志线:机组频率高于额定频率的0.2‰(相当于绝对值为50.01 Hz)的机组频率纵坐标水平线;仿真结果中也分别标明了从机组甩负荷前接力器开度0.2起,到关闭了接力器全行程的0.1%的开度(相对值为0.198)、0.2%的开度(相对值为0.196)、0.3%的开度(相对值为0.194)、0.4%的开度(相对值为0.192)和0.5%的开度(相对值为0.19)接力器行程纵坐标水平线,以便使用者可以方便选择接力器开始关闭的时刻。

8.1.2 在电站进行接力器不动时间测试(仿真)的2种方法

这里把上述国家标准关于在电站的接力器不动时间试验及判定的2种方法,分别命名为方法1和方法2。

1. 测试方法 1

水轮发电机组甩负荷量为25%额定负荷;从机组甩负荷时刻起到接力器开始关闭止的时间为接力器不动时间 T_q。

对于机组甩负荷的数值为(25%)机组额定负荷的仿真,按照 GB/T 9652.2—2007《水轮机控制系统试验规程》的规定,把机组开始甩负荷(发电机定子电流消失)的时间作为判断接力器不动时间的起点(记为0.0 s),把机组甩负荷后接力器开始关闭的时间记为 t_2,则接力器不动时间 $T_q = t_2$。

2. 测试方法 2

发电机组甩负荷量为10%~15%额定负荷;从甩负荷后机组频率上升了额定频率的0.2‰的时间起,到接力器开始关闭止的时间定义为接力器不动时间 T_q。

对于机组甩负荷的数值为10%~15%机组额定负荷的仿真,按照 GB/T 9652.2—2007《水轮机控制系统试验规程》的规定,把机组频率上升了额定频率的0.2‰的时刻,作为判断接力器不动时间的起点(记为 $t_1 = 0.0$ s),把机组甩负荷后接力器开始关闭的时间记为 t_2,则接力器不动时间 $T_q = t_2 - t_1$。

8.1.3 接力器不动时间电站试验注意事项

水轮机调速器的接力器不动时间 T_q 用来检测在转速(频率)或指令信号按规定形

式变化时,水轮机调速器依据机组频率偏差进行 PID 调节的快速动作性能。在水电站进行接力器不动时间 T_q 测定试验时,值得着重指出的有如下几点。

(1) 水轮机微机调速器应该工作在"频率调节"模式,频率人工死区为零($E_f = 0$ Hz)。

如果工作于"开度调节"或"功率调节"模式,频率人工死区一般不为零($E_f \neq 0$ Hz),在进行接力器不动时间 T_q 测定试验的动态过程中,只有机组频率偏差超过频率人工死区时调速器才能起作用,因此不能真实反映水轮机微机调速器的频率调节性能决定的接力器不动时间 T_q。

(2) 判断接力器不动时间动态过程的时间起点,不能够采用引至调速器的机组出口断路器(油开关)开关量信号的变位时刻。因为引至微机调速器的油开关开关量信号是机组出口油开关辅助接点驱动的中间继电器的接点信号,它的动作时刻一般滞后于机组出口油开关动作时刻 0.04~0.08 s。

(3) 在进行接力器不动时间 T_q 测定试验时,不允许微机调速器在根据机组频率偏差进行的 PID 调节规律之外,人为通过软件添加任何促使接力器快速关闭的程序。

在对微机调速器在水电站现场接力器不动时间 T_q 进行鉴定性试验测定时,最好临时撤除引至调速器的机组出口油开关开关量接点信号,以保证所得到的接力器不动时间 T_q 的科学性和真实性。

(4) 鉴于接力器不动时间动态过程的复杂性,特别应该注意,甩负荷前机组及电网的不同状态:①接力器正在开启状态、平稳状态或在关闭状态;②电网频率正在上升状态、平稳状态或下降状态。显然,在不同的机组频率及电网状态下所测得的接力器不动时间 T_q 是不同的。因此,测试应选择电网频率和接力器尽可能处在平稳状态下进行,只有这样,测得的数据才是真实的。

影响接力器不动时间数值的主要因素依次为,调速器电液随动系统死区(jxsq),频率测量周期(cpzq)和调速器 PID 参数(特别是调速器微分增益 K_I)。次要因素为,微机控制器计算周期(jszq)和接力器时间常数(T_y)。

8.1.4 接力器不动时间特性仿真项目

(1) 频率测量周期(cpzq)对接力器不动时间影响的仿真。
(2) 微机控制器计算周期(jszq)对接力器不动时间影响的仿真。
(3) 调速器电液随动系统死区(jxsq)对接力器不动时间影响的仿真。
(4) 调速器 PID 参数对接力器不动时间影响的仿真。
(5) 机组惯性时间常数(T_a)对接力器不动时间影响的仿真。
(6) 接力器响应时间常数(T_y)对接力器不动时间影响的仿真。
(7) 机组甩不同负荷值对接力器不动时间影响的仿真。

8.2 频率测量周期对接力器不动时间影响的仿真

所谓频率测量周期,是指微机调速器的微机控制器测量机组频率 1 次所用的时间,换言之,就是微机控制能够得到机组频率测量新数值的周期。如果频率测量周期短,那么微机控制器就能够迅速地得到机组频率的测量数值,并据此对机组频率实现快速的调节;如果频率测量周期长,那么即使微机控制器的计算周期很短,也不能实现快速对水轮机调节系统的频率进行调节。所以,相比之下,微机控制器的机组频率测量周期对接力器不动时间 T_q 的影响很大,而微机控制器的计算周期对接力器不动时间 T_q 的影响要小得多。

8.2.1 测频周期对接力器不动时间影响仿真 1

图 8-1 所示为频率测量周期对接力器不动时间影响的仿真界面,界面上的变量或参数的数值可以设定、修改,所有变量或参数的数值将实时地反映在仿真结果(仿真曲线及参数)中,仿真的结果如图 8-2 所示。

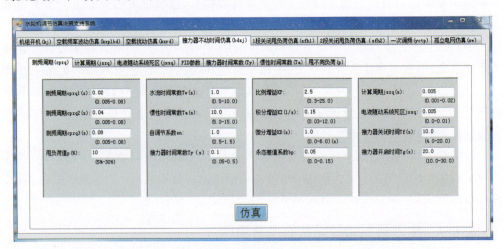

图 8-1 微机调速器频率测量周期对接力器不动时间影响的仿真界面

由于仿真中的机组甩负荷值为 $10\% \ p_r$。所以这属于上述的试验及判断方法 2。

1. 仿真目标参数

(1) 频率测量周期 $cpzq_1 = 0.02$ s,对应的接力器不动时间特性的机组频率 f 和接力器行程 y 的图形为图 8-2 中红色点画线所示波形。

(2) 频率测量周期 $cpzq_2 = 0.04$ s,对应的接力器不动时间特性的机组频率 f 和接力器行程 y 的图形为图 8-2 中黑色实线所示波形。

(3) 频率测量周期 $cpzq_3 = 0.08$ s,对应的接力器不动时间特性的机组频率 f 和接

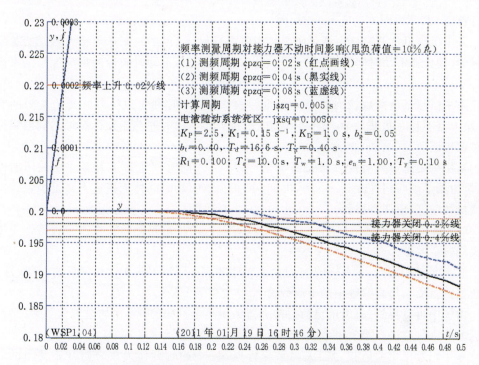

图 8-2　微机调速器频率测量周期对接力器不动时间影响仿真 1

力器行程 y 的图形为图 8-2 中蓝色虚线所示波形。

2. 仿真结果分析

(1) 在进行 3 个不同数值频率测量周期（$cpzq_1$、$cpzq_2$ 和 $cpzq_3$）的仿真时，调速器的比例增益 $K_P=2.5$，积分增益 $K_I=0.15\ s^{-1}$，调速器的微分增益 $K_D=1.0\ s$，折算的暂态转差系数 $b_t=0.40$，缓冲时间常数 $T_d=16.6\ s$ 和加速度时间常数 $T_n=0.40\ s$。在仿真中，机组甩 10% 额定负荷。

机组惯性时间常数 $T_a=10.0\ s$，机组甩负荷值为 $0.1p_r$ 时，机组甩负荷后频率上升速率为 $0.5\ Hz/s$（相对值为 $0.01/s$）。

3 个不同的频率测量周期所对应的接力器开始关闭的时间是不同的，较小的频率测量周期对应的接力器开始关闭时间短，较大的频率测量周期对应的接力器开始关闭时间长，但是 3 种情况的接力器关闭速度近似相等。

(2) 第 1 个频率测量周期 $cpzq_1=0.02\ s$，对应的机组频率和接力器行程特性为红色点画线所示波形。

频率测量周期 $cpzq_1=0.02\ s$ 是机组频率额定 50 Hz 的周期，为 3 种频率测量周期仿真参数中的最小数值。

从机组甩负荷开始到机组频率升高至 50.01 Hz 的时刻为 $t_1=0.02\ s$；机组甩负荷后，接力器关闭至接力器全行程的 0.1% 的时刻为 $t_2=0.195\ s$；机组甩负荷后接力器关闭至接力器全行程的 0.2% 的时刻为 $t_2=0.228\ s$；机组甩负荷后接力器关闭至接力器全行程的 0.3%的时刻为 $t_2=0.26$ s。

采用机组甩负荷后接力器关闭至接力器全行程 0.1%的时刻作为接力器开始关闭的时刻，接力器不动时间 $T_q = t_2 - t_1 = 0.175$ s，接力器不动时间性能指标优于国家标准。

采用机组甩负荷后接力器关闭至全行程 0.2%的时刻作为接力器开始关闭的时刻，接力器不动时间 $T_q = t_2 - t_1 = 0.208$ s，接力器不动时间性能指标接近达到国家标准对微机调速器（电调）的规定。

采用机组甩负荷后接力器关闭至全行程 0.3%的时刻作为接力器开始关闭的时刻，接力器不动时间 $T_q = t_2 - t_1 = 0.240$ s，接力器不动时间性能指标不满足国家标准对微机调速器（电调）的规定。

（3）第 2 个频率测量周期 $cpzq_2 = 0.04$ s，对应的机组频率和接力器行程特性为黑色实线所示波形。

频率测量周期 $cpzq_2 = 0.04$ s，是机组频率额定 50 Hz 经过 1 次分频后的周期，为 3 种频率测量周期仿真参数中的中间数值。

由图中可以得到，机组甩负荷后接力器关闭至全行程的 0.1%的时刻为 $t_2=0.228$ s，机组甩负荷后接力器关闭至全行程的 0.2%的时刻为 $t_2=0.260$ s。

采用机组甩负荷后接力器关闭至全行程 0.1%的时刻作为接力器开始关闭的时刻，接力器不动时间 $T_q = t_2 - t_1 = 0.205$ s，接力器不动时间性能指标达到国家标准对微机调速器（电调）的规定。

采用机组甩负荷后接力器关闭至全行程 0.2%的时刻作为接力器开始关闭的时刻，接力器不动时间 $T_q = t_2 - t_1 = 0.24$ s，接力器不动时间性能指标没有达到国家标准的规定。

（4）第 3 个频率测量周期 $cpzq_3 = 0.08$ s，对应的机组频率和接力器行程特性为蓝色虚线所示波形。

频率测量周期 $cpzq_2 = 0.04$ s，是机组频率额定 50 Hz 经过 2 次分频后的周期，为 3 种频率测量周期仿真参数中的最大数值。

由图中可以得到，机组甩负荷后接力器关闭至全行程的 0.1%的时刻 $t_2=0.26$ s，机组甩负荷后接力器关闭至全行程的 0.2%的时刻为 $t_2=0.328$ s。

采用机组甩负荷后接力器关闭至全行程 0.1%的时刻作为接力器开始关闭的时刻，接力器不动时间 $T_q = t_2 - t_1 = 0.240$ s，接力器不动时间性能指标没有达到国家标准的规定。

采用机组甩负荷后接力器关闭至全行程 0.2%的时刻作为接力器开始关闭的时刻，接力器不动时间 $T_q = t_2 - t_1 = 0.308$ s，接力器不动时间性能指标没有达到国家标准的规定。

综合以上的分析，图 8-2 所示的仿真结果和表 8-1 所示的数据表明：频率测量周期是微机调速器的微机控制器重要的参数，对接力器不动时间特性有极大的影响。在微机调速器的设计中应该选用小的机组频率测量周期,当采用发电机端电压互感器电压测频(即俗称机组残压测频)时,尽量不要采用对机组频率进行分频后的测量方法。如果某种原因,一定要对机组频率分频,采用作者提出并成功实现的机组静态频差和(或)动态频差的测频方法是合理的选择。

表 8-1 频率测量周期对接力器不动时间影响仿真

测频周期	接力器关闭全行程的 1‰			接力器关闭全行程的 2‰			接力器关闭全行程的 3‰		
cpzq	t_1/s	t_2/s	T_{q1}/s	t_1/s	t_2/s	T_{q2}/s	t_1/s	t_2/s	T_{q3}/s
0.02(红点画线)	0.020	0.195	0.175	0.020	0.228	0.208	0.020	0.260	0.240
0.04(黑实线)	0.020	0.225	0.205	0.020	0.260	0.240	0.020	0.292	0.272
0.08(蓝虚线)	0.020	0.260	0.240	0.020	0.328	0.308	0.020	0.350	0.330

值得着重指出的是,仿真时,由于仿真条件理想:在甩负荷前,机组频率严格保持恒定,接力器行程严格保持静止;在甩负荷后,接力器的关闭规律也是单调的,所以,能够方便、准确地按照某个判定准则确定接力器不动时间的数值。但是,对在电站现场进行接力器不动时间试验来说,甩负荷前机组频率的微量波动、接力器行程的微量关闭或微量开启等不同状态给按照某个判定准则确定接力器不动时间带来困难。另外,国家标准没有关于如何界定"接力器开始(关闭)运动"的规定,这也在工程实际中给接力器不动时间数值确定带来困难,从而使得不同电站使用的调速器的接力器不动时间性能指标的可比性大为降低。

在电站接力器不动时间试验的机组频率和接力器行程波形基本稳定、平滑的条件下,建议注意收集电站接力器不动时间试验录制的波形,通过分析整理后逐步确定一个统一的界定"接力器开始(关闭)运动"的规则。例如,考虑到微机调速器 D/A(数/模)转换模块的分辨率和以上的分析,电站进行接力器不动时间试验时,在机组甩负荷后接力器行程波形单调关闭的条件下,把"接力器开始(关闭)运动"的时刻定义为"接力器单调关闭 0.1‰接力器全行程(即接力器全行程的 0.1‰)"的时刻。

为了简捷起见,在以下的仿真及分析中,不再详细叙述得出仿真结果的过程,仅仅以表格的形式汇总仿真结果并进行简要的分析。

8.2.2 测频周期对接力器不动时间影响仿真 2

仿真 2 的结果如图 8-3 所示。仿真 1 和仿真 2 的差别是,仿真 1(图 8-2)的接力器不动时间仿真工况的机组甩负荷值为 $10\% \ p_r$,仿真 2 的接力器不动时间仿真工况的机组甩负荷值为 $15\% \ p_r$,仿真 2 仍然属于上述的试验及判断方法 2。

调速器比例增益 $K_P=2.5$,积分增益 $K_I=0.15 \ s^{-1}$,微分增益 $K_D=1.0 \ s$,对应的暂态转差系数 $b_t=0.40$,缓冲时间常数 $T_d=16.6 \ s$,加速度时间常数 $T_n=0.40 \ s$。

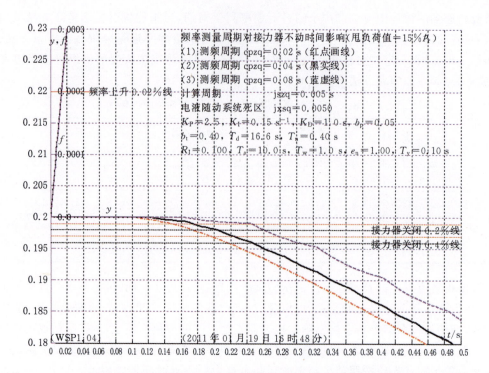

图 8-3　微机调速器频率测量周期对接力器不动时间影响仿真 2

1. 仿真目标参数

（1）频率测量周期 $cpzq_1=0.02$ s，对应的机组空载频率扰动特性的机组频率 f 和接力器行程 y 的图形为图 8-3 中红色点画线所示波形。

（2）频率测量周期 $cpzq_2=0.04$ s，对应的机组空载频率扰动特性的机组频率 f 和接力器行程 y 的图形为图 8-3 中黑色实线所示波形。

（3）频率测量周期 $cpzq_3=0.08$ s，对应的机组空载频率扰动特性的机组频率 f 和接力器行程 y 的图形为图 8-3 中蓝色虚线所示波形。

2. 仿真结果分析

（1）机组惯性时间常数 $T_a=10.0$ s，机组甩负荷值为 $15\%p_r$ 时，机组甩负荷后的机组频率上升速率为 0.77 Hz/s（相对值为 0.0154/s）。

3 个不同的频率测量周期所对应的接力器开始关闭的时间是不同的，较小的频率测量周期对应接力器的开始关闭时间短，较大的频率测量周期对应的接力器开始关闭时间长，但是 3 种情况的接力器关闭速度近似相等。

（2）图 8-3 所示的仿真结果整理为表 8-2。

比较仿真 1 与仿真 2 的结果可以看出，由于仿真 2 的机组甩负荷值 p_r 大于仿真 1 的机组甩负荷值（$p=10\%p_r$），仿真 2 的每一个接力器不动时间 T_q 都小于仿真 1 的相应的接力器不动时间 T_q。这主要是由于仿真 2 机组甩负荷后的机组频率上升速度快从而引起接力器关闭速度快所致。

表 8-2 频率测量周期对接力器不动时间影响仿真 2

测频周期	接力器关闭全行程的 0.1%			接力器关闭全行程的 0.2%			接力器关闭全行程的 0.3%		
cpzq	t_1/s	t_2/s	T_{q1}/s	t_1/s	t_2/s	T_{q2}/s	t_1/s	t_2/s	T_{q3}/s
0.02(红点画线)	0.013	0.15	0.137	0.013	0.176	0.163	0.013	0.196	0.183
0.04(黑实线)	0.013	0.176	0.163	0.013	0.206	0.193	0.013	0.226	0.213
0.08(蓝虚线)	0.013	0.246	0.233	0.013	0.260	0.247	0.013	0.280	0.267

8.2.3 测频周期对接力器不动时间影响仿真 3

调速器比例增益 $K_P=2.5$,积分增益 $K_I=0.15\ \mathrm{s^{-1}}$,微分增益 $K_D=1.0\ \mathrm{s}$,对应的暂态转差系数 $b_t=0.40$,缓冲时间常数 $T_d=16.6\ \mathrm{s}$,加速度时间常数 $T_n=0.40\ \mathrm{s}$。

仿真 3 的结果如图 8-4 所示,仿真 1 和仿真 3 的差别是,仿真 1 的接力器不动时间仿真工况的机组甩负荷值为 $10\%p_r$,仿真 1 属于上述的试验及判断方法 2;仿真 3 中的接力器不动时间仿真工况的机组甩负荷值为 $25\%p_r$,仿真 3 属于上述的试验及判断方法 1。

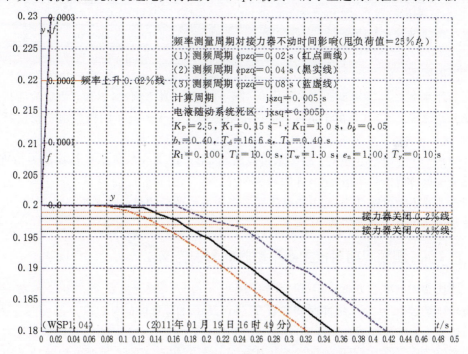

图 8-4 微机调速器频率测量周期对接力器不动时间影响仿真 3

1. 仿真目标参数

(1) 频率测量周期 $cpzq_1=0.02\ \mathrm{s}$,对应的机组空载频率扰动特性的机组频率 f 和

接力器行程 y 的图形为图 8-4 中红色点画线所示波形。

(2) 频率测量周期 $\text{cpzq}_2=0.04$ s,对应的机组空载频率扰动特性的机组频率 f 和接力器行程 y 的图形为图 8-4 中黑色实线所示波形。

(3) 频率测量周期 $\text{cpzq}_3=0.08$ s,对应的机组空载频率扰动特性的机组频率 f 和接力器行程 y 的图形为图 8-4 中蓝色虚线所示波形。

2. 仿真结果分析

(1) 3 个不同的频率测量周期所对应的接力器开始关闭的时间明显不同,较小的频率测量周期对应的接力器不动时间短,较大的频率测量周期对应的接力器不动时间长,但是 3 种情况的接力器关闭速度近似相同。

(2) 图 8-4 所示的仿真结果整理为表 8-3。

表 8-3 频率测量周期对接力器不动时间影响仿真 3

测频周期	接力器关闭全行程的 0.1%			接力器关闭全行程的 0.2%			接力器关闭全行程的 0.3%		
cpzq	t_1/s	t_2/s	T_{q1}/s	t_1/s	t_2/s	T_{q2}/s	t_1/s	t_2/s	T_{q3}/s
0.02(红点画线)	0.000	0.110	0.110	0.000	0.128	0.128	0.000	0.142	0.142
0.04(黑实线)	0.000	0.138	0.138	0.000	0.160	0.160	0.000	0.172	0.172
0.08(蓝虚线)	0.000	0.180	0.180	0.000	0.195	0.195	0.000	0.225	0.225

机组惯性时间常数 $T_a=10.0$ s,机组甩负荷值为 $25\% p_r$ 时,机组甩负荷后的机组频率上升速率为 1.25 Hz/s(相对值为 0.025/s)。与仿真 1 相比,仿真 3 甩负荷后机组频率上升速率变大,这是由于仿真 3 的机组甩负荷值大于仿真 1 的机组甩负荷值所造成的。

(3) 比较仿真 1 与仿真 3 的结果可以看出,由于仿真 3 的机组甩负荷值为仿真 1 的机组甩负荷值的 2.5 倍,仿真 3 的每一个接力器不动时间 T_q 都明显小于仿真 1 的相应的接力器不动时间 T_q。这主要是仿真 3 机组甩负荷后的机组频率上升速度快,从而引起接力器关闭速率大所致。

8.2.4 测频周期对接力器不动时间影响仿真 4

调速器比例增益 $K_P=2.5$,积分增益 $K_I=0.15$ s^{-1},微分增益 $K_D=1.0$ s,对应的暂态转差系数 $b_t=0.40$,缓冲时间常数 $T_d=16.6$ s,加速度时间常数 $T_n=0.40$ s。

仿真 4 的结果如图 8-5 所示,主要仿真结果整理为表 8-4。仿真 4 与仿真 3 的本质差别是,仿真 3 的调速器电液随动系统死区 jxsq≠0,仿真 4 的调速器电液随动系统死区等于零,即 jxsq=0。众所周知,对于任何 1 台微机调速器产品,其电液随动系统死区是不可能等于零的。仿真 4 的目的,是在调速器电液随动系统死区等于零的条件下,展示和分析微机控制器频率测量周期对接力器不动时间 T_q 的极限影响。

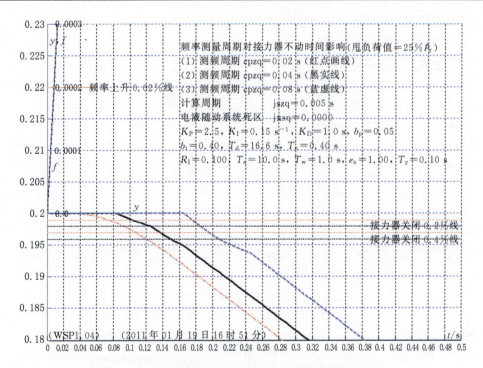

图 8-5　微机调速器频率测量周期对接力器不动时间影响仿真 4

表 8-4　频率测量周期对接力器不动时间影响仿真 4

测频周期	接力器刚刚开始关闭			接力器关闭全行程的 0.1%			接力器关闭全行程的 0.2%		
cpzq	t_1/s	t_0/s	T_{q0}/s	t_1/s	t_2/s	T_{q1}/s	t_1/s	t_2/s	T_{q2}/s
0.02（红点画线）	0.000	0.042	0.042	0.000	0.075	0.075	0.000	0.092	0.092
0.04（黑实线）	0.000	0.082	0.082	0.000	0.105	0.105	0.000	0.125	0.125
0.08（蓝虚线）	0.000	0.162	0.162	0.000	0.175	0.175	0.000	0.185	0.185
最大差值		0.120	0.120		0.100	0.100		0.093	0.093

仿真 4 的仿真目标参数仍然是微机调速器的频率测量周期，这种条件下接力器不动时间仿真工况的机组甩负荷值为 $25\% p_r$，仿真 4 属于上述的试验及判断方法 1。

1. 仿真目标参数

仿真的目标参数有 3 个不同的频率测量周期数值（$cpzq_1$、$cpzq_2$ 和 $cpzq_3$）。

（1）频率测量周期 $cpzq_1 = 0.02$ s，对应的机组空载频率扰动特性的机组频率 f 和接力器行程 y 的图形为图中红色点画线所示波形。

（2）频率测量周期 $cpzq_2 = 0.04$ s，对应的机组空载频率扰动特性的机组频率 f 和接力器行程 y 的图形为图中黑色实线所示波形。

（3）频率测量周期 $cpzq_3 = 0.08$ s，对应的机组空载频率扰动特性的机组频率 f 和

接力器行程 y 的图形为图中蓝色虚线所示波形。

2. 仿真结果分析

(1) 记机组甩负荷后接力器刚刚开始关闭的时间为 t_0，对应的接力器不动时间为 T_{q0}。则 3 个不同的频率测量周期所对应的接力器开始关闭的时间明显不同，较小的频率测量周期对应的接力器不动时间短，较大的频率测量周期对应的接力器不动时间长，但是 3 种情况的接力器关闭速度近似相同。

① $cpzq_1 = 0.02$ s：接力器不动时间为 $T_{q0} \approx 0.042$ s，略等于微机控制器频率测量周期与计算周期之和，即 $T_{q01} \approx 2 \cdot cpzq_1 + jszq$。这是最大可能的数值，对于实际电站试验，接力器不动时间的可能范围为，$T_{q01} \approx (1.0 \sim 2.0) \cdot cpzq_1 + jszq$。

$$T_{q1} = 0.075 \text{ s}; \quad T_{q2} = 0.092 \text{ s}$$

② $cpzq_2 = 0.04$ s：接力器不动时间为 $T_{q0} \approx 0.082$ s，略等于微机控制器频率测量周期与计算周期之和，即 $T_{q01} \approx 2 \cdot cpzq_1 + jszq$。这是最大可能的数值，对于实际电站试验，接力器不动时间的可能范围为，$T_{q01} \approx (1.0 \sim 2.0) \cdot cpzq_1 + jszq$。

$$T_{q1} = 0.105 \text{ s}; \quad T_{q2} = 0.125 \text{ s}$$

③ $cpzq_2 = 0.08$ s：接力器不动时间为 $T_{q0} \approx 0.162$ s，略等于微机控制器频率测量周期与计算周期之和，即 $T_{q01} \approx 2 \cdot cpzq_1 + jszq$。这是最大可能的数值，对于实际电站试验，接力器不动时间的可能范围为，$T_{q01} \approx (1.0 \sim 2.0) \cdot cpzq_1 + jszq$。

$$T_{q1} = 0.175 \text{ s}; \quad T_{q2} = 0.185 \text{ s}$$

(2) 从表 8-9 所示的仿真数据可以看出，在其他条件相同时，频率测量周期每加大 0.02 s，接力器不动时间 T_q 最大可能加大 0.04 s，接力器不动时间 T_q 最小可能加大 0.02 s。

8.2.5 试验(仿真)方法的比较

对于接力器不动时间仿真 1、仿真 2 和仿真 3 的仿真结果汇总于表 8-5。从表 8-5 的比较结果可以看出，在试验(仿真对象)参数和其他参数相同的条件下，按照试验(仿真)方法 1(甩负荷值为 $25\% p_r$)、试验(仿真)方法 2(甩负荷值为 $15\% p_r$)和试验(仿真)方法 2(甩负荷值为 $10\% p_r$)等 3 种仿真和评判方法得到的接力器不动时间 T_q 的数值差异很大。其中，以按照试验(仿真)方法 1(甩负荷值为 $25\% p_r$)仿真得到的接力器不

表 8-5 试验(仿真)方法比较(以接力器关闭全行程的 1‰ 计算接力器不动时间 T_q)

测频周期	甩负荷值为 $25\% p_r$			试验(仿真)方法 2 (甩负荷值为 $15\% p_r$)			试验(仿真)方法 2 (甩负荷值为 $10\% p_r$)			最大差值
cpzq	t_1/s	t_2/s	T_{q0}/s	t_1/s	t_2/s	T_{q1}/s	t_1/s	t_2/s	T_{q1}/s	$\Delta T_q/s$
0.02	0.000	0.110	0.110	0.013	0.150	0.137	0.020	0.195	0.175	0.065
0.04	0.000	0.138	0.138	0.013	0.176	0.163	0.020	0.225	0.205	0.067
0.08	0.000	0.180	0.180	0.013	0.246	0.230	0.020	0.260	0.240	0.060

动时间 T_q 最小,按照试验(仿真)方法 2(甩负荷值为 $10\% p_r$)仿真得到的接力器不动时间 T_q 最大,其最大差值为 $\Delta T_q=0.065\ s$,约为 GB/T 9652.1—2007《水轮机控制系统技术条件》对电液调速器规定的"接力器不动时间不大于 0.2 s"的 1/3。

从表 8-5 中试验(仿真)方法 2(甩负荷值为 $15\% p_r$)的结果可以看出,如果采用 $t_1=0\ s$(即试验(仿真)方法 1(甩负荷值为 $25\% p_r$)的判断方法,则它与试验(仿真)方法 1(甩负荷值为 $15\% p_r$)的接力器不动时间 T_q 的最大差值 $\Delta T_q=0.025\ s$。这是因为,从甩负荷开始到机组上升 0.2‰额定转速的时间只有 0.016 s。所以,如果将"在电站通过机组甩负荷试验,获得机组甩 $25\% p_r$ 示波图,从图上直接求出自发电机定子电流消失为起始点,或甩$(10\%\sim15\%)p_r$,机组频率上升 0.01 Hz 为起始点,到接力器开始运动为止的接力器不动时间 T_q"更改为"在电站通过机组甩负荷试验,获得机组甩 $15\% p_r$ 示波图,从图上直接求出自发电机定子电流消失为起始点,或者机组频率上升 0.01 Hz 为起始点,到接力器开始运动为止的接力器不动时间 T_q"就可能使采用试验方法 1 和试验方法 2 得到的接力器不动时间 T_q 极为接近。

8.3 微机控制器计算周期对接力器不动时间影响的仿真

所谓计算周期,是微机控制器完整地计算一次调速器程序所用的时间,现在的微机调速器一般都采用等采样和计算周期的模式。早期的微机调速器的计算周期可长达 0.02 s,但随着微型计算机技术的发展,微机调速器采用的微机控制器的运算速度愈来愈快,现在的微机调速器的计算周期为 $0.002\sim0.015\ s$。从一般理解来看,微机调速器的计算周期小,采样数据和计算处理时间短,微机控制器的实时性好。但是,以下的仿真结果可以证明:现代的微机控制器计算时间远小于微机控制器的测频周期,进一步减小微机调速器的计算周期,对微机调速器的动态性能的改善已经不是十分明显了。

8.3.1 计算周期对接力器不动时间影响仿真 1

图 8-6 所示为微机控制器计算周期对接力器不动时间影响的仿真界面,界面上的变量或参数的数值可以设定修改,所有变量或参数的数值将实时地反映在仿真结果(仿真曲线及参数)中,仿真的结果如图 8-7 所示。

调速器比例增益 $K_P=2.5$,积分增益 $K_I=0.15\ s^{-1}$,微分增益 $K_D=1.0\ s$,对应的暂态转差系数 $b_t=0.40$,缓冲时间常数 $T_d=16.6\ s$,加速度时间常数 $T_n=0.40\ s$。

由于仿真中的机组甩负荷值为 10%机组额定负荷,所以它属于上述的试验及判断方法 2。

1. 仿真目标参数

(1) 微机控制器计算周期 $jszq_1=0.002\ s$,远小于微机控制器的频率测量周期 cpzq

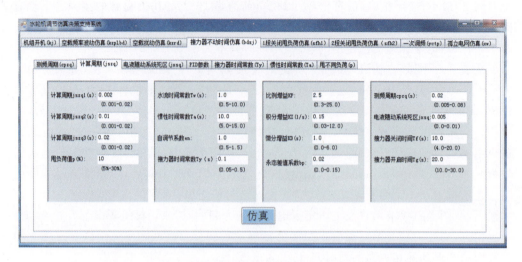

图 8-6 微机控制器计算周期对接力器不动时间影响的仿真界面

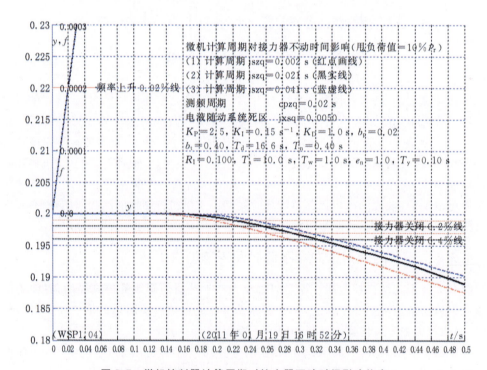

图 8-7 微机控制器计算周期对接力器不动时间影响仿真 1

$=0.02$ s，对应的接力器不动时间特性的机组频率 f 和接力器行程 y 的图形为图 8-7 中红色点画线所示波形。

(2) 微机控制器计算周期 $jszq_2=0.021$ s，稍微大于微机控制器的频率测量周期

cpzq=0.02 s,对应的接力器不动时间特性的机组频率 f 和接力器行程 y 的图形为图 8-7 中黑色实线所示波形。

(3) 微机控制器计算周期 $jszq_3$=0.041 s,约为微机控制器的频率测量周期 cpzq=0.02 s 的 2 倍,对应的接力器不动时间特性的机组频率 f 和接力器行程 y 的图形为图 8-7 中蓝色虚线所示波形。

2. 仿真结果分析

(1) 机组惯性时间常数 T_a=10.0 s,机组甩负荷值为 10%p_r 时,机组甩负荷后的机组频率上升速率为 0.5 Hz/s(相对值为 0.01/s)。

(2) 不同的微机控制器计算周期所对应的接力器开始关闭的时间有微小差别,较小的微机控制器计算周期对应的接力器不动时间短,较大的微机控制器计算周期对应的接力器不动时间长,但是 3 种情况的接力器关闭速度近似相等。

(3) 图 8-6 所示的仿真结果整理为表 8-6。

从机组甩负荷开始,到机组频率升高至 50.01 Hz 的时刻 t_1=0.02 s。

表 8-6 微机控制器计算周期对接力器不动时间影响仿真 1

微机控制器 计算周期	接力器关闭 全行程的 0.1%			接力器关闭 全行程的 0.2%			接力器关闭 全行程的 0.3%		
jszq	t_1/s	t_2/s	T_{q1}/s	t_1/s	t_2/s	T_{q2}/s	t_1/s	t_2/s	T_{q3}/s
0.002(红点画线)	0.020	0.195	0.175	0.020	0.227	0.207	0.020	0.258	0.238
0.021(黑实线)	0.020	0.218	0.198	0.020	0.255	0.235	0.020	0.290	0.270
0.041(蓝虚线)	0.020	0.245	0.225	0.020	0.280	0.260	0.020	0.315	0.295
不动时间差值 s			0.050			0.053			0.057

综合以上的分析,图 8-7 所示的仿真结果和表 8-6 所示的数据表明:

第 1 个计算周期(jszq=0.002 s)远远小于微机控制器的测频周期 cpzq=0.02 s(图 8-6 中红色点画线所示波形),第 2 个计算周期(jszq=0.021 s)略大于微机控制器的测频周期 cpzq=0.02 s(图 8-6 中的黑色实线所示波形),第 3 个计算周期(jszq=0.041 s)略大于 2 倍微机控制器的测频周期 cpzq=0.02 s(图 8-6 中的蓝色虚线所示波形)。即使是在这种情况下,第 1 个计算周期(jszq=0.002 s)和第 2 个计算周期(jszq=0.021 s)对应的接力器不动时间的差值也小于 0.03 s。现在的微机调速器的计算周期大多小于 0.01 s,所以,微机调速计算周期对于接力器不动时间的影响是很小的。

8.3.2 计算周期对接力器不动时间影响仿真 2

仿真 2 的结果如图 8-8 所示,仿真的主要结果整理为表 8-7。仿真 1(见图 8-7)和仿真 2 的差别是,仿真 2(见图 8-8)的微机控制器计算周期数值小于或等于 0.02 s。仿真 2 仍然属于上述的试验及判断方法 2。

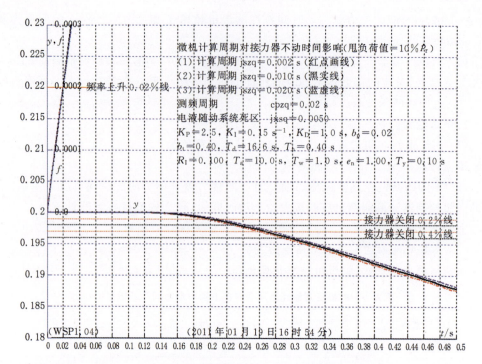

图 8-8 微机控制器计算周期对接力器不动时间影响仿真 2

调速器比例增益 $K_P=2.5$,积分增益 $K_I=0.15\text{ s}^{-1}$,微分增益 $K_D=1.0\text{ s}$,对应的暂态转差系数 $b_t=0.40$,缓冲时间常数 $T_d=16.6\text{ s}$,加速度时间常数 $T_n=0.40\text{ s}$。

从机组甩负荷开始,到机组频率升高至 50.01 Hz 的时刻 $t_1=0.02\text{ s}$。

由于仿真中机组甩负荷值为 10% 机组额定负荷,所以它属于上述的试验及判断方法 2。

1. 仿真目标参数

(1) 微机控制器计算周期 $jszq_1=0.002\text{ s}$,远小于微机控制器的频率测量周期 $cpzq=0.02\text{ s}$,对应的接力器不动时间特性的机组频率 f 和接力器行程 y 的图形为图 8-8 中红色点画线所示波形。

(2) 微机控制器计算周期 $jszq_2=0.010\text{ s}$,为微机控制器的频率测量周期 $cpzq=0.02\text{ s}$ 的 1/2,对应的接力器不动时间特性的机组频率 f 和接力器行程 y 的图形为图 8-8 中黑色实线所示波形。

(3) 微机控制器计算周期 $jszq_3=0.020\text{ s}$,等于微机控制器的频率测量周期 $cpzq=0.02\text{ s}$,对应的接力器不动时间特性的机组频率 f 和接力器行程 y 的图形为图 8-8 中蓝色虚线所示波形。

2. 仿真结果分析

仿真 2(见图 8-8)的微机控制器计算周期明显小于或等于微机控制器测频周期,微机控制器计算周期的数值对接力器不动时间特性的影响小。第 1 个计算周期($jszq=$

0.002 s)和第 2 个计算周期(jszq=0.020 s)对应的接力器不动时间的差值小于 0.01 s。所以,只要微机控制器计算周期小于 0.020 s,微机控制器计算周期对于接力器不动时间的影响就很小了。

综合以上的分析,图 8-8 所示的仿真结果和表 8-7 所示的数据表明:微机控制器计算周期对接力器不动时间特性的影响,比微机控制器测频周期对接力器不动时间特性的影响要小得多。当微机控制器计算周期明显小于微机控制器测频周期时,微机控制器计算周期的数值对接力器不动时间特性的影响更小,这是由于,对于机组额定频率 50 Hz 来说,一般的频率测量的周期为 0.020 s,在一个测频周期中微机控制器即使采样 20 次,微机控制器使用的这 20 个频率值是同一个数值。只是当微机控制器计算周期大于微机控制器测频周期时,微机控制器计算周期的数值对接力器不动时间特性才有一定的影响。众所周知,现在的微机控制器的计算周期一般都远小于 0.020 s,所以一般不会有影响。

表 8-7 微机控制器计算周期对接力器不动时间影响仿真 2

微机控制器 计算周期	接力器关闭 全行程的 0.1%			接力器关闭 全行程的 0.2%			接力器关闭 全行程的 0.3%		
jszq	t_1/s	t_2/s	T_{q1}/s	t_1/s	t_2/s	T_{q2}/s	t_1/s	t_2/s	T_{q3}/s
0.002(红点画线)	0.020	0.195	0.175	0.020	0.228	0.208	0.020	0.262	0.242
0.021(黑实线)	0.020	0.200	0.180	0.020	0.235	0.215	0.020	0.268	0.248
0.041(蓝虚线)	0.020	0.208	0.188	0.020	0.249	0.229	0.020	0.275	0.255
不动时间差值 s			0.013			0.021			0.013

8.4 调速器电液随动系统死区对接力器不动时间影响的仿真

调速器电液随动系统的死区主要是主配压阀搭接量和机械传动系统间隙特性引起的,也可以把微机控制器 D/A(数/模)转换器的转换死区包括在内。调速器电液随动系统死区主要用于接力器不动时间和机组空载频率波动特性的分析和仿真,它对于机组开机特性、空载频率扰动特性、机组甩负荷特性、电网一次调频特性和孤立电网运行特性影响不大。

在仿真的图形中,接力器不动时间仿真的甩负荷时刻为 0 s(横坐标起点),甩负荷前的接力器开度为 0.2。在仿真图形中,绘出了下列数值纵坐标的平行标志线:机组频率高于额定频率 0.02% 的机组频率纵坐标水平线,仿真结果中也分别标明了从机组甩负荷前接力器开度 0.2 起,到关闭了接力器全行程的 0.1%、0.2%、0.3%、0.4% 的开度接力器行程纵坐标水平线,以便使用者可以方便选择接力器关闭的时刻。

8.4.1 电液随动系统死区对接力器不动时间影响仿真 1

图 8-9 所示为调速器电液随动系统死区对接力器不动时间影响的仿真界面，界面上的变量或参数的数值可以设定修改，所有变量或参数的数值将实时地反映在仿真结果（仿真曲线及参数）中，仿真的结果如图 8-10 所示。

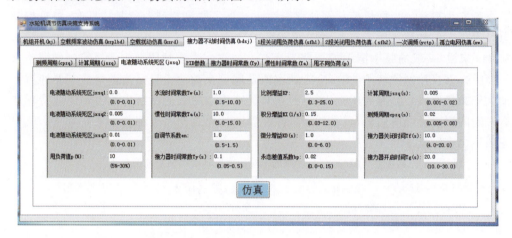

图 8-9 调速器电液随动系统死区对接力器不动时间影响仿真界面

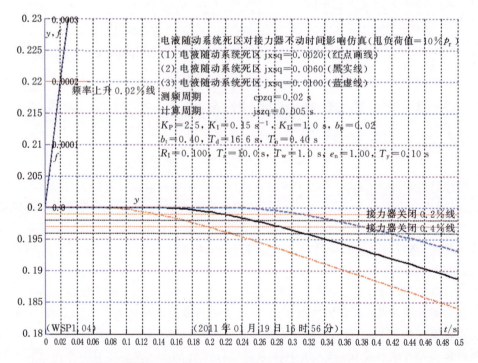

图 8-10 调速器电液随动系统死区对接力器不动时间影响仿真 1（甩负荷值＝10％p_r）

调速器比例增益 $K_P=2.5$,积分增益 $K_I=0.15\ \text{s}^{-1}$,微分增益 $K_D=1.0\ \text{s}$,对应的暂态转差系数 $b_t=0.4$,缓冲时间常数 $T_d=16.6\ \text{s}$,加速度时间常数 $T_n=0.4\ \text{s}$。

由于仿真中的机组甩负荷值为 10% 机组额定负荷,所以属于上述的试验及判断方法 2。

1. 仿真目标参数

(1) 调速器电液随动系统死区 $jxsq_1=0.002=0.2\%$,对应的接力器不动时间特性的机组频率 f 和接力器行程 y 的图形为图 8-10 中红色点画线所示波形。

(2) 调速器电液随动系统死区 $jxsq_2=0.006=0.6\%$,对应的接力器不动时间特性的机组频率 f 和接力器行程 y 的图形为图 8-10 中黑色实线所示波形。

(3) 调速器电液随动系统死区 $jxsq_3=0.01=1.0\%$,对应的接力器不动时间特性的机组频率 f 和接力器行程 y 的图形为图 8-10 中蓝色虚线所示波形。

2. 仿真结果分析

(1) 图 8-9 所示的仿真结果整理为表 8-8。

表 8-8 电液随动系统死区对接力器不动时间影响仿真 1

电液随动系统死区	接力器关闭全行程的 0.1%			接力器关闭全行程的 0.2%			接力器关闭全行程的 0.3%		
jxsq	t_1/s	t_2/s	T_{q1}/s	t_1/s	t_2/s	T_{q2}/s	t_1/s	t_2/s	T_{q3}/s
0.002(红点画线)	0.020	0.140	0.120	0.020	0.168	0.148	0.020	0.196	0.176
0.006(黑实线)	0.020	0.210	0.19	0.020	0.252	0.232	0.020	0.285	0.265
0.01(蓝虚线)	0.020	0.315	0.295	0.020	0.355	0.335	0.020	0.385	0.365
不动时间差值 s			0.175			0.187			0.189

机组惯性时间常数 $T_a=10.0\ \text{s}$,机组甩负荷值为 10% p_r 时,机组甩负荷后的机组频率上升速率为 $0.5\ \text{Hz/s}$(相对值为 $0.01/\text{s}$)。

从机组甩负荷开始到机组频率升高至 50.01 Hz 的时刻 $t_1=0.02\ \text{s}$。

(2) 不同的调速器电液随动系统死区对应的接力器开始关闭的时间有很大差别,较小的调速器电液随动系统死区,对应的接力器不动时间短,较大的调速器电液随动系统死区对应的接力器不动时间 T_q 长,但是 3 种情况的接力器关闭速度近似相同。

综合以上的分析,图 8-10 所示的仿真结果和表 8-8 所示的数据表明:图 8-10 中红色点画线所示波形(调速器电液随动系统死区为 $0.002=0.2\%$),对应的 3 种"接力器开始(关闭)运动"判据的接力器不动时间性能指标,均优于或达到 GB/T 9652.1—2007《水轮机控制系统技术条件》有关接力器不动时间性能的要求。

图 8-10 中黑色实线所示波形(调速器电液随动系统死区为 $0.006=0.6\%$),对应的 3 种"接力器开始(关闭)运动"判据的接力器不动时间性能指标,只有取机组甩负荷后接力器关闭全行程的 1‰ 作为接力器开始关闭判据的情况,才能达到 GB/T 9652.1—

2007《水轮机控制系统技术条件》有关接力器不动时间性能的要求。

图 8-10 中蓝色虚线所示波形(调速器电液随动系统死区为 0.01=1.0%),对应的 3 种"接力器开始(关闭)运动"判据的接力器不动时间性能指标,均不能达到 GB/T 9652.1—2007《水轮机控制系统技术条件》有关接力器不动时间性能的要求。

(3) 调速器电液随动系统死区,是影响接力器不动时间的最重要的因素之一。调速器电液随动系统死区对接力器不动时间 T_q 的影响,比微机控制器频率测量周期和计算周期对接力器不动时间 T_q 的影响要大得多。调速器电液随动系统死区愈小,接力器不动时间数值愈大;调速器电液随动系统死区愈大,接力器不动时间数值愈小。所以,在微机调速器的设计和制造过程中,在满足其他的技术的前提(调速系统漏油量等)下,一定要尽可能地减小调速器电液随动系统的死区。

8.4.2 电液随动系统死区对接力器不动时间影响仿真 2

仿真的结果如图 8-11 所示,主要的仿真结果整理于表 8-9。仿真 1 与仿真 2 的区别是,仿真 1 的甩负荷值为 $10\%p_r$,仿真 2(见图 8-11)的甩负荷值为 $15\%p_r$。

调速器比例增益 $K_P=2.5$,积分增益 $K_I=0.15\ s^{-1}$,微分增益 $K_D=1.0\ s$,对应的暂态转差系数 $b_t=0.40$,缓冲时间常数 $T_d=16.6\ s$,加速度时间常数 $T_n=0.40\ s$。

由于仿真中的机组甩负荷值为 15% 机组额定负荷,所以属于上述的试验及判断方法 2。

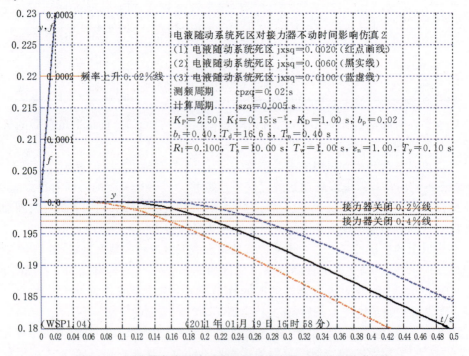

图 8-11 调速器电液随动系统死区对接力器不动时间影响仿真 2

表 8-9 调速器电液随动系统死区对接力器不动时间影响仿真 2

电液随动系统死区	接力器关闭全行程的 0.1%			接力器关闭全行程的 0.2%			接力器关闭全行程的 0.3%		
jxsq	t_1/s	t_2/s	T_{q1}/s	t_1/s	t_2/s	T_{q2}/s	t_1/s	t_2/s	T_{q3}/s
0.002(红点画线)	0.013	0.106	0.093	0.013	0.135	0.122	0.013	0.156	0.143
0.006(黑实线)	0.013	0.155	0.142	0.013	0.185	0.172	0.013	0.208	0.195
0.01(蓝虚线)	0.013	0.216	0.203	0.013	0.243	0.230	0.013	0.270	0.257
不动时间差值/s			0.110			0.108			0.114

1. 仿真目标参数

(1) 调速器电液随动系统死区 $jxsq_1=0.002=0.2\%$，对应的接力器不动时间特性的机组频率 f 和接力器行程 y 的图形为图中红色点画线所示波形。

(2) 调速器电液随动系统死区 $jxsq_2=0.006=0.6\%$，对应的接力器不动时间特性的机组频率 f 和接力器行程 y 的图形为图中黑色实线所示波形。

(3) 调速器电液随动系统死区 $jxsq_3=0.01=1.0\%$，对应的接力器不动时间特性的机组频率 f 和接力器行程 y 的图形为图中蓝色虚线所示波形。

2. 仿真结果分析

(1) 不同的调速器电液随动系统死区对应的接力器开始关闭的时间有很大差别，较小的调速器电液随动系统死区对应的接力器不动时间短，较大的调速器电液随动系统死区对应的接力器不动时间长，但是 3 种情况的接力器关闭速度近似相同。

(2) 调速器电液随动系统死区是影响接力器不动时间的最重要的因素之一。调速器电液随动系统死区对接力器不动时间特性的影响，比微机控制器测频周期对接力器不动时间特性的影响要大得多。调速器电液随动系统死区愈小，接力器不动时间数值愈大；调速器电液随动系统死区愈大，接力器不动时间数值愈小。所以，在微机调速器的设计和制造过程中，在满足其他技术的前提下（调速系统漏油量等），一定要尽可能地减小调速器电液随动系统的死区。

8.4.3 电液随动系统死区对接力器不动时间影响仿真 3

调速器比例增益 $K_P=10.0$，积分增益 $K_I=0.15\ s^{-1}$，微分增益 $K_D=0.0\ s$ 对应的暂态转差系数 $b_t=0.10$，缓冲时间常数 $T_d=66.6\ s$，加速度时间常数 $T_n=0.40\ s$。

仿真 3 的仿真目标参数仍然是微机调速器的电液随动系统死区，接力器不动时间仿真工况的机组甩负荷值为 $10\%p_r$，仿真 3 是属于上述的试验及判断方法 2。

仿真 3 的结果如图 8-12 所示，主要仿真结果整理于表 8-10。

1. 仿真目标参数

仿真目标参数有 3 个不同的电液随动系统死区（$jxsq_1$、$jxsq_2$ 和 $jxsq_3$）。

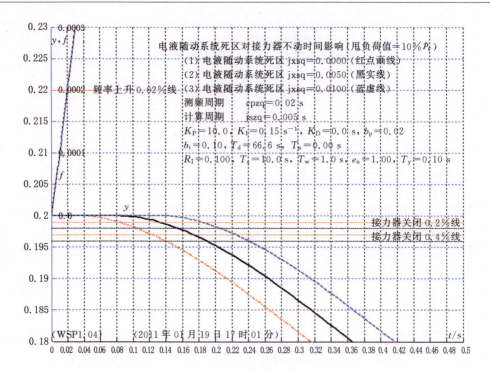

图 8-12　调速器电液随动系统死区对接力器不动时间影响仿真 3（甩负荷值＝10% p_r）

表 8-10　调速器电液随动系统死区对接力器不动时间影响仿真 3

电液随动系统死区	接力器刚刚开始关闭			接力器关闭全行程的 0.1%			接力器关闭全行程的 0.2%		
jxsq	t_1/s	t_0/s	T_{q0}/s	t_1/s	t_2/s	T_{q1}/s	t_1/s	t_2/s	T_{q2}/s
0.0（红点画线）	0.020	0.045	0.025	0.020	0.080	0.060	0.020	0.105	0.085
0.005（黑实线）	0.020	0.095	0.075	0.020	0.130	0.110	0.020	0.152	0.132
0.01（蓝虚线）	0.020	0.145	0.125	0.020	0.185	0.165	0.020	0.205	0.185
最大差值		0.100	0.100		0.105	0.105		0.100	0.100

（1）电液随动系统死区 $jxsq_1=0.0$，对应的机组空载频率扰动特性的机组频率 f 和接力器行程 y 的图形为图 8-12 中红色点画线所示波形。

（2）电液随动系统死区 $jxsq_2=0.005$，对应的机组空载频率扰动特性的机组频率 f 和接力器行程 y 的图形为图 8-12 中黑色实线所示波形。

（3）电液随动系统死区 $jxsq_3=0.01$，对应的机组空载频率扰动特性的机组频率 f 和接力器行程 y 的图形为图 8-12 中蓝色虚线所示波形。

2. 仿真结果分析

（1）记机组甩负荷后接力器刚刚开始关闭的时间为 t_0，对应的接力器不动时间为

T_{q0},则3个不同的电液随动系统死区所对应的接力器开始关闭的时间明显不同,较小的电液随动系统死区对应的接力器不动时间短,较大的电液随动系统死区对应的接力器不动时间长,但是3种情况的接力器关闭速度近似相同。

① jxsq$_1$ = 0.0000:接力器不动时间为 $T_{q0} \approx t_0 - t_1 = 0.045 - 0.020 = 0.025$ s。

② jxsq$_2$ = 0.0050:接力器不动时间为 $T_{q0} \approx t_0 - t_1 = 0.095 - 0.020 = 0.075$ s。

③ jxsq$_3$ = 0.0100:接力器不动时间为 $T_{q0} \approx t_0 - t_1 = 0.145 - 0.020 = 0.125$ s。

(2) 从表8-9所示的仿真数据可以看出,在其他条件相同时,电液随动系统死区每加大0.01,接力器不动时间 T_q 就加大约0.1 s。

8.5 调速器 PID 参数对接力器不动时间影响的仿真

一般来说,微机控制器的计算周期和频率测量周期在电站是不会更改的,除非更换部件,电液随动系统死区也是无法变动的。所以,当一台微机调速器运抵水电站并安装完成后,针对接力器不动时间特性的试验及改善,主要是选取合适的调速器 PID 参数数值机器搭配,这是主要的方法之一。

8.5.1 调速器 PID 参数对接力器不动时间影响仿真1

图 8-13 所示为调速器 PID 参数对接力器不动时间影响仿真界面,界面上的变量或参数的数值可以设定修改,所有变量或参数的数值将实时地反映在仿真结果(仿真曲线及参数)中,仿真的结果如图 8-14 所示。

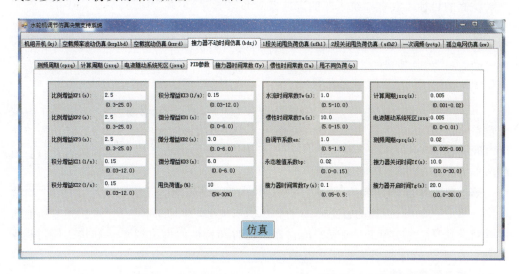

图 8-13 调速器 PID 参数(微分增益 K_D)对接力器不动时间影响仿真界面

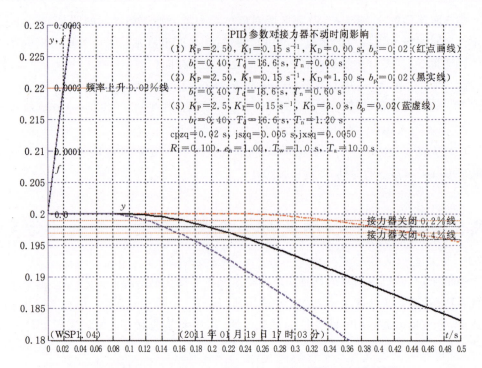

图 8-14　调速器 PID 参数（微分增益 K_D）对接力器不动时间影响仿真 1

由于仿真中机组甩负荷值为 10% 机组额定负荷，所以属于上述的试验及判断方法 2。

1. 仿真目标参数

仿真的目标参数有 3 组不同的调速器 PID 参数。

第 1 组调速器 PID 参数：调速器比例增益 $K_{P1}=2.5$，积分增益 $K_{I1}=0.15\ \text{s}^{-1}$ 和微分增益 $K_{D1}=0.0\ \text{s}$，折算的暂态转差系数 $b_{t1}=0.40$，缓冲时间常数 $T_{d1}=16.6\ \text{s}$ 和加速度时间常数 $T_{n1}=0.00\ \text{s}$。对应的接力器不动时间特性的机组频率 f 和接力器行程 y 的图形为图 8-14 中红色点画线所示波形。

第 2 组调速器 PID 参数：调速器比例增益 $K_{P2}=2.5$，积分增益 $K_{I2}=0.15\ \text{s}^{-1}$ 和微分增益 $K_{D2}=1.5\ \text{s}$，折算的暂态转差系数 $b_{t2}=0.40$，缓冲时间常数 $T_{d2}=16.6\ \text{s}$ 和加速度时间常数 $T_{n2}=0.60\ \text{s}$。对应的接力器不动时间特性的机组频率 f 和接力器行程 y 的图形为图 8-14 中黑色实线所示波形。

第 3 组调速器 PID 参数：调速器比例增益 $K_{P2}=2.5$，积分增益 $K_{I2}=0.15\ \text{s}^{-1}$ 和微分增益 $K_{D2}=3.0\ \text{s}$，折算的暂态转差系数 $b_{t2}=0.40$，缓冲时间常数 $T_{d2}=16.6\ \text{s}$ 和加速度时间常数 $T_{n3}=1.20\ \text{s}$。对应的接力器不动时间特性的机组频率 f 和接力器行程 y 的图形为图 8-14 中黑色实线所示波形。

2. 仿真结果分析

（1）图 8-14 所示的仿真结果整理为表 8-11。

表 8-11 调速器 PID 参数(微分增益 K_D)对接力器不动时间影响仿真

调速器 微分增益	接力器关闭 全行程的 0.1%			接力器关闭 全行程的 0.2%			接力器关闭 全行程的 0.3%		
K_D	t_1/s	t_2/s	T_{q1}/s	t_1/s	t_2/s	T_{q2}/s	t_1/s	t_2/s	T_{q3}/s
0.0 s(红点画线)	0.020	0.335	0.315	0.020	0.390	0.370	0.020	0.440	0.420
1.5 s(黑实线)	0.020	0.165	0.145	0.020	0.193	0.173	0.020	0.220	0.200
3.0 s(蓝虚线)	0.020	0.120	0.100	0.020	0.140	0.120	0.020	0.160	0.140
不动时间差值/s			0.215			0.250			0.280

机组惯性时间常数 $T_a=10.0$ s,机组甩负荷值为 $10\% p_r$ 时,机组甩负荷后的机组频率上升速率为 0.5 Hz/s(相对值为 0.01/s)。

从机组甩负荷开始,到机组相对频率升高 0.02% 的时刻为 $t_1=0.02$ s。

(2) 不同的调速器 PID 参数对应的接力器开始关闭的时间有很大差别,而且,3 种情况对应的接力器关闭速度相差很大。

(3) 图 8-14 所示的仿真结果和表 8-11 所示的数据表明:

第 1 组调速器 PID(微分增益 $K_D=0$ s),其特性为图 8-14 中红色点画线所示波形,是对应的 3 种"接力器开始(关闭)运动"判据的接力器不动时间性能指标均没有达到 GB/T 9652.1—2007《水轮机控制系统技术条件》有关接力器不动时间性能的要求。

第 2 组调速器 PID(微分增益 $K_D=1.5$ s),其特性为图 8-14 中黑色实线所示波形,机组甩负荷后接力器关闭全行程的 0.1% 和全行程的 0.2% 作为接力器开始关闭判据的情况,其接力器不动时间 T_q 均优于 GB/T 9652.1—2007《水轮机控制系统技术条件》有关接力器不动时间性能的要求。只有取机组甩负荷后接力器关闭全行程的 0.3% 作为接力器开始关闭判据的情况,接力器不动时间 T_q 才没有达到 GB/T 9652.1—2007《水轮机控制系统技术条件》有关接力器不动时间性能的要求。

第 3 组调速器 PID(微分增益 $K_D=3.0$ s),其特性为图 8-14 中蓝色虚线所示波形,其对应的 3 种接力器不动时间性能指标均优于 GB/T 9652.1—2007《水轮机控制系统技术条件》有关接力器不动时间性能的要求。因此,调速器微分增益 K_D 是影响接力器不动时间特性的最重要的参数之一。在其他参数相同的条件下,调速器的微分增益 K_D 数值越大,接力器不动时间 T_q 越短;调速器的微分增益 K_D 数值越小,接力器不动时间 T_q 越长。

8.5.2 调速器 PID 参数对接力器不动时间影响仿真 2

仿真的结果如图 8-15 所示。仿真 1 与仿真 2 的区别是,仿真 1(见图 8-14)主要对于不同的调速器微分增益 K_D 进行仿真,仿真 2(见图 8-15)则对于不同的调速器比例增

益 K_P 进行仿真。

由于仿真中的机组甩负荷值为 10% 机组额定负荷,所以属于上述的试验及判断方法 2。

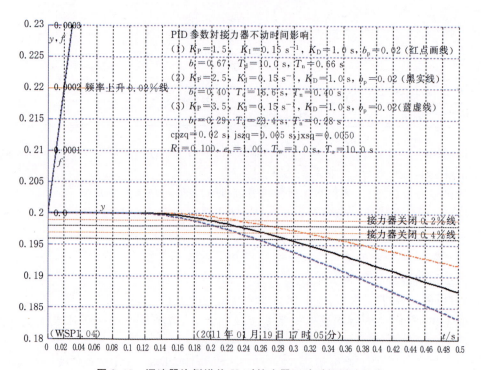

图 8-15 调速器比例增益 K_P 对接力器不动时间影响仿真 2

1. 仿真目标参数

仿真的目标参数有 3 组不同的调速器 PID 参数。

第 1 组调速器 PID 参数:调速器比例增益 $K_{P1}=1.5$,积分增益 $K_{I1}=0.15\ s^{-1}$ 和微分增益 $K_{D1}=1.0\ s$,折算的暂态转差系数 $b_{t1}=0.67$,缓冲时间常数 $T_{d1}=10.0\ s$ 和加速度时间常数 $T_{n1}=0.66\ s$。对应的接力器不动时间特性(机组频率 f 和接力器行程 y)的图形为图 8-15 中红色点画线所示波形。

第 2 组调速器 PID 参数:调速器比例增益 $K_{P2}=2.5$,积分增益 $K_{I2}=0.15\ s^{-1}$ 和微分增益 $K_{D2}=1.0\ s$,折算的暂态转差系数 $b_{t2}=0.40$,缓冲时间常数 $T_{d2}=16.6\ s$ 和加速度时间常数 $T_{n2}=0.40\ s$。对应的接力器不动时间特性(机组频率 f 和接力器行程 y)的图形为图 8-15 中黑色实线所示波形。

第 3 组调速器 PID 参数:调速器比例增益 $K_{P3}=3.5$,积分增益 $K_{I3}=0.15\ s^{-1}$ 和微分增益 $K_{D3}=1.0\ s$,折算的暂态转差系数 $b_{t3}=0.29$,缓冲时间常数 $T_{d3}=23.4\ s$ 和加速度时间常数 $T_{n3}=0.28\ s$。对应的接力器不动时间特性(机组频率 f 和接力器行程 y)的图形为图 8-15 中蓝色虚线所示波形。

2. 仿真结果分析

（1）图 8-15 所示的仿真结果整理于表 8-12 中。

表 8-12　调速器比例增益 K_P 对接力器不动时间影响仿真

调速器 比例增益	接力器关闭 全行程的 0.1%			接力器关闭 全行程的 0.2%			接力器关闭 全行程的 0.3%		
K_P	t_1/s	t_2/s	T_{q1}/s	t_1/s	t_2/s	T_{q2}/s	t_1/s	t_2/s	T_{q3}/s
1.5（红点画线）	0.020	0.230	0.210	0.020	0.275	0.255	0.020	0.315	0.295
2.5（黑实线）	0.020	0.195	0.175	0.020	0.230	0.210	0.020	0.260	0.240
3.5（蓝虚线）	0.020	0.170	0.150	0.020	0.202	0.182	0.020	0.230	0.210
不动时间差值/s			0.060			0.073			0.085

机组惯性时间常数 $T_a = 10.0$ s，机组甩负荷值为 $10\% p_r$ 时，机组甩负荷后的机组频率上升速率为 0.5 Hz/s（相对值为 0.01/s）。

从机组甩负荷开始，到机组频率相对值升高 0.02% 的时刻 $t_1 = 0.02$ s。

（2）不同的调速器 PID 参数对应的接力器开始关闭的时间有很大差别，而且，3 种情况对应的接力器关闭速度相差较大。

（3）综合以上的分析，图 8-14 所示的仿真结果和表 8-11 所示的数据表明：

第 1 组调速器 PID 参数（比例增益 $K_{P1} = 1.5$，其特性为图 8-15 红色点画线所示波形）对应的 3 种接力器不动时间性能指标均没有达到 GB/T 9652.1—2007《水轮机控制系统技术条件》有关接力器不动时间性能的要求。

第 2 组调速器 PID 参数（比例增益 $K_{P2} = 1.5$，其特性为图 8-15 中黑色实线所示波形），以机组甩负荷后接力器关闭全行程的 0.1% 和全行程的 0.2% 作为接力器开始关闭的判据，接力器不动时间 T_q 均优于 GB/T 9652.1—2007《水轮机控制系统技术条件》有关接力器不动时间性能的要求。只有取机组甩负荷后接力器关闭全行程的 0.3% 作为接力器开始关闭的判据，接力器不动时间才没有达到 GB/T 9652.1—2007《水轮机控制系统技术条件》有关接力器不动时间性能的要求。

第 3 组调速器 PID 参数（比例增益 $K_{P3} = 3.5$，其特性为图 8-15 中蓝色虚线所示波形），只有取机组甩负荷后接力器关闭全行程的 0.3% 作为接力器开始关闭的判据，才没有达到 GB/T 9652.1—2007《水轮机控制系统技术条件》有关接力器不动时间性能的要求；机组甩负荷后接力器关闭全行程的 0.1% 和全行程的 0.2% 作为接力器开始关闭的判据，接力器不动时间均优于 GB/T 9652.1—2007《水轮机控制系统技术条件》有关接力器不动时间性能的要求。

（4）综合以上的分析，图 8-14 所示的仿真结果和表 8-11 所示的数据表明：在其他仿真参数相同的条件下，调速器的比例增益 K_P 数值越大，接力器不动时间 T_q 越短；调速器的比例增益 K_P 数值越小，接力器不动时间 T_q 越长。

8.6 接力器响应时间常数对接力器不动时间影响的仿真

微机控制器的计算周期和频率测量周期在电站是不会更改的,除非更换部件,否则电液随动系统死区也是无法变动的。所以,当一台微机调速器运抵水电站并安装完成后,针对接力器不动时间特性的试验及改善,选取合适的调速器 PID 参数与机器进行搭配,是主要的方法之一。此外,通过整定合理的接力器时间常数 T_y,除了能够改善水轮机调节系统空载频率波动特性和空载频率扰动特性之外,接力器时间常数 T_y 的数值大小也会对接力器不动时间 T_q 的数值产生影响。

对微机调速器电气液压随动系统来说,接力器响应时间常数 T_y 在数值上等于其前向开环放大系数 K_{op} 的倒数。在讨论接力器不动时间动态特性时,电液随动系统实际上工作在开环状态,也就是说在机组甩负荷后的极短时间内,接力器的位移反馈还没有起作用。所以,电液随动系统在这种特定开环工况中的放大倍数要明显大于闭环电液随动系统的放大倍数。

对辅助接力器或中间接力器而言,同样有辅助接力器或中间接力器响应时间常数 T_{y1},其定义及表达式与 T_y 的类似。

图 8-16 所示为接力器响应时间常数参数对接力器不动时间影响仿真界面,界面上的变量或参数的数值可以设定修改,所有变量或参数的数值将实时地反映在仿真结果(仿真曲线及参数)中,仿真的结果如图 8-17 所示,机组甩负荷值为 $10\% p_r$。

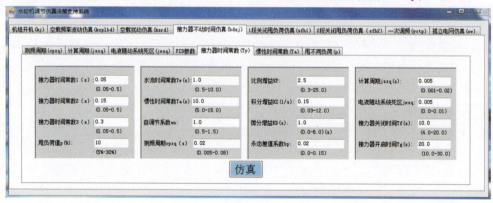

图 8-16 接力器响应时间常数(T_y)对接力器不动时间影响仿真界面

由于仿真中的机组甩负荷值为 10%机组额定负荷,所以属于上述的试验及判断方法 2。

调速器比例增益 $K_P=2.5$,积分增益 $K_I=0.15\ s^{-1}$ 和微分增益 $K_D=1.0\ s$,折算的暂态转差系数 $b_{t1}=0.40$,缓冲时间常数 $T_{d1}=16.6\ s$ 和加速度时间常数 $T_{n1}=0.40\ s$。

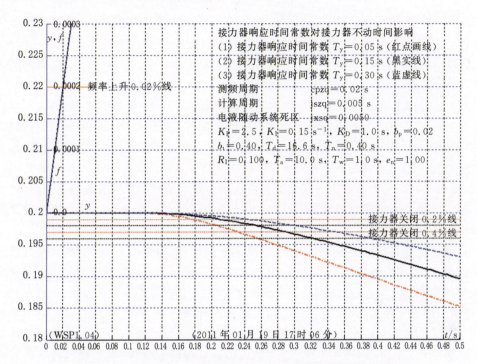

图 8-17 接力器响应时间常数(T_y)对接力器不动时间影响仿真

1. 仿真目标参数

第 1 组接力器响应时间常数 $T_y=0.05$ s,对应的接力器不动时间特性的机组频率 f 和接力器行程 y 的图形为图 8-17 中红色点画线所示波形。

第 2 组接力器响应时间常数 $T_y=0.15$ s,对应的接力器不动时间特性的机组频率 f 和接力器行程 y 的图形为图 8-17 中黑色实线所示波形。

第 3 组接力器响应时间常数 $T_y=0.30$ s,对应的接力器不动时间特性的机组频率 f 和接力器行程 y 的图形为图 8-17 中蓝色虚线所示波形。

2. 仿真结果分析

(1) 图 8-17 所示的仿真结果整理为表 8-13。

表 8-13 接力器响应时间常数(T_y)对接力器不动时间影响仿真

接力器反应时间常数 T_y	接力器关闭全行程的 0.1%			接力器关闭全行程的 0.2%			接力器关闭全行程的 0.3%		
	t_1/s	t_2/s	T_{q1}/s	t_1/s	t_2/s	T_{q2}/s	t_1/s	t_2/s	T_{q3}/s
0.05 s(红点画线)	0.020	0.175	0.155	0.020	0.203	0.183	0.020	0.230	0.210
0.15 s(黑实线)	0.020	0.210	0.190	0.020	0.250	0.230	0.020	0.285	0.265
0.30 s(蓝虚线)	0.020	0.240	0.220	0.020	0.296	0.276	0.020	0.345	0.325
最大差值/s			0.065			0.093			0.115

从机组甩负荷开始,到机组频率升高至 50.01 Hz 的时刻为 $t_1=0.02$ s。机组甩负荷后的机组频率上升速率为 0.5 Hz/s(相对值为 0.01/s)。

3 种不同接力器响应时间常数 T_y 对应的仿真结果表明,三者对应的接力器关闭速度是不同的。

(2) 综合以上的分析,图 8-17 所示的仿真结果和表 8-13 所示的数据表明:从理论上分析,图 8-17 中 3 个不同的接力器响应时间常数所对应的接力器开始关闭的时刻应该是一样的。但是,由于不同的接力器响应时间常数对应不同的接力器关闭斜率,如果按照接力器关闭全行程的 0.1%开度、0.2%开度或 0.3%开度作为接力器开始关闭的判据,那么不同的接力器响应时间常数对应的接力器不动时间就会有差别了。

第 1 组接力器响应时间常数 $T_y=0.05$ s,电液随动系统前向开环放大倍数最大数值,机组甩负荷后的接力器关闭速度最快。

这种情况的特性如图 8-17 中红色点画线波形所示,由于机组甩负荷后,接力器的关闭速率最快,因此按照接力器关闭全行程的 0.1%开度和 0.2%开度作为接力器开始关闭的判断标准,与之对应的接力器不动时间性能指标均优于 GB/T 9652.1—2007《水轮机控制系统技术条件》有关接力器不动时间性能的要求;按照接力器关闭了全行程的 0.3%开度作为接力器开始关闭的判断标准,与之对应的接力器不动时间性能指标接近达到 GB/T 9652.1—2007《水轮机控制系统技术条件》有关接力器不动时间性能的要求。

第 2 组接力器响应时间常数 $T_y=0.15$ s,电液随动系统前向开环放大倍数为中等数值,机组甩负荷后的接力器关闭速度为中等大小。

这种情况的特性如图 8-17 中黑色实线波形所示,只有取机组甩负荷后接力器关闭全行程的 0.1%作为接力器开始关闭判据的情况,才达到 GB/T 9652.1—2007《水轮机控制系统技术条件》有关接力器不动时间性能的要求;机组甩负荷后接力器关闭全行程的 0.2%和全行程的 0.3%作为接力器开始关闭判据的情况,均没有达到 GB/T 9652.1—2007《水轮机控制系统技术条件》有关接力器不动时间性能的要求。

第 3 组接力器响应时间常数 $T_y=0.30$ s,即电液随动系统前向开环放大倍数为小数值,机组甩负荷后的接力器关闭速度最慢。

这种情况的特性如图 8-17 中蓝色虚线波形所示,由于接力器关闭速率最慢,对应的 3 种"接力器开始(关闭)运动"判据的接力器不动时间性能指标,均没有达到 GB/T 9652.1—2007《水轮机控制系统技术条件》有关接力器不动时间性能的要求。

由此可见,当一台微机调速器在电站开始调试时,重要的任务之一就是恰当地整定电液随动系统的前向放大倍数 K_{op}。具体的整定原则是,对于闭环的电液随动系统来说,其输入施加数值为 10%接力器全行程的阶跃扰动,观察或录制接力器行程响应过程;调整电液随动系统的前向放大倍数 K_{op},使得接力器行程的动态响应过程具有 0.3%~0.5%(即 0.003~0.005)的超调量(超过稳定值)的形态。

电液随动系统的前向放大倍数 K_{op} 过大,接力器响应时间常数 T_y 过小,电液随动系统动态响应速度较快，但是响应过程可能产生大的超调和振荡，从而对水轮机调节系统动态特性产生不利影响；电液随动系统的前向放大倍数K_{op}过小，接力器响应时间常数T_y过大，电液随动系统动态响应速度较慢，其响应过程呈现单调、缓慢的形态，这也会对水轮机调节系统动态特性产生不利影响。

第7章水轮机调节系统空载扰动特性仿真已经介绍，接力器响应时间常数取值小，即电液随动系统前向开环放大倍数取值大，机组空载频率扰动后的接力器行程和机组频率在动态过程中均会出现超调和振荡现象，使接力器行程和机组频率的调节稳定时间很长；接力器响应时间常数取值大，即电液随动系统前向开环放大倍数取值小，水轮机调节系统的静态特性的频率死区大，而且机组空载频率扰动后的接力器行程和机组频率在动态过程中也会出现超调和振荡现象，使接力器行程和机组频率的调节稳定时间长。

根据水电站实际试验和仿真结果综合考虑，接力器响应时间常数的最优取值范围是$T_y=0.05\sim0.15$ s。

8.7 机组惯性时间常数对接力器不动时间影响的仿真

图 8-18 所示为机组惯性时间常数参数对接力器不动时间影响的仿真界面，界面上的变量或参数的数值可以设定修改，所有变量或参数的数值将实时地反映在仿真结果（仿真曲线及参数）中，仿真的结果如图 8-19 所示，机组甩负荷值为$10\% p_r$，仿真结果的主要数据整理于表 8-13 中。

由于该仿真中的机组甩负荷值为 10% 机组额定负荷，所以属于上述的试验及判断方法 2。

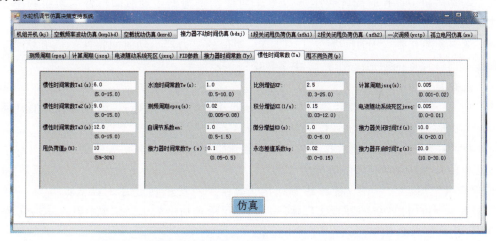

图 8-18 机组惯性时间常数(T_a)对接力器不动时间影响仿真界面

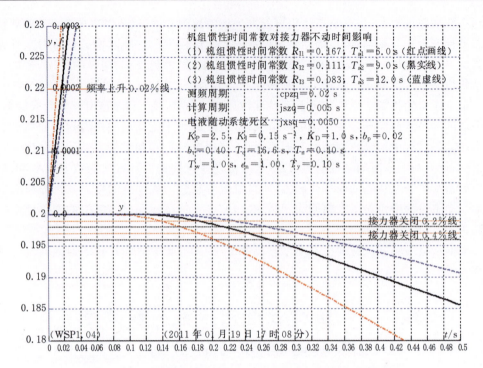

图 8-19　机组惯性时间常数(T_a)对接力器不动时间影响仿真

调速器比例增益 $K_P=2.5$，积分增益 $K_I=0.15\ s^{-1}$ 和微分增益 $K_D=1.0\ s$，折算的暂态转差系数 $b_{t1}=0.40$，缓冲时间常数 $T_{d1}=16.6\ s$ 和加速度时间常数 $T_{n1}=0.40\ s$。

1. 仿真目标参数

第 1 组机组惯性时间常数 $T_{a1}=6.0\ s$，对应的接力器不动时间特性的机组频率 f 和接力器行程 y 的图形为图 8-19 中红色点画线所示波形。

第 2 组机组惯性时间常数 $T_{a2}=9.0\ s$，对应的接力器不动时间特性的机组频率 f 和接力器行程 y 的图形为图 8-19 中黑色实线所示波形。

第 3 组机组惯性时间常数 $T_{a3}=12.0\ s$，对应的接力器不动时间特性的机组频率 f 和接力器行程 y 的图形为图 8-19 中蓝色虚线所示波形。

2. 仿真结果分析

(1) 3 个不同的机组惯性时间常数 T_a 从机组甩负荷开始，到机组频率相对值升高 0.02% 的时刻分别为 0.012 s、0.018 s 和 0.024 s。

(2) 机组惯性时间常数 T_a 对应的接力器开始关闭的时间有很大差别，而且，3 种情况对应的接力器关闭速度相差较大。

(3) 综合以上的分析，图 8-19 所示的仿真结果和表 8-14 所示的数据表明：

第 1 个机组惯性时间常数（$T_a=6.0\ s$），机组甩负荷后的机组频率上升速率为 0.83 Hz/s（相对值为 0.0167/s）。

这种情况的特性如图 8-19 中红色点画线波形所示，由于机组甩负荷后，接力器的

表 8-14 机组惯性时间常数参数(T_a)对接力器不动时间影响仿真

机组惯性时间常数	接力器关闭全行程的 0.1%			接力器关闭全行程的 0.2%			接力器关闭全行程的 0.3%		
T_a	t_1/s	t_2/s	T_{q1}/s	t_1/s	t_2/s	T_{q2}/s	t_1/s	t_2/s	T_{q3}/s
6.0 s(红点画线)	0.012	0.138	0.126	0.012	0.160	0.140	0.012	0.184	0.162
9.0 s(黑实线)	0.018	0.180	0.172	0.018	0.233	0.212	0.018	0.240	0.222
12.0 s(蓝虚线)	0.024	0.224	0.200	0.024	0.264	0.240	0.024	0.304	0.280
差值/s	0.012		0.074	0.012		0.100	0.012		0.118

关闭速率最快,对应的 3 种接力器不动时间性能指标均优于 GB/T 9652.1—2007《水轮机控制系统技术条件》有关接力器不动时间性能的要求。

第 2 个机组惯性时间常数 $T_a=9.0$ s,机组甩负荷后的机组频率上升速率为 0.55 Hz/s。

这种情况的特性如图 8-19 中黑色实线波形所示,只有取机组甩负荷后接力器关闭全行程的 0.1% 作为接力器开始关闭的判据才优于 GB/T 9652.1—2007《水轮机控制系统技术条件》有关接力器不动时间性能的要求;机组甩负荷后接力器关闭全行程的 0.2% 和全行程的 0.3% 作为接力器开始关闭的判据均没有达到 GB/T 9652.1—2007《水轮机控制系统技术条件》有关接力器不动时间性能的要求。

第 3 个机组惯性时间常数 $T_a=12.0$ s,机组甩负荷后的机组频率上升速率为 0.415 Hz/s。

这种情况的特性如图 8-19 中蓝色虚线所示,由于机组甩负荷后,接力器的关闭速率最慢,对应的 3 种接力器不动时间性能指标均没有达到 GB/T 9652.1—2007《水轮机控制系统技术条件》有关接力器不动时间性能的要求。

综上所述,在其他参数相同的条件下,机组惯性时间常数 T_a 大,机组甩负荷后的机组频率上升速度慢,接力器关闭慢;机组惯性时间常数 T_a 小,机组甩负荷后的机组频率上升速度慢,接力器关闭速度慢。

8.8 机组甩不同负荷值对接力器不动时间影响的仿真

图 8-20 所示的为机组甩不同负荷对接力器不动时间影响仿真界面,界面上的变量或参数的数值可以设定修改,所有变量或参数的数值将实时地反映在仿真结果(仿真曲线及参数)中,仿真的结果如图 8-21 所示,仿真的主要数据整理于表 8-15 中。

1. 仿真目标参数

(1) 机组甩负荷值为 $10\% p_r$,对应的机组空载频率扰动特性的机组频率 f 和接力器行程 y 的图形为图 8-21 中红色点画线所示波形。

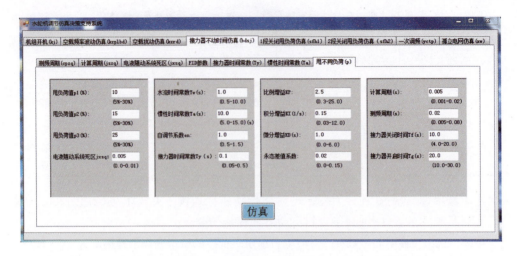

图 8-20　机组甩不同负荷值对接力器不动时间影响仿真界面

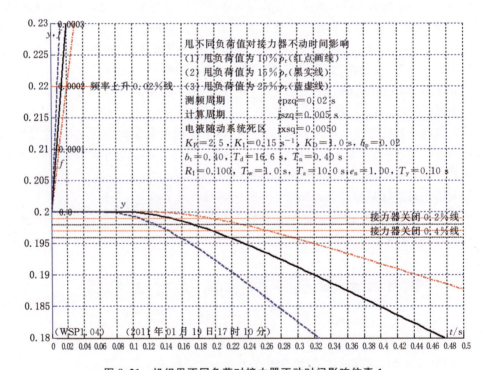

图 8-21　机组甩不同负荷对接力器不动时间影响仿真 1

（2）机组甩负荷值为 $15\%p_r$，对应的机组空载频率扰动特性的机组频率 f 和接力器行程 y 的图形为图 8-21 中黑色实线所示波形。

（3）机组甩负荷值为 $25\%p_r$，对应的机组空载频率扰动特性的机组频率 f 和接力器行程 y 的图形为图 8-21 中蓝色虚线所示波形。

表 8-15 机组甩不同负荷对接力器不动时间影响仿真 1

机组甩不同负荷 ($K_D=1.0$ s)	接力器关闭全行程的 0.1%			接力器关闭全行程的 0.2%			接力器关闭全行程的 0.3%		
P	t_1/s	t_2/s	T_{q1}/s	t_1/s	t_2/s	T_{q2}/s	t_1/s	t_2/s	T_{q3}/s
10% p_r(红点画线)	0.020	0.198	0.178	0.020	0.230	0.210	0.020	0.262	0.242
15% p_r(黑实线)	0.013	0.148	0.135	0.013	0.174	0.161	0.013	0.198	0.185
25% p_r(蓝虚线)	0.000	0.108	0.108	0.000	0.128	0.128	0.000	0.145	0.145
最大差值/s			0.070			0.082			0.097

2. 仿真结果分析

(1) 在进行 3 种机组甩不同负荷值(p_1、p_2 和 p_3)的接力器不动时间仿真时,调速器的比例增益 $K_P=2.5$,积分增益 $K_I=0.15$ s^{-1} 和调速器的微分增益 $K_D=1.0$ s,折算的暂态转差系数 $b_t=0.40$,缓冲时间常数 $T_d=16.6$ s 和加速度时间常数 $T_n=0.40$ s。

在仿真的图形中,甩负荷的时刻为 0 s(横坐标起点);图中绘出了机组频率相对值上升 0.0002 时的机组频率纵坐标水平线;也分别标明了接力器从甩负荷前的开度起,至关闭了接力器全行程 0.1%、0.2%、0.3%、0.4% 和 0.5% 的接力器行程纵坐标水平线,以便使用者可以方便选择接力器开始关闭的时刻。

(2) 第 1 个机组甩负荷值为 10% p_r,对应的机组频率和接力器行程特性如红色点画线波形所示。

机组甩负荷值为 3 种机组甩不同负荷值仿真参数中的最小数值。

机组甩负荷后,接力器不动时间的起点时刻为 $t_1=0.02$ s,机组甩负荷后接力器关闭至接力器全行程的 0.1% 时刻为 $t_2=0.198$ s,则接力器不动时间 $T_q=0.178$ s,接力器不动时间性能指标优于国家标准对微机调速器(电调)的规定。

如果采用机组甩负荷后接力器关闭至接力器全行程的 0.2% 作为接力器开始关闭的时间起点,则接力器不动时间 $T_q=0.21$ s,接力器不动时间性能接近达到国家标准的规定。

如果采用机组甩负荷后接力器关闭至接力器全行程的 0.3% 作为接力器开始关闭的时间起点,则接力器不动时间 $T_q=0.242$ s,接力器不动时间性能没有达到国家标准的规定。

(3) 第 2 个机组甩负荷值为 15% p_r,对应的机组频率和接力器行程特性如黑色实线波形所示。

机组甩负荷值为 3 种机组甩不同负荷值仿真参数中的中间数值。

机组甩负荷后,接力器不动时间的起点时刻为 $t_1=0.013$ s,机组甩负荷后接力器关闭至接力器全行程的 0.1% 时刻 $t_2=0.148$ s,则接力器不动时间 $T_q=0.135$ s,接力器不动时间性能指标达到国家标准的规定。

如果采用机组甩负荷后接力器关闭至接力器全行程的 0.2% 作为接力器开始关闭

的时间起点,则接力器不动时间 $T_q=0.161$ s,接力器不动时间性能优于国家标准对微机调速器(电调)的规定。

如果采用机组甩负荷后接力器关闭至接力器全行程的 0.3% 作为接力器开始关闭的时间起点,则接力器不动时间 $T_q=0.185$ s,接力器不动时间性能达到国家标准的规定。

(4) 第 3 个机组甩负荷值为 $25\% p_r$,对应的机组频率和接力器行程特性如蓝色虚线波形所示。

机组甩负荷后,接力器不动时间的起点时刻 $t_1=0.000$ s,机组甩负荷后接力器关闭至接力器全行程的 0.1% 时刻为 $t_2=0.108$ s,则接力器不动时间 $T_q=0.108$ s,接力器不动时间性能指标达到国家标准的规定。

如果采用机组甩负荷后接力器关闭至接力器全行程的 0.2% 作为接力器开始关闭的时间起点,则接力器不动时间 $T_q=0.128$ s,接力器不动时间性能优于国家标准对微机调速器(电调)的规定。

如果采用机组甩负荷后接力器关闭至接力器全行程的 0.3% 作为接力器开始关闭的时间起点,则接力器不动时间 $T_q=0.145$ s,接力器不动时间性能达到国家标准的规定。

图 8-22 所示为调速器微分增益 $K_D=0.0$ s 的仿真结果,主要数据整理为表 8-16,与图 8-19 所示的相比较,接力器不动时间的数值都显著增大了。

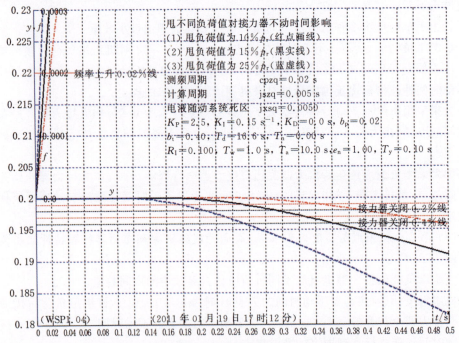

图 8-22 机组甩不同负荷对接力器不动时间影响仿真 2

表 8-16 机组甩不同负荷对接力器不动时间影响仿真 2

机组甩不同负荷 ($K_D=0.0$ s)	接力器关闭全行程的 0.1%			接力器关闭全行程的 0.2%			接力器关闭全行程的 0.3%		
P	t_1/s	t_2/s	T_{q1}/s	t_1/s	t_2/s	T_{q2}/s	t_1/s	t_2/s	T_{q3}/s
10%p_r(红点画线)	0.020	0.335	0.315	0.020	0.392	0.372	0.020	0.438	0.418
15%p_r(黑实线)	0.013	0.248	0.235	0.013	0.266	0.253	0.013	0.326	0.313
25%p_r(蓝虚线)	0.000	0.178	0.178	0.000	0.205	0.205	0.000	0.232	0.232
最大差值/s			0.137			0.167			0.186

综上所述,在其他参数相同的条件下,机组甩负荷值大,机组甩负荷后的机组频率上升速度快,接力器关闭速度快;机组甩负荷值小,机组甩负荷后的机组频率上升速度慢,接力器关闭速度慢。

8.9 接力器不动时间仿真综合分析

8.9.1 接力器不动时间仿真结果汇总

表 8-17 分别汇总了机组惯性时间常数 $T_a=5.0\sim12.0$ s 和机组甩 10% 额定负荷、机组甩 15% 额定负荷、机组甩 25% 额定负荷时所产生的 2 个结果(从机组甩负荷起,到机组频率上升 0.01 Hz 为止的时间 t_1 和机组甩负荷后机组频率上升速率(机组加速度))。

表 8-17 接力器不动时间仿真结果汇总

p	t_1, a_1	机组惯性时间常数 T_a							
		5.0 s	6.0 s	7.0 s	8.0 s	9.0 s	10.0 s	11.0 s	12.0 s
10%p_r	t_1/s	0.010	0.012	0.014	0.016	0.018	0.020	0.022	0.024
	a_1/(Hz/s)	1.000	0.850	0.714	0.625	0.560	0.500	0.450	0.420
15%p_r	t_1/s	0.006	0.007	0.008	0.010	0.012	0.013	0.015	0.016
	a_1/(Hz/s)	1.670	1.370	1.180	1.000	0.870	0.770	0.690	0.625
25%p_r	t_1/s	0.004	0.005	0.0056	0.0063	0.0071	0.008	0.009	0.010
	a_1/(Hz/s)	2.220	2.000	1.790	1.590	1.410	1.250	1.110	1.000

表中:p——接力器不动时间试验中,机组甩负荷值(%);t_1——从机组甩负荷起到机组频率上升 0.01 Hz 为止的时间(s);a_1——机组甩负荷后频率上升速率(Hz/s);T_a——机组惯性时间常数(s)。

根据表 8-16 所示的数据绘制出图 8-22 和图 8-23,图 8-22 所示为接力器不动时间仿真(试验)参数与机组甩负荷后频率上升时间 t_1 的关系曲线,图 8-23 所示为接力器不动时间仿真(试验)参数与机组甩负荷后频率上升速度(加速度)a_1 的关系曲线。从中可以得到下列结论。

(1) 表中的机组惯性时间常数 T_a 的数值范围代表了实际运行的绝大多数机组惯性时间常数 T_a 的数值区间。

(2) 接力器不动时间仿真(试验)参数与机组甩负荷后频率上升时间 t_1 的关系如图 8-23 所示。

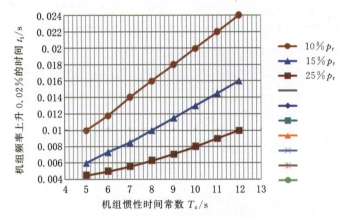

图 8-23　接力器不动时间仿真(试验)参数与机组甩负荷后频率上升时间 t_1 的关系

在机组惯性时间常数 $T_a=5.0\sim12.0$ s 的范围内,从表 8-17 和图 8-23 可以得出下列结论。

① 机组甩 10% 额定负荷时,从机组甩负荷开始到机组频率相对值上升 0.0002 为止的最大时间差值 $\Delta t_1=0.014$ s。

② 机组甩 15% 额定负荷时,从机组甩负荷开始到机组频率相对值上升 0.0002 为止的最大时间差值 $\Delta t_1=0.01$ s。

③ 机组甩 25% 额定负荷时,从机组甩负荷开始到机组频率相对值上升 0.0002 为止的最大时间差值 $\Delta t_1=0.0055$ s。

所以,不同的机组惯性时间常数 T_a 的数值,对于从机组甩负荷开始到机组频率相对值上升 0.0002 为止的时间影响较小。

(3) 接力器不动时间仿真(试验)参数与机组甩负荷后频率上升速度(加速度)a_1 的关系如图 8-24 所示。

在机组惯性时间常数 $T_a=5.0\sim12.0$ s 的范围内,从表 8-17 和图 8-24 可以得出下列结论。

① 机组甩 10% 额定负荷时,机组甩负荷后频率上升速度 a_1 的最大差值为 $\Delta a_1=0.58$ Hz/s。

② 机组甩 15% 额定负荷时,机组甩负荷后频率上升速度 a_1 的最大差值为 $\Delta a_1=$

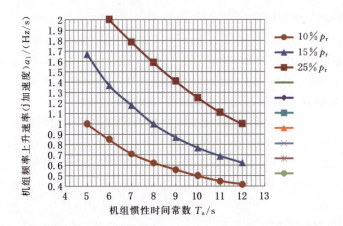

图 8-24 接力器不动时间仿真(试验)参数与机组甩负荷后频率上升速度(加速度)a_1 的关系

1.045 Hz/s。

③ 机组甩 25% 额定负荷时,机组甩负荷后频率上升速度 a_1 的最大差值为 $\Delta a_1 = 1.22$ Hz/s。

所以,不同的机组惯性时间常数 T_a 的数值,对于机组甩负荷后频率上升速度 a_1 的影响较大。

8.9.2 影响接力器不动时间 T_q 的主要因素

1. 被控制系统参数对接力器不动时间的影响

(1) 机组惯性时间常数 T_a 对接力器不动时间的影响。

机组惯性时间常数 T_a 大,机组甩负荷后频率上升速度(加速度)a_1 小,接力器关闭速度稍慢,机组甩负荷后机组频率相对值上升 0.002 的时间稍长,在其他条件一样的情况下,接力器不动时间稍长;机组惯性时间常数 T_a 小,机组甩负荷后频率上升速度(加速度)a_1 大,接力器关闭速度稍快,机组甩负荷后机组频率上升到 0.02% 额定频率的时间稍短,在其他条件一样的情况下,接力器不动时间 T_q 稍短。综合起来看,在二者相差较大的情况下,影响接力器不动时间 T_q 的数值为 0.03~0.08 s。

(2) 仿真结果表明,引水系统水流时间常数 T_w 的数值和机组自调节系数 e_n 的数值对接力器不动时间 T_q 没有影响。

2. 微机控制器测频周期 cpzq 对接力器不动时间的影响

在其他参数相同的条件下,不同的频率测量周期所对应的接力器开始关闭的时间是不同的,较小的频率测量周期对应的接力器开始关闭时间短,较大的频率测量周期对应的接力器开始关闭时间长,但是对应的接力器关闭速度近似相等。

频率测量周期是微机调速器的微机控制器重要的参数,对接力器不动时间特性有极大的影响,在微机调速器的设计中应该选用小的机组频率测量周期,当采用发电机端电压互感器电压测频(即俗称机组残压测频)时,尽量不要采用对机组频率进行分频后的测量方法。如果某种原因,一定要对机组频率分频,则可采用作者提出并成功实现的机组静态频差和动态频差的测频方法是合理的选择。

仿真结果表明,在其他条件相同时,频率测量周期 cpzq 每加大 0.02 s,接力器不动时间 T_q 最大可能加大 0.04 s,接力器不动时间 T_q 最小可能加大 0.02 s。

3. 微机控制器计算周期 jszq 对接力器不动时间的影响

在其他参数相同的条件下,不同的微机控制器计算周期所对应的接力器开始关闭的时间有微小差别,较小的微机控制器计算周期对应的接力器不动时间较短,较大的微机控制器计算周期对应的接力器不动时间较长,但是对应的接力器关闭速度近似相等。

微机控制器计算周期对接力器不动时间特性的影响,比微机控制器测频周期对接力器不动时间特性的影响要小得多。当微机控制器计算周期明显小于微机控制器测频周期时,微机控制器计算周期的数值对接力器不动时间特性的影响更小,这是由于,对于机组额定频率 50 Hz 来说,一般的频率测量的周期为 0.02 s,在一个测频周期中微机控制器即使采样 20 次,微机控制器使用的这 20 个频率值是同一个数值。只是当微机控制器计算周期大于微机控制器测频周期时,微机控制器计算周期的数值对接力器不动时间特性才有一定的影响。众所周知,现在的微机控制器的计算周期一般都远小于 0.02 s,故一般不会有影响。

4. 调速器的 PID 参数对接力器不动时间的影响

(1) 微分增益 K_D:在其他参数相同的条件下,增大微分增益 K_D,可以显著增大机组甩负荷后的接力器关闭速度,显著减小接力器的不动时间 T_q。

(2) 比例增益 K_P:在其他参数相同的条件下,增大比例增益 K_P,可以增大机组甩负荷后的接力器关闭速度,可以减小接力器的不动时间 T_q。微分增益 K_D 对接力器不动时间 T_q 的作用要明显大于比例增益 K_P 对接力器不动时间 T_q 的作用。

(3) 积分增益 K_I:在其他参数相同的条件下,积分增益 K_I 的取值对于接力器不动时间 T_q 的大小几乎没有影响。

当然,PID 参数的选择不能只考虑对接力器不动时间特性的影响因素,而要兼顾影响机组空载频率波动特性、空载频率扰动特性和机组甩 100% 额定负荷特性等的因素,从选择较好的 PID 参数值及其合理的配合。

5. 微机调速器电液随动系统死区对接力器不动时间的影响

微机调速器电液随动系统死区是影响接力器不动时间的最重要的因素之一。调速器电液随动系统死区 jxsq 对接力器不动时间 T_q 的影响,比微机控制器频率测量周期 cpzq 和计算周期 jszq 对接力器不动时间 T_q 的影响要大得多。调速器电液随动系统死区越小,接力器不动时间数值越小;调速器电液随动系统死区越大,接力器不动时间数值越大。所以,在微机调速器的设计和制造过程中,在满足其他的技术的前提下(调速系统漏油量等),一定要在尽可能地减小调速器电液随动系统的死区。

仿真结果表明,在其他条件相同时,电液随动系统死区每加大 0.01,接力器不动时间 T_q 就加大约 0.10 s。

6. 微机调速器接力器响应时间常数 T_y 对接力器不动时间的影响

接力器响应时间常数 T_y 在数值上等于微机调速器电液随动系统前向开环放大系数 K_{op} 的倒数（$T_y=1/K_{op}$）。在讨论接力器不动时间动态特性时，电液随动系统实际上工作在开环状态，也就是说，在机组甩负荷后的极短时间内，接力器的位移反馈还没有起作用。所以，电液随动系统在这种特定开环工况中的放大倍数，要明显大于闭环电液随动系统的放大倍数。

电液随动系统的前向放大倍数 K_{op} 过大，接力器响应时间常数 T_y 过小，电液随动系统动态响应速度快，但是响应过程可能产生大的超调和振荡，从而对水轮机调节系统动态特性产生不利影响；电液随动系统的前向放大倍数 K_{op} 过小，接力器响应时间常数 T_y 过大，电液随动系统动态响应速度慢，其响应过程呈现单调、缓慢的形态，这也会对水轮机调节系统动态特性产生不利影响。

第 7 章水轮机调节系统空载扰动特性仿真已经介绍，接力器响应时间常数取值小，即电液随动系统前向开环放大倍数取值大，机组空载频率扰动后的接力器行程和机组频率在动态过程中均会出现超调和振荡现象，接力器行程和机组频率的调节稳定时间很长；接力器响应时间常数取值大，即电液随动系统前向开环放大倍数取值小，水轮机调节系统的静态特性的转速死区大，而且机组空载频率扰动后的接力器行程和机组频率在动态过程中也会出现超调和振荡现象，接力器行程和机组频率的调节稳定时间长。

所以，不能够片面地增大电液随动系统的前向放大倍数 K_{op}，而应该按照下列方法在电站整定电液随动系统的前向放大倍数 K_{op}：当一台微机调速器在电站开始调试时，重要的任务之一就是恰当地整定电液随动系统的前向放大倍数 K_{op}。具体的整定原则是，对于闭环的电液随动系统来说，其输入施加数值为 10%（即 0.1）接力器全行程的频率阶跃扰动，观察或录制接力器行程响应过程；调整电液随动系统的前向放大倍数 K_{op}，使得接力器行程的动态响应过程，为具有 3%～5% 的超调量（即超过稳定值的）的形态。

7. 机组惯性时间常数 T_a 对接力器不动时间的影响

机组惯性时间常数 T_a 不是一个可以调节的参数，对其进行仿真和分析，仅仅是了解它的数值对接力器不动时间的影响。

在其他参数相同的条件下，机组惯性时间常数 T_a 大，机组甩负荷后的机组频率上升速度慢，接力器关闭速度慢；机组惯性时间常数 T_a 小，机组甩负荷后的机组频率上升速度慢，接力器关闭速度慢。

8. 接力器不动时间特性中的机组甩负荷数值对接力器不动时间的影响

机组甩负荷数值不是一个可以调节的参数，对其进行仿真和分析，仅仅是了解它的数值对接力器不动时间的影响。

在其他参数相同的条件下，机组甩负荷值大，机组甩负荷后的机组频率上升速度快，接力器关闭速度快；机组甩负荷值小，机组甩负荷后的机组频率上升速度慢，接力器关闭速度慢。

水轮机调节系统参数对接力器不动时间 T_q 的影响汇总于表 8-18 中。

表 8-18　水轮机调节系统参数对接力器不动时间 T_q 的影响

水轮机调节系统参数	甩负荷后接力器关闭速度	甩负荷后接力器开始关闭时间 t_2	接力器不动时间 T_q
微机控制器测频周期 cpzq	不影响	影响较大	影响较大
微机控制器计算周期 jszq	不影响	影响很小	影响很小
电液随动系统死区 jxsq	不影响	影响很大	影响很大
调速器比例增益 K_P	影响较大	影响较大	影响较大
调速器积分增益 K_I	影响很小	影响很小	影响很小
调速器微分增益 K_D	影响很大	影响很小	影响很小
接力器响应时间常数 T_y	影响较大	影响较大	影响较大

8.9.3　关于 GB/T 9652.2—2007 有关接力器不动时间规定的思考

GB/T 9652.2—2007《水轮机控制系统试验规程》有关接力器不动时间电站试验的规定："在电站通过机组甩负荷试验，获得机组甩 25% 负荷示波图，从图上直接求出自发电机定子电流消失为起始点或甩 10%～15% 负荷时机组频率相对值上升 0.02% 为起始点，到接力器开始运动为止的接力器不动时间 T_q。测试时应断开调速器用发电机出口开关辅助接点信号、电流和功率信号。用自动记录仪记录机组频率、接力器行程和发电机定子电流时间分辨率不大于 0.02 s/mm，接力器行程分辨率不大于 0.2%/mm。在机组断路器断开前启动记录仪，以证实稳定状态存在，再进入不动时间的测定。"这一规定在实践中有值得修改之处。修改的主要出发点是，只规定一种统一的试验方法：即只规定一个统一的接力器不动时间试验的甩负荷数值，将判断接力器不动时间的起始时间，规定为误差不大的 2 种可供选择的时间点和规定 1 个机组甩负荷后判断接力器不动时间的终点：

(1) 将电站接力器不动时间试验的甩负荷值统一规定为"机组甩 15% 额定负荷"。

(2) 将判断接力器不动时间的起始时间定义为"从图上直接求出自发电机定子电流消失为起始点，或采用机组转速上升到 0.02% 为起始点"，仿真结果表明，对于机组惯性时间常数 $T_a=5.0$ s～12.0 s 范围内，采用机组甩负荷值为 15% 额定负荷，"自发电机定子电流消失为起始点"和"用机组转速上升到 0.02% 为起始点"，所导致的接力器不动时间的差值（见表 8-13）仅仅小于 0.016 s。

(3) 将判断接力器不动时间的终止时间定义为"接力器从甩负荷前的开度关闭了接力器全行程的 0.1% 的时刻"。

修改后的具体表述如下：

"在电站通过机组甩负荷试验，获得机组甩 15% 负荷示波图，从图上直接求出自发电机定子电流消失为起始点，或采用机组转速上升到 0.02% 为起始点，到接力器从甩负荷前的开度关闭到接力器全行程的 0.1% 的时刻,求得接力器不动时间 T_q。测试时应断开调速器用发电机出口开关辅助接点信号、电流和功率信号。用自动记录仪记录机组转速、接力器行程和发电机定子电流时间分辨率不大于 0.02 s/mm,接力器行程分辨率不大于 0.2%/mm。在机组断路器断开前启动记录仪,以证实稳定状态存在,再进入不动时间的测定。"

第9章 水轮机调节系统机组甩负荷特性仿真与分析

9.1 水轮机调节系统机组甩负荷特性

水轮机调节系统甩 100%额定负荷的动态特性是在水电站现场必须进行的重要试验,它关系到水轮发电机组的安全运行,除了要检验水轮机调速器参数整定的合理与否之外,还要校核机组调节保证计算的正确性。甩负荷试验的作用是判断在甩负荷后,水轮机调速系统使机组恢复到额定频率的能力,以及评估引水管道或进水通道中压力上升的程度。

甩负荷后的最高机组频率是导叶关闭时间 T_f、机组惯性时间常数 T_a 和水流惯性时间常数 T_w 等的函数。最大允许频率上升值是由水轮发电机设计的机械特性决定的(对混流式机组而言,一般是额定频率的 140%~190%;对大部分灯泡贯流式机组和轴流转桨式机组而言,有的甚至高达额定频率的 250%以上),甩负荷后允许的最高机组频率一般取决于发电机转子的结构与强度。

水轮机调节系统是一个复杂的、非线性的、非最小相位系统,在建立数学模型的过程中,又不可避免地要忽略一些次要因素和对模型进行简化,要想用仿真准确地反映水轮机调节系统的实际过程并得到定量的结论,是十分困难的。对水轮机调节系统机组甩 100%额定负荷特性进行仿真,也只能是从定性的、比较的意义上,对其进行仿真;基于水轮机调节系统仿真决策支持系统的仿真结果,有助于深入理解水轮机调节系统的基本工作原理,了解被控制系统参数对机组甩 100%额定负荷特性的影响,特别是分析 PID 调节参数对水轮机调节系统机组甩 100%额定负荷特性的作用,为实际工作提供定性分析和决策支持。

对接力器运动过程中起到速率限制的接力器开启时间 T_g 和接力器关闭时间 T_f、对接力器运动过程中起到极端位置限制的接力器完全开启位置($y=1.0$)和接力器完全关闭位置($y=0$)等,是接力器运动过程中的主要非线性因素。如果按照水轮机调节系统运行和试验中的动态过程中,接力器运动是否进入了上述接力器的非线性区域,来划分水轮机调节系统动态过程特征,那么,可以将水轮机调节系统运行和试验中的动态过程划分为大波动(大扰动)动态过程和小波动(小扰动)动态过程等两种。水轮机调节系统的机组甩负荷特性具有大波动特征的动态过程。

9.1.1 机组甩100%额定负荷工况的3种典型动态过程

基于对众多水轮机调节系统的现场试验资料和仿真结果的整理和分析,这里将水轮机调节系统机组甩100%额定负荷的典型动态过程的形态划分为迟缓型(简称S型)、优良型(简称B型)和振荡型(简称O型)等3个典型形态,以便进一步研究水轮机调节系统扰动动态过程的机理和寻求改善其动态过程性能的方法。

水轮机调节系统机组甩100%额定负荷动态特性的上述类型汇总于表9-1中。

表9-1 机组甩100%额定负荷动态特性的类型

系统类型	接力器行程 y 运动特点	机组频率 f 运动特点	参数选择特点
S型机组甩负荷动态特性	接力器关闭到接力器空载开度附近就转而开启,或者接力器关闭到完全关闭位置到再次开启为止的时间很短。接力器再次开启的规律是单调、缓慢地趋近于接力器空载开度	从机组甩负荷后的峰值以单调下降的规律极为缓慢地趋近机组额定频率,或者在靠近机组额定频率时,下降速度放慢,出现一个小的低于额定频率的低谷,再向机组额定频率缓慢趋近。机组频率调节稳定时间长	比例增益 K_P 和(或)积分增益 K_I 取值过小和搭配不当
B型机组甩负荷动态特性	接力器关闭到接近完全关闭位置,继而就转而开启并迅速地趋近接力器空载开度;或者从接力器在关闭至全关位置开始,到再次开启为止的时间适中;此后,或者接力器单调地开启,或者接力器开启中出现一个小的超过接力器空载开度的超调量,迅速地稳定于接力器空载开度	在靠近机组额定频率时,下降速度较快,单调而快速地趋近于机组额定频率,或者出现了一个低于额定频率的很小的波谷后,很快稳定于机组额定频率。机组频率调节稳定时间短	比例增益 K_P 和(或)积分增益 K_I 取值合理和搭配恰当
O型机组甩负荷动态特性	接力器从关闭至完全关闭位置开始,到再次开启为止的时间长,而且再次开启的速度快,开启到超过接力器空载开度一个较大的开度后,在空载开度上下振荡,较慢地稳定于空载开度	在靠近机组额定频率时,机组频率下降速度很快,出现了一个很大的低于额定频率的波谷后,机组频率缓慢地稳定于机组额定频率,机组频率调节稳定时间长	比例增益 K_P 和(或)积分增益 K_I 取值过大和搭配不当

9.1.2 水轮机调节系统机组甩负荷特性仿真项目

(1)调速器比例增益(K_P)对机组接力器1段关闭甩负荷特性影响。

(2)调速器积分增益(K_I)对机组接力器1段关闭甩负荷特性影响。

(3) 调速器微分增益(K_D)对机组接力器 1 段关闭甩负荷特性影响。
(4) 调速器 PID 参数(K_P,K_I,K_D)对机组接力器 1 段关闭甩负荷特性影响。
(5) 水流修正系数(K_Y)对接力器 1 段关闭甩负荷特性影响仿真。
(6) 接力器关闭时间(T_f)对接力器 1 段关闭机组甩负荷特性影响仿真。
(7) 水轮机发电机组自调节系数(e_n)对接力器 1 段关闭甩负荷特性影响仿真。
(8) 机组惯性时间常数(T_a)对接力器 1 段关闭甩负荷特性影响仿真。
(9) 双调节机组协联特性对接力器 1 段关闭甩负荷特性影响仿真。
(10) 第 1 段关闭时间(T_{f1})对接力器 2 段关闭甩负荷特性影响仿真。
(11) 第 2 段关闭时间(T_{f2})对接力器 2 段关闭甩负荷特性影响仿真。
(12) 2 段关闭拐点(y_{12})对接力器 2 段关闭甩负荷特性影响仿真。
(13) 接力器关闭特性(T_{f1},T_{f2},y_{12})对接力器 2 段关闭甩负荷特性影响仿真。
(14) 双调节机组协联特性对接力器 2 段关闭甩负荷特性影响仿真。
(15) 双调节机组桨叶延迟关闭时间对接力器 2 段关闭甩负荷特性影响仿真。

9.1.3 水轮机调节系统机组甩负荷特性的仿真结果

在进行水轮机调节系统机组甩负荷特性的每一次仿真中,采用的仿真策略均为"1个(组)仿真目标参数采用 3 个(组)数值仿真"的策略,也就是说,在每次仿真中,采用选择的 1 个(组)仿真目标参数的 3 个(组)数值进行仿真,将这 3 个仿真的动态过程的仿真变量波形和全部仿真参数在 1 个仿真图形中表示出来。

在水轮机调节系统机组甩负荷特性的仿真结果中,显示出机组频率 f,接力器行程 y 和引水系统水压 p_w 的动态波形和所有的仿真参数。动态波形的纵坐标显示了机组频率 f、接力器行程 y 和引水系统水压 p_w 等 3 个变量,机组频率 f 以赫兹(Hz)为单位,接力器行程 y 和引水系统水压 p_w 以相对值显示;动态波形的横坐标是时间坐标 t,单位是秒(s)。为了便于比较、分析和研究仿真目标参数取值对水轮机调节系统动态特性的作用,在其他的水轮机调节系统参数相同的条件下,选定 1 个或 1 组(数个)仿真目标参数,并选择各自 3 个不同的数值进行仿真,同时得到与之对应的 3 个仿真结果。第 1 个(组)变量对应的仿真曲线用红色点画线表示,第 2 个(组)变量对应的仿真曲线用黑色实线表示,第 3 个(组)变量对应的仿真曲线用蓝色虚线表示。

仿真结果的波形图分别标出了机组频率 49.5 Hz 和 50.5 Hz 等 2 条黑色实线,这 2 条黑色实线之间的区域就是 GB/T 9652.1—2007《水轮机控制系统技术条件》有关机组甩负荷动态性能规定的"从机组甩负荷时起,到机组转速相对偏差小于±1%"的区域。

在以后的每一次仿真中,根据仿真使用的机组水流惯性时间常数 T_w 和机组惯性时间常数 T_a 的数值,计算出对应的机组惯性比率 R_1 的数值,并显示在仿真结果中,以便读者加深机组惯性比率 R_1 这个名词术语的认识,并逐渐形成对机组惯性比率 R_1 数量上的概念。

9.2 比例增益对机组接力器1段关闭甩负荷特性影响仿真

9.2.1 比例增益对机组接力器1段关闭甩负荷特性影响仿真1

图 9-1 所示的为调速器比例增益(K_P)对机组接力器1段关闭机组甩负荷特性影响的仿真界面,界面上的变量或参数的数值可以设定、修改,所有变量或参数的数值将实时地反映在仿真结果(仿真曲线及参数)中,仿真的结果如图 9-2 所示,其中重要的数据整理于表 9-2 中。

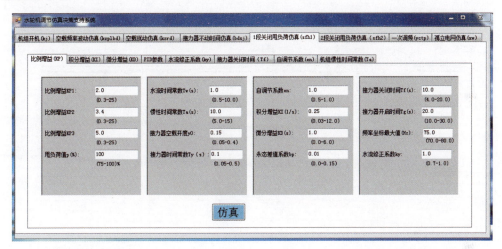

图 9-1 调速器比例增益对机组接力器1段关闭甩负荷特性影响仿真界面

1. 仿真目标参数

(1) 调速器比例增益 $K_{P1}=1.5$,对应的接力器1段关闭机组甩负荷特性为图中红色点画线波形所示。

(2) 调速器比例增益 $K_{P2}=3.4$,对应的接力器1段关闭机组甩负荷特性为图中黑色实线波形所示。

(3) 调速器比例增益 $K_{P3}=5.0$,对应的接力器1段关闭机组甩负荷特性为图中蓝色虚线波形所示。

2. 仿真结果分析

被控制系统机组惯性比率 $R_I=0.100$,机组惯性时间常数 $T_a=10.0\text{ s}$,水流时间常数 $T_w=1.0\text{ s}$,水流修正系数 $K_Y=1.00$,机组自调节系数 $e_n=1.00$。

(1) 进行3个不同数值比例增益(K_{P1}、K_{P2} 和 K_{P3})的机组甩负荷特性仿真时,调速器的积分增益 $K_I=0.25\text{ s}^{-1}$,调速器的微分增益 $K_D=1.0\text{ s}$。

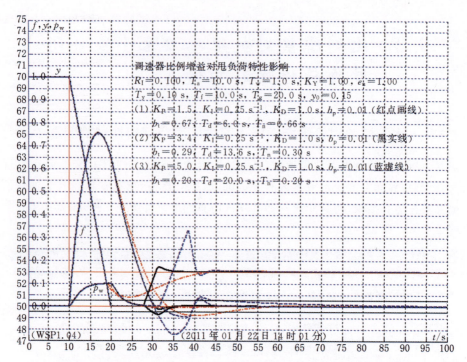

图 9-2 调速器比例增益对机组接力器 1 段关闭甩负荷特性影响仿真 1

表 9-2 调速器比例增益对机组接力器 1 段关闭甩负荷特性影响仿真 1

仿真目标参数	f_m/Hz	M_p	t_M/s	t_E/s	t_E/t_M	p_w
$K_{P1}=1.5$	65.2	30.4%	7.0	37.0	5.29	0.10
$K_{P2}=3.4$	65.2	30.4%	7.0	19.5	2.79	0.10
$K_{P3}=5.0$	65.2	30.4%	7.0	34.0	4.86	0.10

(2) 调速器比例增益 K_P 取值，对于机组甩 100% 额定负荷后的机组频率上升的最大值(机组频率上升率)没有影响。3 个不同比例增益数值仿真结果的机组频率最大上升值均为 65.2 Hz(机组频率上升率为 30.4%)，从甩负荷开始至频率升至最高频率所经历的时间 $t_M=7.0$ s。引水系统水压相对值上升均为 0.1。

(3) 第 1 个调速器比例增益 $K_{P1}=1.5$，对应的机组甩负荷的机组频率 f 和接力器行程 y 波形为图 9-2 中的红色点画线所示波形。

使用的调速器 PID 参数为，比例增益 $K_{P1}=1.5$，积分增益 $K_{I1}=0.25$ s^{-1}，微分增益 $K_{D1}=1.0$ s；折算后的暂态转差系数 $b_{t1}=0.67$，缓冲时间常数 $T_{d1}=6.0$ s，加速度时间常数 $T_{n1}=0.66$ s。

调速器比例增益 K_{P1} 为 3 种调速器比例增益仿真参数中的最小数值，对应的暂态转差系数 b_t 为 3 种仿真参数中的最大数值，缓冲时间常数 T_d 为 3 种仿真参数中的最小数值，加速度时间常数 T_n 为 3 种仿真参数中的最大数值。

由于比例作用强度小,接力器没有关闭到全关位置,关闭到开度为 0.04 后,即单调缓慢地开启到机组甩负荷后的稳定开度 0.15。机组频率在靠近机组额定频率时,机组频率下降速度放慢,出现低于额定频率再向其恢复的过程。从机组甩负荷时起,到机组频率相对偏差小于±1%为止的调节时间长(t_E=37.0 s,t_E/t_M=5.29)。

根据以上分析,机组甩 100%额定负荷动态过程属于 S 型的。

(4) 第 2 个调速器比例增益 K_{P2}=3.4 对应的机组甩负荷的机组频率 f 和接力器行程 y 波形为图 9-2 中的黑色实线所示波形。

使用的调速器 PID 参数为,比例增益 K_{P2}=3.4,积分增益 K_{I2}=0.25 s^{-1},微分增益 K_{D2}=1.0 s;折算后的暂态转差系数 b_{t2}=0.29,缓冲时间常数 T_{d2}=13.6 s,加速度时间常数 T_{n2}=0.30 s。

调速器比例增益 K_{P2} 为 3 种调速器比例增益仿真参数中的中间数值,对应的暂态转差系数 b_t 为 3 种仿真参数中的中间数值,缓冲时间常数 T_d 为 3 种仿真参数中的中间数值,加速度时间常数 T_n 为 3 种仿真参数中的中间数值。

由于比例作用强度较大,从接力器关闭至全关位置开始到再次开启为止的时间为 7.8 s,而且接力器再次开启的速度快,在超过接力器空载开度一个小的开度后,迅速稳定于接力器空载开度。机组频率在靠近机组额定频率时,机组频率下降速度较快,出现一个低于额定频率的微小波谷后,很快稳定于机组额定频率。从机组甩负荷时起到机组频率相对偏差小于±1%为止的调节时间短(t_E=19.5 s,t_E/t_M=2.79)。

调速器比例增益 K_{P2}=3.4 对应的机组甩负荷特性(黑色实线所示波形)是 3 种调速器比例增益仿真参数对应的甩负荷动态过程品质最好的一种。根据以上分析,机组甩 100%额定负荷动态过程属于 B 型。

(5) 第 3 个调速器比例增益 K_{P3}=5.0,对应的机组甩负荷的机组频率 f 和接力器行程 y 波形为图 9-2 中的蓝色虚线所示波形。

使用的调速器 PID 参数为,比例增益 K_{P3}=5.0,积分增益 K_{I3}=0.25 s^{-1},微分增益 K_{D3}=1.0 s;折算后的暂态转差系数 b_{t3}=0.20,缓冲时间常数 T_{d3}=20.0 s,加速度时间常数 T_{n3}=0.20 s。

调速器比例增益 K_{P2} 为 3 种调速器比例增益仿真参数中的最大数值,对应的暂态转差系数 b_t 为 3 种仿真参数中的最小数值,缓冲时间常数 T_d 为 3 种仿真参数中的最大数值,加速度时间常数 T_n 为 3 种仿真参数中的最小数值。

由于比例作用强度大,从接力器从关闭至全关位置开始,到再次开启为止的时间为 12.0 s,接力器再次开启后的速度快,在超过接力器空载开度一个很大的开度(0.34)后,振荡地稳定于接力器空载开度。机组频率在靠近机组额定频率时,机组频率下降速度很快,出现一个数值为 47.6 Hz(相对值为 0.952)的低谷,在振荡的过程中缓慢地稳定于机组额定频率。从机组甩负荷时起,到机组频率相对偏差小于±1%为止的调节时间长(t_E=34.0 s,t_E/t_M=4.86)。

根据以上分析,机组甩 100%额定负荷动态过程属于 O 型的。

(6) 仿真中的机组水流修正系数 $K_Y=1.0$，如果更改其数值，仿真的结果会有明显的不同。前已指出，可以用不同的机组水流修正系数 K_Y 数值，反映机组运行水头的变化。电站实际试验和进一步仿真结果表明，对应于机组最大水头的机组甩负荷动态过程较好的调速器比例增益 K_P 较大，对应于机组最小水头的机组甩负荷动态过程较好的调速器比例增益 K_P 较小。特别是机组运行水头变化很大的情况，最大水头下机组甩负荷动态过程较好的调速器比例增益 K_P 与最小水头下机组甩负荷动态过程较好的调速器比例增益 K_P 之比，甚至可能是 2 倍以上。

综合以上的分析，图 9-2 和表 9-2 所示的仿真结果表明：调速器比例增益 K_P 是调速器 PID 参数中最重要的参数。在水轮机调节系统的动态特性中，调速器比例增益 K_P 的取值对机组甩负荷的动态过程特性有极大的影响，主要与调节偏差成比例地调节接力器的动作，从而起到使机组频率快速趋近目标值的作用；调速器比例增益 K_P 对调节偏差起到快速调节的作用，调速器比例增益 K_P 的取值对调节系统大偏差的调节作用更为明显。当然，调速器比例增益 K_P 也会对扰动过程的调节稳定时间起作用。

调速器比例增益 K_P 的取值过小时，在机组甩负荷的动态过程中，接力器或者不能以最快速度关闭到接力器完全关闭（$y=0$），或者缓慢关闭，或者反而开启后再继续关闭；或者是从接力器以最快速度关闭到全关闭位置开始到接力器重新开启的时间间隔过短，且接力器重新开启的速度缓慢，从而使接力器甩负荷后趋于稳定值的时间过长。在机组甩负荷的动态过程中，机组频率在以最快速度下降到额定频率之前，下降速率已明显变小，使得机组频率或者是单调地下降到甩负荷后的稳定频率，或者是下降到一个低于甩负荷的稳定频率后再缓慢趋近甩负荷后的稳定频率，从而导致机组甩负荷中的机组频率调节稳定时间长。这种特性属于机组甩负荷动态过程的 S 型特性。

当调速器比例增益 K_P 的取值过大时，在机组甩负荷的动态过程中，从接力器以最快速度关闭到接力器完全关闭（$y=0$）开始，到接力器重新开启的时间间隔过长，而且此后的接力器重新开启后的超调量大，并以振荡的形态缓慢地趋近于甩负荷后接力器的稳定开度。在机组甩负荷的动态过程中，机组频率在以最快速度下降到额定频率之后，继续快速下降，可能出现机组频率小于 48 Hz 的最小值，甚至引起机组低频灭磁，机组频率向额定频率（50 Hz）恢复的过程缓慢，导致机组甩负荷中的机组频率调节稳定时间长。这种特性属于机组甩负荷动态过程的 O 型特性。

对于机组甩负荷动态过程为 S 型系统，适当地增大调速器比例增益 K_P 的数值会改善其动态特性，这可能使其成为 B 型系统；对于机组甩负荷动态过程为 O 型系统，适当地减小调速器比例增益 K_P 的数值，会改善其动态特性，可能使其成为 B 型的系统。

从第 7 章水轮机调节系统空载频率扰动特性仿真看到，调速器比例增益 K_P 的数值对空载频率扰动动态特性也有类似的影响：比例作用 K_P 取值过小，会使接力器开启或关闭动作幅度小，接力器开度向扰动后的稳定值关闭过程缓慢；在动态过程的中期，机组频率上升缓慢，以至于在动态过程的后期，机组频率出现了超调现象，机组频率向扰动后的稳定值恢复极为缓慢；呈现出以机组频率响应扰动缓慢、频率出现超调量和频率调节稳定时间长为特征的动态特性。

比例作用 K_P 取值过大,会使接力器的开启或关闭动作幅度大,接力器开度向扰动后的稳定值的关闭过程最为快速;在动态过程的中期,机组频率上升迅速,出现超调和衰减振荡特性,机组频率调节稳定时间较长。

9.2.2 比例增益对机组接力器 1 段关闭甩负荷特性影响仿真 2

仿真的结果如图 9-3 所示,其中重要的数据整理为表 9-3。仿真 1 与仿真 2 的差别在于:仿真 1(见图 9-2)的机组惯性时间常数 $T_a=10.0$ s,水流时间常数 $T_w=1.0$ s,机组惯性比率 $R_I=0.100$,是属于较大的 T_a 和较小的 T_w 的情况,混流式水轮发电机组常常具有这种特性。仿真 2(见图 9-3)的机组惯性时间常数 $T_a=7.5$ s,水流时间常数 $T_w=3.0$ s,机组惯性比率 $R_I=0.400$,则是属于较小的 T_a 和较大的 T_w 的情况,灯泡贯流式水轮发电机组常常具有这种特性。所以,仿真 2 的调速器 PID 参数与仿真 1 的调速器 PID 参数有很大的差别。

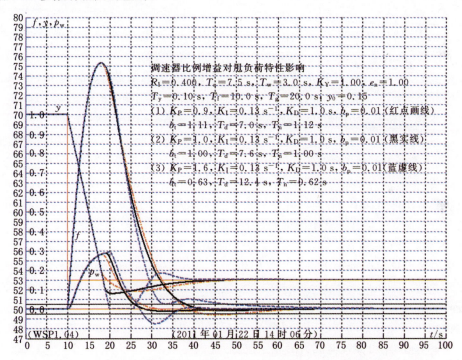

图 9-3 调速器比例增益对机组接力器 1 段关闭甩负荷特性影响仿真 2

表 9-3 调速器比例增益对机组接力器 1 段关闭甩负荷特性影响仿真 2

仿真目标参数	f_m/Hz	M_p	t_M/s	t_E/s	t_E/t_M	p_w
$K_{P1}=0.9$	75.4	50.8%	7.8	40.0	5.13	0.28
$K_{P2}=1.0$	75.4	50.8%	7.8	27.5	3.67	0.29
$K_{P3}=1.6$	75.4	50.8%	7.8	37.0	4.74	0.3

1. 仿真目标参数

（1）调速器比例增益 $K_{P1}=0.9$，对应的接力器 1 段关闭机组甩负荷特性为图中红色点画线波形所示。

（2）调速器比例增益 $K_{P2}=1.1$，对应的接力器 1 段关闭机组甩负荷特性为图中黑色实线波形所示。

（3）调速器比例增益 $K_{P3}=1.6$，对应的接力器 1 段关闭机组甩负荷特性为图中蓝色虚线波形所示。

2. 仿真结果分析

被控制系统参数为，机组惯性比率 $R_I=0.400$，机组惯性时间常数 $T_a=7.5$ s，水流时间常数 $T_w=3.0$ s，水流修正系数 $K_Y=1.00$，机组自调节系数 $e_n=1.00$。

（1）在进行 3 个不同数值的比例增益（K_{P1}、K_{P2} 和 K_{P3}）的机组甩负荷特性仿真时，调速器的积分增益 $K_I=0.13$ s^{-1}，调速器的微分增益 $K_D=1.0$ s。3 种仿真工况的折算的暂态转差系数 b_t，缓冲时间常数 T_d 和加速度时间常数 T_n 显示在仿真结果图 9-3 中。

（2）调速器比例增益 K_P 的取值，对于机组甩 100% 额定负荷动态特性的机组频率上升最大值（机组速率上升）没有影响，3 个不同比例增益数值仿真结果的机组频率最大上升值均为 75.4 Hz，从甩负荷开始至频率升至最高频率所经历的时间 $t_M=7.8$ s。

（3）第 1 个调速器比例增益 $K_{P1}=0.9$，对应的机组甩负荷的机组频率 f 和接力器行程 y 波形为图 9-3 中的红色点画线所示波形。

使用的调速器 PID 参数为，比例增益 $K_{P1}=0.9$，积分增益 $K_{I1}=0.13$ s^{-1}，微分增益 $K_{D1}=1.0$ s；折算后的暂态转差系数 $b_{t1}=1.11$，缓冲时间常数 $T_{d1}=7.0$ s，加速度时间常数 $T_{n1}=1.12$ s。

调速器比例增益 K_{P1} 为 3 种调速器比例增益仿真参数中的最小数值，对应的暂态转差系数 b_t 为 3 种仿真参数中的最大数值，缓冲时间常数 T_d 为 3 种仿真参数中的最小数值，加速度时间常数 T_n 为 3 种仿真参数中的最大数值。

接力器以直线规律从开度为 1.0 关闭至 0.2 后，即减小了其关闭速度，在达到最小开度 0.09 后，即单调、缓慢开启至接力器空载开度。在 3 组仿真中，机组频率在大波动区域的下降速度是最慢的，甩负荷后的机组频率最小值为 49.4 Hz。从机组甩负荷时起，到机组频率相对偏差小于 ±1% 为止的调节时间长（$t_E=40.0$ s），$t_E/t_M=5.13$。引水系统水压相对值上升 0.28。

根据以上分析，机组甩 100% 额定负荷动态过程属于 S 型的。

（4）第 2 个调速器比例增益 $K_{P2}=1.0$，对应的机组甩负荷的机组频率 f 和接力器行程 y 波形为图 9-3 中的黑色实线所示波形。

使用的调速器 PID 参数为，比例增益 $K_{P2}=1.0$，积分增益 $K_{I2}=0.13$ s^{-1}，微分增益 $K_{D2}=1.0$ s；折算后的暂态转差系数 $b_{t2}=1.0$，缓冲时间常数 $T_{d2}=7.6$ s，加速度时间常数 $T_{n2}=1.00$ s。

调速器比例增益 K_{P2} 为 3 种调速器比例增益仿真参数中的中间数值,对应的暂态转差系数 b_t 为 3 种仿真参数中的中间数值,缓冲时间常数 T_d 为 3 种仿真参数中的中间数值,加速度时间常数 T_n 为 3 种仿真参数中的中间数值。

接力器以直线规律从开度为 1.0 关闭至 0.08 后,单调、快速地达到接力器的稳定开度。在 3 组仿真中机组频率在大波动区域的下降速度较快,从机组甩负荷出现的频率峰值开始,机组频率即以单调的规律快速地趋近并达到机组额定频率。从机组甩负荷时起,到机组频率相对偏差小于 ±1‰ 为止的调节时间短($t_E = 27.5$ s,$t_E/t_M = 3.67$)。引水系统水压相对值上升为 0.29。

调速器比例增益 $K_{P2} = 1.0$ 时,对应的机组甩负荷特性(黑色实线波形)是 3 种调速器比例增益仿真参数对应的甩负荷动态过程品质最好的一种。

根据以上分析,机组甩 100% 额定负荷动态过程属于 B 型的。

(5) 第 3 个调速器比例增益 $K_{P3} = 1.6$,对应的机组甩负荷的机组频率 f 和接力器行程 y 波形为图 9-3 中的蓝色虚线所示波形。

使用的调速器 PID 参数为,比例增益 $K_{P3} = 1.6$,积分增益 $K_{I3} = 0.13$ s^{-1},微分增益 $K_{D3} = 1.0$ s;折算后的暂态转差系数 $b_{t3} = 0.63$,缓冲时间常数 $T_{d3} = 12.4$ s,加速度时间常数 $T_{n3} = 0.62$ s。

调速器比例增益 K_{P2} 为 3 种调速器比例增益仿真参数中的最大数值,对应的暂态转差系数 b_t 为 3 种仿真参数中的最小数值,缓冲时间常数 T_d 为 3 种仿真参数中的最大数值,加速度时间常数 T_n 为 3 种仿真参数中的最小数值。

由于比例作用强度大,接力器从关闭至全关位置开始到再次开启为止的时间为 6.0 s,而且接力器再次开启的速度快,在达到接力器全开度 19% 后,即单调地关闭至接力器空载开度($y_0 = 0.15$),机组频率在靠近机组额定频率时,机组频率下降速度很快,出现一个 50.6 Hz 的低谷和数值为 51.0 Hz 的高峰,然后缓慢地稳定于机组的额定频率。从机组甩负荷时起,到机组频率相对偏差小于 ±1‰ 为止的调节时间长($t_E = 37.0$ s,$t_E/t_M = 4.74$)。引水系统水压相对值上升为 0.3。

根据以上分析,机组甩 100% 额定负荷动态过程属于 O 型的。

综合以上的分析,图 9-3 所示的仿真结果和表 9-3 所示的数据表明:仿真 2 的机组惯性时间常数 $T_a = 7.5$ s,水流时间常数 $T_w = 3.0$ s,机组惯性比率 $R_I = 0.400$,被控制系统属于较小的 T_a 和较大的 T_w 的情况;仿真 1 的机组惯性时间常数 $T_a = 10.0$ s,水流时间常数 $T_w = 1.0$ s、机组惯性比率 $R_I = 0.100$,被控制系统则属于较大的 T_a 和较小的 T_w 的情况。所以,仿真 2 的 PID 仿真参数(特别是比例增益 K_P 和积分增益 K_I)与仿真 2 的 PID 仿真参数有很大的差异。仿真 2 机组甩 100% 额定负荷的接力器行程和机组频率动态过程形态也与仿真 1 的动态过程的有很大的差别。

电站试验和仿真结果表明,与机组惯性比率 R_I 相应的较好的调速器 PID 参数的总体规律是:机组惯性比率 R_I 数值大,与较好的机组甩负荷动态过程特性对应的比例增益 K_P 和积分增益 K_I 数值较小;机组惯性比率 R_I 数值小,与较好的机组甩负荷动态过程特性对应的比例增益 K_P 和积分增益 K_I 数值较大。

对于机组甩负荷动态过程为 S 型的系统,适当地增大调速器比例增益 K_P 的数值,会改善其动态特性,这可能使其成为 B 型系统;对于机组甩负荷动态过程为 O 型的系统,适当地减小调速器比例增益 K_P 的数值,会改善其动态特性,这可能使其成为 B 型系统。

9.3 调速器积分增益对机组接力器 1 段关闭甩负荷特性影响仿真

9.3.1 积分增益对机组接力器 1 段关闭甩负荷特性影响仿真 1

图 9-4 所示的为调速器积分增益(K_I)对机组接力器 1 段关闭甩负荷特性影响的仿真界面,界面上的变量或参数的数值可以设定、修改,所有变量或参数的数值将实时地反映在仿真结果(仿真曲线及参数)中,仿真的结果如图 9-5 所示,主要仿真数据整理于表 9-4 中。

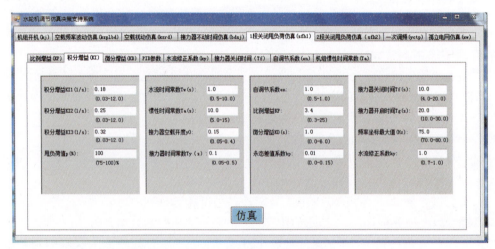

图 9-4 调速器积分增益对机组接力器 1 段关闭甩负荷特性影响仿真界面

1. 仿真目标参数

(1) 调速器积分增益 $K_{I1}=0.18\ \text{s}^{-1}$,对应的波形为图中红色点画线所示波形。

(2) 调速器积分增益 $K_{I2}=0.25\ \text{s}^{-1}$,对应的波形为图中黑色实线所示波形。

(3) 调速器积分增益 $K_{I3}=0.32\ \text{s}^{-1}$,对应的波形为图中蓝色虚线所示波形。

2. 仿真结果分析

被控制系统参数为,机组惯性比率 $R_I=0.100$,机组惯性时间常数 $T_a=10.0\ \text{s}$,水流时间常数 $T_w=1.0\ \text{s}$,水流修正系数 $K_Y=1.00$,机组自调节系数 $e_n=1.00$。

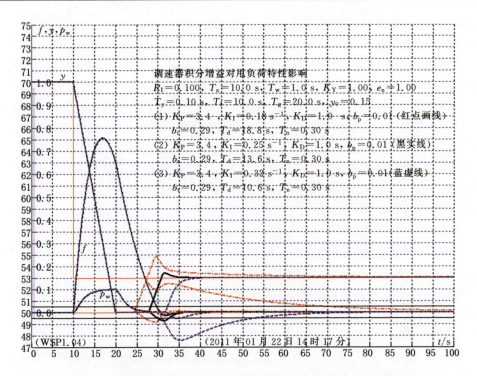

图 9-5　调速器积分增益对机组接力器 1 段关闭甩负荷特性影响仿真 1

表 9-4　调速器积分增益对机组接力器 1 段关闭甩负荷特性影响仿真 1

仿真目标参数	f_m/Hz	M_p	t_M/s	t_E/s	t_E/t_M	p_w
$K_{I1}=0.18\ s^{-1}$	65.2	30.4%	6.5	57.0	8.77	0.10
$K_{I2}=0.25\ s^{-1}$	65.2	30.4%	6.5	20.5	3.15	0.10
$K_{I3}=0.32\ s^{-1}$	65.2	30.4%	6.5	43.0	6.62	0.10

　　(1) 在进行 3 个不同数值的积分增益(K_{I1}、K_{I2} 和 K_{I3})的机组甩负荷特性仿真时,调速器的比例增益 $K_P=3.4$,调速器的微分增益 $K_D=1.0\ s$。3 种仿真工况折算的暂态转差系数 b_t,缓冲时间常数 T_d 和加速度时间常数 T_n 显示在仿真结果图 9-5 中。在 3 组仿真中,下列折算参数是一样的:暂态转差系数 $b_t=0.29$,加速度时间常数 $T_n=0.30\ s$。

　　(2) 调速器积分增益 K_I 的取值对于机组甩 100% 额定负荷动态特性的机组频率上升的最大值(机组频率上升)没有影响,3 个不同比例增益数值仿真结果的机组频率最大上升值均为 65.2 Hz,从甩负荷开始至频率升至最高频率所经历的时间 $t_M=6.5\ s$。引水系统水压相对值上升均为 0.10。

　　(3) 第 1 个调速器积分增益 $K_{I1}=0.18\ s^{-1}$,对应的机组甩负荷的机组频率 f 和接力器行程 y 波形为图 9-5 中的红色点画线所示波形。

　　使用的调速器 PID 参数为,比例增益 $K_{P1}=3.4$,积分增益 $K_{I1}=0.18\ s^{-1}$,微分增

益 $K_{D1}=1.0$ s;折算后的暂态转差系数 $b_{t1}=0.29$,缓冲时间常数 $T_{d1}=18.8$ s,加速度时间常数 $T_{n1}=0.30$ s。

调速器积分增益 K_{I1} 为 3 种调速器比例增益仿真参数中的最小数值,折算的缓冲时间常数 T_d 为 3 种仿真参数中的最大数值。

由于积分作用强度小,接力器从关闭至全关位置开始到再次开启为止的时间为 4.5 s,接力器再次开启并到达开度为 0.25 后,接力器开度单调、缓慢地趋近接力器空载开度($y_0=0.15$)。机组频率在靠近机组额定频率时,机组频率下降速度很快,出现一个 52.0 Hz 的低谷和数值为 52.6 Hz 的高峰,然后缓慢地稳定于机组的额定频率。从机组甩负荷时起,到机组频率相对偏差小于 $\pm 1\%$ 为止的调节时间长($t_E=57.0$ s,$t_E/t_M=8.77$)。

根据以上分析,机组甩 100% 额定负荷动态过程属于 S 型的。

(4) 第 2 个调速器积分增益 $K_{I2}=0.25$ s^{-1},对应的机组甩负荷的机组频率 f 和接力器行程 y 波形为图 9-5 中的黑色实线所示波形。

使用的调速器 PID 参数为,比例增益 $K_{P2}=3.4$,积分增益 $K_{I2}=0.25$ s^{-1},微分增益 $K_{D2}=1.0$ s;折算后的暂态转差系数 $b_{t2}=0.29$,缓冲时间常数 $T_{d2}=13.6$ s,加速度时间常数 $T_{n2}=0.30$ s。

调速器比例增益 K_{I2} 为 3 种调速器比例增益仿真参数中的中间数值,折算的缓冲时间常数 T_d 为 3 种仿真参数中的中间数值。

由于积分作用强度较大,接力器从关闭至全关位置开始到再次开启为止的时间为 7.8 s,而且接力器再次开启的速度快,接力器再次开启并到达开度为 0.17 后,接力器开度单调而快速地趋近接力器空载开度($y_0=0.15$)。机组频率在靠近机组额定频率时,机组频率下降速度较快,出现一个低于额定频率的波谷后,很快稳定于机组额定频率。从机组甩负荷时起,到机组频率相对偏差小于 $\pm 1\%$ 为止的调节时间短($t_E=20.5$ s,$t_E/t_M=3.15$)。

调速器积分增益 $K_{I2}=0.25$ s^{-1} 对应的机组甩负荷特性(黑色实线波形)是 3 种调速器积分增益仿真参数对应的甩负荷动态过程品质最好的一种。

根据以上分析,机组甩 100% 额定负荷动态过程属于 B 型的。

(5) 第 3 个调速器积分增益 $K_{I3}=0.32$ s^{-1},对应的机组甩负荷的机组频率 f 和接力器行程 y 波形为图 9-5 中的蓝色虚线所示波形。

使用的调速器 PID 参数为,比例增益 $K_{P3}=3.4$,积分增益 $K_{I3}=0.32$ s^{-1},微分增益 $K_{D3}=1.0$ s;折算后的暂态转差系数 $b_{t3}=0.29$,缓冲时间常数 $T_{d3}=10.6$ s,加速度时间常数 $T_{n3}=0.30$ s。

调速器比例增益 K_{I2} 为 3 种调速器比例增益仿真参数中的最大数值,折算的缓冲时间常数 T_d 为 3 种仿真参数中的最小值。

由于积分作用强度大,接力器从关闭至全关位置开始到再次开启为止的时间为 117.5 s,而且接力器再次开启的速度快,单调地趋近接力器空载开度。机组频率在靠近机组额定频率时,下降速度很快,出现一个数值为 47.6 Hz(相对值为0.952)的低谷,然后缓慢地稳定于机组额定频率。从机组甩负荷时起,到机组频率相对偏差小于±1%为止的调节时间长($t_E=43.0$ s,$t_E/t_M=6.62$)。

根据以上分析,机组甩 100% 额定负荷动态过程属于 O 型的。

综合以上的分析,图 9-5 所示的仿真结果和表 9-4 所示的数据表明:对于机组甩负荷的动态过程来说,调速器积分增益 K_I 是调速器 PID 参数中重要的参数。在水轮机调节系统的动态特性中,调速器积分增益 K_I 的取值对于机组甩负荷的动态过程特性有重要的影响。特别是影响接力器开度的动作幅值和机组频率的响应速度,也会对扰动过程的调节时间起作用。当然,调速器积分增益 K_I 也要与调速器的比例增益 K_P 和调速器的微分增益 K_D 有恰当的配合。

调速器积分增益 K_I 的取值过小,在机组甩负荷的动态过程中,接力器或者不能以最快速度关闭到完全关闭($y=0$),或者缓慢关闭或者反而开启后再继续关闭;或者从接力器以最快速度关闭到全关闭位置开始,到接力器重新开启的时间间隔过短,且接力器重新开启的速度缓慢,从而使接力器趋于甩负荷后稳定值的时间过长。在机组甩负荷的动态过程中,机组频率在以最快速度下降到额定频率之前,机组频率的下降速率已明显变小,使得机组频率单调地下降到甩负荷后的稳定频率,从而导致机组甩负荷中的机组频率调节稳定时间长。这种特性属于机组甩负荷动态过程的 S 型特性。

调速器积分增益 K_I 的取值过大,在机组甩负荷的动态过程中,从接力器以最快速度关闭到接力器完全关闭($y=0$)开始,到接力器重新开启的时间间隔过长,而且此后的接力器重新开启后,以单调的形态缓慢地趋近于甩负荷后接力器的稳定开度。在机组甩负荷的动态过程中,机组频率在以最快速度下降到额定频率之后,继续快速下降,可能出现机组频率小于 48 Hz 的最小值,甚至引起机组低频灭磁。机组频率向额定频率恢复的过程缓慢,导致机组甩负荷时机组频率调节稳定时间长。这种特性属于机组甩负荷动态过程的 O 型特性。

对于机组甩负荷动态过程为 S 型系统,适当地增大调速器积分增益 K_I 的数值,会改善其动态特性,这可能使其成为 B 型的系统;对于机组甩负荷动态过程为 O 型系统,适当地减小调速器积分增益 K_I 的数值,会改善其动态特性,这可能使其成为 B 型的系统。

从第 7 章水轮机调节系统空载扰动特性仿真看到,调速器积分增益 K_I 的数值对空载频率扰动动态特性也有类似的影响。

9.3.2 积分增益对机组接力器 1 段关闭甩负荷特性影响仿真 2

仿真的结果如图 9-6 所示,主要仿真数据整理于表 9-5 中。仿真 1 与仿真 2 的差别在于:仿真 1 的机组惯性时间常数 $T_a=10.0$ s,水流时间常数 $T_w=1.0$ s,机组惯性比率 $R_I=0.100$,是属于较大的 T_a 和较小的 T_w 的情况。混流式水轮发电机组常常具有这种特性。仿真 2 的机组惯性时间常数 $T_a=7.5$ s,水流时间常数 $T_w=3.0$ s,机组惯

性比率 $R_I=0.400$,则是属于较小的 T_a 和较大的 T_w 的情况。灯泡贯流式水轮发电机组常常具有这种特性。所以,仿真 2 的调速器 PID 参数与仿真 1 的调速器 PID 参数有很大差别。

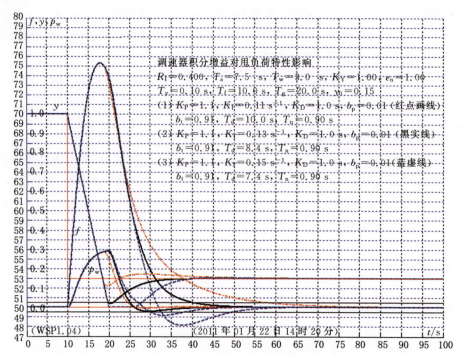

图 9-6 调速器积分增益对机组接力器 1 段关闭甩负荷特性影响仿真 2

表 9-5 调速器积分增益对机组接力器 1 段关闭甩负荷特性影响仿真 2

仿真目标参数	f_m/Hz	M_p	t_M/s	t_E/s	t_E/t_M	p_w
$K_{I1}=0.11\ \text{s}^{-1}$	75.4	50.8%	7.8	47.0	6.03	0.29
$K_{I2}=0.13\ \text{s}^{-1}$	75.4	50.8%	7.8	30.0	3.85	0.30
$K_{I3}=0.15\ \text{s}^{-1}$	75.4	50.8%	7.8	40.0	5.13	0.30

1. 仿真目标参数

(1) 调速器积分增益 $K_{I1}=0.11\ \text{s}^{-1}$,对应的波形为图中红色点画线所示波形。

(2) 调速器积分增益 $K_{I2}=0.13\ \text{s}^{-1}$,对应的波形为图中黑色实线所示波形。

(3) 调速器积分增益 $K_{I3}=0.15\ \text{s}^{-1}$,对应的波形为图中蓝色虚线所示波形。

2. 仿真结果分析

被控制系统参数为,机组惯性比率 $R_I=0.400$,机组惯性时间常数 $T_a=7.5\ \text{s}$,水流时间常数 $T_w=3.0\ \text{s}$,水流修正系数 $K_Y=1.00$,机组自调节系数 $e_n=1.00$。

(1) 在进行 3 个不同数值的积分增益(K_{I1}、K_{I2} 和 K_{I3})仿真中,调速器的比例增益

$K_P = 1.1$ 和调速器的微分增益 $K_D = 1.0$ s。3 种仿真工况的折算的暂态转差系数 b_t，缓冲时间常数 T_d 和加速度时间常数 T_n 显示在仿真结果图 9-6 中。在 3 组仿真中，下列折算参数是一样的：暂态转差系数 $b_t = 0.91$，加速度时间常数 $T_n = 0.90$ s。

(2) 调速器积分增益 K_I 的取值对于机组甩 100% 额定负荷时机组频率上升最大值没有影响，用 3 个不同比例增益数值仿真，其结果是机组频率最大上升值均为 75.4 Hz，从甩负荷开始至频率升至最高频率所经历的时间 $t_M = 7.8$ s。

(3) 第 1 个调速器积分增益 $K_{I1} = 0.11$ s^{-1}，对应的机组甩负荷波形为图 9-6 中的红色点画线所示波形。

使用的调速器 PID 参数为，比例增益 $K_{P1} = 1.1$，积分增益 $K_{I1} = 0.11$ s^{-1}，微分增益 $K_{D1} = 1.0$ s；折算后的暂态转差系数 $b_{t1} = 0.91$，缓冲时间常数 $T_{d1} = 10.0$ s，加速度时间常数 $T_{n1} = 0.90$ s。

调速器积分增益 K_{I1} 为 3 种调速器积分增益仿真参数中的最小数值，折算的缓冲时间常数 T_d 为 3 种仿真参数中的最大数值。

由于积分作用强度小，接力器关闭到开度为 0.11，再开启到 0.175 后，缓慢地趋近接力器空载开度($y_0 = 0.15$)。机组频率在达到最大值后，单调而缓慢地稳定于机组的额定频率。从机组甩负荷时起，到机组频率相对偏差小于 ±1% 为止的调节时间长($t_E = 47.0$ s，$t_E / t_M = 6.03$)。引水系统水压相对值上升为 0.295。

根据以上分析，机组甩 100% 额定负荷动态过程属于 S 型的。

(4) 第 2 个调速器积分增益 $K_{I2} = 0.13$ s^{-1}，对应的机组甩负荷的机组频率 f 和接力器行程 y 波形为图 9-6 中的黑色实线所示波形。

使用的调速器 PID 参数为，比例增益 $K_{P2} = 1.1$，积分增益 $K_{I2} = 0.13$ s^{-1}，微分增益 $K_{D2} = 1.0$ s；折算后的暂态转差系数 $b_{t2} = 0.91$，缓冲时间常数 $T_{d2} = 8.4$ s，加速度时间常数 $T_{n2} = 0.90$ s。

调速器积分增益 K_{I2} 为 3 种调速器积分增益仿真参数中的中间数值，折算的缓冲时间常数 T_d 为 3 种仿真参数中的中间数值。

由于积分作用强度较小，接力器关闭到开度为 0.02 后，再单调地开启到接力器空载开度($y_0 = 0.15$)。机组频率在达到最大值后，单调而较快地稳定于机组的额定频率。从机组甩负荷时起，到机组频率相对偏差小于 ±1% 为止的调节时间短($t_E = 30.0$ s，$t_E / t_M = 3.85$)。引水系统水压相对值上升为 0.30。

调速器积分增益 $K_{I2} = 0.13$ s^{-1} 对应的机组甩负荷特性(黑色实线波形)是 3 种调速器积分增益仿真参数对应的甩负荷动态过程品质最好的一种。

根据以上分析，机组甩 100% 额定负荷动态过程属于 B 型(优良型)。

(5) 第 3 个调速器积分增益 $K_{I3} = 0.15$ s^{-1}，对应的机组甩负荷的机组频率 f 和接力器行程 y 波形为图 9-6 中的蓝色虚线所示波形。

使用的调速器 PID 参数为，比例增益 $K_{P3} = 1.1$，积分增益 $K_{I3} = 0.15$ s^{-1}，微分增益 $K_{D3} = 1.0$ s；折算后的暂态转差系数 $b_{t3} = 0.91$，缓冲时间常数 $T_{d3} = 7.4$ s，加速度时

间常数 $T_{n3}=0.90$ s。

调速器积分增益 K_{I2} 为 3 种调速器积分增益仿真参数中的最大数值,折算的缓冲时间常数 T_d 为 3 种仿真参数中的最小数值。

由于积分作用强度大,从接力器在关闭至全关位置开始到再次开启为止的时间为 7.0 s,而且接力器再次开启的速度快,单调地趋近接力器空载开度。机组频率在靠近机组额定频率时,下降速度很快,出现一个数值为 48.1 Hz(相对值为 0.962)的低谷,然后缓慢地稳定于机组额定频率。从机组甩负荷时起,到机组频率相对偏差小于±1%为止的调节时间长($t_E=40.0$ s,$t_E/t_M=5.13$)。引水系统水压相对值上升为 0.30。

根据以上分析,机组甩 100%额定负荷动态过程属于 O 型的。

综合以上的分析,图 9-6 所示的仿真结果和表 9-5 所示的数据表明:仿真 2 的机组惯性时间常数 $T_a=7.5$ s,水流时间常数 $T_w=3.0$ s,机组惯性比率 $R_I=0.400$,被控制系统是属于较小的 T_a 和较大的 T_w 的情况;而仿真 1 的机组惯性时间常数 $T_a=10.0$ s,水流时间常数 $T_w=1.0$ s,机组惯性比率 $R_I=0.100$,被控制系统则是属于较小的 T_a 和较大的 T_w 的情况。所以,仿真 2 的 PID 仿真参数(特别是比例增益 K_P 和积分增益 K_I)与仿真 2 的 PID 仿真参数有很大的差异。仿真 2 机组甩 100%额定负荷的接力器行程和机组频率动态过程形态也与仿真 1 的有很大的差别。

电站试验和仿真结果表明,与机组惯性比率 R_I 相应的较好的调速器 PID 参数的总体规律是:机组惯性比率 R_I 数值大时,与较好的机组甩负荷动态过程特性对应的积分增益 K_I 和比例增益 K_P 数值较小;机组惯性比率 R_I 数值小时,与较好的机组甩负荷动态过程特性对应的积分增益 K_I 和比例增益 K_P 数值较大。

9.4 调速器微分增益对机组接力器 1 段关闭甩负荷特性影响仿真

图 9-7 所示的为调速器微分增益(K_D)对机组接力器 1 段关闭甩负荷特性影响的仿真界面,界面上的变量或参数的数值可以设定修改,所有变量或参数的数值将实时地反映在仿真结果(仿真曲线及参数)中,仿真的结果如图 9-8 所示,主要仿真参数如表 9-6 所示。

1. 仿真目标参数

(1) 调速器微分增益 $K_{D1}=0.0$ s,对应的波形为图中红色点画线所示波形。
(2) 调速器微分增益 $K_{D2}=3.0$ s,对应的波形为图中黑色实线所示波形。
(3) 调速器微分增益 $K_{D3}=6.0$ s,对应的波形为图中蓝色虚线所示波形。

2. 仿真结果分析

被控制系统参数为,机组惯性比率 $R_I=0.100$,机组惯性时间常数 $T_a=10.0$ s,水流时间常数 $T_w=1.0$ s,水流修正系数 $K_Y=1.0$,机组自调节系数 $e_n=1.00$。

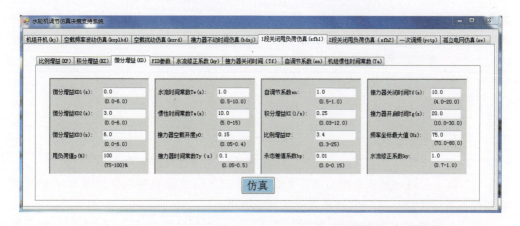

图 9-7　调速器微分增益对机组接力器 1 段关闭甩负荷特性影响仿真界面

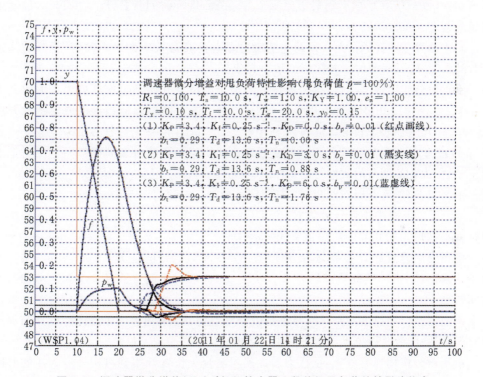

图 9-8　调速器微分增益(K_D)对机组接力器 1 段关闭甩负荷特性影响仿真

(1) 在进行 3 个不同数值的微分增益(K_{D1}、K_{D2} 和 K_{D3})机组甩负荷特性的仿真中,调速器的微分增益 $K_P=3.4$,调速器的积分增益 $K_D=0.25 \text{ s}^{-1}$。3 种仿真工况的折算的暂态转差系数 b_t,缓冲时间常数 T_d 和加速度时间常数 T_n 显示在仿真结果图 9-8 中。在 3 组仿真中,下列折算参数是一样的:暂态转差系数 $b_t=0.29$,缓冲时间常数 $T_d=13.6 \text{ s}$。

(2) 调速器微分增益 K_D 的取值,对于机组甩 100% 额定负荷动态特性机组频率上升的最大值(机组频率上升)没有影响,3 个不同微分增益数值仿真结果的机组频率最大上升值均为 65.2 Hz(机组频率上升率为 30.4%),从甩负荷开始至频率升至最高频率所经历的时间 $t_M = 7.0$ s。引水系统水压相对值上升均为 0.10。

表 9-6 调速器微分增益对机组接力器 1 段关闭甩负荷特性影响仿真 1

仿真目标参数	f_m/Hz	M_p	t_M/s	t_E/s	t_E/t_M	p_w
$K_{D1}=0.0$ s	65.2	30.4%	7.0	34.0	4.86	0.10
$K_{D2}=3.0$ s	65.2	30.4%	7.0	20.5	2.93	0.10
$K_{D3}=6.0$ s	65.2	30.4%	7.0	22.0	3.14	0.10

(3) 第 1 个调速器微分增益 $K_{D1}=0.0$ s,对应的机组甩负荷的机组频率 f 和接力器行程 y 波形为图 9-8 中的红色点画线所示波形。

使用的调速器 PID 参数为,比例增益 $K_{P1}=3.4$,积分增益 $K_{I1}=0.25$ s^{-1},微分增益 $K_{D1}=0.0$ s;折算后的暂态转差系数 $b_{t1}=0.29$,缓冲时间常数 $T_{d1}=13.6$ s,加速度时间常数 $T_{n1}=0.00$ s。

调速器微分增益 K_{D1} 为 3 种调速器微分增益仿真参数中的最小数值,折算的加速度时间常数 T_n 为 3 种仿真参数中的最小数值。

由于微分作用强度小,从接力器在关闭至全关位置开始到再次开启为止的时间为 8.0 s,接力器再次开启并到达开度为 0.2 后,接力器开度单调地趋近接力器空载开度 ($y_0=0.15$)。机组频率在靠近机组额定频率时,机组频率下降速度很快,出现一个 49.2 Hz 的低谷然后稳定于机组的额定频率。从机组甩负荷时起到机组频率相对偏差小于±1%为止的调节时间短($t_E=34.0$ s,$t_E/t_M=4.86$)。

根据以上分析,此时机组甩 100%额定负荷动态过程属于 S 型。

(4) 第 2 个调速器微分增益 $K_{D2}=3.0$ s,对应的机组甩负荷的机组频率 f 和接力器行程 y 波形为图 9-8 中的黑色实线所示波形。

使用的调速器 PID 参数为,比例增益 $K_{P2}=3.4$,积分增益 $K_{I2}=0.25$ s^{-1},微分增益 $K_{D2}=3.0$ s;折算后的暂态转差系数 $b_{t2}=0.29$,缓冲时间常数 $T_{d2}=13.6$ s,加速度时间常数 $T_{n2}=0.88$ s。

调速器微分增益 K_{D2} 为 3 种调速器微分增益仿真参数中的中间数值,折算的加速度时间常数 T_d 为 3 种仿真参数中的中间数值。

由于微分作用强度较大,从接力器在关闭至全关位置开始到再次开启为止的时间为 6.5 s,而且接力器再次开启的速度快,接力器再次开启并到达开度为 0.2 后,接力器开度单调而快速地趋近接力器空载开度($y_0=0.15$)。机组频率在靠近机组额定频率时,机组频率下降速度较快,很快稳定于机组额定频率。从机组甩负荷时起到机组频率相对偏差小于±1%为止的调节时间短($t_E=20.5$ s,$t_E/t_M=2.93$)。

调速器微分增益 $K_{I2}=0.25$ s^{-1} 对应的机组甩负荷特性(黑色实线波形)是 3 种调速器微分增益仿真参数对应的甩负荷动态过程品质最好的一种。

根据以上分析,此时机组甩 100%额定负荷动态过程属于 B 型。

(5) 第 3 个调速器微分增益 $K_{D3}=6.0$ s,对应的机组甩负荷的机组频率 f 和接力器行程 y 波形为图 9-8 中的蓝色虚线所示波形。

使用的调速器 PID 参数为,比例增益 $K_{P3}=3.4$,积分增益 $K_{I3}=0.25$ s^{-1},微分增益 $K_{D3}=6.0$ s;折算后的暂态转差系数 $b_{t3}=0.29$,缓冲时间常数 $T_{d3}=13.6$ s,加速度时间常数 $T_{n3}=1.76$ s。

调速器微分增益 K_D 为 3 种调速器微分增益仿真参数中的最大数值,折算的加速度时间常数 T_d 为 3 种仿真参数中的最大数值。

由于微分作用强度大,从接力器在关闭至全关位置开始到再次开启为止的时间为 5.0 s,而且接力器再次开启的速度快,单调地趋近接力器空载开度。机组频率在靠近机组额定频率时,机组频率下降速度较快并缓慢地稳定于机组额定频率。从机组甩负荷时起到机组频率相对偏差小于±1‰为止的调节时间长($t_E=22.0$ s,$t_E/t_M=3.14$)。

根据以上分析,此时机组甩 100% 额定负荷动态过程属于 B 型。

综合以上的分析,图 9-8 所示的仿真结果和表 9-6 所示的数据表明:在水轮机调节系统的动态特性中,调速器微分增益 K_D 的取值对于机组甩负荷的动态过程特性有一定影响。但是,调速器比例增益 K_P 和积分增益 K_I 的取值对于机组甩负荷动态过程的影响要比微分增益 K_D 的取值对于机组甩负荷动态过程的影响大得多。当然,调速器增益 K_D 也要与调速器的比例增益 K_P 和调速器的积分增益 K_I 有恰当的配合。

调速器微分增益 K_D 的取值过小时,在机组甩负荷的动态过程中,从接力器以最快速度关闭到全关闭位置开始,到接力器重新开启的时间间隔过长,且接力器重新开启的速度快,出现超调,从而使接力器趋于甩负荷后稳定值的时间过长。在机组甩负荷的动态过程中,机组频率在以最快速度下降到低于额定频率,再趋近于甩负荷后的稳定频率,导致机组甩负荷中的机组频率调节稳定时间长。

调速器微分增益 K_D 的取值过大时,从接力器以最快速度关闭到全关位置开始,到接力器重新开启的时间间隔过短,且接力器重新开启的速度慢,从而使接力器趋于甩负荷后稳定值的时间过长。在机组甩负荷的动态过程中,在接近机组额定频率时,机组频率下降速率变小,导致机组甩负荷中的机组频率调节稳定时间长。

从第 7 章水轮机调节系统空载扰动特性仿真看到,调速器微分增益 K_D 的数值对空载频率扰动动态特性也有类似的影响。

9.5 PID 参数对机组接力器 1 段关闭甩负荷特性影响仿真

9.5.1 PID 参数对机组接力器 1 段关闭甩负荷特性影响仿真 1

图 9-9 所示的为调速器 PID 参数对机组接力器 1 段关闭机组甩负荷特性影响的

仿真界面，界面上的变量或参数的数值可以设定修改，所有变量或参数的数值将实时地反映在仿真结果（仿真曲线及参数）中，仿真的结果如图 9-10 所示，主要仿真数据整理于表 9-7 中。

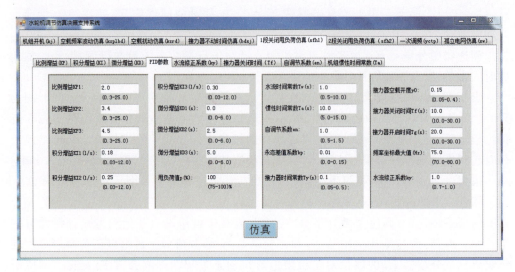

图 9-9 调速器 PID 参数对机组接力器 1 段关闭甩负荷特性影响仿真界面

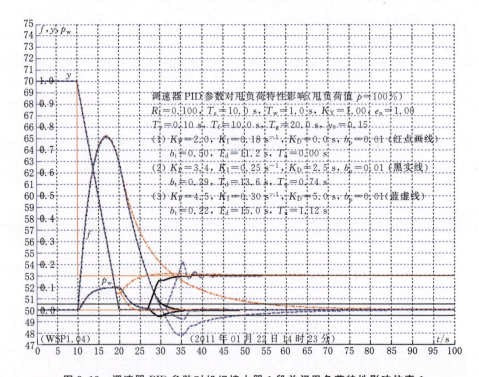

图 9-10 调速器 PID 参数对机组接力器 1 段关闭甩负荷特性影响仿真 1

表 9-7 调速器 PID 参数对机组接力器 1 段关闭甩负荷特性影响仿真 1

仿真目标参数	f_m/Hz	M_p	t_M/s	t_E/s	t_E/t_M	p_w
第 1 组 PID 参数	65.2	30.4%	7.0	44.0	6.29	0.10
第 2 组 PID 参数	65.2	30.4%	7.0	20.0	2.86	0.10
第 3 组 PID 参数	65.2	30.4%	7.0	38.0	5.43	0.10

1. 仿真目标参数

(1) 第 1 组调速器 PID 参数为调速器比例增益 $K_{P1}=2.0$，积分增益 $K_{I1}=0.18\ \mathrm{s}^{-1}$ 和微分增益 $K_{D3}=0.0\ \mathrm{s}$，对应的接力器 1 段关闭机组甩负荷特性的机组频率 f 和接力器行程 y 的图形为图中红色点画线所示波形。

(2) 第 2 组调速器 PID 参数为调速器比例增益 $K_{P2}=3.4$，积分增益 $K_{I2}=0.25\ \mathrm{s}^{-1}$ 和微分增益 $K_{D2}=2.5\ \mathrm{s}$，对应的接力器 1 段关闭机组甩负荷特性的机组频率 f 和接力器行程 y 的图形为图中黑色实线所示波形。

(3) 第 3 组调速器 PID 参数为调速器比例增益 $K_{P3}=4.5$，积分增益 $K_{I3}=0.3\ \mathrm{s}^{-1}$ 和微分增益 $K_{D3}=5.0\ \mathrm{s}$，对应的接力器 1 段关闭机组甩负荷特性的机组频率 f 和接力器行程 y 的图形为图中蓝色虚线所示波形。

2. 仿真结果分析

被控制系统参数为，机组惯性比率 $R_I=0.100$，机组惯性时间常数 $T_a=10.0\ \mathrm{s}$，水流时间常数 $T_w=1.0\ \mathrm{s}$，水流修正系数 $K_Y=1.00$，机组自调节系数 $e_n=1.00$。

(1) 3 种仿真工况的折算的暂态转差系数 b_t，缓冲时间常数 T_d 和加速度时间常数 T_n 显示在仿真结果图 9-10 中。

(2) 3 组不同调速器 PID 参数的仿真，机组频率最大上升值均为 65.2 Hz（机组频率上升率为 30.4%），从甩负荷开始至频率升至最高频率所经历的时间 $t_M=7.0\ \mathrm{s}$。引水系统水压相对值上升均为 0.10。

(3) 第 1 组调速器 PID 参数，对应的机组甩负荷的机组频率 f 和接力器行程 y 波形为图 9-10 中的红色点画线所示波形。

使用的调速器 PID 参数为，比例增益 $K_{P1}=2.0$，积分增益 $K_{I1}=0.18\ \mathrm{s}^{-1}$，微分增益 $K_{D1}=0.0\ \mathrm{s}$；折算后的暂态转差系数 $b_{t1}=0.5$，缓冲时间常数 $T_{d1}=11.2\ \mathrm{s}$，加速度时间常数 $T_{n1}=0.00\ \mathrm{s}$。

从接力器开度关闭至 0.07，转而开启到略大于接力器的空载开度（0.16），然后稳定在接力器的空载开度 0.15；机组频率在靠近机组额定频率时，机组频率下降速度放慢，单调而缓慢地趋近机组额定频率。从机组甩负荷时起，到机组频率相对偏差小于 ±1% 为止的调节时间长（$t_E=44.0\ \mathrm{s}$，$t_E/t_M=6.29$）。

根据以上分析，第 1 组调速器 PID 参数下机组甩 100% 额定负荷动态过程属于 S 型。

(4) 第 2 组调速器 PID 参数对应的机组甩负荷的机组频率 f 和接力器行程 y 波形为图 9-10 中的黑色实线所示波形。

使用的调速器 PID 参数为，比例增益 $K_{P2}=3.4$，积分增益 $K_{I2}=0.25$ s^{-1}，微分增益 $K_{D2}=2.5$ s；折算后的暂态转差系数 $b_{t2}=0.29$，缓冲时间常数 $T_{d2}=13.6$ s，加速度时间常数 $T_{n2}=0.74$ s。

接力器从关闭至全关位置开始到开始开启为止的时间为 7.0 s。接力器开启后，接力器开度就以单调而较快的速度稳定于接力器空载开度。机组频率从甩负荷后的最大值单调地下降并快速地到达机组稳定额定频率。从机组甩负荷时起，到机组频率相对偏差小于 $\pm 1\%$ 为止的调节时间短（$t_E=20.0$ s，$t_E/t_M=2.86$）。

第 2 组调速器 PID 参数对应的机组甩负荷特性（黑色实线波形）是 3 种调速器比例增益仿真参数对应的甩负荷动态过程品质最好的一种。

根据以上分析，第 2 组调速器 PID 参数下机组甩 100% 额定负荷动态过程属于 B 型。

(5) 第 3 组调速器 PID 参数对应的机组甩负荷的机组频率 f 和接力器行程 y 波形为图 9-10 中的蓝色虚线所示波形。

使用的调速器 PID 参数为，比例增益 $K_{P3}=4.5$，积分增益 $K_{I3}=0.3$ s^{-1}，微分增益 $K_{D3}=5.0$ s；折算后的暂态转差系数 $b_{t3}=0.22$，缓冲时间常数 $T_{d3}=15.0$ s，加速度时间常数 $T_{n3}=1.12$ s。

接力器从关闭至全关位置开始，到开始开启为止的时间为 11.5 s，而且开启的速度很快。在超过接力器空载开度一个很大的开度后，振荡地稳定于接力器的空载开度。机组频率在靠近机组额定频率时，机组频率下降速度很快，出现一个数值为 47.8 Hz（相对值为 0.956）的低谷，然后缓慢地稳定于机组额定频率。从机组甩负荷时起到机组频率相对偏差小于 $\pm 1\%$ 为止的调节时间长（$t_E=38.0$ s，$t_E/t_M=5.43$）。

根据以上分析，第 3 组调速器 PID 参数下机组甩 100% 额定负荷动态过程属于 O 型。

综合以上的分析，图 9-10 所示的仿真结果和表 9-7 所示的数据表明：对于机组甩负荷的动态过程来说，调速器比例增益 K_P 和积取分增益 K_I 是调速器 PID 参数中最重要的参数。

调速器比例增益 K_P 和积分增益 K_I 取值过小（第 1 组 PID 参数，图中红色点画线波形）时，接力器未能关闭至接力器全关闭位置就转向开启，致使机组从甩负荷后的最大频率单调而慢速地下降到额定频率，机组频率调节时间长。

调速器比例增益 K_P 和积分增益 K_I 取值过大（第 3 组 PID 参数，图中蓝色虚线波形）时，接力器从关闭至全关位置开始到开始开启为止的时间长。机组频率在靠近机组额定频率时，机组频率下降速度很快，出现一个数值较大的低于额定频率的低谷，然后缓慢地稳定于机组额定频率，机组频率调节时间长。

对于机组甩负荷动态过程为 S 型系统，适当地增大调速器比例增益 K_P 和调速器积分增益 K_I 的数值会改善其动态特性，这可能使其成为 B 型系统。对于机组甩负荷动态过程为 O 型系统，适当地减小调速器比例增益 K_P 和调速器积分增益 K_I 的数值会改善其动态特性，这可能使其成为 B 型系统。

9.5.2 PID参数对机组接力器1段关闭甩负荷特性影响仿真2

仿真2的结果如图9-11所示,仿真结果的主要数据整理于表9-8中。仿真1与仿真2的差别在于:仿真1的机组惯性时间常数 $T_a=12.0$ s,水流时间常数 $T_w=1.0$ s,机组惯性比率 $R_I=0.083$,是属于较大的 T_a 和较小的 T_w 的情况,混流式水轮发电机组常常具有这种特性。仿真2的机组惯性时间常数 $T_a=7.5$ s,水流时间常数 $T_w=3.0$ s,机组惯性比率 $R_I=0.4$,则是属于较小的 T_a 和较大的 T_w 的情况,灯泡贯流式水轮发电机组常常具有这种特性。所以,仿真2的调速器PID参数与仿真1的调速器PID参数有很大的差别。

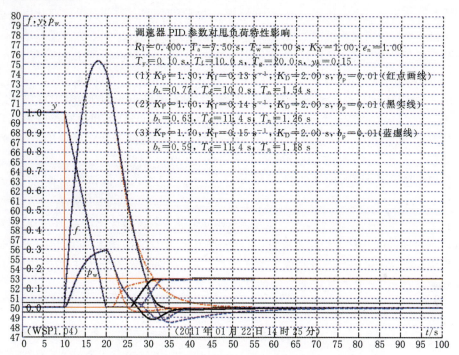

图 9-11　调速器PID参数对机组1段关闭甩负荷特性影响仿真2

表 9-8　调速器PID参数对机组接力器1段关闭甩负荷特性影响仿真2

仿真目标参数	f_m/Hz	M_p	t_M/s	t_E/s	t_E/t_M	p_w
第1组PID参数	75.3	50.6%	7.6	30.0	3.95	0.30
第2组PID参数	75.3	50.6%	7.6	22.5	2.96	0.30
第3组PID参数	75.3	50.6%	7.6	39.0	5.13	0.30

3个不同PID参数数值仿真结果的机组频率最大上升值均为75.2 Hz(机组频率上升为50.4%),从甩负荷开始至频率升至最高频率所经历的时间 $t_M=7.6$ s。引水系统水压相对上升均为0.3。与仿真1的巨大差别是由于被控制系统的参数不同而引

起的。

第 2 组 PID 参数为：调速器比例增益 $K_{P2}=1.6$，积分增益 $K_{I2}=0.14\ s^{-1}$ 和微分增益 $K_{D2}=2.0\ s$；折算后的暂态转差系数 $b_{t2}=0.63$，缓冲时间常数 $T_{d2}=11.4\ s$，加速度时间常数 $T_{n2}=1.26\ s$。

从机组甩负荷时起，到机组频率相对偏差小于 $\pm 1\%$ 为止的调节时间短（$t_E=22.5\ s,t_E/t_M=2.96$）。

第 2 组 PID 参数对应的机组甩 100% 额定负荷特性是 3 组 PID 参数中最好的一组，为 B 型系统。

第 1 组 PID 参数的调速器比例增益 K_P 和积分增益 K_I 取值过小（图中红色点画线波形），接力器从关闭至全关位置开始，到开始开启为止的时间短，致使机组频率从甩负荷后的最大频率单调而慢速地下降到机组额定频率，机组频率调节时间长，为 S 型系统。

从机组甩负荷时起，到机组频率相对偏差小于 $\pm 1\%$ 为止的调节时间较长（$t_E=30.0\ s,t_E/t_M=3.95$）。

第 3 组 PID 参数的调速器比例增益 K_P 和积分增益 K_I 取值过大（图中蓝色虚线波形），接力器从关闭至全关位置开始，到开始开启为止的时间过长，机组频率在靠近机组额定频率时，机组频率下降速度很快，出现一个数值较大的低于额定频率的低谷，然后缓慢地稳定于机组额定频率，机组频率调节时间长，为 O 型系统。

从机组甩负荷时起，到机组频率相对偏差小于 $\pm 1\%$ 为止的调节时间较长（$t_E=39.0\ s,t_E/t_M=5.13$）。

对于机组甩负荷动态过程为 S 型系统，适当地增大调速器比例增益 K_P 和调速器积分增益 K_I 的数值，可改善其动态特性，这可能使其成为 B 型的系统；对于机组甩负荷动态过程为 O 型系统，适当地减小调速器比例增益 K_P 和调速器积分增益 K_I 的数值，可改善其动态特性，这可能使其成为 B 型的系统。

9.6 水流修正系数对机组接力器 1 段关闭甩负荷特性影响仿真

图 9-12 所示的为水流修正系数（K_Y）对机组接力器 1 段关闭甩负荷特性影响的仿真界面，界面上的变量或参数的数值可以设定修改，所有变量或参数的数值将实时地反映在仿真结果（仿真曲线及参数）中，仿真的结果如图 9-13 所示，主要仿真数据整理于表 9-9 中。

1. 仿真目标参数

（1）水流修正系数 $K_{Y1}=0.50\ s$，对应的接力器 1 段关闭机组甩负荷特性的机组频率 f 和接力器行程 y 的图形为图中红色点画线所示波形。

（2）水流修正系数 $K_{Y2}=1.00$，对应的接力器 1 段关闭机组甩负荷特性的机组频

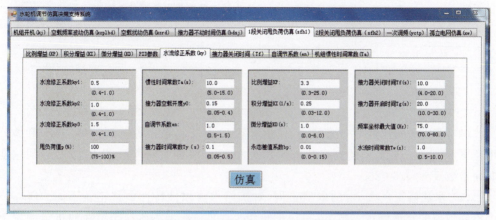

图 9-12　水流修正系数对机组 1 段关闭甩负荷特性影响仿真界面

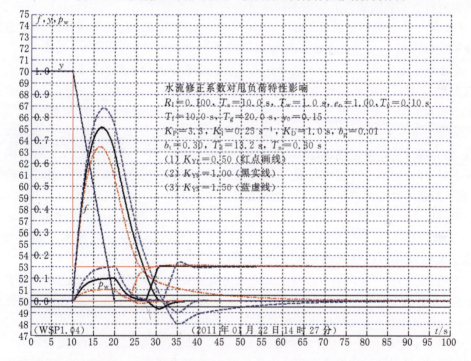

图 9-13　水流修正系数对机组 1 段关闭甩负荷特性影响仿真

率 f 和接力器行程 y 的图形为图中黑色实线所示波形。

(3) 水流修正系数 $K_{Y3}=1.50$，对应的接力器 1 段关闭机组甩负荷特性的机组频率 f 和接力器行程 y 的图形为图中蓝色虚线所示波形。

2. 仿真结果分析

被控制系统参数为，机组惯性比率 $R_1=0.100$，机组惯性时间常数 $T_a=10.0$ s，水流时间常数 $T_w=1.0$ s，机组自调节系数 $e_n=1.0$。

表 9-9　水流修正系数对机组接力器 1 段关闭甩负荷特性影响

仿真目标参数	f_m/Hz	M_p	t_M/s	t_E/s	t_E/t_M	p_w
$K_Y=0.50$	63.5	27.0%	6.5	35.0	5.38	0.05
$K_Y=1.00$	65.2	30.4%	7.0	19.5	2.79	0.10
$K_Y=1.50$	66.9	33.8%	7.4	40.0	5.41	0.15

(1) 使用的调速器 PID 参数为,比例增益 $K_P=3.3$,积分增益 $K_I=0.25\ \text{s}^{-1}$ 和微分增益 $K_D=1.0\ \text{s}$;折算后的暂态转差系数 $b_t=0.30$,缓冲时间常数 $T_d=13.2\ \text{s}$,加速度时间常数 $T_n=0.30\ \text{s}$。

(2) 水流修正系数 K_Y 的取值不同,对机组水流惯性特性的修正就不同。所以,3 个不同数值的水流修正系数 K_Y 对应的机组甩 100% 额定负荷动态特性的机组频率上升最大值和引水系统压力上升均不同。

(3) 第 1 个水流修正系数 $K_{Y1}=0.50$,对应的机组甩负荷的机组频率 f 和接力器行程 y 波形为图 9-13 中的红色点画线所示波形。

水流修正系数 K_{Y1} 为 3 种水流修正系数仿真参数中的最小数值。机组频率最大上升值为 63.5 Hz,从甩负荷开始至频率升至最高频率所经历的时间 $t_M=6.5\ \text{s}$。引水系统水压相对值上升为 0.05。

从接力器在关闭至全关位置开始到再次开启为止的时间为 3.7 s。接力器再次开启后,接力器开度即单调地趋近接力器空载开度($y_0=0.15$)。机组频率在靠近机组额定频率时,机组频率下降速度缓慢,单调地稳定于机组的额定频率。从机组甩负荷时起,到机组频率相对偏差小于±1% 为止的调节时间长($t_E=35.0\ \text{s}$,$t_E/t_M=5.38$)。

根据以上分析,在该组参数下机组甩 100% 额定负荷动态过程属于 S 型。

(4) 第 2 个水流修正系数 $K_{Y2}=1.00$,对应的机组甩负荷的机组频率 f 和接力器行程 y 波形为图 9-13 中的黑色实线所示波形。

水流修正系数 K_{Y2} 为 3 种水流修正系数仿真参数中的中间数值。机组频率最大上升值为 65.2 Hz(机组频率上升 30.4%),从甩负荷开始至频率升至最高频率所经历的时间 $t_M=7.0\ \text{s}$。引水系统水压相对值上升为 0.1。

从接力器关闭至全关位置开始到再次开启为止的时间为 7.5 s,而且接力器再次开启的速度快,接力器开度单调而快速地趋近接力器空载开度($y_0=0.15$)。机组频率在靠近机组额定频率时,下降速度较快,很快稳定于机组额定频率。从机组甩负荷时起,到机组转速相对偏差小于±1% 为止的调节时间短($t_E=19.5\ \text{s}$,$t_E/t_M=2.79$)。

水流修正系数 $K_{Y2}=1.0$ 对应的机组甩负荷特性(黑色实线波形)是 3 种水流修正系数仿真参数对应的甩负荷动态过程品质最好的一种。根据以上分析,在该组参数下机组甩 100% 额定负荷动态过程属于 B 型。

(5) 第 3 个水流修正系数 $K_{Y3}=1.50$,对应的机组甩负荷的机组频率 f 和接力器行程 y 波形为图 9-13 中的蓝色虚线所示波形。

水流修正系数 K_{Y3} 为 3 种水流修正系数仿真参数中的最大数值。机组频率最大上升值为 66.9 Hz(机组速率上升为 33.8%),从甩负荷开始至频率升至最高频率所经历的时间 t_M=7.4 s。引水系统水压相对值上升为 0.15。

从接力器在关闭至全关位置开始到再次开启为止的时间为 11.5 s,而且接力器再次开启的速度快,接力器开度出现一个大于接力器空载开度的小超调后,在微弱振荡中达到接力器空载开度。由于从接力器在关闭至全关位置开始到再次开启为止的时间过长,机组频率在靠近机组额定频率时,机组频率下降速度很快出现一个机组频率为 48.0 Hz 的低谷后,缓慢地稳定于机组额定频率,机组频率调节时间长。从机组甩负荷时起到机组频率相对偏差小于 ±1% 为止的调节时间长(t_E=40.0 s, t_E/t_M=5.41)。

根据以上分析,在第 3 组参数下机组甩 100% 额定负荷动态过程属于 O 型。

仿真中如果更改机组水流修正系数 K_Y=1.00,仿真的结果则会有明显的不同。

综合以上的分析,图 9-13 所示的仿真结果和表 9-9 所示的数据表明:

从图 9-13 所示的仿真结果看出,在其他参数相同的条件下,改变水流修正系数 K_Y 可以使机组甩 100% 额定负荷动态特性展现 S 型、B 型和 O 型等 3 种不同的形态。

水流修正系数 K_Y 是一个人为引入的参数,可以通过适当变化其数值来改变机组频率和引水系统水压动态过程曲线的形态,在一定程度上修正或补偿机组运行水头等变化对水轮发电机组水流惯性时间常数 T_w 的影响。

仿真结果表明,在被控制系统(调节对象)和控制系统(调速器)的所有参数一样的条件下,设置不同的水流修正系数 K_Y 可以调整机组甩 100% 额定负荷动态过程中的机组频率上升最大值、引水系统水压上升最大值、接力器动态过程形态和机组频率动态过程形态。在仿真中的所有参数都使用电站试验的实际数值,如果改变水流修正系数 K_Y,并辅以机组自调节系数 e_n 和机组甩负荷值的微量修正,就可使仿真的动态过程十分接近电站试验的实际动态过程。在此基础上,可以针对电站试验的实际动态过程存在的问题,在仿真中改变调速器的 PID 参数,得到解决问题的调速器 PID 参数组合后,再在电站进行验证试验。这种方法可以尽快的找到解决问题的途径,大大减少现场的试验次数和工作量。其具体做法如下。

① 特性分析——分析机组甩 100% 额定负荷试验得到的存在问题的机组机组甩 100% 额定负荷特性,判断其动态过程类型,初步明确选择较好的调速器 PID 参数的大体方向。

② 曲线拟合——根据电站及机组的实际参数(T_a、T_w)和水轮机控制系统(微机调速器)的实际参数(K_P、K_I、K_D、b_p、T_f、T_g、y_0…)设定仿真基本参数值;调整水流修正系数 k_y 和机组自调节系数 e_n,拟合实测的机组甩 100% 额定负荷特性和仿真的机组甩 100% 额定负荷特性,使二者具有尽量相近的机组甩 100% 额定负荷动态波形。

③ 参数优化—在水轮机调节仿真决策支持系统中改变 PID 参数(K_P、K_I、K_D)进行仿真,消除和改善原机组甩 100% 额定负荷动态波形过程存在的问题,求得与改善后机组甩 100% 额定负荷动态波形对应的 PID 参数。

④ 试验验证—按照仿真得到的 PID 参数整定微机调速器参数，在电站进行机组甩 100％额定负荷试验以验证实际机组甩 100％额定负荷动态性能。

9.7 接力器关闭时间对接力器 1 段关闭机组甩负荷特性影响仿真

接力器关闭时间 T_f 不是一个在电站可以随意改变的参数，其数值应该按照机组调节保证计算整定。这里对其进行仿真，只是为了了解和分析不同的接力器关闭时间 T_f 取值对机组甩 100％额定负荷动态特性的影响。

图 9-14 所示的为接力器关闭时间（T_f）对机组接力器 1 段关闭甩负荷特性影响的仿真界面，界面上的变量或参数的数值可以设定修改，所有变量或参数的数值将实时地反映在仿真结果（仿真曲线及参数）中，仿真的结果如图 9-15 所示，仿真结果的主要数据整理在表 9-10 中。被控制系统的机组惯性比率 $R_I = T_w/T_a = 1.0/10.0 = 0.1$。

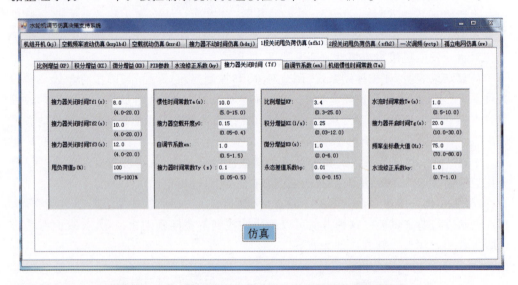

图 9-14 接力器关闭时间对机组 1 段关闭甩负荷特性影响

表 9-10 接力器关闭时间（T_f）对机组接力器 1 段关闭甩负荷特性影响

仿真目标参数	f_m/Hz	M_p	t_M/s	t_E/s	t_E/t_M	p_w
$T_f = 8.0$ s	63.8	27.6％	6.5	39.0	6.0	0.13
$T_f = 10.0$ s	65.2	30.4％	7.0	19.5	2.79	0.10
$T_f = 12.0$ s	66.4	32.8％	7.5	45.0	6.0	0.09

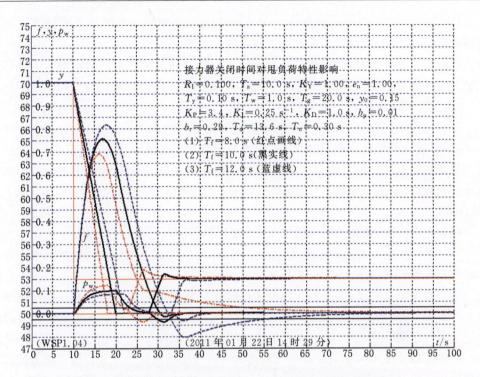

图 9-15 接力器关闭时间对机组 1 段关闭甩负荷特性影响仿真

1. 仿真目标参数

（1）接力器关闭时间 $T_{f1}=8.0$ s，对应的接力器 1 段关闭机组甩负荷特性的机组频率 f 和接力器行程 y 的图形为图中红色点画线所示波形。

（2）接力器关闭时间 $T_{f2}=10.0$，对应的接力器 1 段关闭机组甩负荷特性的机组频率 f 和接力器行程 y 的图形为图中黑色实线所示波形。

（3）接力器关闭时间 $T_{f3}=12.0$，对应的接力器 1 段关闭机组甩负荷特性的机组频率 f 和接力器行程 y 的图形为图中蓝色虚线所示波形。

2. 仿真结果分析

被控制系统参数为，机组惯性比率 $R_I=0.1$，机组惯性时间常数 $T_a=10.0$ s，水流时间常数 $T_w=1.0$ s，水流修正系数 $K_Y=1.0$，机组自调节系数 $e_n=1.0$。

（1）在进行 3 个不同数值接力器关闭时间（T_{f1}、T_{f2} 和 T_{f3}）的机组甩负荷特性仿真时，调速器的比例增益 $K_P=3.4$，调速器的积分增益 $K_I=0.25$ s^{-1} 和调速器的微分增益 $K_D=1.0$ s。在 3 组仿真中，下列折算参数是一样的：暂态转差系数 $b_t=0.29$，缓冲常数 $T_d=13.6$ s，加速度时间时间常数 $T_n=0.30$ s。

（2）接力器关闭时间 T_f 的取值不同，对机组水流惯性特性的修正就不同。所以，3 个不同数值的接力器关闭时间 T_f 对应的机组甩 100% 额定负荷动态特性的机组频率上升最大值和引水系统压力上升均不同。

(3) 第 1 个接力器关闭时间 $T_{f1}=8.0$ s 时,对应的机组甩负荷的机组频率 f 和接力器行程 y 波形为图 9-15 中的红色点画线所示波形。

此时接力器关闭时间 T_{f2} 为 3 种接力器关闭时间仿真参数中的最小数值。机组频率最大上升值为 64.0 Hz,从甩负荷开始至频率升至最高频率所经历的时间 $t_M=6.5$ s。引水系统水压相对值上升为 0.125。

从接力器关闭至全关位置开始到再次开启为止的时间为 5.0 s。接力器再次开启的速度快,接力器开启至全开度 0.19 后,即较慢地关闭到接力器空载开度($y_0=0.15$)。机组频率在靠近机组额定频率时,机组频率下降速度缓慢,机组频率调节时间长。从机组甩负荷时起,到机组频率相对偏差小于±1%为止的调节时间长($t_E=39.0$ s,$t_E/t_M=6.0$)。

根据以上分析,该情况下机组甩 100%额定负荷动态过程属于 S 型。

(4) 第 2 个接力器关闭时间 $T_{f2}=10.0$ s 时,对应的机组甩负荷的机组频率 f 和接力器行程 y 波形为图 9-15 中的黑色实线所示波形。

接力器关闭时间 T_{f2} 为 3 种接力器关闭时间仿真参数中的中间数值。机组频率最大上升值为 65.2 Hz(机组频率上升速率为 30.4%),从甩负荷开始至频率升至最高频率所经历的时间 $t_M=7.0$ s。引水系统水压相对值上升为 0.1。

从接力器在关闭至全关位置开始到再次开启为止的时间为 8.0 s,而且接力器再次开启的速度快,接力器开度开启至 0.175 后就较快地关闭到接力器空载开度($y_0=0.15$)。机组频率在较快下降到机组额定频率后,出现一个频率为 49.75 Hz 的低谷,很快稳定于机组额定频率。从机组甩负荷时起到机组频率相对偏差小于±1%为止的调节时间短($t_E=19.5$ s,$t_E/t_M=2.79$)。

接力器关闭时间 $T_{f2}=10.0$ 对应的机组甩负荷特性(黑色实线波形)是 3 种接力器关闭时间仿真参数对应的甩负荷动态过程品质最好的一种。根据以上分析,此种情况下机组甩 100%额定负荷动态过程属于 B 型。

(5) 第 3 个接力器关闭时间 $T_{f3}=12.0$ s 时,对应的机组甩负荷的机组频率 f 和接力器行程 y 波形为图 9-15 中的蓝色虚线所示波形。

接力器关闭时间 T_{f3} 为 3 种接力器关闭时间仿真参数中的最大数值。机组频率最大上升值为 66.4 Hz,从甩负荷开始至频率升至最高频率所经历的时间 $t_M=7.5$ s。引水系统水压相对值上升为 0.09。

从接力器在关闭至全关位置开始到再次开启为止的时间为 13.0 s,而且接力器再次开启的速度快,接力器开度较快地稳定于接力器空载开度。由于从接力器关闭至全关位置开始到再次开启为止的时间过长,机组频率在靠近机组额定频率时,下降速度很快,出现一个 48.0 Hz 的低谷,然后缓慢地稳定于机组额定频率。机组的频率调节时间长,即从机组甩负荷时起,到机组频率相对偏差小于±1%为止的调节时间长($t_E=45.0$ s,$t_E/t_M=6.0$)。

根据以上分析,机组在本情况下甩 100%额定负荷动态过程属于 O 型。

(6) 仿真中如果更改机组水流修正系数 $K_Y=1.0$,则仿真的结果会有明显的不同。

综合以上的分析,图 9-15 所示的仿真结果和表 9-10 所示的数据表明:在其他参数一样的条件下,接力器关闭时间 T_f 取不同数值,将会使机组甩 100％额定负荷动态过程中的机组频率上升(机组频率上升最大值),引水系统水压上升最大值,接力器动态过程形态和机组频率动态过程形态产生巨大的差异。当然,接力器关闭时间 T_g 取不同数值也会对机组甩 100％额定负荷动态过程中的接力器动态过程形态和机组频率动态过程形态产生一定的影响。

在其他参数相同的条件下,接力器关闭时间 T_f 取不同数值,可以使机组甩 100％额定负荷动态特性,展现 S 型、B 型和 O 型等 3 种不同的形态。这一点应该引起足够的关注。因此,应该清楚地认识到,针对不同的接力器关闭时间 T_f 和接力器开启时间 T_g,要保证机组甩 100％额定负荷动态特性有优良的动态品质,应恰当地选择与之适应的调速器的 PID 参数,这是非常重要的。

9.8 机组自调节系数对机组接力器 1 段关闭甩负荷特性影响仿真

机组自调节系数 e_n 也会影响机组甩负荷动态过程中的机组频率最大上升值(速率上升值)。

机组自调节系数 e_n 不是一个在电站可以随意改变的参数。关于机组自调节系数 e_n 的论述和资料很少,通常也无法知道其数值,这里对其进行仿真,只是为了了解和分析不同的机组自调节系数 e_n 取值对机组甩 100％额定负荷动态特性的影响。

图 9-16 所示的为机组自调节系数(e_n)对机组接力器 1 段关闭甩负荷特性影响的仿真界面,界面上的变量或参数的数值可以设定、修改,所有变量或参数的数值将实时

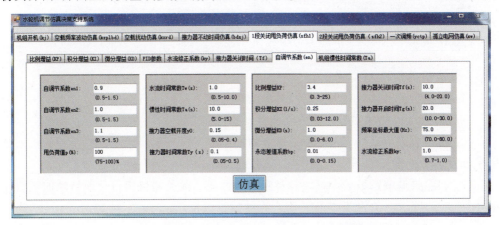

图 9-16 机组自调节系数对机组 1 段关闭甩负荷特性影响仿真界面

地反映在仿真结果(仿真曲线及参数)中,仿真的结果如图 9-17 所示,仿真结果的主要数据整理于表 9-11 中。

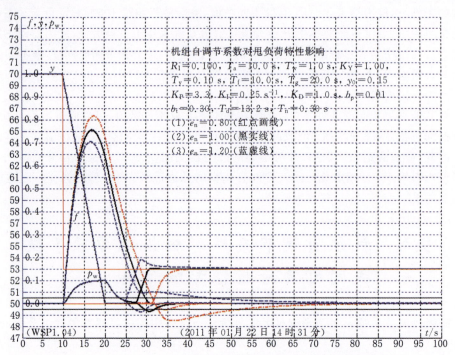

图 9-17　机组自调节系数对机组 1 段关闭甩负荷特性影响仿真

表 9-11　机组自调节系数对机组接力器 1 段关闭甩负荷特性影响

仿真目标参数	f_m/Hz	M_p	t_M/s	t_E/s	t_E/t_M	p_w
$e_n=0.80$	66.5	33.0%	7.4	42.0	5.68	0.10
$e_n=1.00$	65.2	30.4%	7.1	19.5	2.75	0.10
$e_n=1.20$	64.1	28.2%	6.8	33.0	4.85	0.10

1. 仿真目标参数

(1) 机组自调节系数 $e_{n1}=0.80$,对应的接力器 1 段关闭机组甩负荷特性的机组频率 f 和接力器行程 y 的图形为图中红色点画线所示波形。

(2) 机组自调节系数 $e_{n2}=1.00$,对应的接力器 1 段关闭机组甩负荷特性的机组频率 f 和接力器行程 y 的图形为图中黑色实线所示波形。

(3) 机组自调节系数 $e_{n3}=1.20$,对应的接力器 1 段关闭机组甩负荷特性的机组频率 f 和接力器行程 y 的图形为图中蓝色虚线所示波形。

2. 仿真结果分析

被控制系统参数为,机组惯性比率 $R_I=0.100$,机组惯性时间常数 $T_a=10.0$ s,水

流时间常数 $T_w=1.0$ s，水流修正系数 $K_Y=1.00$，机组自调节系数 $e_n=1.00$。

(1) 在进行 3 个不同数值机组自调节系数（e_{n1}、e_{n2} 和 e_{n3}）的机组甩负荷特性仿真时，调速器的比例增益 $K_P=3.3$，调速器的积分增益 $K_I=0.25$ s^{-1} 和调速器的微分增益 $K_D=1.0$ s。在 3 组仿真中，下列折算参数是一样的：暂态转差系数 $b_t=0.30$，缓冲常数 $T_d=13.2$ s，加速度时间常数 $T_n=0.30$ s。

(2) 3 个不同数值的机组自调节系数 e_n 对应的机组甩 100% 额定负荷动态特性机组频率上升的最大值不同，引水系统压力相对值上升均为 0.1。

(3) 第 1 个机组自调节系数 $e_{n1}=0.8$ 对应的机组甩负荷的机组频率 f 和接力器行程 y 波形为图 9-17 中的红色点画线所示波形。

机组自调节系数 e_{n1} 为 3 个机组自调节系数仿真参数中的最小数值。机组频率最大值为 66.5 Hz（机组频率上升 33.0%），从甩负荷开始至频率升至最高频率所经历的时间 $t_M=7.4$ s。

从接力器关闭至全关位置开始到再次开启为止的时间为 12.0 s。接力器再次开启的速度快，以单调的形态开启到接力器空载开度（$y_0=0.15$）。机组频率在靠近机组额定频率时，下降速度很快，出现一个 48.4 Hz 的低谷，然后缓慢地稳定于机组额定频率。机组频率调节时间长，即从机组甩负荷时起，到机组频率相对偏差小于±1% 为止的调节时间长（$t_E=42.0$ s，$t_E/t_M=5.68$）。

根据以上分析，在第 1 组参数下机组甩 100% 额定负荷动态过程属于 O 型。

(4) 第 2 个机组自调节系数 $e_{n2}=1.0$，对应的机组甩负荷的机组频率 f 和接力器行程 y 波形为图 9-17 中的黑色实线所示波形。

机组自调节系数 e_{n2} 为 3 种机组自调节系数仿真参数中的中间数值。机组频率最大值为 65.2 Hz（机组频率上升 30.4%），从甩负荷开始至频率升至最高频率所经历的时间 $t_M=7.1$ s。

从接力器关闭至全关位置开始，到再次开启为止的时间为 7.5 s，而且接力器再次开启的速度快，以接近单调的规律开启到接力器空载开度（$y_0=0.15$）。机组从甩负荷后的最高频率单调、快速地稳定于机组额定频率，机组的频率调节稳定时间短。从机组甩负荷时起，到机组频率相对偏差小于±1% 为止的调节时间短（$t_E=19.5$ s，$t_E/t_M=2.75$）。

机组自调节系数 $e_{n2}=1.0$ 对应的机组甩负荷特性（黑色实线波形）是 3 种水流修正系数仿真参数对应的甩负荷动态过程品质最好的一种。根据以上分析，在第 2 组参数下机组甩 100% 额定负荷动态过程属于 B 型。

(5) 第 3 个机组自调节系数 $e_{n3}=12.0$ s，对应的机组甩负荷的机组频率 f 和接力器行程 y 的波形为图 9-17 中的蓝色虚线所示波形。

机组自调节系数 e_{n3} 为 3 种机组自调节系数仿真参数中的最大数值。机组频率最大值为 64.1 Hz，从甩负荷开始至频率升至最高频率所经历的时间 $t_M=6.6$ s。

从接力器关闭至全关位置开始，到再次开启为止的时间为 9.5 s。接力器再次开启的速度快,接力器开度达 0.19 后,即较慢地关闭到接力器空载开度($y_0=0.15$)。由于从接力器关闭至全关位置开始到再次开启为止的时间过短,因此机组频率在靠近机组额定频率时,机组频率下降出现了突然变慢的拐点,然后缓慢地稳定于机组额定频率。机组的频率调节时间长。从机组甩负荷时起,到机组频率相对偏差小于±1%为止的调节时间长($t_E=33.0$ s,$t_E/t_M=4.85$)。

根据以上分析,机组甩 100% 额定负荷动态过程属于 O 型。

(6) 仿真中如果更改机组水流修正系数 $K_Y=1.0$,则仿真的结果会有明显的不同,详细可见 9.6 节的水流修正系数对机组接力器 1 段关闭甩负荷特性影响仿真的内容。

综合以上的分析,图 9-17 所示的仿真结果和表 9-11 所示的数据表明:在其他参数一样的条件下,机组自调节系数 e_n 取不同数值,将会使机组甩 100% 额定负荷动态过程中机组频率上升到的最大值、接力器动态过程形态和机组频率动态过程形态产生较大的差异。

在其他参数相同的条件下,机组自调节系数 e_n 取不同数值,可以使机组甩 100% 额定负荷动态特性展现 S 型、B 型和 O 型等 3 种不同的形态。这种特点为微小调整机组自调节系数 e_n 的数值,以修正机组甩 100% 额定负荷动态过程中的接力器动态过程形态和机组频率动态过程形态提供了可能。

9.9 机组惯性时间常数对机组接力器 1 段关闭甩负荷特性影响仿真

机组惯性时间常数 T_a 不是一个在电站可以随意改变的参数,关于机组惯性时间常数 T_a 的论述和资料很少,通常也无法知道其数值,这里对其进行仿真,只是为了了解和分析不同的机组惯性时间常数 T_a 取值对机组甩 100% 额定负荷动态特性的影响。

图 9-18 所示的为机组惯性时间常数(T_a)对机组接力器 1 段关闭甩负荷特性影响

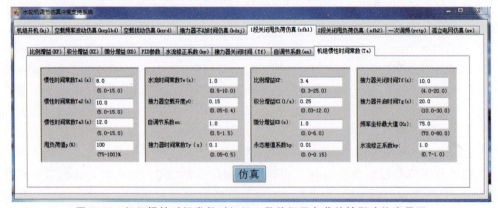

图 9-18 机组惯性时间常数对机组 1 段关闭甩负荷特性影响仿真界面

的仿真界面，界面上的变量或参数的数值可以设定、修改，所有变量或参数的数值将实时地反映在仿真结果（仿真曲线及参数）中，仿真的结果如图 9-19 所示，主要仿真数据整理于表 9-12 中。

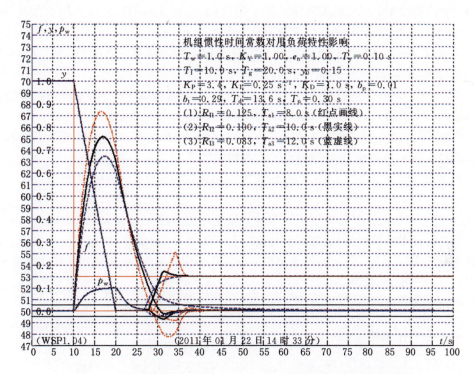

图 9-19　机组惯性时间常数对机组 1 段关闭甩负荷特性影响仿真

表 9-12　机组惯性时间常数对机组接力器 1 段关闭甩负荷特性影响

仿真目标参数	f_m/Hz	M_p	t_M/s	t_E/s	t_E/t_M	p_w
$T_a = 8.0$ s	67.3	34.6%	6.5	26.0	4.0	0.10
$T_a = 10.0$ s	65.2	30.4%	7.0	19.5	2.79	0.10
$T_a = 12.0$ s	63.6	27.2%	7.5	25.5	3.4	0.10

1. 仿真目标参数

（1）机组惯性时间常数 $T_{a1} = 8.0$ s，对应的接力器 1 段关闭机组甩负荷特性的机组频率 f 和接力器行程 y 的图形为图中红色点画线所示波形。

（2）机组惯性时间常数 $T_{a2} = 10.0$ s，对应的接力器 1 段关闭机组甩负荷特性的机组频率 f 和接力器行程 y 的图形为图中黑色实线所示波形。

（3）机组惯性时间常数 $T_{a3} = 12.0$ s，对应的接力器 1 段关闭机组甩负荷特性的机组频率 f 和接力器行程 y 的图形为图中蓝色虚线所示波形。

2. 仿真结果分析

被控制系统参数为,水流时间常数 $T_w=1.0$ s,水流修正系数 $K_Y=1.00$,机组自调节系数 $e_n=1.00$。

(1) 在进行 3 个不同机组惯性时间常数(T_{a1}、T_{a2} 和 T_{a3})的机组甩负荷特性的仿真时,调速器的比例增益 $K_P=3.3$,调速器的积分增益 $K_I=0.25$ s^{-1}和调速器的微分增益 $K_D=1.0$ s。在 3 组仿真中,下列折算参数是一样的:暂态转差系数 $b_t=0.30$,缓冲常数 $T_d=13.2$ s,加速度时间时间常数 $T_n=0.30$ s。

(2) 3 个不同数值的机组惯性时间常数 T_a 对应的机组甩 100%额定负荷动态特性的机组频率上升的最大值不同,引水系统压力相对值上升均为 0.1。

(3) 第 1 个机组惯性时间常数 $T_{a1}=8.0$ s,对应的机组甩负荷的机组频率 f 和接力器行程 y 波形为图 9-19 中的红色点画线所示波形。

机组惯性时间常数 T_{a1} 为 3 种机组惯性时间常数仿真参数中的最小数值。机组频率最大值为 67.3 Hz(机组频率上升 34.6%),从甩负荷开始至频率升至最高频率所经历的时间 $t_M=6.5$ s。从接力器关闭至全关位置开始到再次开启为止的时间为 8.0 s。接力器再次开启的速度快,快速开启到接力器开度为 0.25 后,又快速关闭并稳定在接力器空载开度($y_0=0.15$)。机组频率在靠近机组额定频率时,机组频率下降速度很快,出现一个47.9 Hz的低谷后,较快地稳定于机组额定频率。机组的频率调节时间较短。从机组甩负荷时起,到机组频率相对偏差小于±1%为止的调节时间长($t_E=26.0$ s,$t_E/t_M=4.0$)。

根据以上分析,机组甩 100%额定负荷动态过程属于 O 型。

(4) 第 2 个机组惯性时间常数 $T_{a2}=10.0$ s,对应的机组甩负荷的机组频率 f 和接力器行程 y 波形为图 9-19 中的黑色实线所示波形。

机组惯性时间常数 T_{a2} 为 3 种机组惯性时间常数仿真参数中的中间数值。机组频率最大值为 65.2 Hz(机组频率上升 30.4%),从甩负荷开始至频率升至最高频率所经历的时间 $t_M=7.0$ s。

从接力器关闭至全关位置开始到再次开启为止的时间为 7.5 s,而且接力器再次开启的速度快,以接近单调的规律快速稳定在接力器空载开度($y_0=0.15$)。机组从机组甩负荷后的最高频率单调、快速地稳定于机组额定频率,机组频率调节稳定时间短。从机组甩负荷时起,到机组频率相对偏差小于±1%为止的调节时间短($t_E=19.5$ s,$t_E/t_M=2.79$)。

机组惯性时间常数 $T_{a2}=10.0$ s 对应的机组甩负荷特性(黑色实线波形)是 3 种水流修正系数仿真参数对应的甩负荷动态过程品质最好的一种。根据以上分析,机组甩 100%额定负荷动态过程属于 B 型。

(5) 第 3 个机组惯性时间常数 $T_{a3}=12.0$ s,对应的机组甩负荷的机组频率 f 和接力器行程 y 波形为图 9-19 中的蓝色虚线所示波形。

机组惯性时间常数 T_{a3} 为 3 种机组惯性时间常数仿真参数中的最大数值。机组频率最大值为 63.6 Hz(机组频率上升 27.2%),从甩负荷开始至频率升至最高频率所经历的时间 $t_M = 7.5$ s。

从接力器关闭至全关位置开始到再次开启为止的时间为 7.0 s。接力器再次开启的速度快,接力器开度达 0.19 后,就较慢地关闭到接力器空载开度($y_0 = 0.15$)。由于从接力器在关闭至全关位置开始到再次开启为止的时间过长,故机组频率在靠近机组额定频率时,机组频率下降出现突然变慢,然后缓慢地稳定于机组额定频率,机组频率调节时间长。从机组甩负荷时起,到机组频率相对偏差小于 ±1% 为止的调节时间长($t_E = 25.5$ s,$t_E / t_M = 3.4$)。

根据以上分析,机组甩 100% 额定负荷动态过程属于 S 型。

(6) 仿真中如果更改机组水流修正系数 $K_Y = 1.0$,则仿真的结果会有明显的不同,详细可见 9.6 节水流修正系数对机组接力器 1 段关闭甩负荷特性影响仿真的内容。

综合以上的分析,图 9-19 所示的仿真结果和表 9-12 所示的数据表明:在其他参数一样的条件下,机组惯性时间常数 T_a 取不同数值,会使机组甩 100% 额定负荷动态过程中的机组频率上升(机组频率上升最大值)、接力器动态过程形态和机组频率动态过程形态产生较大的差异。因此,必须根据机组的惯性时间常数 T_a 的数值,选取与之适应的调速器 PID 参数。

9.10 第 1 段关闭时间对机组接力器 2 段关闭甩负荷特性影响仿真

在接力器 2 段关闭的水轮机调节系统中,接力器第 1 段关闭时间 T_{f1} 不是一个在电站可以随意改变的参数,其数值应该按照机组调节保证计算整定。这里对其进行仿真,只是为了了解和分析不同的接力器第 1 段关闭时间 T_{f1} 取值对机组甩 100% 额定负荷动态特性的影响。

图 9-20 所示的为第 1 段接力器关闭时间对机组接力器 2 段关闭甩负荷特性影响的仿真界面,界面上的变量或参数的数值可以设定、修改,所有变量或参数的数值将实时地反映在仿真结果(仿真曲线及参数)中,仿真的结果如图 9-21 所示,仿真结果的主要数据整理于表 9-13 中。

1. 仿真目标参数

(1) 接力器第 1 段关闭时间 $T_{f11} = 10.0$ s,对应的接力器 2 段关闭机组甩负荷特性的机组频率 f 和接力器行程 y 的图形为图中红色点画线所示波形。

(2) 接力器第 1 段关闭时间 $T_{f12} = 13.0$ s,对应的接力器 2 段关闭机组甩负荷特性的机组频率 f 和接力器行程 y 的图形为图中黑色实线所示波形。

(3) 接力器第 1 段关闭时间 $T_{f13} = 16.0$ s,对应的接力器 2 段关闭机组甩负荷特性的机组频率 f 和接力器行程 y 的图形为图中蓝色虚线所示波形。

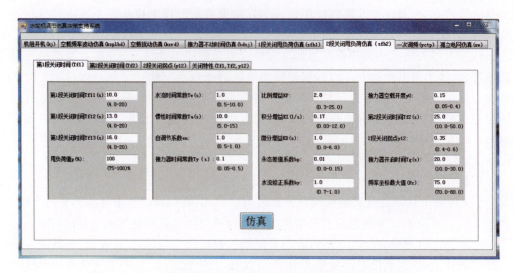

图 9-20 第 1 段关闭时间对机组 2 段关闭甩负荷特性影响仿真界面

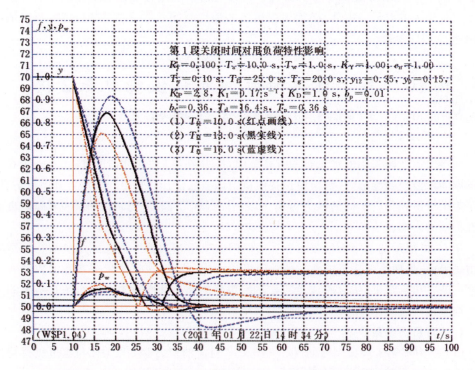

图 9-21 第 1 段关闭时间对水轮发电机组 2 段关闭甩负荷特性影响仿真

2. 仿真结果分析

被控制系统参数为,机组惯性比率 $R_I=0.100$,机组惯性时间常数 $T_a=10.0$ s,水流时间常数 $T_w=1.0$ s,水流修正系数 $K_Y=1.00$,机组自调节系数 $e_n=1.00$。

表 9-13　第 1 段关闭时间对机组 2 段关闭甩负荷特性影响

仿真目标参数	f_m/Hz	M_p	t_M/s	t_E/s	t_E/t_M	p_w
$T_{f1}=10.0$ s	65.1	30.2%	7.0	52.0	7.42	0.10
$T_{f1}=13.0$ s	66.9	33.8%	8.0	25.5	3.19	0.08
$T_{f1}=16.0$ s	68.3	36.6%	9.0	58.0	6.44	0.07

(1) 在进行 3 个不同的接力器第 1 段关闭时间(T_{f1})的机组甩负荷特性仿真时,调速器的比例增益 $K_P=2.8$,调速器的积分增益 $K_I=0.17$ s^{-1} 和调速器的微分增益 $K_D=1.0$ s。在 3 组仿真中,下列折算参数是一样的:暂态转差系数 $b_t=0.36$,缓冲常数 $T_d=16.4$ s,加速度时间时间常数 $T_n=0.36$ s。

(2) 3 个不同数值的接力器第 1 段关闭时间 T_{f1} 对应的机组甩 100% 额定负荷动态特性的机组频率上升最大值(机组速率上升)和引水系统压力上升均不同。

(3) 第 1 个第 1 段接力器关闭时间 $T_{f11}=10.0$ s,对应的机组甩负荷的机组频率 f 和接力器行程 y 波形为图 9-21 中的红色点画线所示波形。

接力器第 1 段关闭时间 T_{f11} 为 3 种第 1 段接力器关闭时间仿真参数中的最小数值。机组频率最大值为 65.1 Hz(机组频率上升 30.2%),从甩负荷开始至频率升至最高频率所经历的时间 $t_M=7.0$ s。引水系统水压相对值上升为 0.10。

从接力器关闭至全关位置后就开始开启,开启到开度为 0.17 后,就缓慢地关闭到接力器空载开度($y_0=0.15$)。机组频率在靠近机组额定频率时,下降速度缓慢,机组频率调节时间长。从机组甩负荷时起,到机组频率相对偏差小于±1%为止的调节时间长($t_E=52.0$ s,$t_E/t_M=7.42$)。根据以上分析,本组数据下机组甩 100% 额定负荷动态过程属于 S 型。

(4) 第 2 个第 1 段接力器关闭时间 $T_{f12}=13.0$ s,对应的机组甩负荷的机组频率 f 和接力器行程 y 波形为图 9-21 中的黑色实线所示波形。

接力器关闭时间 T_{f12} 为 3 种第 1 段接力器关闭时间仿真参数中的中间数值。机组频率最大上升值为 66.9 Hz(机组速率上升为 33.8%),从甩负荷开始至频率升至最高频率所经历的时间 $t_M=8.0$ s。引水系统水压相对值上升为 0.08。

从接力器关闭至全关开始,到接力器重新开始开启为止的时间为 4.0 s。此后接力器就以单调的形态较快地开启到接力器空载开度($y_0=0.15$)。机组从甩负荷后的最高频率开始,单调而较快速地稳定于机组额定频率。从机组甩负荷时起,到机组频率相对偏差小于±1%为止的调节时间短($t_E=25.5$ s,$t_E/t_M=3.19$)。

第 1 段接力器关闭时间 $T_{f12}=13.0$ s 对应的机组甩负荷特性(黑色实线波形)是 3 种水流修正系数仿真参数对应的甩负荷动态过程品质最好的一种。根据以上分析,本组数据下机组甩 100% 额定负荷动态过程属于 B 型。

(5) 第 3 个第 1 段接力器关闭时间 $T_{f13}=16.0$ s,对应的机组甩负荷的机组频率 f

和接力器行程 y 波形为图 9-21 中的蓝色虚线所示波形。

接力器关闭时间 T_{f13} 为 3 种第 1 段接力器关闭时间仿真参数中的最大数值。机组频率最大上升值为 68.3 Hz(机组速率上升为 36.6%),从甩负荷开始至频率升至最高频率所经历的时间 $t_M = 9.0$ s。引水系统水压相对值上升为 0.07。

从接力器关闭至全关位置开始,到再次开启为止的时间为 12.5 s。接力器再次开启的速度较慢,接力器单调地稳定于接力器空载开度。由于从接力器关闭至全关位置开始到再次开启为止的时间过长,机组频率在靠近机组额定频率时的下降速度很快,故出现一个机组频率为 48.2 Hz 的低谷,然后缓慢地稳定于机组额定频率,机组频率调节时间长。从机组甩负荷时起,到机组频率相对偏差小于 ±1% 为止的调节时间长($t_E = 58.0$ s,$t_E/t_M = 6.44$)。根据以上分析,本组数据下机组甩 100% 额定负荷动态过程属于 O 型。

(6) 仿真中的机组水流修正系数 $K_Y = 1.00$,如果更改其数值,仿真的结果会有明显的不同,详细可见 9.6 节水流修正系数对机组接力器 1 段关闭甩负荷特性影响仿真。

综合以上的分析,图 9-21 所示的仿真结果和表 9-13 所示的数据表明:在其他参数一样的条件下,接力器第 1 段关闭时间 T_{f1} 取不同数值,会使机组甩 100% 额定负荷动态过程中的机组速率上升(机组频率上升最大值),引水系统水压上升最大值,接力器动态过程形态和机组频率动态过程形态产生巨大的差异。

在其他参数相同的条件下,接力器第 1 段关闭时间 T_{f1} 取不同数值,可以使机组甩 100% 额定负荷动态特性,展现 S 型、B 型和 O 型等 3 种不同的形态。这一点应该引起足够的关注。因此,应该清楚地认识到,针对不同的 2 段关闭拐点 y_{12},第 1 段接力器关闭时间 T_{f2},第 2 段接力器关闭时间 T_{f2} 和接力器开启时间 T_g,要保证机组甩 100% 额定负荷动态特性有优良的动态品质,需恰当地选择与之适应的调速器的 PID 参数,这是非常重要的。

9.11 第 2 段关闭时间对机组接力器 2 段关闭甩负荷特性影响仿真

在接力器 2 段关闭的水轮机调节系统中,接力器第 2 段关闭时间 T_{f2} 不是一个在电站可以随意改变的参数,其数值应该按照机组调节保证计算结果整定,这里对其进行仿真,只是为了了解和分析不同的接力器第 2 段关闭时间 T_{f2} 取值对机组甩 100% 额定负荷动态特性的影响。

图 9-22 所示的为第 2 段接力器关闭时间(T_{f2})对机组接力器 2 段关闭甩负荷特性影响的仿真界面,界面上的变量或参数的数值可以设定、修改,所有变量或参数的数值将实时地反映在仿真结果(仿真曲线及参数)中,仿真的结果如图 9-23 所示,仿真结果的主要数据整理于表 9-14 中。

第 9 章　水轮机调节系统机组甩负荷特性仿真与分析　　　· 367 ·

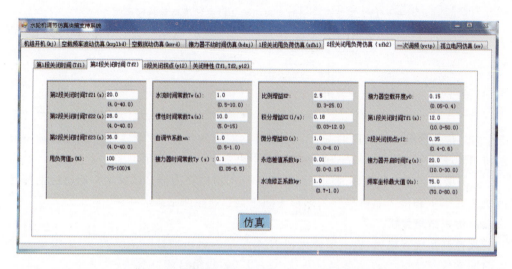

图 9-22　第 2 段关闭时间对机组 2 段关闭甩负荷特性影响仿真界面

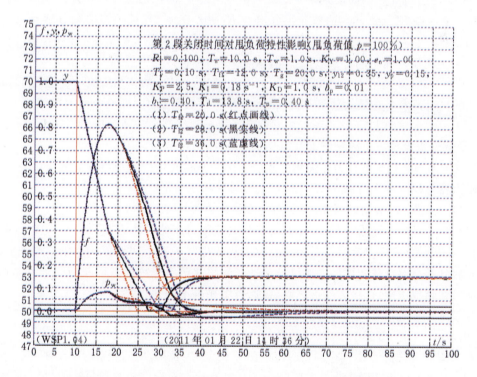

图 9-23　第 2 段关闭时间对机组 2 段关闭甩负荷特性影响仿真

1. 仿真目标参数

（1）接力器第 2 段关闭时间 $T_{f21}=20.0$ s，对应的接力器 2 段关闭机组甩负荷特性的机组频率 f 和接力器行程 y 的图形为图中红色点画线所示波形。

表 9-14　第 2 段关闭时间对机组 2 段关闭甩负荷特性影响

仿真目标参数	f_m/Hz	M_p	t_M/s	t_E/s	t_E/t_M	p_w
$T_{f2}=10.0$ s	66.3	32.6%	7.5	29.5	3.93	0.085
$T_{f2}=13.0$ s	66.3	32.6%	7.5	25.5	3.4	0.085
$T_{f2}=16.0$ s	66.3	32.6%	7.5	40.0	5.33	0.085

（2）接力器第 2 段关闭时间 $T_{f22}=28.0$ s，对应的接力器 2 段关闭机组甩负荷特性的机组频率 f 和接力器行程 y 的图形为图中黑色实线所示波形。

（3）接力器第 2 段关闭时间 $T_{f23}=36.0$ s，对应的接力器 2 段关闭机组甩负荷特性的机组频率 f 和接力器行程 y 的图形为图中蓝色虚线所示波形。

2. 仿真结果分析

被控制系统参数为，机组惯性比率 $R_I=0.100$，机组惯性时间常数 $T_a=10.0$ s，水流时间常数 $T_w=1.0$ s，水流修正系数 $K_Y=1.00$，机组自调节系数 $e_n=1.00$。

（1）在进行 3 个不同接力器第 2 段关闭时间（T_{f2}）的机组甩负荷特性仿真时，调速器的比例增益 $K_P=2.5$，调速器的积分增益 $K_I=0.18$ s^{-1} 和调速器的微分增益 $K_D=1.0$ s。在 3 组仿真中，下列折算参数是一样的：暂态转差系数 $b_t=0.40$，缓冲常数 $T_d=13.8$ s，加速度时间时间常数 $T_n=0.40$ s。

（2）3 个不同数值的接力器第 2 段关闭时间 T_{f2} 对应的机组甩 100% 额定负荷动态特性的机组频率上升最大值和引水系统压力上升值均相同，机组频率上升最大值为 66.3 Hz（机组频率上升 32.6%），从甩负荷开始至频率升至最高频率所经历的时间 $t_M=7.5$ s，引水系统压力相对值上升为 0.085。

（3）第 1 个第 2 段接力器关闭时间 $T_{f21}=20.0$ s，对应的机组甩负荷的机组频率 f 和接力器行程 y 波形为图 9-23 中的红色点画线所示波形。

接力器第 2 段关闭时间 T_{f21} 为 3 种第 2 段接力器关闭时间仿真参数中的最小数值。

从机组甩负荷开始，到接力器关闭到全关位置为止的时间为 15.0 s。从接力器闭至全关开始，到接力器重新开始开启为止的时间为 6.0 s。此后接力器就以单调的形态开启到接力器空载开度（$y_0=0.15$）。机组频率从机组甩负荷后的最高频率开始，单调而较快速地下降，在接力器再次开启后，机组频率下降速度减慢，缓慢地稳定于机组额定频率。从机组甩负荷时起，到机组频率相对偏差小于±1%为止的调节时间长（$t_E=29.5$ s，$t_E/t_M=3.93$）。

根据以上分析，$T_{f21}=20.0$ s 时机组甩 100% 额定负荷动态过程属于 S 型。

（4）第 2 个第 2 段接力器关闭时间 $T_{f22}=28.0$ s，对应的机组甩负荷的机组频率 f 和接力器行程 y 波形为图 9-23 中的黑色实线波形。

接力器关闭时间 T_{f22} 为 3 种第 2 段接力器关闭时间仿真参数中的中间数值。从机组甩负荷开始，到接力器关闭到全关位置为止的时间为 17.5 s。从接力器关闭至全关开始，到接力器重新开始开启为止的时间为 6.0 s，此后接力器就以单调的形态较快地开启到接力器空载开度($y_0=0.15$)。机组频率从机组甩负荷后的最高频率开始,单调而较快速地稳定于机组额定频率。从机组甩负荷时起,到机组频率相对偏差小于±1%为止的调节时间短($t_E=25.5$ s,$t_E/t_M=3.4$)。

第 2 段接力器关闭时间 $T_{f2}=10.0$ s 对应的机组甩负荷特性(黑色实线波形)是 3 种水流修正系数仿真参数对应的甩负荷动态过程品质最好的一种。根据以上分析,$T_{f22}=28.0$ s 时机组甩 100%额定负荷动态过程属于 B 型。

(5) 第 3 个第 2 段接力器关闭时间 $T_{f23}=36.0$ s,对应的机组甩负荷的机组频率 f 和接力器行程 y 波形为图 9-23 中的蓝色虚线波形。

接力器关闭时间 T_{f23} 为 3 种第 2 段接力器关闭时间仿真参数中的最大数值。从机组甩负荷开始,到接力器关闭到全关位置为止的时间为 20.5 s;从接力器在关闭至全关位置开始到再次开启为止的时间为 6.0 s,接力器单调地稳定于接力器空载开度。由于从机组甩负荷开始到接力器关闭到全关位置为止的时间过长,机组频率在靠近机组额定频率时,机组频率下降速度很快,出现一个机组频率为 49.4 Hz 的低谷,然后缓慢地稳定于机组额定频率,机组频率调节时间长。从机组甩负荷时起,到机组频率相对偏差小于±1%为止的调节时间长($t_E=40.0$ s,$t_E/t_M=5.33$)。

根据以上分析,$T_{f23}=36.0$ s 时机组甩 100%额定负荷动态过程属于 O 型。

(6) 仿真中如果更改机组水流修正系数,则仿真的结果会有明显的不同,详细可见 9.6 节水流修正系数对机组接力器 1 段关闭甩负荷特性影响仿真的内容。

综合以上的分析,图 9-23 所示的仿真结果和表 9-14 所示的数据表明:在其他参数一样的条件下,接力器第 2 段关闭时间 T_{f2} 取不同数值,一般不会影响机组甩 100%额定负荷动态特性中机组频率上升的最大值和引水系统压力上升值,但是会使机组甩 100%额定负荷动态过程中的接力器动态过程形态和机组频率动态过程形态产生一定的差异。

在其他参数相同的条件下,接力器第 2 段关闭时间 T_{f2} 取不同数值,可能使机组甩 100%额定负荷动态特性,展现 S 型、B 型和 O 型等 3 种不同的形态。这一点应该引起足够的关注。因此,应该清楚地认识到,针对不同的 2 段关闭拐点 y_{12},第 1 段接力器关闭时间 T_{f2},第 2 段接力器关闭时间 T_{f2} 和接力器开启时间 T_g,要保证机组甩 100%额定负荷动态特性有优良的动态品质,应恰当地选择与之适应的调速器的 PID 参数。

9.12 2 段关闭拐点对机组接力器 2 段关闭甩负荷特性影响仿真

在接力器 2 段关闭的水轮机调节系统中,2 段关闭拐点 y_{12} 不是一个在电站可以随意改变的参数,其数值应该按照机组调节保证计算结果整定,这里对其进行仿真,只是为了了解和分析不同的 2 段关闭拐点 y_{12} 取值对机组甩 100%额定负荷动态特性的影响。

图 9-24 所示的为第 2 段关闭拐点（y_{12}）对机组接力器 2 段关闭甩负荷特性影响的仿真界面，界面上的变量或参数的数值可以设定、修改，所有变量或参数的数值将实时地反映在仿真结果（仿真曲线及参数）中，仿真的结果如图 9-25 所示，仿真结果的主要数据整理于表 9-15 中。

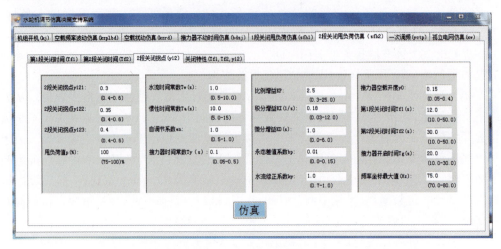

图 9-24 2 段关闭拐点对机组 2 段关闭甩负荷特性影响仿真界面

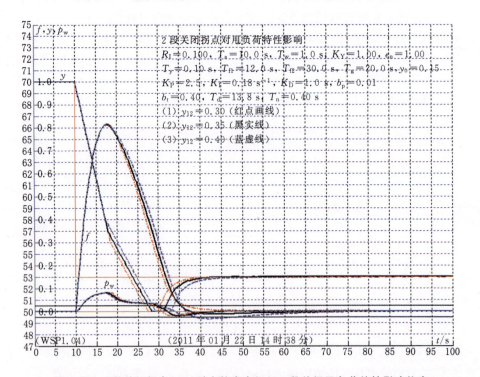

图 9-25 2 段关闭拐点（y_{12}）对水轮发电机组 2 段关闭甩负荷特性影响仿真

表 9-15　2 段关闭拐点 (y_{12}) 对水轮发电机组 2 段关闭甩负荷特性影响

仿真目标参数	f_m/Hz	M_p	t_M/s	t_E/s	t_E/t_M	p_w
$y_{12}=0.30$	66.3	32.6%	7.5	26.5	3.53	0.085
$y_{12}=0.35$	66.3	32.6%	7.5	25.5	3.40	0.085
$y_{12}=0.40$	66.3	32.6%	7.5	37.0	4.93	0.085

1. 仿真目标参数

(1) 2 段关闭拐点 $y_{121}=0.30$，对应的接力器 2 段关闭机组甩负荷特性的机组频率 f 和接力器行程 y 的图形为图中红色点画线所示波形。

(2) 2 段关闭拐点 $y_{122}=0.35$，对应的接力器 2 段关闭机组甩负荷特性的机组频率 f 和接力器行程 y 的图形为图中黑色实线所示波形。

(3) 2 段关闭拐点 $y_{123}=0.40$，对应的接力器 2 段关闭机组甩负荷特性的机组频率 f 和接力器行程 y 的图形为图中蓝色虚线所示波形。

2. 仿真结果分析

被控制系统参数为，机组惯性比率 $R_I=0.100$，机组惯性时间常数 $T_a=10.0$ s，水流时间常数 $T_w=1.0$ s，水流修正系数 $K_Y=1.00$，机组自调节系数 $e_n=1.00$。

(1) 在进行 3 个不同数值的 2 段关闭拐点 (y_{12}) 的机组甩负荷特性仿真时，调速器的比例增益 $K_P=2.5$，调速器的积分增益 $K_I=0.18$ s^{-1} 和调速器的微分增益 $K_D=1.0$ s。在 3 组仿真中，下列折算参数是一样的：暂态转差系数 $b_t=0.40$，缓冲常数 $T_d=13.8$ s，加速度时间时间常数 $T_n=0.40$ s。

(2) 3 个不同数值的 2 段关闭拐点 y_{12} 对应的机组甩 100% 额定负荷动态特性的机组频率上升最大值（机组速率上升）和引水系统压力上升均相同，机组频率上升最大值为 66.3 Hz，从甩负荷开始至频率升至最高频率所经历的时间 $t_M=7.5$ s，引水系统压力上升为 0.085。

(3) 第 1 个第 2 段接力器关闭拐点 $y_{121}=0.30$，对应的机组甩负荷的机组频率 f 和接力器行程 y 波形为图 9-25 中的红色点画线波形。

2 段关闭拐点 y_{121} 为 3 种调速器 2 段关闭拐点仿真参数中的最小数值。从机组甩负荷开始，到接力器关闭到全关位置为止的时间为 17.5 s。从接力器关闭至全关开始，到接力器重新开始开启为止的时间为 3.0 s，此后接力器就单调地开启到接力器空载开度 ($y_0=0.15$)。机组频率从机组甩负荷后的最高频率开始，单调而较快速地下降，在接力器再次开启后，机组频率下降速度减慢，缓慢地稳定于机组额定频率。从机组甩负荷起，到机组频率相对偏差小于 ±1% 为止的调节时间较长 ($t_E=26.5$ s，$t_E/t_M=3.53$)。

根据以上分析，$y_{121}=0.30$ 时机组甩 100% 额定负荷动态过程属于 B 型。

(4) 第 2 个第 2 段接力器关闭拐点 $y_{122}=0.40$，对应的机组甩负荷的机组频率 f 和

接力器行程 y 波形为图 9-25 中的黑色实线所示波形。

接力器关闭拐点 y_{122} 为 3 种调速器 2 段关闭拐点仿真参数中的中间数值。

从机组甩负荷开始,到接力器关闭到全关位置为止的时间为 18.5 s。从接力器关闭至全关开始,到接力器重新开始开启为止的时间为 4.0 s,此后接力器以单调的形态较快地开启到接力器空载开度($y_0=0.15$)。机组频率从机组甩负荷后的最高频率开始,单调而较快速地稳定于机组额定频率。从机组甩负荷时起,到机组频率相对偏差小于±1%为止的调节时间短($t_E=25.5$ s,$t_E/t_M=3.4$)。

第 2 段接力器关闭拐点 y_{122} 对应的机组甩负荷特性(黑色实线波形)是 3 种关闭拐点仿真参数对应的甩负荷动态过程品质最好的一种。根据以上分析,$y_{122}=0.40$ 时机组甩 100%额定负荷动态过程属于 B 型。

(5)第 3 个第 2 段接力器关闭拐点 $y_{123}=0.50$,对应的机组甩负荷的机组频率 f 和接力器行程 y 波形为图 9-25 中的蓝色虚线波形。

接力器关闭拐点 y_{123} 为 3 种 2 段关闭拐点仿真参数中的最大数值。从机组甩负荷开始,到接力器关闭到全关位置为止的时间为 19.5 s。从接力器在关闭至全关位置开始到再次开启为止的时间为 5.0 s,接力器单调地稳定于接力器空载开度。由于从机组甩负荷开始到接力器关闭到全关位置为止的时间较长,机组频率在靠近机组额定频率时,下降速度很快,出现一个机组频率为 49.4 Hz 的低谷,然后缓慢地稳定于机组额定频率,机组频率调节时间长。从机组甩负荷时起,到机组频率相对偏差小于±1%为止的调节时间长($t_E=37.0$ s,$t_E/t_M=4.93$)。

根据以上分析,$y_{123}=0.50$ 时机组甩 100%额定负荷动态过程属于 O 型。

(6)仿真中如果更改机组水流修正系数,则仿真的结果会有明显的不同,详细可见 9.6 节水流修正系数对机组接力器 1 段关闭甩负荷特性影响仿真的内容。

综合以上的分析,图 9-25 所示的仿真结果和表 9-15 所示的数据表明:在其他参数一样的条件下,2 段关闭拐点 y_{12} 取不同数值,一般不会影响组甩 100%额定负荷动态特性的机组频率上升最大值(机组速率上升)和引水系统压力上升值,但是会使机组甩 100%额定负荷动态过程中的接力器动态过程形态和机组频率动态过程形态产生一定的差异。

在其他参数相同的条件下,2 段关闭拐点 y_{12} 取不同数值,也可能使机组甩 100%额定负荷动态特性,展现 S 型、B 型和 O 型等 3 种不同的形态。这一点应该引起足够的关注。因此,应该清楚地认识到,针对不同的 2 段关闭拐点 y_{12}、第 1 段接力器关闭时间 T_{f1},第 2 段接力器关闭时间 T_{f2} 和接力器开启时间 T_g,要保证机组甩 100%额定负荷动态特性有优良的动态品质,需恰当地选择与之适应的调速器的 PID 参数,这是重要的。

9.13 接力器关闭特性对机组接力器2段关闭甩负荷特性影响仿真

9.13.1 接力器关闭特性对机组接力器2段关闭甩负荷特性影响仿真1

图9-26所示的为2段关闭规律（T_{f1}，T_{f2}，y_{12}）对机组接力器2段关闭甩负荷特性影响的仿真界面，界面上的变量或参数的数值可以设定修改，所有变量或参数的数值将实时地反映在仿真结果（仿真曲线及参数）中，仿真的结果如图9-27所示，仿真结果的主要数据整理于表9-16中。

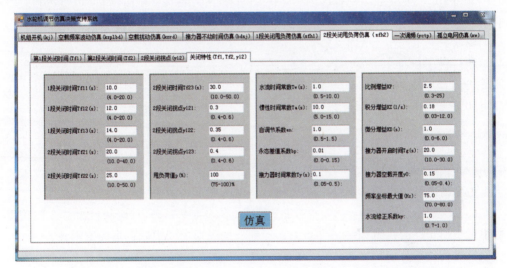

图9-26 2段关闭规律对机组接力器2段关闭甩负荷特性影响仿真界面

表9-16 2段关闭规律对机组接力器2段关闭甩负荷特性影响仿真1

仿真目标参数	f_m/Hz	M_p	t_M/s	t_E/s	t_E/t_M	p_w
第1组2段关闭规律	65.2	32.6%	6.5	47.0	7.24	0.100
第2组2段关闭规律	66.3	32.6%	7.5	25.5	3.4	0.082
第3组2段关闭规律	67.4	34.8%	8.5	57.0	6.71	0.075

1. 仿真目标参数

被控制系统参数为，机组惯性比率 $R_I=0.100$，机组惯性时间常数 $T_a=10.0$ s，水流时间常数 $T_w=1.0$ s，机组自调节系数 $e_n=1.00$。

（1）2段关闭规律 $T_{f11}=10.0$ s，$T_{f22}=20.0$ s，$y_{121}=0.30$，对应的接力器2段关闭机组甩负荷特性的机组频率 f 和接力器行程 y 的图形为图中红色点画线所示波形。

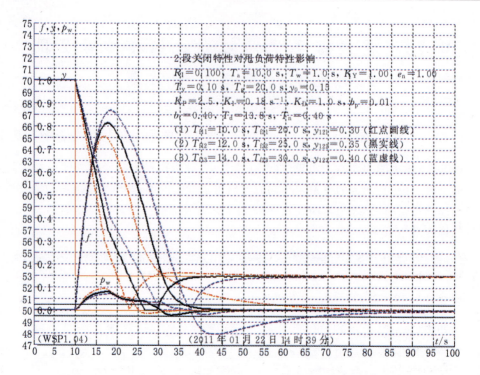

图 9-27 2 段关闭特性对机组接力器 2 段关闭甩负荷特性影响仿真 1

(2) 2 段关闭规律 $T_{f12}=12.0$ s, $T_{f22}=25.0$ s, $y_{122}=0.35$,对应的接力器 2 段关闭机组甩负荷特性的机组频率 f 和接力器行程 y 的图形为图中黑色实线所示波形。

(3) 2 段关闭规律 $T_{f13}=14.0$ s, $T_{f23}=30.0$ s, $y_{123}=0.40$,对应的接力器 2 段关闭机组甩负荷特性的机组频率 f 和接力器行程 y 的图形为图中蓝色虚线所示波形。

2. 仿真结果分析

被控制系统参数为,机组惯性比率 $R_I=0.100$,机组惯性时间常数 $T_a=10.0$ s,水流时间常数 $T_w=1.0$ s,水流修正系数 $K_Y=1.00$,机组自调节系数 $e_n=1.00$。

调速器 PID 参数为,调速器比例增益 $K_P=2.5$,积分增益 $K_I=0.18$ s^{-1} 和微分增益 $K_{D3}=1.0$ s,折算的暂态转差系数 $b_t=0.40$,缓冲时间常数 $T_d=13.8$ s,加速度时间常数 $T_n=0.40$ s。

(1) 在进行 3 个不同数值的 2 段关闭规律的机组甩负荷特性仿真时,调速器的比例增益 $K_P=2.5$、调速器的积分增益 $K_I=0.18$ s^{-1} 和调速器的微分增益 $K_D=1.0$ s。在 3 组仿真中,下列折算参数是一样的:暂态转差系数 $b_t=0.40$,缓冲常数 $T_d=13.8$ s,加速度时间时间常数 $T_n=0.40$ s。

(2) 第 1 个 2 段关闭规律,对应的机组甩负荷的机组频率 f 和接力器行程 y 波形为图 9-27 中的红色点画线所示波形。

(3) 机组频率上升最大值为 65.2 Hz,从甩负荷开始至频率升至最高频率所经历

的时间 $t_M=6.5$ s,引水系统压力相对值上升为 0.100。

从机组甩负荷开始,到接力器关闭到全关位置为止的时间为 13.0 s;从接力器关闭至全关立即开始开启,此后接力器开度开启至 0.165 的开度后,以单调的形态关闭到接力器空载开度($y_0=0.15$)。机组频率从机组甩负荷后的最高频率开始,单调而较快速地下降,在接力器再次开启后,机组频率下降速度减慢,缓慢地稳定于机组额定频率。从机组甩负荷时起,到机组频率相对偏差小于±1%为止的调节时间较长($t_E=47.0$ s, $t_E/t_M=7.24$)。

第 1 个 2 段关闭规律下机组甩 100% 额定负荷动态过程属于 S 型的。

(4) 第 2 个 2 段关闭规律,对应的机组甩负荷的机组频率 f 和接力器行程 y 波形为图 9-27 中的黑色实线所示波形。

机组频率上升最大值为 66.3 Hz(机组速率上升为 32.6%),从甩负荷开始至频率升至最高频率所经历的时间 $t_M=7.5$ s,引水系统压力相对值上升为 0.082。

从机组甩负荷开始,到接力器关闭到全关位置为止的时间为 16.5 s;从接力器关闭至全关开始,到接力器重新开始开启为止的时间为 3.0 s,此后接力器单调地开启到接力器空载开度($y_0=0.15$)。机组频率从机组甩负荷后的最高频率开始,单调而较快速地稳定于机组额定频率。从机组甩负荷时起,到机组频率相对偏差小于±1%为止的调节时间短($t_E=25.5$ s, $t_E/t_M=3.4$)。

2 段关闭规律对应的机组甩负荷特性(黑色实线波形)是 3 种关闭规律仿真参数对应的甩负荷动态过程品质最好的一种。根据以上分析,第 2 个 2 段关闭规律下机组甩 100% 额定负荷动态过程属于 B 型的。

(5) 第 3 个 2 段关闭规律,对应的机组甩负荷的机组频率 f 和接力器行程 y 波形为图 9-27 中的蓝色虚线所示波形。

机组频率上升最大值为 67.4 Hz(机组频率上升 34.8%),从甩负荷开始至频率升至最高频率所经历的时间 $t_M=8.5$ s,引水系统压力相对值上升为 0.075。

从机组甩负荷开始,到接力器关闭到全关位置为止的时间为 21.0 s;从接力器在关闭至全关位置开始到再次开启为止的时间为 7.5 s,接力器单调地稳定于接力器空载开度。由于从机组甩负荷开始到接力器关闭到全关位置为止的时间较长,机组频率在靠近机组额定频率时,下降速度很快,出现一个机组频率为 48.0 Hz 的低谷,然后缓慢地稳定于机组额定频率,机组频率调节时间长。从机组甩负荷时起,到机组频率相对偏差小于±1%为止的调节时间长($t_E=57.0$ s, $t_E/t_M=6.71$)。

根据以上分析,第 3 个 2 段关闭规律下机组甩 100% 额定负荷动态过程属于 O 型。

(6) 仿真中如果更改机组水流修正系数,则仿真的结果会有明显的不同,详细可见 9.6 节水流修正系数对机组接力器 1 段关闭甩负荷特性影响仿真的内容。

综合以上的分析,图 9-26 所示的仿真结果和表 9-16 所示的数据表明:不同的接力器 2 段关闭特性会使机组甩 100% 额定负荷动态过程中的接力器动态过程形态和机组频率动态过程形态产生巨大的差异。

在其他参数相同的条件下,接力器 2 段关闭特性不同,可能使机组甩 100% 额定负荷动态特性,展现 S 型、B 型和 O 型等 3 种不同的形态。这一点应该引起足够的关注。因此,应该清楚地认识到,针对不同的接力器 2 段关闭特性,要保证机组甩 100% 额定负荷动态特性有优良的动态品质,需恰当地选择与之适应的调速器的 PID 参数,这是非常重要的。

9.13.2 接力器关闭特性对机组接力器 2 段关闭甩负荷特性影响仿真 2

被控制系统的机组惯性比率 $R_1 = T_w/T_a = 7.5/7.5 = 1.0$,这是一种机组惯性时间常数 T_a 小和水流惯性时间常数 T_w 特别大的被控制系统。仿真的结果如图 9-28 所示,仿真结果的主要数据整理于表 9-17 中。

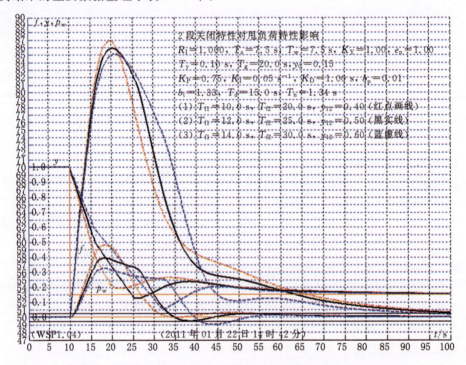

图 9-28 2 段关闭特性对机组接力器 2 段关闭甩负荷特性影响仿真 2

表 9-17 2 段关闭特性对机组接力器 2 段关闭甩负荷特性影响仿真 2

仿真目标参数	f_m/Hz	M_p	t_M/s	t_E/s	t_E/t_M	p_w
第 1 组 2 段关闭规律	87.0	55.4%	10.0	90.0	9.00	0.48
第 1 组 2 段关闭规律	86.0	52.0%	10.5	88.0	8.38	0.40
第 1 组 2 段关闭规律	85.0	50.0%	11.0	85.0	7.73	0.33

仿真 1 与仿真 2 的差别在于:仿真 1 的机组惯性时间常数 $T_a = 10.0 \text{ s}$,水流惯性时

间常数 $T_w=1.0$ s、机组惯性比率 $R_I=0.100$，是属于较大的 T_a 和较小的 T_w 的情况。混流式水轮发电机组常具有这种特性。仿真 2 的机组惯性时间常数 $T_a=7.5$ s，水流时间常数 $T_w=7.5$ s、机组惯性比率 $R_I=1.000$，则是属于小的 T_a 和特别大的 T_w 的情况。灯泡贯流式水轮发电机组常具有这种特性。

被控制系统参数为，机组惯性比率 $R_I=1.000$，机组惯性时间常数 $T_a=7.5$ s，水流时间常数 $T_w=7.5$ s，水流修正系数 $K_Y=1.00$，机组自调节系数 $e_n=1.00$。

(1) 调速器 PID 参数为，调速器比例增益 $K_P=0.75$，积分增益 $K_I=0.05$ s^{-1} 和微分增益 $K_{D3}=1.0$ s，折算的暂态转差系数 $b_t=1.33$，缓冲时间常数 $T_d=15.0$ s，加速度时间常数 $T_n=1.34$ s。

(2) 第 1 个 2 段关闭特性对应的机组甩负荷的机组频率 f 和接力器行程 y 波形为图 9-28 中的红色点画线所示波形。

机组频率上升最大值为 87.0 Hz(机组频率上升 54.0%)，从甩负荷开始至频率升至最高频率所经历的时间 $t_M=9.5$ s，引水系统压力相对值上升为 0.48。

从机组甩负荷开始，接力器没有关闭到全关位置，到达最低开度 $y=0.20$ 后，接力器又转而开启到 $y=0.27$，再缓慢地关闭到空载开度 $y_0=0.15$。机组频率从机组甩负荷后的最高频率开始，单调而缓慢地稳定于机组额定频率，机组频率调节稳定时间长。从机组甩负荷时起，到机组频率相对偏差小于±1%为止的调节时间较长($t_E=90.0$ s，$t_E/t_M=9.00$)。机组甩 100%额定负荷动态过程属于 S 型。

(3) 第 2 个 2 段关闭规律，对应的机组甩负荷的机组频率 f 和接力器行程 y 波形为图 9-28 中的黑色实线所示波形。

机组频率上升最大值为 86.0 Hz(机组频率上升 52.0%)，从甩负荷开始至频率升至最高频率所经历的时间 $t_M=10.5$ s，引水系统压力相对值上升为 0.40。

从机组甩负荷开始，接力器没有关闭到全关位置，到达最低开度 $y=0.13$ 后，接力器又转而开启到 $y=0.245$，再缓慢地关闭到空载开度 $y_0=0.15$。机组频率从机组甩负荷后的最高频率开始，单调而缓慢地稳定于机组额定频率，机组频率调节稳定时间长。从机组甩负荷时起，到机组频率相对偏差小于±1%为止的调节时间较长($t_E=88.0$ s，$t_E/t_M=8.38$)。机组甩 100%额定负荷动态过程属于 S 型。

(4) 第 3 个 2 段关闭规律，对应的机组甩负荷的机组频率 f 和接力器行程 y 波形为图 9-28 中的蓝色虚线所示波形。

机组频率上升最大值为 85.0 Hz(机组频率上升为 50.0%)，从甩负荷开始至频率升至最高频率所经历的时间 $t_M=11.0$ s，引水系统压力上升为 0.33。

从机组甩负荷开始，接力器没有关闭到全关位置，到达最低开度 $y=0.05$ 后，接力器又转而开启到 $y=0.21$，再缓慢地关闭到空载开度 $y_0=0.15$。机组频率从机组甩负荷后的最高频率开始，缓慢地稳定于机组额定频率，机组频率调节稳定时间长。从机组甩负荷时起，到机组频率相对偏差小于±1%为止的调节时间较长($t_E=85.0$ s，$t_E/t_M=7.73$)。机组甩 100%额定负荷动态过程属于 S 型。

综合以上的分析,图 9-28 所示的仿真结果和表 9-17 所示的数据表明:不同的接力器 2 段关闭特性会使机组甩 100% 额定负荷动态过程中的接力器动态过程形态和机组频率动态过程形态产生巨大的差异。

由于机组惯性时间常数 $T_a=7.5$ s,水流时间常数 $T_w=7.5$ s,机组惯性比率 $R_1=1.0$,是属于小的 T_a 和特别大的 T_w 的情况,所以机组甩 100% 额定负荷的动态特性很差。

9.14 水轮发电机组甩负荷特性综合分析

9.14.1 对水轮发电机组甩负荷特性的主要要求

GB/T 9651.1—2007《水轮机控制系统试验规程》规定:"自动方式空载工况下,对调速系统施加频率阶跃扰动,记录机组频率、接力器行程等的过渡过程,选取频率摆动值和超调量较小、波动次数少、稳定快的一组调节参数,提供空载运行使用。"

在工程实际中,对水轮发电机组甩负荷特性的主要要求是,通过试验和仿真确定一组较好的调速器 PID 参数,使得对于机组频率阶跃扰动的机组频率动态过程具有下列动态性能:恰当地选择调速器的 PID 参数,使机组频率对于频率阶跃扰动的响应过程是具有一个 2%~5% 频率扰动量的超调量的、调节时间短的动态过程。例如,扰动前机组频率为 48.0 Hz,当频率扰动为 +4 Hz 时,扰动后机组频率终值为 52.0 Hz,机组频率的动态过程应该是一个有微小频率超调量的动态过程,即从扰动开始,机组频率由 48 Hz 上升到 52.08~52.20 Hz 的峰值后,以较快的速度单调地趋近并稳定于频率扰动后的终值 52.0 Hz。当然,由于机组甩负荷是一个数值较大的扰动,接力器已经进入其速率限制(接力器开启时间 T_g 和关闭时间 T_f)的非线性区域,所以,如果一个系统采用不同的频率扰动值(4 Hz,2 Hz,1 Hz,…),其对应的机组甩负荷的频率响应过程也是有微小差异的。

当然,确定的这一组调速器的 PID 参数必须使机组空载频率波动特性满足相应国家技术标准的要求。

9.14.2 关于机组甩 100% 额定负荷工况下调速器 PID 参数的选择

理论分析和水电站试验经验表明,机组甩负荷工况下调速器的 PID 参数的选择与被控制系统的特性有关,也就是与机组水流时间常数 T_w,机组惯性时间常数 T_a 和机组惯性比率 $R_1=(T_w/T_a)$ 有关。

调速器比例增益 K_P 的数值,与机组水流时间常数 T_w 和机组惯性时间常数 T_a 的比值(即机组惯性比率 R_1)成反比。调速器比例增益 K_P 的数值过大,对应的机组甩 100% 额定负荷特性就可能呈现为 O 型空载频率扰动特性;调速器比例增益 K_P 的数值过小,则对应的空载频率扰动特性就可能呈现 S 型机组甩 100% 额定负荷特性。

调速器积分增益 K_I 的数值与机组水流时间常数 T_w 的平方成反比、与机组惯性时间常数 T_a 成正比;或者等效地说,调速器积分增益 K_I 的数值与水流时间常数 T_w 和机组惯性比率 R_I 的乘积成反比。调速器积分增益 K_I 的数值过大,对应的机组甩 100% 额定负荷特性就可能呈现为 O 型(振荡型)机组甩 100% 额定负荷特性;调速器积分增益 K_I 的数值过小,对应的机组甩 100% 额定负荷特性就可能呈现 S 型空载频率扰动特性。

调速器微分增益 K_D 的数值与机组惯性时间常数 T_a 成反比。

当然,如果考虑到机组运行水头等因素的作用,则要采用机组水流修正系数 K_Y 对机组水流时间常数 T_w 修正进行,上述关系就更为复杂了。

9.14.3 不同的被控制系统的机组甩负荷过程动态特性

1. 水轮机调节系统被控制系统参数与调速器 PID 参数之间的关系

从工程实际应用来看,混流式水轮发电机组的一般特性是,机组惯性时间常数 T_a 大,机组水流时间常数 T_w 小,因而机组惯性比率 R_I 小。所以,适应混流式水轮发电机组特性的调速器 PID 参数的特点是,选用较大的调速器比例增益 K_P、大的调速器积分增益 K_I 和小的调速器微分增益 K_D。对于混流式水轮发电机组来说,在合适地选择调速器 PID 参数的条件下,机组甩 100% 额定负荷动态特性的特点是,接力器动作幅度较大,容易产生振荡,但是,机组频率稳定时间短。

对于灯泡贯流式水轮发电机组来说,在合适地选择调速器 PID 参数的条件(选用小的调速器比例增益 K_P、小的调速器积分增益 K_I 和较大的调速器微分增益 K_D)下,灯泡贯流式水轮发电机组的机组甩 100% 额定负荷过程动态特性的特点是,接力器动作幅度小,机组频率稳定时间较长。

轴流转桨式水轮发电机组的一般特性是,机组惯性时间常数 T_a 较大,机组水流时间常数 T_w 较小,因而机组惯性比率 R_I 的数值较大。所以,适应轴流转桨式水轮发电机组特性的调速器 PID 参数的特点是,选用较大的调速器比例增益 K_P、较大的调速器积分增益 K_I 和较小的调速器微分增益 K_D。

综上所述,较好的调速器 PID 参数的总体规律是,机组惯性比率 R_I 数值大,与较好的机组甩负荷动态过程特性对应的比例增益 K_P 和积分增益 K_I 数值较小;机组惯性比率 R_I 数值小,与较好的甩负荷动态过程特性对应的比例增益 K_P 和积分增益 K_I 数值较大。

2. 机组运行水头 H 与调速器 PID 参数之间的关系

前已指出,可以用不同的机组水流修正系数 K_Y 数值,来反映机组运行水头的变化。电站实际试验和进一步仿真结果表明,对应于机组最大水头的机组甩负荷动态过程较好的比例增益 K_P 和调速器积分增益 K_I 较大,对应于机组最小水头的机组甩负荷动态过程较好的比例增益 K_P 和调速器积分增益 K_I 较小。

特别是机组运行水头变化很大的情况,对应于最大水头的机组甩负荷动态过程较好的调速器比例增益 K_P,和对应于最小水头的机组甩负荷动态过程较好的调速器比例增益 K_P 之比,甚至可能达到 2 倍以上;对应于最大水头的机组甩负荷动态过程较好的调速器积分增益 K_I,和对应于最小水头的机组甩负荷动态过程较好的调速器积分增益 K_I 之比,甚至可能达到 2 倍以上。

对于一个运行水头变化很大的机组,在某 1 组 PID 参数在额定机组运行水头下的机组甩负荷特性是 B 型的,那么如果把这组 PID 参数用于该机组最大水头工况,则其对应的机组甩负荷特性很有可能是成为 S 型的;如果把这组 PID 参数用于该机组最小水头工况,则其对应的机组甩负荷特性很有可能是成为 O 型的,甚至成为不稳定的动态系统。所以,对于运行水头变化很大的机组,对调速器最好能设置出 3~5 组适应不同水头的调速器 PID 参数,以保证在整个机组运行水头范围内,都具有较好的机组甩负荷动态特性。

9.14.4 机组甩 100% 额定负荷特性的类型

1. 机组甩 100% 额定负荷特性的分类

1) S 型机组甩 100% 额定负荷特性

在机组甩 100% 额定负荷的动态过程中,接力器关闭到接力器空载开度附近就转而开启,或者接力器能关闭到完全关闭的位置,但是接力器从关闭至全关位置开始,到再次开启为止的时间很短,而且接力器再次开启的规律是单调、缓慢地趋近接力器空载开度。

在机组甩 100% 额定负荷动态过程中,机组频率从机组甩负荷后的最大值,以单调下降的规律极为缓慢地趋近机组额定频率,或者在靠近机组额定频率时,机组频率下降速度放慢,出现一个小的低于额定频率的低谷,再向机组额定频率缓慢趋近的过程,机组频率调节稳定时间长。

过小的比例增益 K_P 和(或)积分增益 K_I,会使水轮机调节系统机组甩负荷特性的缓慢特征加重,系统稳定时间加长。

对于一个具有 S 型机组甩 100% 额定负荷特性的水轮机调节系统,适当增大调速器的比例增益 K_P 和(或)积分增益 K_I 数值,有可能使其机组甩 100% 额定负荷特性改善成为 B 型的特性。

2) B 型机组甩 100% 额定负荷特性

在机组甩 100% 额定负荷动态过程中,接力器关闭到很接近接力器完全关闭位置(小于接力器开度 0.05),但是未能完全关闭,继而就转而开启并迅速地趋近接力器空载开度;或者接力器关闭到接力器完全关闭位置,从接力器在关闭至全关位置开始,到再次开启为止的时间适中,而且接力器再次开启的速度快,此后,接力器单调地开启,或者接力器开启中出现一个小的超过接力器空载开度的超调量,迅速地稳定于接力器空载开度。

在机组甩 100% 额定负荷动态过程中,机组频率在靠近机组额定频率时,机组频率下降速度较快,单调地趋近于机组额定频率,或者出现一个低于额定频率的很小的波谷后(机组最低频率大于 49.5 Hz),很快稳定于机组额定频率,机组频率调节稳定时间短。

3) O 型机组甩 100% 额定负荷特性

在机组甩 100% 额定负荷动态过程中,从接力器在关闭至全关位置开始,到再次开启为止的时间长,而且接力器再次开启的速度快,接力器开启到超过接力器空载开度一个较大的开度后,在接力器空载开度上下振荡,较慢地稳定于接力器空载开度。

在机组甩 100% 额定负荷动态过程中,机组频率在靠近机组额定频率时,机组频率下降速度很快,出现一个很大的低于额定频率的波谷(机组最低频率小于 49.0 Hz,甚至更小)后,机组频率缓慢地趋定于机组额定频率,机组频率调节稳定时间长。

过大的比例增益 K_P 和(或)积分增益 K_I 取值,会使水轮机调节系统机组甩负荷特性的振荡趋势加强,有可能使得系统出现不稳定状态。

对于一个具有 O 型机组甩 100% 额定负荷特性的水轮机调节系统,适当减小调速器的比例增益 K_P 和(或)积分增益 K_I 数值,有可能使其机组甩 100% 额定负荷特性改善成为 B 型特性。

2. 机组甩 100% 额定负荷特性不同类型之间的关系

(1) 如果一个水轮机调节系统的机组甩 100% 额定负荷动态特性属于 S 型,那么,通过适当增大调速器的比例增益 K_P 和积分增益 K_I 的数值,就可以使其转化为具有 B 型的机组甩 100% 额定负荷的动态特性。

(2) 如果一个水轮机调节系统的机组甩 100% 额定负荷动态特性属于 O 型,那么,通过适当减小调速器的比例增益 K_P 和积分增益 K_I 的数值,就可以使其转化为具有 B 型的机组甩 100% 额定负荷动态特性。

(3) 如果一个水轮机调节系统的机组甩 100% 额定负荷动态特性是属于 S 型、B 型或 O 型,那么,该系统的机组空载频率扰动的动态特性,就极大可能对应分别属于 S 型、B 型或 O 型的机组空载频率扰动的动态特性。

第10章 水轮机调节系统一次调频特性仿真及分析

10.1 水轮机调节系统机组一次调频特性

电力系统运行的主要任务之一,是控制电网频率在 50 Hz 附近的一个允许范围内。电网频率偏离额定值 50 Hz 的原因是能源侧(水电,火电,核电,…)的供电功率与负荷侧的用电功率之间的平衡被破坏。负荷的用电功率是经常变化的,因此,电网的频率控制的实质是,根据电网频率偏离 50 Hz 的方向和数值,实时、在线地通过水电和火电发电机组的调节系统和电网自动发电控制系统(AGC),调节能源侧的供电功率以适应负荷侧的用电功率的变化,达到电网发电与用电的功率平衡,从而使电网频率恢复到 50 Hz 附近的一个允许范围内。控制电网频率的手段有,一次调频、二次调频、高频切机、自动低频减负载和机组低频自启动等,其中一次调频和二次调频与水轮机控制系统有着密切的关系。

所谓"水轮机调节系统机组一次调频特性"是指,水轮机调节系统的被控制系统并入大电网运行,当大电网频率变化超过微机调速器设定的频率(转速)死区时,水轮机调节系统进行自动调节的动态特性。

通过水轮发电机组调节系统的自身负荷-频率静态特性和动态特性对电网进行控制,通常称为一次调频。调速器的输入量是电网频率 f_n,一次调频是由水轮机调速器的电网频率 f_n 和机组功率 p 的静态特性 $f_n = f(p)$ 和调速器 PID 调节特性来实现的;完成电网二次调频的电网 AGC 系统,则是从电网的宏观控制、经济运行及电网交换功率控制等因素上,向有关水电和火电机组调速系统下达相应机组的目标(计划)功率值 P_c,来实现电网范围内的功率/频率控制(LFC)的,调速器的输入量是被控机组功率设定值 p_c。

对接力器运动过程中起到速率限制的接力器开启时间 T_g 和接力器关闭时间 T_f,对接力器运动过程中起到极端位置限制的接力器完全开启位置($y=1.0$)和接力器完全关闭位置($y=0$)等,是接力器运动过程中的主要非线性因素。如果按照水轮机调节系统运行和试验的动态过程中接力器运动是否进入上述接力器的非线性区域来划分水轮机调节系统动态过程特征,则可以将水轮机调节系统运行和试验中的动态过程划分为大波动(大扰动)动态过程和小波动(小扰动)动态过程等两种。水轮机调节系统的电网一次调频特性是具有小波动的动态过程的特性。

DL/L 1040—2007(中华人民共和国电力行业标准)《电网运行准则》规定如下。

一般性能要求:(J)并网发电机组均应参与一次调频。对机组一次调频基本性能指标的要求包括:

(1) 转速死区:
- 对于电气液压型汽轮机调节控制系统的火电机组和燃气机组,死区控制在 ± 0.033 Hz 内;
- 对于机械、液压调节控制系统的火电机组和燃气机组,死区控制在 ± 0.10 Hz 内;
- 对于水电机组,死区控制在 ± 0.05 Hz 内。

(2) 转速不等率 K_C,对于火电机组和燃气机组,为 4‰~5‰;对于水电机组,不大于 3‰。

(3) 最大负荷限幅在额定功率的 6%。

(4) 投用范围为机组核定的功率范围。

(5) 响应行为包括:①当电网频率变化超过机组一次调频死区时,机组应在 15 s 内根据机组响应目标完全响应;②在电网频率变化超过机组一次调频死区的 45 s 内时,机组实际功率与机组响应目标功率偏差的平均值应在机组额定有功功率的 ±3% 以内。

NERC(北美电力可靠性委员会)关于机组调速系统的技术要求如下。

(1) 额定出力 $\geqslant$ 10 MW 机组的调速系统均应投入一次调频。

(2) 调速系统(功率)调差率 e_p = 5%。

(3) 调速系统频率(转速)死区为 ± 0.036 Hz(额定频率为 60 Hz,相对值为 $\pm 0.000\,6$)。

(4) 调速系统调节阀门运动的限制作用,不应对必需的锅炉和轮机响应特性起限制作用。

10.1.1 水轮机调节系统的一次调频试验

图 10-1 所示的为在水电站进行电网一次调频试验的 2 种原理。

当电网负荷发生变化时,电网频率就会变化。电网的一次调频是针对偏离了电网额定频率(50 Hz)的频率偏差,按永态差值系数 e_p(调差系数)对机组进行功率控制的,它是将电网(机组)频率信号送入调速器的"频率(转速)输入"端口,频率给定值与其比较形成频率偏差,水轮机调速器根据这个偏差信号进行调节而实现;水轮机调速器将频率偏差 Δf 变换为与 e_p 成反比的机组频率偏差调节功率 ΔP_f,由于水电机组和火电机组调速系统都有设定的速度变动率(功率永态差值系数)e_p,它决定了这是一个有差调节,因而由各机组调速系统共同完成的一次调频,不可能完全弥补电网的功率差值,从而也不可能使电网频率恢复到额定频率(50 Hz)附近的一个允许范围内。为了进行电网负荷频率控制(LFC),使电网的功率差值得以弥补,使电网频率得以恢复,就必须采用电网的二次调频。

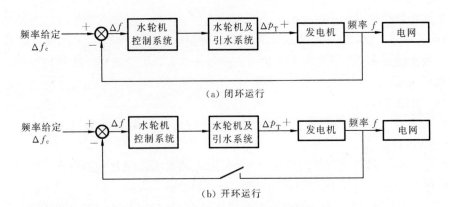

图 10-1　电站一次调频试验原理

在电站现场检验水轮机调节系统是否满足电网一次调频的技术要求时,可以采用如下 2 种试验方法。

1. 闭环近似试验法

图 10-1(a)所示的是水轮发电机组并入电网运行的电网一次调频闭环试验原理。

选择电网频率相对稳定的运行时段(例如,在半夜零时以后),认为试验时电网频率基本稳定,不随试验机组的出力变化而变化;阶跃变化微机调速器的频率给定 Δf_c,录制机组有功功率变化曲线(波形),根据实测波形检验水轮机调节系统是否满足电网一次调频的技术要求。这种试验方法安全可靠,但是,试验中的电网频率变化会影响试验结果。

2. 开环试验法

图 10-1(b)所示的是水轮发电机组并入电网运行的电网一次调频开环试验原理。

在做好安全措施的前提下,切断微机调速器的频率测量信号,使水轮机调节系统在开环状态运行;阶跃变化微机调速器的频率给定 Δf_c,录制机组有功功率变化曲线(波形),根据实测波形检验水轮机调节系统是否满足电网一次调频的技术要求。这种试验方法不受电网频率变化的影响,能得到准确的试验结果;但是,试验存在一定的事故隐患。

图 10-1(b)所示的是,切断了电网频率的测量通道,使微机调节器不受电网频率影响;阶跃变化微机调速器的频率给定 f_c,录制机组有功功率变化曲线(波形),根据实测波形检验仿真系统是否满足电网一次调频的技术要求。

图 10-2 所示的是某水电站采用闭环近似试验法实测的机组电网一次调频特性。图中的机组功率在上升过程中的微小波动是由试验中电网频率微小变化引起的。

(1) 微机调速器频率(转速)死区:±0.033 Hz(相对量±0.000 66)。

(2) 微机调速器(功率)转差系数:$e_p = 4\%$。

(3) 输入一个频率(转速)给定的阶跃扰动信号 $\Delta f_c = \Delta f_0 = +0.5$ Hz。

(4) 典型试验结果如下。

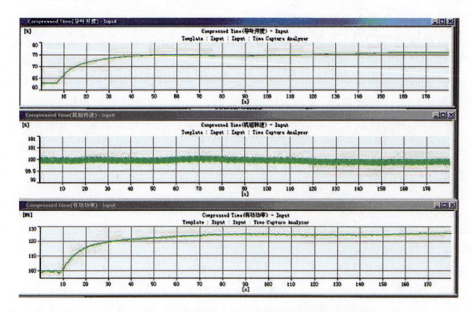

图 10-2　实测某水电站机组的电网一次调频特性

① 机组功率 p 基本上以指数规律曲线增长,但在过程起始段($0\sim1.5$ s),由于水锤效应而出现幅度为 1.0 MW 的反向功率调节。

② 到达目标功率 98% 的时间:63.7 s—6.6 s=57.1 s。

稳定于目标功率±2%区间的调节时间:57.1 s。

10.1.2　水轮机调节系统一次调频特性仿真项目

(1) 调速器比例增益(K_P)对电网一次调频特性影响仿真。

(2) 调速器积分增益(K_I)对电网一次调频特性影响仿真。

(3) 调速器微分增益(K_D)对电网一次调频特性影响仿真。

(4) 调节对象参数(T_a,T_w,e_n)对电网一次调频特性影响仿真。

(5) 频率偏差上扰和下扰 PID 参数对电网一次调频特性影响仿真。

在电网一次调频中,机组有功功率的稳定值为

$$p_s = -(\Delta f - e_f)/e_p \tag{10-1}$$

式中:e_p 为(功率)永态差值系数(速度变动率);e_f 为频率死区(相对值);Δf 为电网频率扰动(相对值);p_s 为在数值为 Δf 的电网频率扰动后的机组有功功率稳定值(相对值)。

10.1.3　水轮机调节系统电网一次调频特性仿真结果

在进行水轮机调节系统电网一次调频特性的每一次仿真中,采用的仿真策略是用"1个(组)仿真目标参数的 3 个(组)数值仿真",也就是说,在每次仿真中,采用选择的 1 个(组)仿真目标参数的 3 个(组)数值进行仿真,将这 3 个仿真的动态过程的仿真变量

波形和全部仿真参数在 1 个仿真图形中表示出来。

众所周知,对应 1 个(组)仿真目标参数的仿真,只能得到一个孤立的动态过程;对应 2 个(组)仿真目标参数的仿真,可以得到互为比较的 2 个动态过程;而有对应 3 个(组)仿真目标参数的 3 个动态过程,就可进行参数变化对动态过程影响分析,提供更为形象直观的结果。也就是说,采用这样的仿真策略,可以在其他参数相同的条件下,得到 3 个(组)不同的仿真目标参数数值的仿真结果,除了能清晰地观察和分析单个动态过程的品质之外,更能从 3 组仿真波形中,进行比较和分析,得出这个仿真目标参数变化时,对被仿真系统动态行为的变化趋势,得出较为全面的结论,加深对仿真目标参数的工作原理及其与其他参数关系的认识和理解,为解决工程实际问题提供决策支持。

按照相关技术标准,在仿真图形中,绘出了一次调频稳定后机组稳定功率 p_s 为纵坐标的平行于横坐标轴的机组功率标志线(黑色)和以 $0.97p_s$ 为纵坐标的平行于横坐标轴的机组功率标志线(红色),分别用不同颜色绘出了从一次调频开始后 15 s(蓝色)、45 s(红色)和 60 s(黑色)的平行于纵坐标轴的平行时间标志线。

在以后的每一次仿真中,根据仿真使用的机组水流惯性时间常数 T_w 和机组惯性时间常数 T_a 的数值,计算出对应的机组惯性比率 R_I 的数值,并显示在仿真结果中,以便读者加深机组惯性比率 R_I 这个名词术语的认识,并逐渐形成对机组惯性比率 R_I 数量上的概念。

常用的机组一次调频的稳定功率如表 10-1 所示。

表 10-1　机组一次调频的稳定功率 p_s

仿真或试验参数	电网频率扰动 $f=0.2$ Hz(相对值为 0.004)		电网频率扰动 $f=0.3$ Hz(相对值为 0.006)	
	机组稳定功率 $1.0p_s$	机组功率 $0.97p_s$	机组稳定功率 $1.0p_s$	机组功率 $0.97p_s$
频率死区 $e_f=0.033$ Hz (相对值为 0.00066) $e_p=0.04(4.0\%)$	0.0835(8.35%)	0.0810(8.10%)	0.1335(13.35%)	0.1295(12.95%)
频率死区 $e_f=0.033$ Hz (相对值为 0.00066) $e_p=0.05(5.0\%)$	0.0668(6.68%)	0.0648(6.48%)	0.1068(10.68%)	0.1036(10.36%)
频率死区 $e_f=0.05$ Hz (相对值为 0.001) $e_p=0.04(4.0\%)$	0.0750(7.50%)	0.0727(7.27%)	0.1250(12.50%)	0.1213(12.13%)
频率死区 $e_f=0.05$ Hz (相对值为 0.001) $e_p=0.05(5.0\%)$	0.0600(6.00%)	0.0582(5.82%)	0.1000(10.00%)	0.0970(9.70%)

10.2 调速器比例增益对电网一次调频特性影响仿真

10.2.1 比例增益对电网一次调频特性影响仿真 1

图 10-3 所示的为调速器比例增益(K_P)对电网一次调频特性影响的仿真界面，界面上的变量或参数的数值可以设定修改，所有变量或参数的数值将实时地反映在仿真结果(仿真曲线及参数)中，仿真 1 的结果如图 10-4 所示，仿真结果的主要数据整理为表 10-2。

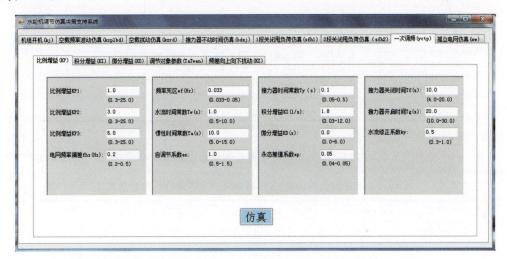

图 10-3 调速器比例增益对电网一次调频特性影响仿真界面

电网频率扰动量为 $f=0.2$ Hz(阶跃扰动)。

1. 仿真目标参数

(1) 调速器比例增益 $K_{P1}=1.0$，调速器积分增益 $K_{I1}=1.8$ s^{-1}，调速器微分增益 $K_{D1}=0.0$ s，折算的暂态转差系数 $b_t=1.00$，缓冲时间常数 $T_d=0.6$ s 和加速度时间常数 $T_n=0.00$ s。对应的机组稳定功率 p_s 的图形为图中红色点画线所示波形。

(2) 调速器比例增益 $K_{P2}=3.0$，调速器积分增益 $K_{I1}=1.8$ s^{-1}，调速器微分增益 $K_{D1}=0.0$ s，折算的暂态转差系数 $b_t=0.33$，缓冲时间常数 $T_d=1.6$ s 和加速度时间常数 $T_n=0.00$ s。对应的机组稳定功率 p_s 的图形为图中黑色实线所示波形。

(3) 调速器比例增益 $K_{P3}=6.0$，调速器积分增益 $K_{I1}=1.8$ s^{-1}，调速器微分增益 $K_{D1}=0.0$ s，折算的暂态转差系数 $b_t=0.17$，缓冲时间常数 $T_d=3.4$ s 和加速度时间常数 $T_n=0.00$ s。对应的机组稳定功率 p_s 的图形为图中蓝色虚线所示波形。

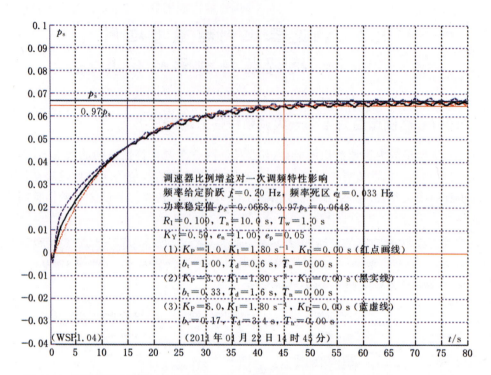

图 10-4　调速器比例增益(K_P)对电网一次调频特性影响仿真 1($f=0.2$ Hz,$e_f=0.033$ Hz)

表 10-2　调速器比例增益(K_P)对电网一次调频特性影响仿真 1

$p_s=0.0668,0.97p_s=0.0648;$ $K_P=3.0,K_D=0.0$ s; $f=0.4$ Hz,$e_f=0.0033$ Hz;	机 组 功 率			
	p_f	$p(t=15.0$ s$)$	$p(t=45.0$ s$)$	$p(t=60.0$ s$)$
$K_{I1}=1.3$ s^{-1}(红点画线)	-1.5%	60.0%p_s	95.0% p_s	98.3% p_s
$K_{I2}=1.8$ s^{-1}(黑实线)	-3.0%	70.0%p_s	96.5% p_s	98.3% p_s
$K_{I3}=2.3$ s^{-1}(蓝虚线)	-5.6%	77.0%p_s	99.6% p_s	100.8% p_s

2. 仿真结果分析

(1) 在进行 3 个不同数值的调速器比例增益(K_{P1}、K_{P2} 和 K_{P3})的电网一次调频仿真时,其他参数如图 10-4 所示。

仿真的机组稳定功率 $p_s=0.0668,0.97p_s=0.0648$。

(2) 在一次调频仿真的初期(0～15 s),调速器比例增益 $K_{P3}=6.0$,机组功率的反向调节是最大的,对应的机组有功功率特性(蓝色虚线波形)的上升速率是最快的;调速器比例增益 $K_{P1}=1.0$,机组功率的反向调节是最小的,对应的机组有功功率特性(红色点画线波形)的上升速率是最慢的。

(3) 在一次调频仿真的中期(15~45 s),调速器比例增益 $K_{P3}=6.0$,对应的机组功率特性(蓝色虚线波形)的上升速率是较慢的;调速器比例增益 $K_{P1}=1.0$,对应的机组功率特性(红色点画线波形)的上升速率是较快的。

时刻 45 s,调速器比例增益 $K_{P3}=6.0$,对应的机组功率数值(蓝色虚线波形)最大;调速器比例增益 $K_{P1}=1.0$,对应的机组功率数值(红色点画线波形)最小。

(4) 在一次调频仿真的后期(45~60 s),调速器比例增益 $K_{P3}=6.0$,对应的机组功率数值(蓝色虚线波形)最小;调速器比例增益 $K_{P1}=1.0$,对应的机组功率数值(红色点画线波形)最大。

(5) 由于水流惯性时间常数 T_w 引起的水锤效应,电网频率扰动后,机组功率产生了短时向下的反向调节,反向调节的峰值 P_f 与调速器比例增益 K_P,水流惯性时间常数 T_w 的大小和接力器的开启或关闭速度(接力器开启时间 T_g 或接力器开启时间 T_f)有关。

调速器比例增益 K_P 愈大,机组功率产生的反向调节峰值 p_f 愈大。但是,由于电网一次调频稳定功率 p_s 与机组功率 p 的差值大,积分调节作用更强,电网一次调频初期的机组功率 p 趋近于电网一次调频稳定功率 p_s 的速度更快。使得在电网一次调频中期和后期机组功率 p 的特性,至少与机组功率产生的反向调节峰值 p_f 小的情况相近,甚至比机组功率产生的反向调节峰值 p_f 小的情况稍好一些。

综上所述,3 个调速器比例增益仿真参数对应的机组功率特性都能满足或接近满足相关标准的技术要求,综合一次调频初期、中期和后期的动态特性,以调速器比例增益 $K_{P2}=3.0$(黑色实线波形)对应的电网一次调频性能为好。

10.2.2 比例增益对电网一次调频特性影响仿真 2

仿真 2 的结果如图 10-5 所示,仿真结果的主要数据整理为表 10-3。仿真 2 与仿真 1 的区别就是,仿真 2 的频率死区是 $e_f=0.05$ Hz,仿真 1 的频率死区 $e_f=0.033$ Hz。电网频率扰动量为 $f=0.2$ Hz(阶跃扰动)。积分增益 $K_I=1.8$ s^{-1},微分增益 $K_D=0.0$ s。

1. 仿真目标参数

(1) 调速器比例增益 $K_{P1}=1.0$,折算的暂态转差系数 $b_t=1.0$,缓冲时间常数 $T_d=0.6$ s 和加速度时间常数 $T_n=0.00$ s。对应的机组功率特性的机组功率 p 的图形为图中红色点画线所示波形。

(2) 调速器比例增益 $K_{P2}=3.0$,折算的暂态转差系数 $b_t=0.33$,缓冲时间常数 $T_d=1.6$ s 和加速度时间常数 $T_n=0.00$ s。对应的机组功率特性的机组功率 p 的图形为图中黑色实线所示波形。

(3) 调速器比例增益 $K_{P3}=6.0$,折算的暂态转差系数 $b_t=0.17$,缓冲时间常数 $T_d=3.4$ s 和加速度时间常数 $T_n=0.00$ s。对应的机组功率特性的机组功率 p 的图形为图中蓝色虚线所示波形。

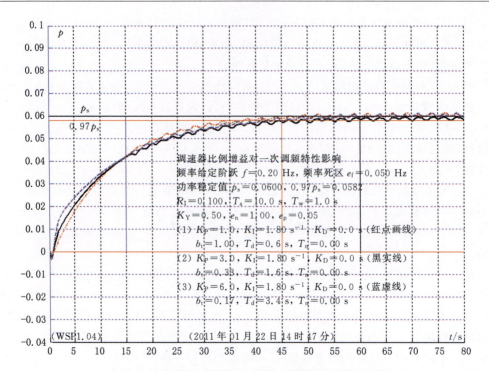

图 10-5　调速器比例增益对电网一次调频特性影响仿真 2

表 10-3　调速器比例增益对电网一次调频特性影响仿真 2

$p_s=0.06, 0.97p_s=0.0582;$ $K_P=3.0, K_D=0.0$ s; $f=0.4$ Hz, $e_f=0.0033$ Hz;	机 组 功 率			
	p_f	$p(t=15.0\ s)$	$p(t=45.0\ s)$	$p(t=60.0\ s)$
$K_{I1}=1.3\ s^{-1}$（红点画线）	-1.6%	$60.0\%\ p_s$	$95.0\%\ p_s$	$98.3\%\ p_s$
$K_{I2}=1.8\ s^{-1}$（黑实线）	-3.3%	$70.0\%\ p_s$	$96.5\%\ p_s$	$98.3\%\ p_s$
$K_{I3}=2.3\ s^{-1}$（蓝虚线）	-6.3%	$77.0\%\ p_s$	$99.6\%\ p_s$	$100.8\%\ p_s$

2. 仿真结果分析

（1）在进行 3 个不同数值的调速器比例增益（K_{P1}、K_{P2} 和 K_{P3}）的电网一次调频仿真时，其他参数如图 10-5 所示。

由于仿真 2 的频率死区 e_f 比仿真 1（图 10-4）的频率死区 e_f 大，所以在同样的电网频率扰动数值下，仿真 2 的机组功率稳定值小于仿真 1 的机组功率稳定值，仿真 2 的机组功率稳定值为 $p_s=0.06, 0.97p_s=0.0582$。

（2）在一次调频仿真的初期（0~15 s 内），调速器比例增益 $K_{P3}=6.0$，对应的机组有功功率特性（蓝色虚线波形）的上升速率是最快的，机组功率的反向调节是最大的；调速器比例增益 $K_{P1}=1.0$，对应的机组有功功率特性（红色点画线波形）的上升速率是最慢的,机组功率的反向调节是最小的。

(3) 在一次调频仿真的中期(15～45 s 内),调速器比例增益 $K_{P3}=6.0$,对应的机组有功功率特性(蓝色虚线波形)的上升速率是最慢的;调速器比例增益 $K_{P1}=1.0$,对应的机组有功功率特性(红色点画线波形)的上升速率是最快的。

在时刻 45 s,调速器比例增益 $K_{P3}=6.0$,对应的机组有功功率数值(蓝色虚线波形)最小;调速器比例增益 $K_{P1}=1.0$,对应的机组有功功率数值(红色点画线波形)最大。

(4) 在一次调频仿真的后期(45～60 s 内),在时刻 60 s,调速器比例增益 $K_{P3}=6.0$,对应的机组有功功率数值(蓝色虚线波形)最小;调速器比例增益 $K_{P1}=1.0$,对应的机组有功功率数值(红色点画线波形)最大。

(5) 由于引水系统水锤效应(水流惯性时间常数 T_w),电网频率扰动后,机组有功功率产生了短时向下的反向调节,反向调节的峰值 p_f 与调速器比例增益 K_P、水流惯性时间常数 T_w 的大小和接力器的开启或关闭速度(接力器开启时间 T_g 或接力器开启时间 T_f)有关。

调速器比例增益 K_P 愈大,机组功率产生的反向调节峰值 p_f 愈大。由于电网一次调频稳定功率 p_s 与机组功率 p 的差值大,积分调节作用更强,电网一次调频初期的机组功率 p 趋近于电网一次调频稳定功率 p_s 的速度更快。使得在电网一次调频中期和后期机组功率 p 的特性,至少与机组有功功率产生的反向调节峰值 p_f 小的情况相近,甚至比机组有功功率产生的反向调节峰值 p_f 小的情况稍好一些。

综上所述,3 个调速器比例增益仿真参数对应的机组有功功率特性都能满足或接近满足相关标准的技术要求,综合一次调频初期、中期和后期的动态特性,以调速器比例增益 $K_{P2}=3.0$(黑色实线波形)对应的电网一次调频性能为好。

10.2.3　比例增益对电网一次调频特性影响仿真 3

仿真的结果如图 10-6 所示,仿真结果的主要数据整理为表 10-4。仿真 3 与仿真 1 的区别就是,仿真 3(见图 10-6)的电网频率扰动是 $f=0.40$ Hz,仿真 1(见图 10-4)的电网频率扰动是 $f=0.20$ Hz。

电网频率扰动量为 $f=0.40$ Hz(阶跃扰动)。由于仿真 3 的电网频率扰动数值比仿真 1 的电网频率扰动数值大,所以在同样的频率死区 e_f 数值下,仿真 3 的机组功率稳定值大于仿真 1 的机组功率稳定值,仿真 3 的机组稳定功率 $p_s=0.1468$,$0.97 p_s=0.1424$。

积分增益 $K_I=1.81\ \mathrm{s}^{-1}$,微分增益 $K_D=0.0$ s。

1. 仿真目标参数

(1) 调速器比例增益 $K_{P1}=1.0$,折算的暂态转差系数 $b_t=1.0$,缓冲时间常数 $T_d=0.6$ s 和加速度时间常数 $T_n=0.00$ s。对应的机组功率特性的机组功率 p 的图形为图中红色点画线所示波形。

(2) 调速器比例增益 $K_{P2}=3.0$,折算的暂态转差系数 $b_t=0.33$,缓冲时间常数 $T_d=1.6$ s 和加速度时间常数 $T_n=0.00$ s。对应的机组功率特性的机组功率 p 的图形为

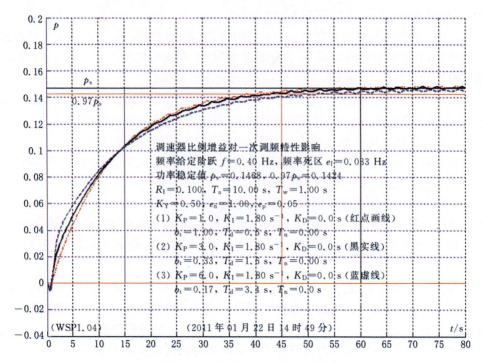

图 10-6 调速器比例增益对电网一次调频特性影响仿真 3

图中黑色实线所示波形。

表 10-4 调速器比例增益对电网一次调频特性影响仿真 3

$p_s=0.1468, 0.97p_s=0.1424$; $K_P=3.0, K_D=0.0$ s; $f=0.4$ Hz, $e_f=0.0033$ Hz;	机 组 功 率			
	p_f	$p(t=15.0\ s)$	$p(t=45.0\ s)$	$p(t=60.0\ s)$
$K_{I1}=1.3\ s^{-1}$(红点画线)	-1.5%	$60.0\%p_s$	$95.0\%p_s$	$98.3\%p_s$
$K_{I2}=1.8\ s^{-1}$(黑实线)	-3.0%	$70.0\%p_s$	$96.5\%p_s$	$98.3\%p_s$
$K_{I3}=2.3\ s^{-1}$(蓝虚线)	-5.6%	$77.0\%p_s$	$99.6\%p_s$	$100.8\%p_s$

(3) 调速器比例增益 $K_{P3}=6.0$,折算的暂态转差系数 $b_t=0.17$,缓冲时间常数 $T_d=3.4$ s 和加速度时间常数 $T_n=0.00$ s。对应的机组功率特性的机组功率 p 的图形为图中蓝色虚线所示波形。

2. 仿真结果分析

(1) 在进行 3 个不同数值的调速器比例增益(K_{P1}、K_{P2} 和 K_{P3})的电网一次调频仿真时,其他参数如图 10-6 所示。

(2) 在一次调频仿真的初期(0~15 s 内),调速器比例增益 $K_{P3}=6.0$,对应的机组功率特性(蓝色虚线波形)的上升速率是最快的,机组功率的反向调节是最大的;调速器比例增益 $K_{P1}=1.0$,对应的机组功率特性(红色点画线波形)的上升速率是最慢的,机组功率的反向调节是最小的。

(3) 在一次调频仿真的中期(15~45 s内),调速器比例增益 $K_{P3}=6.0$,对应的机组功率特性(蓝色虚线波形)的上升速率是最慢的;调速器比例增益 $K_{P1}=1.0$,对应的机组功率特性(红色点画线波形)的上升速率是最快的。

在时刻 45 s,调速器比例增益 $K_{P3}=6.0$,对应的机组功率数值(蓝色虚线波形)最小;调速器比例增益 $K_{P1}=1.0$,对应的机组功率数值(红色点画线波形)最大。

(4) 在一次调频仿真的后期 60 s 时刻,调速器比例增益 $K_{P3}=6.0$,对应的机组功率数值(蓝色虚线波形)最小;调速器比例增益 $K_{P1}=1.0$,对应的机组功率数值(红色点画线波形)最大。

(5) 由于引水系统水锤效应(水流惯性时间常数 T_w),电网频率扰动后,机组功率产生了短时向下的反向调节,反向调节的峰值 p_f 与调速器比例增益 K_P、水流惯性时间常数 T_w 的大小和接力器的开启或关闭速度(接力器开启时间 T_g 或接力器开启时间 T_f)有关。

调速器比例增益 K_P 愈大,机组功率产生的反向调节峰值 p_f 愈大。由于电网一次调频稳定功率 p_s 与机组功率 p 的差值大,积分调节作用更强,电网一次调频初期的机组功率 p 趋近于电网一次调频稳定功率 p_s 的速度更快。使得在电网一次调频中期和后期机组功率 p 的特性,至少与机组功率产生的反向调节峰值 p_f 小的情况相近,甚至比机组功率产生的反向调节峰值 p_f 小的情况稍好一些。

综上所述,3 个调速器比例增益仿真参数对应的机组功率特性都能满足或接近满足相关标准的技术要求,综合一次调频初期、中期和后期的动态特性,以调速器比例增益 $K_{P2}=3.0$(黑色实线波形)对应的电网一次调频性能为好。

10.3 调速器积分增益对电网一次调频特性影响仿真

10.3.1 积分增益对电网一次调频特性影响仿真 1

图 10-7 所示的为调速器积分增益(K_I)对电网一次调频特性影响的仿真界面,界面上的变量或参数的数值可以设定修改,所有变量或参数的数值将实时地反映在仿真结果(仿真曲线及参数)中,仿真 1 的结果如图 10-8 所示,仿真结果的主要数据整理于表 10-5 中。

电网频率扰动量为 $f=0.20$ Hz(阶跃扰动)。比例增益 $K_P=3.0$,微分增益 $K_D=0.0$ s。

1. 仿真目标参数

(1) 调速器积分增益 $K_{I1}=1.3$ s^{-1},折算的暂态转差系数 $b_t=0.33$,缓冲时间常数

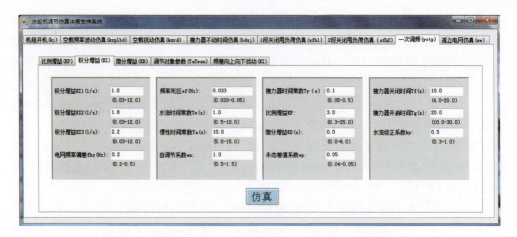

图 10-7 调速器积分增益(K_I)对电网一次调频特性影响仿真界面

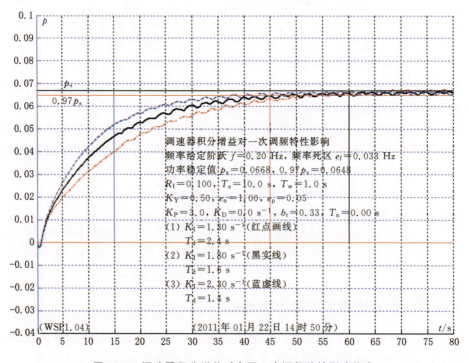

图 10-8 调速器积分增益对电网一次调频特性影响仿真 1

$T_d=2.4$ s 和加速度时间常数 $T_n=00.0$ s。对应的机组功率特性图形为图中红色点画线所示波形。

（2）调速器积分增益 $K_{I2}=1.8$ s^{-1}，折算的暂态转差系数 $b_t=0.33$，缓冲时间常数 $T_d=1.6$ s 和加速度时间常数 $T_n=0.00$ s。对应的机组功率特性图形为图中黑色实线所示波形。

表 10-5　调速器积分增益对电网一次调频特性影响仿真 1

$p_s=0.0668, 0.97p_s=0.0648;$ $K_P=3.0, K_D=0.0$ s; $f=0.20$ Hz, $e_f=0.033$ Hz;	机组功率			
	p_f	$p(t=15.0$ s$)$	$p(t=45.0$ s$)$	$p(t=60.0$ s$)$
$K_{I1}=1.3$ s^{-1}（红点画线）	-3.7%	$60\%p_s$	$94\%p_s$	$98\%p_s$
$K_{I2}=1.8$ s^{-1}（黑实线）	-3.7%	$70\%p_s$	$96.5\%p_s$	$98.5\%p_s$
$K_{I3}=2.3$ s^{-1}（蓝虚线）	-3.7%	$77\%p_s$	$97.6\%p_s$	$99.0\%p_s$

(3) 调速器积分增益 $K_{I3}=2.3$ s^{-1}，折算的暂态转差系数 $b_t=0.33$，缓冲时间常数 $T_d=1.4$ s 和加速度时间常数 $T_n=0.00$ s。对应的机组功率特性图形为图中蓝色虚线所示波形。

2. 仿真结果分析

(1) 在进行 3 个不同数值的调速器积分增益（K_{I1}、K_{I2} 和 K_{I3}）的电网一次调频仿真时，其他参数如图 10-8 所示，从图 10-8 整理的关键时间的机组功率 $p(t)$ 如表 10-5 所示。仿真的机组功率稳定值为 $p_s=0.0668$，$0.97p_s=0.0648$。

(2) 在一次调频仿真的初期（0～15 s），调速器积分增益 $K_{I3}=2.3$ s^{-1}，对应的机组功率（蓝色虚线波形）的上升速率是最快的；调速器积分增益 $K_{I3}=1.3$ s^{-1}，对应的机组功率特性（红色实线波形）的上升速率是最慢的。

(3) 在一次调频仿真的中期（15～45 s），调速器积分增益 $K_{I3}=2.3$ s^{-1}，对应的机组功率（蓝色虚线波形）的上升速率仍然是最快的，调速器积分增益 $K_{I3}=1.3$ s^{-1}，对应的机组功率（红色实线波形）的上升速率仍然是最慢的。

(4) 在一次调频仿真的后期（45～60 s），调速器积分增益 $K_{I3}=2.3$ s^{-1}，对应的机组功率特性（蓝色虚线波形）的上升速率仍然是最快的；调速器积分增益 $K_{I3}=1.3$ s^{-1}，对应的机组功率特性（红色实线波形）的上升速率仍然是最慢的。在 60 s 时刻，3 种调速器积分增益对应的机组功率均达到稳定功率的 98.0% 以上。

(5) 与调速器比例增益 K_P 对电网一次调频特性的影响相比，调速器积分增益 K_I 对电网一次调频特性的影响要大得多，这是因为从实质上看，电网的一次调频动态过程主要是一个对频率偏差的积分调节过程。

(6) 由于引水系统水锤效应（水流惯性时间常数 T_w），电网频率扰动后，机组功率产生了短时向下的反向调节，反向调节的峰值 p_f 与调速器比例增益 K_P、水流惯性时间常数 T_w 的大小和接力器的开启或关闭速度（接力器开启时间 T_g 或接力器开启时间 T_f）有关。

调速器积分增益 K_I，对机组功率产生的反向调节峰值 p_f 没有影响。

综上所述，3 个调速器积分增益仿真参数对应的机组功率特性都能满足或接近满足相关标准的技术要求。所以，调速器积分增益对于电网一次调频的特性影响很大，以调速器积分增益 $K_{I1}=1.8$ s^{-1} 和调速器积分增益 $K_{I2}=2.3$ s^{-1} 对应的电网一次调频性能较好。

10.3.2 积分增益对电网一次调频特性影响仿真2

1. 仿真目标参数

仿真2的结果如图10-9所示,仿真结果的主要数据整理于表10-6。仿真2与仿真1的区别就是,仿真2(见图10-9)的频率死区是 $e_f=0.05$ Hz,仿真1的频率死区 $e_f=0.033$ Hz。电网频率扰动量为 $f=0.2$ Hz(阶跃扰动)。

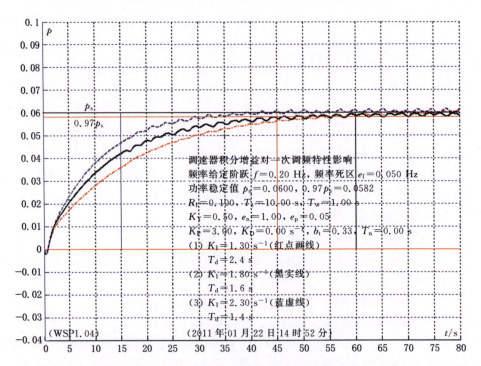

图10-9 调速器积分增益(K_I)对电网一次调频特性影响仿真2($f=0.2$ Hz, $e_f=0.05$ Hz)

表10-6 调速器积分增益对电网一次调频特性影响仿真2

$p_s=0.06, 0.97p_s=0.0582$; $K_P=3.0, K_D=0.0$ s; $f=0.20$ Hz, $e_f=0.05$ Hz;	机组功率			
	p_f	$p(t=15.0\text{ s})$	$p(t=45.0\text{ s})$	$p(t=60.0\text{ s})$
$K_{I1}=1.3$ s^{-1}(红点画线)	-3.4%	$60.0\%p_s$	$95.0\%p_s$	$98.3\%p_s$
$K_{I2}=1.8$ s^{-1}(黑实线)	-3.4%	$70.0\%p_s$	$96.5\%p_s$	$98.3\%p_s$
$K_{I3}=2.3$ s^{-1}(蓝虚线)	-3.4%	$77.0\%p_s$	$99.6\%p_s$	$100.8\%p_s$

比例增益 $K_P=3.0$,微分增益 $K_D=0.0$ s。

(1) 调速器积分增益 $K_{I1}=1.3$ s^{-1},折算的暂态转差系数 $b_t=0.33$,缓冲时间常数 $T_d=2.4$ s 和加速度时间常数 $T_n=0.00$ s。对应的机组功率特性的图形为图中红色点画线所示波形。

(2) 调速器积分增益 $K_{I2}=1.8\ \text{s}^{-1}$，折算的暂态转差系数 $b_t=0.33$，缓冲时间常数 $T_d=1.6\ \text{s}$ 和加速度时间常数 $T_n=0.00\ \text{s}$。对应的机组功率特性图形为图中黑色实线所示波形。

(3) 调速器积分增益 $K_{I3}=2.3\ \text{s}^{-1}$，折算的暂态转差系数 $b_t=0.33$，缓冲时间常数 $T_d=1.4\ \text{s}$ 和加速度时间常数 $T_n=0.00\ \text{s}$。对应的机组功率特性图形为图中蓝色虚线所示波形。

2. 仿真结果分析

(1) 在进行 3 个不同数值调速器积分增益（K_{I1}、K_{I2} 和 K_{I3}）仿真时，其他参数如图 10-9 所示。从图 10-9 整理的关键时间的机组功率 $p(t)$ 如表 10-6 所示。

仿真的机组功率稳定值为 $p_s=0.06$，$0.97p_s=0.0582$。

(2) 仿真 2（图 10-9）与仿真 1（图 10-8）相比，在电网频率扰动量不变的条件下，由于频率死区 e_f 由 0.033 Hz 增大为 0.05 Hz，所以仿真 2（图 10-9）的一次调频机组稳定功率减小了，$p_s=0.06$；仿真 1 的一次调频机组稳定功率为 $p_s=0.0668$。

(3) 仿真 2 与仿真 1 的结果类似，在一次调频仿真的初期（0~15 s 内）、一次调频仿真的中期（15~45 s）和一次调频仿真的后期（45~60 s）中，调速器积分增益 $K_{I3}=2.3\ \text{s}^{-1}$，对应的机组功率特性（蓝色虚线波形）的上升速率是最快的，在时刻 15 s，机组功率达到稳定功率的 77%。调速器积分增益 $K_{I1}=1.3\ \text{s}^{-1}$，对应的机组功率特性（黑色实线波形）的上升速率是最慢的，在时刻 15 s，机组功率达到稳定功率的 60%。

(4) 由于引水系统水锤效应（水流惯性时间常数 T_w），电网频率扰动后，机组功率产生了短时向下的反向调节，反向调节的峰值 p_f 与调速器比例增益 K_P、水流惯性时间常数 T_w 的大小和接力器的开启或关闭速度（接力器开启时间 T_g 或接力器开启时间 T_f）有关。

调速器积分增益 K_I，对机组功率产生的反向调节峰值 p_f 没有影响。

综上所述，3 个调速器积分增益仿真参数对应的机组功率特性都能满足或接近满足相关标准的技术要求。所以，调速器积分增益对于电网一次调频的特性影响很大，以调速器积分增益 $K_{I1}=1.8\ \text{s}^{-1}$ 和调速器积分增益 $K_{I2}=2.3\ \text{s}^{-1}$ 对应的电网一次调频性能较好。

与调速器比例增益 K_P 对电网一次调频特性的影响相比，调速器积分增益 K_I 对电网一次调频特性的影响要大得多，这是因为从实质上看，电网的一次调频动态过程主要是一个对频率偏差的积分调节过程。

10.3.3 积分增益对电网一次调频特性影响仿真 3

1. 仿真目标参数

电网频率扰动量为 $f=0.40\ \text{Hz}$（阶跃扰动）。比例增益 $K_P=3.0$，微分增益 $K_D=0.0\ \text{s}$。

(1) 调速器积分增益 $K_{I1}=1.3\ \text{s}^{-1}$，折算的暂态转差系数 $b_t=0.33$，缓冲时间常数 $T_d=2.4\ \text{s}$ 和加速度时间常数 $T_n=0.00\ \text{s}$。对应的机组功率特性图形为图 10-10 中红色点画线所示波形。

仿真 3 的结果如图 10-10 所示，仿真 3 与仿真 1 的区别就是，仿真 3（见图 10-10）的电网频率扰动值为 $f=0.40\ \text{Hz}$，仿真 1（见图 10-8）的电网频率扰动值为 $f=0.2\ \text{Hz}$。

(2) 调速器积分增益 $K_{I2}=1.8\ \text{s}^{-1}$，折算的暂态转差系数 $b_t=0.33$，缓冲时间常数 $T_d=1.6\ \text{s}$ 和加速度时间常数 $T_n=2.40\ \text{s}$。对应的机组功率特性图形为图 10-10 中黑色实线所示波形。

(3) 调速器积分增益 $K_{I3}=2.3\ \text{s}^{-1}$，折算的暂态转差系数 $b_t=0.33$，缓冲时间常数 $T_d=1.4\ \text{s}$ 和加速度时间常数 $T_n=0.00\ \text{s}$。对应的机组功率特性图形为图 10-10 中蓝色虚线所示波形。

比例增益 $K_P=3.0$，微分增益 $K_D=0.00\ \text{s}$。

2. 仿真结果分析

在进行 3 个不同数值的调速器积分增益（K_{I1}、K_{I2} 和 K_{I3}）的电网一次调频仿真时，其他参数如图 10-10 所示。从图 10-10 整理的关键时间的机组功率 $p(t)$ 如表 10-7 所示。

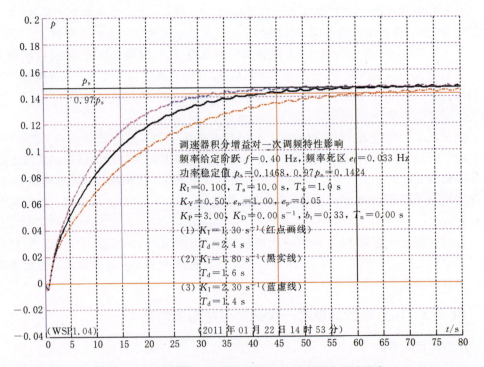

图 10-10　调速器积分增益对电网一次调频特性影响仿真 3

表 10-7 调速器积分增益对电网一次调频特性影响仿真 3

$p_s=0.1468, 0.97p_s=0.1424;$ $K_P=3.0, K_D=0.0$ s; $f=0.40$ Hz, $e_f=0.0033$ Hz;	机组功率			
	p_f	$p(t=15.0 \text{ s})$	$p(t=45.0 \text{ s})$	$p(t=60.0 \text{ s})$
$K_{I1}=1.3$ s^{-1}(红点画线)	−8.0%	60.0%p_s	95.0%p_s	98.3%p_s
$K_{I2}=1.8$ s^{-1}(黑实线)	−8.0%	70.0%p_s	96.5%p_s	98.3%p_s
$K_{I3}=2.3$ s^{-1}(蓝虚线)	−8.0%	77.0%p_s	99.6%p_s	100.8%p_s

(1) 仿真的机组功率稳定值为 $p_s=0.1468$，$0.97p_s=0.1424$。

(2) 仿真 3 与仿真 1 相比，在频率死区 e_f 不变的条件下，由于电网频率扰动 f 由 0.2 Hz 增大为 0.4 Hz，所以仿真 3 的一次调频机组稳定功率增大了（$p_s=0.1468$），仿真 1 的一次调频机组稳定功率为 $p_s=0.0668$。

(3) 仿真 3 与仿真 1 的结果类似，在一次调频仿真的初期（0~15 s 内）、一次调频仿真的中期（15~45 s 内）和一次调频仿真的后期（45~60 s）中，调速器积分增益 $K_{I3}=2.3$ s^{-1}，对应的机组功率特性（蓝色虚线波形）的上升速率是最快的，调速器积分增益 $K_{I1}=1.3$ s^{-1}，对应的机组功率特性（黑色实线波形）的上升速率是最慢的，在时刻 15 s，机组功率达到稳定功率的 60%。

(4) 由于引水系统水锤效应（水流惯性时间常数 T_w），电网频率扰动后，机组功率产生了短时向下的反向调节，反向调节的峰值 p_f 与调速器比例增益 K_P、水流惯性时间常数 T_w 的大小和接力器的开启或关闭速度（接力器开启时间 T_g 或接力器开启时间 T_f）有关。

调速器积分增益 K_I，对机组功率产生的反向调节峰值 p_f 没有影响。

综上所述，3 个调速器积分增益仿真参数对应的机组功率特性都能满足或接近满足相关标准的技术要求。所以，调速器积分增益对于电网一次调频的特性影响很大，以调速器积分增益 $K_{I1}=1.8$ s^{-1} 和调速器积分增益 $K_{I2}=2.3$ s^{-1} 对应的电网一次调频性能较好。

与调速器比例增益 K_P 对电网一次调频特性的影响相比，调速器积分增益 K_I 对电网一次调频特性的影响要大得多，这是因为从实质上看，电网的一次调频动态过程主要是一个对频率偏差的积分调节过程。

10.4 调速器微分增益对电网一次调频特性影响仿真

图 10-11 所示的为调速器微分增益（K_D）对电网一次调频特性影响的仿真界面，界

面上的变量或参数的数值可以设定修改,所有的 15 个变量或参数的数值将实时地反映在仿真结果(仿真曲线及参数)中,仿真结果如图 10-12 所示。

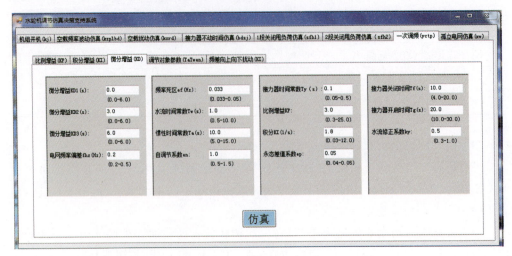

图 10-11 调速器微分增益对电网一次调频特性影响仿真

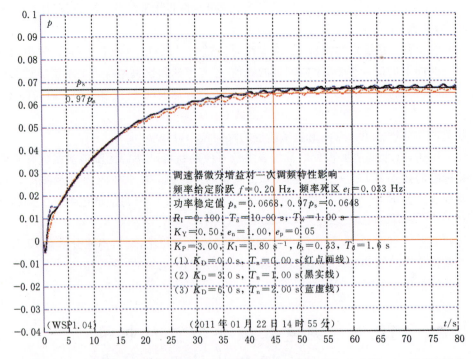

图 10-12 调速器微分增益对电网一次调频特性影响仿真 4($f=0.4$ Hz,$e_f=0.033$ Hz)

电网频率扰动量为 $f=0.20$ Hz(阶跃扰动)。比例增益 $K_P=3.0$,积分增益 $K_I=1.80\ s^{-1}$。

1. 仿真目标参数

（1）调速器微分增益 $K_{D1}=0.0$ s，折算的暂态转差系数 $b_t=0.33$，缓冲时间常数 $T_d=1.6$ s 和加速度时间常数 $T_n=0.00$ s。对应的机组功率特性的图形为图中红色点画线所示波形。

（2）调速器微分增益 $K_{D2}=3.0$ s，折算的暂态转差系数 $b_t=0.33$，缓冲时间常数 $T_d=1.6$ s 和加速度时间常数 $T_n=1.00$ s。对应的机组功率特性的图形为图中黑色实线所示波形。

（3）调速器微分增益 $K_{D3}=3.0$ s，折算的暂态转差系数 $b_t=0.33$，缓冲时间常数 $T_d=1.6$ s 和加速度时间常数 $T_n=2.00$ s。对应的机组功率特性的图形为图中蓝色虚线所示波形。

2. 仿真结果分析

（1）在进行 3 个不同数值的调速器微分增益（K_{D1}、K_{D2} 和 K_{D3}）的电网一次调频仿真时，其他参数如图 10-12 所示，从图 10-12 整理的关键时间的机组功率 $p(t)$ 如表 10-8 所示。

表 10-8　调速器微分增益对电网一次调频特性影响仿真 3

$p_s=0.0668, 0.97p_s=0.0648$; $K_P=3.0, K_D=0.0$ s; $f=0.40$ Hz, $e_f=0.0033$ Hz;	机 组 功 率			
	p_f	$p(t=15.0$ s$)$	$p(t=45.0$ s$)$	$p(t=60.0$ s$)$
$K_{D1}=1.3$ s（红点画线）	-3.0%	63.0% p_s	96.4% p_s	97.5% p_s
$K_{D2}=1.8$ s（黑实线）	-5.0%	63.0% p_s	98.0% p_s	100.0% p_s
$K_{D3}=2.3$ s（蓝虚线）	-7.0%	63.0% p_s	98.0% p_s	100.0% p_s

仿真的机组功率稳定值为 $p_s=0.0668$，$0.97p_s=0.0648$。

（2）在一次调频仿真的初期（0～15 s），3 个调速器微分增益 K_D 对应的机组功率的上升速率基本上是一样的。在时刻 15 s，3 个调速器微分增益 K_D 对应的机组功率都是 63% p_s。

（3）在一次调频仿真的中期（15～45 s），3 个调速器微分增益 K_D 对应的机组功率的上升速率基本上是一样的。在时刻 45 s，K_{D1} 对应的机组功率为 96.4% p_s，K_{D2} 对应的机组功率为 98.0% p_s，K_{D3} 对应的机组功率为 98.0% p_s。

（4）在一次调频仿真的后期（45～60 s），3 个调速器微分增益 K_D 对应的机组功率的上升速率基本上是一样的。在时刻 60 s，K_{D1} 对应的机组功率为 97.5% p_s，K_{D2} 对应的机组功率为 100.0% p_s，K_{D3} 对应的机组功率为 100.0% p_s。

（5）与调速器积分增益 K_I 对电网一次调频特性的影响相比，调速器微分增益 K_D 对电网一次调频特性的影响几乎可以忽略不计，这是因为从实质上看，电网的一次调频动态过程主要是一个对频率偏差的微分调节过程。

（6）由于引水系统水锤效应（水流惯性时间常数 T_w），电网频率扰动后，机组功率产生了短时向下的反向调节,反向调节的峰值 p_f 与调速器比例增益 K_P、水流惯性时间常数 T_w 的大小和接力器的开启或关闭速度(接力器开启时间 T_g 或接力器开启时间 T_f)有关。

调速器微分增益 K_D 愈大,机组功率产生的反向调节峰值 p_f 愈大。由于电网一次调频稳定功率 p_s 与机组功率 p 的差值大,积分调节作用更强,电网一次调频初期的机组功率 p 趋近于电网一次调频稳定功率 p_s 的速度更快。使得在电网一次调频中期和后期机组功率 p 的特性,至少与机组功率产生的反向调节峰值 p_f 小的情况相近,甚至比机组功率产生的反向调节峰值 p_f 小的情况稍好一些。

综上所述,3个调速器微分增益仿真参数对应的机组功率特性都能满足或接近满足相关标准的技术要求。所以,调速器微分增益 K_D 对于电网一次调频的特性影响很小。在电网一次调频工况下,一般取微分增益 $K_D = 0.0$ s。

10.5 调节对象参数对电网一次调频特性影响仿真

10.5.1 水流惯性时间常数对电网一次调频特性影响仿真

图 10-13 所示的为调速器水流惯性时间常数 T_w 对电网一次调频特性影响的仿真界面,界面上的变量或参数的数值可以设定修改,所有变量或参数的数值将实时地反映在仿真结果(仿真曲线及参数)中,仿真1的结果如图 10-14 所示。

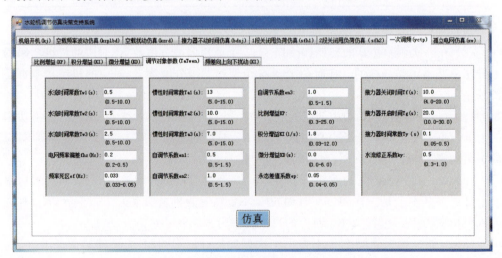

图 10-13 被控制系统参数对电网一次调频特性影响仿真界面

电网频率扰动量为 $f = 0.20$ Hz(阶跃扰动)。比例增益 $K_P = 3.0$,积分增益 $K_I =$

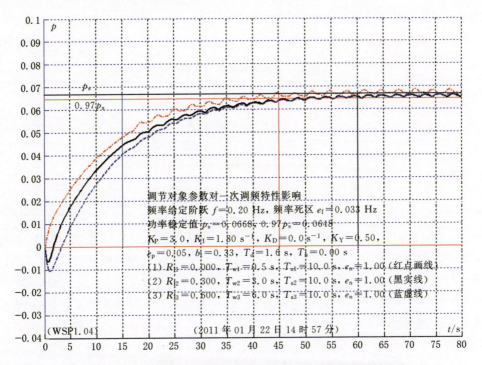

图 10-14 引水系统水流时间常数对电网一次调频特性影响仿真

$1.8 s^{-1}$,微分增益 $K_D=0.0 s$,折算的暂态转差系数 $b_t=0.33$,缓冲时间常数 $T_d=1.6 s$ 和加速度时间常数 $T_n=0.00 s$。

1. 仿真目标参数

仿真的目标参数有3个不同的调速器被控制系统参数数值(T_{w1}、T_{w2} 和 T_{w3})。

(1) 调速器被控制系统参数为 $T_w=0.5 s,T_a=10.0 s,e_n=1.00$。对应的机组功率特性图形为图中红色点画线所示波形。

(2) 调速器被控制系统参数为 $T_w=3.0 s,T_a=10.0 s,e_n=1.00$。对应的机组功率特性图形为图中黑色实线所示波形。

(3) 调速器被控制系统参数为 $T_w=6.0 s,T_a=10.0 s,e_n=1.00$。对应的机组功率特性图形为图中蓝色虚线所示波形。

2. 仿真结果分析

(1) 在进行3个不同数值的水流惯性时间常数 T_w 的电网一次调频仿真时,其他参数如图10-14所示,从图10-14整理的数据如表10-9所示。

仿真的机组功率稳定值为 $p_s=0.0668$,$0.97p_s=0.0648$。

(2) 在一次调频仿真的初期(0~15 s),3组水流惯性时间常数 T_w 对应的机组功率的上升速率基本上是一样的。但是,水流时间常数 T_w 大,对应的一次调频开始时的机组功率反调节数值大。所以,在时刻15 s,3组被控制系统参数对应的机组功率数值有一定的差别。第1组被控制系统参数(水流时间常数 $T_w=0.0 s$)对应的机组功率为

71.0% p_s,第2组被控制系统(水流时间常数 $T_w=3.0$ s)对应的机组功率为67.5% p_s,第3组被控制系统(水流时间常数 $T_w=6.0$ s)对应的机组功率为63.0% p_s。

表 10-9 水流惯性时间常数对电网一次调频特性影响仿真

$p_s=0.0668, 0.97p_s=0.0648$; $K_P=3.0, K_D=0.0$ s; $f=0.40$ Hz, $e_f=0.0033$ Hz;	机组功率			
	p_f	$p(t=15.0$ s$)$	$p(t=45.0$ s$)$	$p(t=60.0$ s$)$
$T_{w1}=0.0$ s(红点画线)	-0.0%	71.0% p_s	96.4% p_s	97.6% p_s
$T_{w2}=3.0$ s(黑实线)	-9.3%	67.5% p_s	96.4% p_s	97.6% p_s
$T_{w3}=6.0$ s(蓝虚线)	-15.3%	63.0% p_s	96.4% p_s	97.6% p_s

(3) 在一次调频仿真的中期(15.0~45 s),3组水流惯性时间常数 T_w 对应的机组功率的上升速率基本上是一样的。在时刻45.0 s,3组水流惯性时间常数 T_w 对应的机组功率均为96.4% p_s。

(4) 在一次调频仿真的后期(45.0~60 s),3组水流惯性时间常数 T_w 对应的机组功率的上升速率基本上是一样的。在时刻60.0 s,3组水流惯性时间常数 T_w 对应的机组功率均为97.6% p_s。

(5) 与调速器积分增益 K_I 对电网一次调频特性的影响相比,水流惯性时间常数 T_w 对电网一次调频特性的影响要小得多,这是因为从实质上看,电网的一次调频动态过程主要是一个对频率偏差的积分调节过程。

(6) 由于引水系统水锤效应(水流惯性时间常数 T_w),电网频率扰动后,机组功率产生了短时向下的反向调节,反向调节的峰值 p_f 与调速器比例增益 K_P、水流惯性时间常数 T_w 的大小和接力器的开启或关闭速度(接力器开启时间 T_g 或接力器开启时间 T_f)有关。

引水系统水流时间常数 T_w 愈大,机组功率产生的反向调节峰值 p_f 愈大。

综上所述,3个调速器水流惯性时间常数 T_w 对应的机组功率特性都能满足或接近满足相关标准的技术要求。所以,水流惯性时间常数 T_w 对于电网一次调频的特性影响不大。

10.5.2 机组惯性时间常数对电网一次调频特性影响仿真

仿真结果如图10-15所示。

电网频率扰动量为 $f=0.20$ Hz(阶跃扰动)。比例增益 $K_P=3.0$,积分增益 $K_I=1.80$ s^{-1},微分增益 $K_D=0.0$ s,折算的暂态转差系数 $b_t=0.33$,缓冲时间常数 $T_d=1.6$ s和加速度时间常数 $T_n=0.00$ s。

1. 仿真目标参数

(1) 调速器被控制系统参数为 $T_a=6.0$ s, $T_w=1.0$ s, $e_n=1.00$。对应的机组功率

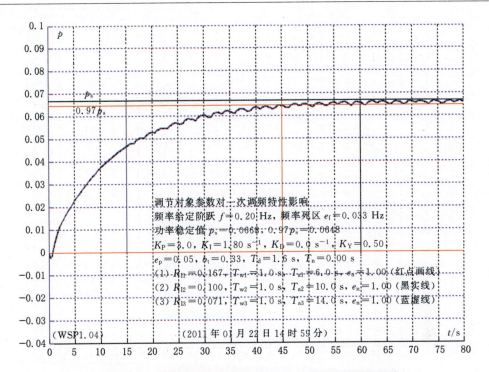

图 10-15 机组惯性时间常数对电网一次调频特性影响仿真

特性图形为图中红色点画线所示波形。

（2）调速器被控制系统参数为 $T_a=10.0$ s，$T_w=1.0$ s，$e_n=1.00$。对应的机组功率特性图形为图中黑色实线所示波形。

（3）调速器被控制系统参数为 $T_a=14.0$ s，$T_w=1.0$ s，$e_n=1.00$。对应的机组功率特性图形为图中蓝色虚线所示波形。

2. 仿真结果分析

仿真的机组功率稳定值为 $p_s=0.0668$，$0.97p_s=0.0648$。

由图 10-15 可以清楚地看出，3 个机组惯性时间常数 T_a 数值对应的机组功率特性是一样的。所以，机组惯性时间常数 T_a 对电网一次调频特性没有影响。

10.5.3 机组自调节系数对电网一次调频特性影响仿真

仿真结果如图 10-16 所示。

电网频率扰动量为 $f=0.20$ Hz（阶跃扰动）。

比例增益 $K_P=3.0$，积分增益 $K_I=1.8$ s^{-1}，微分增益 $K_D=0.0$ s，折算的暂态转差系数 $b_t=0.33$，缓冲时间常数 $T_d=1.6$ s 和加速度时间常数 $T_n=0.00$ s。

1. 仿真目标参数

（1）调速器被控制系统参数为 $e_n=0.50$，$T_a=10.0$ s，$T_w=1.0$ s。对应的机组功率特性图形为图中红色点画线所示波形。

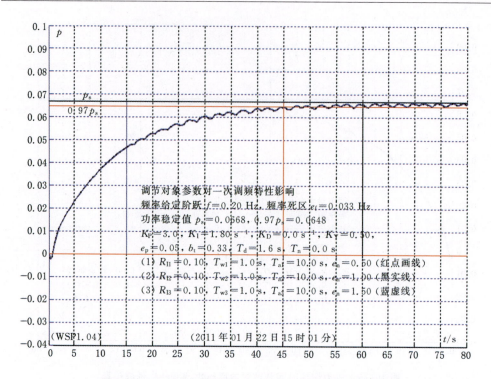

图 10-16　机组自调节系数 e_n 对电网一次调频特性影响仿真

(2) 调速器被控制系统参数为 $e_n=1.00, T_a=10.0\ \text{s}, T_w=1.0\ \text{s}$。对应的机组功率特性图形为图中黑色实线所示波形。

(3) 调速器被控制系统参数为 $e_n=1.50, T_a=10.0\ \text{s}, T_w=1.0\ \text{s}$。对应的机组功率特性图形为图中蓝色虚线所示波形。

2. 仿真结果分析

仿真的机组功率稳定值为 $p_s=0.0668, 0.97p_s=0.0648$。

由图 10-15 可以清楚地看出，3 个机组自调节系数 e_n 数值对应的机组功率特性是一样的。所以，机组自调节系数 e_n 对电网一次调频特性没有影响。

10.6　电网频率偏差上扰和下扰 PID 参数对电网一次调频特性影响仿真

图 10-17 所示的为电网频率偏差上扰和下扰对电网一次调频特性影响的仿真界面，界面上的变量或参数的数值可以设定修改，所有变量或参数的数值将实时地反映在仿真结果(仿真曲线及参数)中，仿真 1 的结果分别为图 10-18 和图 10-19 所示。

从图 10-18 和图 10-19 所示的仿真结果可以看出，在系统其他参数相同的条件下，

第10章 水轮机调节系统一次调频特性仿真及分析

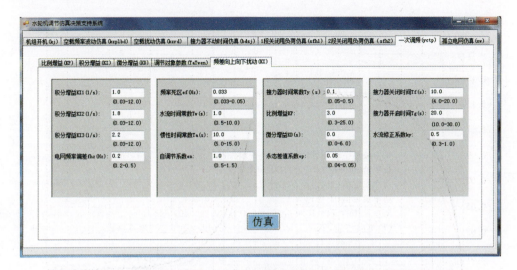

图 10-17　频率偏差上扰和下扰 PID 参数对电网一次调频特性影响仿真界面

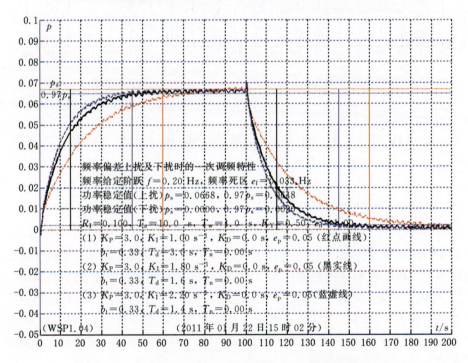

图 10-18　频率偏差上扰和下扰对电网一次调频特性影响仿真 1

电网频率向上和向下的阶跃扰动工况，除了机组功率分别是增加和减少之外，对应的机组功率动态波形的形态是很相似的。

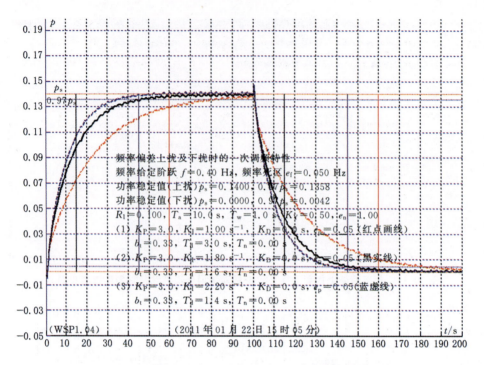

图 10-19　频率偏差上扰和下扰对电网一次调频特性影响仿真 2

10.7　电网一次调频特性综合分析

10.7.1　电网一次调频

通过水轮发电机组调节系统的自身负荷/频率静态特性和动态特性对电网的控制，通常称为一次调频，调速器的输入量是电网频率 f_n，一次调频是通过水轮机调速器的电网频率 f 与机组功率 p 的静态特性 $f=f(p)$，以及调速器的 PID 调节特性来实现的；完成电网二次调频的电网 AGC 系统，则从电网的宏观控制，经济运行及电网交换功率控制等因素上，向有关水电和火电机组调速系统下达相应机组的目标（计划）功率值 p_c，从而实现电网范围内的功率/频率控制（LFC），调速器的输入量是被控机组功率设定值 p_c。

所谓"水轮机调节系统机组一次调频特性"是指，水轮机调节系统的被控制系统并入大电网运行后，当电网频率变化超过微机调速器设定的频率（转速）死区时，水轮机调节系统的动态特性。

从本质上来分析，水轮机调节系统机组一次调频特性，是微机调速器对于电网频率与额定频率（50 Hz）偏差的比例和积分调节的特性。

10.7.2 电网一次调频工况下的机组功率反调节现象

由于引水系统水锤效应(水流惯性时间常数 T_w),电网频率扰动后,机组功率产生了短时间的反向调节,反向调节的峰值 p_f 与水流惯性时间常数 T_w 的大小和接力器的开启或关闭速度(接力器开启时间 T_g 或接力器开启时间 T_f)有关,也与调速器的 PID 参数有关。对于水轮机调节系统来说,电网一次调频工况是属于小波动工况,所以这种机组功率的反向调节较小,对机组功率的整体动态过程的影响不大。

1. 引水系统水流时间常数 T_w

引水系统水流时间常数 T_w 愈大,机组功率产生的反向调节峰值 p_f 愈大。

2. 调速器比例增益 K_P

调速器比例增益 K_P 愈大,机组功率产生的反向调节峰值 p_f 愈大。

3. 仿真结果分析

仿真结果表明,一次调频过程中的机组功率反向调节峰值 p_f 大,对应的积分调节作用更强,电网一次调频初期的机组功率 p 趋近于电网一次调频稳定功率 p_s 的速度更快。这使得在电网一次调频中期和后期机组功率 p 的特性,至少与机组功率产生的反向调节峰值 p_f 小的情况相近,甚至比机组功率产生的反向调节峰值 p_f 小的情况稍好一些。

10.7.3 电网一次调频工况下的调速器 PID 参数的选择

理论分析、水电站试验经验和仿真结果表明,对于绝大多数机组来说,为了满足相关技术标准的要求,调速器的 PID 参数应选择如下。

比例增益 $K_P=3.0$,积分增益 $K_I=1.8\ s^{-1}$,微分增益 $K_D=0.0\ s$。折算的暂态转差系数 $b_t=0.33$,缓冲时间常数 $T_d=1.6\ s$ 和加速度时间常数 $T_n=0.00\ s$。

10.7.4 水轮机调节系统电网一次调频工况的电站试验和检验

按照 GB/T 9652.2—2007《水轮机控制系统试验规程》的规定,对调速器的暂态转差系数 b_t、缓冲时间常数 T_d 的校验或比例增益 K_P,积分增益 K_I 和微分增益 K_D 的实际数值进行校核时,上述各 PID 参数的名义值与实测值之差的绝对值与名义值比值的绝对值应小于 5%。此项试验的目的是要保证在进行电网一次调频试验时,整定的调速器名义上的 PID 参数与实际起作用的调速器 PID 参数一致。

1. 机组不充水的情况

(1) 按照相关标准规定,设置微机调速器频率死区 E_f 和调速器(功率)转差系数 e_p (对于没有在调速器功率模式下工作的情况,为调速器转差系数 b_p)。

(2) 设置调速器 PID 参数为比例增益 $K_P=3.0$,积分增益 $K_I=1.8\ s^{-1}$,微分增益 $K_D=0.0\ s^{-1}$(或折算的暂态转差系数 $b_t=0.33$,缓冲时间常数 $T_d=1.6\ s$ 和加速度时间常数 $T_n=0.00\ s$)。

(3) 使用额定的频率信号发生器向微机调速器机组频率信号输入端提供 50 Hz 信号。

（4）使用微机调速器开度给定功能调整接力器工作初始开度。

（5）通过微机调速器频率给定，施加数值为 0.2 Hz、0.4 Hz 或其他数值的阶跃频率给定偏差信号，录制微机调速器接力器行程的动态响应波形。

（6）以接力器行程波形代替机组功率信号，观察和分析接力器行程动态过程是否满足相关技术标准的电网一次调频动态特性的要求。

（7）处理出现的非正常现象，直到满足相关技术标准的电网一次调频动态特性的要求为止。

2. 机组并入大电网运行的工况

（1）选择电网一次调频开环或闭环试验模式。

（2）在具备试验条件时，通过微机调速器频率给定，施加数值为 0.2 Hz、0.4 Hz 或其他数值的的阶跃频率给定偏差信号，录制微机水轮发电机组功率的动态响应波形。

（3）观察和分析水轮发电机组功率的动态响应波形，验证是否满足相关技术标准的电网一次调频动态特性的要求。

10.7.5 关于电网一次调频性能指标的建议

DL/L 1040—2007（中华人民共和国电力行业标准）《电网运行准则》对机组一次调频性能指标的要求如下。

并网发电机组均应参与一次调频。对机组一次调频基本性能指标的要求如下。

（1）转速死区。电气液压型汽轮机调节控制系统的火电机组和燃气机组死区控制在±0.033 Hz 内；机械、液压调节控制系统的火电机组和燃气机组死区控制在±0.10 Hz 内。

水电机组死区控制在±0.05 Hz 内。

（2）转速不等率 K_c，对于火电机组和燃气机组，为 4%～5%，对于水电机组，不大于 3%。

（3）最大负荷限幅额定功率的 6%。

（4）投用范围为机组核定的功率范围。

（5）响应行为如下。

① 当电网频率变化超过机组一次调频死区时，机组应在 15 s 内根据机组响应目标完全响应。

② 在电网频率变化超过机组一次调频死区的 45 s 内，机组实际功率与机组响应目标功率偏差的平均值应在机组额定功率的±3%以内。

目前，机组一次调频响应行为规定中的"当电网频率变化超过机组一次调频死区时，机组应在 15 s 内根据机组响应目标完全响应；"描述有待斟酌。主要是其中的"完全响应"的含义不够清楚，这使得在实际应用中很难统一使用。根据作者在电站的实际试验结果和仿真成果，建议将相关描述修改为："当电网频率变化超过机组一次调频死区时，机组功率应在 15 s 内至少达到 60%的机组目标功率。"

第11章 水轮机调节系统机组孤立电网运行特性仿真及分析

11.1 水轮机调节系统机组孤立电网运行特性

11.1.1 水轮机调节系统孤立电网运行

水轮发电机组有多种工作状态：机组开机、机组停机、同期并网前和从电网解列后的空载、小电网或孤立电网运行、以频率（转速）调节和功率调节并列于大电网运行、水位和（或）流量控制等。被控机组在小（孤立）电网运行称为孤立电网运行（isolated grid operation），孤立电网运行是指电网中只有一台机组或本台机组容量占电网容量比重相当大的运行方式。

孤立电网运行工况，对于绝大多数大中型机组，这是一种事故性的和暂时的工况，当被控机组与大电网事故解列时，水轮机微机调速器会根据电网频差超差自动转为频率调节模式，即转为工作于频率调节器方式（频率死区 $E_f = 0$）。被控机组容量占小电网总容量的比例、小电网突变负荷大小和小电网负荷特性等因素的影响，使得这种情况下的调速器的工作条件十分复杂，只能尽量维持电网频率在一定范围内。如果突变负荷超过小电网总容量的 10%～20%，由于接力器开启时间 T_g 和关闭时间 T_f 的存在，因此，大的动态频率下降或上升是不可避免的。

对于孤立电网运行工况，调速器应工作于频率调节模式。PID 参数的整定则更为复杂，必须在现场根据机组容量、突变负荷的容量、负荷性质等加以试验整定。PID 参数的选择原则是，在保证孤立电网运行动态稳定的前提下，尽量选取较大的比例增益 K_P（较小的暂态转差系数 b_t）和较大的积分增益 K_I（较小的暂态转差系数 b_t 和较小的缓冲时间常数 T_d），使得电网频率动态变化峰值小，向额定频率恢复时间短。GB/T 9652.2—2007《水轮机控制系统试验规程》规定"水头在额定值的±10%范围内，机组带孤立的、约为 90%额定功率的电阻负荷的条件下，突然改变不大于 5%额定功率的负载，用自动记录仪记录频率变化过程。频率变化的衰减度（与起始偏差符号相同的第二个转速偏差峰值与起始偏差峰值之比）应不大于 25%。"这在实际中是很难实施的。

孤立负荷的转速控制一般被定义为对额定频率的最大偏差，是由孤立负荷的功率变化引起的。在通常情况下，经常发生的负荷变化的等级在设计过程和仿真研究中就能被鉴定出来,仿真研究的目的是确定不同数值的发电机惯性、水流惯性、接力器开启时间 T_g 和关闭时间 T_f 对频率变化影响,以及验证频率偏差是否保持在所要求的限制范围内。

对接力器运动过程中起到速率限制的接力器开启时间 T_g 和接力器关闭时间 T_f,对接力器运动过程中起到极端位置限制的接力器完全开启位置($y=1.0$)和接力器完全关闭位置($y=0$)等,是接力器运动过程中的主要非线性因素。如果按照水轮机调节系统运行和试验的动态过程中接力器运动是否进入了上述接力器的非线性区域来划分水轮机调节系统动态过程特征,则可以将水轮机调节系统运行和试验的动态过程划分为大波动(大扰动)动态过程和小波动(小扰动)动态过程等两种。水轮机调节系统的孤立电网运行特性具有大波动特征。

11.1.2 对孤立电网运行的水轮机调节系统动态特性的技术要求

1. 国家标准的要求

GB/T 9652.2—2007《水轮机控制系统试验规程》有关机组带孤立负荷(机组孤立电网运行)试验的规定:"对于孤立负荷试验,水头在额定值的±10%范围内,机组带孤立的、约为90%额定功率的电阻负荷的条件下,突然改变不大于5%额定功率的负荷,用自动记录仪记录频率变化过程。频率变化的衰减度(与起始偏差符号相同的第二个转速偏差峰值与起始偏差峰值之比)应不大于25%。

当不具备真实孤立负荷试验条件时,如用户要求,可采用孤立电网运行仿真试验,此时发电机组并入真实电网运行,将机组数字模型(机组模型应计入机组惯性、负荷惯性和被调节系统的自调节系数)的频率输出信号引至电调频率输入口,代替被测电网频率信号。这种在线仿真已包括真实的水力系统动态响应,仅忽略了被测机组频率变化对水轮机流量的影响。"

2. 工程实际对孤立电网运行的水轮机调节系统的技术要求

(1) 应该保证孤立电网运行的电力系统稳定运行。

(2) 电网突减或突加负荷的动态过程应该满足下列要求。

① 对于电网突加负荷的工况,尽量增大电网突加负荷动态过程中的电网频率谷值 f_{min}(最小值),对于电网突减负荷的工况,尽量减小电网突减负荷动态过程中的电网频率峰值 f_{max}(最大值)。

② 对于电网突加负荷的工况,在电网突加负荷动态过程中,尽量缩短电网频率从频率谷值 f_{min}(最小值)至稳定值的调节时间。对于电网突减负荷的工况,在电网突减负荷动态过程中,尽量缩短电网频率从频率峰值 f_{max}(最大值)至频率稳定值的调节时间。

11.1.3 机组孤立电网运行动态特性的3种典型动态过程

基于对众多水轮机调节系统的现场试验资料和仿真结果的整理和分析,这里将水轮机调节系统孤立电网运行的典型动态过程的形态,划分为迟缓型(Slow type,简称 S 型)、优良型(Better type,简称 B 型)和振荡型(Oscillatory type,简称 O 型)等 3 个典型形态的动态过程,以便于进一步研究水轮机调节系统扰动型动态过程的机理和寻求改善其动态过程性能的方法。

1. 孤立电网运行的 S 型动态过程

(1) 在孤立电网运行动态过程中,接力器的运动特性。

接力器运动幅度小,出现一个较小的超调量后,即单调而缓慢地趋近于稳定开度,接力器稳定时间长。

(2) 在孤立电网运行动态过程中,机组频率(机组转速)的运动特性。

机组频率从机组突加(或突甩)甩负荷后的峰值,以单调的规律极为缓慢地趋近机组额定频率,或者在靠近机组额定频率时,机组频率运动速度放慢,出现一个小的高于(或低于)额定频率的超调后,再向机组额定频率缓慢趋近的过程,机组频率调节稳定时间长。

(3) 产生这种现象的主要原因是,调速器的 PID 参数选择不合理:比例增益 K_P 取值过小和(或)积分增益 K_I 取值过小,或者二者搭配不当。

过小的比例增益 K_P 和(或)积分增益 K_I 取值,会使水轮机调节系统孤立电网运行特性的缓慢特征加重,系统稳定时间加长。

2. 孤立电网运行的 B 型动态过程

(1) 在孤立电网运行动态过程中,接力器的运动特性。

接力器运动幅度适中,出现一个较大的超调量后,即单调而快速地趋近于稳定开度,接力器调节稳定时间短。

(2) 在孤立电网运行动态过程中,机组频率(机组转速)的运动特性。

电网频率从谷值(或峰值)向稳定值恢复的速度适中,在出现一个很小的频率超调量后,电网频率即单调而快速地趋近稳定频率,电网频率调节稳定时间短。

(3) 能够具有这种优良动态特性的关键是,调速器的 PID 参数选择合理:比例增益 K_P 和(或)积分增益 K_I 取值合理和搭配恰当。

3. 孤立电网运行的 O 型动态过程

(1) 在孤立电网运行动态过程中,接力器的运动特性。

接力器运动幅度过大,出现一个较大的超调量后,即以振荡而缓慢的形态趋近于接力器稳定开度,接力器调节稳定时间长。

(2) 在孤立电网运行动态过程中,机组频率(机组转速)的运动特性。

电网频率从谷值(或峰值)向稳定值恢复的速度过快,在出现一个很大的频率超调量后,电网频率即以振荡而缓慢的形态趋近稳定频率,电网频率调节稳定时间长。

(3) 产生这种现象的主要原因是,调速器的 PID 参数选择不合理:比例增益 K_P 取值过大和(或)积分增益 K_I 取值偏大,或者二者搭配不当。

过大的比例增益 K_P 和(或)积分增益 K_I 取值,会使水轮机调节系统孤立电网运行特性的振荡趋势加强,有可能使得系统出现不稳定状态。

水轮机调节系统孤立电网运行动态特性的分类如表 11-1 所示。

表 11-1 水轮机调节系统孤立电网运行动态特性的类型

系统类型	接力器行程 y 运动特点	电网频率 f 运动特点	参数选择特点
S 型孤立电网运行动态特性	接力器运动幅度小,出现一个较小的超调量后,即单调而缓慢地趋近于稳定开度,接力器稳定时间长	电网频率从谷值(或峰值)向稳定值恢复的速度慢,电网频率单调而缓慢地形态趋近稳定频率,电网频率调节稳定时间长	积分增益 K_I 取值过小和(或)比例增益 K_P 过小和搭配不当,机组 R_I 较大
B 型孤立电网运行动态特性	接力器运动幅度适中,出现一个较大的超调量后,即单调而快速地趋近于稳定开度,接力器调节稳定时间短	电网频率从谷值(或峰值)向稳定值恢复的速度适中,在出现一个很小的频率超调量后,电网频率即单调而快速地趋近稳定频率,电网频率调节稳定时间短	比例增益 K_P 和(或)积分增益 K_I 取值合理和搭配恰当
O 型孤立电网运行动态特性	接力器运动幅度过大,出现一个较大的超调量后,即以振荡而缓慢的形态趋近于接力器稳定开度,接力器调节稳定时间长	电网频率从谷值(或峰值)向稳定值恢复的速度过快,在出现一个很大的频率超调量后,电网频率以振荡而缓慢的形态趋近稳定频率,电网频率调节稳定时间长	积分增益 K_I 取值过大和(或)比例增益 K_P 过大和搭配不当

11.1.4 水轮机调节系统孤立电网运行特性仿真项目

(1) 调速器比例增益(K_P)对水轮发电孤立电网运行特性影响仿真。

(2) 调速器积分增益(K_I)对水轮发电孤立电网运行特性影响仿真。

(3) 调速器微分增益(K_D)对水轮发电孤立电网运行特性影响仿真。

(4) PID 参数对水轮发电孤立电网运行特性影响仿真。

(5) 水流修正系数(K_Y)对水轮发电孤立电网运行特性影响仿真。

(6) 接力器响应时间常数(T_y)对水轮发电孤立电网运行特性影响仿真。

(7) 频率向上扰动/向下扰动的孤立电网运行特性(PID 参数)影响仿真。

(8) 频率向上扰动/向下扰动的孤立电网运行特性(接力器关闭时间 T_f、开启时间 T_g)影响仿真。

(9) 水轮机发电机组自调节系数(e_n)对水轮发电孤立电网运行特性影响仿真。

(10) 机组惯性时间常数(T_a)对水轮发电孤立电网运行特性影响仿真。

11.1.5 水轮机调节系统孤立电网运行特性的仿真结果

在进行水轮机调节系统孤立电网运行特性的每一次仿真中,采用的仿真策略是"1个(组)仿真目标参数采用 3 个(组)数值进行仿真"的策略,也就是说,在每次仿真中,采用选择的1个(组)仿真目标参数的3个(组)数值进行,将这3个仿真的动态过程的仿真变量波形和全部仿真参数在1个仿真图形中表示出来。

在本章的水轮机调节系统机组孤立电网运行仿真中,显示了电网频率 f(也就是孤立电网频率)和接力器行程 y 的动态波形和所有的仿真参数。动态波形的纵坐标显示了电网频率 f 和接力器行程 y 等2个变量,电网频率 f 以赫兹(Hz)为单位,接力器行程 y 以相对值显示;动态波形的横坐标是时间坐标 t,单位是秒 s。为了便于比较、分析和研究某一个(组)参数的取值对水轮机调节系统动态特性的作用,在其他的水轮机调节系统参数相同的条件下,选定1个或1组(数个)仿真目标参数,并选择各自3个不同的数值进行仿真,同时得到与之对应的3个仿真结果。第1个(组)变量对应的仿真曲线是红色点画线所示曲线,第2个(组)变量对应的仿真曲线是黑色实线所示曲线,第3个(组)变量对应的仿真曲线是蓝色虚线所示曲线。

这里定义,从突加负荷开始,到机组频率进入机组频率相对偏差小于±0.2%(绝对值为±0.1 Hz)为止的时间,也就是电网频率恢复到(49.9~50.1 Hz)之内的时间称为突加负荷的调节稳定时间 t_E。在仿真结果的波形图中,分别标出了电网频率 49.9 Hz 和 50.1 Hz 等2条蓝色实线,这2条蓝色实线之间的宽带,就是突加负荷后,电网频率调节稳定区域。图中还标出了电网频率 49.8 Hz 和 50.2 Hz 这2条黑色实线供参考。

11.2 调速器比例增益对孤立电网运行特性影响仿真

11.2.1 比例增益对孤立电网运行特性影响仿真1

图 11-1 所示的为调速器比例增益 K_P 对机组孤立电网运行特性影响的仿真界面,

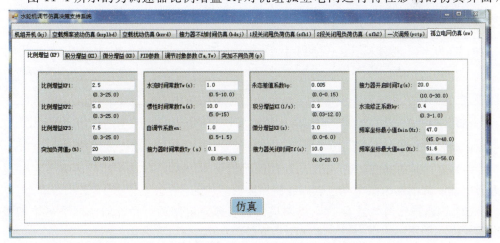

图 11-1 调速器比例增益对孤立电网运行特性影响仿真界面

界面上的变量或参数的数值可以设定修改,所有变量或参数的数值将实时地反映在仿真结果(仿真曲线及参数)中,仿真的结果如图 11-2 所示,仿真结果的主要数据整理为表 11-2。

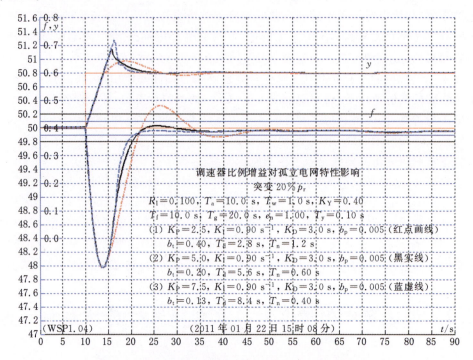

图 11-2 调速器比例增益对孤立电网运行特性影响仿真 1

表 11-2 调速器比例增益(K_P)对孤立电网运行影响仿真 1

比例增益	f_m/Hz	M_p	t_M/s	t_E/s	t_E/t_M	Δy_{PI}	b_t	T_d/s	T_n/s
$K_{P1}=2.5$	47.99	4.02%	4.0	32.0	8.00	0.20	0.40	2.8	1.20
$K_{P2}=5.0$	47.99	4.02%	4.0	11.5	2.85	0.29	0.20	5.6	0.60
$K_{P3}=7.5$	47.99	4.02%	4.0	11.0	2.75	0.32	0.13	8.4	0.40

$T_a=10.0\text{ s}, T_w=1.0\text{ s}, R_I=0.1, K_I=0.9\text{ s}^{-1}, K_D=3.0\text{ s}, T_g=20.0\text{ s}, T_f=10.0\text{ s}$

积分增益 $K_I=0.90\text{ s}^{-1}$,微分增益 $K_D=3.0\text{ s}$。

1. 仿真目标参数

(1) 调速器比例增益 $K_P=2.5$,对应的机组孤立电网运行特性的电网频率 f 和接力器行程 y 的图形为图中红色点画线所示波形。

(2) 调速器比例增益 $K_P=5.0$,对应的机组孤立电网运行特性的电网频率 f 和接力器行程 y 的图形为图中黑色实线所示波形。

(3) 调速器比例增益 $K_P=7.5$,对应的机组孤立电网运行特性的电网频率 f 和接力器行程 y 的图形为图中蓝色虚线所示波形。

2. 仿真结果分析

被控制系统参数为,机组惯性比率 $R_I=0.100$,机组惯性时间常数 $T_a=10.0$ s,水流时间常数 $T_w=1.0$ s,水流修正系数 $K_Y=0.40$,机组自调节系数 $e_n=1.00$。

(1) 在进行 3 个不同数值的比例增益 K_P 的孤立电网运行仿真时,调速器的积分增益 $K_I=0.20$ s^{-1},调速器的微分增益 $K_D=1.0$ s。3 种仿真工况的折算的暂态转差系数 b_t,缓冲时间常数 T_d 和加速度时间常数 T_n 均显示在仿真结果图 7-2 中。

3 个不同数值的比例增益 K_P 对应的对应电网频率下降的谷值是相同的,$f_{min}=47.99$ Hz,出现低谷时间为 $t_M=4.0$ s。

(2) 第 1 个调速器比例增益 $K_P=2.5$,对应的孤立电网运行特性的波形为红色点画线所示波形。

调速器比例增益为 3 种调速器比例增益仿真参数中的最小数值。

由于比例作用强度小,电网突加负荷后,接力器依靠比例调节的开启开度小,接力器开度的直线段调节分量 $\Delta y_{PI}=0.20$。所以其后的积分调节速度快,因而出现了超过稳定开度($y_w=0.60$)的接力器峰值 $y_m=0.645$,接力器开度恢复到甩负荷后的稳定开度时间长。

由于比例作用强度小,电网突加负荷后,电网频率恢复到 49.90 Hz 的时间 $t_E=32.0$ s,$t_E/t_M=8.0$;突加负荷后,电网频率上升速度较慢,在动态过程的后期,出现了频率峰值 $f_{max}=50.35$ Hz。电网频率向扰动后的稳定值恢复缓慢,呈现出动态过程的初期电网频率响应较慢,后期频率出现超调量特征的动态特性。

第 1 组仿真特性是属于 O 型动态特性。

(3) 第 2 个调速器比例增益 $K_P=5.0$,对应的孤立电网运行特性的波形为黑色实线所示波形。

调速器比例增益为 3 种调速器比例增益仿真参数的中间数值。

电网突加负荷后,接力器开度的直线段调节分量 $\Delta y_{PI}=0.29$,接力器最大启开度为 0.69,然后以单调的形态恢复到负荷后的稳定开度 0.60。

由于比例作用强度较大,电网突加负荷后,电网频率恢复到 49.9 Hz 的时间 $t_E=11.5$ s,$t_E/t_M=2.85$;突加负荷后,突加负荷后电网频率上升的峰值 $f_{max}=50.03$ Hz。电网频率向扰动后的稳定值恢复较快。

第 2 组仿真特性是属于 B 型动态特性。

(4) 第 3 个调速器比例增益 $K_P=7.5$,对应的孤立电网运行特性的波形为蓝色虚线所示波形。

调速器比例增益为 3 种调速器比例增益仿真参数中的最大数值。

由于比例作用强度大,电网突加负荷后,接力器由比例调节作用产生的开启开度大,接力器开度的直线段调节分量 $\Delta y_{PI}=0.32$,接力器最大开度为 0.72,再以单调的形态恢复到负荷后的稳定开度 $y_w=0.60$。

由于比例作用强度大,电网突加负荷后,其后的积分调节速度快,电网频率恢复到

49.9 Hz 的时间 $t_E=11.0$ s，$t_E/t_M=2.75$；突加负荷后，突加负荷后电网频率单调地恢复到 $f_{max}=50.0$ Hz，电网频率向扰动后的稳定值恢复快。

第 3 组仿真特性是属于 B 型动态特性。

（5）仿真中的机组水流修正系数 $K_Y=0.40$，如果更改其数值，仿真的结果会有明显的不同。前已指出，可以用不同的机组水流修正系数 K_Y 数值，反映机组运行水头的变化。电站实际试验和进一步仿真结果表明，对应于机组最大水头的孤立电网动态过程较好的调速器的比例增益 K_P 较大，对应于机组最小水头的孤立电网动态过程较好的调速器的比例增益 K_P 较小。

综合以上的分析，图 11-2 和表 11-2 所示的仿真结果表明：调速器比例增益 K_P 是调速器 PID 参数中最重要的参数。在孤立电网运行特性中，调速器比例增益 K_P 的取值对于电网频率孤立电网运行特性有极大的影响，主要是与调节偏差成比例地调节接力器的动作强度，针对电网突加或突减负荷起减小调节过程中电网频率谷值或电网频率峰值的作用。所以，调速器比例增益 K_P 的取值对于调节系统大偏差的调节作用更为明显。当然，调速器比例增益 K_P 也会对扰动过程的调节稳定时间起作用。

调速器比例增益 K_P 的取值过小，在孤立电网运行过程中会使接力器动作幅值小，电网最大频率偏差大，电网频率向额定频率趋近的速度慢，电网频率可能产生超调，电网频率趋近稳定值的时间长；调速器比例增益 K_P 的取值过大，在孤立电网运行过程中会使接力器动作幅值大，电网最大频率偏差小，电网频率向额定频率趋近的速度快，频率趋近稳定值的时间长。

当然，调速器比例增益 K_P 也要与调速器的积分增益 K_I 和调速器的微分增益 K_D 有恰当的配合。

11.2.2 比例增益对孤立电网运行特性影响仿真 2

在一般的概念中，在孤立电网运行工况下，电网突加或突减负荷后的动态过程，电网频率的动态行为与接力器的开启时间 T_g 或关闭时间 T_f 有密切的关系。但是，在其他参数相同的条件下，将仿真 1 中的接力器开启时间更改为 $T_g=10.0$ s，仿真结果如图 11-3 所示，仿真结果的关键数据整理为表 11-2。

比较图 11-2、表 11-2 和图 11-3、表 11-3 可以得出如下结论。

（1）电网突加负荷后，接力器开启时间 T_g 短的情况对应的接力器开启速度加快

表 11-3　调速器比例增益对孤立电网运行特性影响仿真 2

比例增益	f_m/Hz	M_p	t_M/s	t_E/s	t_E/t_M	Δy_{PI}	b_t	T_d/s	T_n/s
$K_{P1}=2.5$	48.24	3.52%	4.5	30.0	6.67	0.1	0.40	2.8	1.2
$K_{P2}=5.0$	48.62	2.76%	2.5	17.0	6.80	0.18	0.20	5.6	0.6
$K_{P3}=7.5$	48.60	2.80%	2.3	27.0	11.74	0.25	0.13	8.4	0.4
$T_a=10.0$ s, $T_w=1.0$ s, $R_I=0.1$, $K_I=0.4$ s^{-1}, $K_D=3.0$ s, $T_g=10.0$ s, $T_f=10.0$ s									

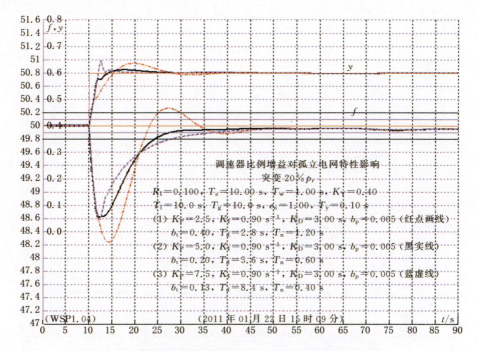

图 11-3 调速器比例增益对孤立电网运行特性影响仿真 2

了,接力器开度的直线段调节分量 Δy_{PI} 明显减小了。

(2) 电网突加负荷后,接力器开启时间 T_g 短的情况对应的电网频率下降谷值 f_m 提高了。

(3) 电网突加负荷后,接力器开启时间 T_g 短的情况对应的电网频率下降谷值时间 t_M 缩短了。

(4) 电网突加负荷后,接力器开启时间 T_g 短的情况对应的电网频率稳定时间 t_E 加长了。

11.2.3 比例增益对孤立电网运行特性影响仿真 3

仿真结果如图 11-4 所示。仿真结果的主要数据整理为表 11-4。

与仿真 1 和仿真 3 的被控制系统参数相同:机组惯性时间常数 $T_a = 10.0$ s,水流时间常数 $T_w = 1.0$ s,机组惯性比率 $R_I = 0.100$。

表 11-4 调速器比例增益对孤立电网运行影响仿真 3 的机组空载和甩负荷 PID 参数

比例增益	f_m/Hz	M_p	t_M/s	t_E/s	t_E/t_M	Δy_{PI}	b_t	T_d/s	T_n/s
$K_{P1}=1.5$	47.32	5.36%	7.5	40.0	5.33	0.090	0.67	6.0	2.00
$K_{P2}=2.5$	47.80	4.4%	6.5	45.0	6.92	0.135	0.40	10.0	1.20
$K_{P3}=3.5$	48.00	4.0%	4.0	55.0	13.80	0.175	0.29	14.0	0.86
$T_a=10.0$ s,$T_w=1.0$ s,$R_I=0.1$,$K_I=0.25$ s^{-1},$K_D=3.0$ s,$T_g=20.0$ s,$T_f=10.0$ s									

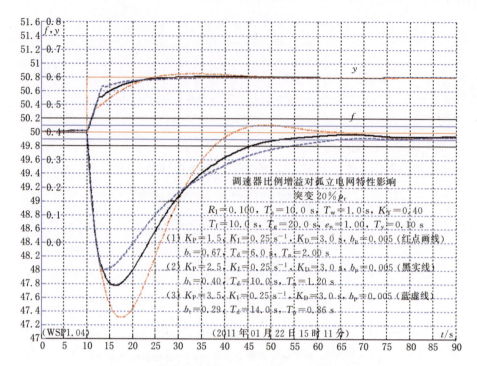

图 11-4　调速器比例增益对孤立电网运行特性影响仿真 3

1. 仿真目标参数

仿真中，调速器采用适合机组空载和甩负荷工况的 PID 参数，积分增益 $K_I = 0.25\ \mathrm{s}^{-1}$，微分增益 $K_D = 3.0\ \mathrm{s}$。

(1) 第 1 个调速器比例增益 $K_{P1} = 1.5$，对应的机组孤立电网运行特性的电网频率 f 和接力器行程 y 的图形为图中红色点画线所示波形。折算的暂态转差系数 $b_t = 0.67$，缓冲时间常数 $T_d = 6.0\ \mathrm{s}$，加速度时间常数 $T_n = 2.00\ \mathrm{s}$。

(2) 第 2 个调速器比例增益 $K_{P2} = 2.5$，对应的机组孤立电网运行特性的电网频率 f 和接力器行程 y 的图形为图中黑色实线所示波形。折算的暂态转差系数 $b_t = 0.4$，缓冲时间常数 $T_d = 10.0\ \mathrm{s}$，加速度时间常数 $T_n = 1.20\ \mathrm{s}$。

(3) 第 3 个调速器比例增益 $K_{P3} = 3.5$，对应的机组孤立电网运行特性的电网频率 f 和接力器行程 y 的图形为图中蓝色虚线所示波形。折算的暂态转差系数 $b_t = 0.29$，缓冲时间常数 $T_d = 14.0\ \mathrm{s}$，加速度时间常数 $T_n = 0.86\ \mathrm{s}$。

2. 仿真结果分析

被控制系统参数为，机组惯性比率 $R_I = 0.100$，机组惯性时间常数 $T_a = 10.0\ \mathrm{s}$，水流时间常数 $T_w = 1.0\ \mathrm{s}$，水流修正系数 $K_Y = 0.40$，机组自调节系数 $e_n = 1.00$。在其他仿真参数相同的条件下，仿真 1 采用孤立电网工况较好的 PID 参数进行仿真，仿真 3 采用机组空载和甩负荷工况较好的 PID 参数进行仿真。比较仿真 1（图 11-2、表 11-2）和仿真 3（图 11-4、表 11-4）的波形及数据可以看出，仿真 1 的孤立电网运行特性明显比仿真 3 的孤立电网运行特性要好。

电网突加负荷后,仿真 3 的电网频率最大下降的数值大,仿真 3 的突加负荷后机组最小频率要显著小于仿真 1 的突加负荷后机组最小频率;电网突加负荷后,仿真 3 的电网频率调节稳定时间变长,从机组突加负荷时起,到机组频率相对偏差小于±0.2%(绝对值为±0.1 Hz)为止的调节时间要显著小于仿真 1 的调节时间。所以,如果机组在孤立电网中运行,调速器仍然采用机组空载和甩负荷的 PID 参数,则其对应的孤立电网运行动态特性是不好的。

3 组仿真特性都是属于 S 型动态特性。

11.2.4 比例增益对孤立电网运行特性影响仿真 4

仿真结果如图 11-5 所示。仿真结果的主要数据整理为表 11-5。

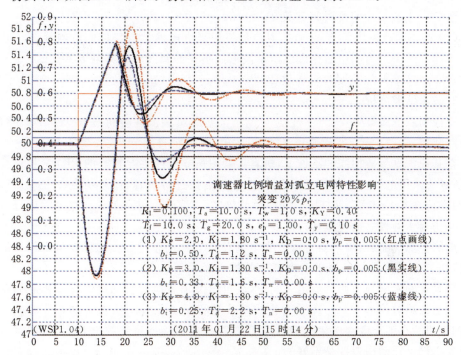

图 11-5 调速器比例增益对孤立电网运行特性影响仿真 4

表 11-5 调速器比例增益对孤立电网运行影响仿真 4

比例增益	f_m/Hz	M_p	t_M/s	t_E/s	t_E/t_M	Δy_{PI}	b_t	T_d/s	T_n/s
$K_{P1}=2.0$	47.90	4.2%	4.5	36.0	8.00	0.41	0.50	1.2	0.0
$K_{P2}=3.0$	47.95	4.1%	4.5	22.0	4.89	0.40	0.33	1.6	0.0
$K_{P3}=4.0$	47.95	4.1%	4.5	22.0	4.89	0.40	0.25	2.2	0.0

$T_a=10.0$ s,$T_w=1.0$ s,$R_I=0.100$,$K_I=1.8$ s^{-1},$K_D=0.00$ s,$T_g=20.0$ s,$T_f=10.0$ s

仿真1和仿真4的被控制系统参数相同,机组惯性时间常数 $T_a=10.0$ s,水流时间常数 $T_w=1.0$ s,机组惯性比率 $R_I=0.100$。仿真1与仿真4的差别在于:仿真1(见图11-2)的调速器采用了适用于孤立电网的PID参数,仿真4(见图11-5)的调速器采用了适用于电网一次调频的PID参数,参见图10-3。

1. 仿真目标参数

积分增益 $K_I=1.8\text{ s}^{-1}$,微分增益 $K_{D1}=0.0$ s。

(1) 调速器比例增益 $K_P=2.0$,对应的机组孤立电网运行特性的电网频率 f 和接力器行程 y 的图形为图中红色点画线所示波形。折算的暂态转差系数 $b_t=0.50$,缓冲时间常数 $T_d=1.2$ s,加速度时间常数 $T_n=0.00$ s。

(2) 调速器比例增益 $K_P=3.0$,对应的机组孤立电网运行特性的电网频率 f 和接力器行程 y 的图形为图中黑色实线所示波形。折算的暂态转差系数 $b_t=0.33$,缓冲时间常数 $T_d=1.6$ s,加速度时间常数 $T_n=0.00$ s。

(3) 调速器比例增益 $K_P=4.0$,对应的机组孤立电网运行特性的电网频率 f 和接力器行程 y 的图形为图中蓝色虚线所示波形。折算的暂态转差系数 $b_t=0.25$,缓冲时间常数 $T_d=2.2$ s,加速度时间常数 $T_n=0.00$ s。

2. 仿真结果分析

被控制系统参数为,机组惯性比率 $R_I=0.100$,机组惯性时间常数 $T_a=10.0$ s,水流时间常数 $T_w=1.0$ s,水流修正系数 $K_Y=0.40$,机组自调节系数 $e_n=1.00$。

在其他仿真参数相同的条件下,仿真1采用孤立电网工况较好的PID参数进行仿真,仿真4采用电网一次调频工况较好的PID参数进行仿真,比较仿真1(图11-2、表11-2)和仿真4(图11-5、表11-5)的波形及数据可以看出,仿真1的孤立电网运行特性明显比仿真4的孤立电网运行特性要好。

电网突加负荷后,接力器行程 y 和电网频率 f 在动态过程中的形态呈现较大幅度振荡,1~3组仿真特性都属于O型动态特性。

仿真4的电网频率调节稳定时间长,从机组突加负荷时起到机组频率相对偏差小于 ±0.2%(绝对值为 ±0.1 Hz)为止的调节时间要显著大于仿真1的调节时间。所以,如果机组在孤立电网中运行,调速器仍然采用电网一次调频的PID参数,则其对应的孤立电网运行动态特性是不好的。

综上所述,仿真1、仿真3和仿真4的被控制系统参数是相同的:机组惯性时间常数 $T_a=10.0$ s,水流时间常数 $T_w=1.0$ s 和机组自调节系数 $e_n=1.0$。把仿真1、仿真3和仿真4的第2组(对应于图中的黑色实线波形)PID参数汇总于表11-6中,它们分别对应于孤立电网、机组空载运行与甩负荷工况运行,以及电网一次调频工况较好的调速器PID参数。

从表11-6所示的比较数据可以清楚地看出,适用于水轮机调节系统的不同工作状态的较好的调速器PID参数是有很大的差别的。为了使不同工况下水轮机调节系统都具有优秀的动态品质,必须采用适应式变参数的调节控制策略。也就是说,微机调速器应该能够自动判断机组的运行状态,并且自动采用与之适应的较好的调速器 PID 参数。

表 11-6 水轮机调节系统 3 种运行工况下的 PID 参数

PID 参数适用工况	K_P	K_I/s^{-1}	K_D/s	b_t	T_d/s	T_n/s
机组空载和甩负荷	2.5	0.25	3.0	0.40	10.0	1.2
孤立电网	5.0	0.90	3.0	0.20	5.6	0.6
电网一次调频	3.0	1.80	0.0	0.33	1.6	0.0

$T_a = 10.0\text{ s}, T_w = 1.0\text{ s}, R_I = 0.100, T_g = 20.0\text{ s}, T_f = 10.0\text{ s}$

11.2.5 比例增益对孤立电网运行特性影响仿真 5

仿真的结果如图 11-6 所示,仿真结果的主要数据整理为表 11-7。

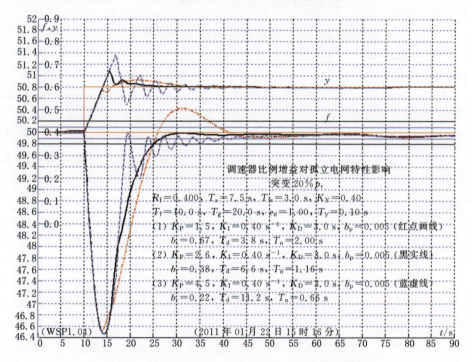

图 11-6 调速器比例增益对孤立电网运行特性影响仿真 5

仿真 1 与仿真 5 的差别在于:仿真 1(见图 11-2)的机组惯性时间常数 $T_a = 10.0$ s,水流时间常数 $T_w = 1.0$ s,机组惯性比率 $R_I = 0.100$,是属于较大的 T_a 和较小的 T_w 的情况,混流式水轮发电机组常具有这种特性。仿真 5(见图 11-6)的机组惯性时间常数 $T_a = 7.5$ s,水流时间常数 $T_w = 3.0$ s,机组惯性比率 $R_I = 0.400$,则是属于较小的 T_a 和较大的 T_w 的情况,灯泡贯流式水轮发电机组常具有这种特性。

表 11-7　调速器比例增益对孤立电网运行特性影响仿真 5

比例增益	f_m/Hz	M_p	t_M/s	t_E/s	t_E/t_M	Δy_{PI}	b_t	T_d/s	T_n/s
$K_{P1}=1.5$	46.54	6.92%	4.5	29.0	6.44	0.19	0.67	3.8	2.00
$K_{P2}=2.6$	46.48	7.04%	4.8	16.5	3.44	0.27	0.38	6.6	1.16
$K_{P3}=4.5$	46.48	7.04%	4.8	29.0	6.04	0.35	0.22	11.2	0.66

$T_a=7.5$ s, $T_w=3.0$ s, $R_I=0.4$, $K_I=0.4$ s^{-1}, $K_D=3.0$ s, $T_g=20.0$ s, $T_f=10.0$ s

1. 仿真目标参数

（1）调速器比例增益 $K_P=1.5$，对应的机组孤立电网运行特性的电网频率 f 和接力器行程 y 的图形为图中红色点画线所示波形。

（2）调速器比例增益 $K_P=2.6$，对应的机组孤立电网运行特性的电网频率 f 和接力器行程 y 的图形为图中黑色实线所示波形。

（3）调速器比例增益 $K_P=4.5$，对应的机组孤立电网运行特性的电网频率 f 和接力器行程 y 的图形为图中蓝色虚线所示波形。

2. 仿真结果分析

被控制系统参数为，机组惯性比率 $R_I=0.400$，机组惯性时间常数 $T_a=7.5$ s，水流时间常数 $T_w=3.0$ s，水流修正系数 $K_Y=0.40$，机组自调节系数 $e_n=1.00$。

比较图 11-2、表 11-1 和图 11-6、表 11-7 可以得出以下结论。

（1）因为仿真 5 的被控制系统的参数与仿真 1 的被控制系统的参数有较大的差别，所以，仿真 5（见图 11-6）的调速器 PID 参数与仿真 1（见图 11-2）的调速器 PID 参数有很大的差别。

（2）电网突加负荷后，仿真 5（图 11-6、表 11-7）与仿真 1（图 11-2、表 11-2）比较，仿真 5 的电网频率下降的谷值比仿真 1 的电网频率下降的数值要大，仿真 5 的频率恢复到 49.9 Hz 的时间 t_E 比仿真 1 的频率恢复到 49.9 Hz 的时间 t_E 要长。

11.2.6　比例增益对孤立电网运行特性影响仿真 6

仿真的结果如图 11-7 所示，仿真结果的主要数据整理为表 11-8。

仿真 6（见图 11-7）的机组惯性时间常数 $T_a=7.5$ s，水流时间常数 $T_w=7.5$ s，机组惯性比率 $R_I=1.000$，属于较小的 T_a 和很大的 T_w 的情况。灯泡贯流式水轮发电机组常具有这种特性。

1. 仿真目标参数

（1）调速器比例增益 $K_P=0.8$，对应的机组孤立电网运行特性的电网频率 f 和接力器行程 y 的图形为图中红色点画线所示波形。

（2）调速器比例增益 $K_P=0.9$，对应的机组孤立电网运行特性的电网频率 f 和接力器行程 y 的图形为图中黑色实线所示波形。

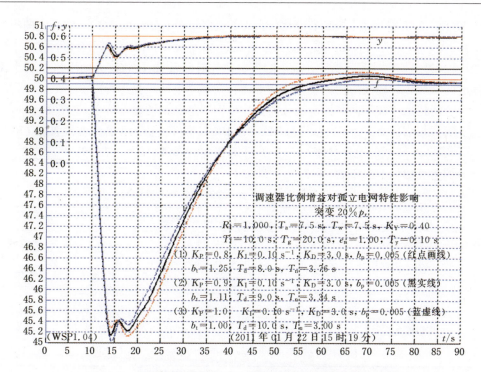

图 11-7　调速器比例增益(K_P)对孤立电网运行特性影响仿真 6
($R_I = T_w/T_a = 7.5/7.5 = 1.0$)

表 11-8　调速器比例增益(K_P)对孤立电网运行特性影响仿真 6

比例增益	f_m/Hz	M_p	t_M/s	t_E/s	t_E/t_M	Δy_{PI}	b_t	T_d/s	T_n/s
$K_{P1}=0.8$	45.30	9.40%	4.5	64.0	14.2	0.15	1.25	8.0	3.76
$K_{P2}=0.9$	45.16	9.68%	4.5	46.5	10.3	0.16	1.11	9.0	3.34
$K_{P3}=1.0$	45.02	9.96%	4.5	51.0	11.3	0.17	1.00	10.0	3.00

$T_a=7.5$ s, $T_w=7.5$ s, $R_I=1.00$, $K_I=0.10$ s^{-1}, $K_D=3.0$ s, $T_g=20.0$ s, $T_f=10.0$ s

(3) 调速器比例增益 $K_P=1.0$,对应的机组孤立电网运行特性的电网频率 f 和接力器行程 y 的图形为图中蓝色虚线所示波形。

2. 仿真结果分析

被控制系统参数为,机组惯性比率 $R_I=1.000$,机组惯性时间常数 $T_a=7.5$ s,水流时间常数 $T_w=7.5$ s,水流修正系数 $K_Y=0.40$,机组自调节系数 $e_n=1.0$。

比较图 11-2、表 11-2 和图 11-7、表 11-8 可以得出如下结论。

(1) 因为仿真 6 被控制系统的参数与仿真 1 被控制系统的参数有很大的差别,所以,仿真 6(见图 11-7)的调速器 PID 参数与仿真 1(见图 11-2)的调速器 PID 参数有很大的差别。

(2) 电网突加负荷后,仿真 6(见图 11-7 和表 11-7)与比仿真 1(见图 11-2 和表 11-1)

比较,仿真 6 的电网频率下降的谷值比仿真 1 的电网频率下降的谷值要小,仿真 6 的频率恢复到 49.9 Hz 的时间 t_E 比仿真 1 的频率恢复到 49.9 Hz 的时间 t_E 要大得多。

所以,机组惯性比率系数 R_I(较小的机组惯性时间常数 T_a 和较大的引水系统水流惯性时间常数 T_w)较大的被控制系统是不适合在孤立电网工况运行的。

为了清楚地比较不同被控制系统的孤立电网突加负荷的动态特性,把图 11-2 所示黑色实线波形($R_I = T_w/T_a = 1.0/10.0 = 0.100$),图 11-6 所示黑色实线波形($R_I = T_w/T_a = 3.0/7.5 = 0.400$)和图 11-7 所示黑色实线波形($R_I = T_w/T_a = 7.5/7.5 = 1.000$)的仿真结果汇总于表 11-9。

表 11-9　不同被控制系统孤立电网运行特性比较

仿真结果	R_I	T_w/s	T_a/s	f_m/Hz	M_p	t_M/s	t_E/s	t_E/t_M	Δy_{PI}
图 11-2(黑色实线波形)	0.100	1.0	10.0	47.99	4.02%	4.0	21.5	5.38	0.29
图 11-6(黑色实线波形)	0.400	3.0	7.5	46.52	7.00%	4.0	16.5	4.13	0.27
图 11-7(黑色实线波形)	1.000	7.5	7.5	45.16	9.44%	4.2	46.5	11.07	0.16

图 11-2(黑色实线波形):$K_P = 5.0, K_I = 0.90\ s^{-1}, K_D = 3.0\ s, b_t = 0.20, T_d = 5.6\ s, T_n = 0.60\ s$

图 11-6(黑色实线波形):$K_P = 2.6, K_I = 0.40\ s^{-1}, K_D = 3.0\ s, b_t = 0.38, T_d = 6.6\ s, T_n = 1.16\ s$

图 11-7(黑色实线波形):$K_P = 0.9, K_I = 0.10\ s^{-1}, K_D = 3.0\ s, b_t = 1.11, T_d = 9.0\ s, T_n = 3.34\ s$

从表 11-9 汇总的仿真数据可以看出,对于不同的被控制系统特性,为了得到比较好的孤立电网运行特性,必须选用适应其被控制系统的调速器 PID 参数。机组惯性比率系数 R_I(较小的机组惯性时间常数 T_a 和较大的引水系统水流惯性时间常数 T_w)较大的被控制系统是不适合在孤立电网工况下运行的。

3 组仿真特性都是属于 S 型动态特性。

表 11-9 所示的仿真汇总结果表明,与机组惯性比率 R_I 相应的较好的调速器 PID 参数的总体规律是,机组惯性比率 R_I 数值大,与较好的孤立电网运行动态过程特性对应的比例增益 K_P 和积分增益 K_I 数值较小;机组惯性比率 R_I 数值小,与较好的孤立电网运行动态过程特性对应的比例增益 K_P 和积分增益 K_I 数值较大。

11.3　调速器积分增益对孤立电网运行特性影响仿真

11.3.1　积分增益对孤立电网运行特性影响仿真 1

图 11-8 所示的为调速器积分增益 K_I 对机组孤立电网运行特性影响的仿真界面,界面上的变量或参数的数值可以设定、修改,所有变量或参数的数值将实时地反映在仿

真结果(仿真曲线及参数)中,仿真的结果如图 11-9 所示,仿真结果的主要数据整理为表 11-10。

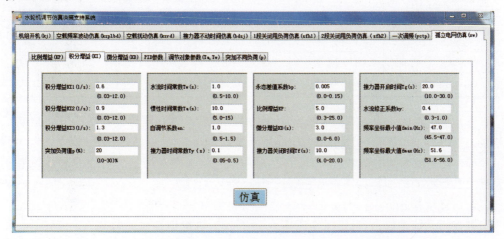

图 11-8 调速器积分增益对孤立电网运行特性影响仿真界面

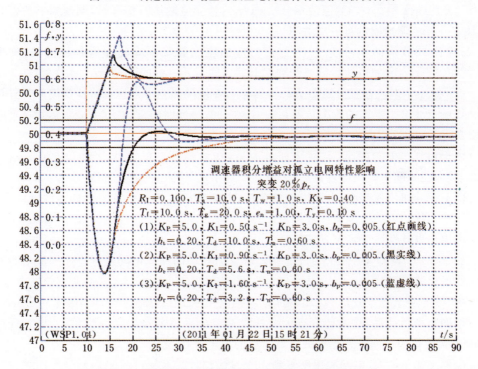

图 11-9 调速器积分增益对孤立电网运行特性影响仿真 1

1. 仿真目标参数

(1) 调速器积分增益 $K_I = 0.50 \text{ s}^{-1}$,对应的机组孤立电网运行特性的电网频率 f 和接力器行程 y 的图形为图中红色点画线所示波形。

表 11-10　调速器积分增益(K_I)对孤立电网运行特性影响仿真 1

积分增益	f_m/Hz	M_p	t_M/s	t_E/s	t_E/t_M	Δy_{PI}	b_t	T_d/s	T_n/s
$K_{I1}=0.50\ s^{-1}$	47.98	4.04%	4.0	32.5	8.13	0.25	0.20	10.0	0.6
$K_{I2}=0.90\ s^{-1}$	47.98	4.04%	4.0	11.5	4.29	0.29	0.20	5.6	0.6
$K_{I3}=1.60\ s^{-1}$	47.98	4.04%	4.0	24.0	6.00	0.36	0.20	3.2	0.6

$T_a=10.0\ s, T_w=1.0\ s, R_I=0.100, K_P=5.0, K_D=3.0\ s, T_g=20.0\ s, T_f=10.0\ s$

(2) 调速器积分增益 $K_I=0.90\ s^{-1}$，对应的机组孤立电网运行特性的电网频率 f 和接力器行程 y 的图形为图中黑色实线所示波形。

(3) 调速器积分增益 $K_I=1.60\ s^{-1}$，对应的机组孤立电网运行特性的电网频率 f 和接力器行程 y 的图形为图中蓝色虚线所示波形。

2. 仿真结果分析

被控制系统参数为，机组惯性比率 $R_I=0.100$，机组惯性时间常数 $T_a=10.0\ s$，水流时间常数 $T_w=1.0\ s$，水流修正系数 $K_Y=0.40$，机组自调节系数 $e_n=1.0$。

(1) 在进行 3 个不同数值的积分增益 K_I 的孤立电网运行仿真时，调速器的比例增益 $K_P=5.0$ 和调速器的微分增益 $K_D=3.0\ s$。

3 个不同数值的积分增益 K_I 数值对应的电网频率下降的谷值是相同的，均为 $f_{min}=47.98\ Hz$，突加负荷后的电网频率低谷时间也是一样的，均为 $t_M=4.0\ s$。

(2) 第 1 个调速器积分增益 $K_I=0.5\ s^{-1}$，对应的孤立电网运行特性的波形为红色点画线所示波形。折算的暂态转差系数 $b_t=0.20$，缓冲时间常数 $T_d=10.0\ s$，加速度时间常数 $T_n=0.6\ s$。

由于积分作用强度小，电网突加负荷后，接力器开度的直线段调节分量 $\Delta y_{PI} \approx 0.25$，接力器开度呈微小的超调后，单调地趋近于甩负荷后的稳定开度 0.6。

由于积分作用强度小，电网突加负荷后，电网频率从频率低谷向上恢复速度缓慢。电网频率向扰动后的稳定值恢复缓慢，电网频率恢复到 49.9 Hz 的时间 $t_E=32.5\ s$。

本组仿真特性属于 S 型动态特性。

(3) 第 2 个调速器积分增益 $K_{I2}=0.90\ s^{-1}$，对应的孤立电网运行特性的波形为黑色实线所示波形。

折算的暂态转差系数 $b_t=0.20$，缓冲时间常数 $T_d=5.6\ s$，加速度时间常数 $T_n=0.6\ s$。

电网突加负荷后，接力器开度的直线段调节分量 $\Delta y_{PI} \approx 0.29$，接力器开启到开度 0.685 后，较快而单调地趋近于突加负荷后的稳定开度 0.6。

电网突加负荷后，电网频率恢复到 49.9 Hz 的时间 $t_E=11.5\ s$，电网频率向扰动后的稳定值恢复快。

本组仿真特性属于 B 型动态特性。

(4) 第 3 个调速器积分增益 $K_{I3}=1.60\ s^{-1}$，对应的孤立电网运行特性的波形为蓝色虚线所示波形。折算的暂态转差系数 $b_t=0.20$，缓冲时间常数 $T_d=3.2\ s$，加速度时

间常数 $T_n = 0.6$ s。

由于积分作用强度大,电网突加负荷后,接力器开度的直线段调节分量 $\Delta y_{PI} = 0.33$,接力器开启到开度 0.76 后,缓慢地趋近于突加负荷后的稳定开度 0.6。

电网突加负荷后,电网频率趋近于额定频率的速度快,出现 50.65 Hz 的峰值,电网频率恢复到 49.9 Hz 的时间 $t_E = 24.0$ s,电网频率调节稳定时间长。

本组仿真特性属于 O 型动态特性。

(5) 仿真中的机组水流修正系数 $K_Y = 0.40$,如果更改其数值,仿真的结果会有明显的不同。

前已指出,可以用不同的机组水流修正系数 K_Y 数值反映机组运行水头的变化。电站实际试验和进一步仿真结果表明,对应于机组最大水头的孤立电网动态过程较好的调速器积分增益 K_I 较大,对应于机组最小水头的孤立电网动态过程较好的调速器积分增益 K_I 较小。

综合以上的分析,图 11-9 所示的仿真结果和表 11-10 所示的数据表明:调速器积分增益 K_I 是调速器 PID 参数中重要的参数。在孤立电网运行特性中,调速器积分增益 K_I 的取值对电网频率孤立电网运行特性有极大的影响,主要是对调节偏差起积分校正作用,从而影响电网频率向稳定频率恢复速度。所以,调速器积分增益 K_I 的取值对调节系统的小偏差的调节作用更为明显。当然,调速器积分增益 K_I 也会对扰动过程的调节稳定时间起作用。

调速器积分增益 K_I 的取值过小,动态过程中接力器动作最大幅值小,电网频率的响应速度慢,电网频率趋近稳定值的速度慢,调节稳定时间长;调速器积分增益 K_I 的取值大,动态过程中接力器动作最大幅值大,动态过程中的接力器开度动作幅值大,电网频率的响应速度快,电网频率趋近稳定值的速度快,电网频率可能产生超调,电网频率趋近稳定值的时间长。

当然,调速器积分增益 K_I 也要与调速器的比例增益 K_P 和调速器的微分增益 K_D 有恰当的配合。

11.3.2 积分增益对孤立电网运行特性影响仿真 2

仿真的结果如图 11-10 所示,仿真结果的主要数据整理为表 11-11。仿真 1 与仿真 2 的差别在于:仿真 1(见图 11-9)的机组惯性时间常数 $T_a = 10.0$ s,水流时间常数 $T_w = 1.0$ s,机组惯性比率 $R_I = 0.100$,属于较大的 T_a 和较小的 T_w 的情况,混流式水轮发电机组常具有这种特性。仿真 2(见图 11-10)的机组惯性时间常数 $T_a = 7.5$ s,水流时间常数 $T_w = 3.0$ s,机组惯性比率 $R_I = 0.400$,属于较小的 T_a 和较大的 T_w 的情况,灯泡贯流式水轮发电机组常具有这种特性。

1. 仿真目标参数

(1) 调速器积分增益 $K_I = 0.20$ s^{-1},对应的机组孤立电网运行特性的电网频率 f 和接力器行程 y 的图形为图中红色点画线所示波形。

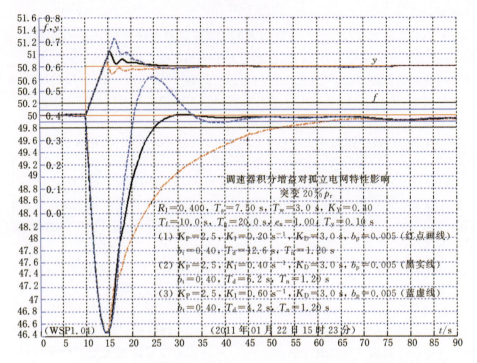

图 11-10 调速器积分增益(K_I)对孤立电网运行特性影响仿真 2

(机组惯性比率 $R_I = T_w/T_a = 3.0/7.5 = 0.4$)

表 11-11 调速器积分增益对孤立电网运行特性影响仿真 2

积分增益	f_m/Hz	M_p	t_M/s	t_E/s	t_E/t_M	Δy_{PI}	b_t	T_d/s	T_n/s
$K_{I1}=0.20\ s^{-1}$	46.48	7.04%	4.5	52.5	11.7	0.23	0.40	12.6	1.2
$K_{I2}=0.40\ s^{-1}$	46.48	7.04%	4.5	16.5	3.67	0.26	0.40	6.2	1.2
$K_{I3}=0.60\ s^{-1}$	46.48	7.04%	4.5	22.0	4.89	0.315	0.40	4.2	1.2
$T_a=7.5\ s, T_w=3.0\ s, R_I=0.400, K_P=2.5, K_D=3.0\ s, T_g=20.0\ s, T_f=10.0\ s$									

(2) 调速器积分增益 $K_I=0.40\ s^{-1}$,对应的机组孤立电网运行特性的电网频率 f 和接力器行程 y 的图形为图中黑色实线所示波形。

(3) 调速器积分增益 $K_I=0.60\ s^{-1}$,对应的机组孤立电网运行特性的电网频率 f 和接力器行程 y 的图形为图中蓝色虚线所示波形。

2. 仿真结果分析

被控制系统参数为,机组惯性比率 $R_I=0.400$,机组惯性时间常数 $T_a=7.5\ s$,水流时间常数 $T_w=3.0\ s$,水流修正系数 $K_Y=0.40$,机组自调节系数 $e_n=1.00$。

(1) 在进行 3 个不同数值的积分增益 K_I 的孤立电网运行仿真时,调速器的比例增益 $K_P=2.5$ 和调速器的微分增益 $K_D=3.0\ s$。

3 个不同数值的积分增益 K_I 数值对应的电网频率下降的谷值是相同的,即为

48.13 Hz，突加负荷后的电网频率低谷时间也是一样的，即为 $t_M=4.5$ s。

（2）第 1 个调速器积分增益 $K_{I1}=0.60$ s^{-1}，对应的孤立电网运行特性的波形为红色点画线所示波形。

折算的暂态转差系数 $b_t=0.40$，缓冲时间常数 $T_d=12.6$ s，加速度时间常数 $T_n=1.20$ s。

由于积分作用强度大，电网突加负荷后，接力器开度的直线段调节分量 $\Delta y_{PI}=0.225$，接力器开启到开度 0.625 后，单调地趋近于甩负荷后的稳定开度 0.60。

由于积分作用强度小，电网突加负荷后，电网频率从频率低谷向上恢复速度慢。电网频率向扰动后的稳定值恢复缓慢，电网频率恢复到 49.9 Hz 的时间 $t_E=52.5$ s。

这 1 组仿真特性是属于 S 型动态特性。

（3）第 2 个调速器积分增益 $K_{I2}=0.90$ s^{-1}，对应的孤立电网运行特性的波形为黑色实线所示波形。

折算的暂态转差系数 $b_t=0.40$，缓冲时间常数 $T_d=6.2$ s，加速度时间常数 $T_n=1.20$ s。

电网突加负荷后，接力器开度的直线段调节分量 $\Delta y_{PI}=0.26$，接力器开启到开度 0.66 后，较快地到达突加负荷后的稳定开度 0.60。电网频率恢复到 49.9 Hz 的时间 $t_E=16.5$ s，电网频率向扰动后的稳定值恢复快。

这一组仿真特性是属于 B 型动态特性。

（4）第 3 个调速器积分增益 $K_{I3}=0.60$ s^{-1}，对应的孤立电网运行特性的图形为蓝色虚线所示波形。

折算的暂态转差系数 $b_t=0.40$，缓冲时间常数 $T_d=4.2$ s，加速度时间常数 $T_n=1.20$ s。

由于积分作用强度大，电网突加负荷后，接力器开度的直线段调节分量 $\Delta y_{PI}=0.315$，接力器开启到开度 0.715 后，缓慢地趋近于突加负荷后的稳定开度 0.6。

电网突加负荷后，电网频率恢复到 49.9 Hz 的时间 $t_E=22.0$ s，电网频率向扰动后的稳定值恢复较快。

这一组仿真特性是属于 O 型动态特性。

（5）仿真中的机组水流修正系数 $K_Y=0.40$，如果更改其数值，则仿真的结果会有明显的不同。前已指出，可以用不同的机组水流修正系数 K_Y 数值反映机组运行水头的变化。电站实际试验和进一步仿真结果表明，对应于机组最小水头的孤立电网动态过程，较好的调速器积分增益 K_I 较大；对应于机组最小水头的孤立电网动态过程，较好的调速器积分增益 K_I 较小。

综合以上的分析，图 11-10 和表 11-11 所示的仿真结果表明：比较图 11-9、表 11-10 和图 11-10、表 11-11 可以看出，二者的调速器 PID 参数有很大的差异。所以，当被控制系统参数不同时，为了使孤立电网运行特性具有优良的动态品质，必须适当地选择与之适应的调速器 PID 参数。

调速器积分增益 K_I 的取值过小,电网频率的响应速度慢,电网频率趋近稳定值的时间长;调速器积分增益 K_I 的取值大,动态过程中接力器动作最大幅值大,电网频率的响应速度快,电网频率可能产生超调,电网频率趋近稳定值的时间长。

当然,调速器积分增益 K_I 也要与调速器的比例增益 K_P 和调速器的微分增益 K_D 有恰当的配合。

11.3.3 积分增益对孤立电网运行特性影响仿真 3

仿真的结果如图 11-11 所示,仿真结果的主要数据整理为表 11-12。

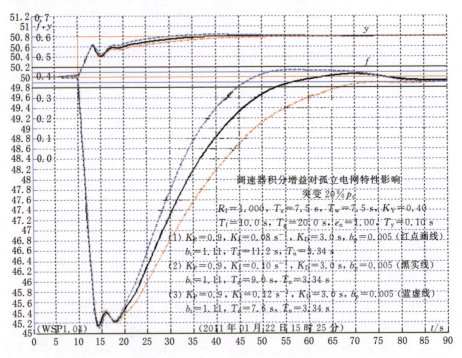

图 11-11 调速器积分增益(K_I)对孤立电网运行特性影响仿真 3

表 11-12 调速器积分增益对孤立电网运行特性影响仿真 3

积分增益	f_m/Hz	M_p	t_M/s	t_E/s	t_E/t_M	Δy_{PI}	b_t	T_d/s	T_n/s
$K_{I1}=0.08\ s^{-1}$	45.2	9.6%	4.5	65.0	14.4	0.165	1.11	11.2	3.34
$K_{I2}=0.10\ s^{-1}$	45.15	9.7%	4.4	46.5	10.57	0.165	1.11	9.0	3.34
$K_{I3}=0.12\ s^{-1}$	45.10	9.8%	4.3	58.0	13.50	0.165	1.11	7.6	3.34

$T_a=7.5\ s, T_w=7.5\ s, R_I=1.0, K_P=0.9, K_D=3.0\ s, T_g=20.0\ s, T_f=10.0\ s$

仿真 3(见图 11-11)的机组惯性时间常数 $T_a=7.5\ s$,水流时间常数 $T_w=7.5\ s$,机组惯性比率 $R_I=1.0$,属于较小的 T_a 和特别大的 T_w 的情况,有的灯泡贯流式水轮发电机组具有这种特性。

1. 仿真目标参数

仿真的目标参数有 3 个不同的调速器积分增益(K_I)数值。

(1) 调速器积分增益 $K_I=0.08\ s^{-1}$,对应的机组孤立电网运行特性的电网频率 f 和接力器行程 y 的图形为图中红色点画线所示波形。

(2) 调速器积分增益 $K_I=0.10\ s^{-1}$,对应的机组孤立电网运行特性的电网频率 f 和接力器行程 y 的图形为图中黑色实线所示波形。

(3) 调速器积分增益 $K_I=0.12\ s^{-1}$,对应的机组孤立电网运行特性的电网频率 f 和接力器行程 y 的图形为图中蓝色虚线所示波形。

2. 仿真结果分析

被控制系统参数为,机组惯性比率 $R_I=1.000$,机组惯性时间常数 $T_a=7.5\ s$,水流时间常数 $T_w=7.5\ s$,水流修正系数 $K_Y=0.40$,机组自调节系数 $e_n=1.00$。

(1) 因为仿真 3 被控制系统的参数与仿真 1 被控制系统的参数有很大的差别,所以,仿真 3 的调速器 PID 参数也和仿真 1 的调速器 PID 参数有很大的差别。

(2) 电网突加负荷后,仿真 3(图 11-11、表 11-12)与比仿真 1(图 11-9、表 11-10)比较,仿真 3 的电网频率下降的谷值比仿真 1 的电网频率下降的谷值要小,仿真 3 的频率恢复到 49.9 Hz 的时间 t_E 比仿真 1 的频率恢复到 49.9 Hz 的时间 t_E 要大得多。

3 组仿真特性都是属于 S 型动态特性。所以,对于机组惯性比率系数 R_I(较小的机组惯性时间常数 T_a 和较大的引水系统水流惯性时间常数 T_w)较大的被控制系统是不适合在孤立电网工况运行的。

通过分析仿真 1(见图 11-9,机组惯性比率 $R_I=0.100$)、仿真 2(见图 11-10,机组惯性比率 $R_I=0.4$)和仿真 3(见图 11-11,机组惯性比率 $R_I=1.0$)的结果可以看出,与机组惯性比率 R_I 相应的较好的调速器 PID 参数的总体规律是,机组惯性比率 R_I 数值大,与较好的机组孤立电网运行动态过程特性对应的比例增益 K_P 和积分增益 K_I 数值较小;机组惯性比率 R_I 数值小,与较好的机组孤立电网运行动态过程特性对应的比例增益 K_P 和积分增益 K_I 数值较大。

11.4 调速器微分增益对孤立电网运行特性影响仿真

图 11-12 所示的为调速器微分增益(K_D)对机组孤立电网运行特性影响的仿真界面,界面上的变量或参数的数值可以设定修改,所有变量或参数的数值将实时地反映在仿真结果(仿真曲线及参数)中,仿真的结果如图 11-13 所示,仿真结果的主要数据整理为表 11-13。

1. 仿真目标参数

(1) 第 1 个调速器微分增益 $K_{D1}=0.0\ s$,对应的机组孤立电网运行特性的波形为

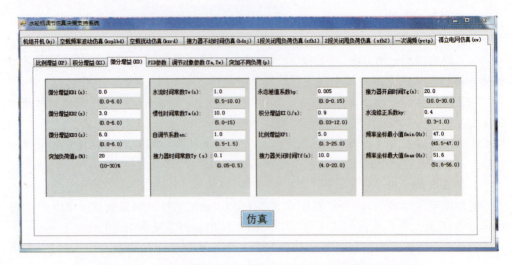

图 11-12 调速器微分增益对孤立电网运行特性影响仿真界面

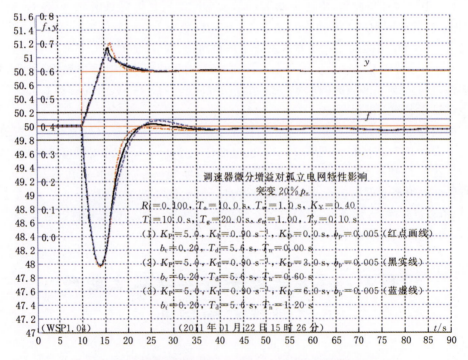

图 11-13 调速器微分增益(K_D)对孤立电网运行特性仿真

(机组惯性比率 $R_1 = T_w/T_a = 1.0/10.0 = 0.1$)

图中红色点画线所示波形。

(2) 第 2 个调速器微分增益 $K_{D2} = 3.0$ s,对应的机组孤立电网运行特性的波形为图中黑色实线所示波形。

（3）第 3 个调速器微分增益 $K_{D3}=6.0$ s，对应的机组孤立电网运行特性的波形为图中蓝色虚线所示波形。

表 11-13 调速器微分增益对孤立电网运行特性影响仿真

微分增益	f_m/Hz	M_p	t_M/s	t_E/s	t_E/t_M	Δy_{PI}	b_t	T_d/s	T_n/s
$K_{D1}=0.0$ s	47.98	4.04%	4.0	10.0	2.50	0.300	0.2	5.6	0.0
$K_{D2}=3.0$ s	47.98	4.04%	4.0	11.5	2.88	0.285	0.2	5.6	0.6
$K_{D3}=6.0$ s	47.98	4.04%	4.0	12.0	3.00	0.270	0.2	5.6	1.2

$T_a=10.0$ s, $T_w=1.0$ s, $R_I=0.100$, $K_P=5.0$, $K_I=0.9$ s^{-1}, $T_g=20.0$ s, $T_f=10.0$ s

2. 仿真结果分析

被控制系统参数为，机组惯性比率 $R_I=0.100$，机组惯性时间常数 $T_a=10.0$ s，水流时间常数 $T_w=1.0$ s，水流修正系数 $K_Y=0.40$，机组自调节系数 $e_n=1.00$。

在进行 3 个不同数值的微分增益 K_D 的孤立电网运行仿真时，调速器的比例增益 $K_P=4.0$，调速器的比例增益 $K_I=0.90$ s^{-1}。

图 11-13 和表 11-13 的仿真结果表明：与调速器比例增益 K_P 和积分增益 K_I 相比，调速器微分增益 K_D 对于孤立电网运行的水轮机调节系统的特性的影响要小得多。在孤立电网运行特性中，调速器微分增益 K_D 的取值对于电网频率孤立电网运行特性只有很小的影响，主要是对调节偏差的变化起微分校正作用。所以，调速器微分增益 K_D 的取值对于调节系统的偏差的变化起调节作用。当然，调速器微分增益 K_D 也会对扰动过程的调节稳定时间 t_E 起作用。

11.5 PID 参数对孤立电网运行特性影响仿真

鉴于前面已经对比例增益 K_P、积分增益 K_I 和微分增益 K_D 分别进行了逐个的仿真及分析，在这里仅仅给出针对 3 种不同的被控制系统进行仿真的结果，不做进一步的分析。

11.5.1 PID 参数对孤立电网运行特性影响仿真 1

图 11-14 所示的为调速器 PID 参数对机组孤立电网运行特性影响的仿真界面，界面上的变量或参数的数值可以设定、修改，所有变量或参数的数值将实时地反映在仿真结果（仿真曲线及参数）中，仿真的结果如图 11-15 所示，仿真结果的主要数据整理为表 11-14。

被控制系统参数为机组惯性比率 $R_I=0.100$，引水系统水流时间常数 $T_w=1.0$ s，机组惯性时间常数 $T_a=10.0$ s，水流修正系数 $K_Y=0.40$，机组自调节系数 $e_n=1.00$。

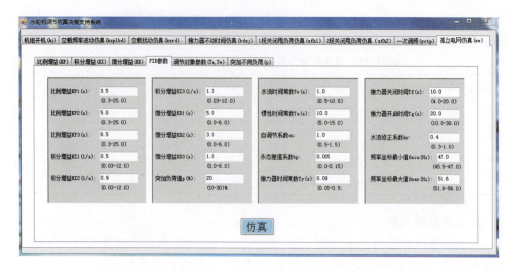

图 11-14 调速器 PID 参数对孤立电网运行特性影响仿真界面

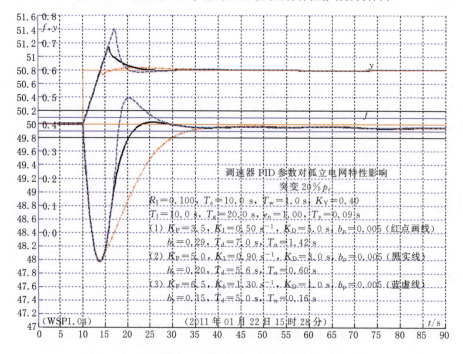

图 11-15 调速器 PID 参数对孤立电网运行特性影响仿真 1

1. 仿真目标参数

(1) 第 1 组调速器 PID 参数,对应的机组孤立电网运行特性的波形为图 11-15 红色点画线所示波形。调速器比例增益 $K_{P1}=3.5$,积分增益 $K_{I1}=0.50\ \mathrm{s^{-1}}$ 和微分增益 $K_{D3}=5.0\ \mathrm{s}$,折算的暂态转差系数 $b_{t1}=0.29$,缓冲时间常数 $T_{d1}=7.0\ \mathrm{s}$ 和加速度时间常数 $T_{n1}=1.42\ \mathrm{s}$。

表 11-14 调速器 PID 参数对孤立电网运行特性影响仿真 1

仿真目标参数	f_m/Hz	M_p	t_M/s	t_E/s	t_E/t_M	Δy_{PI}
第 1 组 PID 参数	47.95	4.1%	4.0	23.0	5.75	0.200
第 2 组 PID 参数	47.95	4.1%	4.0	11.5	2.88	0.285
第 3 组 PID 参数	47.95	4.1%	4.0	16.0	4.00	0.350

(2) 第 2 组调速器 PID 参数,对应的机组孤立电网运行特性的波形为图 11-15 黑色实线所示波形。调速器比例增益 $K_{P2}=5.0$,积分增益 $K_{I2}=0.90\ s^{-1}$ 和微分增益 $K_{D2}=3.0\ s$,折算的暂态转差系数 $b_{t2}=0.20$,缓冲时间常数 $T_{d2}=5.6\ s$ 和加速度时间常数 $T_{n2}=0.6\ s$。

(3) 第 3 组调速器 PID 参数,对应的机组孤立电网运行特性的波形为图 11-15 蓝色虚线所示波形。调速器比例增益 $K_{P3}=6.5$,积分增益 $K_{I3}=1.30\ s^{-1}$ 和微分增益 $K_{D3}=1.0\ s$,折算的暂态转差系数 $b_{t3}=0.15$,缓冲时间常数 $T_{d3}=5.0\ s$ 和加速度时间常数 $T_{n3}=0.16\ s$。

2. 简要分析

(1) 第 1 组调速器 PID 参数(图 11-15 的红色点画线波形)。

第 1 组调速器 PID 参数的比例增益 K_P 和积分增益 K_I 都分别比第 2 组调速器 PID 参数的比例增益 K_P 和积分增益 K_I 要明显地小。图 11-15 和表 11-14 所示的第 1 组调速器 PID 参数所对应的孤立电网突加负荷动态过程特性是较差的,接力器动作幅度偏小,电网频率从突加负荷后的最低频率单调地而缓慢地趋近稳定频率,电网频率调节稳定时间 t_E 长。

本组特性属于 S 型特性。

(2) 第 2 组调速器 PID 参数(图 11-15 的黑色实线波形)。

图 11-15 和表 11-14 所示的第 2 组调速器 PID 参数所对应的孤立电网突加负荷动态过程特性是较好的,接力器动作幅度适中,电网频率恢复速度快,调节稳定时间短。

本组特性属于 B 型特性。

(3) 第 3 组调速器 PID 参数(图 11-15 的蓝色虚线波形)。

第 3 组调速器 PID 参数的比例增益 K_P 和积分增益 K_I 都分别比第 2 组调速器 PID 参数的比例增益 K_P 和积分增益 K_I 要明显地大。图 11-15 和表 11-14 所示的第 3 组调速器 PID 参数所对应的孤立电网突加负荷动态过程特性是较差的,接力器动作幅度过大,电网频率从突加负荷后的最低频率快速地向稳定频率恢复,有超调地趋近稳定频率,电网频率调节稳定时间 t_E 较长。

本组特性属于 O 型特性。

11.5.2 PID 参数对孤立电网运行特性影响仿真 2

仿真的结果如图 11-16 所示,仿真结果的主要数据整理为表 11-15。

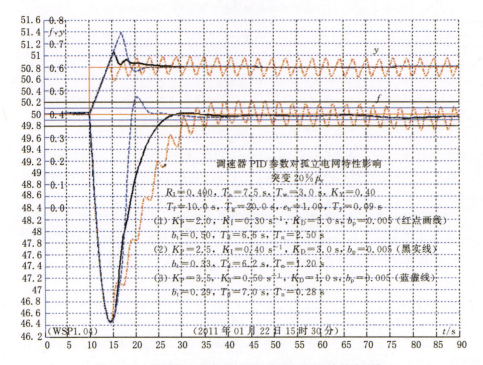

图 11-16　调速器 PID 参数对孤立电网运行特性影响仿真 2

表 11-15　调速器 PID 参数对孤立电网运行特性影响仿真 2

仿真目标参数	f_m/Hz	M_p	t_M/s	t_E/s	t_E/t_M	Δy_{PI}
第 1 组 PID 参数	46.45	7.1%	4.5	>80.0	>17.78	0.20
第 2 组 PID 参数	46.45	7.1%	4.5	16.5	3.67	0.27
第 3 组 PID 参数	46.45	7.1%	4.5	12.0	2.67	0.35

被控制系统参数为，机组惯性比率 $R_I=0.400$，引水系统水流时间常数 $T_w=3.0$ s，机组惯性时间常数 $T_a=7.5$ s，是属于较小的机组惯性时间常数 T_a 和较大的引水系统水流惯性时间常数 T_w 的被控制系统。

1. 仿真目标参数

仿真的目标参数有 3 组不同的调速器 PID 参数。

(1) 第 1 组调速器 PID 参数，对应的机组孤立电网运行特性的波形为图 11-16 红色点画线所示波形。

调速器比例增益 $K_{P1}=2.0$，积分增益 $K_{I1}=0.30$ s^{-1} 和微分增益 $K_{D1}=5.0$ s，折算的暂态转差系数 $b_{t1}=0.50$，缓冲时间常数 $T_{d1}=6.6$ s 和加速度时间常数 $T_{n1}=2.5$ s。

(2) 第 2 组调速器 PID 参数，对应的机组孤立电网运行特性的波形为图 11-16 黑色实线所示波形。调速器比例增益 $K_{P2}=2.5$，积分增益 $K_{I2}=0.40$ s^{-1} 和微分增益 K_{D2}

$=3.0$ s,折算的暂态转差系数 $b_{t2}=0.33$,缓冲时间常数 $T_{d2}=6.2$ s 和加速度时间常数 $T_{n2}=1.20$ s。

(3) 第 3 组调速器 PID 参数,对应的机组孤立电网运行特性的波形为图 11-16 中蓝色虚线所示波形。

调速器比例增益 $K_{P3}=3.5$,积分增益 $K_{I3}=0.5$ s^{-1} 和微分增益 $K_{D3}=1.0$ s,折算的暂态转差系数 $b_{t3}=0.29$,缓冲时间常数 $T_{d3}=7.0$ s 和加速度时间常数 $T_{n3}=0.28$ s。

2. 仿真结果分析

被控制系统参数为,机组惯性比率 $R_I=0.400$,机组惯性时间常数 $T_a=7.5$ s,水流时间常数 $T_w=3.0$ s,水流修正系数 $K_Y=0.40$,机组自调节系数 $e_n=1.0$。

(1) 第 1 组调速器 PID 参数(图 11-16 的红色点画线波形)。

第 1 组调速器 PID 参数的比例增益 K_P 和积分增益 K_I 都分别比第 2 组调速器 PID 参数的比例增益 K_P 和积分增益 K_I 要明显地小。图 11-16 和表 11-15 所示的第 1 组调速器 PID 参数所对应的孤立电网突加负荷动态过程特性是较差的,接力器动作幅度偏小,电网频率从突加负荷后的最低频率单调地而缓慢地趋近稳定频率,电网频率调节稳定时间 t_E 长。

第 1 组仿真特性是属于 S 型动态特性。

(2) 第 2 组调速器 PID 参数(见图 11-15 的黑色实线波形)。

图 11-16 和表 11-15 所示的第 2 组调速器 PID 参数,所对应的孤立电网突加负荷动态过程特性是较好的,接力器动作幅度适宜,电网频率恢复速度快,调节稳定时间短。

第 2 组仿真特性是属于 B 型动态特性。

(3) 第 3 组调速器 PID 参数(见图 11-16 的蓝色虚线波形)。

第 3 组调速器 PID 参数的比例增益 K_P 和积分增益 K_I 分别比第 2 组调速器 PID 参数的比例增益 K_P 和积分增益 K_I 明显地大。图 11-16 和表 11-15 所示的第 3 组调速器 PID 参数所对应的孤立电网突加负荷动态过程特性是较差的,接力器动作幅度过大,电网频率从突加负荷后的最低频率快速地向稳定频率恢复,有超调地趋近稳定频率,电网频率调节稳定时间短。

第 3 组仿真特性是属于 B 型动态特性。

(4) 仿真 2 中的机组水流修正系数 $K_Y=0.4$,如果更改其数值,仿真的结果会有明显的不同。可以用不同的机组水流修正系数 K_Y 数值反映机组运行水头的变化。电站实际试验和进一步仿真结果表明,对应于机组最大水头的孤立电网动态过程较好的调速器比例增益 K_P 和调速器积分增益 K_I 较大,对应于机组最小水头的孤立电网动态过程较好的调速器比例增益 K_P 积分增益 K_I 较小。

综上所述,仿真 2 的调速器 PID 参数与仿真 1 的有很大的差别。比例增益 K_P 和积分增益 K_I 的取值大小对于孤立电网突加(或突减)负荷的动态特性品质起着关键的作用。只有选择与被控制系统参数相适应的比例增益 K_P 和积分增益 K_I 的数值,才能保证系统具有优良的动态特性。

11.5.3 PID 参数对孤立电网运行特性影响仿真 3

仿真的结果如图 11-17 所示，仿真结果的主要数据整理为表 11-16。

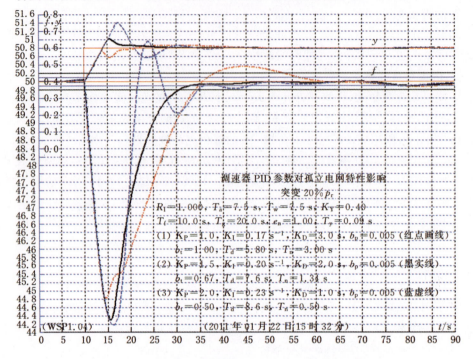

图 11-17　调速器 PID 参数对孤立电网运行特性影响仿真 3

表 11-16　调速器 PID 参数对孤立电网运行特性影响仿真 3

仿真目标参数	f_m/Hz	M_p	t_M/s	t_E/s	t_E/t_M	Δy_{PI}
第 1 组 PID 参数	44.8	10.4%	4.5	46.0	10.20	0.19
第 2 组 PID 参数	44.3	11.4%	5.5	23.0	4.18	0.25
第 3 组 PID 参数	44.2	11.6%	6.5	26.0	4.00	0.35

1. 仿真目标参数

被控制系统参数为机组惯性比率 $R_I=1.000$，引水系统水流时间常数 $T_w=7.5$ s，水流修正系数 $K_Y=0.40$，机组惯性时间常数 $T_a=7.5$ s，是属于较小的机组惯性时间常数 T_a 和特别大的引水系统水流惯性时间常数 T_w 的被控制系统。

2. 仿真结果分析

(1) 第 1 组调速器 PID 参数的仿真波形，为图 11-17 的红色点画线所示波形。

第 1 组调速器 PID 参数的比例增益 K_P 和积分增益 K_I 都分别比第 2 组调速器 PID 参数的比例增益 K_P 和积分增益 K_I 明显地小。图 11-17 和表 11-16 所示的第 1 组调速器 PID 参数所对应的孤立电网突加负荷动态过程特性是较差的，接力器动作幅度偏小,电网频率从突加负荷后的最低频率单调地而缓慢地趋近稳定频率、电网频率调节稳定时间 t_E 长。

第 1 组仿真特性是属于 S 型动态特性。

(2) 第 2 组调速器 PID 参数的仿真波形,为图 11-17 的黑色实线所示波形。

图 11-16 和表 11-15 所示的第 2 组调速器 PID 参数,所对应的孤立电网突加负荷动态过程特性是较好的,接力器动作幅度适宜,电网频率恢复速度快,调节稳定时间短。

第 2 组仿真特性是属于 B 型动态特性。

(3) 第 3 组调速器 PID 参数的仿真波形,为图 11-17 的蓝色虚线所示波形。

第 3 组调速器 PID 参数的比例增益 K_P 和积分增益 K_I 都分别比第 2 组调速器 PID 参数的比例增益 K_P 和积分增益 K_I 明显地大。图 11-17 和表 11-16 所示的第 3 组调速器 PID 参数所对应的孤立电网突加负荷动态过程特性是较差的,接力器动作幅度过大,电网频率从突加负荷后的最低频率快速地向稳定频率恢复,有超调地趋近稳定频率,电网频率调节稳定时间 t_E 较长。

第 3 组仿真特性是属于 O 型动态特性。

(4) 仿真中的机组水流修正系数 $K_Y=0.4$,如果更改其数值,仿真的结果会有明显的不同。

前已指出,可以用不同的机组水流修正系数 K_Y 数值反映机组运行水头的变化。电站实际试验和进一步仿真结果表明,对应于机组最大水头的孤立电网动态过程较好的调速器比例增益 K_P 和调速器积分增益 K_I 较大,对应于机组最小水头的孤立电网动态过程较好的调速器比例增益 K_P 积分增益 K_I 较小。

综上所述,仿真 3(见图 11-17)的调速器 PID 参数与仿真 2(见图 11-16)的调速器 PID 参数有很大的差别。比例增益 K_P 和积分增益 K_I 的取值大小对于孤立电网突加(或突减)负荷的动态特性品质起着关键的作用,只有选择与被控制系统参数相适应的比例增益 K_P 和积分增益 K_I 的数值才能保证系统具有优良的动态特性。一般的规律是,机组惯性比率 $R_I=T_w/T_a$ 数值大的被控制系统应该选择小的比例增益 K_P 数值和积分增益 K_I 数值。

值得着重指出的是,对于一个确定的被控制系统,为了保证系统在电网突加(或突减)负荷工况下有优良的动态品质,比例增益 K_P 数值和积分增益 K_I 的取值及其配合可以有多种可能的解决方案。

11.6 被控制系统参数对孤立电网运行特性影响仿真

11.6.1 被控制系统参数对孤立电网运行特性影响仿真 1

图 11-18 所示的为被控制系统参数对机组孤立电网运行特性影响的仿真界面,界

面上的变量或参数的数值可以设定修改,所有变量或参数的数值将实时地反映在仿真结果(仿真曲线及参数)中,仿真的结果如图 11-19 所示,仿真结果的主要数据整理为表 11-17。

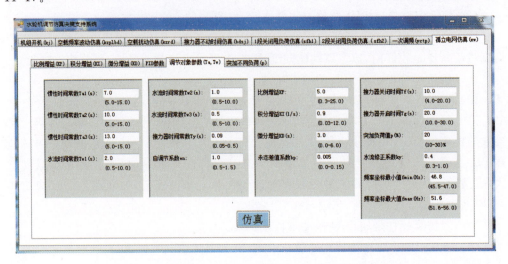

图 11-18　被控制系统参数对孤立电网运行特性影响仿真界面

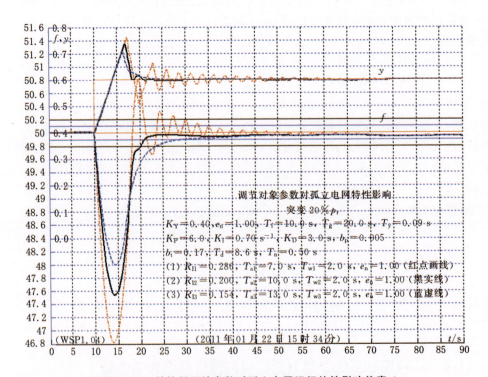

图 11-19　被控制系统参数对孤立电网运行特性影响仿真 1

表 11-17　被控制系统参数(T_a)对孤立电网运行特性影响仿真

T_a/s	R_I	T_w/s	f_m/Hz	M_p	t_M/s	t_E/s	t_E/t_M	Δy_{PI}
7.0	0.280	2.0	46.80	6.4%	4.00	25.0	6.25	0.36
10.0	0.200	2.0	47.55	4.9%	4.25	10.8	2.54	0.34
13.0	0.154	2.0	48.00	4.0%	4.50	19.0	4.22	0.31

$K_P=6.0, K_I=0.7\ s^{-1}, K_D=3.0\ s, b_t=0.17, T_d=8.6\ s, T_n=0.50\ s$

1. 仿真目标参数

(1) 第1组机组惯性时间常数 $T_a=7.0\ s$,对应的机组孤立电网运行特性的波形为图 11-16 红色点画线所示波形。

(2) 第2组机组惯性时间常数 $T_a=10.0\ s$,对应的机组孤立电网运行特性的波形为图 11-16 黑色实线所示波形。

(3) 第3组机组惯性时间常数 $T_a=13.0\ s$,对应的机组孤立电网运行特性的波形为图 11-16 蓝色虚线所示波形。

2. 仿真结果分析

(1) 第1个机组惯性时间常数 T_a 参数(图 11-19 的红色点画线波形)。

第1个机组惯性时间常数 T_a 数值比第2个机组惯性时间常数 T_a 数值小。图11-19 和表 11-17 所示的第1个机组惯性时间常数 T_a 参数所对应的孤立电网突加负荷动态过程特性是较差的,接力器动作幅度偏大,动态过程出现振荡;电网频率从突加负荷后的最低频率开始,在剧烈振荡的过程中,缓慢地趋近稳定频率,电网频率调节稳定时间 t_E 很长。

第1组仿真特性是属于 O 型动态特性。

(2) 第2个机组惯性时间常数 T_a 参数(图 11-19 的黑色实线波形)。

图 11-19 和表 11-17 所示的第2个机组惯性时间常数 T_a 参数所对应的孤立电网突加负荷动态过程特性是较好的,接力器动作幅度适宜,电网频率恢复速度快,调节稳定时间短。

第2组仿真特性是属于 B 型动态特性。

(3) 第3个机组惯性时间常数 T_a 参数(图 11-19 的蓝色虚线所示波形)。

图 11-19 和表 11-17 所示的第3组机组惯性时间常数 T_a 参数所对应的孤立电网突加负荷动态过程特性是较差的,接力器动作幅度较小,电网频率从突加负荷后的最低频率缓慢而单调地向稳定频率恢复,电网频率调节稳定时间 t_E 较长。

第3组仿真特性是属于 S 型动态特性。

从仿真结果可以得出如下结论。

① 机组惯性时间常数 T_a 越小,在其他参数相同的条件下,电网突加或突减负荷后,电网频率最大偏差越大;机组惯性时间常数 T_a 越大,在其他参数相同的条件下,电网突

②机组惯性惯性时间常数 T_a 越小,在其他参数相同的条件下,电网突加或突减负荷后,电网频率向稳定值恢复的速度越快;机组惯性时间常数 T_a 越大,在其他参数相同的条件下,电网突加或突减负荷后,电网频率向稳定值恢复的速度越慢。

综上所述,机组惯性时间常数 T_a 的数值大小,对孤立电网突加(或突减)负荷的动态特性品质起着重要的作用,必须选择与之相适应的比例增益 K_P 和积分增益 K_I 的数值,才能保证系统具有优良的动态特性。一般的规律是,机组惯性比率 $R_I = T_w/T_a$ 数值大的被控制系统,应该选择小的比例增益 K_P 数值和积分增益 K_I 数值。

值得着重指出的是,对于 1 个确定的被控制系统,为了保证系统在电网突加(或突减)负荷工况下有优良的动态品质,比例增益 K_P 数值和积分增益 K_I 的取值及其配合,可以有多种可能的解决方案。

11.6.2 被控制系统参数对孤立电网运行特性影响仿真 2

仿真的结果如图 11-20 所示,其主要数据整理为表 11-18。

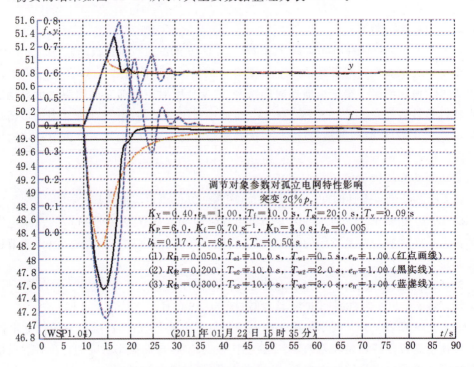

图 11-20 被控制系统参数对孤立电网运行特性影响仿真 2

1. 仿真目标参数

(1)第 1 组水流惯性时间常数 $T_{w1} = 0.5$ s,对应的机组孤立电网运行特性的波形为图 11-20 红色点画线所示波形。

表 11-18 被控制系统参数对孤立电网运行特性影响仿真

R_I	T_w/s	T_a/s	f_m/Hz	M_p	t_M/s	t_E/s	t_E/t_M	Δy_{PI}
0.05	0.5	10.0	48.20	3.6%	3.80	27.5	7.24	0.205
0.2	2.0	10.0	47.55	4.9%	4.25	10.8	2.54	0.340
0.3	3.0	10.0	47.10	5.8%	4.95	21.5	4.34	0.395

$K_P=6.0, K_I=0.7 \text{ s}^{-1}, K_D=3.0 \text{ s}, b_t=0.17, T_d=8.6 \text{ s}, T_n=0.50 \text{ s}$

(2) 第 2 组水流惯性时间常数 $T_{w2}=2.0$ s,对应的机组孤立电网运行特性的波形为图 11-20 黑色实线所示波形。

(3) 第 3 组水流惯性时间常数 $T_{w3}=3.0$ s,对应的机组孤立电网运行特性的波形为图 11-20 蓝色虚线所示波形。

2. 仿真结果分析

(1) 第 1 个水流惯性时间常数 T_w 如图 11-20 的红色点画线波形所示。

第 1 个机组惯性时间常数 T_a 数值比第 2 个水流惯性时间常数 T_w 数值小。图 11-20 和表 11-17 所示的第 1 个水流惯性时间常数 T_w 参数所对应的孤立电网突加负荷动态过程特性是较差的,接力器动作幅度偏小;电网频率从突加负荷后的最低频率开始,在剧烈振荡的过程中单调而缓慢地趋近稳定频率,电网频率调节稳定时间 t_E 很长。

第 1 组仿真特性是属于 S 型动态特性。

(2) 第 2 个水流惯性时间常数 T_w 如图 11-20 的黑色实线波形所示。

图 11-20 和表 11-18 所示的第 2 个水流惯性时间常数 T_w 参数所对应的孤立电网突加负荷动态过程特性是较好的,接力器动作幅度适宜,电网频率恢复速度快,调节稳定时间短。

第 2 组仿真特性是属于 B 型动态特性。

(3) 第 3 个水流惯性时间常数 T_w 如图 11-20 的蓝色虚线波形所示。

图 11-20 和表 11-18 所示的第 3 个水流惯性时间常数 T_w 数值比第 2 个水流惯性时间常数 T_w 数值大,所对应的孤立电网突加负荷动态过程特性较差,接力器动作幅度偏大,动态过程出现振荡;电网频率从突加负荷后的最低频率开始,在剧烈振荡的过程中,缓慢地趋近稳定频率,电网频率调节稳定时间 t_E 很长。

第 3 组仿真特性是属于 O 型动态特性。

从仿真结果可以得出如下结论。

① 水流惯性时间常数 T_w 越小,在其他参数相同的条件下,电网突加或突减负荷后,电网频率最大偏差越小;水流惯性时间常数 T_w 越大,在其他参数相同的条件下,电网突加或突减负荷后,电网频率最大偏差越大。

② 水流惯性时间常数 T_w 越小,在其他参数相同的条件下,电网突加或突减负荷后,电网频率向稳定值恢复的速度越慢;水流惯性时间常数 T_w 越大,在其他参数相同的

条件下,电网突加或突减负荷后,电网频率向稳定值恢复的速度越快。

综上所述,水流惯性时间常数 T_w 的数值大小对于孤立电网突加(或突减)负荷的动态特性品质起着重要的作用,只有选择与之相适应的比例增益 K_P 和积分增益 K_I 的数值才能保证系统具有优良的动态特性。一般的规律是,机组惯性比率 $R_I=T_w/T_a$ 较大的被控制系统,应该选择小的比例增益 K_P 数值和积分增益 K_I 数值。

值得着重指出的是,对于一个确定的被控制系统,为了保证系统在电网突加(或突减)负荷工况下有优良的动态品质,比例增益 K_P 数值和积分增益 K_I 的取值及其配合可以有多种可能的解决方案。

11.6.3 被控制系统参数对孤立电网运行特性影响仿真 3

仿真的结果如图 11-21 所示,其主要数据整理为表 11-19。

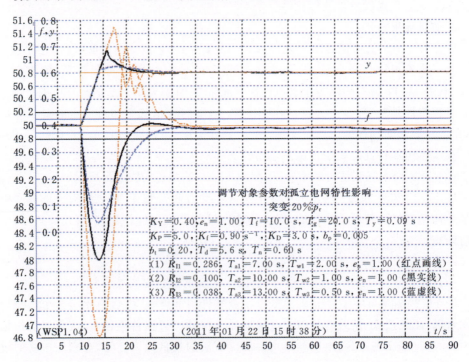

图 11-21 被控制系统参数对孤立电网运行特性影响仿真 3(不同的机组惯性比率 R_I)

表 11-19 被控制系统参数对孤立电网运行特性影响仿真

R_I	T_a/s	f_m/Hz	M_p	t_M/s	t_E/s	t_E/t_M	Δy_{PI}
0.286	10.0	46.80	6.40%	4.0	19.0	4.75	0.370
0.100	10.0	47.98	4.04%	4.0	11.5	2.88	0.280
0.038	10.0	48.54	2.92%	4.0	16.5	4.13	0.215

$K_P=5.0, K_I=0.9\ s^{-1}, K_D=3.0\ s, b_t=0.2, T_d=5.6\ s, T_n=0.60\ s$

1. 仿真目标参数

（1）第 1 个机组惯性比率 $R_I=0.286$，对应的机组孤立电网运行特性的波形为图 11-21 红色点画线所示波形。

（2）第 2 个机组惯性比率 $R_I=0.100$，对应的机组孤立电网运行特性的波形为图 11-21 黑色实线所示波形。

（3）第 3 个机组惯性比率 $R_I=0.038$ s，对应的机组孤立电网运行特性的波形为图 11-21 蓝色虚线所示波形。

2. 仿真结果分析

（1）第 1 个机组惯性比率 R_I 如图 11-21 的红色点画线波形所示。

图 11-21 和表 11-19 所示的第 1 个机组惯性比率 R_I 数值，比第 2 个机组惯性比率 R_I 数值大，所对应的孤立电网突加负荷动态过程特性是很差的，接力器动作幅度偏大，动态过程出现振荡，电网频率从突加负荷后的最低频率开始，在剧烈振荡的过程中，缓慢地趋近稳定频率、电网频率调节稳定时间 t_E 很长。

第 1 组仿真特性是属于 O 型动态特性。

（2）第 2 个机组惯性比率 R_I 如图 11-21 的黑色实线波形所示。

图 11-21 和表 11-19 所示的第 2 个水流惯性时间常数 T_w 参数所对应的孤立电网突加负荷动态过程特性较好，接力器动作幅度适宜，电网频率恢复速度快，调节稳定时间短。

第 2 组仿真特性是属于 B 型动态特性。

（3）第 3 个机组惯性比率 R_I 如图 11-21 的蓝色虚线波形所示。

图 11-21 和表 11-19 所示的第 3 个机组惯性比率 R_I 数值比第 2 个机组惯性比率 R_I 数值小，所对应的孤立电网突加负荷动态过程特性是较差的。接力器动作幅度偏小，电网频率从突加负荷后的最低频率开始，单调而缓慢地趋近稳定频率、电网频率调节稳定时间 t_E 长。

第 3 组仿真特性是属于 S 型动态特性。

从仿真结果可以得出如下结论。

① 机组惯性比率 R_I 越小，在其他参数相同的条件下，电网突加或突减负荷后，电网频率最大偏差越小；机组惯性比率 R_I 越大，在其他参数相同的条件下，电网突加或突减负荷后，电网频率最大偏差越大。

② 机组惯性比率 R_I 越小，在其他参数相同的条件下，电网突加或突减负荷后，电网频率向稳定值恢复的速度越慢；机组惯性比率 R_I 越大，在其他参数相同的条件下，电网突加或突减负荷后，电网频率向稳定值恢复的速度越快。

综上所述，机组惯性比率 R_I 的数值大小对于孤立电网突加（或突减）负荷的动态特性品质起着重要的作用，只有选择与之相适应的比例增益 K_P 和积分增益 K_I 的数值，才能保证系统具有优良的动态特性。一般的规律是，机组惯性比率 $R_I=T_w/T_a$ 数值大的被控制系统，应该选择小的比例增益 K_P 和积分增益 K_I。

值得着重指出的是,对于一个确定的被控制系统,为了保证系统在电网突加(或突减)负荷工况下有优良的动态品质,比例增益 K_P 数值和积分增益 K_I 的取值及其配合,可以有多种可能的解决方案。

11.7 机组突加不同负荷对孤立电网运行特性影响仿真

11.7.1 机组突加不同负荷对孤立电网运行特性影响仿真 1

图 11-22 所示的为机组突加不同负荷对机组孤立电网运行特性影响的仿真界面,界面上的变量或参数的数值可以设定、修改,所有的 16 个变量或参数的数值将实时地反映在仿真结果(仿真曲线及参数)中,按电网突加 10% 额定负荷工况选择 PID 参数,仿真的结果如图 11-23 所示,仿真结果的主要数据整理为表 11-20。

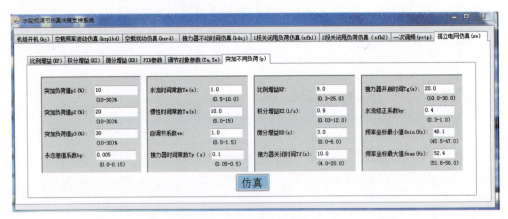

图 11-22 机组突加不同负荷对孤立电网运行特性影响仿真界面

1. 仿真目标参数

(1) 第 1 个电网突加负荷为 10% p_r,对应的机组孤立电网运行特性的电网频率 f 和接力器行程 y 的图形为图中红色点画线所示波形。

(2) 第 2 个电网突加负荷为 20% p_r,对应的机组孤立电网运行特性的电网频率 f 和接力器行程 y 的图形为图中黑色实线所示波形。

(3) 第 3 个电网突加负荷为 30% p_r,对应的机组孤立电网运行特性的电网频率 f 和接力器行程 y 的图形为图中蓝色虚线所示波形。

2. 仿真结果分析

被控制系统参数为,机组惯性比率 $R_I=0.100$,机组惯性时间常数 $T_a=10.0$ s,水流时间常数 $T_w=1.0$ s,水流修正系数 $K_Y=0.40$,机组自调节系数 $e_n=1.00$。

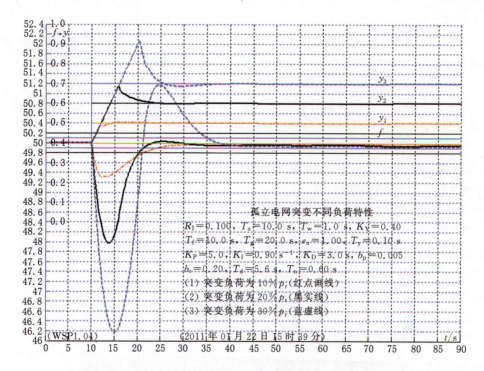

图 11-23　孤立电网突加不同负荷对孤立电网运行特性影响仿真 1

表 11-20　孤立电网突加不同负荷对孤立电网运行特性影响仿真 1

($R_I = T_w/T_a = 1.0/10.0 = 0.1$)

突变负荷	f_m/Hz	M_p	t_M/s	t_E/s	t_E/t_M	Δy_{PI}
10%p_r	49.32	1.36%	2.5	14.5	5.80	0.090
20%p_r	47.98	4.04%	4.0	11.5	2.88	0.275
30%p_r	46.18	7.64%	5.0	25.0	5.00	0.520
$K_P = 5.0, K_I = 0.90 \text{ s}^{-1}, K_D = 3.0 \text{ s}, b_t = 0.20, T_d = 5.6 \text{ s}, T_n = 0.60 \text{ s}$							
$R_I = 0.100, T_w = 1.0 \text{ s}, T_a = 10.0 \text{ s}$							

（1）在进行 3 个电网突加不同负荷的孤立电网运行仿真时，调速器的调速器的比例增益 $K_P = 5.0$，调速器的积分增益 $K_I = 0.90 \text{ s}^{-1}$ 和调速器的微分增益 $K_D = 3.0 \text{ s}$，折算的暂态转差系数 $b_t = 0.20$，缓冲时间常数 $T_d = 5.6 \text{ s}$，加速度时间常数 $T_n = 0.60 \text{ s}$。

（2）第 1 个机组突加负荷数值为 10%p_r，对应的孤立电网运行特性的波形为红色点画线所示波形。

电网突加负荷后，所对应的孤立电网突加负荷动态过程特性是较差的，接力器动作幅度偏小，电网频率从突加负荷后的最低频率开始，单调地趋近稳定频率，电网频率调节稳定时间 t_E 较短。

第 1 组仿真特性是属于 B 型动态特性。

（3）第 2 个机组突加负荷数值为 20% p_r，对应的孤立电网运行特性的波形为黑色实线所示波形。

电网突加负荷后,接力器开度的比例调节分量 $\Delta y_{P1} \approx 0.24$,接力器动作幅度适宜,电网频率恢复速度快,调节稳定时间 t_E 短。

第2组仿真特性是属于B型动态特性。

(4) 第3个机组突加负荷数值为 $30\% p_r$,对应的孤立电网运行特性的波形为蓝色虚线所示波形。

孤立电网突加负荷动态过程特性是最差的,接力器动作幅度偏大,动态过程出现振荡,电网频率从突加负荷后的最低频率开始,在剧烈振荡的过程中,缓慢地趋近稳定频率,电网频率调节稳定时间 t_E 很长。

第3组仿真特性是属于O型动态特性。

综合以上的分析,图11-23和表11-20所示的仿真结果表明:孤立电网突加(或突减)负荷的动态过程是一个非线性特性明显的动态过程。对于不同的突加(或突减)的负荷值,系统的非线性程度又是有很大差别的。仿真结构表明,电网突加(或突减)20%额定负荷的动态过程较好的调速器PID参数对于电网突加(或突减)10%额定负荷来说,它对应的动态过程品质还是较好的。但是,把这一组调速器PID参数用于电网突加(或突减)30%额定负荷的动态过程,就不是合理的参数数值了。

11.7.2 机组突加不同负荷对孤立电网运行特性影响仿真2

为了验证上述观点,针对电网突加(或突减)30%额定负荷的工况来选择调速器PID参数的仿真结果如图11-24所示,仿真结果的主要数据整理为表11-21。

1. 仿真目标参数

仿真的目标参数有3个不同的电网突加负荷值。

(1) 第1个电网突加负荷为 $10\% p_r$,对应的机组孤立电网运行特性的电网频率 f 和接力器行程 y 的图形为图中红色点画线所示波形。

(2) 第2个电网突加负荷为 $20\% p_r$,对应的机组孤立电网运行特性的电网频率 f 和接力器行程 y 的图形为图中黑色实线所示波形。

(3) 第3个电网突加负荷为 $30\% p_r$,对应的机组孤立电网运行特性的电网频率 f 和接力器行程 y 的图形为图中蓝色虚线所示波形。

2. 仿真结果分析

被控制系统参数为,机组惯性比率 $R_I=0.100$,机组惯性时间常数 $T_a=10.0$ s,水流时间常数 $T_w=1.0$ s,水流修正系数 $K_Y=0.40$,机组自调节系数 $e_n=1.0$。

比较仿真1(见图11-23和表11-20)和仿真2(见图11-24和表11-21)可知,仿真2采用的调速器PID参数与仿真1采用的调速器PID参数差异很大,仿真2采用的调速器PID参数使得孤立电网突加(或突减)30%额定负荷的动态过程具有优良的性能,而对于孤立电网突加(或突减)10%额定负荷和突加(或突减)20%额定负荷的动态过程来说,这一组调速器的PID参数也能够使对应的动态过程有较好的动态品质。

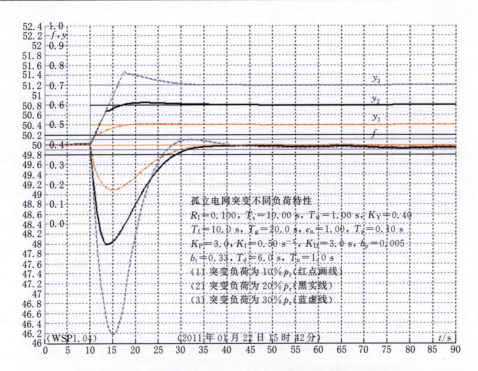

图 11-24　孤立电网突加不同负荷对孤立电网运行特性影响仿真 2

表 11-21　孤立电网突加不同负荷对孤立电网运行特性影响仿真 2

突变负荷	f_m/Hz	M_p	t_M/s	t_E/s	t_E/t_M	Δy_{PI}
$10\% p_r$	49.1	1.8%	5.0	20.0	4.00	0.05
$20\% p_r$	48.0	4.0%	3.5	21.5	6.14	0.17
$30\% p_r$	46.2	7.6%	5.0	17.0	3.40	0.37

$K_P=3.0, K_I=0.5\ s^{-1}, K_D=3.0\ s, b_t=0.33, T_d=6.0\ s, T_n=1.0\ s$
$R_I=0.100, T_w=1.0\ s, T_a=10.0\ s$

这 3 组仿真特性都是属于 B 型动态特性。

在实际的孤立电网运行工况下,应该确定经常可能存在的最大电网突加(或突减)负荷数值,并据此选择调速器 PID 参数的数值。

11.7.3　机组突加不同负荷对孤立电网运行特性影响仿真 3

仿真的结果如图 11-25 所示,其主要数据整理为表 11-22。

1. 仿真目标参数

(1) 第 1 个电网突加负荷为 $10\% p_r$,对应的机组孤立电网运行特性的电网频率 f 和接力器行程 y 的图形为图中红色点画线所示波形。

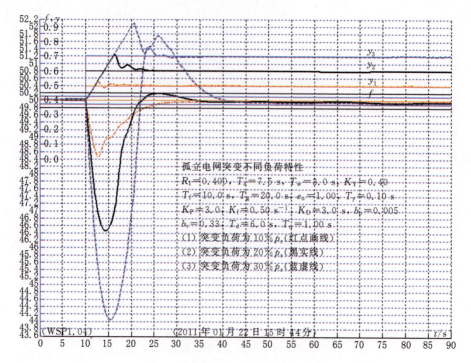

图 11-25 机组突加不同负荷对孤立电网运行特性影响仿真 3

表 11-22 孤立电网突加不同负荷对孤立电网运行特性影响仿真 3

突变负荷	f_m/Hz	M_p	t_M/s	t_E/s	t_E/t_M	Δy_{PI}
$10\% \ p_r$	48.48	3.04%	3.3	15.5	4.70	0.13
$20\% \ p_r$	46.46	7.08%	4.5	11.5	2.56	0.31
$30\% \ p_r$	44.15	11.70%	5.5	27.5	5.00	0.52

$K_P=3.0, K_I=0.5\ s^{-1}, K_D=3.0\ s, b_t=0.33, T_d=6.0\ s, T_n=1.0\ s$
$R_I=0.1, T_w=1.0\ s, T_a=10.0\ s$

(2) 第 2 个电网突加负荷为 $20\%\ p_r$,对应的机组孤立电网运行特性的电网频率 f 和接力器行程 y 的图形为图中黑色实线所示波形。

(3) 第 3 个电网突加负荷为 $30\%\ p_r$,对应的机组孤立电网运行特性的电网频率 f 和接力器行程 y 的图形为图中蓝色虚线所示波形。

2. 仿真结果分析

被控制系统参数为,机组惯性比率 $R_I=0.400$,机组惯性时间常数 $T_a=7.5\ s$,水流时间常数 $T_w=3.0\ s$,水流修正系数 $K_Y=0.40$,机组自调节系数 $e_n=1.00$。

(1) 在进行 3 个电网突加不同负荷的孤立电网运行仿真时,调速器的调速器的比例增益 $K_P=3.0$,调速器的积分增益 $K_I=0.50\ s^{-1}$ 和调速器的微分增益 $K_D=3.0\ s$,折

算的暂态转差系数 $b_t=0.33$，缓冲时间常数 $T_d=6.0\ s$，加速度时间常数 $T_n=1.00\ s$。

(2) 第 1 个机组突加负荷数值为 $10\%\ p_r$，对应的孤立电网运行特性的波形为红色点画线所示波形。电网突加负荷后，所对应的孤立电网突加负荷动态过程特性是较差的，接力器动作幅度偏小，电网频率从突加负荷后的最低频率开始，单调地趋近稳定频率，电网频率调节稳定时间 t_E 较短。

第 1 组仿真特性是属于 B 型动态特性。

(3) 第 2 个机组突加负荷数值为 $20\%\ p_r$，对应的孤立电网运行特性的波形为黑色实线所示波形。电网突加负荷后，接力器开度的比例调节分量 $\Delta y_{P1}=0.24$，接力器动作幅度适宜，电网频率恢复速度快，调节稳定时间 t_E 短。

第 2 组仿真特性是属于 B 型动态特性。

(4) 第 3 个机组突加负荷数值为 $30\%\ p_r$，对应的孤立电网运行特性的波形为蓝色虚线所示波形。孤立电网突加负荷动态过程特性是最差的，接力器动作幅度偏大，动态过程出现振荡，电网频率从突加负荷后的最低频率开始，在剧烈振荡的过程中，缓慢地趋近稳定频率，电网频率调节稳定时间 t_E 很长。

第 3 组仿真特性是属于 O 型动态特性。

综合以上的分析，图 11-25 和表 11-22 所示的仿真结果表明：孤立电网突加（或突减）负荷的动态过程是一个非线性特性明显的动态过程。对于不同的突加（或突减）的负荷值，系统的非线性程度又是有很大差别的。仿真结果表明，对于电网突加（或突减）20%额定负荷的动态过程来说，图 11-22 所示调速器 PID 参数是较好的。这一组调速器 PID 参数对于电网突加（或突减）10%额定负荷来说，它对应的动态过程品质还是较好的。但是，把这一组调速器 PID 参数用于电网突加（或突减）30%额定负荷，则不是合理的。

11.8 孤立电网运行特性仿真结果综合分析

11.8.1 对孤立电网运行特性的主要要求

(1) 保证孤立电网运行的电力系统稳定运行。

(2) 孤立电网突减或突加负荷的动态过程应该满足下列要求：

① 对于电网突加负荷的工况，尽量增大电网突加负荷动态过程中的电网频率谷值 f_{min}；对于电网突减负荷的工况，尽量减小电网突减负荷动态过程中的电网频率峰值 f_{max}。

② 对于电网突加负荷的工况，在电网突加负荷动态过程中，尽量缩短电网频率从频率谷值 f_{min}（最小值）至频率稳定值的调节时间；对于电网突减负荷的工况，在电网突减负荷动态过程中，尽量缩短电网频率从频率峰值 f_{max}（最大值）至频率稳定值的调节时间。

11.8.2 被控制对象特性对孤立电网运行特性的影响

如果记电网突加或突减负荷后电网频率最大偏差为 Δf_m(Hz)，则 $\Delta f_\mathrm{m}=|50\ \mathrm{Hz}-f_\mathrm{m}|$。其中，$f_\mathrm{m}$ 为电网突加或突减负荷后电网频率的最小值或最大值。

1. 机组惯性时间常数

机组惯性时间常数 T_a 越小，在其他参数相同的条件下，电网突加或突减负荷后，电网频率最大偏差 Δf_m 越大；机组惯性时间常数 T_a 越大，在其他参数相同的条件下，电网突加或突减负荷后，电网频率最大偏差 Δf_m 越小。

机组惯性时间常数 T_a 越小，在其他参数相同的条件下，电网突加或突减负荷后，电网频率向稳定值恢复的速度越快；机组惯性时间常数 T_a 越大，在其他参数相同的条件下，电网突加或突减负荷后，电网频率向稳定值恢复的速度越慢。

2. 水流惯性时间常数 T_w

水流惯性时间常数 T_w 越小，在其他参数相同的条件下，电网突加或突减负荷后，电网频率最大偏差 Δf_m 越小；水流惯性时间常数 T_w 越大，在其他参数相同的条件下，电网突加或突减负荷后，电网频率最大偏差 Δf_m 越大。

水流惯性时间常数 T_w 越小，在其他参数相同的条件下，电网突加或突减负荷后，电网频率向稳定值恢复的速度越慢；水流惯性时间常数 T_w 越大，在其他参数相同的条件下，电网突加或突减负荷后，电网频率向稳定值恢复的速度越快。

3. 机组惯性比率 R_I

机组惯性比率 R_I 越小，在其他参数相同的条件下，电网突加或突减负荷后，电网频率最大偏差 Δf_m 越小；机组惯性比率 R_I 越大，在其他参数相同的条件下，电网突加或突减负荷后，电网频率最大偏差 Δf_m 越大。

机组惯性比率 R_I 越小，在其他参数相同的条件下，电网突加或突减负荷后，电网频率向稳定值恢复的速度越慢；机组惯性比率 R_I 越大，在其他参数相同的条件下，电网突加或突减负荷后，电网频率向稳定值恢复的速度越快。

11.8.3 孤立电网运行工况下的调速器 PID 参数选择

（1）电站运行经验和仿真结果表明，对于一个相同的被控制系统，孤立电网运行工况下调速器的 PID 参数，与机组空载频率扰动工况和机组甩 100% 额定负荷工况时调速器的 PID 参数有很大的差别。一般的规律是，孤立电网运行工况下调速器的比例增益 K_P 和积分增益 K_I，都要显著大于机组孤立电网运行工况和机组甩 100% 额定负荷工况下调速器的比例增益 K_P 和积分增益 K_I。

（2）理论分析和水电站试验经验表明，孤立电网突减或突加负荷工况下，调速器的 PID 参数的选择与被控制系统的特性有关，也就是与机组水流时间常数 T_w、机组惯性时间常数 T_a 和机组惯性比率 $R_\mathrm{I}=(T_\mathrm{w}/T_\mathrm{a})$ 有关。

理论分析、电站试验和仿真结果表明：

机组惯性比率 R_I 小,应该选用较大的比例增益 K_P 数值和较大的调速器积分增益 K_I 数值。

机组惯性比率 R_I 大,应该选用较小的比例增益 K_P 数值和较小的调速器积分增益 K_I 数值。

调速器微分增益 K_D 对于电网突加(或突减)负荷的动态过程的大波动作用不大,但是能够对系统稳定起较大的作用。

(3) 仿真结果表明,如果根据孤立电网功率突变20%机组额定功率的工况,选择调速器的 PID 参数,使得孤立电网突变功率的动态特性具有 B 型(优良型)的特征,那么,在这组 PID 参数下,电网突变10%机组额定功率工况下的动态特性仍然可能是属于 B 型(优良型)。但是,在这组 PID 参数下,电网突变30%机组额定功率工况下的动态特性就很有可能是属于 O 型(振荡型)。所以,在设置孤立电网运行工况下的调速器 PID 参数时,应该对该孤立电网用电负荷进行调查和分析,确定该电网通常最大的突变功率与机组额定功率的比值,根据这个最大的突变功率来选择调速器 PID 参数。例如,某孤立电网通常最大的突变功率是机组额定功率的30%,则应该根据孤立电网功率突变30%机组额定功率的工况选择调速器的 PID 参数,使得对应的电网动态特性具有 B 型(优良型)的特性。

11.8.4 接力器开启时间和关闭时间对孤立电网突减或突加负荷过程动态特性的影响

(1) 电网突加负荷后,接力器开启时间 T_g 短,对应的接力器开启速度加快,接力器开度的直线段调节分量 Δy_{PI} 明显减小。电网突减负荷后,接力器关闭时间 T_f 短,对应的接力器关闭速度加快,接力器开度的直线段调节分量 Δy_{PI} 明显减小。

(2) 电网突加负荷后,接力器开启时间 T_g 短,对应的电网频率下降谷值提高。电网突减负荷后,接力器关闭时间 T_f 短,对应的电网频率上升峰值减小。

(3) 电网突加负荷后,接力器开启时间 T_g 短,对应的电网频率下降谷值时间 t_M 减小。电网突减负荷后,接力器关闭时间 T_f 短,对应的电网频率上升峰值时间 t_M 减小。

(4) 电网突加负荷后,接力器开启时间 T_g 短,对应的电网频率稳定时间 t_E 加大。电网突减负荷后,接力器开启时间 T_g 短,对应的电网频率稳定时间 t_E 加大。

参 考 文 献

[1] 魏守平. 水轮机调节[M]. 武汉:华中科技大学出版社,2009.
[2] 魏守平. 水轮机控制工程[M]. 武汉:华中科技大学出版社,2005.
[3] 魏守平. 现代水轮机调节技术[M]. 武汉:华中科技大学出版社,2002.
[4] 沈祖诒. 水轮机调节[M]. 北京:水利电力出版社,1988.
[5] 张志涌. 精通 MATLAB 6.5 版[M]. 北京:北京航空航天大学出版社,2003.
[6] 兰多夫,加德纳. Visual Studio 2008 高级编程[M]. 北京:清华大学出版社,2009.
[7] 李友善. 自动控制原理[M]. 北京:国防工业出版社,1990.
[8] 魏守平. 水轮机调节系统甩 100% 额定负荷及接力器不动时间特性分析和仿真[J]. 水电自动化与大坝监测,2010(2):5-12.
[9] 魏守平. 水轮机调节系统一次调频及孤立电网运行特性分析及仿真[J]. 水电自动化与大坝监测,2009(12):27-33.
[10] 魏守平. 水轮机调节系统的空载特性仿真[J]. 水电自动化与大坝监测,2009(10):20-25.
[11] 魏守平. 水轮机调节系统的 MATLAB 仿真模型[J]. 水电自动化与大坝监测,2009(8):7-11.
[12] 魏守平,伍永刚,林静怀. 水轮机控制系统的建模及仿真[J]. 水电自动化与大坝监测,2005(6):18-22.
[13] 魏守平,伍永刚,林静怀. 区域电网交换功率控制仿真研究[J]. 水电自动化与大坝监测,2006(2):13-19.
[14] 魏守平,伍永刚,林静怀. 电网负荷频率控制仿真研究[J]. 水电自动化与大坝监测,2006(1):18-22.
[15] 魏守平,罗萍,张富强. 水轮机调节系统的适应式变参数控制[J]. 水电能源科学,2003(1):64-67.
[16] 魏守平,罗萍. 数字式电液调速器的微机调节器[J]. 水电自动化与大坝监测,2003(3):35-38.
[17] 魏守平,王雅军,罗萍. 数字式电液调速器的功率调节[J]. 水电自动化与大坝监测,2003(4):20-22.
[18] 魏守平,罗萍,卢本捷. 我国水轮机数字式电液调速器评述[J]. 水电自动化与大坝监测,2003(5):1-7.

[19] 魏守平,卢本捷.水轮机调速器的PID调节规律[J].水力发电学报,2003(4):112-118.
[20] 魏守平,罗萍.水轮机调速器的PLC测频方法[J].水电能源科学,2000(4):31-33.
[21] 魏守平.水轮机调速系统试验数据的回归分析[J].大电机技术,1986(1):61-64.
[22] 魏守平,曾瑜明.调速器专用信号发生器的研究[J].大电机技术,1987(3):58-63.
[23] 魏守平.水轮机调速器的一种新型频率测量电路[J].水电设备,1978(1):64-69.
[24] 魏守平.电液调速器的频率测量回路[J].大电机技术,1983(4):55-62.
[25] 魏守平.水轮机调节系统的适应式变参数调节[J].大电机技术,1985(5):48-54.
[26] 魏守平.可编程控制器调速器[J].武汉钢铁学院学报,1994,17(13)323-330.
[27] 魏守平.调速器的加速度环节及加速度时间常数[J].大电机技术,1981(1):57-62.
[28] 魏守平.关于调速器自激振荡问题的探讨[J].大电机技术,1980(1):59-64.
[29] 魏守平.水轮机调速系统的状态方程[J].大电机技术,1979(4):80-87.
[30] 魏守平.刚性水锤下水轮机调节系统的状态方程[J].水电设备,1981(3):41-51.
[31] 魏守平.水轮机调速系统的描述函数分析[J].大电机技术,1981(4):43-48.
[32] 魏守平.综合主导极点配置及其在水轮机调速系统中的应用[J].电力系统自动化,1982(3):40-54.
[33] 魏守平.水轮机调速系统的相对稳定性分析[J].动力工程,1983(2):23-29.
[34] 魏守平.正交试验方法与最优参数选择[J].水电设备,1984(3):17-23.
[35] 魏守平.刚性水锤下水轮机调节系统的状态方程[J].水电设备,1981(3):41-51.